RECHERCHES

SUR

LES VOLCANS ÉTEINTS

DU VIVARAIS

ET DU VELAY;

Avec un Discours sur les Volcans brûlans, des Mémoires analytiques sur les Schorls, la Zéolite, le Basalte, la Pouzzolane, les Laves & les différentes Substances qui s'y trouvent engagées, &c.

Par M. FAUJAS DE SAINT-FOND.

Vidimus undantem ruptis fornacibus Ætnam, flammarumque globos, liquefactaque volvere saxa.
VIRGIL. Géorg. lib. 1. V. 472.

A GRENOBLE,

Chez Joseph CUCHET, Imprimeur-Libraire de Monseigneur le Duc d'Orléans.

A PARIS,

Chez { NYON aîné, Libraire, rue Saint-Jean-de-Beauvais.
{ NÉE et MASQUELIER, Graveurs, rue des Francs-Bourgeois, Porte St-Michel.

M. DCC. LXXVIII.

AVEC APPROBATION ET PRIVILÉGE DU ROI.

A SON ÉMINENCE

MONSEIGNEUR

LE CARDINAL DE BERNIS,

COMMANDEUR DE L'ORDRE DU SAINT-ESPRIT, ARCHEVÊQUE D'ALBY, MINISTRE D'ÉTAT ET MINISTRE DU ROI A ROME, L'UN DES QUARANTE DE L'ACADÉMIE FRANÇOISE.

MONSEIGNEUR,

E N faifant paroître , fous les aufpices de votre ÉMINENCE , les Recherches fur les Volcans du Vivarais , je prends la liberté de lui offrir une fuite de tableaux relatifs à d'anciennes révolutions phyfiques qu'a éprouvé le fol fur lequel vos ancêtres fe font autant diftingués par leurs vertus , que par des actions utiles à la patrie.

Si de grands & magnifiques phénomenes, qui tiennent à l'enchaînement de la Nature, rendent recommandables les lieux que j'ai tâché de faire connoître, ils le deviendront doublement lorfqu'on faura qu'ils vous ont vu naître, & qu'ils furent le berceau où ont commencé à fe développer les talens, les qualités & les connoiffances qui vous ont fi juftement acquis la confiance du Souverain, l'attachement de la nation, & l'hommage des gens de lettres.

Je fuis, avec le plus profond refpect,

MONSEIGNEUR,

DE VOTRE ÉMINENCE,

Le très-humble & très-obéiffant ferviteur,
FAUJAS DE SAINT-FOND.

NOMS DE MESSIEURS

LES SOUSCRIPTEURS

DE CET OUVRAGE.

LEURS MAJESTÉS, *pour plusieurs exemplaires.*
MONSIEUR.
MADAME.
Madame la Comtesse d'ARTOIS.
Madame ELISABETH.
Monseigneur le Duc d'ORLEANS.
Monseigneur le Duc de CHARTRES.
Madame la Duchesse de CHARTRES.
Monseig. le Duc de PENTHIEVRE.

ALLEMAGNE.

Monseigneur l'ELECTEUR PALATIN.
Monseigneur le Comte de LUSACE.
Monseigneur le Prince de NASSAU-SIEGEN.

ITALIE.

Monseigneur l'ARCHI-DUC, Grand-Duc de Toscane.

A

M. Abrial, Avocat au Parlement.
M. Aladane, Caissier des Fermes.
M. d'Alency.
M. le Comte d'Angiviller de la Billarderie, Directeur & Ordonnateur Général des Bâtimens, Jardins, Arts & Manufactures Royales, de l'Académie des Sciences, Intendant du Jardin du Roi.
M. le Marquis d'Arbouville.
M. Arnault du Chêne.
M. d'Augny, Officier aux Gardes.
M. le Marquis d'Avaray.
M. le Marquis d'Avernes.

B

Madame la Présidente de Bandeville.
M. le Comte de Barral.
M. le Baron de Baye.
MM. Bauer & Treutell, à Strasboug, *pour cinq exemplaires.*
M. de Bauregard.

M. Belin de Villeneuve.
M. Bellisard, Architecte du Roi & de Monseigneur le Prince de Condé.
M. le Marquis de Belmont, Maréchal des Camps & des Armées du Roi.
M. le Marquis de Benoron.
M. Bézout, de l'Acad. des Sciences.
La Bibliotheque de Grenoble.
M. de la Boissiere, à Villeneuve-de-Berg.
M. de Boissy d'Anglat.
M. de Bondy, Receveur - Général des Finances.
M. de la Borie.
M. le Duc de Bouillon.
M. le Comte de Boullanger.
M. de Boullongne de Magnanville.
Madame de Boullongne.
M. de Bourboulon.
M. Boutin, Receveur-Général des Fin.
M. Bouvier, Avocat au Parlement de Grenoble.
M. le Comte de Brahé, Capitaine des Gardes de S. M. le Roi de Suede.
Mlle. de Brémond, à Montelimar.
M. Bressieux de Saint-Cierge, Officier au Régiment de Lorraine.
M. Brigth, à Londres.
M. le Comte de Brison.
Monseigneur de Brienne, Archevêque de Touloufe.
M. de Brunville, Conseiller au Parlement
M. le Comte de Buffon.

C

M. Cadet de Chambine.
M. le Camus, Receveur du Grenier à Sel à Lyon.
M. Caron, Trésorier du Marc d'or.
M. Capitaine, Libraire à Paris.
M. de Castera, Maréchal de Camp.
M. le Duc de Caylus, Grand d'Espagne.
M. Caze de la Bove, Intendant de Bretagne.
M. Cazin, Libraire à Rheims.
M. le Duc de Chabot.
M. le Marquis de Chabrillan, premier Ecuyer de Madame la Comtesse d'Artois, Colonel en premier du Régiment de Barrois.

NOMS DE MM. LES SOUSCRIPTEURS.

M. le Comte de Chabrillan, Capitaine des Gardes de *Monfieur.*
M. le Comte de Chalender, Capitaine au Régiment de Royal Cravate.
M. le Comte de Chalons.
M. le Chevalier du Chapon.
La Chartreufe de Grenoble , *pour deux exemplaires.*
La Chartreufe de Bonnefoi.
M. le Duc de Chaulnes , de la Société Royale de Londres.
M. le Comte Chaumont de Guitry.
M. Chauffier, Marchand d'Eftampes à Dijon.
Madame la Ducheffe de Chevreufe.
M. le Chevalier du Cheyron, Lieutenant-Colonel d'Infanterie.
M. Chirol , Libraire à Genève.
M. Chomel , Avocat du Roi & Député des Etats particuliers du Vivarais.
M. le Vicomte de Choifeuil-Gouffier.
M. le Clerc , Libraire à Paris.
M. l'Abbé de Clermont-Tonnerre.
M. de Cleynmann.
M le Comte de Colonne d'Ornano.
M. de la Cofte de Maucune, Brigadier des Armées du Roi, Lieutenant-Colonel du Régiment de Champagne.
M. Colé , Chymifte de Marfeille.
M. l'Abbé Cottelle , Doyen du Chapitre Royal de S. Martin d'Angers.
M. de Cramayel, Chevau-Léger.

D

M. le Comte de Damas d'Alezy.
M. le Marquis de Dampierre.
M. David, Libraire à Aix en Provence.
M. Debure, fils aîné, Libraire à Paris.
Mlle. Demarque.
M. Deflandes, Chevalier de S. Louis.
M. Defloges , Infpecteur-Général des Vivres de la Marine.
Madame Defmareft.
M. Tupinier Defmurges.
M. Defprez de Boiffy.
Madame Deftouches.
M. Detune, Libraire à la Haye , *pour deux exemplaires.*
M. le Comte de Dillon.
M. le Comte Dorfet.
M. Dubertrand , Principal du Collége de Navarre.
M. Dubois , Confeiller au Châtelet.
M. Dumoulin , Libraire à Paris.
M. Huart Duparc.
M. Dupleffis , pour M. Heim.
M. Duporal , Maréchal de Camp.
M. le Marquis Dupuy Montbrun , Meftre de Camp de Cavalerie, & Grand-Croix Honoraire de l'Ordre de Malthe.
S. Ex. Monfeigneur le Marquis Jacques-Philippe Durazzo , à Gênes.
M. l'Abbé Duterney.

M. Duterreau , ancien Commiffaire des Guerres.

E

Madame la Comteffe d'Egmont.
M. le Marquis d'Entraigues, Capitaine de Cavalerie.
M. le Baron d'Efpagnac , Gouverneur des Invalides.
M. le Conful d'Efpagne.
M le Minif. d'Efpagne à la Cour de Rome.
Mgnr. l'Evêque du Puy.

F

M. Fagonde , premier Commis de la Marine à Verfailles.
M. des Farges , Lieutenant-Colonel de Dragons.
M. Elie le Febure , le jeune , Négociant à Rouen.
Madame de la Freté.
Madame de Fierville.
M. l'Abbé de Flamarens.
M. l'Abbé Fontana , Phyficien du Grand-Duc de Tofcane, & Directeur du Cabinet d'Hiftoire Naturelle à Florence.
M. Benjamin Franklin.
M. Freycinet , fils , Négoc. à Montelimar.
M. Fumeron de Verière.

G

M. le Chevalier de Gaillard, Commandeur du Poët Laval.
M. le Bailli de Gaillard, Receveur de l'ordre de Malthe, à Marfeille.
M. le Comte de Gand.
M. Garcoigne.
M. Gautherot , Maître de Mufique de S. A. S. Mad. la Ducheffe de Chartres.
M. Geliote.
M. de Genffane, Commiffaire Général des Mines de la Prov. de Languedoc.
M. le Marquis de Geoffre de Chabrignac, Colonel en fecond du Rég. de Barrois.
M. de Gemmingen , Miniftre d'Etat à Anfpach.
M. Gillet , Ecuyer , fieur de Rouffiere , Secrétaire ordinaire des Bâtimens du Roi, à Verfailles.
M. Cotelle de Grand-Maifon.
M. Frédéric Goffe , Libraire à la Haye , *pour fix exemplaires.*
M. Goujon , Libraire.
M. Granet, Lieutenant-Général en la Sénéchauffée de Toulon.
M. le Marquis de Grollier.
M. Groffon, de l'Académie de Marfeille.
M. Grout, Libraire à Bayeux.
M. le Comte de la Guiche.
M. Guttemberg , Graveur , *pour trois exemplaires.*

NOMS DE MM. LES SOUSCRIPTEURS.

H

M. le Duc d'Harcourt.
M. Hecquet, Avocat au Parlement.
M. Heiwood, à Londres.
M. Henin de Beauprez, Procureur du Roi,
à Versailles.
M. l'Héritier de Brutelle, Député du Commerce de S. Domingue.

J

M. Jacob, Conseiller en la Sénéchauffée &
Siége Préfidial de Lyon.
M. Imbert Colomés, à Lyon.
M. l'Abbé de Jonc.
M. de Joubert, Tréforier des Etats de Languedoc.

L

M. de Laborde, Fermier-Général.
Les Etats de Languedoc, *pour 2 exempl*.
M. Lamefle, Imprimeur des Fermes.
M. de Laffone, 1er. Médecin du Roi en furvivance, & de la Reine, à Versailles.
M. l'Abbé de Laftic.
Mlle. de Lauraguais.
M. de Laulanier, Argentier des Enfans de
France.
M. le Marquis de la Tour-Dupin-Montauban, Meftre de Camp en fecond du Régiment de Chartres, Dragons.
M. Lavoifier, Fermier-Général, de l'Académie des Sciences.
Madame la Ducheffe de Liancourt.
M. de Lille.
M. de Limon.
M. de Lorri.
M. le Marquis de Lort.
M. le Marquis du Luc, Colonel du Régiment Royal Corfe.
M. le Duc de Luxembourg.
Madame la Ducheffe de Luynes.

M

M. le Préfident le Mairat.
M. de Lamoignon de Malesherbes, Miniftre d'Etat, de l'Académie Françoife,
Honoraire de l'Acad. Royale des Belles-Lettres, & de l'Acad. Royale des Sciences.
M. de Maleficux.
M. Malhron la Marre.
M. le Comte de Marfanne, à Montelimar.
M. le Marquis de Méjanes, à Arles.
Madame la Comteffe de Maleffy.
M. le Baron de Menou.
M. Chrétien de Méchel, à Bafle, *pour plufieurs exemplaires*.
M. Ménage de Preffigny.
M. le Commandeur de Menon.
M. le Comte de Milly, Colonel de Dragons, de l'Académie des Sciences.

Madame la Princeffe de Monaco.
M. Monneron, Infpecteur de la Manufacture de Tabac.
M. de Montbrun-St-Laurent, à Valence.
M. l'Abbé de Montbrun.
M. de Montigny, Tréforier des Etats de
Bretagne.
M. Antoine Montgolfier, Négoc. à Rives.
M. le Marquis de Montmorency-Laval.
M. de Montalban, Officier de Cavalerie.
M. le Marquis de Montribloud.
M. de Montucla.
M. Moreau, Peintre du Roi.
M. Morellet.
M. Mulot, Chanoine Bibliothécaire de Saint-Victor.

N

Monfeigneur l'Archevêque de Narbonne
Prince des Gaules.
Monfeigneur le Maréchal de Noailles.
M. Necker, Directeur-Général des Finances, *pour 20 exemplaires*.
M. Néret, fils, Recev. des Fermes du Roi.

P

M. Pacaud.
M. Pajot de Marcheval, Intendant de Dauphiné.
M. Panckoucke, Libraire.
M. Parfeval Defchenes Receveur-Général
des Finances.
M. Pafcal, Prieur du Colombier.
M. Paffinge, de Rouane.
M. le Comte de Périgord, Chevalier des
ordres du Roi, Grand d'Efpagne de la
premier Claffe, Gouverneur de Picardie,
Commandant en Chef du Languedoc.
MM. les Freres Périffe, Impr.-Libr. à Lyon.
M. Péroufe du Vivier, Confeiller au Parlement de Dauphiné.
M. Perrache, à Lyon.
M. du Perreux, Receveur-Général.
M. l'Abbé de Perthuis, Grand-Chantre &
Chanoine de la Sainte-Chapelle.
Madame de Peyre.
M. Picquet, Cenfeur Royal.
M. le Prince de Pignatelly-Fouentes.
M. le Marquis de Pinard de S. Didier.
M. Pifon fils, Avocat au Parlement de
Grenoble.
M. de Plancy, Fermier-Général.
M. Poiffonnier, Confeiller d'Etat.
M. le Vicomte de Polignac.
M. de Pouderoux, Chanoine de la Cathédrale, & Principal du Collége du Puy.
M. de Pramont, Capitaine de Dragons.
M. Prunelle de Liere.
M. le Baron de Puimorin.

R

M. Raft, Docteur en Médecine, à Lyon,

NOMS DE MM. LES SOUSCRIPTEURS.

M. de la Reyniere, Fermier-Général.
M. le Comte de Rieux.
M. Robert, Maître des Requêtes.
Mgr. de Rochechouart, Evêque de Bayeux, premier Aumônier de Madame la Comtesse d'Artois.
M. le Duc de la Rochefoucault.
M. le Comte de Rochemaure, Seigneur de Gallargues.
M. Romé de Lille.
M. Rousselet, Avocat.
M. Augustin le Roux, Libraire & Marchand d'Estampes à Mayence, *pour* 12 *exemplaires.*

S

Madame la Comtesse de Sabran.
M. Sage, de l'Académie des Sciences.
M. de Saint-Céran.
M. de Saint-Hilaire, Maître-d'Hôtel ordinaire du Roi.
M. Bollioud de Saint-Jullien, Receveur-Général du Clergé de France.
M. l'Abbé de Saint-Non.
M. le Prince Frédéric de Salm.
M. de Saint-Simon.
M. le Commandeur de Sainte-Gey.
M. Salamon, Vice-Sénéchal, Lieut. Général en la Sénéchaussée de Montelimar.
M. de Sartine, Ministre de la Marine.
M. de Sauffure, à Genève.
M. Savoye fils, Avocat au Parlement de Grenoble.
M. le Marquis de Seignelay.
M. de Selle, Trésorier de la Marine.
M. le Président de Sénozan.
Mad. la Présidente de Sénozan.
M. le Marquis de Sérent.
M. de Sérilly.
M. Servat.
M. le Baron de Serviéres, Officier au Régiment d'Orléans Cavalerie, &c.
M. le Vicomte de Sesmaisons.
M. le Commandeur de Seves.
M. Seguin, Trésorier de Mgr. le Duc de Chartres.

M. le Comte de Sickingen, Ministre de l'Electeur Palatin.
M. le Prince Soubise, *pour plusieurs exemplaires.*
M. Swinburney.

T

M. Taillepied, Fermier-Général.
M. Tilliard, Graveur.
M. le Comte de Tonnerre, Commandant de la Province de Dauphiné.
M. le Comte de la Tour-d'Auvergne.
M. Tourton, Banquier.
M. de la Tourrette Secrétaire de l'Académie des Sciences de Lyon.
M. le Marquis de Turgot, Brigadier des Armées du Roi.
M. de Turgot, Ministre d'Etat.

V

M. Charles Berns Wadstrom, Suédois.
M. le Duc de la Vallière.
M. le Comte de Vaudreuil.
M. Waroquier, Libraire, à Soissons, *pour deux exemplaires.*
M. le Comte de Waters.
M. Veyrenc, à Bagnol.
M. de Verdun, Fermier-Général.
M. Véron, Receveur-Général.
M. de Vérone, Président à la Chambre des Comptes de Dauphiné.
M. de Vidaud de la Tour, Conseiller d'Etat.
M. de Villeneuve, Receveur-Général des Finances.
M. Ville, Graveur, *pour quatre exempl.*
M. le Marquis de Villette.
M. le Marquis de Virieu.
M. de Vitt.
Les Etats du Vivarais.
M. de Vogué, Evêque de Dijon.

Z

S. E. Mgr. le Cardinal Zelada, à Rome.
M. le Baron de Zur-Lauben, Maréchal de Camp & Capitaine au Régiment des Gardes-Suisses.

PRÉFACE.

J E n'entreprends point ici de donner un Ouvrage complet & qui ne laisse rien à desirer sur l'Histoire Naturelle des Volcans. Cette belle science, j'ose le dire, encore dans son berceau, demandoit, pour être suivie dans tous ses détails, des recherches sans nombre, des travaux aussi longs que bien dirigés, des Dessins, des Plans, des Cartes considérables, des dépenses immenses, & sur-tout des lumieres & des connoissances que je n'avois pas; je n'ai dû, d'après cela, donner d'autre titre à mon Ouvrage que celui de *Recherches sur les Volcans*, le seul qui pût lui convenir.

Ce fut après m'être bien convaincu qu'il me manquoit une multitude de choses pour traiter à fond un sujet aussi vaste & aussi important, que je pris le parti de me borner à ne décrire que les produits volcaniques de deux Provinces de la France, où l'on voit encore de toutes parts une multitude de grands & magnifiques tableaux qui nous retracent une suite de phénomenes dûs à des feux formidables dont nous sommes peut-être encore bien éloignés de connoître tous les pouvoirs & les effets, & même de soupçonner la véritable origine.

M'étant ainsi circonscrit dans des bornes qui n'étoient déja que trop étendues pour moi, je me promis de tâcher de suppléer par mon activité, par ma constance & par le desir infatigable de m'instruire dans cette partie, à tout ce qui me manquoit d'ailleurs de connoissances. Ce fut alors qu'après m'être préparé à mes voyages par diverses études préliminaires, j'osai entrer dans cette pénible carriere.

Je viens offrir dans ce moment aux Amateurs de l'Histoire Naturelle, le résultat de mes travaux, en desirant qu'il puisse leur être utile. On pourra voir dans le cours de cet Ouvrage l'attention scrupuleuse que j'ai apportée dans mes recherches, la constance que je n'ai cessé d'y mettre, la multitude de voyages que j'ai faits, ceux que j'ai été obligé de refaire afin de vérifier de nouveau des objets qui méritoient d'être revus.

L'immensité de terreins volcanisés que j'ai parcourus, m'a heureusement mis à portée de donner la plus grande variété à la Collection des Dessins que j'ai fait prendre; variété, au reste, que je suis bien éloigné de regarder comme un objet d'agrément, mais que je considere comme la partie la plus utile de cet Ouvrage, parce que l'on peut trouver presque dans chaque planche un nouvel objet d'intérêt & d'inftruction, & qu'il réfulte de cet enfemble un grand tableau propre à faire connoître la nature d'un pays autrefois en proie à toute la fureur des Volcans.

Lorfque les Deffins que j'avois intention de donner, furent pris avec tout le foin & toute l'exactitude poffible, lorfque j'eus fait à tête repo-fée une fuite d'expériences & d'analyfes fur un grand nombre d'ef-peces ou de variétés de laves & d'autres matieres volcaniques que j'avois été à portée d'obferver & de recueillir fur les lieux, dans le Vivarais & le Velay, & qu'enfin je voulus mettre en ordre mes obfer-vations, je reconnus que j'avois devant moi des faits nouveaux du plus grand intérêt, mais que je trouverois bien des difficultés à me faire entendre de tout le monde, & à mettre de la clarté & de la méthode dans mes defcriptions, fi je voulois adopter les nomencla-tures confufes & embrouillées, admifes par les Italiens, plus ancien-nement à portée que tous les autres de ramaffer les produits volca-niques du Véfuve, & de leur donner des noms; mais la plupart de leur dénomination font fouvent fi obfcures, fi emphatiques, & por-tent tellement fur de faux principes, que loin d'éclaircir la fcience, on ne tendroit qu'à l'embrouiller fi l'on vouloit s'affujettir à en faire ufage.

Un Naturalifte Suédois, M. Ferber, a fuivi, à la vérité, avec plus d'intelligence & de détails que beaucoup d'autres, les déjections du Véfuve, il a rectifié des erreurs; mais on verra dans la Section où je parle de cet habile Minéralogifte, qu'en rendant juftice à fes talens, je fais appercevoir que fon travail auroit pû être plus méthodique, & fur-tout qu'il n'auroit jamais dû regarder comme le produit du feu plufieurs fubftances accidentellement engagées dans les laves. Ceux qui ont vifité l'Etna, ont donné peut-être dans de plus gran-des erreurs encore, je parle des Naturaliftes du pays. Quant aux matieres vomies par l'Hécla, elles ont été fi légerement ou fi mal obfervées, qu'on ne peut tirer abfolument aucun fecours de ce qui a été écrit fur ce Volcan.

J'ai lu avec attention les écrits de quelques Naturaliftes François qui fe font exercés fur les produits volcaniques; mais les uns ont voulu dans un tems regarder avec obftination & fans raifon plaufi-ble, les prifmes de bafalte comme le produit de l'eau, ils ont même traité durement ceux qui ont ofé penfer le contraire; les autres ont confondu des matieres volcanifées avec des fubftances étrangeres au feu , & ont rejeté de la claffe volcanique , des matieres qui devoient leur origine à des embrafemens fouterreins. Quelques-uns avec plus de connoiffances & plus d'expérience, ont d'abord laiffé de côté les détails , pour s'occuper avidement de la partie hypothéti-que , & négligeant de s'attacher à l'examen des matieres qui pouvoient leur fournir des points d'appui, ils ont regardé les laves comme provenues des granits mis en fufion.

Les dernieres obfervations , celles qui ont été foutenues par quel-ques travaux chymiques, annoncent qu'on alloit prendre la bonne voie; mais les expériences faites dans les laboratoires doivent toujours être furbordonnées à l'examen local, c'eft-là que l'Obfervateur attentif & éclairé , fuivant les objets avec conftance, acquiert des connoiffan-ces préliminaires qui affermiffent fa marche & le conduifent aux découvertes. Il exifte une Chymie de la Nature bien fupérieure à celle de l'art; des yeux exercés peuvent l'appercevoir, la reconnoître, en fuivre les traces, en diftinguer les effets & les procédés. La Nature qui ne compte jamais avec le temps, ne précipite rien , opere par des gradations lentes, infenfibles, mais conftantes , & toujours d'après des loix fimples comme elle; fuivons donc fa méthode, tâchons de dé-couvrir fa route, effayons d'étudier fa marche , & n'employons les reffources de l'art qu'après que tous les autres moyens préliminaires auront été épuifés.

Ce fut en fentant toute l'utilité & même la néceffité de ces princi-pes, que je reconnus qu'ils n'avoient pas toujours été mis en pratique, & que fi nous avions quelques bons ouvrages fur le Véfuve, entre autre celui de M. le Chevalier Hamilton, qui mérite les plus juftes éloges, les objets de détail n'ayant pas été fcrupuleufement étudiés , la nomenclature reftoit encore dans la confufion; cet embarras, je l'avoue, me donna d'autant plus de dégoût, que me trouvant alors dans le fond d'une Province & dans une petite ville, fans reffource du côté des fciences, & où perfonne ne pouvoit m'aider de fes lumieres & de fes confeils, je me vis environné d'obftacles & de difficultés bien propres à me rebuter.

Cependant le defir de remplir les engagemens que j'avois contractés avec le Public en laiffant annoncer mon Ouvrage, me fervit d'ai-guillon; j'avois fous la main des fuites nombreufes & variées, non-feulement de toutes les laves du Vivarais, du Velay & de l'Auvergne, mais une riche collection de celles du Véfuve, de l'Etna, de l'Hécla,

de plufieurs des Ifles de l'Océan Indien, & de la plupart des montagnes volcaniques du Pérou ; je me déterminai dès-lors à les étudier
à fond, à les rapprocher, à les comparer, à les analyfer ; j'eus dans peu
de tems des preuves que les différens corps étrangers qui s'y trouvent
fi communément engagés, y avoient été pris accidentellement, ce qui
m'obligea à difcuter & à débattre les opinions de plufieurs Naturaliftes
qui étoient d'un fentiment contraire : on doit concevoir combien ce
travail dut être pénible & long, il me fournit le fujet de plufieurs
Mémoires. Le premier qui fixa toute mon attention, fut celui qui concernoit les *Schorls* ; cette fubftance fe rencontre généralement dans
prefque toutes les laves connues ; M. Ferber & d'autres Naturaliftes
l'ont regardée comme le produit des Volcans : forcé par mes recherches
d'être d'une opinion contraire, je fus dans la néceffité de combattre
leur fentiment ; mais en travaillant fur les *Schorls*, dont les efpeces
& les variétés font plus multipliées qu'on ne le croiroit d'abord, je
vis que ce fujet étoit encore dans une grande confufion ; qu'on plaçoit
fouvent dans cette claffe des fubftances qui en différoient effentiellement, que quelquefois même on ne s'étoit pas entendu fur le mot ;
je trouvois dans quelques Auteurs le *Schorl* confondu avec le *Bafalte*, avec le *Trapp* des Suédois, avec le *Gabro* des Florentins ;
j'étois environné des termes de *Schorl*, *Schirl*, *Schoerl*, *Coll*, *Cockle* :
comment fe faire entendre avec cela de tout le monde ! il fallut
cependant entrer dans ce labyrinthe, au rifque de s'y perdre. Ce travail auffi ingrat, auffi ftérile que dégoûtant, exigeoit mille recherches & fur-tout beaucoup de patience : je ne me flatte pas d'avoir
écarté toutes les épines dans le Mémoire que j'ai donné fur les Schorls,
mais c'eft avoir fait quelque chofe que de mettre les autres fur la voie
de mieux faire.

Ce fujet qui fembloit d'abord n'être fufceptible que de quelques
légeres difcuffions, & qui paroiffoit ne devoir jamais faire l'objet d'un
Mémoire particulier, a pourtant exigé les divifions fuivantes. 1°. *Schorl
noir vitreux en prifme quadrangulaire, à pans rhomboïdaux, fans
pyramide, dont les extrêmités forment un rhombe.* 2°. *Schorl noir vitreux, en prifme à cinq pans, fans pyramide & à pans inégaux.*
3°. *Schorl noir vitreux hexagone.* 4°. *Schorl noir vitreux, en prifme à
huit pans d'inégale largeur, folitaire & parfait, terminé à chaque extrêmité par une pyramide dièdre, dont les plans font hexagones.* 5°. *Schorl
noir de Madagafcar, en cryftaux folitaires d'un beau noir luifant, à*

neuf

neuf pans d'inégale largeur, & à pyramide trièdre obtuſe, dont les plans ſont rhomboïdes. 6°. *Schorl noir, priſmatique, fibreux, ſtrié ou en aiguilles.* 7°. *Schorl noir ou verd, lamelleux, feuilleté, en maſſe, en grains, dans différentes matrices.* 8°. *Sur quelques propriétés particulieres du Schorl noir.* 9°. *Des Schorls de différentes couleurs.* 10°. *Les Schorls ſont-ils des productions du feu* ? C'étoient-là des diviſions devenues indiſpenſables pour mettre quelque clarté dans ce mémoire, où j'ai eu ſoin de donner le développement des formes priſmatiques qu'affectent certains Schorls, en renvoyant à une planche que j'ai fait graver à ce ſujet. J'ai dû auſſi faire mention, non-ſeulement de tous les Schorls connus qu'on trouve ſi ſouvent dans les matieres volcaniques, mais encore de ceux qu'on rencontre dans des lieux étrangers aux Volcans, tels qu'en Bretagne, en Bourgogne, dans le Lyonnois, dans les Alpes Dauphinoiſes, dans celles de Savoie & de la Suiſſe, dans le Danemarck, la Saxe, la Boheme, &c.

La Zéolite, genre de pierre dont la premiere découverte appartient à M. le Baron de Cronſtedt, ſe trouvant dans pluſieurs matieres volcaniques, & en gros noyaux dans le baſalte des environs de *Rochemaure* en Vivarais, il étoit eſſentiel de faire connoître cette ſubſtance qui tient une place marquée dans la lithologie; j'en donne donc l'analyſe pour apprendre à en diſtinguer les caracteres & les principes conſtitutifs; je fais enſuite mention des différentes Zéolites décrites par pluſieurs Auteurs, particulierement de toutes celles que M. le Chevalier de Born indique dans ſon cabinet. Ces dernieres ſont d'autant plus intéreſſantes que les matrices où elles ſe trouvent ſont déſignées. Je donne après cela un tableau comparé, relatif au plus ou au moins de facilité qu'ont eu un grand nombre de Zéolites à ſe diſſoudre dans l'acide nitreux pour y former une gelée; j'agite enſuite dans mon Mémoire les queſtions ſuivantes. 1°. *La Zéolite eſt-elle formée par une reproduction de la décompoſition de la terre volcaniſée ?* 2°. *La Zéolite ne peut-elle, dans certaines circonſtances, être dépoſée par infiltration dans les cavités, dans les fiſſures des matieres volcaniques ?* 3°. *La Zéolite enfin ne peut-elle, dans aucune circonſtance, ſe former, ſe produire dans les matieres volcaniſées ?* Voilà le ſujet du ſecond Mémoire.

C'étoit n'avoir traité, juſques-là, dans les deux Mémoires dont je viens de faire mention, que des points relatifs à des ſubſtances qui ſe trouvent ſouvent empriſonnées dans les produits volcaniques auxquels ils ſont cependant étrangers. Il importoit de faire connoître la variété & la multitude des laves ; il en exifte de dures & de très-compactes, de poreufes, de cellulaires, de légeres, de friables, de vitrifiées, d'argilleufes, de noires, de bleuâtres, de rougeâtres, de grifes, de jaunâtres, de blanches, c'eft-à-dire , de celles qui ont abfolument perdu leur principe colorant dû au fer; toutes ces variétés & bien d'autres encore, dont on a voulu faire autant d'efpeces différentes, ont donné lieu aux noms de *Sciara*, de *Peperino*, de *Tuffa*, de *Lapilli*, de *Sabione* ou *Rena del Vefuvio*, &c. dénominations dont la plupart ne portant fur rien ou fur de faux principes, ont fouvent dégoûté de la fcience, & ont empêché bien des obfervateurs de fe livrer à cette belle partie de l'Hiftoire Naturelle, une de celles, fans contredit, qui pouvoient répandre le plus grand jour fur la théorie de la terre.

L'étude conftante & fuivie des matieres volcanifées, la multitude d'effais & d'analyfes que j'ai cherché à faire, & fur-tout l'examen local d'un grand nombre de pics, de montagnes, de collines volcaniques & de *crateres*, où je me plaifois à obferver avec attention & à contempler avec délices les différens phénomenes des éruptions, les nuances, les gradations dans les formes, les paffages, les accidens & les altérations qu'avoient éprouvé les laves, me perfuaderent enfin qu'il n'exiftoit qu'une feule & même matiere volcanique primordiale, la lave compacte & dure, le *Bafalte*, le *Bafaltes ferrei coloris & duritiei* de Pline, la même fubftance qui eft vomie par les feux fouterreins fous la forme d'un verre en fufion, qui coule en longs ruiffeaux & fe prolonge majeftueufement au loin en confervant une épaiffeur & une largeur confidérable, & en détruifant pour l'ordinaire tout ce qui fe rencontre fur fon paffage; la même matiere qui a formé ces fuperbes chauffées prifmatiques qui font l'étonnement & l'admiration de ceux qui voyagent dans certaines parties de l'Italie, dans l'Irlande, l'Auvergne, le Vivarais, le Velay, & dans d'autres contrées jadis embrafées par les fourneaux de la Nature. C'eft ce Bafalte qui donne naiffance à toutes les autres matieres volcaniques qui n'en font que des modifications; idée vraie autant que fimple, qui ne fera pas à l'abri de toute critique, mais qui, j'ofe l'efpérer, gagnera peutêtre avec le tems, lorfqu'on voudra fe donner les peines que j'ai prifes pour étudier les Volcans fur les lieux, & examiner enfuite leur différens produits, l'analyfe à la main.

Le Bafalte, lorfqu'il a coulé par les parois des bouchés à feu, ou par les côtés ou les flancs des montagnes ardentes, à travers lesquelles il a le pouvoir de se faire jour, est dur & compacte lorsqu'étant refroidi il n'a souffert aucune altération ; mais si l'activité, la causticité des feux l'attaque trop long-tems, il se boursouffle & devient poreux ; de-là l'origine des laves plus ou moins cellulaires : d'autre part, si pendant sa fusion, des fumées mordantes, chargées d'acide sulphureux, le frappent, l'enveloppent, le pénetrent, non-seulement sa couleur éprouve alors divers changemens, mais sa dureté est altérée au point qu'il est converti quelquefois en substance terreuse. Mais si les Volcans ont été *sous-marin* & ont brûlé sous les eaux, que de combinaisons, que de modifications nouvelles, que de variétés, que d'accidens dans la lave basaltique ! tantôt réduite en scories poreuses, tantôt pulvérisée par un feu concentré, d'autrefois réduite en cendres & remaniée par les eaux fortement imprégnées de gas méphitique, elle reparoît alors sous de nouvelles formes & avec des apparences faites pour tromper l'œil le plus exercé.

Une belle & curieuse question à traiter au sujet du Basalte, seroit celle qui tendroit à découvrir pourquoi dans tous les Volcans éteints d'Italie, d'Auvergne, du Vivarais, du Velay, de Boheme, de Hongrie, des Isles de l'Archipel, de celles de l'Océan Indien, en un mot, de l'Equateur & des deux Pôles, le Basalte est toujours le même, & pourquoi les Volcans brûlans de l'un & l'autre hémisphere produisent également un Basalte d'une même qualité ; je parle du Basalte dans son état de pureté. J'avois quelques matériaux pour entrer dans cette pénible carriere ; mais comme je me suis promis de ne donner absolument que des faits dans mon Ouvrage, & que je me suis imposé la loi de ne pas toucher à la partie hypothétique, je pourrai revenir peut-être quelque jour sur ce sujet ; voici en attendant sur quoi roule le Mémoire que j'ai donné sur le Basalte & les matieres volcanisées.

Je fais mention dans la premiere Section, du *Basalte des Egyptiens*, & je fais part de quelques remarques à ce sujet qui tendent à prouver que le *Basaltes viridis orientalis* tiré d'Egypte, est volcanique : viennent ensuite les divisions suivantes, sur les variétés des Basaltes du Vivarais & du Velay. 1°. *Basalte d'un noir foncé ; 2°. d'un noir bleuâtre ; 3°. d'un noir rougeâtre couleur de lie de vin ; 4°. d'un noir jaunâtre ; 5°. d'un gris blanc un peu verdâtre, dur, sonore & en grandes tables ; 6°. Basalte tigré ; 7°. Basalte piqué ; 8°. Basalte blanc un peu verdâtre ;*

9°. *Basalte recouvert de dendrites ;* 10°. *Basalte graveleux :* toutes ces variétés étoient nécessaires à connoître, & je les ai décrites dans autant d'articles séparés. J'ai passé de-là au Basalte prismatique, ayant attention d'indiquer à chaque paragraphe les morceaux remarquables que je possede dans ma collection, lorsqu'ils offrent des accidens ou des caracteres faits pour intéresser. J'ai divisé le Basalte prismatique en *triangulaire, quadrangulaire, pentagone, hexagone, eptagone* & *octogone ;* je possede dans ma collection d'Histoire Naturelle toutes ces variétés, mais je n'en ai jamais trouvé ni vu à neuf pans, quoique quelques Auteurs en fassent mention. Viennent ensuite les *prismes articulés,* les colonnes *irrégulieres,* les Basaltes en *boules,* ceux en *tables,* les Basaltes *irréguliers avec des corps étrangers,* tels que le granit, la zéolite, le feld-spath, le schorl, le tripoli, la pierre calcaire, le spath calcaire, &c. La division des Basaltes m'a conduit à celle des laves *semi-poreuses ou à petits pores,* des *laves poreuses* ou *cellulaires,* de *l'émail des Volcans ;* je fais mention après cela des *laves poudingues & brèches volcaniques, produites par le feu sans le concours de l'eau ;* de celles provenues *des éruptions boueuses,* des *pouzzolanes,* des *laves argilleuses ;* ces dernieres m'ont donné lieu d'écrire une lettre très-détaillée à M. le Chevalier Hamilton, Envoyé Extraordinaire & Plénipotentiaire du Roi d'Angleterre à la Cour de Naples, à qui nous devons un magnifique ouvrage sur les Volcans des deux Siciles ; cet habile Naturaliste avoit très-bien observé que les fumées qui s'élevent de la Solfaterra, en frappant sur le Basalte, le décolorent, le rendent tendre & le font passer à l'état d'argile blanche ; ce phénomene qui s'opere en petit dans l'ancien *Forum volcani* des Romains, a eu lieu très-anciennement dans les Volcans éteints du Velay, où l'on voit de grands tableaux de pareilles décompositions, avec des circonstances bien propres à piquer la curiosité & l'attention des Naturalistes.

On a souvent, hors de Paris & des grandes Capitales, le désagrément, lorsqu'on s'applique à quelque science, & qu'on en fait son objet principal, de s'entendre crier aux oreilles, dans les provinces & sur-tout dans les petites villes, *à quoi bon ces études qui ne menent à rien, à quoi servent ces quantités de pierres que vous ramassés à grands frais & qu'on trouve par-tout* (*) ? Il étoit bon de faire voir à ces hommes qui, sans aucune espece de talent, se plaisent ainsi à devenir

---

(*) Les Payfans ont plus de sens que tout cela; dès qu'ils vous voyent ramasser quelque chose à la campagne,

les

les détracteurs de la science, que celle de l'Histoire Naturelle peut
non-seulement procurer des jouissances douces & tranquilles, mais
encore conduire à la découverte de mille objets qui intéressent les
arts & l'humanité, que l'étude même des Volcans n'est pas sans utilité;
je m'appliquai dès-lors à la recherche de quelques mines de pouzzolane, d'un accès & d'une exploitation facile, & sur-tout à portée de
quelque grande riviere; j'en trouvai une non loin du Rhône, je
la fis ouvrir à mes dépens, j'en fis faire divers essais, & j'eus bientôt un ciment semblable en tout à celui que procure la pouzzolane qu'on ne peut tirer qu'à grands frais des environs de
Pouzzole. J'eus donc la satisfaction d'avoir le premier fait employer
en grand nos pouzzolanes de France, & voulant faire jouir le public
des avantages que l'on peut tirer de cette découverte, je composai un
Traité sur cette matiere, dont voici le plan. *Des lieux où l'on trouve de
la pouzzolane. De quelle maniere se forme la pouzzolane. Analyse de la
pouzzolane. Doses & proportions dans les cimens de pouzzolane. Proportions d'après Vitruve dans la construction des Ouvrages sous l'eau. De
la chaux. Composition du mortier de pouzzolane pour les grandes constructions dans la mer. Mortier pour les acqueducs, citernes, bassins,
souterreins humides, &c. Des différentes méthodes employées pour suppléer à la pouzzolane. Conjectures sur la théorie de la dureté du mortier.
Phénomenes de la calcination. Phénomenes de la régénération de la
matiere calcaire. Des différentes especes de pouzzolane de France, particulierement de celles du Vivarais. De la maniere d'employer la pouzzolane hors de l'eau, soit pour construire des terrasses à l'Italienne,
exposées à l'air, soit pour former dans les appartemens des carrelages
en compartimens, qui ne produisent jamais de poussiere, & dont la solidité l'emporte de beaucoup sur les carrelages en brique.* Ce Traité est
terminé par le certificat de l'Ingénieur en chef employé en Dauphiné, & par le rapport juridique d'Architecte; ces pieces constatent
légalement la bonté de la pouzzolane du Vivarais.

C'est après ces recherches sur la pouzzolane, que j'ai placé un Vocabulaire qui m'a paru nécessaire, & qui a pour titre : *Examen de
quelques substances qui se trouvent engagées dans les matieres volcaniques, avec l'explication de plusieurs termes usités en Histoire Naturelle, qui peuvent servir à l'intelligence de la description des Volcans*

---

sur-tout dans le genre des pierres, ils vous observent avec attention dans la persuasion où ils sont que c'est toujours quelque mine précieuse; dès que vous êtes loin, ils en ramassent à leur tour & en font d'abondantes provisions
qu'ils conservent soigneusement & qu'ils portent ensuite mystérieusement à quelqu'Orfévre qui se moque d'eux.

éteints du Vivarais & du Velay. Ce petit Dictionnaire renferme quarante-trois articles, parmi lesquels il y en a quelques-uns qu'on ne trouveroit pas ailleurs, tels que les mots *Chryfolite des Volcans*, &c.

Je dois dire que j'ai placé à la tête de mon Ouvrage, & avant les Mémoirés dont je viens de faire mention, un difcours fur les Volcans brûlans, où l'on trouvera une fuite de faits inftructifs à ce fujet, je me fuis particulierement attaché à ce qui concernoit le Véfuve, comme au Volcan le mieux connu.

Je donne la lifte chronologique de fes éruptions principales jufqu'à ce jour; j'ai attention de faire connoître les matieres qu'il vomit, & les principaux phénomenes qui précedent ou accompagnent fes explofions. Je fuis à-peu-près la même route pour l'Etna, & je m'appuie pour l'un & pour l'autre, des obfervations du Pere de *la Torre*, de celles de M. le Chevalier Hamilton, de MM. Ferber, Bridone, &c. On verra donc dans ce Difcours les extraits de ce que ces différens Auteurs ont dit de plus curieux, de plus précis & de plus neuf fur ces Volcans, de maniere qu'on y trouvera la réunion d'une fuite de faits qui concernent le Véfuve & l'Etna. J'ai dit auffi un mot de l'Hécla, des Volcáns du Kamftchatka, de ceux d'Afie, d'Affrique & d'Amérique, mais je n'ai pu en parler que fuccintement, étant forcé de me refferrer dans les bornes d'un difcours qui n'étoit déjà que trop long.

On voit à préfent combien d'objets préliminaires j'avois à traiter & à faire connoître, & quelle tâche j'avois à remplir avant de pouvoir entreprendre la defcription des Volcans éteints du Vivarais & du Velay; tout ce que j'ai été obligé de faire étoit cependant néceffaire & même indifpenfable.

Si je rappelle ici tous ces détails, c'eft moins fans doute pour étaler les foins & les peines que ce travail a exigé de moi, que pour rendre compte aux amateurs de l'Hiftoire Naturelle, du defir que j'avois de fatisfaire leur goût en effayant de défricher un champ auffi ingrat, environné de toutes parts d'obftacles & de difficultés faites pour rebuter. J'ofe donc, en faveur de l'intention qui me dirigeoit, demander la plus grande indulgence pour bien des fautes & des erreurs qui me feront certainement échappées.

Les Volcans du Vivarais ont fait l'objet de mes premieres defcriptions, j'ai jeté d'abord un coup-d'œil fur la topographie de cette curieufe Province, fur les rivieres qui la traverfent, telles que

la *Loire*, l'*Allier*, l'*Ardeche*, &c. fur la difpofition, l'organifation & l'élévation de fes principales montagnes, fur les grands courans de laves, &c.

J'entre dans le Vivarais en fuivant l'Itinéraire le plus commode,
celui qui conduit aux objets les plus importans à connoître, & je
parts de Montelimar, ville fituée fur une grande route à la porte
du Vivarais. On peut fe rendre de-là dans une heure au village
de *Rochemaure*, où exifte un magnifique Volcan éteint qui repofe
fur les matieres calcaires; on y diftingue des reftes de *crateres*
& d'anciennes bouches à feu du plus grand intérêt pour l'Hiftoire
Naturelle; c'eft-là où la Zéolite & la pierre calcaire fe trouvent dans
le Bafalte même. J'ai confacré deux gravures à ce Volcan, l'une repréfente le château de *Rochemaure*, appartenant à M. le Prince de
Soubife; rien n'eft auffi fingulier & auffi curieux que de voir le donjon
de cet ancien fort, perché fur une pyramide de bafalte prifmatique
très-élevée, la difpofition bien extraordinaire des colonnes, montre
la marche que peut tenir quelquefois la Nature dans les produits de
cette efpece; la feconde offre le tableau du *pavé des Géans de Chenavari*, une des plus belles chauffées bafaltiques qui puiffe exifter.

Le Volcan de *Maillas* fait l'objet d'une autre Section, j'indique la
route qu'il faut tenir pour s'y rendre; deux planches accompagnent
cette defcription, la premiere eft la vue du *Mont Jaftrie*, au-deffus
du village de *Saint-Jean-le-Noir*, je l'ai fait deffiner pour faire connoître l'enfemble d'une montagne volcanique couronnée par un grand
plateau de bafalte. Pour peu qu'on ait l'habitude de voyager en obfervateur dans les pays volcanifés, on fait diftinguer de très-loin les
montagnes formées par le feu, elles ont en général une tournure &
un afpect qui leur eft propre. C'eft fur le *Mont Jaftrie* qu'exifte le beau
pavé de *Maillas*, qui fait le fujet de cette feconde planche, la cinquieme de l'ouvrage.

Les rampes de *Montbrul* méritoient toute l'attention des Naturaliftes; des bancs de pierre calcaire, recouverts par une couche fort
épaiffe de cailloux roulés parmi lefquels on trouve des quartz, des
granits, des tripolis, des bafaltes & des laves poreufes arrondies; ce
banc de poudingue furmonté par de grandes maffes de pouzzolane, &
ces dernieres couronnées par des chauffées de bafalte prifmatique,
étoient autant d'objets du premier intérêt pour ceux qui aiment à
étudier les différentes révolutions de la terre. J'ai fait copier d'après

nature, & avec une attention scrupuleuse, cette importante coupe de montagne qu'on a mis heureusement à découvert en pratiquant à grands frais le chemin qui conduit de *Saint-Jean-le-Noir* à *Montbrul*.

Lorsqu'on est parvenu, en suivant ces curieuses *rampes*, sur le haut de la montagne dans un lieu nommé les Balmes de *Montbrul*, on découvre un *cratere* d'environ 80 toises de profondeur, sur 50 de diametre; c'est ici où le naturaliste trouvera la suite la plus complette & la plus variée de laves dont la plupart offrent des accidens aussi singuliers qu'instructifs. Le principal profil de ce cratere, au fond duquel on voit des prismes de basalte reposant sur la pierre calcaire, est figuré dans la Planche VII.

La Planche VIII est le beau pavé du pont *du Bridon*, sur le bord de la riviere du *Volant*, dans un paysage délicieux; cette chaussée qu'on a la facilité de pouvoir étudier avec la plus grande aisance par sa position favorable, offre divers objets d'instruction très-utiles.

La Planche IX qui a pour titre, *Chaussée du pont de Rigaudel*, aussi pittoresque par l'arrangement & la disposition des colonnes qui forment une espece d'amphithéatre, est d'autant plus curieuse, que plusieurs des prismes prononcés avec la plus grande netteté, sont articulés & contiennent de gros noyaux de granit intact, de la plus belle conservation.

Celle du n°. 10 est relative au Volcan nommé sur les lieux la montagne *de la Coupe* au *Colet d'Aisa*; ce pic de forme conique, n'est composé que de laves poreuses d'une couleur rougeâtre ou noire, sa sommité offre un *cratere* en entonnoir d'une grande profondeur & d'une conservation si parfaite, qu'il semble que ce Volcan, quoique très-ancien, vient seulement de s'éteindre, on doit le regarder comme un des plus curieux & des plus instructifs qui existe. On peut suivre & marcher sur un courant de lave basaltique bien à découvert, qui part du haut du *cratere*, en descendant jusqu'au bas de la montagne au pied de laquelle il a formé un pavé de géans, de telle maniere qu'il n'y a point d'interruption, ni de ligne de séparation de la lave qui a descendu du haut de la montagne par ondulation, & a coulé d'une seule venue, avec celle qui affecte la forme prismatique, ce que j'ai fait rendre avec beaucoup d'exactitude dans la gravure; on verra par-là, d'une maniere indubitable, que les prismes de Basalte n'ont pas eu d'autre formation que celle du feu.

La chaussée du *Pont de la Baume*, au bord de la riviere d'Arde-

che,

che, repréfentée dans la planche onzieme, de grandeur double in-folio, eft une portion d'une des plus grandes coulées bafaltiques du Vivarais; on y diftingue le Bafalte articulé, les colonnes d'un feul jet, & des rudimens de prifmes qui divergent en plufieurs fens & de plufieurs manieres; on y voit une belle grotte naturelle tellement réguliere, qu'elle paroît au premier abord formée par l'art.

C'eft après avoir fait connoître ce dernier pavé, que je donne des détails très-étendus fur les puits méphitiques de *Neirac*, dont les vapeurs font au moins auffi actives & auffi malfaifantes que celles de la grotte du chien, de Pouzzole; je rends compte de toutes les ex-périences que j'y ai faites moi-même, &c. Cette notice eft fuivie d'une lettre adreffée à M. de Sauffure, au fujet d'un poudingue qui a pour bafe un fable graniteux; ce *poudingue* qui contient des mor-ceaux de Bafalte, fe forme ou plutôt s'aglutine à l'aide d'une eau fortement imprégnée de gas méphitique; j'explique de quelle ma-niere je découvris ce phénomene; je parle après cela de la montagne volcanique nommée la coupe de *Jaujeac*, dont le *cratere* eft auffi bien caractérifé que celui de la *Coupe du Colet d'Aifa*; s'il y a une grande reffemblance entre ces deux *crateres*, j'y trouve une analogie de nom bien remarquable, ils font appellés tous les deux *Coupe*, à caufe de la forme de leur bouche; or une coupe fe dit en latin *crater*, & ce dernier mot étoit employé chez les Latins, & plus anciennement chez les Grecs, pour défigner la bouche d'un Volcan; c'eft du *cratere* formidable de Jaujeac qu'a découlé cette fuite de pavés prifmati-ques qui bordent la riviere *du Vignon*, que j'ai foin de défigner dans mon itinéraire.

Ces objets une fois connus, je donne des détails fur le voyage du *Colombier*, de la *Gravenne* de *Montpezat*. J'ai fait prendre une vue de la chauffée des bords de la riviere *d'Auliere*, où les prifmes font non-feulement d'une très-grande élévation, mais fe trouvent difpofés par grands faifceaux, & deffinés d'une maniere qui paroîtra extraordi-naire; cette chauffée eft, felon moi, fi étonnante, que je crains qu'on ne regarde la chofe comme incroyable; je fupplie donc d'avance les perfonnes qui voudroient en quereller l'exactitude, de ne pas pro-noncer fans avoir vu les lieux, ou s'en s'être fait rendre compte par les gens du pays. Ce beau pavé a pour fondement une affife de cailloux roulés, recouverte par une petite zône d'un fable d'un brun jaunâtre, fur laquelle portent les colonnes, au-deffus defquelles on voit une

d

couche irréguliere de lave bafaltique, furmontée par une troifieme couche de Bafalte prifmatique : je dois obferver que la difpofition du lieu m'a empêché de faire fentir cette troifieme couche dans la gravure de ce pavé qui eft celle de la Planche XII.

Le Volcan de la *Gravenne* de *Theuyts* mérite une attention particuliere & un examen de quelques jours ; j'ai fait connoître avec foin cette belle montagne volcanique, & j'ai donné la vue d'après nature du pont de *Gueule-d'enfer*, où l'on voit une partie d'une chauffée prifmatique des plus majeftueufes & des plus étendues, qui repofe à nud fur des rochers efcarpés de granit, au bord d'un précipice dont le nom feul de *Gueule-d'enfer*, indique l'horreur.

De Theuyts on monte dans le haut Vivarais, par la côte de *Maïre*, *la Narfe*, *Peyre - Baille*, *Pradelles*, où l'on trouve une fuite de Volcans très-curieux, tels que ceux de l'*Hermitage*, de *Chenelette*, d'*Ardenne*, de *St.-Clément*, de la *Fayette*, *Montlor*, la *Fare*, &c. dont je fais mention jufqu'à ceux qui font dans le voifinage de la capitale du Velay.

Je termine cette partie de mon Ouvrage par une lettre adreffée à M. le Comte de Buffon, fur un courant de lave qui a circulé pendant plus d'une lieue à travers les rochers calcaires des environs de *Villeneuve-de-Berg* ; cette lettre, honorée du fuffrage de ce naturalifte célebre, renferme tous les détails relatifs à la marche qu'a tenu ce courant, dont j'ai donné le développement dans un plan figuratif.

C'eft après cette lettre que je traite de la partie des Volcans du Velay ; je vais tracer rapidement ici la marche que j'ai tenue.

1°. Vues générales fur cette Province.

2°. Defcription du Puy & de fes environs. On trouvera dans cette fection tout ce qui concerne les carrieres de Gypfe & de pierre calcaire, recouvertes par des matieres volcaniques, j'y parle fort au long du rocher *Corneille* & de celui de *St. Michel*, que j'ai fait graver dans la Planche XV.

3°. *Environs de la Chartreufe de Brives*, où l'on peut faire de belles études volcaniques.

4°. *Expailly* & fes environs. Je fais mention des hyacinthes & des faphyrs qui fe trouvent dans le ruiffeau *du Riou-Peizzouliou*. J'ai découvert que leur gangue étoit la mine de fer octaëdre en cryftaux ifolés, attirables à l'aiman ; j'explique la maniere dont on les recueille. J'ai fait graver à la fuite de ce chapitre le village & le rocher volcanique d'Expailly. Planche XVI.

5°. *Montagne de Danis*, rocher *de Polignac*. Ce rocher eft remarquable, non-feulement par de très-beaux objets volcaniques, mais par quelques morceaux curieux d'antiquité dont je dis un mot; j'ai eu foin de faire graver une tête coloffale en granit, qui paffe pour être celle d'un Apollon rendant des Oracles; l'Antiquaire *Simeoni* l'avoit vue & l'avoit fait graver dans fon livre de la *Limagne d'Auvergne*, traduit en François en 1561, mais le deffin en étoit infidele; je l'ai fait rendre trait pour trait, & dans fon véritable ftyle. Planche XVII.

6°. *Rocher de Bafalte des environs de Polignac, où les laves entrent en décompofition*: Cette immenfe maffe volcanique qui fait l'objet de la dix-huitieme planche, doit être un fujet de belles & profondes méditations fur les travaux de la nature, qui femble n'avoir détruit ici que pour fe plaire à recompofer & à faire reparoître les objets fous des modifications nouvelles : j'ofe efpérer que ceux qui aiment cette partie délicate & fcientifique de l'hiftoire naturelle des Volcans, me fauront quelque gré des peines que je me fuis données pour leur faire connoître ce grand & magnifique tableau.

7°. *Chartreufe de Bonnefoi, Montagne du Mezinc*. Je ne dis rien ici de cet article, je dois renvoyer à l'ouvrage même; cette haute montagne volcanifée depuis fa bafe jufqu'à fa fommité, m'a fourni une fuite de faits fi neufs, que je ne faurois trop exhorter les Naturaliftes à aller la vifiter & l'obférver avec méthode; ils y verront, j'ofe le dire, d'une maniere prefque évidente, les matieres volcaniques remaniées par des nouveaux agens, reparoître fous divers afpects qui femblent indiquer des fubftances étrangeres au feu. Là, des fumées fulphureufes ou d'autres émanations acides ont attaqué les laves, les ont décolorées & les ont fouvent converties en molécules terreufes; ici, le féjour des mers, ou des eaux fortement imprégnées de fubftances gazeufes, ont rejoint les mêmes matieres, & ont opéré de nouvelles combinaifons bien propres à conduire des yeux exercés à des découvertes importantes pour la Lithologie. Je n'ai point craint de dire dans ce chapitre, que j'avois cru entrevoir dans certains cas le paffage des laves à l'état de *feld-fpath* granitoïde, j'ai fenti d'avance combien cette idée paroîtroit hafardée, & même hors de vraifemblance, pour les perfonnes qui ne voyent la nature que dans les cabinets, auffi ai-je eu l'attention de prévenir que je ne répondrois qu'à ceux qui fe feroient donné la peine, ou plutôt le plaifir d'aller étu-

dier les lieux dont je parle. Je ne développerai même entiérement
tous les moyens que je puis faire valoir à ce fujet, pour fortifier mon
affertion, que lorfque les obfervateurs fe feront un peu plus familia-
rifés avec ces matieres. J'ai été bien aife cependant d'apporter à Paris
une fuite d'échantillons bien caractérifés, propres à faire voir que
mon idée n'eft peut-être pas totalement deftituée de fondement : plufieurs naturaliftes célebres, & des chimiftes du premier ordre, font
venus voir ma collection, & y font venus fans doute avec des pré-
ventions contre mon opinion, à laquelle, au refte, je n'attache aucune
efpece d'importance; j'ai eu la fatisfaction de les voir, finon parfaitement convaincus, du moins fortement ébranlés, enchantés de mes
fuites, & m'avouant ingénument que ce n'eft point dans les villes
qu'on voit la nature, & qu'on ne peut fuivre véritablement fes grandes opérations que fur les lieux.

8°. *Rocher Bafaltique de Roche-Rouge.* C'eft encore ici un objet volcanique capital, que j'eus la fatisfaction de découvrir dans mes voyages du Velay; cette bute confidérable de lave bafaltique, qui dans le
tems qu'elle étoit en incandefcence, fut élevée par l'effort des feux
fouterrains, s'eft fait jour à travers des maffes épaiffes de granit, &
s'en eft approprié des lambeaux qui fe font attachés contre fes faces
extérieures : rien n'eft auffi curieux & auffi démonftratif que ce rocher qui fait le fujet de ma dix-neuvieme planche.

9°. *Lettres fur le Velay.* Ce font plufieurs lettres que M. l'Abbé
de Mortefagne, Savant très-eftimable, m'a fait l'honneur de m'adreffer fur plufieurs des Volcans de fa Patrie.

Ici finiffent les recherches fur les Volcans du Vivarais & du Velay.
Je me fuis attaché à faire connoître ceux qui préfentoient les plus
grands objets d'intérêt, fans m'affervir à les décrire abfolument tous
fans exception; fi j'avois voulu remplir une telle tâche, j'aurois eu
de quoi former plus de trois volumes in-folio, pleins de répétitions,
& l'ouvrage qui n'eft même déjà que trop furchargé de détails, feroit
devenu pour lors auffi faftidieux que compliqué.

J'ai fait imprimer après les Volcans du Velay, un Mémoire cir-
conftancié fur un monument de l'Eglife Cathédrale du Puy, qui
pourra paroître peut-être étranger à mon ouvrage, & à l'hiftoire
naturelle; mais comme j'avois annoncé que lorfque je trouverois
dans mes voyages des objets curieux & intéreffans, j'en ferois mention, on ne doit point regarder comme hors d'œuvre, que je parle

de

de celui-ci qui méritoit selon moi d'être connu comme un monument chrétien très-ancien & très-remarquable ; c'est la statue de Notre-Dame du Puy, célébrée par un grand nombre d'écrivains. Quelques personnes la regardoient comme un morceau de sculpture en basalte antique, & la soupçonnoient d'être une divinité égyptienne, ce qui au reste, quand la chose auroit été véritable, ne pouvoit toucher en aucune maniere à la sainteté du culte & de la religion. J'ai éclairci ce point de fait, avec les intentions les plus pures ; la statue n'est point en basalte, mais en bois de cédre ; elle est curieuse & remarquable du côté de l'art, mais tout tend à prouver que c'est un monument veritablement chrétien, qui pourroit avoir été apporté d'Egypte du tems des premieres croisades : c'est absolument là mon sentiment.

Or, comme avec les intentions les plus louables, on a quelquefois le désagrément de rencontrer des esprits foibles, qu'un zèle outré & mal dirigé égare, il ne seroit point impossible que des personnes de cette espece s'efforçassent de blâmer mes recherches, de quereller même la description très-fidele que j'ai donnée de la statue de Notre-Dame du Puy, ainsi qu'on a déjà tenté de le faire ; mais puisque long-tems avant moi, des historiens, tant ecclésiastiques que séculiers, ont écrit sur le même sujet, & ont fait des recherches sur cette statue, que même plusieurs ont osé dire de bonne foi qu'elle venoit d'Egypte, & qu'elle avoit été faite par le prophête Jéremie, je crois que j'ai pu sans reproche m'occuper du même objet, en assurant que je me suis donné beaucoup plus de peine qu'eux pour voir plusieurs fois & étudier avec attention ce monument du côté du style & de l'art, afin de pouvoir en parler en connoissance de cause. Je proteste donc contre tout ce qu'on pourroit dire contre ma description, elle est scrupuleusement exacte & fidele dans tous les points, le dessin que j'ai fait prendre a été exécuté avec une attention & une patience sans égale, & le portrait est ressemblant ; j'ai fait toutes ces recherches accompagné de plusieurs ecclésiastiques aussi respectables qu'instruits, & je répéte encore que la statue est en bois de cédre, qu'elle est entiérement couverte de plusieurs enveloppes de toiles, étroitement appliquées & collées sur le visage & sur le corps, & que c'est sur ces même toiles qu'on a peint en différentes couleurs à la détrempe, les arabesques & les ornemens dont je fais mention dans mon mémoire, & que ces bandelettes de toiles, cachées par les couleurs, font

tellement corps avec le bois , qu'il faut examiner la ftatue avec attention dans les endroits un peu dégradés pour s'en appercevoir : je répéte encore que les yeux font en verre.

On trouve à la fin de mon Ouvrage plufieurs Lettres & Mémoires
relatifs, non-feulement aux Volcans du Vivarais, mais encore à ceux
de Provence & des environs de Lisbonne nouvellement reconnus par
M. le Chevalier de Dolomieu.

Tel eft le plan de l'Ouvrage dont j'étois bien aife de rendre compte
à mes lecteurs ; j'aurois voulu donner , ainfi que je l'avois annoncé ,
une carte du Vivarais & du Velay, c'étoit certainement mon intention , mais ce travail qui n'auroit eu de véritable mérite , qu'autant
qu'il auroit été fait avec un foin extrême , entraînoit des détails & des
longueurs qui m'auroient jeté trop loin ; j'efpere cependant de pouvoir
revenir quelque jour fur cet objet. J'ai remplacé cette carte en
augmentant le nombre des gravures , que j'ai fait exécuter avec tout
le foin poffible, non dans ce genre fini & léché, qui énerve entiérement les objets, mais dans la maniere qui convenoit à la chofe, &
qui tendoit le plus à la vérité & à l'effet. J'ai donc préféré cette vérité ,
aux embélliffemens ordinaires , & je dois à cet égard des éloges aux
Artiftes pour qui il étoit d'autant plus difficile de faifir ma penfée, que
ces objets étoient abfolument neufs pour eux.

Explication des Vignettes.

La Vignette du Frontifpice repréfente, d'après nature, le Mont Etna ;
avec la ville de Catane ; c'eft pour faire allufion aux deux beaux vers de Vir-
gille qui fervent d'Epigraphe, qu'on a repréfenté ce Volcan en éruption.

Celle qui eft placée à la tête du Difcours fur les Volcans brûlans, eft la
vue du Mont Véfuve.

La troifieme qui précede les Volcans éteints du Vivarais, repréfente la
montagne en Bafalte prifmatique de *Caftel à Mare*, produite anciennement
par un courant de lave de l'Etna.

ERRATA.

PAGE 30, ligne 16 ; micaſſé, *liſez*, micacé.

Pag. 34, ligne 15 ; Dell'annunxiala, *liſez*, dell'Annunziata.

Page 64, avant-derniere ligne ; après *le Philoſophe Napolitain*, ôtez le *point* qui coupe le ſens, & mettez une virgule.

Pag. 186, ligne pénultieme ; décaedre, *liſez*, dodécaedre.

Pag. 187, ligne premiere ; grenat à priſme quadrilatere, *liſez*, hyacinthe couleur de grenat à priſme quadrilatere.

Ibid. ligne 11 ; ce qui forme un grenat, *liſez*, ce qui forme une hyacinthe grenat.

Ibid. ligne 21 ; & ſe rapprochant de l'hyacinthe, *ajoutez*, ou plutôt qui n'en différent que par la couleur, n'y ayant ici de vrai grenat que le n°. 122.

Ibid. ligne 31 ; après du Puy, *ajoutez*, quoique les numéros 123, 124, 125, 126 & 127 ci-deſſous ayent la couleur du grenat, ce ſont, quant à la forme, de véritables hyacinthes.

Pag. 219, ligne 18 ; doit être, *liſez*, doivent être.

Pag. 223, ligne 33 ; déplogiſtique, *liſez*, déphlogiſtique.

Pag. 233, ligne 39 ; valcaniſées, *liſez*, volcaniſées.

Pag. 300, ligne 25 ; de granit en chryſolite, *liſez*, de granit ou de chryſolite.

Pag. 356, ligne 43 ; Scipioni a donné, *liſez*, Simeoni a donné.

Pag. 436, premiere ligne de la lettre de M. Bernard ; des granits, *liſez*, des engrais. Cette faute ne ſubſiſte que deſſus la moitié de l'édition à peu-près.

Pag. 441, ligne premiere ; des pierres noires augmenta, *liſez*, des pierres noires augmente.

Ibid. ligne 31 ; à quatres lieues au-deſſous, '*iſez*, à quatre lieues au-deſſus.

Ibid. à la date de la ſeconde lettre ; Lisbonne 6 Janvier, '*iſez*, Lisbonne 6 Avril.

Pag. 444, ligne 46 ; on pourroit faire accorder ce fait, *liſez*, on pourroit, pour faire accorder ce fait, &c.

Pag. 445, ligne 8 ; nous diſcuterons fort au long ſur la matiere, *liſez*, nous diſcuterons fort au long ſur la nature.

TABLE DES SOMMAIRES.

DISCOURS

DISCOURS

SUR

LES VOLCANS BRULANS.

L eſt néceſſaire d'entrer dans quelques détails ſur les volcans brûlans qui nous ſont connus, & ſur ceux qui, ceſſans par intervalle de jeter des flammes, reparoiſ-ſent de temps à autre. Les perſonnes qui cherchent à s'inſtruire dans cette belle partie de l'hiſtoire naturelle, & qui ne ſont pas à portée de ſe tranſporter ſur les lieux, pourront ſe former par-là une idée de ces terri-bles bouches de feu, dont les exploſions inconcevables ébranlent au loin la terre, & renverſent même les montagnes les plus ſolides ; tandis que les naturaliſtes, verſés dans la connoiſſance de ces matieres, auront la facilité de trouver dans ce diſcours, ſous un même point de vue, les dé-tails les plus importans, analogues à ces mêmes objets.

Je ne dois m'attacher qu'à donner la notice de la plupart des volcans brulans, qu'à faire mention de leur ancienneté connue, de leurs érup-tions les plus remarquables, des différentes matieres qu'ils vomiſſent. J'aurai attention de citer les auteurs qui m'ont ſervi de guide. Ce pre-mier mémoire, peu ſuſceptible d'agrément par la ſéchereſſe des détails, eſt entiérement conſacré à l'inſtruction. J'ai dû, en écarter tous les faits qui ne porteroient que ſur des objets de pure curioſité, & qui s'écarte-roient du but que je me propoſe.

Je me ſuis étendu à la vérité fort au long ſur le *Veſuve* & ſur l'*Etna*, parce que ces deux volcans, mieux obſervés & mieux connus que tous les autres, méritoient une analyſe d'autant plus détaillée, que j'ai été dans la néceſſité de relever quelques erreurs dans leſquelles étoient tom-bés quelques auteurs, au ſujet des matieres que vomiſſent ces deux bou-ches enflammés, & que d'ailleurs leurs éruptions, ſuivies par un plus grand nombre de naturaliſtes, devenoient néceſſaires & applicables à la théorie des volcans éteints.

A

DISCOURS SUR

VOLCANS DE L'EUROPE.

LE VESUVE.

ON a beaucoup écrit fur le Véfuve. Les dernieres obfervations faites par le pere de la Torre , par M. le chevalier Hamilton & par M. Ferber, font celles qui méritent le plus l'attention des phyficiens & des naturaliftes. Le pere dom Jean-Marie de la Torre , garde de la bibliotheque & du cabinet du roi des deux Siciles , a donné une hiftoire du Véfuve & de fes phénomenes ; cet ouvrage eft affez complet : il fait mention de l'état ancien & préfent du Véfuve ; il cite les paffages des auteurs qui en ont parlé & donne la fuite chronologique des incendies de ce volcan , &c. On doit compte à ce phyficien des peines infinies qu'il s'eft données pour bien étudier le Véfuve.

Malgré les détails très-inftruⅽtifs & très-intéreffans que le pere de la Torre a répandus dans fon ouvrage , on a cependant un véritable regret de voir que cet auteur n'eft verfé ni dans la chymie ni dans la minéralogie , ce qui l'a induit en de grandes erreurs [a].

M. Ferber , dans *fes lettres fur la minéralogie & fur divers autres objets de l'hiftoire naturelle de l'Italie* , adreffées à M. le chevalier de Born, fait mention du Véfuve & des matieres qu'il vomit. Sa onzieme lettre , datée de Naples du 17 février 1772 , nous inftruit mieux fur le Véfuve , que plus de cent cinquante volumes , tant anciens que modernes , qui ont été écrits fur le même fujet : le favant commentaire de M. le baron de Dietrich , traduⅽteur de ces lettres , rend cet ouvrage doublement intéreffant.

M. le chevalier Hamilton , miniftre d'Angleterre à la cour de Naples, a rendu de grands fervices à l'hiftoire naturelle , en donnant fon bel & grand ouvrage fur le Véfuve & l'Etna : on y voit ces deux volcans & leurs acceffoires gravés fous une multitude de points de vue différens. Les étrangers qui vont à Naples trouvent les plus grandes reffouces, du côté de l'agrément & de l'inftruⅽtion , chez M. Hamilton , favant exaⅽt & infatigable, qui cultive avec fuccès les arts & les fciences, & qui joint à fon goût pour la phyfique, celui des recherches fur l'antiquité.

Ces trois auteurs feront mes principaux guides dans ce que j'ai à dire fur le Véfuve. Ce volcan étant un des mieux connus, je vais m'attacher à entrer dans des détails peu étendus à fon fujet. Rien n'eft auffi propre à fervir d'introduⅽtion à un ouvrage fur les volcans éteints , que l'hiftoire même d'un volcan dont les phénomenes & les éruptions ont été plufieurs fois obfervés par des favans qui en ont été les témoins oculaires.

---

[a] Pour prouver que le pere de la Torre n'étoit pas inftruit en minéralogie lorfqu'il a compofé fon livre , on n'a qu'à jeter un coup d'œil fur le chap. V de fon hiftoire du Véfuve , où il décrit les différentes matieres qui fortent de ce volcan. Le paragraphe 105 eft conçu en ces termes : » Les matieres lancées en l'air » font la fumée , le fable noir & fin , un fable plus » gros , l'un & l'autre brûlés ; les pierrettes ; les pier- » res ponces ou pierres calcinées ; une matiere qui , » comme les pierres, eft fpongieufe, dure & faline ; » les pierres naturelles de diverfes grandeurs , un peu » brûlées & noircies fur leur furface ; les groffes écu- » mes , les écumes légeres ; les pyrites oⅽtaèdres, qui » ne font autre chofe que des petites colonnes à huit » faces polies , de couleur de pierre ferpentine ; le » foufre ftérile , le fel , le talc & les marcaffites. « §°. 105 , pag. 219 de la traduⅽtion Françoife. On voit , par cet échantillon, que l'auteur n'étoit pas fort fur l'article des nomenclatures.

LE Véfuve , fitué dans la terre de Labour , eft placé entre les Apen-
nins & la mer , attenant aux monts *Somma* & *Ottajano* , qui font également volcaniques [a] ; il n'eft éloigné de Naples que de huit milles
d'Italie , on peut y monter par trois chemins différens : le premier, du
côté du *mont Somma ;* le fecond , vers *Refina* , & le troifieme , en paffant par *Ottajano* ; ces routes font toutes très-rapides & très-difficiles.
La montagne eft de figure conique ; quant à fon élévation, comme elle
n'a été mefurée , par le pere de la Torre & par M. l'abbé Nollet , qu'avec
le barometre, on ne peut pas compter fur l'exactitude abfolue de cette
opération, depuis fur-tout que le célebre abbé Fontana a fait voir dans
combien d'erreurs confidérables pouvoit jeter la conftruction actuelle
de nos barometres , fans en excepter même celui de M. du Luc , un des
plus ingénieux & beaucoup plus exact que les autres , mais qui , malgré
cela , a des défauts qui peuvent égarer l'obfervateur [b]. Quoi qu'il
en foit l'abbé Nollet , dans fon voyage d'Italie , fait en 1749 , mefura la
hauteur du Véfuve avec le pere de la Torre lui-même , & avec le pere
Garro , minime ; fon mémoire à ce fujet eft dans ceux de l'académie
des fciences de l'année 1750 ; mais fon barometre s'étant rompu fur le
Véfuve , il ne put pas obferver lui-même fur les bords de la mer , & il fut
obligé de s'en rapporter aux remarques qu'avoit fait précédemment le
pere *Garro* qui s'eft fervi d'un mauvais inftrument : on doit donc regarder le travail de l'abbé Nollet comme une opération manquée ; le
pere de la Torre l'a ainfi reconnu lui-même , & a mefuré de nouveau &
plufieurs fois le Véfuve avec beaucoup plus de précifion, en employant
les meilleurs barometres connus. Le produit de fes calculs a été de donner au Véfuve 1677 pied de Paris , d'élévation abfolue & perpendiculaire au-deffus du niveau de la mer , & 1343 pieds de hauteur relative
au-deffus de *Pugliano*. Le pere de la Torre comptoit , par chaque ligne
d'abaiffement du mercure , 10 toifes , ajoutant un pied pour la premiere ligne , 2 pieds pour la feconde , 3 pieds pour la troifieme , &c.
en fuivant toujours cette même gradation.

L'opinion de la plus faine partie des naturaliftes qui ont bien étudié le Véfuve , eft que le mont *Somma* , le mont *Ottajano* & le mont
Véfuve ne formoient autrefois qu'une feule montagne de figure conique ,
bien plus vafte & bien plus élevée que ne l'eft le Véfuve actuel. Ces
deux montagnes réunies montrent encore, par leur demi-cercle concen-

[a] Le pere de la Torre foutient le contraire ; il eft
même dans l'opinion que le mont Véfuve exiftoit
avant qu'il eût vomi des matieres enflammées ; il prétend même avoir vu, dans l'intérieur du volcan , des
couches de pierres non volcaniques ; mais tout fon
fyftême eft anéanti par le fait, car ce qu'il prend pour
des couches de *pierres primitives* , n'eft abfolument
que de la lave ; & ce qu'il appelle *terre naturelle* , &
qu'il compare au fable rouge de Pouzzole , eft une
terre purement volcanique , une véritable pouzzolane:
il eft démontré par - là que le révérend pere de la
Torre , qui avoit fait cinquante voyages au Véfuve ,
n'en connoiffoit pas les matieres. Il n'y a pas deux
fentimens, parmi les naturaliftes éclairés, fur la nature
de la pouzzolane , qui eft abfolument une production
du feu. C'eft d'après tous ces faux principes que cet
hiftorien du Véfuve a fait les plus fortes bévues fur la
formation de ce volcan , & fur la nature des monts
Somma & Ottajano qui , quoi qu'il en puiffe dire ,
font des montagnes volcaniques. Il faut croire que le

pere de la Torre eft revenu de cette forte héréfie en
hiftoire naturelle : il eft fâcheux de voir un homme de
fon mérite donner dans des opinions auffi erronées.

[b] M. l'abbé Fontana m'a fait voir à Paris un barometre de fon invention , fait en Angleterre par
le fameux Ramfden , le feul artifte qui ait pu l'exécuter avec cette précifion mathématique qu'exige un
inftrument de ce genre. Cet excellent barometre que
M. l'abbé Fontana a cédé à M. le duc de Chaulne,
démontre par le fait , mieux qu'on ne pourroit le
faire par tous les raifonnemens , combien les barometres anciens réuniffoient de défauts , & nous fait
voir en même temps combien la phyfique a d'obligation à l'habile phyficien chargé du cabinet du grand
duc : il feroit à defirer feulement que nos artiftes de
France euffent un peu plus d'émulation , & fuffent
jaloux d'atteindre au degré d'exactitude & de perfection auquel ceux d'Angleterre font déjà parvenus. Il
eft fâcheux que nous foyons obligés de tirer nos meilleurs inftrumens de l'étranger.

trique , qu'elles correfpondoient au Véfuve qui n'en eft féparé que par
un vallon : leur contexture & leur pofition annoncent qu'elles ne devoient former anciennement qu'une feule montagne volcanique fort
élevée , dont le fommet s'eft écroulé , & dont on remarque encore une
partie de la circonférence.

Le vallon formé par les monts *Somma* & *Ottajano* eft prefque par-
tout large de 2220 pieds , & fa longueur eft d'environ 18428 pieds , felon le pere de la Torre qui conclut de là que ce vallon formant la moitié du contour du Véfuve , cette montagne doit avoir environ 36856
pieds de tour ; c'eft-à-dire , environ 6 milles & demi d'Italie. Le contour
des trois montagnes eft d'environ 24 milles , c'eft-à-dire , dix lieues communes de France. Tout ce vallon eft couvert de matieres volcaniques.

Comme le pere de la Torre a fait plufieurs obfervations intéreffantes
fur le Véfuve , je vais les rapporter ici. Il faut convenir que s'il a mal
connu en général les matieres que vomit ce volcan , il a donné des defcriptions exactes de la partie topographique ; fon ouvrage a du mérite
de ce côté-là. Je me fers ici de la traduction de M. l'abbé Peyton.

» Quand on eft monté fur la cime du Véfuve , dit le pere *della Torre* ,
» au lieu de trouver un certain plat , comme on s'y attendroit , on ne
» voit autre chofe qu'une efpece de bourlet ou de rebord large de 3 ,
» 4 ou 5 palmes , & qui a 5624 pieds de tour ; il a été mefuré plufieurs
» fois , tant par moi que par d'autres , fi exactement , que je n'ai trouvé
» que quatre pieds de différence fur le total. On peut marcher affez com-
» modément fur cette circonférence qui eft toute couverte de fable brûlé
» & rouge en quelques endroits , fous lequel il y a des pierres natu-
» relles & d'autres calcinées qui forment l'ourlet. . . Ce rebord n'a
» pas par-tout la même hauteur : du côté de Refina , par exemple , où
» eft le chemin , il eft plus bas que de tous les autres côtés : ainfi pour
» defcendre par-là au fond de cette coupe , il n'y a qu'un peu plus de 100
» pieds de chemin qui eft prefque perpendiculaire , mais praticable
» néanmoins à caufe des pierres qui s'avancent en dehors.... Du re-
» bord dont on a parlé , on defcend dans le plan intérieur. (Par le *plan*
» *intérieur* , le pere de la Torre entend défigner le *cratere*, la bouche du
» volcan.) L'on peut aifément s'approcher de l'abyme où la matiere qui
» fermente entretient un feu vif & continuel ; mais il faut avoir foin de
» prendre le côté oppofé à la direction de la fumée épaiffe qui en fort
» continuellement. Ce plan intérieur (ou cratere) n'a pas toujours la
» même forme ; elle varie felon les différens accroiffemens de la fer-
» mentation intérieure. » Le pere de la Torre a fait graver des planches
où l'on voit l'état du cratere après les éruptions de 1751 , 1754 &
1755 jufqu'en 1760.

» Je montai fur le Véfuve (continue le même auteur) en 1749, avec
» M. l'abbé Nollet ; nous trouvâmes fur le *cratere* trois ouvertures ou
» gouffres qui jetoient alternativement, & dans un ordre très-réglé , des
» écumes enflammées , & une fumée très-épaiffe qui produifoit en l'air
» un bruit confidérable. Pendant que de deffus le rebord nous obfervions
» attentivement cette alternative , nous fentîmes tout-à-coup une vio-
» lente fecouffe de toute la circonférence : comme nous cherchions à
» en découvrir la caufe , nous vîmes que le plan s'élevoit peu à peu entre
» deux

» deux de ces bouches, d'où il fortoit beaucoup de fumée. Dans le même
» moment il s'éleva en l'air, avec un bruit horrible, une grande quan-
» tité de pierres, & il fe forma une nouvelle ouverture. Le 19 octobre
» 1751, huit jours avant l'éruption qui arriva en cette année, je montai
» fur le Véfuve avec le prince de Saint Gervatio & le marquis de Genzano;
» nous obfervâmes que le plan intérieur offroit une éminence élevée.
» Vers la fin de novembre de la même année, quelques jours après l'é-
» ruption violente du Véfuve, la petite montagne commença à tomber
» peu à peu dans l'abyme, & fournit ainfi un nouvel aliment à la matiere
» qui fortoit déjà de la montagne par un des flancs.

» Je montai fur le Véfuve le 2 mai 1752, avec M. Randon de Boffé
» qui étoit venu en Italie pour voir tout ce qu'il y a de curieux en ma-
» tiere d'érudition & d'hiftoire naturelle. Je trouvai la fuperficie du plan
» intérieur toute différente de ce qu'elle m'avoit paru aux deux pre-
» mieres fois, & telle qu'elle eft repréfentée. En defcendant dans le
» volcan, du côté d'*Ottajano*, nous vîmes fur la déclivité intérieure plu-
» fieurs crevaffes & des pierres dérangées qui fe foutenoient les unes
» les autres : ces ouvertures répondoient directement à celle qui s'étoit
» faite au dehors l'année précédente, & d'où il étoit forti un torrent de
» feu. On voyoit fortir autour une fumée qui, dans le langage du pays,
» fe nomme *fumete*, ou *fumarole* : en y mettant un bâton on l'en retiroit
» tout humide, & l'on ne pouvoit fupporter avec la main la chaleur du
» trou par où fortoit la fumée. Quand nous fûmes arrivés au plan in-
» térieur, nous le trouvâmes tout couvert d'une croûte épaiffe d'un
» doigt, fort dure & poreufe, jaune en deffus & blanche en deffous,
» raboteufe, crevée en plufieurs endroits, fouvent féparée de la matiere
» de deffous, & quelquefois fi mince, qu'elle manquoit fous le pied ;
» cette inégalité faifoit qu'on y marchoit affez difficilement. Sous cette
» croûte il y avoit prefque par-tout une matiere calcinée, comme mêlée
» de foufre, fous laquelle étoit la pierre naturelle de la montagne,
» toute brûlée & pleine de trous ; elle reffembloit à une pierre compacte,
» dont les parties minérales & métalliques ont été fondues par la violence
» d'un feu actif & continu, & qui, quoique calcinée, conferve encore
» une confiftance folide. Entre la partie tournée vers *Refina* & celle
» qui regarde *Somma*, il y avoit une profondeur de plus de 160 pieds ;
» elle occupoit le quart du plan intérieur, dont la circonférence eft peu
» différente de celle du rebord qui, comme nous l'avons dit, eft de
» 5624 pieds. Près de cette profondeur, il y avoit une large fente fur
» une élévation qui étoit fur le plan ; elle avoit fa direction vers le côté
» où étoient les ouvertures dont j'ai parlé ; il en fortoit une fumée très-
» épaiffe, compofée des parties les plus pures du foufre, très - péné-
» trante, & pleine de fel d'alun. Telle eft la fumée qui fort continuel-
» lement du gouffre ou de la petite montagne intérieure qui fe forme
» quelquefois dans le Véfuve.

» Il y avoit auprès de cette ouverture fumante, deux grandes cavités
» affez proches l'une de l'autre, fituées de façon que, comme il étoit à
» peu près midi quand nous les obfervâmes, les rayons du foleil qui
» entroient dans une de ces cavités, étoient réfléchis par le fond, & for-
» toient par l'autre : par ce moyen j'eus la facilité d'obferver, jufqu'à

» une profondeur confidérable, la ftruĉture intérieure de la montagne en
» cet endroit. Je remarquai que les pierres naturelles dont la mon-
» tagne eft compofée en cette partie, étoient difpofées de la même
» maniere que dans les montagnes ordinaires, avec les différentes cou-
» ches de matieres dont j'ai parlé [a].

[a] Ici le pere *della Torre*, par défaut de connoiffance en chymie & en minéralogie, veut établir un paradoxe infoutenable & même contradiĉtoire. Il avance qu'à l'aide de l'ouverture qui lui permettoit de porter la vue jufqu'à une certaine profondeur dans le *cratere*, il apperçut *les pierres naturelles* dont la montagne eft compofée, convenant de bonne foi que les couches *naturelles de pierre étoient brûlées par la violence du feu continuel qui en avoit fondu les parties métalliques & minérales qui donnent la confiftance à toutes les efpeces de marbres.* Je voudrois en premier lieu demander au révérend pere de la Torre, ce qu'il entend par les parties métalliques & minérales qui donnent la confiftance à tous les marbres; fecondement, comment des bancs de *pierre naturelle* qu'on doit, d'après fon affertion, regarder comme calcaire, *après avoir été brûlés par la violence d'un feu continuel*, qui dure depuis plufieurs mille ans, n'ont pas été convertis en chaux & ont pu refter fur place, en confervant la forme de leur affife. Comment, en fuppofant même que leurs prétendues *parties minérales & métalliques* aient été fondues avec la matiere même de la pierre, ces bancs n'ont - ils pas effuyé, d'après un fen fi violent & fi foutenu, un degré de fufion & de vitrification, qui auroit dû les réduire en fcorie & en déranger entiérement la forme? Comment le pere de la Torre peut-il regarder le Véfuve comme une montagne primitive antérieure au volcan? Il ne confidéroit donc alors l'ouverture par où les matieres font vomies, que comme un fourneau établi à travers la montagne naturelle & non volcanique, en un mot, comme une efpece de cheminée percée dans des matieres beaucoup plus anciennes que le volcan même; mais les parois de cet immenfe fourneau fuffent-ils du quartz le plus pur, fuffent-ils défendus par des matieres les plus réfraĉtaires, ils auroient été mille fois décompofés par l'aĉtion étonnante d'un feu de cette nature. En un mot, ce fentiment eft tellement contre les faits & contre les principes reçus, qu'il ne mérite pas d'être férieufement combattu, & qu'il doit s'anéantir de lui-même. Je fuis charmé cependant de rappeler les détails que le pere de la Torre donne fur ce qu'il a obfervé dans le *cratere* du Véfuve, à l'époque où il le vifita avec M. Randon de Boffé, car la defcription prouve qu'il y a dans l'intérieur même de la montagne des laves établies par couches, puifque ces prétendues *pierres naturelles* ne font en effet que des laves plus ou moins dures : mais comment des laves en fufion ont-elles pu former des couches inclinées ou même horizontales dans l'intérieur même d'une montagne entiérement volcanique? Je fens les difficultés étonnantes qu'il y a de vouloir expliquer la plûpart des phénomenes relatifs aux volcans; je crois cependant qu'on peut établir quelques conjeĉtures fur la maniere dont les différentes couches de laves ont pu fe former; je ferai même obligé de revenir plufieurs fois fur ce fujet, lorfqu'il fera queftion, dans le cours de cet ouvrage, de la defcription de ces couches fingulieres de bafalte, qu'on trouve fouvent fur la fommité des montagnes où il y a eu anciennement des volcans. Je crois donc qu'on peut confidérer la chofe fous le point de vue fuivant. Commençons par fuppofer d'abord qu'il fe faffe dans un volcan une éruption des plus confidérables; que l'effort du feu élance des pierres, des nuages de cendres; que le volcan vomiffe de l'eau, des torrens de matieres enflammées; qu'il produife les plus violens ravages, & qu'on voie fortir de fon fein une immenfité de déjeĉtions de toute efpece, qui produifent elles-mêmes différentes petites montagnes, comme cela eft arrivé plufieurs fois, particuliérement au *mont Etna*. Suppofons après cela que toutes les matieres fondues foient épuifées, que le volcan s'appaife, que le calme fe rétabliffe; que doit-on retrouver dans le fein de la montagne, finon des cavités, des vuides étonnans, proportionnés aux matieres qui en font forties? Ces vaftes cavernes fouterraines doivent offrir, tantôt des galeries de différentes formes, tantôt des plans inclinés ou horizontaux; en un mot, une variété dans les plans & dans les contours, rélative aux efforts qu'a pu faire la matiere pour fortir & pour détruire les barrieres qui s'oppofoient à fon paffage. La chofe ainfi conçue, dès que les matieres qui fervent d'aliment aux feux fouterrains, auront de nouveau fermenté, qu'elles fe feront mifes infenfiblement en fufion, & qu'en fe dilatant elles chercheront une iffue pour fortir, n'eft-il pas naturel alors qu'elles aillent occuper les vuides qui leur oppofent le moins de réfiftance? La lave fondue & liquéfiée s'élevera donc alors en bouillonnant fur elle-même, fuivra la direĉtion des anciennes bouches, & étant parvenue fur le premier plan, fur la bafe d'une des vaftes cavités dont j'ai parlé, elle y fuivra, à l'exemple des liquides, le plan que lui offrira ce plateau, qui fera ou incliné ou horizontal, felon les circonftances. Il peut arriver bien des cas où cette premiere affife de lave n'ait que dix ou douze pieds d'épaiffeur, & qu'elle prenne de la confiftance, pendant que le foyer prépare & fond d'autres matieres; la nouvelle lave s'éleve alors par les iffues qu'elle rencontre, ou elle perce & fe fait jour à travers la premiere couche, & vient en former une feconde fur celle-ci. La même progreffion peut avoir lieu jufqu'à la formation d'un certain nombre de couches; & voilà quelle peut être l'origine des bancs de laves dans l'intérieur même de la montagne. Mais fi les cavités font une fois remplies; fi les différentes affifes de matiere oppofent une forte réfiftance à la nouvelle lave qui fe forme dans la profondeur du foyer, celle-ci s'efforçant à fortir des gouffres enflammés qui la contiennent, fait explofion, renverfe & détruit l'édifice qu'elle avoit formé & s'écoule par le haut du *cratere* : mais fi la réfiftance des couches fupérieures eft invincible, la lave fe faifant jour par les flancs, forme fouvent diverfes percées, & des torrens de matiere embrafée vont porter au loin la deftruĉtion & la terreur [*]. C'eft ainfi, je crois, qu'on peut hafarder quelques conjeĉtures fur la théorie de ces couches de matieres volcaniques qu'on remarque dans les montagnes qui ont été anciennement formées par le feu. Je fais que mes idées à ce fujet devroient être développées fous une maniere plus détaillée; mais les bornes d'une note déjà trop longue ne me permettent pas d'en dire davantage dans ce moment.

[*] » Les laves qui coulent lorfqu'il y a des éruptions, *dit M. Ferber lett*, 11e. *pag.* 184. ne fortent pas toujours du fommet du Véfuve; » quelquefois, comme cela eft arrivé dans la derniere éruption, elles fe font jour à mi-côte, & même au pied de la montagne. La lave » que le volcan jette dans l'état de fufion & de fluidité, demeure très-long-tems ardente & fumante : je n'ai pu tenir la main fur la derniere » lave qui a coulé il y a près d'un an, & la fumée s'élevoit encore de toutes les fentes qu'il y avoit dans la lave que le contaĉt de l'air & le » froid extérieur avoient fait éclater. »

» C'eft ce que je vis aifément dans les cavités que je confidérai, tant
» en long & en large, que dans leur profondeur qui étoit fi grande,
» que je ne pouvois pas diftinguer la matiere dont le fond étoit compofé,
» quoiqu'il fût tellement éclairé, que M. de Randon mettant fon bâton
» à l'ouverture de l'autre cavité, on en voyoit diftinctement l'ombre
» dans le fond de l'endroit où j'étois. Ces couches naturelles de pierre
» étoient brûlées par la violence d'un feu continuel qui en avoit fondu
» les parties métalliques & minérales qui donnent la confiftance à tou-
» tes les efpeces de marbre. Il y avoit, un peu au delà de ces deux cavi-
» tés, vers la partie feptentrionale, une large ouverture par laquelle
» on voyoit une grotte formée en voûte, d'une longueur confidérable.

» LE 30 juin de la même année 1752, je trouvai le plan intérieur
» du Véfuve à peu près dans le même état que je viens de décrire.

» Le premier jour de juillet 1752, il y avoit fous le plan intérieur,
» en fix ou fept endroits affez éloignés de l'abyme, un feu fenfible que
» l'on diftinguoit aifément par différentes ouvertures. En quelques-uns
» de ces endroits, la croûte qui nous portoit n'étoit pas épaiffe de plus de
» dix pouces. Avant d'arriver à la fente dont j'ai parlé, on voyoit dans
» un endroit un peu élevé un feu très-vif, mais fans fumée, qui reffem-
» bloit affez à une fournaife. Dans une des cavités par où j'ai dit qu'en-
» troient les rayons du foleil, je trouvai un trou qui alloit prefque per-
» pendiculairement jufqu'au fond du volcan. J'y laiffai tomber quel-
» ques pierres affez pefantes; mais il ne me fut pas poffible de les faire
» defcendre droit, parce qu'elles rencontroient continuellement des
» obftacles; elles employoient ainfi 12 fecondes pour aller jufqu'au
» fond. Je jugeai, par les différentes expériences que je fis alors, que fi
» elles n'avoient rencontré aucun obftacle, elles n'auroient été que
» 8 fecondes à defcendre; auquel cas, par les loix de l'accélération
» des corps graves qui parcourent dans la premiere feconde 15 pieds
» 1 pouce 2 lignes & $\frac{1}{18}$, la profondeur du trou auroit été de 967
» pieds. Tout le tour de la longue ouverture qui jettoit de la fumée,
» étoit de couleur de foufre. Je retournai confidérer la profon-
» deur de cette bouche intérieure, placée fur la voûte du cratere (que
» le pere de la Torre défigne par une figure); elle étoit compofée
» en quelques endroits de pierres naturelles & blanches; en d'autres,
» de pierres fablonneufes : on y voyoit auffi des couches de cailloux &
» de fable; elle s'étoit élargie depuis la premiere fois que je l'avois
» obfervée, & elle occupoit prefque le tiers du plan intérieur. Il y avoit,
» dans tout le refte de ce plan, d'autres cavités de 2, de 3 & même
» de 6 pieds; en forte que l'on pouvoit dire que le plan intérieur s'étoit
» confidérablement abaiffé.

» Dans un autre voyage que je fis fur le Véfuve le 16 octobre de la
» même année 1752, j'eus le champ libre pour m'approcher commodé-
» ment de l'abyme (c'eft-à-dire d'une des ouvertures formées fur la
» voûte du *cratere*); il fe rétreciffoit à mefure qu'il étoit plus profond;
» en forte qu'étant convergent, on ne pouvoit pas laiffer tomber perpen-
» diculairement des pierres jufques au fond. Mais étant monté fur un
» rocher qui s'avançoit fur ce gouffre d'environ 12 pieds, je me trouvai
» alors élevé à plomb fur le fond; j'y vis diftinctement un grand feu

» qui reſſembloit beaucoup à une vaſte chaudiere remplie de criſtal
» fondu; il en ſortoit une fumée épaiſſe, & j'entendois un bruit ſourd,
» mais aſſez conſidérable. Comme cette fumée ſe dirigeoit du côté de
» l'abyme oppoſé à celui où j'étois, j'eus la commodité de laiſſer tom-
» ber une pierre pour voir combien elle ſeroit de temps à arriver juſ-
» qu'au feu; mais je ne pus obſerver la chûte de la pierre que juſques aux
» deux tiers de la hauteur, parce que le vent me porta tout-à-coup un tour-
» billon de fumée ſi épaiſſe, qu'elle m'ôta la reſpiration, & que je n'eus
» que le temps de me jeter du rocher ſur le plan, pour trouver un air
» frais. Ainſi il ne me fut pas poſſible de perfectionner l'expérience.
» Cependant j'obſervai que la pierre avoit employé 5 ſecondes pour
» parcourir les deux tiers de la hauteur, ce qui faiſoit 377 pieds 5 pouces;
» d'où je conclus que la pierre avoit été un peu plus de 6 ſecondes à
» parcourir tout l'eſpace, & que par conſéquent la profondeur totale
» devoit être d'environ 543 pieds.

» Le 11 juin 1753 je retournai ſur le Véſuve, & j'obſervai que la
» fumée qui ſortoit de l'abyme, faiſoit un bruit ſemblable à celui de la
» mer dans une tempête. Il jettoit une grande quantité d'écumes en-
» flammées, ſemblables au mâche-fer, mais beaucoup plus légeres, de
» différentes groſſeurs; & qui retombant, partie dans l'abyme même,
» partie aux environs, ſe refroidiſſoient & devenoient noires un quart
» d'heure après leur chûte. Les cavités où entroient les rayons du ſoleil,
» la fournaiſe ſemblable à une chaudiere de criſtal, & pluſieurs autres
» trous, étoient couverts de la croûte dont j'ai parlé, ou de pierres cal-
» cinées qui y étoient tombées.

» Ces écumes, que l'abyme jettoit continuellement le 27 mai 1753,
» & qui retomboient en grande partie dans ſa déclivité, l'éleverent peu
» à peu ; & en ayant enfin fermé en partie l'entrée, il ne reſta plus
» qu'une ouverture, aſſez conſidérable à la vérité, mais beaucoup moins
» grande, par laquelle ſortoit la fumée. Ce paſſage s'étant rétreci, &
» l'abyme continuant toujours de jeter une grande quantité d'écumes,
» non-ſeulement la profondeur fut bientôt remplie, mais ces écumes re-
» tombant ſur le bord du gouffre, formerent encore cette petite mon-
» tagne que l'on voyoit ſur le plan intérieur. Je l'ai vu ſe former dès
» ſa premiere origine; & il y a tout lieu de croire que c'eſt ainſi que
» s'étoit formée celle que j'obſervai avant l'éruption de 1751, & en gé-
» néral toutes celles dont nous parlent les anciens auteurs. Avant la
» mi-juillet 1754, la matiere qui fermentoit dans l'abyme ſe dilata ſi
» conſidérablement, que s'étant élevée juſqu'au pied de la petite mon-
» tagne (qui s'étoit formée dans le *cratere* même) elle la rompit &
» produiſit une lave qui couvrit tout le plan intérieur, & le rendit beau-
» coup moins raboteux & inégal qu'auparavant; en ſorte qu'il ne pa-
» roiſſoit plus aucune ouverture. La matiere de cette lave étoit pe-
» ſante & écumeuſe, comme eſt ordinairement la ſurface des laves qui
» ſortent des flancs du Véſuve. Ce plan intérieur prit donc une nou-
» velle forme. La lave couvrit l'ancienne croûte dont j'ai parlé, de
» trois ou quatre pieds; elle étoit brune ou de couleur de fer, au lieu
» que la ſurface de l'ancienne lave étoit de couleur jaune, tirant ſur le
» verd. C'eſt ainſi que je la trouvai encore le 30 décembre 1754, à un
» autre voyage.   » La

» La montagne préfenta un afpect nouveau & bien furprenant après
» le 22 janvier. Ce fut alors que l'on commença à voir fenfiblement de
» Naples la petite montagne dont j'ai parlé. Le plan intérieur s'étoit
» tellement élevé, qu'on pouvoit y defcendre commodément de tous
» les côtés, & qu'il n'y avoit pas plus de 23 pieds de hauteur perpen-
» diculaire. Tout le plan & la pente par laquelle on defcendoit, étoient
» couverts du fable que l'abyme avoit lancé en l'air avec la fumée. Le
» foir du 10 avril, comme je defcendois pour m'en retourner à Saint-
» Sebaftien, j'effuyai, à une demi-heure de nuit, une pluie de fable,
» depuis la moitié du vallon, prefque jufqu'à l'hermitage. Sous ce fa-
» ble qui étoit tombé dans le plan intérieur, on voyoit l'ancienne & la
» nouvelle lave dont j'ai parlé, toutes fendues & foulevées par la ma-
» tiere qui fermentoit au deffous. Elles fe foutenoient ainfi d'elles-mêmes,
» laiffant entr'elles de larges ouvertures qui s'étoient remplies de fa-
» ble, & il fortoit de plufieurs endroits une fumée épaiffe qui fuffo-
» quoit. Il y avoit auffi dans le plan intérieur, fur le fable, beaucoup
» d'écumes, & quelques cailloux & pierres calcinées qui avoient été
» lancées hors de l'abyme. Il couloit derriere la petite montagne, du
» côté oppofé au chemin de *Somma*, une lave de feu ou de matiere fon-
» due, femblable aux laves ordinaires. Elle m'empêcha de mefurer à
» mon aife la petite montagne : cependant furmontant ces difficultés,
» je trouvai que les racines de la petite montagne étoient à la hauteur
» du rebord (du grand cratere) & qu'elle s'élevoit au deffus de ce
» rebord de 80 pieds, & dans fa plus grande hauteur, de 96 pieds ; elle
» occupoit un efpace plus grand que la premiere que j'avois obfervée,
» & elle étoit prefque par-tout éloignée de la circonférence du fommet
» du Véfuve, de 520 pieds [a] ; fa forme étoit oblongue, & elle avoit 4620
» pieds de tour ; on montoit deffus aifément, du côté de *Somma*, qui
» étoit le plus bas & un peu en pente : quand on y étoit monté, on
» voyoit en dedans un grand efpace plat, & à main droite la grande
» ouverture de l'abyme d'où fort continuellement la fumée.

» Tel étoit l'état du Véfuve dans les premiers mois de l'année 1755.
» Depuis 1756 jufqu'à la préfente année 1760, le Véfuve ayant jetté,
» à différentes reprifes, du fable, des écumes, des pierres ponces &
» autres matieres, la petite montagne s'eft confidérablement augmen-
» tée ; mais les pierres dont elle étoit compofée en dedans, continuel-
» lement expofées à la violence du feu qui fort de l'abyme, & chargées
» par le poids de celles qui s'entaffoient en dehors, font retombées peu
» à peu dans l'abyme d'où elles ont été de nouveau lancées en l'air avec
» la fumée. Elles ont donc fourni une nouvelle matiere pour l'accroif-
» fement de la petite montagne qui, à mefure qu'elle s'eft creufée en
» dedans, a groffi en dehors, & eft enfin parvenue jufqu'à l'ourlet de
» l'ancienne montagne , avec laquelle elle a formé un feul cône dès
» l'année 1757. Si l'on fe rappelle les dimenfions de la circonférence
» du fommet du Véfuve, on jugera quelle doit être la bafe de la nou-

[a] On a vu plufieurs fois fe former des monticules qui varient par la forme & par la grandeur dans l'inté-rieur même *du cratere* du Véfuve. Le 15 décembre 1766 , M. Hamilton , miniftre d'Angleterre à la cour de Naples, en remarqua un qui ne s'élevoit pas encore au deffus des parois du *cratere* , à cette époque , mais qui , dans l'éruption de 1767 , forma une élévation de 185 pieds de Paris : ces petites montagnes finiffent par s'écrouler & s'enfevelir dans l'abyme.

» velle montagne. La hauteur oblique ou la déclivité en eſt de 213 pieds;
» la forme n'en a pas été long-temps réguliere ; car toute la partie qui
» regardoit *Ottajano* tomba au mois de mars 1759, & entraîna plus d'un
» tiers de la déclivité de l'ancienne montagne, tant par ſon poids, que
» par le moyen d'une lave qui déboucha dans cette partie. On conçoit
» bien qu'il n'eſt pas facile à préſent d'approcher du ſommet du Véſuve :
» les débris de la petite montagne & d'une partie de l'ancienne, ont
» formé des inégalités preſque inſurmontables du côté où ils ſont tom-
» bés ; & les autres côtés, où l'on ne grimpoit déjà que difficilement,
» ſont devenus beaucoup plus roides & plus eſcarpés qu'ils n'étoient
» auparavant. »

Toutes ces différentes deſcriptions données par le pere de la Torre,
ſont du plus grand intérêt; il faut rendre juſtice à ce phyſicien, & louer
ſa conſtance inébranlable à voir & revoir ſi ſouvent le *cratere* du Véſuve.
Un voyageur, quelque inſtruit & quelque éclairé qu'il ſoit, qui va
viſiter cette montagne, eſt ſans contredit bien déterminé à l'examiner
avec ſoin & à l'étudier avec attention ; mais ſi ce curieux n'eſt pas dans
l'intention d'y faire pluſieurs voyages conſécutifs, il ne parviendra à
prendre qu'une idée très-légere de ce volcan. Si l'obſervateur ſur-tout
eſt d'un tempérament délicat, s'il craint la peine & la fatigue, il n'eſt
pas à mi-côte de la montagne, qu'il eſt épuiſé de laſſitude ; toute ſon attention ſe porte alors à ſe tirer d'embarras, & à placer à propos ſon pied
ſur des laves tortueuſes très-difficiles à franchir. Il arrive exténué ſur
la ſommité, voit tout légérement, & s'occupe plutôt des nouveaux dangers qu'il a à courir pour deſcendre, qu'à obſerver la direction des courans de laves, qu'à contempler les ſingularités & les accidens du
cratere, & à connoître la contexture de la montagne. Il eſt difficile
alors qu'un tel naturaliſte, après s'être pourvu de quelques laves, puiſſe
écrire quelque choſe de bien ſatisfaiſant ſur le Véſuve ; & malheureuſement nous avons pluſieurs mémoires, dans de ſavantes collections,
faits d'après cette marche.

Quelqu'un qui veut donc établir ſes idées ou ſes conjectures ſur le
Véſuve, doit, à l'exemple du pere *della Torre*, avoir ſouvent fréquenté
ce volcan ; s'être familiariſé avec lui ; le connoître à fond, ſi je puis
m'exprimer ainſi : c'eſt ce que M. le chevalier Hamilton & quelques
autres ſavans n'ont pas manqué de faire.

J'ai donc cru qu'il étoit important de préſenter, dans ce mémoire,
d'une maniere ſuccinte, les obſervations locales faites par le pere *della
Torre* & par quelques autres naturaliſtes : c'eſt offrir au lecteur une
ſuite non interrompue de tableaux faits d'après nature par différens
habiles maîtres : c'étoit, je penſe encore, la maniere de donner des
notions utiles ſur un des volcans le mieux connu, & qu'on a été le plus
ſouvent à portée de bien obſerver. Il auroit été difficile & même impoſſible
d'écrire l'hiſtoire des volcans éteints du Vivarais & du Velay, d'une maniere à être bien compriſe par tout le monde, ſans avoir mis auparavant ſous
les yeux du lecteur les principaux phénomenes d'un volcan allumé, dont
on connoît depuis pluſieurs ſiecles les éruptions, & les circonſtances qui
les précedent ou qui les accompagnent.

PLINE l'ancien, le célebre Pline, connu ſous le nom mérité de *Pline le naturaliste*, allant de Mifene à Stabie, fut la victime de fon goût pour l'obfervation. Cet homme immortel, à qui l'on commence enfin à rendre juftice, périt fur le champ d'honneur, & fut fuffoqué dans l'incendie du Véfuve, de l'an 79 de notre ere[a]. Pline le jeune fon neveu nous a heureufement tranfmis les circonftances de cette terrible éruption ; elle eft trop importante, les détails en font trop inftructifs, pour que nous la paffions fous filence. C'eft moins comme objet de curiofité que nous la tranfcrivons ici, d'après la traduction même de M. de Saci, que comme la piece la plus ancienne, la mieux détaillée, & la plus propre à faire connoître le Véfuve. Qu'on ne nous objecte pas qu'on trouve cette lettre par-tout ; elle eft faite pour figurer dans ce mémoire & pour l'honorer. Des détails de cette nature, tracés par une main auffi habile, adreffés à l'hiftorien qui a immortalifé le nom Romain, à Tacite, ne fauroient jamais vieillir, & font toujours relus avec un nouvel intérêt.

LETTRE de Pline à Tacite.

» VOus me priez de vous apprendre au vrai comment mon oncle eft
» mort, afin que vous en puiffiez inftruire la poftérité : je vous en
» remercie ; car je conçois que fa mort fera fuivie d'une gloire immor-
» telle, fi vous lui donnez place dans vos écrits. Quoiqu'il ait péri par
» une fatalité qui a défolé de très-beaux pays, & que fa perte, caufée
» par un accident mémorable, & qui lui a été commun avec des villes
» & des peuples entiers, doive éternifer fa mémoire ; quoiqu'il ait
» fait bien des ouvrages qui dureront toujours, je compte pourtant
» que l'immortalité des vôtres contribuera beaucoup à celle qu'il doit
» attendre : pour moi j'eftime heureux ceux à qui les dieux ont accordé
» le don, ou de faire des chofes dignes d'être écrites, ou d'en écrire de
» dignes d'être lues ; & plus heureux encore ceux qu'ils ont favorifé de ce
» double avantage. Mon oncle tiendra fon rang entre les derniers, &
» par vos écrits & par les fiens ; & c'eft ce qui m'engage à exécuter

---

[a] On voit avec douleur un naturalifte diftingué s'exprimer de la maniere fuivante fur le compte de Pline :
» On étoit grand minéralogifte quand on enten-
» doit ou qu'on croyoit entendre ce que Pline avoit
» voulu dire . . . . Paliffy en France, Agricola en
» Allemagne, Gefner en Suiffe, furent de ces
» hommes qui commencerent à fecouer le joug de
» l'habitude & du refpect mal entendu qu'on avoit
» trop pour cet ancien, & qui penferent qu'ils pou-
» voient dire d'auffi bonnes chofes, en obfervant par
» eux-mêmes, que cet ancien *qui n'eft qu'un
» compilateur*, & qui ne parle le plus fouvent, fur-
» tout en hiftoire naturelle, que fur des oui - dire
» & fur des extraits d'auteurs qui l'avoient précédé,
» & qui ne paroiffent pas pour l'ordinaire avoir été
» des obfervateurs bien exacts ni trop fcrupuleux. »
*Mémoires fur diverfes parties des fciences & arts,
par M. Guettard, tome 2, page 8 & fuiv.*
Il étoit réfervé au Pline François de mieux apprécier celui qui étoit en fi grande vénération parmi les
Romains. M. de Buffon feul pouvoit peindre Pline :
voici le tableau qu'il en fait :
» Pline a travaillé fur un plan plus grand (que
» celui d'Ariftote) & peut-être trop vafte ; il a voulu
» tout embraffer, & il femble avoir mefuré la na-
» ture & l'avoir trouvée trop petite encore pour l'é-
» tendue de fon efprit : fon hiftoire naturelle com-

» prend, indépendamment de l'hiftoire des animaux,
» des plantes & des minéraux, l'hiftoire du ciel &
» de la terre, la médecine, le commerce, la navi-
» gation, l'hiftoire des arts libéraux & méchaniques,
» l'origine des ufages ; enfin, toutes les fciences na-
» turelles & tous les arts humains : & ce qu'il y a d'é-
» tonnant, c'eft que dans chaque partie, Pline eft
» également grand. L'élévation des idées, la nobleffe
» du ftile relevent encore fa profonde érudition.
» Non-feulement il favoit tout ce qu'on pouvoit fa-
» voir de fon temps, mais il avoit cette facilité de
» penfer en grand, qui multiplie la fcience ; il avoit
» cette fineffe de réflexion, de laquelle dépendent
» l'élégance & le goût ; & il communique à fes lec-
» teurs une certaine liberté d'efprit, une hardieffe
» de penfer, qui eft le germe de la philofophie. Son
» ouvrage, tout auffi varié que la nature, la peint
» toujours en beau : c'eft, fi l'on veut, une com-
» pilation de tout ce qui avoit été écrit avant lui,
» une copie de tout ce qui avoit été fait d'excellent
» & d'utile à favoir ; mais cette copie a de fi grands
» traits, cette compilation contient des chofes raf-
» femblées d'une maniere fi neuve, quelle eft préfé-
» rable à la plupart des ouvrages originaux qui trai-
» tent des mêmes matieres. » *Œuvres complettes
de M. le comte de Buffon, tome I, théorie de la
terre, page 48 de l'in-4°.*

» plus volontiers des ordres que je vous aurois demandés.

» Il étoit à Mifene où il commandoit la flotte. Le 23 d'août, en-
» viron une heure après midi, ma mere l'avertit qu'il paroiſſoit un
» nuage d'une grandeur & d'une figure extraordinaire. Après avoir été
» quelque temps couché au ſoleil, ſelon ſa coutume, & avoir bu de
» l'eau froide, il s'étoit jetté ſur un lit où il étudioit. Il ſe leve &
» monte en un lieu d'où il pouvoit aiſément obſerver ce prodige. Il étoit
» difficile de diſcerner de loin de quelle montagne ce nuage ſortoit;
» l'événement a découvert depuis que c'étoit du mont Véſuve. Sa figure
» approchoit de celle d'un arbre, & d'un pin plus que d'aucun autre;
» car après s'être élevé fort haut, en forme de tronc, il étendoit une
» eſpece de branche. Je m'imagine qu'un vent ſouterrain le pouſſoit d'a-
» bord avec impétuoſité & le ſoutenoit. Mais ſoit que l'impreſſion dimi-
» nuât peu à peu, ſoit que ce nuage fût affaiſſé par ſon propre poids, on le
» voyoit ſe dilater & ſe répandre. Il paroiſſoit tantôt blanc, tantôt
» noirâtre, & tantôt de diverſes couleurs, ſelon qu'il étoit plus chargé
» ou de cendre ou de terre. Ce prodige ſurprit mon oncle qui étoit très-
» ſavant, & il le crut digne d'être examiné de plus près. Il commande que
» l'on appareille ſa frégate légere, & me laiſſe la liberté de le ſuivre. Je lui
» répondis que j'aimois mieux étudier; & par haſard il m'avoit lui-même
» donné quelque choſe à écrire. Il ſortoit de chez lui, ſes tablettes à la
» la main, lorſque les troupes de la flotte qui étoient à Rétine, effrayées
» par la grandeur du danger (car ce bourg eſt préciſément ſur Miſene,
» & on ne s'en pouvoit ſauver que par la mer) vinrent le conjurer
» de vouloir bien les garantir d'un ſi affreux péril. Il ne changea pas
» de deſſein, & pourſuivit, avec un courage héroïque, ce qu'il n'avoit
» d'abord entrepris que par ſimple curioſité. Il fait venir des galeres,
» monte lui-même deſſus, & part dans le deſſein de voir quels ſecours
» on pouvoit donner, non-ſeulement à Rétine, mais à tous les autres
» bourgs de cette côte, qui ſont en grand nombre à cauſe de ſa beauté. Il
» ſe preſſe d'arriver au lieu d'où tout le monde fuit & où le péril
» paroiſſoit plus grand; mais avec une telle liberté d'eſprit, qu'à me-
» ſure qu'il appercevoit quelque mouvement ou quelque figure extraor-
» dinaire dans ce prodige, il faiſoit ſes obſervations & les dictoit.
» Déjà ſur ſes vaiſſeaux voloit la cendre plus épaiſſe & plus chaude, à
» meſure qu'ils approchoient. Déjà tomboient autour d'eux des pierres
» calcinées & des cailloux tous noirs, tous brûlés, tous pulvériſés par
» la violence du feu. Déjà la mer ſembloit refluer, & le rivage devenir
» inacceſſible par des morceaux entiers de montagne dont il étoit cou-
» vert; lorſqu'après s'être arrêté quelques momens, incertain s'il re-
» tourneroit, il dit à ſon pilote qui lui conſeilloit de gagner la pleine
» mer : *la fortune favoriſe le courage ; tournez du côté de Pomponianus.*
» Pomponianus étoit à Stabie, en un endroit ſéparé par un petit
» golfe que forme inſenſiblement la mer ſur ces rivages qui ſe cour-
» bent. Là, à la vue du péril qui étoit encore éloigné, mais qui ſem-
» bloit s'approcher toujours, il avoit retiré tous ſes meubles dans ſes
» vaiſſeaux, & n'attendoit pour s'éloigner qu'un vent moins contraire.
» Mon oncle, à qui ce même vent avoit été très-favorable, l'aborde,
» le trouve tout tremblant, l'embraſſe, le raſſure, l'encourage; &
» pour

» pour diſſiper, par ſa ſécurité, la crainte de ſon ami, il ſe fait
» porter au bain. Après s'être baigné, il ſe met à table & ſoupe
» avec toute ſa gaieté, ou (ce qui n'eſt pas moins grand) avec toutes
» les apparences de ſa gaieté ordinaire. Cependant on voyoit luire de
» pluſieurs endroits du mont Véſuve, de grandes flammes & des em-
» braſemens dont les ténebres augmentoient l'éclat. Mon oncle,
» pour raſſurer ceux qui l'accompagnoient, leur diſoit que ce qu'ils
» voyoient brûler c'étoient des villages que les payſans alarmés avoient
» abandonnés, & qui étoient demeurés ſans ſecours. Enſuite il ſe coucha
» & dormit d'un profond ſommeil; car, comme il étoit puiſſant, on l'enten-
» doit ronfler de l'antichambre. Mais enfin la cour par où l'on entroit dans
» ſon appartement, commençoit à ſe remplir ſi fort de cendres, que
» pour peu qu'il eût reſté plus long-temps, il ne lui auroit plus été
» libre de ſortir. On l'éveille; il ſort & va rejoindre Pomponianus &
» les autres qui avoient veillé. Ils tiennent conſeil, & déliberent s'ils
» ſe renfermeront dans la maiſon ou s'ils tiendront la campagne; car
» les maiſons étoient tellement ébranlées par les fréquens tremblemens
» de terre, que l'on auroit dit qu'elles étoient arrachées de leurs fon-
» demens, & jettées tantôt d'un côté, tantôt de l'autre, & puis remiſes
» à leurs places. Hors de la ville la chûte des pierres, quoique légeres
» & deſſéchées par le feu, étoit à craindre. Entre ces périls on choiſit
» la raſe campagne. Chez ceux de ſa ſuite une crainte ſurmonta l'autre :
» chez lui la raiſon la plus forte l'emporta ſur la plus foible. Ils ſortent
» donc, & ſe couvrent la tête d'oreillers attachés avec des mouchoirs :
» ce fut toute la précaution qu'ils prirent contre ce qui tomboit d'en
» haut. Le jour recommençoit ailleurs; mais dans le lieu où ils étoient
» continuoit une nuit, la plus ſombre & la plus affreuſe de toutes les
» nuits, & qui n'étoit un peu diſſipée que par la lueur d'un grand nom-
» bre de flambeaux & d'autres lumieres. On trouva bon de s'approcher
» du rivage, & d'examiner de près ce que la mer permettoit de tenter;
» mais on la trouva encore fort groſſe & fort agitée d'un vent contraire.
» Là, mon oncle ayant demandé de l'eau & bu deux fois, ſe coucha ſur
» un drap qu'il fit étendre; enſuite des flammes qui parurent plus gran-
» des, & une odeur de ſoufre qui annonçoit leur approche, mirent tout
» le monde en fuite. Il ſe leve, appuyé ſur deux valets, & dans le mo-
» ment tombe mort. Je m'imagine qu'une fumée trop épaiſſe le ſuffo-
» qua d'autant plus aiſément, qu'il avoit la poitrine foible & ſouvent
» la reſpiration embarraſſée.

» Lorſque l'on commença à revoir la lumiere (ce qui n'arriva que
» trois jours après) on retrouva au même endroit ſon corps entier,
» couvert de la même robe qu'il portoit quand il mourut, & dans la
» poſture plutôt d'un homme qui repoſe, que dans celle d'un homme
» qui eſt mort.

» Pendant ce temps ma mere & moi nous étions à Miſene; mais cela
» ne regarde plus votre hiſtoire, vous ne voulez être informé que de
» la mort de mon oncle. Je finis donc, & je n'ajoute plus qu'un mot :
» c'eſt que je ne vous ai rien dit ou que je n'aie vu, ou que je n'aie ap-
» pris dans ces momens où la vérité de l'action qui vient de ſe paſſer n'a
» pu encore être altérée; c'eſt à vous de choiſir ce qui vous paroîtra

D

» plus important. Il y a bien de la différence entre écrire une lettre
» ou une histoire, entre écrire pour un ami ou pour la postérité.
» Adieu. »

Dans la vingtieme lettre il continue ainsi pour répondre à Tacite
qui lui avoit demandé un plus grand détail.

LETTRE de Pline à Tacite.

» LA lettre que je vous ai écrite sur la mort de mon oncle, dont vous
» aviez voulu être instruit, vous a, dites-vous, donné beaucoup d'envie
» de savoir quelles alarmes & quels dangers j'essuyai à Misene où
» j'étois resté; car c'est là que j'ai quitté mon histoire.

Quoiqu'au seul souvenir je sois saisi d'horreur,
je commence *

» Après que mon oncle fut parti, je continuai l'étude qui m'avoit
» empêché de le suivre. Je pris le bain, je soupai, je me couchai &
» dormis peu & d'un sommeil fort interrompu. Pendant plusieurs jours
» un tremblement de terre s'étoit fait sentir, & nous avoit d'autant
» moins étonné, que les bourgades & même les villes de la Campanie
» y sont fort sujettes. Il redoubla pendant cette nuit avec tant de vio-
» lence, qu'on eût dit que tout étoit, non pas agité, mais renversé. Ma
» mere entra brusquement dans ma chambre, & trouva que je me levois
» dans le dessein de l'éveiller si elle eût été endormie. Nous nous as-
» seyons dans la cour, qui ne sépare le bâtiment d'avec la mer, que
» par un fort petit espace. Comme je n'avois que 18 ans, je ne sais si
» je dois appeller fermeté ou imprudence ce que je fis. Je demandai
» Tite-Live, je me mis à le lire & je continuai à l'extraire, ainsi que
» j'aurois pu faire dans le plus grand calme. Un ami de mon oncle survient;
» il étoit nouvellement arrivé d'Espagne pour le voir. Dès qu'il nous
» apperçoit, ma mere & moi assis, moi un livre à la main, il nous re-
» proche, à elle sa tranquillité, à moi ma confiance : je n'en levai pas les
» yeux de dessus mon livre. Il étoit déjà sept heures du matin, & il ne
» paroissoit encore qu'une lumiere foible comme une espece de crépus-
» cule. Alors les bâtimens furent ébranlés avec de si fortes secousses,
» qu'il n'y eut plus de sûreté à demeurer dans un lieu, à la vérité dé-
» couvert, mais fort étroit. Nous prenons le parti de quitter la ville; le
» peuple épouvanté nous suit en foule, nous presse, nous pousse; & ce qui,
» dans la frayeur, tient lieu de prudence, chacun ne croit rien de plus sûr que
» ce qu'il voit faire aux autres. Après que nous fûmes sortis de la ville, nous
» nous arrêtons, & là nouveaux prodiges, nouvelles frayeurs. Les voitures
» que nous avions emmenées avec nous, étoient à tout moment si agi-
» tées, quoiqu'en pleine campagne, qu'on ne pouvoit même, en les
» appuyant avec de grosses pierres, les arrêter en une place. La mer
» sembloit se renverser sur elle-même, & être comme chassée du rivage
» par l'ébranlement de la terre. Le rivage en effet étoit devenu plus spa-
» cieux, & se trouvoit rempli de différens poissons demeurés à sec sur le
» sable. A l'opposite, une nue noire & horrible, crevée par des feux qui s'é-

___

* Vers de l'Enéide de Virgile.

» lançoient en ferpentant, s'ouvroit & laiſſoit échapper de longues
» fuſées ſemblables à des éclairs, mais qui étoient beaucoup plus grandes.
» Alors l'ami dont je viens de parler revint une ſeconde fois, & plus vive-
» ment à la charge : ſi votre frere, ſi votre oncle eſt vivant, nous dit-il, il
» ſouhaite ſans doute que vous vous ſauviez ; & s'il eſt mort, il a ſou-
» haité que vous lui ſurviviez.

» Qu'attendez-vous donc ? pourquoi ne vous ſauvez-vous pas ? Nous
» lui répondîmes que nous ne pouvions ſonger à notre ſûreté, pendant
» que nous étions incertains du ſort de mon oncle. L'Eſpagnol part
» ſans tarder davantage, & cherche ſon ſalut dans une fuite précipitée.
» Preſque auſſi-tôt la nue tombe à terre, & couvre les mers ; elle dé-
» roboit à nos yeux l'iſle de Caprée qu'elle enveloppoit, & nous faiſoit
» perdre de vue le Promontoire de Miſene. Ma mere me conjure, me
» preſſe, m'ordonne de me ſauver de quelque maniere que ce ſoit ;
» elle me remontre que cela eſt facile à mon âge, & que pour elle, chargée
» d'années & d'embonpoint, elle ne le pouvoit faire ; qu'elle mourroit
» contente ſi elle n'étoit point cauſe de ma mort. Je lui déclare qu'il
» n'y avoit point de ſalut pour moi qu'avec elle ; je lui prends la main &
» je la force de m'accompagner ; elle le fait avec peine, & ſe reproche
» de me retarder. La cendre commençoit à tomber ſur nous, quoiqu'en
» petite quantité. Je tourne la tête, & j'apperçois derriere nous une
» épaiſſe fumée qui nous ſuivoit, en ſe répandant ſur la terre comme
» un torrent. Pendant que nous voyons encore, quittons le grand che-
» min, dis-je à ma mere, de peur qu'en le ſuivant, la foule de ceux qui
» marchent ſur nos pas ne nous étouffe dans les ténébres. A peine nous
» étions-nous écartés, qu'elles augmenterent de telle ſorte, qu'on eût
» cru être, non pas dans une de ces nuits noires & ſans lune, mais dans
» une chambre ou toutes les lumieres auroient été éteintes. Vous n'euſ-
» ſiez entendu que plaintes de femmes, que gémiſſemens d'enfans,
» que cris d'hommes. L'un appelloit ſon pere, l'autre ſon fils, l'autre
» ſa femme ; ils ne ſe reconnoiſſoient qu'à la voix. Celui-là déploroit
» ſon malheur, celui-ci le ſort de ſes proches. Il s'en trouvoit à qui la
» crainte de la mort faiſoit invoquer la mort même. Pluſieurs imploroient
» le ſecours des dieux ; pluſieurs croyoient qu'il n'y en avoit plus, &
» comptoient que cette nuit étoit la derniere & l'éternelle nuit dans la-
» quelle le monde devoit être enſeveli. On ne manquoit pas même de
» gens qui augmentoient la crainte raiſonnable & juſte par des terreurs
» imaginaires & chimériques. Ils diſoient qu'à Miſene ceci étoit tombé,
» que cela brûloit, & la frayeur donnoit du poids à leurs menſonges. Il
» parut une lueur qui nous annonçoit, non le retour du jour, mais l'ap-
» proche du feu qui nous menaçoit ; il s'arrêta pourtant loin de nous.
» L'obſcurité revient & la pluie de cendre recommence, & plus forte
» & plus épaiſſe. Nous étions réduits à nous lever de temps en temps
» pour ſecouer nos habits, & ſans cela elle nous eût accablé & en-
» glouti. Je pourrois me vanter qu'au milieu de ſi affreux dangers, il
» ne m'échappa ni plainte ni foibleſſe ; mais j'étois ſoutenu par cette
» conſolation peu raiſonnable, quoique naturelle à l'homme, de croire
» que tout l'univers périſſoit avec moi. Enfin, cette épaiſſe & noire
» vapeur ſe diſſipa peu à peu, & ſe perdit tout-à-fait comme une fu-

» mée ou comme un nuage. Bien-tôt après parut le jour & le soleil même,
» jaunâtre pourtant , & tel qu'il a coutume de luire dans une éclipse.
» Tout se montroit changé à nos yeux troublés encore , & nous ne
» trouvions rien qui ne fût caché sous des monceaux de cendres comme
» sous de la neige. On retourne à Misene. Chacun s'y rétablit de son
» mieux , & nous y passons une nuit fort partagée entre la crainte &
» l'espérance , mais où la crainte eut la meilleure part; car le tremble-
» ment de terre continuoit. On ne voyoit que gens effrayés, entretenir
» leur crainte & celle des autres par de sinistres prédictions. Il ne nous
» vint pourtant aucune pensée de nous retirer, jusqu'à ce que nous
» eussions eu des nouvelles de mon oncle, quoique nous fussions encore
» dans l'attente d'un péril si effroyable , & que nous avions vu de si
» près. Vous ne lirez pas ceci pour l'écrire, car il ne mérite pas d'en-
» trer dans votre histoire ; & vous n'imputerez qu'à vous même qui
» l'avez exigé , si vous n'y trouvez rien qui soit digne même d'une
» lettre. Adieu. »

Il est à propos de placer ici, après la narration si intéressante de Pline,
les deux descriptions faites par témoins oculaires de la formation de
Monte Nuovo : les détails en sont si circonstanciés, que ces deux pieces
sont extrêmement précieuses , & quelles donnent les plus grands éclaircissemens sur la plupart des phénomenes des volcans; c'est pourquoi je
m'empresse de les joindre ici, quoiqu'elles soient étrangeres au Vésuve.
On doit ces deux relations à M. Hamilton : je me sers de la traduction
qu'en a donné M. le Baron de Dietrich, dans ses commentaires sur les
lettres de M. Ferber.

EXTRAIT d'une relation de l'éruption qui a produit le monte Nuovo,
  ayant pour titre : Dell' incendio di Pozzuolo; *Marco Antonio* delli
  Falconi all' illustrissima Signora marchesa della *Padula* nel 1538.

» JE commencerai par raconter fidellement & avec naïveté , les
» effets de la nature, dont j'ai été témoin oculaire , & dont j'ai été
» instruit par ceux qui ont joui du même spectacle.
    » Il y a maintenant deux ans que *Naples* , *Pouzzole* & les environs
» ressentent fréquemment des tremblemens de terre. On y essuya au-
» dela de vingt secousses, fortes & foibles , la nuit qui précéda l'érup-
» tion; & le jour même qu'elle commença, le 29 septembre 1538, jour
» de la St. Michel, justement un dimanche, une heure après le coucher
» du soleil, on apperçut, suivant les avis qu'on m'a donnés, des flam-
» mes entre les *bains chauds* ou étuves & *Tripergola*; elles se mon-
» trerent premierement auprès des bains, s'étendirent ensuite vers
» *Tripergola*, & se fixerent dans le petit vallon qui conduit au lac
» d'*Averno* & aux bains, & qui est situé entre le *monte Barbaro* & la
» colline *del Pericolo*; le feu y fit en peu de temps de tels progrès ,
» que la terre s'entr'ouvrit en cet endroit; il en sortit une si grande
» quantité de cendres & de pierres ponces mêlées d'eau, que toute la
» contrée en fut couverte. A Naples même il tomba pendant une grande
» partie de la nuit une très-forte pluie de cendres mêlées d'eau. Elle
» continua le lendemain matin lundi dernier du mois , & ne cessa point
                                                              » de

» de toute la journée; elle couvrit les maifons des habitans de Pouz-
» zole, qui furent tellement effrayés de ce terrible afpeét, qu'ils
» abandonnerent leurs foyers; ils fuyoient la mort, la terreur dans les
» yeux: les uns avoient leurs enfans dans leurs bras; les autres portoient
» des facs remplis de leurs effets : là on conduifoit des ânes à Naples,
» chargés de familles entieres faifies de terreur; ici on tranfportoit une
» quantité d'oifeaux de toute efpece, qui étoient tombés morts au com-
» mencement de l'éruption; ailleurs on portoit des poiffons qu'on
» trouvoit en grand nombre fur le rivage de la mer qui étoit à fec fur
» un efpace confidérable.

» Don Pedro di Toledo, vice-roi de Naples, accompagné de beau-
» coup de feigneurs, fe rendit fur les lieux pour confidérer cette ter-
» rible apparition. J'en fis autant, & je rencontrai l'incomparable *Signor*
» *Fabrici Moramaldo* ; nous voulions tous examiner la multitude des
» effets prodigieux de la nature. Du côté de *Baja* la mer s'étoit retirée
» affez loin, & paroiffoit avoir été entiérement defféchée par la quan-
» tité de cendres & de pierres-ponces brifées, qui avoient été vomies
» pendant l'éruption. Je vis dans des ruines nouvellement découvertes
» deux fontaines; l'une jailliffoit devant la maifon de la reine, en eaux
» chaudes & falées; l'autre vomiffoit une eau froide & douce fur le
» rivage, environ 250 pas plus près de la place de l'éruption.

» Quelques perfonnes prétendent qu'à une plus grande proximité de
» cet endroit, il s'étoit formé un petit torrent d'eau fraîche. Des mon-
» tagnes d'une fumée en partie noire & en partie très-blanche, s'éle-
» voient du gouffre à une très-grande hauteur; du milieu de cette fumée
» s'élançoient quelquefois des flammes foncées, accompagnées de pier-
» res énormes & de cendres. Le bruit qu'on entendoit en même temps,
» égaloit la décharge d'un grand nombre de groffes armes. Je crus que
» Tiphée & Encelade avoient quitté *Ifchia* & *l'Etna*, avec un nombre
» infini de géans, ou avec les habitans des champs Phlégréens (qui,
» felon l'opinion de quelques-uns, étoient fitués dans ces environs) ,
» pour recommencer la guerre avec Jupiter. Les naturaliftes peuvent
» avancer, avec vraifemblance, que les poëtes ont voulu indiquer par
» les géans, les vapeurs renfermées dans les entrailles de la terre; lef-
» quelles ne trouvant pas une libre iffue, s'en ouvroient une par leur
» propre force, en élevant des montagnes, comme on l'a vu lors de cette
» éruption. Il me fembloit voir ces torrens de fumée ardente que
» Pindare nous décrit avant l'éruption de *l'Etna*, en Sicile, aujourd'hui
» le *mont Gibel*, & que quelques-uns croient que Virgile a imité dans
» les lignes fuivantes :

» *Ipfe, fed horrificis, juxta tonat Ætna ruinis &c.* »

» Le choc du feu & la puiffance des vapeurs remplies d'air qu'on
» obferve dans une grande chaudiere bouillante, éleverent les pierres
» & les cendres jufques dans la moyenne région de l'air.

» Quand la violence du choc étoit amortie par la grande diftance,
» & que ces corps trouvoient dans la hauteur un air vif & froid qui
» leur réfiftoit, ils retomboient vaincus par leur propre poids, d'une force
» proportionnée à leur éloignement du gouffre ; de nouvelles pierres &
» cendres furent foulevées avec autant de fumée & de fracas; le feu re-

E

» nouvelloit toujours ces fecoufſes ; elles durerent pendant deux jours &
» deux nuits, au bout deſquelles la fumée & la force du feu diminuerent.
» Une nouvelle & terrible éruption ſe déclara le jeudi, quatrieme
» jour, deux heures avant le coucher du ſoleil. Préciſément dans le
» même temps je venois d'Iſchia, & j'arrivai dans le golfe de Pouʒʒole ;
» j'étois près de Miſène ; j'apperçus en peu de temps beaucoup de co-
» lonnes de fumée s'élever, ſe replier ſur la mer & s'approcher de no-
» tre barque qui étoit à une diſtance de trois à quatre milles du lieu
» de l'éruption ; jamais je n'avois entendu un fracas ſi terrible que ce-
» lui qui accompagnoit cette fumée. Il paroiſſoit que la quantité de
» cendres, de pierres & de fumée devoit enſevelir la terre & la mer :
» ſelon les efforts du feu & des vapeurs renfermées dans la terre, il
» pleuvoit plus ou moins de grandes & de petites pierres mêlées de
» cendres, de maniere qu'une grande partie du pays en fut couverte.
» Beaucoup de témoins oculaires diſent que les matieres vomies ont
» atteint la vallée de Diane, & même quelques endroits de la Calabre,
» qui eſt à 150 milles de Pouzzole. Le vendredi & le ſamedi il ne ſe
» montra que très-peu de fumée ; cela encouragea beaucoup de monde
» à aller à l'endroit même de l'éruption ; chacun aſſura que les pierres &
» les cendres qui avoient été vomies, avoient formé dans la vallée une
» montagne qui n'avoit pas moins de trois milles de circonférence, &
» preſque autant de hauteur que le Monte Barbaro qui eſt auprès ; que
» cette montagne couvroit Canettaria, le château de Tripergola, tous
» les bâtimens & la plupart des bains des ces environs ; qu'elle s'étend
» au ſud vers la mer ; au nord juſqu'au lac d'Averno ; à l'oueſt juſqu'aux
» bains chauds, & qu'elle touchoit à l'eſt le pied de Monte Barbaro ;
» qu'ainſi ce local avoit tellement changé de face & de forme, qu'il
» n'étoit plus reconnoiſſable. Il paroîtra preſque incroyable à ceux qui
» n'ont pas été ſpeĉtateurs de cet événement, qu'une montagne auſſi
» conſidérable puiſſe ſe former en ſi peu de temps. A ſon ſommet eſt une
» ouverture en forme de coupe, qui peut avoir un quart de mille de
» circonférence. Il y en a même qui prétendent qu'elle eſt auſſi grande
» que notre place du marché à Naples. Il en ſort conſtamment de la
» fumée, & quoique je n'aie vu cette bouche que de loin, elle paroît
» être très-grande : beaucoup de gens allerent contempler ce phéno-
» mene de la nature le dimanche ſuivant, 6 oĉtobre ; quelques - uns
» d'eux étoient à mi-côte de la montagne ; d'autres étoient parvenus
» plus haut, lorſqu'il ſurvint, deux heures après le coucher du ſoleil,
» une éruption ſi ſubite & ſi affreuſe, que la fumée a étouffé pluſieurs
» de ces perſonnes ; quelques-unes même d'entr'elles n'ont jamais été
» retrouvées. On m'a dit que le nombre des étouffés & de ceux qui man-
» quent, ſe monte à vingt-quatre. Depuis ce moment il n'eſt plus rien
» arrivé de remarquable. Il ſemble que les éruptions reviennent en
» des temps déterminés, comme la fievre ou la goutte. Je crois que les
» accès ne feront plus ſi violens, quoique celui de dimanche dernier
» fût encore accompagné d'une très-forte pluie de cendres & d'eau qui
» tomba à Naples, & qui atteignit, comme on le peut voir, le Monte
» Somma, que les anciens nommoient Véſuve. J'ai ſouvent obſervé que
» les nuages de fumée qui s'élevent du lieu de l'éruption, ſe tirent en

» ligne directe vers cette montagne, comme si ces deux endroits avoient
» une espece de connexion. La nuit on vit sortir de ce volcan beau-
» coup de colonnes de feu & des rayons semblables aux éclairs. Beau-
» coup de circonstances méritent donc notre attention dans cet évé-
» nement, comme les tremblemens de terre, l'éruption, la formation
» des fontaines nouvelles, le desséchement de la mer, la quantité de
» poissons & d'oiseaux crevés, la pluie de cendres avec & sans eau,
» les arbres innombrables arrachés avec leurs racines, renversés & cou-
» verts de cendres dans tout le pays jusqu'à la grotte de *Lucullus*; on
» ne pourroit pas les regarder sans pitié. Tous ces effets ayant la même
» cause que les tremblemens de terre, examinons avant tout d'où pro-
» viennent les tremblemens de terre; alors on comprendra & on expli-
» quera aisément les causes de tous ces événemens. »

EXTRAIT d'une relation de l'Eruption du monte Nuovo, *inféré dans
un ouvrage intitulé :* Ragionamento del terremoto, del nuovo monte,
dell' aprimento di terra in Pozzuolo, nell' anno 1538, e della signi-
ficazione d'essi, da PIETRO GIACOMO DI TOLEDO, Stampata in Na-
poli, per GIOVANNI SULZBACH, Alemanno, a 22 di Gennaro 1539.

» IL y a maintenant deux ans que la *Campanie* est affligée de trem-
» blemens de terre. Les environs de Pouzzole en ont plus souffert que
» toute autre partie ; mais le 27 & le 28 du mois de septembre dernier,
» la terre trembla nuit & jour à Pouzzole, sans discontinuer; la plaine
» qui est située entre le lac *d'Averno*, *le Monte Barbaro* & la mer, fut
» un peu soulevée; elle se fendit en beaucoup d'endroits; l'eau jaillit par
» les crevasses; en même temps le rivage de la mer, le plus proche de
» cette plaine, fut mis à sec sur une distance d'environ 200 pas, de ma-
» niere que les poissons demeurerent sur le sable, & que les habitans
» de Pouzzole s'en emparerent. Enfin, le 29 dudit mois, environ deux
» heures après le coucher du soleil, la terre creva près de la mer ; il
» s'ouvrit un gouffre énorme, qui vomit avec rage de la fumée, du feu,
» des pierres & des cendres boueuses ; on entendit en même temps un
» mugissement égal au bruit du tonnerre le plus terrible. Le feu lancé
» hors de ce gouffre fut emporté vers les remparts de la malheureuse
» ville de Pouzzole : la fumée étoit noire & blanche; la noire étoit plus
» obscure que les ténebres, & la blanche ressembloit au coton le plus
» blanc; les différentes nuées de fumée paroissoient vouloir atteindre
» le ciel. Les pierres qui suivoient cette fumée furent converties, par
» les flammes consumantes, en pierres-ponces, & s'éleverent à peu-près
» à la portée d'une carabine ; après quoi elles retomberent sur les bords
» du cratere, & quelquefois dans le gouffre même; quelques-unes de
» ces pierres étoient plus grandes qu'un bœuf. Il est certain que la
» fumée sombre empêchoit qu'on ne vît une partie de ces pierres pen-
» dant qu'elles s'élevoient; mais quand elles retomboient de l'air échauffé
» par la fumée, elles montroient distinctement, par leur forte odeur
» de soufre, d'où elles venoient, comme les pierres qu'on a tirées d'un
» mortier, & qui ont volé au travers de la fumée de la poudre enflam-
» mée: la boue étoit couleur de cendre & très-fluide au commencement;

» peu à peu elle étoit plus dure ; elle fut vomie en si grande quantité,
» qu'en moins de douze heures elle forma, avec les pierres dont j'ai
» parlé, une montagne haute de plus de 1000 pieds. Non-seulement
» *Pouzzole* & le voisinage furent remplis de boue, mais même la ville
» de *Naples*, où les plus beaux palais en furent endommagés. La force
» du vent transporta les cendres jusqu'en *Calabre*; elles brûlerent, che-
» min faisant, l'herbe & les arbres élevés, dont plusieurs furent écra-
» fés par leur poids. Les gens s'emparoient sans peine d'un nombre in-
» fini d'oiseaux & d'animaux de toute espece, couverts de cette boue
» sulphureuse ; cette éruption dura, sans discontinuer, deux jours &
» deux nuits, cependant avec moins de violence en un temps que dans
» l'autre. Dans sa plus grande force, on entendoit même à Naples le
» tonnerre de l'éruption, comme l'on entend le bruit des armes à feu
» quand deux armées se battent.

» L'éruption cessa le troisieme jour ; il exista, au grand étonnement
» de tout le monde, une nouvelle montagne. Je montai ce jour-là,
» ainsi que beaucoup d'autres personnes, jusqu'au sommet de la mon-
» tagne ; je regardai dans le gouffre qui formoit un creux circulaire d'en-
» viron un quart de mille de circonférence, au milieu duquel bouil-
» lonnoient les pierres qui y étoient retombées, comme dans une grande
» chaudiere bouillante. Le quatrieme jour l'éruption recommença; mais
» le septieme jour elle fut encore plus forte, cependant pas si violente
» que la premiere nuit. Ce jour-là beaucoup de gens, qui malheureu-
» fement étoient justement sur la montagne, furent subitement ense-
» velis sous la cendre, étouffés par la fumée, écrasés par les pierres,
» ou brûlés par les flammes, & trouvés morts sur la place ; la fumée
» dure encore maintenant : la nuit on voit souvent du feu au milieu de
» cette nouvelle montagne. Enfin, pour achever de raconter toutes les
» circonstances de cet événement, il se forme beaucoup de soufre sur
» la nouvelle montagne. »

Passons à présent à la suite chronologique des incendies les plus remarquables du Vésuve, de ceux dont la mémoire nous en a été confervée par des auteurs dignes de foi.

POLYBE qui écrivoit 150 ans avant notre ére, fait mention du Vésuve
dans sa description de l'Italie, liv. 2, n°. 17.

Lucrece, dans son beau poëme *de la nature des choses*, n'oublia pas
le Vésuve* ; mais combien d'auteurs plus anciens encore, dont les
livres ne nous sont pas parvenus, doivent en avoir fait mention. Le
Vésuve brûle depuis des temps bien reculés ; rien ne le prouve autant
qu'un passage de Diodore de Sicile qui vivoit, comme on sait, sous
Auguste : il nous apprend que les éruptions de ce volcan remontoient à
des temps si reculés, que les époques alloient s'en perdre dans les temps
fabuleux [a]. Ce que cet auteur nous dit à ce sujet est bien propre à
nous

* *Qualis apud Cumas locus est montemque Vesuvum,*
Oppleti calidis ubi fumant fontibus aucti. Verf. 749, édit. de Leyde, 1725.

[a] Je me vois forcé de relever ici une erreur de tom. 2, les remarques suivantes. »Les gens de lettres les
M. Poinsinet de Sivry, dans sa traduction de Pline le » plus instruits ont tous répété, les uns après les autres,
naturaliste. On y lit à la note 242 de la page 106, du » que la premiere éruption du Vésuve étoit celle qui

nous perfuader que ce volcan brûle depuis bien des fiecles ; mais rien ne confirme mieux encore cette vérité, que l'examen & l'étude même des lieux.

1ᵉʳ. INCEND. conflaté	AN de J. C. 79	Incendie décrit par Pline le jeune.
2ᵉ. Incend.	203	Arrivé fous l'empereur Sévere, rapporté par Dion & Gallien.
3ᵉ. Incend.	472	Sous Anthemius, empereur d'occident, & Léon I, empereur d'orient, cité par Procope & Marcellin Conti, dans fa chronique.
4ᵉ. Incend.	512	Arrivé fous Théodoric, roi d'Italie : je vais copier ce qu'en dit le pere *della Torre*, d'après Caffiodore & Procope de Céfarée, parce que les circonftances en font inftruc- tives : » felon ces deux auteurs, outre la cendre que jeta » le Véfuve, il y eut encore des torrens enflammés de » fable. Selon Caffiodore, une grande quantité de fable » enflammé coula comme un ruiffeau, du haut de la » montagne dans les campagnes, s'élevant dans la plaine » jufqu'à la cime des arbres. Procope dit encore plus » clairement, que le fable & la cendre defcendoient du » fommet du Véfuve jufqu'à fes racines, & même au- » delà, fous la forme d'une riviere de feu liquide, qui » fe refrodiffant en chemin des deux côtés, élevoit fes » bords, & fe formoit d'elle-même un lit, dans lequel » couloit le fable comme une eau enflammée, & cela » dès le commencement de l'incendie. Le ruiffeau, après » s'être refroidi, s'arrêtoit ; & ce qui reftoit, reffem- » bloit à la cendre qui refte après qu'un corps eft brûlé. » J'ai conjecturé que la cendre étoit defcendue (dit le » pere *della Torre*) de la même maniere dans l'incendie » arrivé fous l'empereur Tite. Encore de nos jours, en » 1751 & 1754, entre les différentes matieres qu'a jeté » le Véfuve, qui, en grande partie, forment une efpece » de pierre en fe refroidiffant, il y a quelques ruiffeaux » compofés feulement de fable brûlé de groffeurs diffé- » rentes, qui, quand il eft froid, refte en maffe avec » une certaine confiftance. »

Ruiffeau de fa- ble enflammé.

» fut caufe de la mort de Pline, l'an de J. C. 79. Le » pere *della Torre* lui-même, qui a fait une très- » favante differtation fur les éruptions de ce volcan, » débute en quelque forte par cette erreur de fait. » Je crois donc devoir faire obferver au lecteur que » cette affertion qu'il rencontre, répétée dans une » infinité d'ouvrages, eft évidemment fauffe. En ef- » fet, Diodore de Sicile, qui vivoit du temps » d'Augufte, dit expreffément, liv. 5, antiquit. » hift., que les éruptions du Véfuve remontoient » dans l'antiquité jufques aux temps fabuleux : voici » fes paroles, auxquelles il eft affez furprenant que » perfonne avant moi n'ait fait attention : *Hercules* » *deindè à Tiberi profectus, per littus Italiæ ad* » *Cumæum venit campum : in quo tradunt fuiffe ho-* » *mines admodùm fortes & ob eorum fcelera Gigantes* » *appellatos. Campus quoque ipfe dictus Phlegræus,* » *à colle qui olim plurimùm ignis inftar Æthnæ fi-* » *culi evomens, nunc Vefuvius vocatur, multa* » *fervans ignis antiqui veftigia.* »

M. de Sivry a eu tort d'avancer qu'il étoit affez furprenant que perfonne avant lui eût fait cette atten- tion, puifque le même pere *della Torre* s'exprime ainfi à la page 78 de fon hiftoire du Véfuve, traduc- tion de M. l'abbé Peyton : » Diodore de Sicile, né » à Agire, aujourd'hui Saint - Philippe d'Agirone

» en Sicile, vécut fous Jules Céfar & fous Augufte ; » il employa 30 ans à compofer fa bibliotheque hif- » torique, en 40 livres, voyageant en même temps » en Europe & en Afie. Nous n'avons que les vingt » premiers entiers ; ils furent réimprimés avec ce » qui refte des 20 autres, à Amfterdam, 1746 ; il » parle ainfi dans le quatrieme livre, décrivant le » voyage d'Hercule en Italie, n. 21 : *Mox indè* » *caftris, Hercules maritimos Italiæ, ut nunc qui-* » *dem vocatur, tractus percurrens, in Cumæam* » *defcendit planitiem : ubi homines roboris immani-* » *tate, & violentiâ facinorum infames, quos Gi-* » *gantes nominant, egiffe fabulantur. Phlegræus* » *quoque campus ipfe locus appellatur, à colle ni-* » *mirum, qui Æthnæ inftar ficulæ magnam vim* » *ignis eructabat ; nunc Vefuvius nominatur, multa* » *inflammationis priftinæ veftigia refervans. Gigantes* » *illi, cognito Herculis adventu, conjunctis viribus* » *procedunt, & commiffa pro viribus & ferocia Gi-* » *gantum pugna vehementi, Hercules deorum focie-* » *tate adjutus victoriam obtinuit, & plerifque tru-* » *cidatis, regionem illam pacavit. Ob ftupendam* » *vero corporum proceritatem Gigantes, hi dice-* » *bantur. De Gigantum igitur ad Phlegræam interne-* » *cione nonnulli, quos & Timæus fequitur, ita fa-* » *bulantur &c.* »

F

	An J. C.	
5ᵉ. Incend.	685	Incendie fous Conſtantin IV, rapporté par Sabellicus, Sigonius & Paul Diacre.
6ᵉ. Incend.	993	Selon le calcul de Baronius, qui cite Glaber-Ridolphe, moine de Cluni.
7ᵉ. Incend.	1036	Selon l'anonyme du mont Caſſin, dans ſa chronique; François Scot, dans ſon itinéraire d'Italie, regarde cet incendie comme arrivé ſous le pape Benoît IX, d'après les annales d'Italie.
8ᵉ. Incend.	1049	Voyez Léon d'Oſtie, moine du mont Caſſin, cardinal & évêque d'Oſtie, qui a écrit la chronique du mont Caſſin en 1087.
9ᵉ. Incend.	1038	Au temps du roi Roger III, rapporté par l'anonyme du mont Caſſin, dans ſa chronique.
10ᵉ. Incend.	1139	Voyez Falcone de Benevent, hiſtoriographe du pape Innocent II.
11ᵉ. Incend.	1306	Vid. Léandre Alberti, de l'ordre de Saint-Dominique, dans ſa deſcription de l'Italie.

Pluie de cendre rougeâtre.

	An J. C.	
12ᵉ. Incend.	1500	C'eſt Léon de Nole qui en fait mention au chap. 1ᵉʳ. de ſon hiſtoire de Nole & du Véſuve. Il aſſure, comme témoin oculaire, que les matieres volcaniſées étant forties du Véſuve, & ayant couvert une grande étendue de pays, il tomba une pluie abondante de cendre rougeâtre.
13ᵉ. Incend.	1631	Cet incendie fut terrible; les beaux jardins & les vergers précieux de Pietra Bianca, de Sainte-Marie du Secours, de Portici & de Granatello, furent entiérement détruits; un grand nombre d'auteurs, & entr'autres le jéſuite Récupito & le pere Carate, théatin, Maſcoli & Guliani en donnent les détails.
14ᵉ. Incend.	1660	Décrit par Joſeph Macrino, dans ſon traité du Véſuve, imp. à Naples en 1693.
15ᵉ. Incend.	1682	Ce quinzieme incendie arriv. le 12 août 1682; on peut voir ce qu'en ont écrit Ignace Sorrentino & François Balzano.
16ᵉ. Incend.	1694	Incendie conſidérable: vid. Sorrentino.
17ᵉ. Incend.	1701	Le 1ᵉʳ. juillet 1701: vid. Sorrentino.
18ᵉ. Incend.	1704	Le 20 mai: vid. Sorrentino.
19ᵉ. Incend.	1712	Le 5 février; même auteur.
20ᵉ. Incend.	1717	Le 6 juin, le Véſuve vomit, à pluſieurs repriſes, de la lave juſques au 9 de juillet 1719, même auteur.
21ᵉ. Incend.	1730	27 Février: Sorrentino rapporte que le 6 juin le cratere s'étoit élevé, par l'abondance des matieres, à un point, que le ſommet de la montagne étoit uni comme une plaine.
22ᵉ. Incend.	1737	Voyez la belle deſcription qu'en a donné D. François Serrao, profeſſeur de l'univerſité royale de Naples.
23ᵉ. Incend.	1751	Le 25 octobre: comme cette éruption a été vue & ſuivie par le pere della Torre, qui en a été témoin oculaire, & que les détails qu'il en donne ſont très-propres à inſtruire ſur pluſieurs points relatifs à divers phénomenes qu'il a très-bien obſervés, je vais rapporter une partie de ſa deſcription. » Je me tranſportai ſur le Véſuve, » dit cet auteur, le 19 octobre, quelques jours avant » l'incendie: j'obſervai ſeulement qu'il ſortoit de la fu- » mée de quelques endroits du plan intérieur, mais abon- » damment, ſur-tout de la petite montagne qui couvroit » l'abyme: cette fumée ſortoit avec bruit, & faiſoit un » fifflement ſemblable à celui que feroit un métal fondu » qui tomberoit dans un canal humide. Le 22 octobre, » vers les trois heures après minuit, on entendit un grand

[23e.Incend. AnJ.C.1751 » bruit du côté d'*Ottajano* ; & le 23, à 10 heures du
» matin, on fentit un tremblement de terre affez confi-
» dérable à *Naples* & à *Maffa di Somma*. Enfin, le lundi
» 25 octobre, vers les 4 heures de la nuit, la montagne
» s'ouvrit avec un grand bruit , un peu au - deffus de
» l'*Atrio* ; le feu ayant fendu en gros quartiers & renverfé
» une ancienne lave couverte de fable , & qui lui faifoit
» obftacle. De cette ouverture dont j'ai déja parlé , fortit
» la matiere de la lave, femblable à du cryftal fondu af-
» fez épais. Elle defcendit fur le plan de l'Atrio del Ca-
» vallo , occupant un large efpace , & prenant le che-
» min de Bofco-Trecafe. Mais ayant trouvé un vallon
» profond & efcarpé, elle s'y jeta, & prit de-là un autre
» chemin, à favoir, celui du Mauro, où font les bois
» du prince d'Ottajano.

Lave en fufion, comparée à du cryftal fondu.

» Son cours fut fi rapide, que le premier jour elle fit,
» en 8 heures, 4 milles de chemin, allant depuis le com-
» mencement de l'*Atrio* jufqu'au vallon nommé *Flufcio*,
» qui eft l'endroit où l'on commence à monter pour
» arriver au plan de l'Atrio. J'arrivai à 9 heures à ce
» vallon : comme il n'étoit pas fort large, mais pro-
» fond, la lave y étoit refferrée, & couloit comme un
» torrent d'une matiere fluide, mais d'une certaine con-
» fiftance.

Lave faifant en 8 heures 4 milles de chemin.

» Le ciel étoit ce jour-là fort ferain, mais l'air bien
» froid…. La matiere paroiffoit comme un mur de
» cryftal fondu, qui s'avançoit tout d'une piece, & brû-
» loit tous les arbres & les buiffons qu'il rencontroit fur
» les côtés du vallon. Je me tenois à 13 ou 14 pieds de
» la lave, dans le plan où il y avoit encore des arbres &
» des vignes. A cette diftance je fentois une chaleur con-
» fidérable, mais qui, loin de m'incommoder, me don-
» noit au contraire des forces & de la vigueur ᵃ. Il falloit
» me garder fur-tout des pierres qui rouloient conti-
» nuellement de la furface en - bas. La lave étoit toute
» couverte de pierres de différentes grandeurs, dont les
» unes étoient naturelles, de couleur blanche & brune ;
» les autres étoient calcinées & cuites comme une brique
» qui a été long-temps dans un fourneau : quelques-unes
» reffembloient au mâche-fer. Il y avoit avec les pierres
» une grande quantité de fable de couleur de châtaigne
» ou de cendres ; & l'on y voyoit de temps en temps
» des branches & des troncs entiers d'arbres de toute
» efpece, tant verts que fecs …. Au refte, le feu n'é-
» toit pas vifible fur la furface fupérieure de la lave. Si
» cette matiere rencontre en fon chemin quelque obfta-
» cle, comme un gros caillou, elle s'arrête devant pen-
» dant un peu de temps, coulant toujours par les côtés,
» & paffe enfuite par-deffus quand elle eft parvenue à fa
» hauteur. Si elle rencontre un arbre, elle l'entoure
» en continuant fon chemin. S'il eft fec, un moment
» après les feuilles s'enflamment tout-à-coup ; le tronc
» fe rompt & il eft emporté par la lave. S'il eft vert, les
» feuilles jauniffent d'abord, l'arbre fe plie & fe rompt
» pour l'ordinaire ; mais il ne prend feu qu'après avoir

La chaleur de la lave en fufion, n'eft point in-commode , mê-me d'affez près.

Circonftances relatives à l'in-cendie des ar-bres que la lave rencontre dans fon cours.

ᵃ Je ne ferai pas éloigné d'attribuer l'état de
force & de vigueur dans lequel fe trouvoit le pere
de la Torre , à l'athmofphere électrique qui doit en-
vironner ces maffes de matieres en fufion, & qui les
environne en effet ; les expériences de M. le profeffeur Vairo , de Naples , fur des barres de fer , pendant une éruption , confirment ce fentiment.

23ᵉ.Incend. AnJ.C.1751

» été entraîné fort loin par la lave. Les plus gros ar-
» bres ne se rompoient ni ne se séparoient du tronc, mais
» les feuilles se brûloient peu à peu, & les branches,
» avec une grande partie du tronc, étoient réduites en
» charbon.... Dès que ce qui restoit du tronc étoit
» couvert de quelques pieds de matiere, on voyoit à
» cet endroit sortir d'entre les pierres qui étoient sur la
« surface de la lave, une flamme vive & sifflante, qui
» duroit un peu de temps. Si l'on enfonçoit un morceau
» de bois pointu dans le front de la lave, il falloit le
» pousser avec force : qu'il fût vert ou sec, on voyoit
» aussi sortir une flamme bruyante; & l'on trouvoit, en
» le retirant, sa surface réduite en charbon; mais il
» cessoit de brûler dans le moment même : ce qui fait
» voir évidemment que le bois, pour prendre feu & con-
» tinuer de brûler, doit être entouré de flamme & d'air
» tout ensemble, & non-pas être renfermé dans un feu
» serré, comme étoit celui-là, & où l'air ne pouvoit
» pas jouer librement. Ce torrent de matiere s'adaptoit
» toujours à la capacité du lieu où il descendoit, se
» rétrecissant & se haussant là où le vallon étoit
» étroit, & s'élargissant & s'abaissant là où le vallon
» étoit spacieux. Dans un endroit du vallon qui étoit
» large de 102 palmes, la hauteur de la lave étoit de plus
» de 2 palmes, & faisoit 12 palmes de chemin par mi-
» nute. La hauteur alla ensuite jusqu'à 4 palmes, & il
» faisoit alors en une minute un peu plus de 9 palmes
» de chemin. Sa hauteur croissoit successivement par la
» nouvelle matiere qui descendoit ; en sorte que dans une
» partie du vallon qui étoit large de 182 palmes, la
» hauteur du torrent étoit de plus de 7 palmes, & il faisoit
» aussi 7 palmes de chemin par minute. C'est-là que se
» terminoit le vallon *de Fluscio*, & que commençoit celui
» de *Buonincontro*, profond de 80 palmes, & large de
» 50, tout près de la maison de même nom. La lave y ar-
» riva vers une heure après midi, n'ayant fait, depuis
» plus de 8 heures de temps, qu'un demi-mille de che-
» min, parce que le vallon de *Fluscio* n'avoit pas beau-
» coup de pente. La matiere étant arrivée près de ce
» second vallon, s'arrêta pendant quelque temps, s'éle-
» vant toujours jusqu'à ce qu'elle fût à la hauteur des
» peupliers dont ce lieu étoit planté. La matiere de des-
» sous commença ensuite à tomber dans le vallon, s'ap-
» platissant comme une pâte molle ; elle le remplit bien-
» tôt & y continua son cours ordinaire ; mais elle avoit
» perdu, en tombant, sa consistance uniforme : en se di-
» visant elle avoit été refroidie par l'air, & s'étoit mêlée
» avec différentes pierres ; en sorte que son cours n'étoit
» plus égal comme auparavant, & qu'elle rouloit en
» ondes & avec quelques interruptions .... La surface
» extérieure s'étant refroidie considérablement, l'effer-
» vescence naturelle qui accompagne toujours les matie-
» res bitumineuses & sulphureuses, agit avec plus de force:
» la lave commença donc à s'enfler & à former des cou-
» ches de différentes largeur & hauteur, & de diffé-
» rentes qualités de matieres.

» Il y en avoit de plates, longues & larges de 5, de
» 6, de 10 & même de 12 palmes, & épaisses d'un, de
» 2, ou de 3 pouces.

» D'autres

Lave en effer-
vescence.

23ᵉ.Incend. |AnJ.C.1751

» D'autres étoient convexes.

» D'autres avoient la figure des ondes de la mer.

» D'autres reſſembloient à des cables de navire.

» D'autres enfin , à des boules un peu applaties.

» La matiere en étoit noire & légere comme le mâche-
» fer : il y en avoit de plus peſantes & de plus com-
» pactes.

» Quelques-unes étoient comme une brique brûlée.

» D'autres enfin, comme un ſable calciné & réuni,
» avec beaucoup de pores. Quand elles étoient de cou-
» leur de cendre ou de couleur de brique , il y avoit au
» milieu une certaine quantité de ſable ou de terre fine
» toute brûlée.

» Il y avoit aſſez ſouvent ſous ces couches , quand elles
» étoient hautes de 6 ou 7 palmes , une matiere moins
» poreuſe & plus ſolide, épaiſſe d'une ou 2 palmes , qui
» eſt celle dont on ſe ſert pour paver les rues de Naples ,
» & qu'on nomme plus particuliérement , *lave* .... La
» matiere de la lave a non-ſeulement le mouvement pro-
» greſſif qui naît de ſa peſanteur naturelle , & la porte
» à deſcendre dans les lieux les plus bas , comme tous les
» autres fluides , mais encore un mouvement intérieur
» d'effervefcence , qui la porte continuellement à ſe gon-
» fler, ſur-tout quand ſon mouvement progreſſif diminue.

» Si l'on regardoit pendant la nuit la ſurface de la
» lave, même quelques jours après qu'elle s'étoit refroi-
» die, on en voyoit ſortir quelques flammes de ſoufre qui
» s'éteignoient auſſi-tôt.

» Ce qu'il y avoit de plus remarquable dans le torrent
» de laves , c'eſt que lorſqu'il ſe trouvoit des maiſons
» ſur ſon chemin, il s'arrêtoit lorſqu'il n'étoit plus qu'à
» une palme des murs , & il ſe gonfloit ſenſiblement : en-
» ſuite il couloit par les côtés en pourſuivant ſon cours ,
» & entouroit la maiſon , mais ſans y toucher : s'il ren-
» controit quelque porte fermée , alors le bois , forte-
» ment échauffé par la chaleur de la matiere , ſe noir-
» ciſſoit , ſe convertiſſoit en charbon , & ſe conſu-
» moit enfin. Enſuite on voyoit entrer dans la chambre
» une pointe de lave qui s'avançoit de quelques palmes :
» en touchant les jambages de la porte , il n'alloit pas
» plus loin. Il eſt vrai qu'il tomba une maiſon peu de
» temps après que la lave y fut arrivée ; mais ce ne fut que
» parce qu'il tomba de deſſus la ſurface de la lave , une
» piece énorme de matieres , qui enfonça la voûte & fit
» écrouler la maiſon.

» Quoique le torrent dont j'ai parlé juſqu'à préſent
» ſe fût arrêté le 9 novembre 1751 , il conſerva néan-
» moins, pendant long-temps , une grande chaleur. J'allai
» le viſiter dans toute ſon étendue le 22 & le 23 mai
» 1752 , & je trouvai que quoiqu'on marchât deſſus ſans
» éprouver de chaleur , du moins ſenſible , néanmoins
» il y avoit quelques ouvertures en pluſieurs endroits ,
» dans toute ſa longueur , d'où il ſortoit une chaleur
» violente & inſuportable , avec une fumée lancée avec
» force , mais inviſible , qui ôtoit dans l'inſtant la reſpi-
» ration. Cette fumée n'avoit qu'une très-légere odeur
» de ſoufre ; mais elle en avoit une très-forte de ſel
» ammoniac , de nitre & de vitriol mêlés enſemble , qui
» ſaiſiſſoit le goſier & les narines. »

C

| 23e. Incend. | AnJ.C. 1751 | Cet article est un peu long, mais tous les détails en sont si instructifs, que j'ai cru qu'il étoit convenable de les retenir ici, d'autant mieux que j'en ferai souvent l'application en hasardant mes conjectures sur plusieurs laves qu'on trouve dans les volcans éteints que j'ai à décrire. |
| 24e. Incend. | 1754 | 2 Décembre 1754: le pere de la Torre rapporte les circonstances de cette éruption: il dit qu'il présenta en plusieurs endroits la boussole à la lave, sans appercevoir la moindre émotion à l'aiguille; expérience qui mériteroit d'être répétée plusieurs fois avec attention; car il est constant que la lave & même le basalte le plus dur, attire le barreau aimanté. Le pere de la Torre apperçut également, à cette époque, au-dessus du cratere du Vésuve, plusieurs de ces cercles lumineux que Sorrentino avoit déjà vu en 1730 pour la premiere fois. » Ils paroissoient à la vue s'élever deux fois comme la montagne l'est au dessus de l'Atrio: ils étoient d'une couleur très-blanche, & d'une matiere si épaisse & si tenace, qu'il y en eut un qui parut en l'air plus d'un quart d'heure, & un autre plus de trois. Ils disparoissoient peu à peu, à mesure que la matiere qui les composoit se subtilisoit & se dilatoit. On en vit plusieurs autres le même jour & les suivans. » |

Cercles lumineux sortant du Vésuve.

Le pere de la Torre contempla de très-près la lave en fusion dans cette éruption. » Lorsque j'enfonçai, dit cet auteur, un morceau de bois vert dans cette pâte molle, l'air en sortoit avec bruit; il s'enflammoit tout-à-coup, & bien souvent la flamme sortoit de la matiere à deux pieds loin du bâton. Si le bois étoit sec, il s'enflammoit aussi-tôt sans aucun bruit. Si j'enlevois en certains endroits, avec un bâton, de cette matiere liquide & tenace, elle s'étendoit & se gonfloit sensiblement. » Cette éruption dura long-temps, & fut prolongée avec des effets plus ou moins forts, jusqu'en 1760.

JE pourrois suivre encore d'autres auteurs qui nous ont donné des détails sur le Vésuve, & qui en ont observé les mouvemens jusqu'à ce jour; mais ceci m'entraîneroit dans des longueurs; & il me reste bien de choses encore à dire sur le Vésuve.

Qu'on ne se presse pas de me taxer de prolixité dans ce mémoire; toutes les circonstances que je suis obligé de retenir, deviendront applicables en bien de cas à la théorie des volcans éteints: je ne m'attache d'ailleurs bien particuliérement au Vésuve, que parce qu'il a été le plus souvent & le mieux suivi, & qu'on est en général beaucoup plus à portée d'aller l'observer & l'étudier, que les autres volcans brûlans, placés dans des lieux plus difficiles.

Des différentes Matieres qui sortent du Vésuve.

IL faut quitter ici le pere de la Torre, qui nous a fourni les plus utiles & les plus excellens détails sur les éruptions du Vésuve: il est certain que s'il eût eu des connoissances plus étendues en minéralogie, il auroit fait un ouvrage achevé sur le Vésuve; mais la lithologie lui étant presque étrangere, les notices qu'il a voulu nous donner sur les différentes matieres que vomit ce volcan, sont semées d'erreurs.

Bien plus inftruit & bien plus favant fur ces matieres, M. Ferber nous
a fait part d'une lifte intéreffante des produits du Véfuve. On auroit
tort de lui objecter que n'étant qu'en voyageur en Italie , & n'ayant
fait qu'un féjour peu confidérable à Naples ou dans fes environs , il lui
a été difficile de bien connoître les productions du Véfuve. Cette objection devient fans fondement , lorfqu'on voudra faire attention que
M. Ferber eft très-inftruit en minéralogie ; qu'il a beaucoup vu &
bien vu par lui-même fur les lieux , & qu'il a eu de grands fecours dans
les collections de Naples, particuliérement dans celle de M. l'Abbé Botis.

Je prends le parti de tranfcrire ici cette lifte donnée par M. Ferber.
Comme j'ai dans ma collection la plus grande partie des matieres qu'il
décrit , & que j'ai étudié dans ce genre , foit à Paris , foit ailleurs , les
fuites les plus étendues , je ferai des notes & des remarques au bas des
articles de M. Ferber, lorfqu'ils mériteront des éclairciffemens , ou
lorfque je verrai qu'il aura été induit en erreur. J'efpere que ce naturalifte , à qui je rends toute la juftice qui lui eft due , ne défapprouvera
pas la marche que je fuis ici.

M. Ferber divife les matieres vomies par le Véfuve, *en deux claffes ;*
l'une, comprend les corps qui ont été lancés tout bruts ou vierges, fans
avoir fouffert d'altération , & qui doivent leur origine à la voie humide
& non au feu.

L'autre claffe renferme la lave & les autres produits du feu. Il y a
apparence , ajoute cet auteur , que *les matieres de cette claffe ne font*
que des compofitions & des fcories de minéraux qui font partie de la pre-
miere claffe , & d'autres corps encore qui peuvent exifter dans la profon-
deur , mais que nous ne connoiffons malheureufement pas ; ce qui eft
d'autant plus fâcheux , que le peu de confiance qu'on peut avoir dans
les habitans , & fur-tout dans les marchands de lave du pays , fait douter
que toutes les efpeces de pierres & de minéraux qu'on voit chez eux &
dans les collections , foient vraiment des produits du Véfuve. On affure
cependant qu'on les trouve en grand nombre lorfque les éruptions ont
ceffé.

Cet avis préliminaire eft certainement très-fage & très-prudent , &
annonce les vues exactes de l'auteur : c'eft pourquoi il auroit été véritablement à defirer qu'au lieu de s'en tenir à deux divifions, il eût formé
plufieurs fous-divifions qui me paroiffent bien effentielles. Par exemple , fa premiere claffe fe rapporte *aux corps qui ont été vomis par le*
Véfuve, tout bruts ou vierges, fans avoir fouffert d'altération , & qui doi-
vent leur origine à la voie humide & non au feu : j'aurois ajouté, à fa
place , les fous-divifions fuivantes.

Corps qui ont été vomis par le Véfuve, &c.

Vus par moi fur le Véfuve même.
Vus dans le cabinet de M. l'abbé Botis.
Vus dans la collection d'un tel ou d'un tel , marchand de lave.

Cette marche plus méthodique tendoit à donner des éclairciffemens
plus affurés fur les matieres du Véfuve, parce qu'on auroit mieux diftingué

par-là ce qui n'étoit que problématique d'avec ce qui se trouvoit bien
constaté. Je sais que M. Ferber cite quelquefois le cabinet de M. l'abbé
Botis, mais ce n'est que dans quelques circonstances : en un mot, sa
méthode est trop vague & ne satisfait pas toujours assez les naturalistes
qui doivent se piquer de la plus scrupuleuse exactitude.

Premiere classe de M. Ferber.

1. Du quartz.

Blanc compacte, mat dans la fracture, en grands & en petits morceaux.

Du quartz blanc friable, demi-transparent, qui paroît avoir essuyé
une forte chaleur & une demi-vitrification pendant qu'il a été lancé hors
du volcan : cette espece est dans la collection de M. l'abbé Botis [a].

Des lames de quartz transparent à six facettes, de la même collection [b].

Des cryſtaux de quartz communs.

Des cryſtaux de quartz de couleur d'améthiſte, de la même collection.

Il eſt queſtion de ſavoir, ajoute M. Ferber, s'ils ont réellement été
jetés par le Véſuve.

2. De l'agathe blanche, rayée de rouge en fortification.

3. Du gyps ou de la ſélénite en lames tranſparentes, qui reſſemble
au gyps blanc en coins feuilletés de Montmartre, mais les lames en
ſont plus petites, & il n'a pas la forme de coin [c].

4. De l'amiante : ces trois articles ſont auſſi dans la collection de M.
l'abbé Botis : il me paroît douteux que l'agathe & l'amiante proviennent du Véſuve [d].

5. Du ſpath calcaire blanc, formé de lames plus ou moins fines : il
ſe trouve en aſſez grande quantité au tour du Véſuve en morceaux détachés, ſouvent trois fois plus grands qu'une tête, quelquefois de la
même grandeur, & quelquefois moindres.

6. De la pierre à chaux blanche ou du marbre en morceaux détachés,
parmi leſquels ils s'en trouve que la chaleur a calciné & réduit en chaux;
on voit auſſi des morceaux de marbre de différentes grandeurs dans les
colines de cendre, & même dans la lave ; ils ſont preſque toujours calcinés & d'un blanc de farine. Les gens qui m'ont conduit au Véſuve
m'ont apporté une quantité de ſtalactites calcaires, blanches comme de
la craie, compoſées comme les piſolites, de boules adhérentes, intérieurement compactes & point feuilletées ; ils m'aſſurerent qu'ils les avoient
tirées

a Pour pouvoir véritablement affirmer ſi ce quartz
blanc friable, demi-tranſparent, a eſſuyé une forte
chaleur & une demi-vitrification, il auroit fallu le
trouver adhérent à des matieres volcaniques, ſans
quoi on tombe ſouvent dans l'arbitraire & l'idéal ;
chaque morceau doit porter ſon témoignage & ſa
preuve en hiſtoire naturelle.

b Cette définition eſt trop vague. L'auteur veut-il
parler de lames de quartz qui offrent dans leurs
caſſures des plans hexagones, à l'inſtar de certains
ſpaths calcaires, dont les lames affectent des plans
rhombeaux ?

c Cette définition n'eſt pas aſſez claire ; c'eſt peut-
être du gyps rhomboïdal dont M. Ferber a voulu
parler.

d J'ai trouvé moi-même pluſieurs variétés d'agathe dans les matieres volcaniques du Vivarais ; on
voit pluſieurs morceaux de ce genre dans mon cabinet, où l'agathe eſt adhérente au baſalte, & à des
laves porcuſes. Quant à l'amiante je n'en ai point
pu encore découvrir. Cette matiere, non-ſeulement
peut ſe trouver dans les volcans, mais comme elle
eſt réfractaire de ſa nature, elle réſiſteroit long-
temps au feu.

tirées de la bouche du Véfuve ; mais je n'en ai point apperçu fur toute la montagne [a].

7. Des cryſtaux cohérens de ſpath calcaire, en colonnes hexagones à ſommet pyramidal [b], de la collection de l'abbé Botis : il faudroit auſſi avoir la certitude qu'ils viennent effectivement du Véſuve.

8. Du ſpath calcaire, ou plutôt de la pierre calcaire blanche, ſolide, à très-petits grains, ſur & dans laquelle il y a du mica & des cryſtaux de ſchorl de différentes couleurs [c]. Ce ſpath paroît avoir été détaché d'une gangue ; ce qui prouveroit l'exiſtence d'une ou de pluſieurs veines de ce genre dans les abymes du Véſuve.

9. Le mica qui ſe trouve dans le ſpath calcaire du n°. 8, eſt plus ou moins dur, ou mol & talqueux ; ſa couleur varie ; il y en a de blanc tranſparent, de blanc argenté & gras au toucher ; de jaune foncé, de couleur de citron, de verd clair, de verd foncé, de noirâtre, d'un noir de poix ; mais il eſt toujours feuilleté.

10. Sur un échantillon de ſpath, appartenant à l'abbé Botis, étoit un mica fin, gras, tout-à-fait mol, de couleur brillante de fleur de pêcher, aſſez ſemblable à la molybdene.

11. Les cryſtaux de ſchorl, que contient le ſpath calcaire, n°. 8, garniſſent pour la plupart de petites cavités ou truſes : je ne les regarde pas comme produits par le feu, mais je penſe qu'ils ont été arrachés dans la profondeur d'un filon avec le mica & le ſpath calcaire dans lequel ils ſont logés ; qu'ils ſe ſont formés dans l'eau par une cryſtalliſation ſemblable à celle du ſel ; néanmoins quelques-uns des cryſtaux de ſchorl, nichés en ſi grand nombre dans le creux de la lave, peuvent être produits par le feu, quoiqu'il y en ait quelques eſpeces abſolument pareilles à celles que je décris, & que j'ai trouvées dans le ſpath calcaire [d] du n°. 8.

De petits cryſtaux de ſchorl en pyramides, à beaucoup d'angles, qui reſſemblent à la vue, à de la blende, dont ils different par la compoſition & la dureté ; ils ſont blancs, noirs, couleur de poix, verds noirâtres, verds clairs, ou verds d'émeraudes, rouges de pourpre ou de grenats, rouges de rubis bruns, clairs ou foncés, & jaunes de topaſe ; ces cryſtaux de ſchorl ſont les plus communs dans le ſpath calcaire mêlé de mica, ſur-tout les bruns ; on les vend pour des pierres précieuſes ; mais c'eſt pour y mettre plus de prix. Les cryſtaux different des pierres précieuſes, en ce qu'ils ſont

---

[a] La pierre calcaire ſe trouve aſſez fréquemment dans certaines laves ; il peut s'y trouver, par cette raiſon, des marbres ; mais j'aurois voulu que M. Ferber, qui nous parle de morceaux de marbres de différentes grandeurs, trouvés dans les colines de cendres & même de laves, nous eût expliqué ſi ces marbres ont été arrachés de l'intérieur de la terre, comme la choſe eſt très-poſſible ; ou ſi ce ſont des morceaux de marbres taillés de la main des hommes ; des reſtes, en un mot, de quelques anciens édifices, autrefois détruits par le feu : tout cela exigeroit un énoncé plus clair.

[b] Lorſqu'on décrit un cryſtal, il importe eſſentiellement de faire mention de la quantité & de la qualité des faces de la pyramide, ſans quoi la deſcription eſt abſolument imparfaite. Il y a pluſieurs eſpeces de ſpaths calcaires priſmatiques hexaedres, à ſommet pyramidal, dont on peut voir les deſcriptions dans la cryſtallographie de M. de Romé de l'Iſle, page

124 & ſuivantes, auſſi bien que dans les élémens de minéralogie de M. Sage, pages 146, 147 & ſuiv., tom. 1er. de la derniere édition.

[c] Ce n'eſt certainement pas par eſprit de critique que je releve tant d'articles de M. Ferber ; mais en parlant des cryſtaux de ſchorl de différentes couleurs, je ne puis m'empêcher de dire que M. Ferber auroit dû décrire la forme de ces cryſtaux & nous en donner la couleur exacte. On verra dans mon mémoire ſur les ſchorls, que ce n'eſt pas ſans raiſon que je fais cette remarque, car ſouvent on a pris pour du ſchorl ce qui n'en étoit pas. Je n'ai pas encore pu voir du ſchorl dans la pierre calcaire du Véſuve.

[d] M. Ferber, en regardant les cryſtaux de ſchorl comme formés par la voie humide, ne s'eſt pas trompé ; je ne crois pas qu'il en exiſte aucuns qui doivent leur origine au feu. Ceci pourra étonner quelques naturaliſtes qui penſent différemment ; je les prie de lire mon diſcours ſur les ſchorls.

H

moins durs, moins tranfparens, & que traités au feu, ils donnent les mêmes réfultats qu'un véritable fchorl : il en eſt de même des trois variétés fuivantes [a].

Des cryſtaux de fchorl en priſmes couchés hexagones, dont le fommet eſt tronqué & applati ; il y en a de noirs, de verds noirâtres, de bruns & de blancs de verre.

Des cryſtaux de fchorl en colonnes couchées, hexagones priſmatiques, à pointes pyramidales ; ils reffemblent parfaitement à de petits cryſtaux de quartz, & ont les mêmes variétés de couleur que les précédens.

Des cryſtaux de fchorl ronds à beaucoup de facettes en forme de grenats, pareils aux cryſtaux de fchorl blanc, qui font dans la lave. Je ne fais, à la vérité, ſi cette variété a droit d'être rangée parmi les produits vierges & détachés, dans l'état où ils font dans la profondeur, ou ſi elle n'a pas été préparée par le feu ; je n'ai vu cette eſpece de cryſtaux nulle autre part que chez M. l'abbé Botis. Comme ils ne font pas nichés dans du fpath calcaire micaffé, & qu'il paroît au contraire qu'ils font dans du quartz blanc & dans du fpath de fchorl verd, ou matrice d'émeraude, [*Cronſt. min.* § *73*] il fe peut très-bien qu'on ait tiré ces cryſtaux de la lave. Dans l'incertitude, j'ai mieux aimé les rapporter ici, & placer dans cette claffe le peu de cryſtaux blancs, jaunes & rouges, en forme de grenats, que j'ai vu dans l'eſpece de pierre dont je viens de parler, chez M. l'abbé Botis [b].

1 2. On montre dans toutes les collections de la pyrite cryſtallifée cubique du Véfuve ; j'en ai vu de pareille qu'on m'a dit être de *l'Etna.*

1 3. On a dans toutes les collections de la mine de fer, couleur de fer, compacte ou cryſtallifée, en forme de crête de coq, que l'on affure être du Véfuve : on m'en a donné de *l'Etna* ; mais comme elle ne differe en rien de celle que l'on tire de l'iſle *d'Elbe*, je doute encore du lieu de fa naiſſance.

14. L'on m'a donné auffi, dit M. Ferber, de la mine de cuivre jaune pyriteufe, du *Véfuve* & de *l'Etna*, de la même eſpece ; il eſt poffible qu'elle foit de ces volcans, mais j'en ſuis fort incertain.

1 5. On m'a montré du verd & du bleu de montagne fuperficiel fur du quartz & du fpath calcaire, qui doit auffi être du Véfuve, ainſi que

1 6. De l'antimoine gris en aiguilles, & enfin,

1 7. De la pyrite arfenicale ou du mifpickel, avec des aiguilles de fchorl [c].

Seconde Claffe.

JE paffe, dit M. Ferber, à ma feconde claffe, & je commence par la defcription des cryſtaux de fchorl, qu'on trouve en grand nombre dans la

---

[a] Tout ceci eſt encore trop général & trop confus ; on ne fait ſi l'auteur veut faire mention des grenats diverſement colorés, du fchorl noir ou verdâtre, des cryſtaux d'hyacinthe, de la chryſolite ou du la rubine d'arfenic.

[b] J'avoue que je ne fais point ce que c'eſt que le *fpath de fchorl ou matrice d'émeraude.* La matrice or-dinaire de la véritable émeraude eſt le quartz, ainſi que l'a très-bien obfervé M. Sage, dans fes élémens de minéralogie, tom. 1er., page 229, au mot Émeraude du Pérou. M. Ferber auroit-il voulu parler de quelque fpath phofphorique ? tout cela n'eſt pas clair :

d'ailleurs, je n'ai jamais vu, non-plus que M. Sage, le fpath phofphorique dans les matieres volcaniſées ; ce n'eſt pas, au reſte, qu'il ne puiffe abfolument s'y trouver accidentellement, mais je penfe que cette découverte eſt encore à faire.

[c] On peut trouver de la pyrite cryſtallifée cubique, dans de la pierre calcaire, dans des fchiftes ou d'au-tres matieres élancées du Véfuve ; on peut rencon-trer également de la mine de fer, du cuivre, du verd & du bleu de montagne, de l'antimoine, & même du mifpickel ; car comme tous ces différens miné-raux peuvent exiſter naturellement à de très-grandes

lave; je crois que ceux-ci doivent leur exiftence au feu [a]; ainfi ils different,
quant à leur origine, des cryftaux de fchorl, qui fe voient dans le fpath
calcaire micaffé. En voici les différentes variétés.

1. Des cryftaux ronds en forme de grenats qui ont jufqu'à 56 facettes [b],
la plupart rhomboïdales, depuis la grandeur d'une tête d'épingle jufques à
celle d'un pouce de diametre. Ils font d'un blanc de verre tranfparent, ou d'un
blanc moins vitreux demi-tranfparent: il y en a dans d'anciennes laves d'opaques d'un blanc farineux, & que l'action de l'air a rendus fi friables qu'on peut
les réduire en pouffiere avec les doigts;... quelquefois les acides contenus
dans l'air ont tellement agi fur ces cryftaux dans les plus anciennes laves, qu'il
les ont prefque entiérement convertis en une argille blanche. Les grenats
blancs, qui font de vrais fchorls, fe trouvent en très-grand nombre dans
la plupart des laves des volcans anciens & modernes [c]. Ils font ferrés les
uns contre les autres; on peut, en frappant fur les laves, les en détacher,
& lorfqu'ils font tombés, il refte dans la lave une cavité qui conferve
l'empreinte des cryftaux, qui eft auffi réguliere que les cryftaux mêmes;
il y a affez communément au centre de ces grenats blancs, un petit grain
de fchorl noir; on le peut voir facilement en les brifant.

2. Des cryftaux de fchorl opaques blancs, couleur de farine à leur
furface, oblongs, arondis, ftriés à la fuperficie; c'eft le fpath en barres
des Saxons (*Stangen-Spath*) [d]; on les trouve dans quelques laves du Véfuve, & dans les laves qui font à la droite du chemin de Pouzzole.

3. Des colonnes de fchorl blanc tranfparent, hexagones, avec & fans
pyramides à leur fommet; on en voit, mais rarement, dans quelques laves
du Véfuve.

4. Des rayons de fchorl noir, minces & en aiguilles, ou plus épais
& plus gros, arrondis ou hexagones.

5. Du mica de fchorl feuilleté noir, en feuilles plus ou moins grandes,
quelquefois hexagones très-brillantes; il paroît que ce ne font que de
petites particules qui ont été détachées, par la grande chaleur, du fchorl
noir en colonnes; peut-être ce fchorl étoit-il feuilleté dans fon origine [e].

6. Du fchorl noir difféminé par petits points dans les laves.

7. Des cryftaux de fchorl noir fort brillans, hexagones, oblongs, fi

---

profondeurs dans la terre, les explofions volcaniques peuvent très-bien les en extraire, & ce n'eft
que dans ce fens qu'il faut les confidérer.

[a] Ils ne la lui doivent pas plus que les précédens;
j'en déduirai les raifons dans mon mémoire fur les
fchorls.

[b] Les plus réguliers font à 24 facettes trapézoïda-
les; mais la forme & le nombre des facettes peut
très-bien varier, comme dans les autres cryftaux, en
raifon des bifeaux qui peuvent s'y rencontrer.

[c] C'eft ici la pierre de Caprarole, la lave à œil de
perdrix des Italiens, toute parfemée de grenats blancs,
opaques & friables; ce n'a été que parce qu'ils confervent encore, malgré leur altération, la forme
réguliere de leur cryftallifation, qu'on a pu juger que
c'étoit des grenats. Il y a apparence que c'eft une vapeur
acide qui les a mis dans cet état. J'en parlerai plus au
long dans mon mémoire fur la décompofition du bafalte.

[d] Ce prétendu fpath en barres des Saxons, n'eft point
un fpath; M. de Born, à la page 34 de la premiere partie
de fon catalogue, le claffe parmi les bafaltes, avec la
phrafe fuivante: *bafaltes albus, criftallis exhædro
prifmaticis, truncatis, inordinatim agregatis.* Stan-

gen-Spathe *Lorenz-Gegentrun Fregberg, Sax.* M. le
baron de Dietrich penfe qu'il vaut mieux lui donner,
comme a fait M. Ferber, le nom de fchorl; & que
comme cette fubftance *n'a rien de calcaire*, on devroit, à caufe de fon degré de dureté, de l'œil vitreux qu'ont les cryftaux, & de leur degré de fufibilité, le mettre au rang des fchorls, & le nommer *fchorl blanc*, en barres fibreufes, irrégulierement réunies, hexagones, prifmatiques & tronquées.
Cette phrafe très-claire & très-fuccinte feroit excellente fi l'on étoit parfaitement affuré que cette matiere, qui n'a pas encore été fuffifamment examinée,
eft un véritable fchorl. La zéolite qui fait fe métamorphofer fous tant de formes, a fouvent induit en
erreur les plus grands naturaliftes: quoiqu'elle ait un
caractere bien remarquable, elle a pu tromper les yeux
les plus exercés. Voyez les deux mémoires fur la zéolite,
inférés dans cet ouvrage.

[e] On conçoit facilement ce que c'eft que le fchorl
feuilleté, le *bafaltes fpatofus planis cubicis vel rhom-
boidalibus nitens*, de *Wallerius*; mais le fchorl en
feuillets quelquefois hexagones, eft une chofe qu'il
n'eft pas aifé de deviner.

petits qu'on ne peut découvrir leur figure qu'au moyen de la loupe; la pluie les lave hors des collines de cendres ; ils font attirables par l'aimant , foit qu'ils aient eux-mêmes cette propriété, foit qu'ils la doivent au fable ferrugineux avec lequel ils font mêlés [a].

8. Du fchorl verd & noirâtre, ou clair, couleur de crhyfolite & d'émeraude en prifmes hexagones à fommet pyramidal; il eft renfermé dans une lave moins compacte; il y en a de la grandeur d'un pouce : il a la dureté d'un vrai fchorl, ou tout au plus celle d'un cryftal de quartz coloré, avec la figure duquel il a du rapport; néanmoins les Napolitains le qualifient de pierre précieufe , ainfi que l'efpece fuivante [b].

9. Du fchorl hexagone jaunâtre, couleur de hyacinthe ou de topaze.

C'eft à la fuite de ces articles que M. Ferber examine fi les fchorls qui fe trouvent dans les laves, ont été formés dans les matieres volcanifées à l'aide du feu; & il le penfe ainfi, préférant cette opinion à celle de ceux qui croiroient que les fchorls ont été primitivement formés par la voie humide, & qu'ils ne fe trouvent qu'accidentellement incruftés dans les laves : comme il traite ce fujet fort au long, je combats fon fentiment dans mon mémoire fur les fchorls.

Laves & autres produits du Véfuve.

1. DE la lave noire fcoriforme très-ferrugineufe , femblable à une fcorie de fer: c'eft la plus commune ; elle couvre le Véfuve de toute part ; mais du côté de la mer, elle eft cachée fous des cendres noires & du fable de laves; cette lave écume & bouillonne avec force dans fon cours. L'air raffemblé & comprimé forme de grandes bulles ou de grands vuides au milieu des torrens de lave, & rend leur fuperficie fort inégale. Quelquefois il y a des vagues fur un torrent de lave; fi elle vient à fe refroidir dans ce moment, la furface de la lave a la forme de vagues. La fuperficie de cette lavé eft fpongieufe, poreufe , légere & lâche; on s'en fert pour voûter les toits , parce qu'elle joint la dureté à fa légereté.

Plus on entre dans le corps de la lave, plus elle devient denfe, compacte & ferme ; on l'emploie aux fondations des maifons & au pavé des rues. On la prend communément d'une couche de lave provenante d'une ancienne éruption de la Solfatare, qui eft à la droite du chemin de la grêve de Naples à Pouzzole , ainfi que de l'énorme & épouvantable torrent de lave qui , dans une éruption moderne [c], a traverfé la chauffée, & s'eft jeté dans la mer entre Portici & Pompeia.

La lave noire fcoriforme fe trouve dans l'intérieur de la bouche du Véfuve en grappes, branchue comme des coraux; ce font des efpeces de ftalactites de laves , dont une partie eft mêlée d'ochre rouge ferrugineufe; fouvent il n'y en a qu'une teinte à la furface. Cette ochre reffemble par la couleur au colcotàr.

2. De la lave noire compacte, avec des cryftaux de fchorl blanc en forme de grenats, vitreux, tranfparens, demi-tranfparens ou opaques, & d'un

---

[a] C'eft le *bafaltes radicis minimis fibrofis nitidis, compofitus.* Le *bafaltes fibrofus* , Sp. 151 de Wall. Quant à la propriété qu'ont ces petits cryftaux d'être attirables à l'aimant , felon M. Ferber, voyez mon mémoire fur les fchorls, où il eft fait mention de ceux qui font quelquefois attirables à l'aimant.

[b] Tout cela n'eft pas net : ce prétendu fchorl verd foncé & de différentes couleurs , n'eft point du fchorl, non-plus que l'efpece neuvieme.

[c] C'eft la lave de l'éruption de 1760.

d'un blanc de lait ; quelques-uns de ces cryſtaux qu'on tire d'anciennes laves, ſont ſi friables, qu'on peut les réduire en pouſſiere avec les doigts ; c'eſt l'air qui les a décompoſés à la longue [a]. Cette lave eſt très-communé & preſque la plus abondante , non-ſeulement au Véſuve & aux environs de Naples , mais encore dans tous les volcans de l'Italie.

3. De la lave noire compacte avec des colonnes de ſchorl, arrondies & cannelées (ſpath en barres). Il y en a au Véſuve à main droite du chemin de Naples à Pouzzole [b].

4. De la lave noire compacte, avec des priſmes de ſchorl blanc, hexagones ; elle eſt fort rare.

5. De la lave noire compacte, avec du ſchorl noir en fibres minces comme des aiguilles, ou plus épaiſſes & plus grandes, arrondies ou hexagones ; du Véſuve.

6. De la lave noire compacte, avec du ſchorl noir en feuilles, que la chaleur paroît avoir détachée des colonnes de ſchorl ; du Véſuve.

7. De la lave noire compacte, avec du ſchorl verd foncé, couleur d'herbe ou verd clair, couleur de chryſolite & d'émeraude, en priſmes hexagones de différentes grandeurs, à ſommet pyramidal ; du Véſuve.

8. De la lave noire compacte, avec du ſchorl hexagone, couleur d'hyacinthe ou de topaze ; du Véſuve.

9. De la lave noire compacte, qui renferme de petits cailloux colorés, arrondis, ou verres naturels & durs, qui approchent beaucoup plus de la dureté des pierres précieuſes, que les ſchorls colorés décrits ci-deſſus ; les cailloux noirs ſont appellés _Pietre obſidiane._ Il y en a de verds foncés ; d'autres ont la couleur de chryſolite, d'émeraude, d'hyacinthe ou de topaze ; du Véſuve.

10. De la lave griſe ou bleuâtre poreuſe, qui ſe trouve dans quelques-unes des fentes refermées, qui traverſent les torrens de lave du mont _Somma._

11. De la lave griſe compacte, avec des rayons de ſchorl noir, hexagones ou arrondis, plus ou moins grands ; du Véſuve.

12. De la lave griſe compacte, avec quantité de lames de mica ou de ſchorl ; la couleur de la lave & la grandeur des lames varient beaucoup : j'ai vu de cette lave de toutes les nuances, depuis le gris foncé juſqu'au plus beau blanc. Quelques-unes des lames de ſchorl ſont très-grandes ; mais il y en a auſſi de ſi petites, qu'elles reſſemblent à un grand nombre de petits points diſperſés.

13. De la lave griſe compacte, avec des grenats de ſchorl blanc ; du Véſuve.

14. De la lave griſe compacte, avec des colonnes de ſchorl hexagones ou arrondies ; ſpath en barres [c].

15. De la lave rouge compacte, couleur de ſang ou d'un brun rouge.

Avec des grenats de ſchorl blanc vitreux ; il y en a à main droite ſur le chemin de _Naples_ à _Pouzzole_, près de ce dernier endroit où eſt le bâtiment des galériens.

---

[a] Ces ſchorls, en forme de grenats, ſont de véritables grenats & non des ſchorls ; c'eſt plutôt à un acide particulier & non à l'air, qu'ils doivent leur état de décompoſition, ainſi que je le dirai plus au long dans la diſſertation ſur le baſalte.

[b] J'ai parlé de ce ſpath en barres à la note [d], page 31.

[c] Je préviens, une fois pour toutes, que M. Ferber a rangé parmi les ſchorls une foule de ſubſtances qui n'en ſont pas ; les articles 4 , 7 , 8 , 9 , 13 , 14, & pluſieurs autres qui viennent après en ſont foi ; il faudroit entrer dans de trop grands détails pour relever la plupart des erreurs à ce ſujet.

I

Avec des colonnes arrondies de fchorl blanc, *fpath en barres*, du même endroit.

Avec de petits points d'un blanc de farine; du Véfuve. Toutes ces variétés refl'emblent beaucoup au porphyre oriental rouge.

16. De la lave noire vitreufe ou agathe d'Iflande; c'eft un verre parfaitement dur, femblable à celui du mont *Hecla*[a]. J'en ai vu des morceaux du Véfuve même; de *capo di Chino* près de Naples; de l'ifle d'*Ifchia* & de *Sora* aux frontieres de l'état eccléfiaftique & du royaume de Naples. Une variété verdâtre de ce verre de lave, couvre de temps en temps comme un émail la fuperficie de la lave noire, fcoriforme ferrugineufe du Véfuve. Jai vu dans la collection de M. l'abbé Botis, un morceau d'une femblable lave vitreufe, d'un gris noir, un peu luifante, dans lequel il y avoit non-feulement beaucoup de petites colonnes de fchorl blanc hexagones, mais encore grand nombre de petites étoiles blanches à fix rayons. Il y a auffi de la lave parfaitement vitreufe, d'un noir de poix, qui renferme des cryftaux de fchorl blanc en forme de grenats.

17. On appelle *lapilli del Vefuvio*, les petits morceaux de lave noire, fcoriforme ferrugineufe, que le Véfuve jette durant les éruptions, & qui fe trouvent entaflés en plufieurs endroits de la montagne.

18. On nomme *fabbione* ou *rena del Vefuvio*, cette même lave divifée en grains auffi fins que le fable de la mer; ce fable couvre le Véfuve du côté de la mer.

19. Ce qui porte le nom de *ceneri neri del Vefuvio*, eft une cendre noire ou pouzzolane, qui fe trouve dans l'intérieur de la bouche du Véfuve, ainfi que dans les couches de beaucoup de collines de cendres; elle n'eft vraifemblablement qu'une pouffiere fine de la lave noire fcoriforme.

20. De la pouzzolane grife ou blanche que l'on tire des collines des environs de Pouzzole &c. Il eft probable que la plus grande partie de cette pouzzolane eft de la pierre-ponce grife, réduite en pouffiere par la longueur & par la force du feu; cette efpece, ainfi que la fuivante, renferment beaucoup de parties calcaires ou alkalines; toutes deux faifant plus ou moins d'effervefcence avec les acides.

21. De la pouzzolane brune ou jaunâtre, des collines de cendres, qui font au pied du Véfuve & aux environs de Naples[b].

22. Des petits rayons de fchorl cryftallifé, brillans, noirs, très-ferrugineux, attirables par l'aimant. La pluie les détache des collines de pouzzolane. Ils méritent plutôt le nom de petits cryftaux de fer que de fchorl[c]; ils ont reçu, pendant qu'ils ont été vomis, affez de principe inflammable, pour que l'aimant les attire fans qu'on ait befoin de les griller.

23. Des pierres ponces grifes, noires & rouges, qui font, felon toute apparence, le réfultat du plus haut degré de fcorification: on les trouve dans les collines de cendres & fur le rivage; car la mer les détache des collines de cendre, & les dépofe fur la côte. Les pierres ponces

a C'eft la pierre de Gallinace.

b J'ai trouvé abfolument toutes les mêmes efpeces de pouzzolanes, dans les volcans éteints du Vivarais & du Velay; j'ai en la fatisfaction d'en introduire l'ufage dans plufieurs endroits, où l'on étoit obligé d'aller chercher du fable de riviere à grands frais, tandis qu'on fouloit aux pieds la bafe du plus excellent ciment.

c Il y en a d'à peu-près femblables, mais un peu plus gros & très-attirables à l'aimant, dans le ruifl'eau du *Rioupezzouliou* près d'Expailly, à un quart de lieue du Puy en Velay; c'eft parmi les grains ferrugineux que fe trouvent les grenats d'Expailly, dont je ferai mention en décrivant les volcans du Velay.

rouges de Pompeia font remplies de fchorl blanc en grenats.

24. Du foufre jaune qui eft attaché, en grande abondance, aux trous & aux fentes de l'intérieur de la bouche du Véfuve ; une petite partie de ce foufre fe fublime en flocons ; la plus grande partie eft irréguliere & en petits grains.

25. De l'arfenic rouge, ou de l'arfenic mêlé de foufre ; il fe trouve auffi dans les ouvertures intérieures du Véfuve ; il s'attache en cryftaux[a] ou irréguliérement fur la lave, mais en petite quantité.

26. Du vitriol verd qui s'attache & fe réunit auffi peu à peu dans l'intérieur de la bouche du Véfuve ; il tombe en déliquefcence à l'air, & prend la couleur jaune brunâtre de l'ochre ferrugineufe ; on le vend auffi fous le nom d'huile chez les brocanteurs de lave à Naples : & fuivant leur différente couleur, on les donne pour des efpeces différentes ; mais ces marchands & beaucoup d'autres, qui ont écrit fur le Véfuve, croient qu'il y a dans les entrailles de ce volcan une grande quantité de matieres inflammables, comme de l'afphalte, de la naphte & du pétrole. Je ne déciderai pas de la vérité de cette opinion.... Les anciens auteurs Italiens qui ont écrit fur le Véfuve, donnent même le nom de bitume à la lave ; c'eft ce qui peut avoir induit les écrivains modernes en erreur. Perfonne ne fauroit nier la préfence des matieres inflammables dans le Véfuve, comme du foufre, &c. mais je n'ai trouvé nulle part de l'afphalte.

27. Le fel ammoniac natif fe fublime en affez grande quantité par des ouvertures & les fentes de l'intérieur de la bouche du Véfuve, ainfi qu'à la Solfatare ; il s'y attache extérieurement en maffes compactes ou cryftallifées. Il démontre, dans l'intérieur de ces volcans, la préfence de l'acide du fel commun & d'un alkali volatil minéral, qui font abfolument néceffaires à fa formation ; il eft encore plus remarquable que ce fel ammoniac fe fublime de toutes les ouvertures & fentes de la lave qui a déjà coulé hors du Véfuve, à la fuperficie de laquelle il s'attache, lorfque la lave commence à fe refroidir, environ deux mois après l'éruption. Ce fel volatil a donc fait partie du corps de la lave ardente, & ne s'eft point évaporé : fe feroit-il formé dans la lave, ou étoit-il raffemblé quelque part dans la montagne, d'où il fe feroit mêlé avec la lave ? D'où vient cet alkali volatil ? Ne pourroit-il pas y avoir encore d'autres fels dans la lave, & doit-on s'étonner que toute lave, ou du moins quelques-unes de fes parties, foient difpofées à fe former en cryftaux de figure déterminée ?

Je ne fuivrai pas plus loin M. Ferber qui fe jette enfuite dans des détails fur Herculanum, Pompeia & la Solfatare.

Le Véfuve eft-il affis fur des matieres Calcaires ?

CETTE queftion mériteroit la plus grande attention, & je voudrois que l'abrégé que j'écris fur le Véfuve, me permît de l'examiner à fond ; mais comme mon but n'eft que de faire connoître affez ce volcan, pour que le lecteur puiffe avoir fous les yeux les phénomenes applicables à la théorie des volcans éteints, je dirai feulement, 1°. que de quelque part

a C'eft l'arfenicum fandaracha, feu arfenicum nudum rubrum. Linn. fyft. n°. 4, pag. 117, édit. 13. Arfenicum nativum purum, fulphuræ mixtum rubrum, Wall. min. 224. Arfenicum rubrum cryftalli- num. Wolt. min. 28. Calx arfenici fulphure mixta rubra. Cronft. min. C'eft notre rubine d'arfénic qui eft cette derniere fubftance combinée avec le foufre.

qu'on forte de Naples, dès qu'on quitte les matieres volcaniques, on trouve des matieres calcaires qui ont des attenances avec les Appennins; 2°. que derriere le *Véfuve* & le *mont Somma* le terrein offre des incruftations calcaires, & des tufs dépofés par les eaux; 3°. que les ifles voifines, telles que *Capri*, &c. font calcaires; 4°. que le Véfuve jette des morceaux de fpath calcaire & de pierre à chaux; 5°. & que certaines collines volcaniques, produites par le Véfuve, font formées par des matieres qui font un peu d'effervefcence avec les acides.

Mais fur les matieres calcaires fur lefquelles repofe peut-être le Véfuve, n'y a-t-il pas des fchiftes? & ces fchiftes ne font-ils pas la matiere primitive & conftituante des laves? Ceci jetteroit dans une grande queftion qu'il n'eft pas encore temps d'examiner: il y a du fchifte derriere *Salerno*.

J'allois finir ici mon hiftoire naturelle fur le Véfuve, lorfque j'appris que M. le Chevalier Hamilton, de l'ordre du Bain, envoyé extraordinaire & plénipotentiaire d'Angleterre à la cour de Naples, & membre de la fociété royale de Londres, venoit de publier de favantes obfervations fur les volcans des deux Siciles, en deux volumes grand *in-folio*, ornés de 54 planches enluminées, d'après les deffeins faits & coloriés fur la nature même, & fous l'infpeétion de l'auteur, par le fieur Pierre Fabris, habile artifte Anglois. J'écrivis fur le champ pour faire venir ce livre de Naples, lorfque M. le chevalier Hamilton eut la bonté de m'en faire préfent lui-même; mais comme il me parvint par la voie de milord Stormond, ambaffadeur d'Angleterre à la cour de France, chez qui je le fis retirer, & que je voyageois alors dans les montagnes du Velay, il s'écoula plufieurs mois avant que j'euffe reçu cet ouvrage intéreffant: je fus fi charmé des détails circonftanciés & fideles qu'on y trouve; j'y remarquai des obfervations fi exaétes, fi bien faites & fi analogues à l'étude des volcans éteints, qu'au lieu de donner, comme je me l'étois d'abord propofé, une notice abrégée de tous les volcans brûlans, connus, je crus qu'il feroit beaucoup plus utile de faire connoître particuliérement ceux qui avoient été les mieux fuivis, tels que le Véfuve & l'Etna, d'autant plus que les autres, tels que ceux de l'Amérique & des autres pays lointains, n'avoient été vus, pour ainfi dire, qu'en paffant, par des voyageurs, ou peu inftruits en hiftoire naturelle, ou qui avoient d'autres motifs que ceux de faire des recherches particulieres fur les objets volcaniques, qui méritent des études préliminaires & l'examen le plus conftant & le plus fuivi fur les lieux: je fus très-convaincu encore qu'il valoit mieux traiter à fond l'hiftoire des principales éruptions d'un volcan tel que le Véfuve, que de donner une multitude de détails, ou vagues, ou même incertains fur cette fuite de volcans brûlans, que je me contenterai fimplement d'indiquer. C'eft d'après toutes ces raifons que je me vois forcé d'adopter un plan tout différent de celui que je m'étois d'abord propofé de fuivre: je vais donc m'attacher ici à recueillir encore les principales obfervations faites par M. le chevalier Hamilton, naturalifte infatigable, qui s'eft occupé pendant plus de dix ans à fuivre & à étudier le Véfuve. Voici ce qu'il nous dit au fujet de fon travail, dans fa lettre adreffée à M. le chevalier Pringle, datée de Naples, du premier mai 1776, & placée à la tête du volume de fes lettres.

» Perfonne, je puis le dire hardiment, n'a jamais pourfuivi fes obfer-
                                                     » vations

» vations fur un fujet, avec plus d'affiduité & de conftance que je l'ai
» fait pendant plus de dix années de ma réfidence à Naples. J'ai vu &
» revu tous les endroits dont je parle, depuis la pointe la plus élevée
» de chaque montagne jufqu'à fa bafe la plus acceffible, foit par la nature
» ou par l'art. »

De telles obfervations faites fur les lieux avec cette affiduité, font
trop précieufes, pour que je ne m'empreffe pas de retenir ici les plus effentielles. J'efpere même qu'on m'en faura d'autant plus de gré, que le
livre de ce favant n'eft pas entre les mains de tout le monde [a].

La lettre qu'on lit à la page 14, & qui eft adreffée à milord, comte
de Morton, préfident de la fociété royale de Londres, datée de Naples,
du 10 juin 1766, contient des détails fi inftruétifs, qu'il eft important
d'en faire connoître la plus grande partie.

» Pendant la premiere année de mon féjour à Naples (dit M. Hamilton)
» je ne me fuis point apperçu d'aucun changement confidérable dans la
» montagne; mais j'ai remarqué que la fumée du volcan étoit beaucoup
» plus abondante quand il faifoit mauvais temps, & qu'alors j'entendois
» plus fréquemment les explofions intérieures de la montagne (même à
» Naples, à 6 milles du Véfuve). Quand j'ai été au fommet du mont Véfuve,
» le temps étant beau, j'ai trouvé quelquefois fi peu de fumée, que j'ai
» pu voir affez profondément la bouche du volcan, dont les côtés étoient
» incruftés de fels & de minéraux de diverfes couleurs, blanches, ver-
» tes, jaunes foncées & jaunes pâles. La fumée qui fortoit de la bou-
» che du volcan dans le mauvais temps, étoit blanche, très-humide &
» beaucoup moins nuifible que les exhalaifons fulphureufes qui fortoient
» de plufieurs fentes fur les flancs de la montagne.

» Vers le mois de feptembre dernier je me fuis apperçu que la fumée
» étoit plus confidérable, & qu'elle continuoit même avec le beau temps;
» & au mois d'octobre je remarquai quelquefois une bouffée de fumée
» noire qui s'élançoit à une très-grande hauteur, paffant au travers de
» la fumée blanche; fymptôme d'une éruption prochaine, qui devint plus
» fréquent de jour en jour; & bientôt après, ces bouffées de fumée pa-
» roiffoient, la nuit, teintes comme le font les nuages au foleil couchant.

» Vers le commencement de novembre je montai le Véfuve; il étoit
» alors couvert de neige, & je m'apperçus qu'un petit monticule de
» foufre s'étoit formé depuis la dernière fois que je l'avois vu, à 40 pas
» de la bouche du volcan : il avoit près de 6 pieds de hauteur; & une
» flamme d'un bleu clair fortoit conftamment de fon fommet. Pendant
» que j'étois à examiner ce phénomene, j'entendis une explofion violente
» & je vis une colonne de fumée noire, fuivie d'une flamme rougeâtre,
» s'élancer avec violence de la bouche du volcan; & bientôt après une grêle
» de pierres, une defquelles tombant très-près de moi, m'obligea de
» me retirer avec précipitation, & me rendit auffi plus circonfpeét dans
» mes courfes fuivantes au Véfuve.

» Depuis le mois de novembre jufqu'au 28 de mars (date du com-

[a] La multitude & la vérité des eftampes fupérieu-
rement enluminées dont cet ouvrage eft enrichi, l'ont
rendu néceffairement cher, puifque les deux volumes
brochés fe vendent à Naples 60 ducats. Malgré cela
on ne fauroit trop exhorter les naturaliftes à fe procurer un livre auffi utile & auffi précieux. On voyage
en effet, avec cet ouvrage, fur le Véfuve & dans
tous les pays volcanifés qui y font reprefentés, avec
une vérité frappante.

K

» mencement de cette éruption) la fumée s'augmenta & fut chargée
» de cendres, qui cauferent un grand dommage aux vignes circonvoi-
» fines. Quelques jours avant l'éruption je vis ce que Pline le jeune dit
» auffi avoir vu avant l'éruption du Véfuve, fi fatale à fon oncle, la fu-
» mée noire prendre la forme d'un pin ; près de deux mois avant l'é-
» ruption, cette fumée, qui paroiffoit noire au grand jour, reffembloit
» à de la flamme pendant la nuit.

» Le vendredi faint, 28 de mars, à fept heures du foir, la lave com-
» mença à déborder la bouche du volcan ; elle forma d'abord un fleuve,
» & puis fe féparant en deux parties, prit fa route vers Portici. Elle
» fut précédée d'une grande explofion, qui caufa un tremblement de terre
» local & fenfible dans le voifinage de la montagne ; en même temps
» une grêle de pierres & de cendres embrafées furent lancées à une hau-
» teur confidérable. Auffitôt que je vis la lave je quittai Naples, en com-
» pagnie de quelques-uns de mes compatriotes, qui fe trouverent auffi
» avides que moi de fatisfaire leur curiofité, en examinant de près une
» fi finguliere opération de la nature.

» Nous paffâmes toute la nuit fur la montagne, & j'y remarquai que
» quoique les pierres enflammées fuffent jetées en plus grande abon-
» dance, & à une hauteur beaucoup plus confidérable qu'avant la fortie
» de la lave, le bruit des explofions étoit moins fort qu'il ne l'étoit quel-
» ques jours avant l'éruption. La lave fit près d'un mille de chemin dans
» l'efpace d'une heure, jufqu'à ce que les deux fleuves fe réunirent dans
» un creux du côté de la montagne, fans paffer plus avant.

» Je m'approchai de la bouche du volcan autant que la prudence me le
» permettoit, & je vis que la lave y avoit l'apparence d'un fleuve de
» métal rouge & fluide, tel que nous le voyons dans les verreries : au-
» deffus nageoient de groffes cendres à demi-enflammées, qui, en fe pré-
» cipitant les unes fur les autres le long des flancs de la montagne, for-
» moient une cafcade auffi fuperbe que finguliere. La couleur du feu pa-
» roiffoit beaucoup plus pâle, quoique plus vive, la premiere foirée que
» les fuivantes, lorfqu'elle devint enfin d'un rouge foncé ; peut-être parce
» que la lave étoit dans le commencement plus chargée de matieres ful-
» phureufes. En plein jour même, à moins qu'on ne s'approche de bien
» près, la lave ne donne aucun figne de feu ; mais feulement une fumée
» épaiffe & blanchâtre marque fa route.

» Le 29 la montagne étoit tranquille & la lave ceffa de couler. Le 30
» elle recommença, prenant la même direction dans le même temps que
» la bouche du volcan jettoit à chaque inftant une girandole de matieres
» enflammées, à une hauteur immenfe. Le 31 je paffai la nuit fur la
» montagne ; la lave n'étoit pas auffi confidérable que la premiere foi-
» rée, mais les pierres embrafées étoient parfaitement tranfparentes.
» Quelques-unes, que j'ai jugé du poids d'environ 2000 livres, furent
» jetées au moins à 200 pieds de hauteur perpendiculaire, & retom-
» berent dans la bouche, ou du moins très-près de la bouche d'un petit
» monticule qui s'étoit formé par la quantité des cendres & des pierres,
» dans l'intérieur de la grande bouche du volcan, ce qui en rendoit l'ap-
» proche bien moins hafardeufe qu'elle ne l'avoit été quelques jours au-
» paravant, lorfque la bouche avoit près d'un demi-mille de circuit, &

» que les pierres pouvoient s'élancer dans toutes les directions. Monfieur
» Hervey, frere du comte de Briftol, fut bleffé dangereufement au bras
» quelques jours avant l'éruption, pour s'être approché de trop près de
» la bouche du volcan, & deux Anglois de fa compagnie auffi, mais lé-
» gérement. On ne fauroit préfenter à l'imagination un tableau du fu-
» perbe fpectacle que nous offroient ces girandoles de pierres embrafées,
» qui furpaffoient de beaucoup le feu d'artifice le plus furprenant.

» Depuis le 31 de mars jufqu'au 9 d'avril, la lave continua de couler
» du même côté de la montagne, en deux, trois & quelquefois quatre
» fleuves, fans pourtant être defcendue beaucoup plus bas qu'elle ne l'a-
» voit fait la premiere foirée. J'ai remarqué une efpece d'intermittence à la
» fievre de la montagne; fievre qui fembloit redoubler avec violence
» après une foirée de repos. Le foir du 10 avril, la lave difparut du côté
» de la montagne, vers Naples, ayant fait une éruption avec plus de vio-
» lence du côté de la terre Dell'annunziala.

Efpece d'intermittence dans les éruptions du Véfuve, dont les accès redoublent après une foirée de repos.

» Je paffai toute la journée & la nuit du 12 fur la montagne, & je
» côtoyai la lave jufqu'à fa fource même. Elle fortit du flanc de la mon-
» tagne, à un demi-mille à peu-près de la grande brêche du volcan;
» defcendit comme un torrent, accompagnée d'explofions violentes qui
» jetterent les matieres enflammées à une hauteur confidérable, & la
» terre voifine trembloit comme la charpente d'un moulin à eau. La cha-
» leur de la lave étoit trop forte pour me permettre de m'approcher plus
» qu'à 10 pieds du fleuve, & elle étoit d'une confiftance telle, (quoi-
» qu'elle parût liquide comme de l'eau) qu'elle pouvoit prefque réfifter
» à l'impreffion d'un long bâton qui fervoit à mon expérience; de gran-
» des pierres jetées de toute ma force ne s'y enfonçoient point; mais
» après y avoir fait une légere impreffion, elles nageoient fur la furface,
» & difparoiffoient bientôt à ma vue; car malgré fa tenacité, la lave
» couloit avec une rapidité étonnante, & telle que je fuis perfuadé que
» pendant le premier mille, la vîteffe de ce courant égaloit celle de la ri-
» viere de Saverne, près de Briftol.

Lave d'une confiftance folide, quoiqu'elle parût liquide comme de l'eau.

Lave qui, malgré fa tenacité, couloit avec une très-grande vîteffe.

» Le fleuve à fa fource avoit à peu-près 10 pieds de largeur; mais bien-
» tôt cette largeur augmenta, & le courant fe divifa en trois branches;
» de forte que ces rivieres de feu, communiquant leur chaleur aux cen-
» dres des laves précédentes, entre une branche & l'autre, produifoient
» toutes enfemble, pendant la nuit, l'image d'une furface enflammée de 4
» milles de longueur & de près de 2 milles de largeur en quelques en-
» droits. Vous vous figurez, milord, le coup d'œil fuperbe de cette fcene
» finguliere, dont on ne fauroit donner une defcription.

Surface de matiere volcanique enflammée, de 4 milles de longueur, fur près de 2 milles de largeur en quelques endroits.

» La lave, après avoir coulé, fans mélange, environ 100 pas, com-
» mença à ramaffer des cendres, des pierres, &c. & une croûte fe forma
» fur fa furface, laquelle, pendant le jour, reffembloit à la Tamife,
» telle que je l'ai vue après une forte gelée, accompagnée de beaucoup
» de neige quand le dégel a commencé & que le fleuve emporte des
» monceaux de neige & de glaçons. En deux endroits la lave liquide
» difparut totalement, & coula quelques pas dans un canal fouterrein;
» puis elle reffortit toute pure, s'y étant dépouillée de fes fcories; c'eft
» ainfi qu'elle avançoit vers les parties cultivées de la montagne, & je
» la vis la même foirée du 12, détruire impitoyablement les vignes d'un

Marche d'un courant de lave.

» pauvre payfan, après avoir entouré fa cabane. La lave, à l'endroit le
» plus éloigné de fa fource, ne paroiffoit pas liquide ; elle reffembloit
» à un amas de charbons ardens, qui formoient un mur de 10 à 12 pieds
» de hauteur en certains endroits, lequel, en roulant de la partie fupé-
» rieure, formoit fucceffivement un autre mur : c'eft ainfi que la lave
» avançoit, mais fi lentement, que fa marche n'étoit guere que de 30
» pieds dans l'efpace d'une heure.

» La bouche du volcan n'a pas jeté de groffes pierres depuis la fe-
» conde éruption de lave du 10 avril ; mais elle a jeté une quantité
» de petites cendres & de pierres ponces qui ont beaucoup endommagé
» les vignes voifines ; j'ai été à la montagne plufieurs fois depuis le 12 :
» & comme l'éruption étoit alors dans fa plus grande force, j'ai hafardé
» d'infifter fur ce point, quoique j'aie peur, milord, de vous avoir fati-
» gué par mes obfervations de cette journée. »

Cette éruption finie, le Véfuve ne tarda pas à préparer de nouvelles
matieres, & les phénomenes qu'obferva M. le chevalier Hamilton, &
dont il fit part à milord Morton, par une feconde lettre du 3 février
1767, annonçoient d'autres fcenes fur la montagne.

» Depuis trois jours, ajoute-t-il, le feu a commencé à paroître fur le
» fommet de la montagne du Véfuve, & des tremblemens de terre fe font
» fait fentir au voifinage de la montagne. J'y ai été famedi paffé avec mon
» neveu, milord Greville ; nous entendîmes des mugiffemens intérieurs qui
Symptômes d'u-
ne éruption nou-
velle. » étoient affreux, des fifflemens & le bruit des pierres qui s'entrecho-
» quoient, & nous fûmes obligés de quitter bientôt le cratere, à caufe des
» pierres qu'il lançoit. La fumée noire s'élevoit comme avant la derniere
» éruption ; & j'ai vu tous les fymptômes d'une éruption nouvelle,
» dont je ne manquerai pas, milord, de vous donner une relation exacte. »

Voici les détails de cette éruption, qui furent adreffés par M. le chevalier Hamilton à milord, comte de Morton, par une lettre datée de
Naples le 29 décembre 1767.

» L'éruption de 1766 ne ceffa totalement que le 10 décembre, après
» avoir duré 9 mois ; cependant dans tout cet efpace de temps, la montagne
» n'avoit point encore jeté le tiers de la quantité de lave qu'elle a vomi
» en 7 jours feulement qu'a duré la derniere éruption. Au 15 décembre
Situation du
cratere à cette
époque. » de l'année paffée, au dedans de l'ancien cratere du mont Véfuve, &
» à environ 20 pieds de profondeur, il y avoit une croûte qui formoit
» une plaine, laquelle reffembloit à la Solfatara en miniature : au milieu
» de cette plaine il y avoit un monticule, dont le fommet ne s'élevoit
» pas fi haut que les bords de l'ancien cratere. Je defcendis dans cette
» plaine, & je montai fur le monticule, qui étoit perforé & fervoit de
» cheminée principale au volcan : lorfque j'y jettois de groffes pierres,
» j'entendois qu'elles rencontroient plufieurs obftacles dans leur def-
» cente, & je pouvois aifément compter cent ricochets avant qu'elles
» arrivaffent au fond.

» Le Véfuve fut tranquille jufqu'au mois d'avril que les pierres aug-
» menterent, & la nuit le feu étoit vifible du fommet de la montagne,
» ou pour parler plus correctement, la fumée fufpendue fur le cratere
» étoit teinte par la réverbération du feu du volcan. Les éruptions con-
» tinuelles de cendres, de pouffiere & de pierre ponce augmenterent fi
» fort

» fort le petit monticule, qu'au mois de mai sa pointe paroissoit hors du
» bord de l'ancien cratere. Le 7 d'août, un petit fleuve de lave sortit
» d'une crevasse qui s'étoit faite sur le flanc du monticule, & peu à peu
» le vallon entre le monticule & l'ancien cratere s'en trouva rempli; en
» sorte que le 12 septembre la lave déborda l'ancien cratere, & descen-
» dit le long des flancs de la grande montagne : alors les émissions furent
» beaucoup plus fréquentes, & les pierres embrasées alloient à une telle
» hauteur, que leur descente duroit l'espace de dix secondes. Le pere
» de la Torre, grand observateur du mont Vésuve, dit que les pierres
» s'élevoient à plus de 1000 pieds de hauteur.

Pierres élan-
cées à une très-
grande hauteur,
& à plus de 1000
pieds, selon le
Pere de la Torre.

» Le 15 d'octobre, dom Andrea Pigonati, ingénieur très-habile au
» service de sa majesté Sicilienne, ayant pris la mesure du monticule
» formé dans l'espace de huit mois environ, le trouva, à ce qu'il m'a dit,
» de la hauteur de 185 pieds de France.

» De ma maison de campagne, située entre Herculane & Pompeii, près
» du couvent des Camaloules, j'ai fait des observations sur l'agrandisse-
» ment de ce monticule ; & comme j'en prenois des desseins de temps en
» temps, j'ai pu observer les plus petits accroissemens avec la plus grande
» exactitude. Je ne doute nullement que le mont Vésuve même n'ait été en-
» tiérement formé de la même maniere ; & comme il me paroît que ces
» observations peuvent rendre compte des différentes couches irrégulie-
» res qui se trouvent dans le voisinage des volcans, j'ai cru, milord, que
» je pouvois mettre sous vos yeux une copie des desseins dont je viens
» de parler.

» La lave continua de couler sur l'ancien cratere & en petits ruisseaux,
» tantôt d'un côté, tantôt d'un autre, jusqu'au 18 d'octobre que je
» remarquai qu'on n'en voyoit plus le moindre signe, son action se bor-
» nant alors, ce me semble, à se frayer un chemin jusques à l'endroit d'où
» elle sortit le lendemain. J'avois prédit une éruption prochaine (mal-
» gré l'opinion contraire de presque tous les habitans de ce pays-ci), &
» j'avois remarqué une grande fermentation dans la montagne, après les
» grosses pluies des 13 & 14 octobre : ainsi je ne fus point étonné d'ap-
» percevoir de ma maison de campagne, le 19, tous les symptômes de l'é-
» ruption qui étoit sur le point de se faire. Du sommet du monticule
» sortoit une fumée noire & si épaisse, qu'elle paroissoit ne sortir
» qu'avec difficulté ; on voyoit les nuages s'élever les uns sur les autres
» en mouvement spiral & rapide, & à tous momens de grosses pierres
» lancées à une hauteur très-considérable au milieu de ces nuages. Peu

Symptômes d'u-
ne éruption vio-
lente.

» à peu la fumée prit la forme exacte d'un grand arbre de pin, telle que
» Pline le jeune l'a décrite dans sa lettre à Tacite, où il donne la rela-
» tion de l'éruption qui fut si fatale à son oncle. Cette colonne de fumée
» noire, après s'être élevée à une hauteur extraordinaire, suivit la di-
» rection du vent, & fut portée jusqu'à Caprée, qui est à environ 28
» milles du Vésuve.

» J'avertis toutes les personnes qui étoient chez moi de n'être point
» alarmées, quoique j'attendisse un tremblement de terre au moment
» de l'éruption de la lave ; mais avant huit heures du matin, je m'apperçus
» que la lave s'étoit ouvert une bouche, sans aucun bruit, à environ
» 100 pas au dessous de l'ancien cratere, du côté de la montagne de Somma,

L

» & j'avois prévu clairement ce phénomene, par une fumée blanche qui
» accompagne toujours la lave. Aussitôt que la lave fut en liberté, la fu-
» mée ne sortit plus avec tant de violence du côté de la montagne. Comme
» je m'imaginois qu'il n'y auroit point de risque à approcher de la mon-
» tagne depuis l'émission de la lave, j'allai sur le champ pour l'examiner,
» accompagné d'un seul paysan. Je passai l'hermitage, & j'allai fort avant
» dans ce vallon qui est entre les montagnes de Somma & du Vésuve,
» qu'on appelle l'Atrio di Cavallo : je faisois mes remarques sur la lave
» qui, de l'endroit où elle s'étoit fait une ouverture, étoit déjà parvenue
» jusqu'au vallon, lorsque tout-à-coup, vers midi, j'entendis un bruit
» violent dans l'intérieur de la montagne & à un quart de mille de l'en-
» droit où nous étions : la montagne s'ouvrit avec beaucoup de bruit, &
» de sa nouvelle bouche sortit une fontaine de feu liquide, qui s'éleva à
» plusieurs pieds de hauteur, & roula ensuite directement vers nous
» comme un torrent; la terre trembloit, & en même temps nous fûmes

Détails sur
l'éruption. » couverts d'une grêle de pierres ponces. Dans un instant des nuages de
» fumée noire & de cendres causerent une obscurité presque totale ; les
Explosions plus
bruyantes que la
foudre. » explosions du haut de la montagne étoient beaucoup plus fortes que le
» tonnerre le plus violent que j'aie jamais entendu, & l'odeur du soufre
Odeur de soufre. » étoit très-forte. Mon guide alarmé prit le parti de s'enfuir, & moi,
» je l'avoue, je n'étois pas fort à mon aise. Je le suivis de près, & nous
» courûmes environ 3 milles sans nous arrêter, parce que comme la terre
» trembloit toujours sous nos pieds, je craignois que l'ouverture d'une
» bouche nouvelle ne mît un obstacle invincible à notre retraite. Je crai-
» gnois aussi que les explosions violentes ne détachassent quelques ro-
» chers de la montagne de Somma, sous laquelle il nous falloit absolu-
Pluie de pier-
res ponces. » ment passer : outre cela les pierres ponces qui tomboient sur nous
» comme la grêle, étoient de grandeur à nous causer des sensations très-
» désagréables. Après avoir respiré un peu, & le tremblement de terre
» continuant toujours, je jugeai qu'il étoit prudent de quitter la mon-
» tagne & de me retirer chez moi, où je trouvai tout le monde fort
» alarmé, à cause des explosions violentes du volcan, qui faisoient trem-
» bler la maison jusqu'à ses fondemens, & en ébranloient les portes &
» les fenêtres. Vers deux heures après midi une autre lave s'ouvrit un
» passage dans le même endroit par où étoit sorti la lave de l'année pas-
» sée; de sorte que l'embrasement fut bientôt aussi considérable dans cette
» partie de la montagne, que dans celle que je venois de quitter.

» Le bruit & l'odeur du soufre augmentant toujours, nous quittâmes
» notre maison de campagne pour nous rendre à Naples; je jugeai à pro-
» pos, en passant par Portici, d'informer la cour de ce que je venois de
» voir, & je conseillai à sa majesté Sicilienne de quitter le voisinage de
» cette montagne menaçante. Cependant la cour ne sortit de Portici que
» vers minuit, lorsque la lave en étoit déjà fort près. Pendant que j'allois
» à Naples, c'est-à-dire, en moins de deux heures après mon départ de
» la montagne, je remarquai que la lave avoit déjà couvert 3 mille du
» même chemin par lequel nous nous étions retirés. Il est étonnant qu'elle
Riviere de lave
de 70 pieds de
profondeur, &
dans quelques
endroits d'envi-
ron 2 milles. » ait pu couler si vîte, car j'ai vu depuis que la riviere de lave, dans l'Atrio
» Cavallo, étoit de 60 à 70 pieds de profondeur, & dans quelques parties
» d'environ 2 milles. Quand le roi quitta Portici, le bruit étoit déjà

» augmenté confidérablement, & la percuffion de l'air, par les explofions,
» étoit tellement violente, que non-feulement des portes & des fenêtres
» dans le palais du roi, en furent totalement enfoncées, mais même
» encore une porte que l'on avoit bien fermée à clef. La même nuit plu-
» fieurs portes & fenêtres à Naples s'ouvrirent auffi d'elles-mêmes ; &
» quoique ma maifon ne foit point fituée du côté de la ville vers le Véfuve,
» je fis l'expérience d'ôter les verroux de mes fenêtres, & elles s'ouvri-
» rent entiérement à chaque explofion de la montagne. Outre ces ex-
» plofions qui étoient très-fréquentes, il y avoit un bruit fourd, fouterrein
» & violent qui dura cette nuit à peu-près cinq heures. J'ai imaginé que
» ce bruit fingulier pouvoit avoir été caufé par la lave qui aura rencontré
» quelque dépôt d'eau de pluie dans les entrailles de la montagne, &
» que ce combat entre le feu & l'eau pourroit en quelque façon rendre   Combat de l'eau
» compte des fifflemens & de ces bruits extraordinaires. Le pere de la   & du feu.
» Torre qui a tant & fi bien écrit fur le mont Véfuve, penfe comme moi ;
» & il eft en effet très-naturel d'imaginer que les eaux des pluies fe foient
» logées dans plufieurs des cavernes de la montagne, comme dans la
» grande éruption du Véfuve de l'année 1630 : il eft bien attefté que
» plufieurs villes, entr'autres Portici & Torre del Greco, furent dé-   Torrent d'eau
» truites par un torrent d'eau bouillante qui fortit de la montagne avec   bouillante forti
» la lave, & fit périr quelques milliers de perfonnes. Il y a environ   du Véfuve.
» quatre ans que le mont Etna en Sicile jeta auffi de l'eau chaude pendant
» une éruption.

   » On ne fauroit donner une idée de la confufion de cette nuit à Naples :
» la retraite précipitée du roi augmenta l'alarme ; toutes les églifes furent
» ouvertes & remplies de monde ; on ne voyoit que des proceffions dans
» les rues : mais paffons fur la defcription des cérémonies différentes
» qui fe firent dans cette capitale pour appaifer la fureur de la montagne.

   » Le mardi 20, il fut impoffible de juger de l'état du Véfuve, à caufe
» des cendres & de la fumée qui le couvroient entiérement, & qui s'é-
» tendirent fur Naples même ; le foleil ayant la même apparence que
» quand on le voit à travers un brouillard épais à Londres, ou à travers
» un morceau de verre noirci de fumée. Les cendres tomberent à Naples
» toute la journée. Les laves, des deux côtés de la montagne, coulerent
» avec force ; mais jufques vers les neuf heures du foir il y eut peu de
» bruit : alors le même mugiffement extraordinaire recommença, accom-
» pagné d'explofions comme auparavant, & ce bruit dura près de qua-
» tre heures : il fembloit que la montagne alloit être mife en pieces ; &
» en effet, elle s'ouvrit prefque du haut en bas. Les deffeins que j'ai
» l'honneur de vous envoyer ont été pris dans ce moment fur le lieu
» même, quand la lave étoit dans fa plus grande force, & je ne les crois
» point exagérés. Hier le barometre de Paris étoit à 279, & le thermometre
» de Farrenheit à 70 degrés ; au lieu que quelques jours avant l'éruption
» il avoit été à 65 & à 66. Pendant la confufion de cette nuit, les prifon-
» niers dans les prifons publiques ayant bleffé leur geolier, tâcherent de
» s'évader ; mais l'arrivée des troupes les en empêcha. La populace, de
» fon côté, mit le feu à la porte du cardinal - archevêque, parce qu'il
» refufoit de laiffer fortir les reliques de Saint-Janvier.

   » Le mercredi 21 fut plus tranquille que les journées précédentes ;

» mais les laves coulerent toujours avec vivacité. Portici eut alors un
» inftant de crife ; car la lave n'en étoit éloignée que d'un mille & demi;
» mais heureufement elle changea de direction, & vers la nuit elle fe
» ralentit.

» Le jeudi 22, vers les dix heures du matin, le même bruit horrible
» recommença, mais avec beaucoup plus de violence que dans les jour-
» nées précédentes. Les gens les plus âgés ont dit qu'ils n'avoient

Bruit horri-
ble parti du Vé-
fuve.

» jamais entendu de bruit pareil, & il étoit réellement effrayant : nous
» attendions à chaque moment quelque accident finiftre : les cendres

Pluie de cen-
dres qui obligea
les gens de Na-
ples d'aller dans
les rues avec des
parapluies.

» pleuvoient à Naples en fi grande abondance, que les gens à pied dans
» les rues furent obligés de fe fervir de parapluies, ou de défaire leur
» chapeau ; car ces cendres faifoient beaucoup de mal aux yeux; les
» toits des maifons & les balcons furent couverts de ces cendres, de l'é-
» paiffeur de plus d'une ligne ; des vaiffeaux en mer, à 20 lieues de Naples,

Vaiffeaux en
mer à 20 lieues
de Naples. cou-
verts de cendres.

» en furent auffi couverts au grand étonnement des matelots. Au milieu
» de ces circonftances alarmantes, la populace devenant tumultueufe
» & impatiente, obligea le cardinal d'expofer le chef de Saint-Janvier,
» & de le conduire en proceffion au pont de la Magdelaine, qui eft à
» l'extrémité de Naples vers le Véfuve ; & il eft bien attefté ici que l'é-
» ruption s'arrêta au même inftant que le Saint arriva à la vue de la mon-
» tagne : ce qu'il y a de fûr, c'eft que le bruit ceffa vers ce temps-là,
» après avoir duré cinq heures comme les jours précédens.

» Le vendredi 23, les laves continuerent de couler, & la montagne
» jeta toujours quantité de laves de fon cratere ; mais on n'entendit
» point de bruit ce jour-là à Naples, & il y tomba très - peu de cen-
» dres.

Courant de la-
ve d'environ 6
milles de long.

» Le famedi 24, la lave ceffa de couler; fon étendue depuis l'endroit
» d'où je l'ai vu fortir, jufqu'à l'extrémité où elle enveloppa la chapelle
» de Saint-Vito, eft à peu-près de 6 milles. Dans l'Atrio di Cavallo &

Autre courant
d'environ 2 milles
de longueur fur
60 ou 70 pieds
d'épaiffeur.

» dans la vallée profonde qui eft entre le Véfuve & l'hermitage, la lave
» a dans quelques endroits près de 2 milles de largeur, & prefque par-
» tout fon épaiffeur eft de 60 à 70 pieds. La lave tomba dans un che-
» min creux, appellé Fofflagrande, qui a été formé par des torrens d'eau

Chemin creux
de 200 pieds de
profondeur, fur
100 pieds de lar-
geur, comblé
par la lave.

» de pluie ; quoiqu'il n'ait pas moins de 200 pieds de profondeur & 100
» pieds de largeur, la lave l'a cependant comblé dans un endroit. Je
» n'aurois jamais cru qu'une fi grande quantité de matiere ait pu fe ré-
» pandre en fi peu de temps, fi je n'avois moi-même examiné le cours
» entier de la lave. Cette grande maffe fi compacte confervera fûrement
» de la chaleur plufieurs mois encore. Comme il a beaucoup plu ces jours,
» la lave fume actuellement comme fi elle étoit en fufion ; & lorfque
» nous montâmes fur le Véfuve, milord Stormond & moi, il y a dix jours,
» les bâtons que nous enfonçâmes dans la lave, prirent feu fur le champ:
» mais continuons notre journal.

» Le 24 le Véfuve jeta des pierres comme il avoit fait les jours pré-
» cédens ; circonftance qui produit une différence entre cette éruption
» & celle de 1766, où il n'y eut point de pierres lancées hors du cra-
» tere dès le moment que la lave coula.

Colonne
de cendres.

» Le dimanche 25, des cendres fines tomberent à Naples toute la
» journée; elles fortoient du cratere du volcan, & formoient une vafte
                                                            » colonne

» colonne auſſi noire que la montagne même, & dont l'ombre étoit tracée
» ſur la ſurface de la mer : des éclairs fourchus & en zigzags s'échappoient
» à tous momens de cette colonne obſcure, & étoient accompagnés d'un
» tonnerre qui s'entendoit dans le voiſinage de la montagne, mais non pas
» à Naples. Dans ce moment il n'y avoit d'autres nuages que ceux de la
» fumée, qui ſortoient du cratere du Véſuve ; & ce phénomene que je
» n'avois pas encore vu auſſi parfaitement, me fit beaucoup de plaiſir.

Eclairs qui s'é-
chappoient de
cette colonne de
cendres, & qui
étoient ſuivis de
tonnerres.

» Le lundi 26, la fumée continua, mais moins épaiſſe, & ne fut point
» accompagnée d'éclairs volcaniques. Comme la lave ne parut point à la
» ſuite de cette colonne de fumée noire, qui doit avoir été produite par
» quelque opération du feu intérieur, je ſuis porté à croire que la lave
» qui auroit dû naturellement la ſuivre, ſe ſera frayé un chemin vers
» quelque caverne plus profonde, où elle prépare en ſilence les mal-
» heurs à venir, & je ſerai bien trompé ſi elle ne reparoît pas d'ici à
» quelques mois.

» Le mardi 27, il n'y eut point de fumée noire ni aucun ſigne d'érup-
» tion. »

On trouve dans cette lettre une note relative aux pluies de cendres,
qu'il eſt bon de tranſcrire ici.

» Dans pluſieurs relations des éruptions antérieures du Véſuve, j'ai
» trouvé que les cendres ont été portées à une diſtance beaucoup plus
» conſidérable qu'en l'année 472 & 473 ; elles arriverent même juſqu'à
» Conſtantinople. Dion aſſure que pendant l'éruption du Véſuve, ſous
» le regne de Titus, *tantus fuit pulvis, ut ab eo loco in Africam & Sy-*
» *riam & Ægyptum penetraverit.* Un livre publié à Lecce, dans le royaume
» de Naples, en 1632, & intitulé *Diſcorſo ſopra l'origine de'fuochi*
» *gettati dal monte Veſuvio di gio Franceſco Sorrata Spinola Galateo,*
» dit que le 16 décembre 1631, le jour même de la grande éruption du
» Véſuve :

» Quoique le temps fût parfaitement calme, les cendres deſcendoient
» comme une pluie à Lecce, qui eſt à la diſtance de neuf journées de la
» montagne ; que le ciel étoit obſcurci, & que la terre en fut couverte
» de l'épaiſſeur de 3 lignes ; que des cendres d'une autre qualité tombe-
» rent à Bari le même jour, & que dans ces deux endroits les habitans
» furent très-alarmés, ne ſachant à quoi attribuer la cauſe d'un tel phé-
» nomene. Antoine Bulifon, dans ſa relation de la même éruption, dit
» que les cendres tomberent à Ariano dans la Pouille, & que la terre
» en fut couverte de l'épaiſſeur de pluſieurs lignes. Quelques gens dignes
» de foi m'ont aſſuré auſſi qu'ils ont été témoins de la chûte des cendres
» pendant une éruption, à une diſtance de plus de 200 milles du Véſuve.

» L'abbé Giulio Ceſare Bracini, dans ſa relation de l'éruption du
» Véſuve en 1631, dit que la hauteur de la colonne de fumée & de cen-
» dres, priſe de Naples par le quart de cercle, étoit au-delà de 30 milles.
» Quoique des calculs ſi incertains méritent peu d'attention, je ſuis néan-
» moins convaincu, par ce que j'ai remarqué moi-même, que dans les
» grandes éruptions les cendres s'élevent à une hauteur telle qu'elles
» peuvent rencontrer des courans d'air extraordinaires, qui expliquent
» aſſez bien les longs trajets qu'elles ont faits en ſi peu d'heures.

» Dans un livre qui a pour titre *Salvatoris Veronis Veſuviani incendii,*

M

» *libri tres, Neapoli 1534,* j'ai trouvé une defcription très-poétique des
» cendres qui couvrirent la terre au voifinage du Véfuve, depuis 20
» jufqu'à 100 palmes de profondeur : *quare,* dit l'auteur, *multi patrio*
» *in folo requirunt patriam & vix ibi fe credant vivere ubi certo fciant*
» *fefe natos, adeò totam loci fpeciem tempeftas vertit.* »

Voici encore quelques circonftances relatives à la grande éruption rapportée par M. Hamilton ; c'eft dans une lettre datée de Villa Angelica,
près du mont Véfuve, le 4 octobre 1768, qu'on trouve les détails qui
font adreffés à M. Maty, M. D. fecretaire de la fociété royale.

» Depuis que je fuis à ma maifon de campagne, dit M. Hamilton,
» j'ai interrogé les habitans de la montagne fur ce qu'ils avoient vu pen-
» dant la derniere éruption. Dans ma lettre à milord Morton je n'ai fait
» mention que de ce qui s'eft préfenté immédiatement à mes obfervations ;
» mais comme tous les payfans ici font d'accord dans leurs relations fur les
» éclairs & tonnerres épouvantables, qui durerent prefque tout le temps
» de l'éruption, & feulement fur la montagne, il me femble que c'eft une
» circonftance qui mérite attention. Outre les éclairs qui reffembloient
» aux éclairs ordinaires, il y avoit plufieurs météores, comme ceux qu'on
» appelle vulgairement étoiles tombantes. Un payfan de mon voifinage per-
» dit fix cochons, par les cendres qui s'étoient mêlées avec leur nourriture;
» ils eurent des étourdiffemens, & moururent en peu d'heures. Les cendres
» qui tomberent en abondance la derniere journée de l'éruption, étoient
» prefque auffi blanches que la neige; les vieillards m'ont affuré que c'eft
» un figne certain de la fin d'une éruption ; & ces circonftances ayant
» été bien atteftées, je les ai cru dignes d'être rapportées. »

LE MONT ETNA.

Artificis naturæ ingens opus afpice, nulla
Tu tanta humanis rebus fpectacula cernes.
P. CORNELII SEVERI, Ætna.

S I le coup d'œil que nous venons de jeter fur le Véfuve, tend à agrandir nos idées fur le pouvoir encore inconnu des feux cachés dans l'intérieur des voûtes fouterreines ; fi des montagnes fubitement produites par
des explofions; fi des villes entieres, enfevelies fous la cendre & fous des
débris volcaniques ; fi des torrens de feu, ravageant au loin les campagnes, portant l'épouvante & la défolation par-tout, font des phénomenes faits pour occafionner notre furprife, fixer toute notre attention, &
nous démontrer ce que peut la nature lorfqu'elle opere dans le grand ;
fous quel afpect bien plus impofant encore ne la confidérerons-nous pas,
formant l'Etna, cette montagne formidable qui, fe perdant dans les nues,
s'élance à 10 milles 36 pieds d'élévation fur le niveau de la mer, tandis
que fa bafe embraffe une circonférence de 180 milles d'Italie! Quel fpectacle que celui de cette épouvantable maffe, fortie en entier & par reprifes différentes de ces abymes fouterreins, dont la profondeur & l'immenfité doivent contenir des mers de matiere embrafée! C'eft alors que
véritablement pénétré d'étonnement & d'admiration, nous prendrons
une idée des forces & des moyens que la nature fait mettre en œuvre lorfqu'elle veut développer une partie de fa puiffance.

Des détails fur l'Etna, auffi circonftanciés que ceux que nous avons fur le Véfuve, deviendroient fans doute bien intéreffans pour l'étude de la théorie des volcans; mais l'éloignement de cette montagne, fa prodigieufe élévation, les neiges perpétuelles qui couvrent fon fommet, des embarras de toute efpece ont dégoûté jufqu'à préfent les obfervateurs. On doit donc favoir un gré infini à quelques naturaliftes qui ont eu le courage de furmonter tous ces obftacles : M. le chevalier Hamilton & M. Bridone, qui ont fait ce pénible voyage, nous ont donné chacun une relation bien inftructive de tout ce qu'ils ont obfervé. M. de Saufiure, de Geneve, qui eft également monté fur l'Etna, en publiera peut-être un jour la defcription. Ce ne fera qu'après une fuite de voyages faits par des naturaliftes aufli favans, qu'on pourra un jour avoir une bonne hiftoire de cette montagne célebre ª. Je ne faurois mieux faire que de tranfcrire ici la lettre de M. le chevalier Hamilton, adreffée de au au fujet de fon voyage au mont Etna.

» Le 24 juin 1769, après midi, je quittai Catane, ville fituée au
» pied du mont Etna ou mont Gibello, qui eft fon nom moderne, avec
» le duc Saint-Demetrio, milord Fortrofe, & le chanoine Recupero,
» homme d'efprit, & le feul de cette ville qui connoiffe bien l'Etna,
» dont il écrit à préfent l'hiftoire naturelle; entreprife importante &
» utile, que je doute qu'il puiffe jamais terminer, faute des encourage-
» mens néceffaires.

» Nous traverfàmes le diftrict inférieur de la montagne appellée, par
» fes habitans, la *Regione Piemontefe*; il eft bien arrofé, très-fertile
» & abondant en vignes & arbres fruitiers, par-tout où la lave, qu'on
» appelle ici *Sciara*, a eu le temps de s'amollir & de former un fol fuf-
» fifant pour la végétation, ce qui ne peut être que l'effet de plufieurs
» fiecles; comme par exemple, de mille années ou davantage, comme
» je m'en fuis convaincu par plufieurs obfervations, à moins que l'art ne
» hâte cet effet. La circonférence de cette région inférieure, qui forme
» la bafe du grand volcan, a plus de 100 milles d'Italie; les vignes de
» l'Etna font entretenues fort baffes, ce qui eft précifément le contraire
» de ce qu'on fait fur les côtes du Véfuve, & elles produifent un vin plus
» fort, mais non pas en fi grande abondance. Le diftrict piémontois,
» malgré le danger de fa fituation, eft très-peuplé; il eft couvert de
» villes, de villages & de monafteres. Catane, fi fouvent détruite par
» les éruptions de l'Etna, totalement renverfée par un tremblement de
» terre, vers la fin du dernier fiecle, a été rebâtie, & eft à préfent
» une ville confidérable, où l'on compte au moins 35 mille habitans. Je
» n'ai point été étonné de la fûreté avec laquelle ces endroits-là font ha-
» bités, après avoir été fi long-temps témoin de la même fécurité près
» du mont Véfuve. Les opérations de la nature font lentes; des grandes

ª Le chanoine Recupero, de Catane, qui aime l'hiftoire naturelle, & qui eft à portée de l'Etna, prépare, dit-on, un ouvrage fur ce volcan. Il feroit à defirer qu'il fît les études préliminaires qu'exige un tel travail. On lui doit compte fans contredit de fes intentions & des peines qu'il fe donne pour faire des voyages fréquens fur l'Etna; mais je fuis fondé de croire qu'il eft légérement inftruit fur la connoiffance des laves & fur les différens corps étrangers qu'elles renferment. Mais il lui feroit facile de prendre des renfeignemens fur ces objets.

Ce n'eft certainement pas par efprit de critique que je prends la liberté de faire des obfervations à ce fujet, c'eft au contraire parce que je comprends très-bien que cet auteur eft placé pour bien faire, & qu'on doit attendre de lui de bonnes chofes. Si je dis donc qu'il n'eft pas d'une force fuffifante fur la connoiffance des matieres volcaniques, c'eft que je poffede une collection de laves faite de fa main, où la nomenclature n'eft pas, à beaucoup près, exacte; j'aurai occafion d'en parler plus particuliérement dans une fection de ce mémoire.

» éruptions ne fe voient que rarement , & chacun fe flatte qu'il n'en
» arrivera aucune de fon temps ; ou fi elle arrive , que la lave épar-
» gnera fon terrein ; mais la plus grande & la plus forte raifon pourquoi
» les voifinages des volcans font fi habités , c'eft leur grande fertilité.

» Après avoir monté doucement environ quatre heures, nous arrivâ-
» mes au petit couvent de Saint-Nicolas de l'Arena, qui eft à peu-près
» à 13 milles de Catane , & à un mille du volcan, d'où fortit la der-
» niere grande éruption de 1669 , dont le comte de Winchelfea, qui
» fe trouva alors à Catane , au retour de fon ambaffade de Conftanti-
» nople , donna une relation très-circonftanciée & très-curieufe à la
» cour, qui fut bientôt après imprimée à Londres , & dont j'ai vu une
» copie à Palerme , dans la bibliotheque du prince Torremuzza. Nous
» paffâmes la nuit du 24 dans le couvent des bénédictins , & nous em-
» ployâmes le matin d'après à examiner les ravages qu'avoit fait cette

» terrible éruption fur le riche pays piémontois. La lave fortit dans une
» vigne à un mille de Saint-Nicolas ; & par des explofions fréquentes
» de pierres & de cendres, y éleva une montagne que je juge de la
» hauteur d'un mille , & de 3 milles au moins de circonférence à fa bafe.
» La lave qui en fortit , & fur laquelle il n'y a encore aucun figne de
» végétation , a 14 milles de longueur, & dans plufieurs endroits 6 de
» largeur. Elle vint jufqu'à Catane, détruifit une partie de fes murs ,
» enfevelit un amphithéatre , un aqueduc, & plufieurs autres monumens
» de fon ancienne grandeur, qui avoient jufques-là réfifté aux injures
» du temps, & fit dans la mer un trajet affez confidérable pour y for-
» mer d'abord un port fûr & beau, mais qui bientôt après fut comblé
» par un nouveau torrent de la même matiere enflammée : circonftance
» qui afflige encore aujourd'hui les habitans de Catane, qui n'ont point
» de port. Il n'y a pas eu depuis d'éruption auffi confidérable , mais l'on
» voit les fignes certains de plufieurs éruptions antérieures qui ont été
» plus terribles.

» A 2 ou 3 milles aux environs de la montagne élevée par cette érup-
» tion , tout eft inculte & couvert de cendres : mais avec le temps ce
» terrein & cette montagne feront auffi fertiles que plufieurs autres de
» fon voifinage, qui ont auffi été formées par des explofions. Si l'on
» pouvoit favoir avec certitude les dates de ces explofions , elles feroient
» très-curieufes , & on en tireroit des conféquences pour fixer le temps
» néceffaire pour le retour de la végétation. Selon l'état différent des
» montagnes élevées par des éruptions, celles que je préfume être les
» plus nouvelles , font couvertes de cendres feulement ; d'autres, d'une
» date précédente, le font de petites plantes & d'herbes , & les plus
» anciennes font couvertes des plus grands arbres que j'aie vu. Je crois
» que la formation de ces dernieres eft d'une date trop ancienne pour
» être à la portée de l'hiftoire. Au pied de la montagne élevée par l'é-
» ruption de l'année 1669, il y a une foffe par laquelle , au moyen

» d'une corde, nous defcendîmes dans différentes cavernes fouterreines,
» qui fe ramifioient & s'étendoient très-loin ; tellement que nous n'ha-
» fardâmes pas de nous y enfoncer, le froid d'ailleurs y étant excef-
» fif, & un vent violent éteignant fréquemment quelques-uns de nos flam-
» beaux. Il y a apparence que ces cavernes contenoient la lave qui

                                                          » fe

» se fit jour & s'étendit, comme je viens de le dire, jusqu'à Catane.
» On connoît plusieurs de ces cavités souterreines dans d'autres parties
» de l'Etna, telle que celle que les paysans nomment la *Baracca-Vec-*
» *chia* ; une autre, la *Spelonca della Palomba* (parce que les pigeons sau-
» vages y font leurs nids) ; & la caverne *Thalia* dont parle Boccace :
» quelques-unes font des magasins pour la neige ; toute la Sicile & l'isle
» de Malte tirant du mont Etna cette production essentielle dans un
» climat chaud. Je crois qu'on en découvriroit bien d'autres encore si
» on les cherchoit particuliérement près & au dessous du cratere, d'où
» des grandes laves font forties ; car l'immense quantité de matiere
» que l'on voit au dessus du sol, suppose nécessairement des grands
» vuides au dessous.

» Après avoir passé le matin du 25 à faire ces observations , nous
» traversâmes la seconde région , ou la région du milieu de l'Etna ,
» appellée la *Selvosa* , une des plus belles choses de ce genre. De cha- Plusieurs mon-
tagnes produites
» que côté il y a des montagnes ou des fragmens de montagnes élevées par les éruptions
de l'Etna.
» par différentes explosions anciennes ; il y en a quelques-unes presque
» aussi hautes que le Vésuve ; une sur-tout (comme nous l'assura notre
» guide le chanoine, qui l'avoit mesurée) , a près d'un mille de hau-
» teur & 5 milles de circonférence à sa base. Elles font toutes, ainsi
» que les riches vallées qui les séparent, plus ou moins couvertes, même
» dans leurs crateres, de chênes, de châtaigniers & de sapins plus
» grands que ceux que j'ai vu ailleurs ; & c'est de-là principalement
» qu'on tire les bois de construction pour l'usage des chantiers du roi
» de Naples. Cette partie de l'Etna étoit déjà célebre par ses bois du
» temps des tyrans de Syracuse ; & devant nécessairement, comme je
» l'ai déjà dit, s'écouler bien des siecles entre l'éruption & le moment
» où la lave peut être propre à la végétation , nous pouvons de - là Grande anti-
quité de ce vol-
» nous former une idée du grand âge de ce respectable volcan. Les can.
» châtaigniers étoient l'espece d'arbres la plus commune dans les en-
» droits que nous traversâmes ; & quoique très-grands, on ne sauroit
» les comparer avec quelques-uns d'une autre partie de la région *Sel-*
» *vosa*, appellée *Carpinetto*. J'ai entendu dire par plusieurs personnes, &
» particuliérement par notre chanoine qui a mesuré le plus grand châ-
» taignier de ce canton, appellé le châtaignier de cent chevaux, qu'il
» a plus de 28 cannes napolitaines de circonférence (149 pieds &
» 4 pouces) ; la canne napolitaine étant de 64 pouces de france ,
» vous pourrez, monsieur, juger de la taille immense de cet arbre
» fameux. Il est creux, mais il y en a un à côté qui est sain & pres-
» que aussi gros. Je n'allai point voir ces arbres, parce qu'il auroit fallu
» employer deux jours à ce voyage, & qu'il faisoit trop chaud. Il est
» étonnant que des arbres puissent fleurir dans un terrein si peu pro-
» fond , car ils ne peuvent pénétrer beaucoup sans trouver un rocher
» de lave. La plupart des racines des grands arbres , de ce côté - là ,
» font sur terre , & par l'impression de l'air ont acquis une écorce
» pareille à celle de leurs branches. Dans cette partie de la montagne
» se trouvent les plus beaux bestiaux de la Sicile : nous avons remar-
» qué qu'en général les cornes de bœufs de la Sicile font une fois aussi
» grandes que celles des bestiaux que l'on voit ailleurs. Au reste, les

N

» animaux font de la taille ordinaire. Nous paſſâmes près de la der-
» niere éruption de l'année 1766, qui détruiſit plus de quatre milles
» en quarré du beau bois dont j'ai parlé. La montagne élevée par cette
» éruption abonde en ſoufre & en ſels exactement ſemblables à ceux
» du Véſuve, & dont j'ai envoyé des échantillons au feu lord Mor-
» ton, il y a quelque temps.

» Environ cinq heures après que nous eûmes quitté le couvent de St. Ni-
» colas de l'Arena, nous arrivâmes aux confins de la troiſieme région,
» appellée la *Netta*, ou *Scoperta*, nette ou découverte; l'air y étoit, à
» la vérité, exceſſivement froid; de ſorte que dans la même journée,
» nous éprouvâmes ſur cette montagne les effets des quatre ſaiſons de
» l'année : la chaleur exceſſive de l'été dans la région piémontoiſe; l'air
» tempéré du printemps & de l'automne dans la région du milieu, &
» le froid extrême de l'hiver dans celle d'en haut. A meſure que nous
» nous approchions de la derniere, je remarquai que la végétation di-
» minuoit par degrés, depuis les plus grands arbres juſqu'aux plus
» petits arbriſſeaux & aux plantes des climats ſeptentrionaux. J'obſer-
» vai quantité de genievre & de tamarin; & notre guide nous dit que
» lorſque la ſaiſon eſt plus avancée, on y voit un nombre infini de plan-
» tes curieuſes, & que dans quelques endroits on trouve de la rhubarbe
» & du ſafran en abondance. Dans l'hiſtoire de Catane, par Carrera, il
» y a une liſte de toutes les plantes de l'Etna par ordre alphabétique.

» Comme la nuit approchoit, nous nous mîmes ici à couvert ſous
» une tente, & fîmes un grand feu, ce qui étoit très-néceſſaire; car
» ſans feu & habillés comme nous étions, nous euſſions péri infailli-
» blement de froid. Le 26, à une heure après minuit, nous pourſui-
» vîmes notre voyage vers le grand cratere. Nous paſſâmes ſur des nei-
» ges qui rempliſſent des vallées profondes, & qui ne fondent jamais, à
» moins qu'il n'y coule au deſſus quelques laves de la bouche du grand
» cratere; ce qui arrive très-rarement, les grandes éruptions venant
» ordinairement de la moyenne région; & cela, parce que la matiere
» enflammée (à ce qu'il me ſemble) trouvant à ſe faire jour dans
» quelques parties foibles, long-temps avant qu'elle puiſſe s'élever à
» la hauteur exceſſive de la région ſupérieure, la grande bouche du
» ſommet ne ſert que de cheminée commune au volcan. Dans pluſieurs
» endroits la neige eſt couverte d'un lit de cendres jetées du cra-
» tere, & le ſoleil la fondant dans quelques parties, en rend la ſurface
» dangereuſe. Mais comme nous avions avec nous, indépendamment de
» notre guide, un payſan bien au fait de ces vallées, nous arrivâmes
» ſans accident au pied de la petite montagne de cendres qui couronne
» l'Etna, environ une heure avant le lever du ſoleil. Cette montagne eſt
» ſituée ſur une plaine d'une pente d'environ 9 milles de circonférence;
» elle n'a guere qu'un quart de mille de hauteur perpendiculaire très-eſ-
» carpée, mais non cependant pas autant que le Véſuve : elle a été
» formée depuis trente ans; & pluſieurs perſonnes de Catane m'ont dit
» qu'elles ſe ſouvenoient de n'avoir vu qu'un large cratere dans le mi-
» lieu de cette plaine. Juſqu'à préſent la montée avoit été aſſez douce
» pour n'être pas fatigante, car le ſommet de l'Etna eſt à 30 milles de
» Catane (d'où l'on commence à monter); & ſans la neige nous au-

» rions pu aller fur nos mulets jufques au pied de la petite montagne ,
» plus haut que le chanoine, notre guide, n'avoit jamais été. Comme
» je vis que cette petite montagne étoit femblable à la cime du Véfuve ,
» qui eft folide & ferme, quoique la fumée forte de tous les pores ,
» je ne fis aucune difficulté d'aller au haut du cratere, & mes compa-
» gnons me fuivirent. La montée dure, la vivacité de l'air, les vapeurs
» de foufre & la violence du vent, qui nous obligea plus d'une fois de
» nous jeter le vifage contre terre, crainte d'en être renverfés , rendi-
» rent cette derniere partie de notre expédition très-défagréable. Pour
» nous confoler, notre guide nous affura qu'il y avoit ordinairement
» beaucoup plus de vent dans la haute région de l'Etna qu'il n'en faifoit
» pour lors.

» Bientôt après que nous fûmes affis fur la plus haute pointe de l'Etna,
» le foleil fe leva, & nous eûmes devant les yeux une fcene brillante au-
» delà de toute defcription. L'horizon s'éclairant par degrés, nous dé-
» couvrîmes la plus grande partie de la Calabre, & la mer de l'autre
» côté, le phare de Meffine, & les ifles de Lipari. Stromboli, avec fon
» fommet fumant (quoiqu'éloigné de plus de 70 milles) fembloit être
» précifément fous nos pieds. Nous vîmes l'ifle entiere de la Sicile, fes
» rivieres, fes villes, fes havres, &c. comme fi nous avions regardé
» une carte de géographie. L'ifle de Malte eft une terre baffe ; mais il
» y avoit une telle brume de ce côté-là de l'horizon, que nous ne pûmes
» la bien voir : notre guide nous affura qu'il l'avoit vu d'autres fois
» très-diftinctement, & je le crois, parce que dans d'autres parties de
» l'horizon qui n'étoient pas embrumées, nous vîmes à une plus grande
» diftance : d'ailleurs quelques femaines auparavant, en entrant dans
» le havre de Malte, nous avions eu de notre vaiffeau une vue très-
» diftincte du fommet de l'Etna : enfin, comme je l'ai mefuré depuis
» fur une bonne carte, nous pouvions voir dans un inftant une circon-
» férence de plus 900 milles. L'ombre pyramidale de la montagne tra-
» verfoit toute l'ifle, & s'étendoit fort avant dans la mer. Je comptai
» de-là quarante-quatre petites montagnes dans la moyenne région du
» côté de Catane, & plufieurs autres du côté oppofé, toutes d'une
» forme conique, chacune ayant un cratere, dont plufieurs étoient cou-
» verts de grands arbres au dedans & au dehors. J'appelle ces monta-
» gnes petites en comparaifon du mont Etna, dont elles ne font qu'une
» émanation ; car par-tout ailleurs elles paroîtroient grandes. Les poin-
» tes de ces montagnes, que j'eftime être les plus anciennes, font émouf-
» fées, & les crateres par conféquent plus étendus & moins profonds
» que ceux des montagnes formées par des explofions plus récentes ,
» qui confervent en entier leur forme pyramidale : quelques-unes ont
» été fi changées par les temps, qu'elles n'ont d'autre apparence d'un
» cratere, qu'une forte de creux dans leur fommet arrondi : d'autres
» ont feulement une deuxieme ou troifieme partie de leur cône qui
» fubfifte, les parties qui manquent ayant peut-être été détachées par
» les tremblemens de terre très-fréquens dans cette contrée : toutes ce-
» pendant ont été évidemment élevées par des explofions, & je crois
» que le réfultat des plus exactes obfervations fur ce point, feroit que
» plufieurs formes fingulieres de montagnes dans d'autres parties du

» monde, font dues à de femblables opérations de la nature. J'obfervai
» que ces montagnes étoient généralement rangées en lignes ou en
» chaînes ; qu'elles ont ordinairement une fracture fur un côté, de
» même que les petites montagnes élevées par explofion près du Vé-
» fuve, où l'on en voit huit ou neuf. Cette fracture eft occafionnée par
» les laves qui s'ouvrent par force un paffage : j'ai décrit cette opéra-
» tion de la nature dans ma relation de la derniere éruption du Véfuve ;
» & toutes les fois que je verrai une montagne d'une forme réguliér-
» rement conique, avec un cratere fur le fommet & un côté rompu,
» je jugerai qu'elle a été formée par une éruption volcanique, parce
» que fur l'Etna & le Véfuve les montagnes formées par explofions
» font toutes, fans exception, conformes à cette defcription ; mais je
» reviens à ma relation.

    » Après avoir raffafié nos yeux du fpectacle admirable dont je viens
» de parler (& pour lequel, comme nous le dit Spartien, l'empereur
» Adrien fe donna la peine de gravir le mont Etna), nous regardâ-
» mes dans le grand cratere qui, autant que je puis en juger, avoit

Cratere de
l'Etna.

» 2 milles & demi de circonférence. Nous ne crûmes pas qu'il y eût de la
» fûreté à en faire le tour & à le mefurer, parce que dans quelques par-
» ties la furface nous paroiffoit très-foible. L'intérieur du cratere,
» dont la croûte eft de fel & de foufre comme celui du Véfuve, a la
» forme d'un cône creux renverfé, & fa profondeur répond à peu-près
» à la hauteur de la petite montagne qui couronne le grand volcan. La
» fumée qui fortoit abondamment des côtés & du fond, nous empêcha
» de voir jufqu'au bas : mais le vent l'écartant de temps en temps, je
» vis ce cône renverfé fe rétrecir prefque jufqu'à n'être plus qu'un point.
» D'après ces obfervations répétées, j'ofe dire que dans tous les volcans
» la profondeur des crateres fe trouve correfpondre de très-près à la
» hauteur de la montagne conique de cendres, dont ils font ordinaire-
» ment couronnés. Je regarde tous ces crateres comme une forte d'en-
» tonnoirs fufpendus, fous lefquels il y a des vaftes cavernes & abymes.
» On peut aifément rendre compte de la formation de ces montagnes
» coniques avec leurs crateres, par la chûte des pierres & des cendres
» jetées pendant une éruption.

    » La fumée de l'Etna, quoique fulphureufe, ne me parut pas fi fétide
» & fi défagréable que celle du Véfuve ; mais notre guide me dit que
» cela varioit felon la qualité de la matiere intérieure qui fe trouve
» alors en mouvement ; & en effet, j'ai remarqué qu'il en eft de même
» au Véfuve. L'air étoit fi pur & fi vif dans la haute région de l'Etna,
» & particuliérement dans les parties les plus élevées, que nous avions
» de la difficulté à refpirer, & cela indépendamment de la vapeur ful-
» phureufe. J'avois apporté avec moi de Naples deux barometres & un
» thermometre, dans l'intention d'en laiffer un au pied de la montagne,
» pendant que nous aurions fait nos obfervations avec l'autre fur le
» fommet au lever du foleil : mais malheureufement un de ces inftru-
» mens s'étant gâté en voyage, je ne pus trouver perfonne à Catane
» pour le raccommoder ; & ce qui eft bien plus extraordinaire, c'eft
» que je ne me rappelle pas d'avoir vu un barometre en quel lieu que
» ce foit de la Sicile. Le 24 nous fimes notre premiere obfervation au
                                     » pied

» pied de l'Etna ; le mercure étoit à 27 degrés 4 lignes. Le 26, à la par-
» tie la plus élevée du volcan, il étoit à 18 degrés 10 lignes. Le ther-
» mometre, au pied de la montagne, étoit, à la premiere obfervation,
» à 84 degrés, & à la feconde fur le cratere, à 56, & le temps n'avoit
» point changé, ayant été également beau & clair. Le 24 & le 26 du
» mois, nous trouvâmes de la difficulté à nous fervir de notre barometre
» fur le fommet de l'Etna, à caufe du froid exceffif & de la violence
» du vent ; mais felon les obfervations les plus exaétes que notre fitua-
» tion nous permit de faire, le réfultat fut comme je viens de le dire.
» Le chanoine m'avoit affuré que la hauteur perpendiculaire du mont
» Etna furpaffoit 3 milles d'Italie, & je crois qu'il a raifon.

Obfervations
faites avec le ba-
rometre & le
thermometre ,
fur la fommité
de l'Etna.

» » Après avoir paffé au moins trois heures fur le cratere, nous defcen-
» dîmes pour aller fur un terrein élevé, éloigné d'environ un mille
» de la montagne fupérieure que nous venions de quitter. Nous y trou-
» vâmes quelques reftes des fondemens d'un bâtiment antique, qui font
» de briques, & qui paroiffent avoir été ornés de marbre blanc, dont
» il refte quelques fragmens çà & là. L'on appelle cet endroit la tour
» du philofophe, parce qu'on prétend qu'Empedole l'a habité. Comme
» les anciens facrifioient aux dieux céleftes fur le fommet de l'Etna,
» il fe pourroit bien que ces ruines fuffent les reftes d'un temple
» dont ils fe fervoient pour ces efpeces de facrifices. Nous allâmes en-
» fuite un peu plus loin fur la plaine inclinée dont je viens de parler,
» & nous vîmes les traces d'un torrent épouvantable d'eau chaude qui
» fortit du grand cratere avec une éruption de lave en 1755. Le cha-
» noine Recupero, notre guide, a publié une differtation fur ce phé-
» nomene. Heureufement ce torrent ne prit pas fa route vers les lieux
» habités de la montagne ; car un accident pareil fur le mont Véfuve
» en 1631, emporta quelques villes & villages de fon voifinage, avec
» des milliers de leurs habitans. L'opinion commune eft que ces érup-
» tions d'eau procédent d'une communication du volcan avec la mer ;
» je les crois plutôt occafionnés fimplement par des dépôts d'eau de
» pluie dans quelques - unes de leurs concavités intérieures. Nous
» vîmes de cet endroit le cours entier d'une ancienne lave, la plus
» confidérable, par fon étendue, de toutes celles qu'on connoît, la-
» quelle entra dans la mer près de Taormina, qui eft à 30 milles du cra-
» tere d'où elle fortit. Cette lave a dans quelques parties 15 milles de
» largeur. Les laves de l'Etna ont communément 15 & 20 milles de
» longueur, 6 ou 7 de largeur, & 50 pieds ou plus de profondeur. Ainfi,
» monfieur, jugez de la quantité prodigieufe de matiere fortie de cette
» montagne dans les éruptions, & des vaftes cavités qu'il doit y avoir
» au dedans. La lave la plus étendue du Véfuve n'excede pas plus de 7
» milles en longueur. Les opérations de la nature fur l'une & l'autre
» montagne font femblables ; mais celles du mont Etna font fur une
» plus grande échelle. Les qualités de leurs laves font les mêmes ; mais
» je crois celles de l'Etna plus noires, & en général plus poreufes que
» celles du Véfuve. Dans les parties de l'Etna que nous traverfâmes,
» je ne vis aucun de ces lits de pierres ponces, qui font fi fréquens près
» du Véfuve, & qui couvrent l'ancienne ville de Pompeii; mais notre
» guide nous dit qu'il y en a des femblables dans d'autres parties de la

La tour du phi-
lofophe , refte
d'un temple an-
tique, felon les
apparences.

Les laves ont
ordinairement
15 & 20 milles
de longueur, 6
ou 7 milles de
largeur, & 50
pieds ou plus de
profondeur.

Laves de l'Etna
plus noires & en
général plus po-
reufes que celles
du Véfuve.

O

» montagne. Je vis quelques couches de ce qu'à Naples on appelle
» Tufa, qui couvre Herculanum, & qui compofe une grande partie
» des terres élevées auprès de Naples; & après l'avoir examiné, j'ai
» jugé que c'eft un mélange de petites pierres ponces, de cendres
» & de fragmens de lave, qui s'eft endurci avec le temps, au point de
» former une forte de pierre. En un mot, je ne trouvai fur le mont
» Etna (pour ce qui regarde les matieres volcaniques) rien que le
Il y a une plus » Véfuve ne produife; & il eft certain qu'il y a une plus grande variété dans
grande variété
dans les laves du » les matieres brûlées & les laves de cette derniere montagne. Toutes
Véfuve que dans
celles de l'Etna. » les deux abondent en pyrites & en cryftallifations, ou plutôt en vi-
» trifications. Sur le rivage de la mer, au pied de l'Etna, on trouve
» quantité d'ambre, ce qu'on ne trouve pas au pied du Véfuve. A pré-
» fent il y a une plus grande quantité de foufre & de fels fur le fom-
» met du Véfuve que fur celui de l'Etna; mais cette circonftance
» varie fuivant le degré de fermentation du dedans, & notre guide m'af-
» fura que dans d'autres temps il en avoit vu davantage fur l'Etna.
» Lorfque nous revînmes à Catane, le chanoine nous fit voir un mon-
» ticule couvert de vignes, appartenant autrefois aux jéfuites, qui fut,
» à ce qu'on dit, miné par la lave en 1669, & tranfporté à un demi-
» mille du lieu où il étoit auparavant, fans que les vignes en fuffent
» endommagées.

» Dans des fortes éruptions de l'Etna, on a fouvent vu fortir du mi-
» lieu de la fumée que vomiffoit le grand cratere, des éclairs & des zig-
» zags de feu, tels que je les ai décrits dans ma relation de la derniere
» éruption du Véfuve. Les anciens avoient remarqué le même phéno-
» mene; car Séneque (lib. II, nat. quæft.) dit: *Ætna aliquando*
» *multo igne abundavit, ingentem vim arenæ urentis effudit, involutus*
» *eft dies pulvere, populofque fubita nox terruit, ILLO TEMPORE AIUNT*
» *PLURIMA FUISSE TONITRUA ET FULMINA.*

» Jufqu'à l'année 252 de l'ére chrétienne, l'hiftoire chronologique des
» éruptions de l'Etna eft très-imparfaite. Mais je trouve, par les dates
» des éruptions de ce volcan, que cette montagne eft auffi irréguliere
» dans fes opérations que le Véfuve. La derniere éruption de l'Etna fut
» en 1766. »

Je dois placer après la narration de M. le chevalier Hamilton celle
de M. Bridonne, qui eft également pleine d'intérêt & de bonnes obfervations; j'en retrancherai fimplement les épifodes qu'il y a répandu
d'une maniere très-agréable: elles deviendroient ici trop étrangeres à
notre fujet.

L E T T R E *VII.*

» DE Jaci à cette ville on ne marche que fur la lave; & par confé-
» quent le chemin eft très-fatigant & très-incommode. A peu de milles
» d'ici nous avons compté huit montagnes créées par une éruption, &
» dont chacune a fon cratere qui vomiffoit de la matiere brûlée. Quelques-
» unes font très-élevées & d'une grande circonférence. Il paroît évident
» que les éruptions de l'Etna ont formé toute cette côte, & qu'en beau-
» coup d'endroits elles ont paffé la mer à plufieurs milles en arriere de

» fes anciennes limites . . . . . . On trouve à quelque petite diftance
» du rivage , trois rochers de lave , dont Pline parle fouvent , & qu'il
» appelle *les trois Cyclopes*. Il eſt aſſez ſingulier qu'on les diſtingue
» encore aujourd'hui par le même nom.

» Catane , fituée immédiatement au pied de l'Etna, a été détruite
» pluſieurs fois par ſes éruptions, ce qui n'eſt pas merveilleux , car on
» auroit lieu de s'étonner du contraire : mais je vais rapporter une ſin-
» gularité qui probablement n'eſt jamais arrivée qu'ici. Cette ville avoit
» toujours eu beſoin d'un port , juſqu'à une éruption qui ſe fit dans le
» ſeizieme ſiecle ; & elle reçut alors, de la généroſité de la montagne,
» ce que lui avoit refuſé la nature. Un courant de lave ſe précipitant
» dans la mer, y forma un môle que jamais on n'avoit pu conſtruire,
» quelques ſoins qu'on y eût employé. Ce havre qui étoit ſûr & com-
» mode ſubſiſta pendant quelque temps, & fut enfin comblé & démoli
» par une éruption ſuivante . . . . En arrivant à Catane , nous fûmes
» ſurpris de trouver que dans une ſi belle ville il n'y avoit aucune hô-
» tellerie. Il eſt vrai que nos guides nous conduiſirent à une maiſon à
» laquelle ils donnoient ce nom ; mais elle étoit ſi miſérable & ſi ſale,
» que nous réſolûmes ſur le champ d'en chercher une autre ; & à l'aide
» du chanoine Recupero , pour qui nous avions des lettres, nous fûmes
» dans peu aſſez bien logés dans un couvent.

» *Signor* Recupero, qui s'engage à être notre *Cicerone*, nous a mon-
» tré des reſtes curieux d'antiquité ; mais ils ont été ſi ébranlés & ſi
» fracaſſés par la montagne , qu'à peine y trouve-t-on quelques mor-
» ceaux entiers.

» Près d'une voûte qui eſt à préſent à 30 pieds au deſſous de terre ,
» & qui a probablement ſervi de cimetiere, on voit un endroit eſcarpé,
» où l'on diſtingue pluſieurs couches de lave , avec une terre très-épaiſſe Obſervation
ſinguliere ſur
l'antiquité des
éruptions de l'Et-
na, faîtes par le
chanoine Recu-
pero.
» ſur la ſurface de chacune. M. Recupero s'eſt ſervi de ce fait, pour
» nous prouver la grande antiquité des éruptions de la montagne ; car
» s'il faut deux mille ans & davantage pour former ſur la lave une lé-
» gere couche de terre , il a dû s'écouler un eſpace de temps plus con-
» ſidérable entre chacune des éruptions qui ont donné naiſſance à ces
» couches. On a percé à travers ſept laves ſéparées , placées les unes
» ſur les autres , & dont la plupart ſont couvertes d'un lit épais d'un
» très-bon terrein. Or , continuoit le chanoine , s'il étoit toujours per-
» mis de raiſonner par analogie , l'éruption qui a porté la plus baſſe de
» ces laves, auroit dû arriver il y a au moins quatorze mille ans. Il nous
» aſſure que ces découvertes l'embarraſſent fort pour écrire l'hiſtoire
» de l'Etna ; que Moïſe le chagrine & ralentit toute ſon ardeur, & que
» réellement il ne peut pas ſuppoſer que ſa montagne ſoit auſſi récente
» que la création du monde , ſuivant ce prophête. Que penſez-vous de
» ces ſentimens dans un prêtre catholique ? L'évêque qui eſt très-ortho-
» doxe , l'a déjà averti de ſe tenir ſur ſes gardes, de ne pas être un
» meilleur naturaliſte que Moïſe, & de ne rien annoncer qui puiſſe
» contredire en aucune maniere cette autorité ſacrée . . . .

» Nous avons examiné les endroits où la lave a eſcaladé les murs de
» Catane : ce phénomene a dû produire un effet étonnant. Les murailles
» ont 64 palmes de haut (près de 60 pieds), & elles ſont très-fortes;

» car autrement elles auroient dû être renverſées par le torrent enflammé
» qui s'éleva au deſſus de cette hauteur avant d'entrer dans la ville,
» &c. &c. »

LETTRE IX.

A Catane le 29 Mai 1770.

» LE 27, à la pointe du jour, nous nous mîmes en marche pour exa-
» miner le mont Etna, la plus ancienne des montagnes : ſa baſe & ſes
» immenſes flancs ſont couverts de beaucoup de collines qu'il a créées ;
» car chaque éruption en produit une nouvelle, & peut-être que leur
» nombre ſerviroit mieux que toute autre méthode, à déterminer le
» nombre des éruptions & l'âge de ce volcan.

La région pié-
montoiſe ou la
région fertile.

» Toute la montagne eſt diviſée en trois régions diſtinctes, appellées
» la *regione culta* ou *piemonteſe*, la région fertile ; la *regione ſylvoſa*
» ou *nemoroſa*, la région de bois ; & *la regione deſerta* ou *ſcoperta*,
» la région ſtérile : elles ſont toutes trois auſſi différentes par le climat
» & les productions que les trois zones de la terre. On pourroit, avec
» autant de juſteſſe, les nommer la *zone torride, la tempérée & la gla-*
» *ciale.* La premiere région environne le pied de la montagne, & forme
» de tous côtés le pays le plus fertile du monde, juſqu'à la hauteur
» d'environ 14 ou 15 milles, où commence la région de bois ; elle eſt
» compoſée preſque entiérement de laves qui, après un grand nom-
» bre de ſiecles, s'eſt enfin convertie en un ſol très-riche. Nous trou-
» vâmes le barometre à 27 p. 1 ½ à Nicoloſi, qui eſt à 12 milles du pied
» de la montagne ; & à Catane il étoit à 29 p. 8 ½, quoiqu'il n'y eût
» pas plus de 3 mille pieds de différence ; cependant le climat étoit
» totalement changé. La récolte eſt entiérement finie à Catane, & les
» chaleurs y ſont inſupportables ; à Nicoloſi elles ſont très-modérées,
» & dans pluſieurs champs le bled eſt encore verd. Ces 12 milles de
» chemin ſont les plus mauvais que j'aie jamais fait ; on marche par-
» tout ſur de vieilles laves & des bouches de volcans éteints, qui ſont
» à préſent des terreins couverts de bled, de vignobles & de vergers.

» Les fruits de cette région paſſent, ſans contredit, pour les plus
» beaux de la Sicile . . . . Les laves, ainſi que je l'ai déjà dit, forment
» cette région de l'Etna, & proviennent de ces petites montagnes qui
» ſont répandues par-tout ſur ſes flancs : elles ſont toutes, ſans excep-
» tion, d'une figure réguliere, ſoit hémiſphérique, ſoit conique ; & hor-
» mis un très-petit nombre, elles ſont de l'aſpect le plus agréable, &
» couvertes par-tout de très-beaux arbres & de la plus riche verdure.

Elévation de
l'Etna : 12 ou 13
mille pieds.

» Comme la bouche du grand cratere eſt beaucoup plus élevée que les
» régions inférieures, il n'eſt pas poſſible que le feu, cherchant avec
» fureur une iſſue au tour de la baſe, & même fort au deſſus, s'éleve à
» 12 ou 13 mille pieds ; car il eſt probable que telle eſt l'élévation de
» l'Etna. Il eſt donc arrivé communément qu'après avoir ébranlé pen-
» dant quelque temps la grande montagne & celles qui l'avoiſinent, il
» a enfin éclaté ſur les côtés ; ce qui s'appelle *une éruption.* La ma-
» tiere enflammée ne jette d'abord qu'une fumée épaiſſe & des pluies de
» cendres qui ravagent le pays adjacent ; elle lance enſuite dans l'air,
» à une hauteur immenſe, des pierres ardentes & des rochers d'une

» groſſeur

» groffeur énorme : ces pierres retombant avec les cendres forties du
» volcan en même temps, forment enfin les montagnes fphériques &
» coniques dont j'ai parlé. Cette progreffion s'acheve quelquefois en
» très-peu de jours ; d'autres fois, comme dans la grande éruption de
» 1669, elle dure plufieurs mois ; & alors la montagne qui vient de
» fe former eft très-groffe. Quelques-unes de celles-ci n'ont pas moins
» de 7 ou 8 milles de tour, & plus de mille pieds d'élévation perpen-
» diculaire ; d'autres n'ont que 2 ou 3 milles de circonférence, & 3
» ou 4 cens pieds de hauteur. Après que la montagne eft formée, la
» lave paroît & jaillit ordinairement du pied de cette montagne, en
» traînant devant elle tout ce qu'elle rencontre ; elle n'eft le plus fou-
» vent arrêtée que par la mer : telle eft la marche commune d'une
» éruption ; cependant il arrive (rarement à la vérité) que la lave
» fort tout-à-coup du côté de la grande montagne, fans toutes les cir-
» conftances dont je viens de parler : c'eft ce qu'on remarque dans les
» éruptions du Véfuve, qui étant beaucoup moins élevé, la matiere fondue
» fe porte toujours dans le cratere du volcan, qui préfente alors le phé-
» nomene que j'ai décrit. Les pluies de pierres & de cendres qu'il vo-
» mit ne forment aucune nouvelle montagne ; l'ancienne s'accroît feu-
» lement jufqu'à ce qu'enfin la lave s'élevant à fon fommet, elle fe
» fait une iffue dans le côté du cratere ; & l'éruption eft déclarée.
» Voilà précifément ce que j'ai obfervé dans les éruptions de ce vol-
» can, que j'ai examiné avec attention ; mais l'Etna eft beaucoup plus
» confidérable, & un feul cratere ne fuffit pas pour donner paffage à
» de fi grandes mers de feu.

» Recupero m'affure que lors d'une éruption de l'Etna, il a vu de grands
» rochers de feu lancés à la hauteur de plufieurs milliers de pieds, avec
» un bruit infiniment plus terrible que celui du tonnerre. Il a mefuré
» le temps qu'ils employoient pour arriver à terre depuis le moment de
» leur plus grande élévation, & il a trouvé qu'il leur falloit 21 fecon-
» des pour defcendre ; & les efpaces étant comme les quarrés des temps,
» ils avoient parcouru, je crois, plus de 7 mille pieds. Cette hauteur eft
» fûrement étonnante, & exige une force de projection fort fupérieure
» à ce que nous pouvons concevoir. J'ai mefuré, par la même regle,
» jufqu'où les explofions du Véfuve lançoient de pareils corps, & je
» n'ai jamais obfervé qu'aucune des pierres forties du volcan prît da-
» vantage de 9 fecondes pour defcendre, ce qui fuppofe une élévation
» d'un peu plus de 12 cens pieds.

Rochers de feu élancés à la hauteur d'environ 7 mille pieds.

» La montagne où fe fit la premiere éruption qui enterra le beau pays
» nommé *Mel-Paffy*, eft connue fous la dénomination de Montpellieri :
» je fus frappé du bel afpect qu'elle offre quand on la voit de loin, &
» je ne pus pas réfifter à l'envie que j'avois de l'examiner en détail, &
» d'obferver les effets des deux éruptions qui ont inondé ce célebre
» pays. Montpellieri eft d'une forme plutôt fphérique que conique, &
» fa hauteur perpendiculaire n'eft pas de plus de 300 pieds ; mais il eft
» fi parfaitement régulier de chaque côté, & il eft fi richement revêtu
» de fruits & de fleurs, que je quittai avec un regret infini ce can-
» ton délicieux. Sa coupe ou fon cratere eft d'une grandeur propor-
» tionnée à la montagne, & le creux reffemble exactement à un four-

P

» neau de pipe. Je fis le tour de son bord extérieur, & je crois qu'il a
» un peu plus d'un mille.

» Cette montagne qui est très-ancienne, a été créée par la premiere
» éruption qui détruisit le pays de *Mel-Passy* ; elle enterra un grand
» nombre de villages, de maisons de campagne , & en particulier deux
» fort belles églises qui font plus regrettées que tout le reste, parce
» qu'elles contenoient trois statues qui passoient pour les plus parfaites
» de l'isle. On a entrepris de les retrouver, mais en vain, parce qu'on
» ne sait pas précisément l'endroit où les églises étoient situées. Il est
» même impossible qu'on puisse jamais le savoir; car ces édifices étoient
» construits de lave qui se fond à l'instant où elle touche un torrent de
» matiere nouvellement sortie du volcan ; & Massa dit que la lave de
» l'Etna s'est répandue quelquefois avec une impétuosité si subite, que
» dans le cours de quelques heures elle fondit entiérement les églises ,
» les palais & les villages , & que tous ces corps roulerent en fusion,
» sans laisser la moindre trace de leur premiere existence : lorsque la
» lave a un temps considérable pour se refroidir, ce singulier effet n'ar-
» rive jamais.

» La grande éruption de 1669, après avoir ébranlé tout le pays des
» environs pendant quatre mois, & formé une très-grosse montagne de
» pierres & de cendres, fit éclater la lave à peu-près à un mille au dessus de
» Montpellieri, & descendant comme un torrent, elle vint frapper con-
» tre le milieu de cette colline : on prétend qu'elle la perça de part en
» part ; cependant je doute de ce dernier fait, parce que cela auroit al-
» téré la forme réguliere qu'elle conserve encore ; mais il est sûr qu'elle
» la troua à une très-grande profondeur; elle se partagea ensuite en
» deux branches qui environnerent la montagne , & se rejoignirent sur
» son côté méridional; elle ravagera tout le pays qui est entre Mont-
» pellieri & Catane , escalada les murailles de cette ville & versa son
» torrent enflammé dans la mer. On dit qu'elle détruisit en son chemin
» les possessions de près de trente mille personnes qui par-là furent ré-
» duites à la mendicité; elle forma plusieurs collines , où il y avoit au-
» paravant des vallées , & combla un lac étendu & profond, dont on
» n'apperçoit pas aujourd'hui le moindre vestige.

» En examinant la bouche d'où sortit ce terrible torrent, nous avons
» été surpris de n'y trouver qu'un petit trou d'environ trois ou quatre
» verges de diametre; je crois que la montagne sur laquelle s'est faite
» l'issue , n'est guere moindre que la partie conique du Vésuve . . . . . .

» Recupero nous avoit donné pour guide l'homme de l'isle qui con-
» noît mieux le mont Etna, & qui s'appelle le Cyclope : nous partîmes
» de Nicolosi , & dans une heure & demie de marche sur des cendres &
» de la lave stériles, nous arrivâmes aux confins de la *regione silvosa* , ou de
» la zone tempérée. Dès que nous fûmes dans ces belles forêts , nous nous
» crûmes transportés dans un autre monde. L'air qui brûloit aupara-
» vant étoit alors rafraîchissant & doux, & toutes les routes étoient
» embaumées de mille parfums qu'exhalent les riches plantes aromatiques
» dont le terrein est parsemé. La plus grande partie de cette région
» offre les lieux les plus enchanteurs de la terre ; & si l'intérieur de

a Ce fait mériteroit d'être un peu mieux constaté.

» l'Etna reſſemble à l'enfer, on peut dire avec autant de vérité que le
» dehors reſſemble au paradis.

» Vous obſerverez que cette montagne réunit toutes les beautés &
» toutes les horreurs, & les objets les plus oppoſés & les plus diſpa-
» rates de la nature. Ici vous appercevez un gouffre qui vomiſſoit au-
» trefois des torrens de feu & de fumée, & qui eſt à préſent couvert
» de la végétation la plus abondante : là vous cueillez le fruit le plus
» délicieux, ſur un terrein qui n'étoit jadis qu'un rocher noir & ſtérile.
» En cet endroit le ſol eſt revêtu de fleurs de toutes les eſpeces ; &
» nous jouiſſions de ce ſpectacle, ſans penſer que l'enfer étoit immé-
» diatement ſous nos pieds, & qu'entre nous & des mers de feu, il n'y
» avoit que quelques toiſes d'intervalle.

» Mais notre étonnement s'accrut encore en jetant les yeux ſur la
» région la plus élevée de la montagne. Nous y voyions réunis deux élé-
» mens qui ſont continuellement en guerre ; un gouffre immenſe de
» feu qui exiſte pour jamais au milieu des neiges qu'il ne peut pas ve-
» nir à bout de fondre, & des champs immenſes de neiges & de gla-
» ces qui environnent ſans ceſſe cet océan de feu qu'elles n'ont pas
» la force d'éteindre. La région de bois de l'Etna occupe un eſpace   La région de
                                                                     bois ou la regione
» d'environ 8 ou 9 milles de hauteur, & elle forme, tout au tour de la ſilvoſa.
» montagne, une zone ou ceinture du plus beau verd qu'il ſoit poſſible
» d'imaginer. Nous en avions traverſé un peu plus de la moitié quel-
» que temps avant le coucher du ſoleil, & nous arrivâmes à une grande
» caverne formée par une des laves les plus anciennes, qui nous a
» ſervi de gîte : elle eſt appellée la ſpelonca del capriole, la caverne La ſpelonca del
                                                                          capriole.
» des chevres, parce qu'elle eſt fréquentée par ces animaux qui vien-
» nent s'y réfugier dans les mauvais temps. Nous jouiſſions ici du ra-
» viſſant ſpectacle d'une multitude d'objets pleins de grandeur & de
» majeſté. La vue de tous côtés eſt immenſe, & il nous ſembloit déjà
» que nous étions élevés au deſſus de la terre, & que nous habitions ſur
» un nouveau globe.

» Cette caverne eſt entourée de chênes antiques & reſpectables, dont
» les feuilles ſeches nous ſervirent de lits ; & avec les haches que nous
» avions apportées à deſſein, nous coupâmes de groſſes branches de
» bois, & dans peu nous eûmes très-grand feu. Mon thermometre qui
» étoit à 71 degrés à Nicoloſi, deſcendit à 60, & le barometre à 24
» pouces 2 lignes. Nous trouvâmes à une extrémité de la caverne, une
» prodigieuſe quantité de neige, qui ſembloit y avoir été miſe exprès
» pour nous, car nous allions manquer d'eau : nous en remplîmes nos
» théieres ; nous n'eûmes pour notre ſouper que du thé, du pain & du
» beurre ; & c'eſt probablement le meilleur repas que nous puiſſions
» faire pour ne pas ſuccomber ſous lë poids du ſommeil & de la fatigue.

» Aſſez près de cette caverne, on voit deux des plus belles montagnes
» qu'ait enfanté l'Etna. J'ai monté une bonne mule, & c'eſt avec beau-
» coup de peine que je ſuis arrivé au ſommet de la plus élevée, préci-
» ſément à l'inſtant du coucher du ſoleil. L'aſpect de la mer de la
» Sicile & des iſles des environs, formoit un coup d'œil merveilleux.
» Pour achever de rendre la ſcene plus romaneſque, j'appercevois tout
» le cours du Symœthus, les ruines d'Hybla & pluſieurs autres villes an-

» ciennes ; les riches champs de bled & les vignobles de la région infé-
» rieure, & cette quantité étonnante de belles collines qui font au deffous.
» Les craters de ces deux montagnes font beaucoup plus larges que
» celui du Véfuve. Ils font à préfent remplis par des forêts de chênes,
» & revêtus, jufqu'à une grande profondeur, d'un fol très-fertile. J'ai
» remarqué que cette région de bois eft compofée de laves comme la
» premiere ; mais elle eft couverte de tant de terreau, qu'on ne la voit
» nulle part que dans les lits des torrens. L'eau l'a rongée en quelques
» endroits jufqu'à 50 ou 60 pieds , & même bien davantage. Quelle
» idée ce fait ne doit-il pas nous donner du nombre furprenant des
» éruptions de l'Etna !

» Dès qu'il fut nuit, nous nous retirâmes dans notre caverne & nous
» prîmes poffeffion de notre lit de feuilles. Le bruit provenant d'une
» montagne affez loin à notre droite , troubla un peu notre repos. Elle
» vomiffoit des nuages immenfes de fumée, & nous entendions plu-
» fieurs explofions auffi fortes que celles d'un gros canon : mais ce qu'il y
» a de fingulier , nous n'avons pu découvrir aucune apparence de feu.
» Cette montagne fut formée, il y a plus de quatre ans, par l'éruption de
» 1766 ; & cependant le feu n'eft point encore éteint, & la lave n'eft
» pas refroidie. Cette lave vint inonder une belle forêt, qu'elle ravagea
» dans l'efpace de quelques milles ; elle creufa des ravins profonds ; & on
» nous dit qu'elle les a comblés jufqu'à la hauteur de 200 pieds : c'eft-
» là où elle conferve la plus grande chaleur. Aujourd'hui nous avons
» grimpé fur cette lave , & fa furface paroît entièrement froide ; mais
» il eft fûr qu'en plufieurs endroits elle exhale encore beaucoup de fumée,
» & les habitans affurent qu'où la lave eft très-épaiffe , il en arrive tou-
» jours de même pendant quelques années, ce que je fuis fort difpofé à
» croire : un corps folide de feu fi épais & fi étendu, doit conferver fa cha-
» leur un grand nombre d'années : la furface fe noircit & fe durcit bien-
» tôt , & enferme le feu liquide en dedans, dans une efpece de boîte
» qui écarte toutes les impreffions de l'air extérieur & du temps. C'eft
» ainfi que j'ai vu , plufieurs mois après les éruptions du Véfuve , une
» couche légere de lave de quelques pieds, qui refta rouge au centre
» long-temps après que la furface fut refroidie ; & en plongeant un bâ-
» ton dans fes crevaffes, il prenoit feu à l'inftant, quoiqu'il n'y eût au
» dehors aucune apparence de chaleur.

LETTRE X. Suite du Voyage au Mont Etna.

A Catane le 29 Mai au foir.

» APRÈS avoir affez bien dormi fur notre lit de feuilles dans la caverne
» des chevres, nous nous éveillâmes à onze heures ; nous fondîmes de la
» neige, nous fimes du thé, & nous prîmes un bon repas pour nous prépa-
» rer au refte de notre expédition : nous étions au nombre de neuf ; car
» nous avions trois domeftiques, le Cyclope notre conducteur, & deux
» hommes chargés de prendre foin de nos mules.

» Le Cyclope commençoit à développer fes connoiffances, & nous
» les fuivions aveuglément ; il nous menoit fur des antres & des dé-
La région dé-
ferte ou fcoperta. » ferts fauvages, où jamais aucun mortel n'eft venu ; quelquefois à
» travers

» travers des forêts ténébreuses, agréables aux voyageurs pendant le
» jour, mais qui alors nous infpiroient une efpece d'horreur qu'ac-
» croiffoient encore les cliquetis des arbres, les mugiffemens fourds &
» profonds de l'Etna, & la vafte étendue de la mer qui fe prolongèoit
» à une diftance immenfe au deffous de nous. Nous grimpions fouvent
» fur de grands rochers de lave, expofés à tomber dans des précipices,
» fi nos mules avoient fait feulement un faux pas. Cependant à l'aide
» du Cyclope, nous furmontâmes toutes ces difficultés; & il nous guida
» fi bien, que dans l'efpace de deux heures nous nous trouvâmes au def-
» fus de la région où croiffent les végétaux, laiffant fort loin derriere
» nous les forêts de l'Etna : elles reffembloient alors à un gouffre obfcur
» & fombre, ouvert fous nos pieds tout au tour de la montagne.
» L'afpect qui fe préfentoit devant nous étoit très-différent. Nous
» voyions de grandes plages de neige & de glace qui nous alarmoient &
» faifoient chanceler notre réfolution. Nous appercevions au centre, &
» toujours fort loin, le fommet de la montagne qui élevoit fa tête
» effrayante & vomiffoit des torrens de fumée. A voir cette vafte éten-
» due de neige & de glace, nous la croyions entiérement inacceffible.
» Nos craintes augmenterent encore lorfque le Cyclope nous dit qu'il
» arrivoit fouvent que la furface de l'Etna étant chaude au deffous,
» fondoit la neige à certains endroits particuliers, & formoit des lacs
» d'eau aux environs ; qu'il étoit impoffible de prévoir le danger qu'on
» courroit alors ; que d'ailleurs la furface de l'eau & de la neige eft quel-
» quefois couverte de cendres noires ; qu'on peut fe trouver au milieu
» fans s'en appercevoir ; que cependant, fi nous le jugions à propos, il
» nous conduiroit avec toutes les précautions poffibles. Nous tînmes
» confeil fur cette matiere, ainfi qu'on le fait toutes les fois qu'on eft
» fort effrayé. Nous renvoyâmes nos mules en bas dans la forêt, & nous
» nous difpofâmes à grimper fur les neiges.
» Le Cyclope, après avoir bu beaucoup d'eau-de-vie, nous fouhaita beau-
» coup de courage & de gaieté, en ajoutant que nous avions affez de
» temps & que nous pouvions nous repofer lorfque nous en aurions befoin ;
» que la neige occupoit encore un efpace d'un peu plus de 7 milles, &
» que fûrement nous viendrions à bout de les faire avant le lever du fo-
» leil. Nous prîmes chacun un verre de liqueur, & nous nous mîmes
» en marche. La montée, pendant quelque temps, ne fut pas rapide ;
» & comme la furface de la neige étoit un peu dure, le pied s'y po-
» foit affez bien ; mais dès qu'elle devint plus efcarpée, la route fut
» plus difficile. Cependant nous réfolûmes de perfévérer dans notre ten-
» tative, en nous rappellant, au milieu de nos fatigues, que l'empereur
» Adrien & le philofophe Platon les effuyerent jadis, comme nous, pour
» voir du fommet de l'Etna le lever du foleil.
» Après avoir enduré des peines incroyables, qui pourtant étoient
» mêlées de beaucoup de plaifir, nous arrivâmes avant le crépufcule
» auprès des ruines d'un ancien bâtiment, appellé *il torre del philofo-*   La tour du
» *pho.* Quelques auteurs fuppofent qu'il fut érigé par Empedocle, qui   philofophe.
» y choifit fon habitation pour mieux étudier la nature du mont Etna ;
» d'autres penfent que ce font les ruines d'un temple de Vulcain qui,
» comme chacun fait, avoit dans cette montagne fon attelier, où il

Q

» fabriquoit d'excellentes foudres des armures éclatantes, & des ma-
» chines pour attraper sa femme lorsqu'elle commettoit des infidélités.
» Nous nous reposâmes pendant quelque temps, & nous bûmes quel-
» ques coups à la santé d'Empedocle & de Vulcain, qui nous auroient
» sûrement approuvé après une pareille marche. Je trouvai que le mercure
» étoit tombé à 20 pouces 6 lig....; nous nous remîmes en marche, &
» nous arrivâmes bientôt après au pied du grand cratere de la montagne.

» Il est exactement d'une figure conique, & il s'éleve également de
» tous les côtés : il n'est composé que de cendres & d'autres matieres brû-
» lées, sorties de la bouche du volcan qui est à son centre. Ce cône est
» très-vaste & sa circonférence n'a pas moins de 10 milles. Nous nous
» reposâmes ici une seconde fois, parce que le reste du chemin étoit le
» plus fatigant. Le barometre avoit descendu à 20 pouces 4 ½ lignes.
» Le cratere est extrêmement escarpé; & quoiqu'il nous eût paru noir,
» il étoit cependant couvert de neige, dont la surface, heureusement
» pour nous, étoit revêtue d'une couche assez épaisse de cendres. Sans
» cela nous n'aurions jamais pu gagner le sommet, parce que le froid
» perçant de l'athmosphere avoit par-tout glacé la neige devenue lui-
» sante comme un miroir.

» Quand nous eûmes grimpé l'espace d'une heure, nous nous trou-
» vâmes à un endroit où il n'y avoit point de neige; & il sortit fort à
» propos une vapeur chaude des environs; ce qui nous engagea de nou-
» veau à faire halte. Le mercure étoit à 19 pouces 6 ½ lignes. Le ther-
» mometre, à mon grand étonnement, étoit tombé 3 degrés au dessous
» du point de congelation; & avant que nous eussions quitté le sommet
» de l'Etna, il descendit encore de 2 degrés, c'est-à-dire, à 27. Depuis
» cette station, il n'y avoit plus qu'environ 300 verges jusqu'au som-
» met le plus élevé de la montagne, où nous parvînmes assez à temps
» pour jouir du coup d'œil le plus beau & le plus merveilleux de la na-
» ture.... La région déserte ou la zone froide de l'Etna, est le pre-
» mier objet qui attire l'attention : elle est marquée par un cercle de
» neige & de glace, qui s'étend de tous côtés à la distance d'environ
» 8 milles. Au centre de ce cercle, le grand cratere éleve sa tête en-
» flammée, & des régions où le froid & la chaleur sont excessifs, sem-
» blent pour jamais réunies dans le même point. On nous assure que
» sur le côté septentrional de la région de neige, il y a plusieurs petits
» lacs qui ne dégelent jamais, & qu'en beaucoup d'endroits la neige
» mêlée avec les cendres & les sels de la montagne, forme des tas d'une
» hauteur prodigieuse. Je suis persuadé que ces sels contribuent en grande
» partie à la conservation des neiges.

» La région boisée suit immédiatement la zone déserte : elle forme
» une ceinture du plus beau verd qui environne entiérement la mon-
» tagne; & c'est assurément un des cantons les plus délicieux de la
» terre; ce qui fait un contraste remarquable avec la région déserte. Elle
» n'est pas unie ni égale, comme la plus grande partie de celle-ci; mais
» elle est agréablement diversifiée par un nombre infini de ces jolies
» collines qui ont été créées par les différentes éruptions de l'Etna :
» elles ont toutes acquises une fertilité étonnante, excepté quelques-
» unes qui sont nouvelles, c'est-à-dire, qui ont pris naissance dans les

» cinq ou fix cens dernieres années ; car il en faut des milliers pour les
» amener à leur plus grande fécondité. Nous examinâmes les crateres de
» ces dernieres , & nous entreprîmes , mais en vain, de les compter.

» La circonférence de cette zone ou du grand cercle n'eſt pas moins
» de 70 ou 80 milles ; elle avoiſine les vignobles , les vergers & les
» champs de bled qui compoſent la région fertile. Cette troiſieme zone,
» beaucoup plus large que les premieres, s'étend de tous côtés juſqu'au pied
» de la montagne. Son contour , ſuivant Recupero , eſt de 183 milles ;
» elle eſt auſſi couverte de pluſieurs petites montagnes coniques & ſphé-
» riques ; elle préſente une variété ſurprenante de formes & de couleurs,
» & fait un contraſte charmant avec les deux autres. Elle eſt bornée au
» ſud & au ſud-eſt par la mer , & des autres côtés par le Semete &
» l'Alcantara, qui l'environnent preſque en entier. On apperçoit d'un
» coup d'œil le cours de ces rivieres & leurs agréables détours à travers
» ces vallées fertiles, qu'on regarde comme les poſſeſſions favorites de
» Cérès, & le lieu où fut enlevée ſa fille Proſerpine . . . .

» Nous avons examiné enſuite une quatrieme région de l'Etna, très-
» différente des autres , & qui produit des impreſſions moins douces ,
» mais qui ſans doute a donné naiſſance aux trois premieres ; je veux
» parler de la région du feu.

» Le cratere actuel de cet immenſe volcan eſt un cercle d'environ   Cratere de
» 3 milles & demi de circonférence : il va en pente de chaque côté,   l'Etna.
» & forme une excavation qui reſſemble à un vaſte amphithéatre. Il ſort
» de pluſieurs endroits des nuages d'une fumée ſulphureuſe , qui étant
» beaucoup plus peſante que l'air environnant, au lieu de s'élever comme
» fait ordinairement la fumée, à l'inſtant où elle eſt portée hors du cratere,
» roule vers le bas de la montagne comme un torrent, juſqu'à ce qu'elle
» arrive à la partie de l'athmoſphere qui eſt de la même gravité ſpécifi-
» que : alors elle s'échappe horizontalement, & forme dans l'air une
» large traînée , ſuivant la direction du vent qui, heureuſement pour
» nous, la chaſſoit du côté oppoſé à celui où nous étions. Le cratere eſt ſi
» chaud qu'il eſt fort dangereux, ſi même il n'eſt pas impoſſible d'y deſ-
» cendre. La fumée eſt d'ailleurs très-incommode ; & en pluſieurs en-
» droits la ſurface eſt ſi gliſſante , qu'on a vu des hommes y tomber &
» payer leur témérité de leur vie. La bouche du volcan eſt près du centre
» du cratere. Ce gouffre effrayant, ſi célebre dans tous les âges, fait trem-
» bler les peuples dans cette vie, & ils le redoutent encore après la mort.
» Nous l'examinâmes avec une eſpece de reſpect mêlé d'horreur, &
» nous ne fûmes pas ſurpris qu'on le regarde comme le ſéjour des dam-
» nés. Quand on penſe à l'immenſité de ſa profondeur ; à l'étendue des
» antres & des cavernes d'où ſont ſorti tant de laves ; à la force que
» doit avoir le feu intérieur pour élever ces laves à une ſi grande hau-
» teur , les ſoutenir en l'air, ou ſeulement les porter au ſommet du cra-
» tere , avec toutes les circonſtances terribles qui accompagnent ces
» exploſions ; au bouillonnement de la matiere ; aux ſecouſſes de la mon-
» tagne & aux rochers enflammés qu'elle vomit, &c. il faut convenir
» que l'imagination épouvantée a peine à ſe former l'idée d'un enfer plus
» redoutable ! . . .

» Lorſque nous arrivâmes au pied du cône, nous apperçûmes des

» rochers d'une incroyable grandeur, qui ont été lancés hors du cratere. Le
» plus gros qu'ait vomi le Véſuve eſt de forme ronde, & a environ douze
» pieds de diametre : ceux-ci ſont bien plus conſidérables & proportion-
» nés à la différence qui ſe trouve entre les deux volcans.

» En examinant *la tour du philoſophe* , nous vîmes avec ſurpriſe
» que les ruines de cet édifice ont reſté pendant tant de ſiecles décou-
» verts preſque au ſommet de l'Etna , tandis que les laves ont enterré ,
» à pluſieurs repriſes & en beaucoup moins de temps, des milliers d'en-
» droits qui en ſont fort éloignés , ce qui prouve qu'il y a eu peu d'érup-
» tions à cette hauteur . . . . Nous partîmes du ſommet de la montagne
» vers les ſix heures , & il en étoit huit du ſoir avant que nous fuſſions
» arrivés à Catane. Nous remarquâmes, avec un plaiſir mêlé de peine,
» le changement du climat , à meſure que nous deſcendions. Des ré-
» gions de l'hiver le plus rigoureux, nous parvînmes à celles du printemps
» le plus agréable. En entrant dans la forêt , nous trouvâmes d'abord
» les arbres auſſi nuds qu'au mois de décembre ; car on n'y voyoit pas
» une ſeule feuille : mais après avoir deſcendu quelques milles , nous
» jouîmes du climat le plus tempéré & le plus ſain : les arbres étoient
» en pleine verdure , & les champs ornés de toutes les fleurs de l'été.
» En ſortant des bois , nous entrâmes dans la zone torride : les chaleurs
» devinrent abſolument inſupportables , & nous en ſouffrîmes cruel-
» lement avant d'atteindre Catane. Chemin faiſant j'ai vu pluſieurs mon-
» tagnes que j'avois envie d'examiner ; mais l'entorſe que je m'étois
» donnée ne me le permit pas. L'une des plus remarquables de celles-ci,
» eſt appellée *mont Pelluſe* , dont la lave a détruit 18 milles du grand
» aqueduc de Catane : elle a encore laiſſé , par-ci par-là , quelques ar-
» bres , mais aucun morceau important.

Le mont Vic-
toria. » Le *mont Victoria* , une des plus belles collines de celles qu'a pro-
» duites l'Etna , eſt tout près de cette montagne ; elle eſt d'une groſ-
» ſeur aſſez conſidérable, parfaitement réguliere , & elle paroît couverte
» d'une verdure plus brillante que les autres : pluſieurs de ſes arbres, que
» nous prîmes de loin pour des orangers & des citronniers , ſembloient
» être en fleurs. On dit que lorſque le volcan forma cette colline , la lave
» couvroit le port d'Ulyſſe , à préſent éloigné de 3 milles de la mer ;
» mais je ſerois fort porté à croire qu'elle eſt beaucoup plus ancienne
» qu'Ulyſſe & que Troye. »

LETTRE XI. Continuation du même ſujet.

A Catane le 30 Mai 1770.

» Nous eûmes ſoin de régler deux barometres au pied de la mon-
» tagne ; nous en laiſſâmes un à Recupero, & nous emportâmes l'autre.
» Le chanoine nous aſſure que le ſien n'éprouva aucune variation ſenſi-
» ble pendant notre abſence. Il étoit à 26 pouces 8 lignes & demie ,
» meſure d'Angleterre ; & nous le retrouvâmes à la même hauteur. En
» arrivant à Catane le nôtre étoit exactement au même point. J'ai auſſi un
» très-bon thermometre, garni d'un tube de vif argent , que m'a prêté
» le philoſophe napolitain. Le pere de la Torre , qui nous a donné des
» lettres pour cette ville , & qui nous auroit accompagné s'il en avoit
                                                                » pu

» pu obtenir la permiſſion du roi. Ce thermometre eſt fait par Adams,
» à Londres ; & comme je l'ai éprouvé, il eſt gradué avec préciſion de-
» puis les 2 degrés de la congélation & de l'eau bouillante. Il eſt conſ-
» truit ſur l'échelle de Farenheit. Je marquerai la hauteur des différen-
» tes régions de l'Etna , d'après les regles dont on ſe ſert pour eſtimer
» l'élévation des montagnes par le barometre ; mais je ſuis fâché de
» dire que ces principes ſont très-mal déterminés. Caſſini, Bouguer &
» les auteurs qui ont écrit ſur cette matiere, different tellement les uns
» des autres , qu'on n'approche qu'avec peine de la vérité.

» L'Etna a été ſouvent meſuré ; mais je crois qu'on n'a jamais fait
» cette opération avec quelque degré d'exactitude ; & cette négligence
» couvre réellement de honte l'académie de cette ville, appellée *académie*
» *de l'Etna*, dont le but primitif étoit d'étudier la nature & les propriétés
» de cette montagne étonnante. J'avois fort envie d'en calculer géométri-
» quement l'élévation ; mais j'ai vu à regret que je n'ai pas même pu trou-
» ver à Catane un quart de cercle , quoiqu'il y ait une académie & une
» univerſité. De toutes les montagnes que j'ai vues, c'eſt la plus facile à
» meſurer d'une maniere certaine , & c'eſt peut-être le lieu le plus con-
» venable de la terre pour établir une regle exacte ſur les meſures priſes
» par le barometre. Il y a une grève d'une vaſte étendue , qui commence
» préciſément au pied de l'Etna, & qui ſe prolonge fort loin le long de
» la côte. La marque de la mer ſur ce rivage eſt ſur le même méridien
» que le ſommet de la montagne : vous êtes ſûr d'avoir un niveau par-
» fait, & vous pouvez faire la baſe de votre triangle de quelle longueur
» il vous plaira ; mais malheureuſement on n'a jamais profité de ces
» avantages.

» Kircher prétend qu'il l'a meſuré , & qu'elle eſt de 4000 toiſes
» françoiſes ; élévation plus conſidérable que celle des Andes ou même
» d'aucune autre montagne de notre globe. Les géometres d'Italie ſont
» encore plus abſurdes : quelques-uns diſent qu'elle eſt élevée de huit
» milles , d'autres de ſix , & d'autres de quatre. Amici, le dernier , &
» à ce que je penſe, le plus exact de ceux qui ont entrepris ce travail ,
» ſuppoſe qu'elle eſt de 3264 pas ; mais il doit ſe tromper de beaucoup ,
» & probablement la hauteur de l'Etna ne ſurpaſſe pas 12000 pieds ,
» ou un peu plus de deux milles. Je vais rapporter les différentes mé-
» thodes de déterminer les hauteurs par le barometre , & vous choiſi-
» rez celle qui vous paroîtra la meilleure. Je crois que le rapport qu'elles
» établiſſent toutes entre la hauteur du mercure & celle de l'athmoſ-
» phere, eſt de beaucoup trop petit, ſur-tout dans les régions élevées
» où l'air eſt extrêmement léger.

» Mikeli, dont les meſures ſont très-eſtimées , a toujours reconnu
» la vérité de cette propoſition. Caſſini met dix toiſes françoiſes d'élé-
» vation pour chaque ligne du mercure , en ajoutant un pied à la pre-
» miere dixaine , deux à la ſeconde , trois à la troiſieme , & ainſi de
» ſuite ; mais ſûrement la gravité de l'air diminue en bien plus grande
» proportion. Bouguer prend la différence des logarithmes de la hau-
» teur du barometre, exprimée en lignes, en calculant ſeulement les
» cinq premiers chiffres de ces logarithmes ; il ôte la trentieme partie
» de cette différence , & il ſuppoſe que ce qui reſte eſt la différence

Meſure de l'Etna ſelon Kircher.

Meſure ſelon Amici.

R

» de l'élévation exprimée en toises. Je ne me rappelle pas la raison
» qu'il donne de cette regle, mais elle femble être encore plus fautive
» que l'autre, & chacun l'a rejetée a. On dit qu'on a fait à Geneve
» des expériences exactes pour établir des principes fur ce fujet b; mais
» je n'ai pas encore pu m'en procurer le détail. M. de la Hire fait entrer
» dans ce calcul 12 toifes 4 pieds pour chaque ligne de mercure, &
» Picant, 14 toifes ou environ 90 pieds anglois : il eft honteux pour les
» fciences que les réfultats de ces philofophes foient fi différens. »

Hauteur du thermometre de FARENHEIT.

degrés.

Hauteur du thermometre.

A Catane, le 26 mai, à midi. . . . . 76.

Ibid, le 27 mai, à huit heures du matin. . . . . 72.

A Nicolofi, fitué à douze milles, fur la montagne, à midi. . 73.

Dans la caverne appellée *Spelonca del capriole*, fur la feconde
région où il y avoit encore une quantité confidérable de
neige, à fept heures du foir. . . . . 61.

Dans la même caverne, à onze heures & demie. . . . . . . 52.

A la tour du Philofophe, dans la troifieme région, à trois
heures du matin. . . . . 34. ½.

Au pied du cratere de l'Etna. . . . . 33.

A peu-près au milieu du chemin, en montant au cratere. . . 29.

Au fommet de l'Etna, un peu avant le lever du foleil. . . . 27.

Hauteur du barometre en pouces & lignes.

pouces. lignes

Hauteur du barometre.

Au bord de la mer à Catane. . . . . 29.   8 ½.

Au village de Piémont, dans la premiere région de l'Etna. . 27.   8.

a Voici cette regle que M. Bouguer donna dans une note placée au bas de la page 39 de fon *Voyage au Pérou*; mais il faut que je rapporte une partie du texte qui fert à l'éclairciffement de cette note. » Le » mercure, dit M. Bouguer, qui fe foutenoit dans le » vuide au bord de la mer à 28 pouces une ligne, fe » foutenoit en haut environ une ligne au-deffous de » 16 pouces ; les élafticités de l'air s'y trouvent en- » core exactement proportionnelles à fes condenfa- » tions, de même qu'en bas & qu'en Europe. » Ces obfervations, & plufieurs autres faites avec autant de foin, confirment non-feulement ce rapport exact, mais apprennent que l'intenfité même de la force élaftique de l'air, ou fa vertu de reffort, eft fenfiblement égale dans tous les lieux de la zone torride, qui font confidérablement élevés. Les con- denfations actuelles en chaque endroit y font pro- portionnelles au poids des colonnes fupérieures qui caufent la compreffion : ces condenfations, ou les denfités, changent en progreffions géométriques, pendant que les hauteurs des lieux font en progref- fions arithmétiques. Ici commence la note ; c'eft ce qui fournit cette regle très-fimple, que je rap- porte en faveur de quelques lecteurs. » Il n'y a qu'à » chercher dans les tables ordinaires les logarithmes » des hauteurs du mercure dans le barometre, expri- » mées en lignes ; & fi on ôte une trentieme partie » de la différence de ces logarithmes, en prenant » avec le caractériftique feulement les quatre premie- » res figures qui la fuivent, on aura en toifes les hau- » teurs relatives des lieux. Le mercure fe foutenoit » dans le barometre à Cara-Bourou, qui eft la plus baffe

» de nos ftations, à 21 pouces 2 ⅖ lig. ou à 254⅖ lignes ; » au lieu que fur le fommet pierreux de Pichincha, il » fe foutenoit à 15 pouces 11 lignes, ou à 191 lignes. » Si l'on prend la différence des logarithmes de ces » deux nombres, on trouvera 1250 ; & fi on ôte la » trentieme partie, il viendra 1209 toifes pour la » hauteur de Pichincha au-deffus de Cara-Bourou ; » ce qui s'accorde avec la détermination géométrique. » L'application de cette regle eft d'autant plus exacte, » que les hauteurs du mercure dans le barometre ne » varient que très-peu en chaque lieu de la zone tor- » ride. La variation en bas au bord de la mer n'eft » guere que 2 ⅓ lignes, ou 3 lignes ; & à Quito, elle » eft d'environ une ligne. M. Godin a remarqué le » premier qu'il s'en fait une chaque jour à certaines » heures à Quito, & je crois qu'on doit l'attribuer à » la dilatation journaliere que caufe le foleil par fa » chaleur d'atmofphere ; cette dilatation n'empêche » pas que le poids au bord de la mer ne foit toujours » le même : car que la colonne foit plus ou moins » haute, elle doit toujours pefer également ; mais la » dilatation caufée pendant le jour fait que la partie » d'en bas de la colonne contient un peu moins d'air » & qu'il en paffe un peu davantage au contraire dans » la partie fupérieure ; ce qui change la diftribution du » poids, par rapport à tous les lieux qui font fitués » dans la Cordeliere, de même que fur les autres » montagnes. »

b C'eft à M. du Luc, de Geneve, à qui on eft re- devable de ce travail : on peut confulter l'ouvrage qu'il a donné à ce fujet.

pouces. lignes.

A Nicolofi, dans la même région. . . . . 27.   1 ½.

Au pied du châtaignier des cent chevaux, dans la feconde
région. . . . . 26.   5 ½.

Dans la caverne des chevres, fur la feconde région. . . . . 24.   2.

A la tour du Philofophe, dans la troifieme région. . . . . . 20.   5.

Au pied du cratere. . . . . .ᴵ. . . . . 20.   4 ½.

A environ trois cents verges du fommet. . . . . 19.   6 ½.

Au fommet de l'Etna, je le fuppofe d'environ. . . . . 19.   4.

» Le vent étoit fi violent au fommet, que je n'ai pas pu faire l'obfer-
» vation avec une exactitude parfaite ; cependant je fuis fûr de ne
» m'être pas trompé d'une demi-ligne.

» Je n'imaginois pas que le mont Etna fût auffi prodigieufement élevé ;
» j'avois entendu dire, fans le croire, qu'il l'étoit plus que les Alpes.
» Je fus fort étonné de voir que le mercure tomboit prefque deux pouces
» plus bas que je ne l'ai obfervé fur la partie la plus haute des montagnes
» des Alpes qui font acceffibles ; mais je fuis toujours perfuadé qu'il y
» a fur les Alpes plufieurs pointes inacceffibles, & en particulier le
» mont Blanc, encore plus élevé que l'Etna.

» J'ai remarqué que l'aiguille aimantée eft fort agitée près du fommet
» de la montagne ; & le P. de la Torre fait la même obfervation fur le
» Véfuve : elle fe fixoit pourtant toujours au point du nord, quoiqu'il
» lui fallût plus de temps pour prendre cette pofition, que lorfque nous
» étions au bas de l'Etna. Recupero m'affure qu'il lui eft arrivé une
» chofe très-finguliere : peu de temps après l'éruption de 1755, il
» plaça fa bouffole fur la lave ; & à fon grand étonnement, l'aiguille
» fut agitée avec beaucoup de violence pendant un temps confidérable,
» jufqu'à ce qu'enfin elle perdit entièrement fa puiffance magnétique :
» elle fe tournoit indifféremment vers tous les points du compas, &
» elle ne put jamais recouvrer fa propriété fans être aimantée de nou-
» veau.

» Le vent & ma malheureufe entorfe ont empêché la plus grande
» partie de nos expériences électriques, fur lefquelles nous comptions
» beaucoup. J'ai trouvé qu'autour de Nicolofi, & en particulier au
» fommet de Montpellieri, l'air étoit extrêmement favorable aux opéra-
» tions électriques. Les petites balles de poix ifolées y étoient affectées
» fenfiblement, & fe repouffoient l'une & l'autre de plus d'un pouce : je
» m'attendois à voir cet état électrique de l'air augmenter à mefure que
» nous avancerions fur la montagne, mais je ne remarquai point cet effet
» dans la caverne où nous couchâmes : peut-être cela provenoit-il des
» exhalaifons des arbres & des végétaux qui y font très-abondans, tandis
» qu'aux environs de Nicolofi, & autour de Montpellieri, il n'y a guere
» que de la lave & un fable brûlé : peut-être auffi faut-il en attribuer la caufe
» à l'approche de la nuit & à la rofée qui commençoit à tomber. Cepen-
» dant je ne doute pas qu'on ne puiffe faire de grandes découvertes élec-
» triques fur ces montagnes formées par l'éruption des volcans, & où
» l'air eft fouvent imprégné de fubftances fulphureufes. . . . .

» Recupero a obfervé ici un phénomene qu'on remarque dans les
» éruptions du Véfuve, je veux parler d'un éclair rouge ou bleuâtre qui

» fort de la fumée , & qui n'eſt ſuivi d'aucun bruit de tonnerre : cette
» fumée eſt peut-être alors ſi exceſſivement électrique , que comme un
» globe ou un cylindre échauffé par le frottement , elle jette dans l'air
» des bluettes ſpontanées , ſans être attirée ou attouchée par quelque
» conducteur ou corps moins électriques qu'elle-même ; effectivement,
» les étincelles qui ſortent d'un globe électrique qui eſt bon , reſſem-
» blent parfaitement à cette eſpece d'éclair. Si un nuage non électrique
» paſſoit dans le même temps près du cratere, on entendroit probablement
» un très-grand bruit de tonnerre ; ce qui arrive en effet ſouvent , ſi, lors
» d'une éruption, l'air eſt rempli de brouillards humides : mais quand
» ce bruit n'a pas lieu , il eſt vraiſemblable que l'équilibre ſe rétablit
» par degrés & ſans aucun fracas, au moyen des laves qui ſervant de
» conducteurs , dirigent peu à peu le ſurplus de la matiere électrique
» vers la terre & la mer , tout au tour de la montagne.

    » La vapeur des volcans eſt ſi prodigieuſement électrique , que dans
» pluſieurs éruptions de l'Etna & du Véſuve, toute la traînée de fumée,
» qui s'étend quelquefois au-delà de cent milles , produit les plus terribles
» effets, &c. »

Voyage en Sicile & à Malte, traduit de l'anglois de M. Brydone , par
M. de Meunier, tome I, Paris 1776.

Laves & autres matieres volcaniſées de l'Etna.

M. le chevalier Hamilton nous apprend que les laves de l'Etna ne
ſont pas à beaucoup près auſſi variées que celles du Véſuve. M. Brydone
après lui répete la même choſe , & ajoute que malgré les recherches
qu'a pu faire le prince de Biſcaris , & tous les ſoins qu'il s'eſt donné
pour raſſembler les laves de l'Etna , il n'a pu en découvrir qu'une douzaine de variétés , tandis que M. Hamilton en a trouvé plus de quarante
eſpeces différentes ſur le Véſuve. N'attribuons le diſcrédit où eſt l'Etna
ſur la richeſſe & la variété de ſes laves, qu'aux difficultés de gravir
cette haute montagne & de la viſiter dans toutes ſes parties. Il faut du
zele , beaucoup de courage , du temps , de la patience pour ſuivre &
étudier un volcan tel que le Véſuve, dont l'accès n'eſt ni trop difficile, ni
périlleux. L'Etna au contraire, cette montagne formidable , préſente des
trajets longs & pénibles, environnés de dangers de toute part : ſa baſſe
région eſt brûlée par les ardeurs de la canicule , & ſon ſommet glacé par
des frimats & des neiges éternelles : des ouragans impétueux , des
brumes ténébreuſes y fatiguent , y épouvantent même l'obſervateur & le
découragent : des guides inconnus & ſouvent ſuſpects , ſur leſquels on
eſt obligé de ſe repoſer : nul gîte dans ces gorges, dans ces ravins ſolitaires , dont la traverſée eſt auſſi longue que fatigante : quelques cavernes
froides & humides , où l'on peut tout au plus ſe déterminer à paſſer une
ou deux mauvaiſes nuits : tout ſemble ſe réunir ici pour dérober la nature
aux yeux avides du philoſophe, qui ne craint point de braver tant d'obſ-
tacles pour aller lui rendre hommage & l'admirer dans une de ſes plus
grandes opérations.

    Il ne faut donc point être étonné qu'on connoiſſe ſi peu les produc-
tions de l'Etna ; il n'y aura jamais que des naturaliſtes , placés dans la

proximité

Eclairs
qui partent de
de l'Etna.

proximité de cette montagne, qui puiflent l'étudier d'une maniere fuivie. Le chanoine Recupero, qui a de la bonne volonté, & qui s'eft roujours fait un plaifir d'être utile aux voyageurs qui lui ont été adreflés, eft très-familiarifé avec le local, & mériteroit des encouragemens de la part du gouvernement Sicilien, pour faire des recherches fur ce volcan & en donner l'hiftoire ; mais en rendant juftice à fon zele, je ne puis m'empêcher de remarquer ici qu'il feroit néceffaire que ce phyficien étudiât auparavant la chymie & certaines parties de l'hiftoire naturelle qui lui font étrangeres, & qui deviennent abfolument néceffaires dans la defcription des différentes matieres volcanifées. J'ai une fuite très-précieufe dans ma collection, choifie par ce chanoine ; rien n'annonce autant que la connoiffance des laves lui eft prefque étrangere, & que celles de l'Etna font bien plus curieufes & bien plus variées qu'on ne le croit. M. le marquis de Nefle, dans fon voyage en Sicile, chargea l'abbé Recupero de lui procurer tout ce qu'il y avoit d'intéreflant en matieres volcanifées fur l'Etna. Cette fuite étoit deftinée pour M. le comte de Milly, de l'académie des fciences, à qui M. de Nefle en fit préfent, & M. de Milly eut la complaifance de la partager avec moi ; chaque morceau étoit accompagné d'un numéro qui fe rapportoit à un catalogue écrit en italien de la main de M. Recupero, & figné par lui. Ce catalogue ne faifoit mention que de feize efpeces ou variétés de laves, tandis que dans le fait j'en ai compté jufqu'à vingt-une. Comme rien n'étoit détaillé, & que tout étoit confondu & mal dénommé dans les notes de l'abbé, qui fe contentoit de défigner ces laves, ou *fciara* ou *fcortza*, par des épithetes emphatiques qui ne fignifioient rien, je me difpenferai de les rapporter ici. Je vais faire connoître ces matieres d'après l'examen fuivi que j'en ai fait ; cette partie pourra intéreffer les amateurs d'hiftoire naturelle, & donner une idée des objets que renferme l'Etna.

N°. 1. Lave noire, dure & pefante, mêlangée d'une multitude de petites lames d'un blanc argentin, opaques, mais brillantes dans leur caffure. Cette définition trop générale, mérite une explication. Cette lave noire n'eft abfolument qu'un vrai bafalte cellulaire ; les lames minces qu'on y diftingue, vues à la loupe, offrent une efpece de ftéatite feuilletée, un *mica talcofa* du chevalier Linné, de la nature du talc blanc de Briançon ; l'action du feu paroît avoir un peu altéré ces lames & les avoir fait paffer à l'état de talcite ; ce qui s'accorde exactement avec ce que M. Sage a dit du talc de Briançon, à la page 200 de fes *Elémens de minéralogie*, tome I, où il s'exprime ainfi : « le talc de Brian-
» çon, calciné à un feu violent, devient un peu moins pefant, s'exfolie,
» perd avec fon onctuofité le peu de tranfparence qu'il avoit, & prend
» le brillant du talcite, qui eft ordinairement opaque, folide & compofé
» de petits feuillets brillans. » Tous ces caracteres conviennent au mieux aux petits corps étrangers en lames qu'on remarque dans cette lave : j'obferve que ce bafalte cellulaire eft très-noir lorfqu'il eft mouillé, & qu'il paroît d'un noir qui fe rapproche un peu du gris foncé lorfqu'il eft fec.

N°. 1. lettre A. Premiere variété de la lave, mais d'un noir plus foncé & moins poreufe, parfemée de grains de fchorl noir & de quelques points d'une matiere vitreufe, jaunâtre, femblable à celle qui fe trouve

S

dans la *chryfolite des volcans*. On voit encore dans le même morceau un petit grenat un peu lamelleux, d'un rouge noirâtre & chatoyant, entouré d'une pouffiere de mica argenté. Cet échantillon de lave préfente encore un accident remarquable ; c'eft un globule d'une matiere luifante, couleur d'or, qui reffemble en tout à une véritable pyrite cuivreufe brillante. Les meilleurs yeux, & une loupe ordinaire, indiquent ici une fubftance métallique ; mais fi on fait ufage d'une forte lentille, & qu'on obferve ce morceau au foleil, en le tournant en plufieurs fens pour en prendre le véritable jour, on ne tardera pas à découvrir que ce n'eft qu'un mica de couleur d'or, fi brillant & qui imite fi fort une pyrite éclatante, que, fans cette précaution, l'obfervateur le plus exercé s'y tromperoit certainement. J'infifte un peu fur cet objet, parce que ceci apprend qu'on ne fauroit trop apporter de fcrupule & d'attention dans l'examen d'un morceau lorfqu'il s'agit de le décrire & de prononcer fur fa nature.

N°. 1. lettre B. Seconde variété de la même lave, avec des lames de mica argenté plus grandes, & une petite portion de mica doré & chatoyant.

N°. 2. Lave d'une couleur brune, vive, dure, pefante, en fcorie. Cette lave, de la nature de la premiere, a effuyé plufieurs coups de feu, & a été recuite, ce qui l'a convertie en une efpece de létier : on voit dans les caffures les mêmes portions de talcite, mais plus altérées par l'action du feu.

N°. 3. Lave grife, pefante & très-dure, parfemée d'une multitude de petits éclats d'une matiere vitreufe, femblable au quartz le plus brillant, fi abondante, que cette lave en contient au moins la moitié de fon poids. On voit dans cet échantillon quelques petites cavités, où cette matiere vitreufe eft fous la forme de cryftaux affez gros, mais fi confus qu'il eft impoffible d'en déterminer la configuration exacte. Ces cryftaux pilés & réduits en poudre très-fine, ne font aucune effervefcence dans l'acide nitreux ; mais on trouve au bout de quelques heures qu'ils ont été convertis en une gelée épaiffe, moins tranfparente à la vérité que celle de la zéolite de Ferroë ou de Rochemaure en Vivarais, mais qui annonce cependant que cette matiere eft une efpece de zéolite, ce qui n'avoit pas encore été obfervé dans les laves de l'Etna.

N°. 4. Lave grife, pefante, mais affez tendre pour pouvoir être taillée, contenant de gros noyaux d'un fpath calcaire, grenu, très-blanc & brillant. Lorfqu'on détache ces noyaux de fpath, on voit que leur croûte extérieure eft femée de petits points de fchorl noir, qui ne font attachés qu'à la fuperficie. Les vuides ou cellules que laiffe le fpath lorfqu'on le fort de la lave, font également tapiffées par de très-petits points de fchorl noir, qu'on ne peut voir qu'avec une bonne loupe.

N°. 5. Lave pefante, dure, d'un rouge jaunâtre, & à cellules irrégulieres & comprimées, mêlée de beaucoup de petites lames de talcite. C'eft ici une lave bafaltique qui commence à s'altérer, ou qui a été attaquée dans le temps par quelque acide qui a fait paffer le fer, fi abondant dans les laves, à l'état de chaux ou de fafran de mars. La fuperficie de cette lave étant expofée à l'action de l'air, eft terreufe ; il faut la rompre pour pouvoir examiner fa contexture intérieure ; on voit alors qu'elle eft de la même espece que celle du n°. 1, mais qu'elle a souffert un premier degré d'altération, qui la fait paroître absolument différente [a].

N°. 6. Lave dure, pesante, cellulaire, d'un rouge ocreux brillant, avec talcite & schorl noir en points irréguliers. C'est encore une altération de la lave basaltique, où le fer développe une couleur rouge plus vive.

N°. 7. Lave dure, pesante, de la nature du basalte, à très-petits pores irréguliers, d'un gris de fer foncé, & mêlée de beaucoup de lames de talcite. Cette lave, assez saine dans ses cassures, a toutes ses parties extérieures recouvertes d'une terre ocreuse, d'un rouge jaunâtre, produite par la décomposition de la matiere.

N°. 8. Lave d'un brun rougeâtre, légere, & à grands pores, avec des éclats de talcite. Il faut encore considérer cette production volcanique comme une lave basaltique dure, recuite, & rendue poreuse & légere par la violence du feu : l'extérieur de cette lave cellulaire est d'une couleur rouge jaunâtre, & passe à l'état terreux.

N°. 9. Lave d'un gris ferrugineux, très-légere & criblée de pores arrondis, presque tous de la grosseur de la tête d'une épingle. L'uniformité dans la grandeur & la rondeur de ces pores rend cette lave remarquable.

N°. 10. Lave légere à très-petites cellules irrégulieres plus ou moins comprimées, variant dans sa couleur, qui passe du brun foncé au brun clair pourpre, & de celui-ci au rouge vif, ensuite au gris tendre & au blanc terne ; morceau d'autant plus intéressant, qu'on y reconnoît les différentes altérations du principe ferrugineux, caractérisées par cette suite de nuances. Les portions grises sont celles qui commencent à se décolorer, & les blanches celles qui ont perdu absolument tout leur fer ou leur phlogistique. Ces laves blanches, dont j'aurai occasion de parler dans la suite, se rapprochent en cet état du kaolin, & passent même, à l'aide de certaines circonstances, à l'état de véritable matiere argileuse, liante & savonneuse. Cet échantillon contient encore quelques petits fragmens de schorl.

N°. 11. Lave rouge, légere, poreuse, tendre & friable, passant à l'état de décomposition : les détritus de cette lave formeroient une pouzzolane rouge, d'une très-bonne qualité. On trouve dans cet échantillon un grand nombre de petits cristaux de schorl noir, qu'on détache facilement ; ces cristaux sont prismatiques comprimés, à huit pans & à pyramide diedre. J'ai trouvé dans ces cristaux une variété remarquable, c'est que quoique le prisme soit constamment à huit côtés, il y a quelques pyramides à quatre faces obtuses.

N°. 12. Lave argileuse très-friable, d'un rouge ocreux fort éclatant. C'est une lave poreuse, décomposée, dont les détrimens forment une belle pouzzolane rouge, & qui commence à passer à l'état argileux, car elle happe la langue.

N°. 13. Lave poreuse, légere, d'un brun foncé, vif, nuancé de jaune ocreux. Cette lave, au premier aspect, a toutes les apparences d'une scorie ; mais on est surpris, en y portant la main, de la trouver presque aussi légere que les véritables ponces : les pores dont elle est criblée sont très-petits, irréguliers, & placés dans tous les sens : sa couleur est

[a] On peut voir ce que je dis de la décomposition des laves dans la suite de cet ouvrage.

due au principe ferrugineux, qui a paffé du noir au brun ; mais cette altération n'a porté en aucune maniere fur la dureté de cette écume qui, quoique fort légere, eft dure & nullement friable.

N°. 14. Lave brune poreufe, à pores très-fins, friable & comme bour-fouflée, prefque entiérement recouverte par une multitude de petits globules de matieres calcaires en ftalaĉtites, d'un blanc très-éclatant & de la nature du *flos ferri*. Ce morceau, très-agréable à voir, eft pittorefque.

N°. 15. Lave poreufe, d'un gris bleuâtre, extrêmement légere, ayant néanmoins affez de confiftance, à pores irréguliers, & fouvent tortueux & comprimés. C'eft encore ici une lave altérée.

N°. 16. Lave poreufe blanche, recouverte de quelques taches jau-nâtres, très-tendre & très-friable, & s'attachant fortement à la langue. Cette lave eft prefque entiérement convertie en argille blanche.

N°. 17. Lave poreufe, d'un jaune ocreux citrin, à petits pores ferrés, tendre, friable, & prefque argilleufe, contenant une multitude de petits cryftaux de fchorl noir prifmatiques oĉtogones, à pyramide diedre. Ces cryftaux, bien prononcés, font un peu comprimés & fouvent grouppés ; on y en trouve quelques-uns également oĉtogones, dont la pyramide eft quadrilatere.

N°. 18. Lave argilleufe, blanche, tirant un peu fur la couleur de chair, tendre & friable, happant la langue. Les pores étant prefque en-tiérement bouchés par la décompofition de la matiere, il faut faire ufage d'une loupe pour obferver quelques parties où les cellules font bien confervées. Cette efpece de lave a fubi un fi grand degré d'altération, qu'il faut être exercé dans l'étude des matieres volcanifées pour la recon-noître.

N°. 19. Pierre fablonneufe, tendre & friable, de couleur jaune ocreux foncé, à grains très-fins, friables. On voit des morceaux de lave poreufe grife, renfermés dans ce·fable dont quelques grains font attirables à l'aimant ; je dis quelques grains, parce que fur une bonne pincée, il s'en éleve une vingtaine tout au plus contre un bon aimant : ce fable, qui a fubi un coup de feu violent, a coulé avec les laves. Le P. de la Torre fait mention de ruiffeaux de fables enflammés fortis du Véfuve.

N°. 20. Subftance faline, compaĉte, blanche, faifant une vive effer-vefcence avec les acides. On trouve quelquefois dans les interftices de ces morceaux, de très-jolies petites cryftallifations foyeufes ; on y voit encore une grande quantité de matiere charbonneufe végétale, dont tout ce fel eft pénétré. C'eft donc ici un véritable *natron*, une foude produite par les feux volcaniques. La multitude de filets & de linéamens charbonneux qu'on voit dans cette déjeĉtion de l'Etna, prouve que c'eft à la combuftion de certains végétaux que cette fubftance faline eft due.

N°. 21. Sel ammoniac très-blanc, cryftallifé en filets prifmatiques paralleles, trouvé dans les fublimations falines de l'Etna qui produit une quantité abondante de ce fel qui fe fublime fans fe décompofer.

Voilà la defcription des morceaux que je poffede dans ma colleĉtion, & qui ont été choifis par le chanoine Recupero. Il eft à préfumer, d'après cette notice, que l'Etna doit être pour le moins auffi riche que le Vé-fuve en produĉtions volcanifées ; que puifqu'on y trouve du fpath cal-caire dans la lave, il peut y avoir de très-grandes variétés dans ce genre,

& la

& la pierre calcaire en nature doit s'y rencontrer ; on y voit des fchorls très-curieux, & je ne doute pas que les granits, que le quartz, &c. doivent y jouer un rôle intéreflant. Je finis ces détails fur l'Etna, qui feront peut-être déjà trouvés trop longs, par la lifte chronologique de fes éruptions retenues par l'hiftoire.

Quatre feulement ont été obfervées avant l'ere chrétienne ; favoir, en 3525, 3538, 3454, 3843.

On en compte vingt-fept après Jéfus-Chrift ; favoir, en 1175, 1285, 1321, 1323, 1329, 1408, 1530, 1536, 1537, 1540, 1545, 1554, 1556, 1566, 1579, 1614, 1634, 1636, 1643, 1669, 1682, 1689, 1692, 1702, 1747, 1755, 1766.

Je me fuis attaché particuliérement, je le répéte, à entrer dans les détails les plus effentiels, relatifs à l'hiftoire du Véfuve & de l'Etna, parce que la plupart des phénomenes, obfervés fur ces deux volcans, font applicables à la théorie des anciens volcans éteints : je me trouve difpenfé par-là de donner la defcription de ceux qui brûlent dans différentes parties du monde, qui n'ont été pour l'ordinaire vus que rapidement, & fur lefquels il n'y a que quelques faits ifolés, fouvent peu exacts, & obfervés par des voyageurs qui avoient pour l'ordinaire d'autre but que celui de l'hiftoire naturelle.

Je n'entre ici dans aucun détail fur la Solfatare, ancien volcan, nommé par Strabon *forum vulcani*. On peut confulter ce qu'en a dit M. le chevalier Hamilton, dans fon grand ouvrage fur les volcans des deux Siciles.

L'île de Stromboli, une des onze îles autrefois nommées Eoliennes, & actuellement Lipari, eft volcanique ; les éruptions de lave ne font pas communes dans ce volcan ; mais il jette conftamment des matieres enflammées de fon cratere.

Le fol de la Campanie heureufe, tous les environs de Naples, Paufilype, Pouzzole, Baies, Mifene, les îles de Procida, d'Ifchia, Monte Nuovo, Monte Barbaro ou Gauro, font des terreins volcanifés, auffi-bien que la plus grande partie du royaume de Naples & de Sicile.

L'Italie offre de toute part des terreins qui portent les caracteres du feu. La plaine de Rome eft parfemée de morceaux de laves, & d'autres matieres volcanifées. Les catacombes font creufées dans une efpece de pouzzolane d'un brun violet, où l'on trouve des cryftaux de fchorl noir. M. de Sauffure nous apprend à ce fujet une circonftance que je ne dois pas omettre : » on a trouvé, dit-il, dans cette même pouzzolane des » offemens de baleine & d'autres corps étrangers qui paroiffent avoir » été dépofés par la mer. Cette obfervation n'eft pas la feule qui prouve » que cette ville fameufe, qui a fubi de fi grandes révolutions politiques, » repofe fur un fol qui, long-temps avant fa fondation, avoit éprouvé » les plus grandes révolutions phyfiques. La colline qui porte le nom » de Monte Mario, & qui faifoit partie de l'ancienne Rome, a vrai- » femblablement pour bafe les couches de matieres volcaniques qui » conftituent le fond de toutes les plaines circonvoifines : cependant » le cap même de cette colline eft prefque entiérement compofé de lits » de fable, de cailloux roulés, & de bancs de coquillages évidemment » marins : enfin le tout eft recouvert d'une couche de cendres volca-

T

» niques ; cette cendre eſt d'une couleur griſe obſcure , & l'on y voit
» des taches blanches qui ſont des pierres ponces ramollies , & comme
» calcinées par les injures de l'air. . . . Ces cendres prouvent qu'après
» que des volcans, d'une antiquité inaſſignable, eurent jeté les pouzzo-
» lanes qui conſtituent le fond de la campagne de Rome ; & qu'après
» que la mer eut formé dès collines ſur ces campagnes en y amon-
» celant des ſables, des cailloux & des coquillages , alors il s'ouvrit
» des nouveaux volcans , dont il ne reſte pourtant aucune mémoire ,
» mais dont les cendres recouvrirent les collines formées par la mer. »

On peut regarder notre Archipel comme une ſuite d'îles dont la plus
grande partie a été élevée du fond de la mer par des exploſions volcaniques, à l'inſtar de Santorin. On voit encore dans pluſieurs de ces îles
beaucoup d'eaux thermales, des mines de ſoufre, d'alun ; il y a des endroits où la fumée & la flamme ſe manifeſtent encore : tous les foyers
ne ſont pas encore abſolument éteints ici ; il eſt même à craindre que
dans la ſuite des temps, certains de ces anciens volcans ne renaiſſent de
leur propre cendre , pour occaſionner de nouveaux bouleverſemens.

LE MONT HECLA EN ISLANDE.

CETTE île qui a environ 96 lieues danoiſes[a], de l'orient à l'occident,
ſur 50 lieues de largeur moyenne , eſt ſituée ſous le 64.e degré 6′ de latitude. Elle offre une ſuite de montagnes & de terreins brûlés, particuliérement dans le canton du nord & dans la partie méridionale, dans les
diſtricts de *Guedbringe* & d'*Arnes* , & dans ceux de *Hnapedaes* , *Bor-
gefiords* & *Snecfiednes* , ainſi qu'au milieu des rochers ; entre le pays du
midi & celui du nord.

M. Jean Anderſon, premier bourgmeſtre de Hambourg, qui a donné
l'hiſtoire naturelle de l'Iſlande[b], regarde cette iſle comme une terre
preſque entiérement volcaniſée, pleine de ſoufre, de bitume, de ſalpêtre : il eſt tellement pénétré de ſon ſujet , qu'il s'écrie avec Moïſe ,
chap. 29, verſ. 23 : *que tout le pays eſt brûlé de ſoufre & de ſel ; qu'il
ne peut être ſemé ; qu'il n'y croît point d'herbe* ; & après avoir fait
l'application de ce paſſage , il ajoute, de ſon chef , *qu'on ne voit par-
tout aucun véritable ſable , mais ſeulement de vieilles cendres & de la
pouſſiere des pierres brûlées.* Quel immenſe pays ravagé par le feu, ſi
la relation de M. Anderſon eſt exacte ! Mais malheureuſement un monſieur Horrebows , Danois , & miniſtre de la religion luthérienne , eſt
venu le contrarier d'une maniere un peu dure, dans un ouvrage intitulé :
*nouvelle deſcription phyſique , hiſtorique, civile & politique de l'Iſlande,
avec des obſervations critiques, &c.*[c] Ce dernier auteur convient cependant que l'Hecla qu'il regarde comme une montagne très-élevée & une

---

a La lieue de Danemarck eſt de 5000 pas ; il en
faut douze pour un degré ; 96 lieues danoiſes font
environ 200 lieues de France, de 25 au degré.

b Elle a été publiée en françois avec celle du
Groenland, par M. Sellius, & ſe trouve à Paris chez
Jorry , près la comédie françoiſe , 2 vol. *in-12.*

c Cette nouvelle deſcription de l'Iſlande , par M.
Horrebows , traduite en françois, en 2 vol. *in-12,*
ſe vend à Paris chez Charpentier. Le miniſtre luthé-
rien avoit viſité cette île par ordre du roi de Danemarck. On eſt révolté de la maniere dure dont ce
Danois traite le bourgmeſtre de Hambourg , qui
eſt un ſavant eſtimable. La critique eſt permiſe , elle
eſt même avantageuſe pour les ſciences, mais dès
qu'elle ſort des bornes de la modération & de l'honnêteté, & qu'elle dégénere en brutalité , elle déſho-
nore les lettres.

des plus grandes de l'Iſlande , a occaſionné très-anciennement dés ravages épouvantables, en vomiſſant des matieres embraſées; & que depuis l'eſpace d'environ 800 ans que l'Iſlande eſt habitée , on a reconnu
environ vingt volcans dans cette ſuite prodigieuſe de hautes montagnes ,
dont tout le pays eſt couronné. Il eſt à préſumer que pluſieurs de ces
montagnes ont brûlé dans des temps encore plus reculés.

M. Horrebows nie formellement la correſpondance de l'Hecla avec
le Véſuve & l'Etna , & dit que depuis pluſieurs années il s'eſt formé
en Iſlande d'autres volcans qui ont produit de nouveaux ravages, qui ne
le cédoient en rien à ceux qu'avoit anciennement occaſionné l'Hecla; mais
que ces différentes bouches, en épuiſant les matieres de ce dernier volcan, en
avoient fait ceſſer les éruptions. Je vais rapporter les propres expreſſions du
miniſtre Horrebows, au ſujet des incendies de l'Hecla.» L'Hecla n'a jeté
» des flammes que dix fois dans l'eſpace de 800 ans,qui eſt environ le temps
» que l'Iſlande eſt habitée ; ſavoir, dans les années 1104, 1157, 1222,
» 1300 , 1341, 1362, 1389, 1558, 1636, & la derniere fois en 1693.
» Ce qui mérite d'être remarqué ici, c'eſt que l'Hecla ayant fait le plus
» cruel ravage au 14ᵉ. ſiecle , à quatre différentes repriſes, il a été tout-
» à-fait tranquille au ſiecle ſuivant , & qu'il a ceſſé de jeter du feu
» pendant 169 ans de ſuite ; & actuellement on n'apperçoit ſur l'Hecla,
» ni le moindre feu , ni exhalaiſon , ni fumée ; on n'y trouve uniquement
» que de l'eau bouillante dans quelques petits creux. »

On voit dans le livre de M. Horrebows, qui critique ſi amérement
M. Anderſon , à qui il reproche de ne parler que d'après le rapport d'autrui , que lui-même n'a écrit que ſur de ſimples relations, & qu'il n'a vu
l'Hecla que de loin , ne s'en étant jamais approché pour le conſidérer
en obſervateur. Il n'auroit jamais dû , d'après cela , livrer la guerre en
termes auſſi durs & auſſi peu meſurés à l'honnête M. Anderſon, qui pré-
vient véritablement le lecteur en ſa faveur , par ſa maniere polie de
s'énoncer, & par l'attention qu'il a d'avertir qu'il s'eſt ſervi , pour
prendre des renſeignemens ſur l'Iſlande , *de l'occaſion du commerce con-*
ſidérable de cette iſle , qui attire tous les ans un bon nombre de capitaines
de vaiſſeaux, de négocians ou leurs commis qui, venant en droiture à
Gluckſtad , ne manquent guere de viſiter Hambourg pour y trafiquer.
M. Anderſon ajoute encore qu'il a eu ſoin, pendant pluſieurs années,
de s'entretenir avec les plus inſtruits de ces voyageurs , pour tâcher,
ſoit en leur faiſant pluſieurs queſtions , ſoit en leur montrant des rare-
tés du nord , de tirer d'eux toutes les connoiſſances poſſibles ſur l'état
politique de ce pays, & ſur ſes différentes productions naturelles. M.
Anderſon nous apprend avec ingénuité les ſources où il a puiſé ; ſa bonne
foi méritoit des égards , & non des duretés de la part de ſon antagoniſte ,
qui auroit dû du moins nous donner quelque choſe de mieux ſur l'Iſlande
pour nous dédommager de ſa mauvaiſe humeur contre le bourgmeſtre
de Hambourg. On voit, en vérité, avec une eſpece d'indignation, que le
miniſtre danois , qui ſe pique de donner une hiſtoire beaucoup plus
exacte que celle qu'il décrie , fait des reproches amers à M. Anderſon ,
ſur ce qu'il s'en eſt rapporté à autrui, & qu'il a oſé dire que l'Hecla eſt
inacceſſible. Ne croiroit-on pas , d'après cela , que M. Horrebows a
gravi lui-même , avec des peines infinies , cette montagne , pour en

étudier les différens phénomenes ? Voici comme il dément M. Anderſon; ceci eſt digne d'être rapporté. *En 1750 , deux étudians iſlandois de Copenhague, qui voyageoient dans l'intention de faire des recherches ſur l'hiſtoire naturelle , ont parcouru cette montagne , & n'y ont trouvé que des pierres , du ſable & des cendres ; de côté & d'autre des crevaſ- ſes & des cavités pleines d'eau bouillante : enfin , après s'être beaucoup fatigués en marchant dans les cendres & dans le ſable juſques aux genoux, ils ſont revenus ſains & ſauf : d'autres perſonnes qui ont fait le même voyage pour examiner cette montagne , l'ont trouvée telle que les étu- dians iſlandois , & perſonne n'a apperçu aucune marque de feu.*

Les montagnes d'Iſlande, habituellement couvertes de neige ou de glaces, ſe nomment dans le pays les *Joekuls* : les Joekuls , ſelon M. Horrebows , ne ſont pas les plus hautes montagnes ; c'eſt cependant ſur celles-là que les volcans ſe manifeſtent le plus ſouvent. L'auteur danois prétend même qu'il n'y a qu'un ſeul exemple d'une montagne non couverte de neige qui ait fait des éruptions, & c'eſt le mont Krafle, ſitué dans le diſtrict du nord.

En 1721, une de ces montagnes de glace, appellée *Koetlegau*, ſituée dans le canton de *Skaftefield*, à 5 ou 6 lieues à l'oueſt de la mer , non loin de l'abbaye de *Portland*, jeta des flammes après diverſes ſecouſſes de tremblement de terre : des amas immenſes de glace ſe fon- dirent , & produiſirent des torrens d'autant plus formidables, qu'ils ſe formerent ſubitement par la chûte d'un volume d'eau qui dans peu oc- caſionna des ravages conſidérables. Le déblais des pierres & des terres que les eaux entraînerent, formerent un avancement d'un demi-mille dans la mer. Les cendres & la fumée qui furent élevées dans l'air par les exploſions de ce volcan, obſcurcirent la lumiere du ſoleil pendant une journée entiere. *Le feu* , dit M. Horrebows , *ne donnoit pas tou- jours une flamme claire ; il ne paroiſſoit d'abord que des bouffées violen- tes ; peu de temps après on appercevoit une épaiſſe fumée & une odeur très-forte : ſans doute que le feu étoit , de temps à autre , étouffé par la quantité de neige & de glace qui ſe précipitoit dans le gouffre , &c.*

En 1728, un nouveau Joekul, nommé *Deraife* , ſitué à l'orient , dans le diſtrict de *Skaftefield*, jeta des flammes d'une maniere non moins terrible que le *Koetlegau*, & occaſionna pour le moins autant de ravages.

En 1726 la partie du nord de l'Iſlande fut agitée par diverſes ſecouſ- ſes de tremblement de terre ; une montagne fort élevée, nommée Krafle, devint une formidable bouche à feu, d'où il s'éleva des flammes, des cendres & des pierres. Ce volcan brûla pendant trois ans conſécutifs. Le feu ſe communiqua en 1728 à quelques montagnes de ſoufre voiſi- nes du *Krafle* ; & dès-lors on vit un torrent de lave couler lentement ſur la pente du terrein juſques vers l'automne de 1729 , où après avoir détruit pluſieurs métairies, il ſe jeta dans un grand lac , nommé le *My-Varne*, avec un bruit très-violent & un bouillonnement des plus remarquables. Cette riviere de feu continua à ſuivre ſon cours juſqu'à l'année ſuivante, où la lave ſe durcit en ſe refroidiſſant inſenſiblement.

Il eſt encore fait mention dans le livre de M. *Horrebows*, de quelques autres montagnes volcaniques de cette iſle, & de certains endroits où l'on trouve du ſoufre & un peu de ſalpêtre ; mais les récits de cet auteur

ſont

font fi peu méthodiques & fi interrompus par des injures & des farcaf-
mes perpétuels & fi foutenus contre M. Anderfon, qu'on achete bien
cher le plaifir de trouver par-ci par-là quelques notions imparfaites
fur l'Hecla & fur les autres volcans de l'Iflande. Il nous manque donc
encore un ouvrage fur ce pays, véritablement intéreffant pour les naturaliftes. Il nous manque encore un catalogue des fuites des matieres
volcaniques de l'Hecla & des autres volcans de cette île. M. Horrebows ne donne aucun détail fatisfaifant à ce fujet; il eft à defirer que
quelque naturalifte intelligent & laborieux ait le courage de faire ce
voyage. Je n'ai vu jufqu'à préfent que quelques laves poreufes dans
quelques cabinets de Paris, venues d'Iflande; & comme elles n'ont pas
été envoyées par des connoiffeurs, & que les lieux où elles ont été
trouvées ne font pas défignés, je ne me hafarderai pas d'en parler ici;
je dirai feulement que j'ai dans ma collection un beau verre noir volcanique, une véritable pierre de gallinace, qui eft un des produits
curieux de l'Hecla. Cette efpece de laitier fe trouve dans beaucoup de
cabinets, & peut figurer à côté de la pierre volcanique, dont les Pé-
ruviens faifoient des miroirs, que les Indiens appellent *guanu cuna cullqui*
(argent des morts), parce qu'ils en plaçoient quelquefois dans les tombeaux: on voit une de ces pierres très-belle dans le cabinet d'hiftoire
naturelle du roi, tirée d'un tombeau des montagnes de *Pichincha*, près
de *Quito*.

VOLCANS DE KAMTSCHATKA.

ON lit dans le voyage de M. l'abbé Chape d'Auteroche, en Sibérie,
des détails fur trois principaux volcans de Kamtfchatka, tirés du voyage
de M. Kracheninnikow, profeffeur de l'académie des fciences de Saint-
Pétersbourg, traduit du ruffe. Je vais les rapporter, afin qu'on apprenne
que les feux fouterreins font difperfés & répandus indiftinctement
dans les différentes parties du globe, dans les pays glacés, tout comme
dans les zones les plus chaudes: ce fera par-là que je finirai ce que
j'avois à dire fur les volcans de l'Europe. C'eft dans le chapitre III du
tome II qu'on trouve la relation fuivante.

» Il y a trois principaux volcans au Kamtfchatka, celui *d'Awatcha*,
» de *Toibatchi* & *Kamtfchatka*.

» Les Cofaques de cet endroit les appellent *Gorelaja-Sopka*; les
» Kamtfchadals de la Bolchaia Reka, *Agiteskik*; & les autres Kamtf-
» chadals, *Apagatchoutche*.

» Le volcan *d'Awatcha* eft fur la côte feptentrionale de la baie
» d'Awatcha, & à une affez grande diftance; mais fa bafe s'étend
» prefque jufqu'à la baie même. Toutes ces hautes montagnes, depuis
» leur bafe jufqu'à la moitié de leur hauteur, ou même davantage,
» font compofées d'autres montagnes rangées par rang les unes au-deffus
» des autres en amphithéatre. Ces montagnes font remplies de bois;
» mais l'extrémité de leur fommet n'eft ordinairement qu'un rocher
» ftérile & couvert de neige.

» Ce volcan jette fans ceffe de la fumée depuis long-temps; mais il
V

» n'en fort du feu que par intervalle. Sa plus terrible éruption, fuivant
» ce que difent les Kamtfchadals, arriva en 1737, pendant l'été ; fa
» durée ne fut que de vingt-quatre heures : il finit par jeter des tour-
» billons de cendre en fi grande abondance , que tous les environs en
» furent couverts à la hauteur d'un verchok.

» Cette éruption fut fuivie d'un violent tremblement de terre qui fe
» fit fentir aux environs d'Awatcha, fur Kourilskaia-Lopatka, ou pointe
» méridionale des Kouriles , & dans les îles voifines ; il fut accompagné
» d'une agitation violente des eaux de la mer , & d'une inondation
» extraordinaire , qui arriva de la maniere fuivante.

» Le tremblement de terre commença le 6 octobre 1737, vers les
» trois heures du matin , & dura environ un quart d'heure avec des
» fecouffes fi violentes , que plufieurs iourtes kamtfchadales & bala-
» ganes s'écroulerent & furent renverfées. Pendant ce temps-là , la
» mer agitée avec un bruit effroyable , quitta fes bornes ordinaires ,
» s'éleva tout-à-coup fur la terre à la hauteur d'environ trois fagenes
» ou dix-huit pieds ; mais elle fe retira bientôt , & s'éloigna à une
» diftance confidérable. La terre fut ébranlée une feconde fois , & la
» mer fe déborda avec autant de violence que la premiere fois ; puis
» en fe retirant , elle recula fi loin qu'on ne pouvoit plus l'appercevoir.
» Ce fut à cette occafion que l'on vit au fond de l'eau , dans le détroit
» qui eft entre la premiere & la feconde île des Kouriles , des chaînes
» de montagnes que l'on n'avoit jamais apperçues , quoiqu'il y eût déjà
» eu des tremblemens de terre violens & des inondations. Au bout
» d'un quart d'heure , on reffentit des fecouffes terribles & bien plus
» violentes que la premiere : la mer monta à trente fagenes de hauteur,
» inonda toute la côte où elle refta auffi peu que la premiere fois :
» elle fut long-temps agitée, fe retirant & revenant tour-à-tour : chaque
» fecouffe fut précédée d'un murmure affreux , femblable à celui des
» mugiffemens que l'on entendoit fortir de deffous terre.

» Tous les habitans furent ruinés , & beaucoup y périrent miférable-
» ment. Il y eut quelques endroits où les prairies furent changées en col-
» lines , & les champs en lacs ou en baies.

» Ce tremblement de terre ne fe fit point fentir avec autant de vio-
» lence fur les côtes de la mer de Pengina, que fur les côtes de la mer
» orientale ; de forte que les habitans de Bolchaia-Reka n'y trouverent
» rien d'extraordinaire , & l'on ne fait point s'il y eut une inondation
» dans l'embouchure de la *Bolchaia-Reka* ; il ne s'y trouvoit perfonne
» alors qui pût en rendre compte. On peut croire que l'inondation , s'il
» y en a eu, a été fort peu confidérable dans cet endroit, car les ba-
» laganes , fitués fur le banc de fable, n'en fouffrirent point , & il n'y
» en eut pas un feul de renverfé.

» Pendant ce temps-là nous faifions route d'Okhotsk pour nous
» rendre à l'embouchure de la grande riviere (*Bolchaia-Reka*) ; &
» étant defcendu à terre le 14 octobre , nous fentîmes ce tremblement :
» quelquefois il étoit fi violent, que nous avions bien de la peine à
» nous tenir debout. On reffentit encore des fecouffes jufqu'au prin-
» temps de l'année 1738. Il fut cependant plus fort dans les îles & à

» l'extrémité de Kourilskaia-Lopatka, ou pointe méridionale des Kou-
» riles, & fur les côtes de la mer orientale, que dans les endroits plus
» éloignés de la mer.

» Le volcan appellé *Tolbatchi*, eft fitué fur la langue de terre qui eft
» entre la riviere de Kamtfchatka & celle de Tolbatchik : il jette de la
» fumée depuis plufieurs années. La fumée commença d'abord à fortir
» de fon fommet, à ce que difent les Kamtfchadals; mais depuis qua-
» rante ans il a ceffé de fumer ; & depuis ce temps, la montagne
» vomit du feu d'un fommet hériffé de rochers, par lequel elle commu-
» nique à une autre montagne. Au commencement de l'année 1739,
» il en fortit, pour la premiere fois, un tourbillon de flammes qui réduifit
» en cendres toutes les forêts des montagnes voifines. Il s'éleva enfuite
» du même endroit comme un nuage, qui s'étendant & groffiffant
» toujours de plus en plus, retomba en cendres, & couvrit de tous
» côtés l'efpace de cinquante werfts la terre déjà couverte de neige.
» J'allois alors au Kamtfchatskoi-Oftrog inférieur; & comme la cendre
» qui étoit fur la neige avoit prefque un demi-pouce de hauteur, je
» fus obligé de refter dans l'Oftrog de Machourin, & d'y attendre qu'il
» tombât de nouvelle neige.

» On ne remarque rien de particulier dans cette éruption, excepté
» quelques légeres fecouffes qui fe firent fentir avant & après l'éruption :
» la plus forte que nous reffentîmes, fut au milieu du mois de décembre
» de l'année 1738, lorfque nous allions de Bolchaia-Reka à Kamtf-
» chatskoi-Oftrog fupérieur. Nous n'étions pas alors fort éloignés de
» la montagne d'Ogloukomina, & nous venions de faire halte fur le
» midi.

» Un bruit effroyable, que nous entendîmes d'abord dans le bois,
» fembla nous annoncer une violente tempête ; mais lorfque nous vîmes
» nos marmites renverfées, & que nous nous fentîmes bercés dans
» les traîneaux où nous étions affis, nous en reconnûmes la véritable
» caufe : il n'y eut que trois fecouffes qui fe fuccéderent l'une à l'autre
» à une minute d'intervalle entr'elles.

» La montagne de Kamtfchatka eft non-feulement la plus haute des
» deux dont je viens de parler, mais auffi de toutes celles de ce pays :
» elle eft compofée, jufqu'aux deux tiers de fa hauteur, de plufieurs
» rangs de montagnes difpofées de la même maniere qu'on l'a dit plus
» haut, en parlant du volcan d'Awatcha, & fon fommet en eft le tiers;
» le circuit de la bafe de cette montagne eft très-étendu : fon fommet
» eft fort efcarpé ; il eft fendu en long de tous côtés jufqu'à l'intérieur
» de la montagne qui eft creux. L'extrémité de fon fommet s'applatit
» infenfiblement, parce que les bords de l'ouverture de ce volcan, dans
» le temps des irruptions, s'écroulent & tombent dans l'entonnoir.

» Ce qui peut faire juger de fa hauteur extraordinaire, c'eft qu'on
» l'apperçoit par un temps ferein de Kamtfchatskoi-Oftrog fupérieur,
» qui en eft éloigné de près de 397 werfts, tandis qu'on ne peut pas
» appercevoir les autres montagnes, comme, par exemple, de Tolbat-
» chik, quoiqu'elles foient beaucoup plus proches de cet Oftrog. »

» Lorfqu'il doit y avoir quelque tempête, on remarque fouvent que

» cette montagne eſt entourée de trois rangs ou ceintures de nuages ;
» mais ſon ſommet eſt tellement au-deſſus de la derniere ceinture , que
» cette diſtance paroît faire la quatrieme partie de la hauteur de la
» montagne.

» Il ſort continuellement de ſon ſommet une fumée fort épaiſſe ; &
» depuis environ huit ou dix ans elle jette du feu. On ne ſait point
» au juſte quand elle a commencé à vomir des flammes & de la cendre ;
» on croit cependant que c'eſt depuis huit ou dix ans. Suivant le rap-
» port des habitans , elle jette de la cendre deux ou trois fois par an ,
» & quelquefois en ſi grande quantité, que la terre , à 300 werſts aux
» environs , en eſt couverte de tous côtés , à la hauteur d'un verchok.

» Quoique aujourd'hui elle ne vomiſſe du feu que pendant une ſe-
» maine , & même moins de temps , on l'a vu jeter des flammes ſans
» interruption pendant trois années , depuis 1727 juſqu'en 1731. Les
» habitans aſſurent que pendant tout ce temps-là ils ne ceſſerent pas
» d'en voir ſortir des flammes : aucune de ſes éruptions cependant ne
» fut ſi effrayante & ſi dangereuſe que la derniere qui arriva en 1737.

» Cette terrible éruption commença le 25 ſeptembre , & dura pendant
» une ſemaine entiere , mais avec tant de fureur , que les habitans qui
» étoient proches de la montagne , occupés à pêcher , s'attendoient à
» périr à chaque inſtant. La montagne entiere ne paroiſſoit plus qu'un
» rocher embrâſé. Les flammes qu'on appercevoit dans ſon intérieur à
» travers les fentes , s'élançoient quelquefois en bas , & ſembloient
» être autant de fleuves de feu qui rouloient leurs eaux avec un bruit
» épouvantable. On entendoit ſortir de la montagne un bruit ſemblable
» à celui du tonnerre & un fracas terrible , comme ſi le feu eût été
» excité par les ſoufflets les plus forts ; ce qui répandit la terreur dans
» tous les endroits voiſins. La nuit ne fit qu'augmenter l'effroi des ha-
» bitans. Dans l'obſcurité & le ſilence , tout ce qu'ils voyoient , tout
» ce qu'ils entendoient leur paroiſſoit plus effroyable. L'éruption finit
» à l'ordinaire en jetant une grande quantité de cendres ; cependant
» il n'en tomba que peu dans la campagne , parce que le vent emporta
» preſque tout dans la mer. Ce volcan lance quelquefois des pierres
» ponces , des morceaux de différentes matieres fondues & vitrifiées ,
» & l'on en trouve de grands morceaux dans la petite riviere appellée
» *Bioukos*.

» Outre ces montagnes , j'ai encore entendu parler de deux autres
» volcans dont il ſort de la fumée , & principalement des montagnes
» Joupanouwskaia & Chevelitche ; mais il y a beaucoup d'autres volcans
» plus loin que la riviere du Kamtſchatka au nord , dont quelques-uns
» jettent de la fumée , & les autres vomiſſent des flammes. On en compte
» deux dans les îles Kouriles ; ſavoir , un dans l'île Poromouſin , & un
» autre dans celle d'Alaid.

» On dit qu'il y a deux montagnes qui ont ceſſé de jeter des flammes.
» 1°. La montagne *Apalskaia* , du pied de laquelle la riviere *Opala*
» prend ſa ſource. 2°. La montagne *Viloutchiaskaia* ou *Viloutchik*, d'où
» ſort la riviere *Viloutchik*.

VOLCANS

VOLCANS D'ASIE.

UNE grande partie des îles de l'océan indien a été formée par les volcans. Plufieurs jettent encore des flammes.

On voit dans l'île de Sumatra un pic qui vomit de la fumée & du feu par intervalle.

Le mont Albours, auprès du mont Taurus, à huit lieues de Hera, montre un fommet fumant; les flammes s'y manifeftent avec violence, & fon cratere lance des pierres & différentes déjeétions volcaniques.

L'île de Ternate jette beaucoup de pierres ponces, quelques voyageurs prétendent avoir remarqué que ce volcan eft plus furieux dans le temps des équinoxes; obfervation qu'il feroit important de bien conftater.

Les Moluques ont plufieurs volcans; mais il nous manque des détails à ce fujet.

On voit dans une des îles Maurice, à 70 lieues des Moluques, un volcan formidable.

L'île de Sorca, l'une des Moluques, avoit une montagne ardente, très-élevée : une éruption des plus terribles, arrivée en 1693, y occafionna des explofions & des ravages fi affreux, que l'île fut abymée.

Le Japon renferme plufieurs volcans brûlans, & des traces d'un grand nombre qui fe font éteints.

Plufieurs des îles voifines du Japon jettent des flammes pendant la nuit, & de la fumée pendant le jour.

Les îles Philippines ont des volcans, particuliérement l'île de Mindao.

Non loin de la ville de Panarucan, dans l'île de Java, eft un des plus fameux volcans des îles de l'océan indien.

Le mont Gounapi, dans l'île de Banda, eft une montagne ardente.

L'île Manille a beaucoup fouffert par les tremblemens de terre occafionnés par les volcans dont ce pays eft rempli. Il y en a un entr'autres fameux & des plus élevés, dans une des provinces de cette île, nommée Camarines.

VOLCANS D'AFRIQUE.

LA caverne de Beni-Guazeval, dans le royaume de Fez, jette continuellement de la fumée & quelquefois des flammes.

L'île de Fuogue, une de celles du Cap-Verd, eft une montagne énorme qui brûle fans ceffe.

Aux Canaries, le pic de Ténériffe, autrement appellé la montagne de Teide, qui eft un pic volcanique des plus élevés, jette du feu & des laves. La hauteur de cette montagne a été déterminée par plufieurs obfervateurs, & entr'autres par le doéteur *Heberden* qui y eft monté & qui a trouvé qu'elle avoit 15396 pieds, c'eft-à-dire, trois milles anglois moins quelques verges, en comptant le mille pour 1760 verges. Ce volcan paroît être très-ancien, à en juger par les laves & les pierres qu'il a jetées. Lorfqu'il ne fort point de feu vifible de fon cratere, on remarque, non loin du fommet, des crevaffes, d'où fort une chaleur

X

brûlante. On voit, à ce qu'assurent les voyageurs, quelquefois dans la partie du sud de ce volcan, des ruisseaux de soufre fondu qui coulent parmi les neiges. Le docteur *Heberden* assure qu'on trouve vers la sommité de grandes quantités d'un sel qu'il regarde comme le vrai *natrum* des anciens : il dit en avoir ramassé lui-même.

M. Adanson, dans son voyage au Sénégal, fait mention du pic de Ténériffe. Il paroît que ce naturaliste y a vu des prismes de basalte, qu'il ne regardoit pas probablement alors comme un produit volcanique. Il est vrai qu'il ne dit pas, page 11 de son livre, où il est question de ces pierres dont la configuration lui parut étonnante, que ce fussent des prismes de basalte; mais il y a tout lieu de penser que de pareilles pierres sur une montagne volcanique, telle que celle de Teide, doivent être des laves prismatiques. Sur le tout, M. le chevalier de Borda, aussi bon observateur que savant modeste, fera mieux connoître les productions du pic de Ténériffe, qu'il vient de visiter, & qu'il a mesuré avec des précautions qui annoncent son habileté, & une attention qui caractérise son exactitude. On ne peut qu'attendre avec la plus vive impatience, la publication du voyage de cet infatigable académicien.

L'île de Madere, selon le rapport de plusieurs voyageurs, est une île brûlée. Voyez ce qu'en dit le capitaine Cook, *Voyage autour du monde, entrepris par ordre de sa majesté Britannique*, tome *II*, page *220*.

L'île de Bourbon renferme un volcan très-curieux; il fut visité le 27 & le 28 octobre 1768 par M. de Crémont, commissaire-ordonnateur de cette île; quoiqu'il y ait de très-bonnes choses dans la relation qu'il a donné de son voyage à ce volcan, il seroit à désirer qu'on eût des détails plus circonstanciés sur la qualité des matieres que produit la montagne ardente de cette île. La fameuse éruption qu'on y éprouva le 14 mai 1766, fut remarquable par un phénomene extraordinaire; car le lendemain, à cinq heures du matin, on trouva, à six lieues du volcan, dans un endroit nommé *l'étang salé*, la terre couverte d'un verre jaunâtre, capillaire, flexible : il y avoit de ces filamens vitreux qui avoient deux ou trois pieds de longueur; on y voyoit de distance en distance de petits globules vitreux; on peut voir au cabinet du roi de ce verre qui y a été envoyé par M. Commerçon.

VOLCANS D'AMÉRIQUE.

TERCERE, & la plûpart des îles Açores, renferment des volcans.

On voit à la Guadeloupe une montagne sulphureuse qui jette de la fumée & de la flamme.

M. Bouguer nous apprend, dans son voyage au Pérou, que plusieurs montagnes de ce pays ont une disposition prochaine à l'incendie; que presque toutes ont été des volcans ou le sont encore actuellement, malgré leur étonnante élévation & les neiges qui les couvrent continuellement. Cotopaxi est un des plus considérables. C'est sur ces hautes montagnes de l'équateur que sont peut-être les foyers volcaniques les plus formidables & les plus abondans en matieres inflammables; cette immense chaîne est sans contredit le plus grand tableau volcanique qui existe dans la nature. On est véritablement chagrin & mortifié qu'un

voyage auffi intéreffant & auffi heureufement exécuté que celui que firent les académiciens envoyés par ordre du roi fous cette zone brûlante & glaciale tout-à-la-fois, ait fi peu rendu pour l'hiftoire naturelle ; & c'eft avec le plus grand regret que les perfonnes qui fe plaifent à l'étude & à la recherche des matieres volcanifées, voient ces favans & infatigables mathématiciens, monter avec des peines étonnantes fur les plus curieufes montagnes du globe, fans y être fuivis de quelques naturaliftes exercés dans la lithologie, & dans la connoiffance des différentes déjeêtions volcaniques. J'admire certainement, & je rends juftice aux belles & utiles opérations de M. Bouguer & de fes compagnons : je le remercie même intérieurement des détails qu'il nous a donnés fur cette fuite de volcans ; mais ces détails ne font que de grandes efquiffes, qui font naître la plus forte envie de connoître un pays auffi curieux & auffi inftructif que le Pérou, fiege habituel des tremblemens de terre, des explofions les plus épouvantables & des éruptions prefque journalieres. Pichincha, Arequipa, Malahallo, Carapa, Sangaï, font des monts ardens où fe forme la foudre, où l'air frémit fans ceffe, où la terre eft continuellement ébranlée, où les rochers fe heurtent les uns contre les autres, fe brifent & font jetés au loin : ici coulent des rivieres de foufre ; là, des fleuves de laves enflammés vont combler des valons, ou former des cafcades de feu. On y voit des montagnes nouvelles fe former, & des rochers de matiere fondue, percer & fe faire jour à travers des rochers plus anciens. Enfin, quel regret lorfque M. Bouguer nous apprend qu'on a la facilité, dans des pays auffi utiles à connoître, » de voir l'intérieur de la terre à une affez grande pro
» fondeur, parce que tout y eft coupé de ravines. On en trouve fré
» quemment, qui ont 200 toifes de largeur, & 60 à 80 de profondeur ;
» il y en a même quelques-unes de deux fois plus grandes. . . . . Il fuffit
» de chercher quelque endroit pour defcendre dans ces efpeces de grands
» lits de rivieres qui ne contiennent toujours que très-peu d'eau, & on
» peut examiner toutes les qualités des différentes couches de la terre...
» On y apperçoit beaucoup de ce fable noir qui eft attiré par l'aimant ;
» & il eft facile de reconnoître que les couches qu'on y remarque & dont
» les nuances font très-diftinctes, bien-loin d'être l'effet des différentes
» alluvions, font plutôt l'expanfion des matieres vomies par les volcans. »
Les regrets ne font qu'augmenter lorfqu'on entend encore le même académicien nous dire, dans les détails de fon retour depuis Quito jufqu'à la mer du nord par la riviere de la Magdelaine : » il me falloit
» obferver en chemin l'aiguille aimantée, parce qu'elle étoit fujette à
» diverfes irrégularités. Je trouvois fouvent des quartiers de rochers
» qui étoient répandus fur la furface de la terre. Ces rochers étoient
» noirs extérieurement ; ils paroiffoient avoir été expofés à l'action du
» feu, & je croirois volontiers qu'ils avoient été lancés par l'explofion
» de quelques volcans. Je ne puis mieux les comparer qu'à des maffes
» d'argile qui fe feroient fendues & gercées au foleil, & qui fe feroient
» enfuite converties en pierre. L'aimant avoit des déclinaifons toutes
» différentes dans ces endroits ; il fuffifoit de faire cinq à fix pas pour
» voir l'aiguille aimantée changer de direction, quelquefois de plus de
» 30 degrés. On voit de ces pierres en divers lieux ; mais il y en a de
» très-remarquables vers le tiers de la diftance de la Plata à Honda,

» (c'eft le premier port de la riviere de la Magdelaine) environ trois
» lieues au-deffus d'un hameau nommé *Bacche*. » Quel eft le naturalifte
qui ne reconnoîtra pas là le bafalte en prifme ?

Le Mexique a plufieurs volcans, entr'autres *Popochampeche* & *Po-
pocatepec*. Il n'eft pas douteux que l'Amérique ne renferme un très-grand
nombre de montagnes enflammées. Le temps & l'avancement des fciences
nous feront connoître quelque jour plus particuliérement ces régions
lointaines.

Je finis cette courte notice fur les principaux volcans connus : ce n'eft
ici qu'une fimple indication, qu'un *index* propre à prouver que les volcans font multipliés fur la furface du globe. Je reviendrai peut-être
quelque jour fur ces objets, que je me propofe d'examiner d'une maniere
plus particuliere, dans un ouvrage qui pourra faire fuite à celui-ci, où
j'embrafferai tous les volcans éteints ; ce que je ferai dès que mes occupations me le permettront.

MÉMOIRE

MÉMOIRE

SUR LES SCHORLS.

COMME je fuis obligé de parler très-fouvent des fchorls dans cet ouvrage, il feroit important de les bien faire connoître; mais ce fujet eft encore dans une fi grande confufion; les travaux en ce genre font fi peu avancés, qu'il faudroit avoir des connoiffances qui me manquent pour donner quelque chofe de fatisfaifant fur cette partie. J'avoue que je ne mets les pieds qu'avec crainte dans cette carriere, & que je ne me détermine à donner quelques détails fur les fchorls, que parce que mon travail fur les volcans l'exige abfolument.

Les auteurs varient fi fort fur la maniere d'écrire & de prononcer le nom même de cette fubftance, qu'il eft important avant tout de favoir à quoi s'en tenir à ce fujet.

Quelques François ont écrit *chorl*; d'autres, mais en petit nombre, *choerl*; les Anglois *fchirl*; les Suédois, fuivant M. Linné, *skiörl*, & les Allemands *fchörl*. M. le baron d'Holbac, dans fa traduction françoife de Vallerius, a fupprimé l'*e* du mot allemand *fchörl*, & a imprimé *fchorl*. Cette derniere orthographe eft la plus naturelle dans notre langue; c'eft celle qui me paroît devoir être adoptée de préférence. L'exemple que je vais donner doit nous fervir de regle. En effet, les Allemands n'écrivent-ils pas conftamment *Tœplitʒ*, *Kœnigsberg*, ou plutôt *Töplitʒ*, *Königsberg*; & cependant nous fommes dans l'ufage de fupprimer toujours cet *e*, & d'écrire & de prononcer *Toplitʒ*, *Konigsberg*. Je pourrois donner d'autres exemples où l'*e* eft ainfi fupprimé dans les mots traduits de l'allemand en françois. On voit par-là qu'il paroîtroit plus dans la regle d'écrire & de prononcer fchorl en françois, & c'eft l'orthographe que j'adopterai dans ce mémoire, par les raifons que je viens de donner.

M. Sage, dans fes élémens de minéralogie, ayant confidéré les fchorls fous leur propriété chymique, a rangé dans la même claffe toutes les matieres qui ont la faculté d'être très-fufibles par elles-mêmes; qui, à un feu médiocre, produifent une fritte cellulaire, & qui fe convertiffent en verre ou en émail à un degré de feu plus confidérable; obfervant que ces émaux font plus ou moins colorés, fuivant le plus ou le moins de terre martiale que la matiere contient; qu'on ne doit pas juger de la quantité de fer qui s'y rencontre, par la couleur, puifque le fchorl noir de Madagafcar n'en contient prefque pas [a], & que les fchorls blancs en renferment fouvent beaucoup. C'eft d'après ce point de vue établi fur la fufibilité de ces matieres, fans addition & par elles-mêmes, que ce favant chymifte, fi verfé dans la minéralogie, a rangé dans la même claffe tous les bafaltes volcaniques, & ceux qui ont une autre origine que le feu [b]; toutes les différentes efpeces de fchorls, les blancs, le

[a] Élémens de minéralogie docimaftique de M. Sage, tome I. page 201, édition de 1777.
[b] On verra, dans mon mémoire fur le bafalte, que je confacre ce nom à une feule matiere volcanique.

Y

noir, ceux de Madagafcar, les tourmalines, les grenats, les macles, les pierres de croix, les fchorls en prifmes, ftriés, les bafaltes en colonnes polygones, le bafalte feuilleté, la pierre de touche [a], le cockle ou coll des Anglois, le trapp des Suédois [b], &c.

Je me vois forcé de traiter ici ce fujet fous un ordre différent, non pas que je prétende défapprouver le travail de M. Sage, mais dans la feule intention de mettre, par des divifions plus multipliées, le lecteur à portée de pouvoir fe familiarifer plus aifément avec des objets fouvent embarraffans & difficiles à bien connoître, & le mettre par-là fur la voie de perfectionner ce que je ne fais qu'ébaucher ici.

Je fépare abfolument tous les bafaltes des fchorls, par les raifons que j'en donne à l'article *bafalte*, où je diftingue même les bafaltes volcaniques d'avec ceux qui ont une autre origine que le feu, quoiqu'ils aient fouvent les uns & les autres la propriété chymique d'être fufibles par eux-mêmes.

C'eft donc uniquement des fchorls dont je vais faire mention ici. Si l'on me demande une définition convenable & relative à cette fubftance, je répondrai avec autant de franchife que de vérité, que je ferai tout ce qui dépendra de moi pour décrire avec attention les efpeces, mais que je ne me flatte point de pouvoir donner une définition qui puiffe convenir à tous les fchorls. Je dirai fimplement avec M. Sage, que les fchorls ont tous la propriété d'être fufibles par eux-mêmes & fans addition; mais les bafaltes & d'autres pierres qui ne font pas des fchorls, ont la même facilité de fe fondre; & nous retomberions dans le cercle dont nous voulons fortir, fi nous nous en tenions à ce caractere trop général. Laiffons donc les définitions jufqu'à ce que quelques circonftances favorables nous aient mis à portée de reconnoître des caracteres particuliers, conftans & foutenus dans les fchorls.

Il ne m'eft pas plus poffible de dire quelles font les matieres qui conftituent les fchorls en général. Il auroit fallu fe jeter dans des opérations longues & pénibles pour pouvoir déterminer avec jufteffe & précifion les parties qui entrent dans la formation des différentes efpeces, j'entends fur-tout celles qui varient par les couleurs; mais je pourrai revenir quelque jour fur cette matiere. C'eft donc dans l'intention de répandre plus de clarté fur ce fujet, que je me contente ici de donner des defcriptions exactes, fans néanmoins négliger les principales propriétés chymiques des fchorls lorfque l'occafion s'en préfente.

Je commence par les fchorls noirs vitreux, de la nature de ceux de Madagafcar, foit en cryftaux ifolés, foit en maffe. Je débute de préférence par ceux-ci, parce qu'ils jouent le plus grand rôle dans les matieres volcaniques, & que cette marche me paroît la plus naturelle.

---

[a] *Sciftus novacula*, Linn. 37. 1. Cronft. §. 267. 3.
[b] *Saxum trapefum*, Linn. 72. 2. Cronft. §. 267. De Romé Delifle, cryftallogr. 248.

DIVISION GÉNÉRALE.

Schorls noirs vitreux, en cryſtaux ſolitaires ou groupés, variés dans leur forme, en aiguilles, en ſtries, lamelleux, en écailles, en maſſe, en grains, dans différentes matrices.

PREMIERE VARIÉTÉ.

Schorl noir vitreux, en priſme quadrangulaire, à pans rhomboïdaux, ſans pyramide, dont les extrêmités forment un rhombe. Voyez *planche I, fig.* A.

J'AI trouvé deux cryſtaux ainſi figurés dans les matieres volcani-fées de *Rochemaure* en Vivarais, à une lieue de Montelimar; j'en ai donné un à M. de Romé Deliſle, pour être placé dans ſa ſavante ſuite de cryſtaux; mais quoique j'aie remarqué ces deux ſchorls rhomboï-daux iſolés & renfermés dans des laves poreuſes, & qu'ils aient toute l'apparence de deux cryſtaux ſolitaires, je me fais une délicateſſe de pro-noncer qu'on puiſſe compter conſtamment ſur cette eſpece de cryſtalliſa-tion : en voici les raiſons.

En viſitant l'intérieur du cratere de *Montbrul*, je remarquai, dans les laves poreuſes & dans la pouzzolane, de gros noyaux de ſchorl noir vi-treux, très-luiſant, qui paroiſſoient avoir été roulés & arrondis par le frottement. Ces noyaux étoient irréguliers ; mais en les rompant avec un marteau, on voyoit que pluſieurs des éclats affectoient la forme rhom-boïdale, à la maniere de certains ſpaths calcaires qui conſervent aſſez conſtamment cette forme dans leurs caſſures. Je répétai pluſieurs fois cette expérience ſur d'autres noyaux de ſchorl, & je me procurai ſouvent des portions caractériſées en rhombe. Ce fut ainſi que je m'en donnai un curieux par le volume que je préſentai à MM. les commiſſaires de l'académie, qui a 2 pouces 4 lignes de longueur, ſur 1 pouce 3 lignes de diametre. On juge, par une des extrêmités qui eſt encore en partie arrondie, que ce morceau a été détaché d'un plus conſidérable : c'eſt par-là qu'on peut voir que certains ſchorls ont une contexture intérieure, propre à affec-ter la forme rhomboïdale. Je pourrois en inférer de-là que les deux cryſ-taux rhomboïdaux iſolés, trouvés dans les environs de Rochemaure, ſont moins de véritables cryſtaux que des ſegmens détachés d'une maſſe plus conſidérable.

On voit par cette obſervation qu'il faut encore ſuſpendre ſon jugement ſur l'exiſtence réelle des cryſtaux ſolitaires rhomboïdaux de ſchorl; mais on eſt en même temps aſſuré par-là que certains ſchorls noirs vitreux ont la propriété de produire dans leurs caſſures des rhombes très-diſtincts & bien caractériſés.

D E U X I E M E   V A R I É T É.

Schorl noir vitreux, en prifme à cinq pans, fans pyramide, & à pans inégaux. Fig. B.

J'A I trouvé ce fchorl dans les laves poreufes de Rochemaure ; je n'en ai jamais pu découvrir que trois cryftaux : quoique les pans foient très-bien caractérifés, je n'ofe pas le regarder encore comme un cryftal ifolé pentagone ; il faut attendre qu'on en ait découvert d'autres ; mais on apprend cependant par-là que le fchorl peut prendre encore la forme pentagone.

T R O I S I E M E   V A R I É T É.

Schorl noir vitreux hexagone.

CETTE variété eft très-remarquable, & mérite la plus grande attention. Les laves de Rochemaure m'ont fourni un cryftal de cette efpece ifolé, remarquable par fon volume & par fa forme. Ce cryftal a 6 lignes de hauteur fur 9 lignes de diametre ; deux faces du prifme oppofées, plus larges ; le fommet de la pyramide difficile à déterminer, parce qu'elle eft dégradée. On y voit cependant les ébauches d'un plan à fept faces ; mais comme cette pyramide n'eft pas faine, on ne peut rien établir de pofitif fur fa configuration. *Fig.* C.

J'ai encore deux fchorls implantés dans le bafalte dur de Rochemaure, à fix pans, fans pyramide ; un de ces fchorls eft d'un volume confidérable, puifqu'il a 11 lignes de diametre. Le caractere du prifme eft bien déterminé ; mais la pyramide manquant, on ne peut regarder ces cryftaux que comme des cryftaux imparfaits.

Rien n'eft auffi intéreffant qu'un morceau que le même volcan de Rochemaure m'a fourni dans le genre des fchorls hexagones. J'examinois avec attention un amas de prifmes de bafalte dur, qu'un éboulement avoit réduit en éclat, lorfque j'apperçus dans un des fragmens de cette pierre volcanique, un noyau irrégulier de fchorl noir un peu terne, portant 1 pouce de diametre. Je vis avec furprife que ce noyau de fchorl contenoit dix aiguilles d'un fchorl plus brillant ; elles étoient difpofées de maniere à offrir une efpece de petit pavé de géans très-curieux ; leur forme étoit en prifmes hexagones, très-bien exprimés, ayant 11 lignes de longueur, fur environ une ligne de diametre, fans pyramide apparente. Je remarquai, en les confidérant avec une loupe, qu'elles montroient toutes des caffures tranfverfales qui imitoient les articulations du bafalte. J'ai foumis ce morceau à l'examen de MM. les commiffaires de l'académie. Je ne crois pas qu'on eût vu encore le fchorl cryftallifé en prifme dans le fchorl en maffe. Ce qui donne un nouvel intérêt à ce morceau, c'eft de l'avoir trouvé incrufté dans un fragment prifmatique de bafalte dur.

M. de Romé Delifle m'a fait voir dans fa collection un morceau de granit, formé de feld-fpath & d'un peu de mica, où le fchorl en aiguille prifmatique domine : ce morceau fe rapproche un peu du mien,

en

en ce que les prifmes font également hexagones, fans pyramide apparente;
mais il en differe en ce que ces aiguilles font placées fans ordre & comme
jetées au hafard; qu'elles n'ont aucune caffure tranfverfale, & qu'au
lieu d'être dans le fchorl même, elles font dans le granit. Cet échantillon de M. de Lifle vient de Saxe, & lui a été donné par M. Forfter.

Je n'ai parlé que du fchorl en prifme hexagone fans pyramide [a]; mais
il exifte un fchorl en prifme hexagone, terminé par une pyramide triedre,
que MM. Defmareft & Pazumot ont trouvé en Auvergne. Cette
cryftallifation hexagone, à pyramide triedre, eft d'autant plus curieufe,
qu'elle eft la même que celle du grenat décrit par M. de Romé Delifle,
page 272 de fa cryftallographie. Les cryftaux d'argent rouge ont également la même configuration. Voyez *planch*. VIII, *fig*. I, table cryftallogr.
de M. de Romé Delifle. M. de Sauffure m'a envoyé après fon voyage
d'Italie, trois cryftaux d'un véritable fchorl noir, formés par un prifme
court hexaedre, terminés par deux pyramides triedres obtufes, dont les
plans forment des rhombes de même que ceux du prifme. On trouve ces
fchorls cryftallifés à la maniere de certains grenats, dans le fable volcanique des environs de Rome.

QUATRIEME VARIÉTÉ.

Schorl noir vitreux, en prifme à huit pans d'inégale largeur, folitaire
& parfait, terminé à chaque extrêmité par une pyramide diedre,
dont les plans font hexagones. Voyez *planche* I, *fig*. D.

CES cryftaux ne font pas bien communs entiers; on les trouve dans
les laves poreufes & parmi la pouzzolane de l'ancien volcan de *Chenavari*,
au-deffus de *Rochemaure*. J'en poffede un d'un pouce de hauteur, fur
11 lignes de diametre. J'en ai un fecond remarquable & par fa belle
confervation & par un accident qui mérite quelque attention: on apperçoit dans la partie du milieu du prifme, trois des pans qui débordent &
fe dépaffent, tandis que les autres pans font très-égaux & d'un feul
jet. Cet accident imite une efpece d'articulation & d'emboîtement
d'un cryftal dans l'autre. On voit dans ma collection de fchorls un
groupe formé de fix cryftaux également octogones & à pyramide triedre,
tiré des laves de *Chenavari*; mais le plus curieux de ceux que je poffede
& qui a été trouvé dans le même endroit, eft rompu par le milieu, &
montre dans fa caffure des aiguilles prifmatiques de fchorl blanc; elles
font trop petites pour pouvoir en déterminer les pans; mais il eft curieux
de voir une cryftallifation dans l'autre, c'eft-à-dire, des prifmes de fchorl
blanc dans un cryftal octogone de fchorl noir.

On trouve des fchorls noirs en prifme à huit pans & à pyramide
diedre, dans les anciens volcans d'Auvergne, dans les laves du mont
Véfuve.

---

[a] M. Ferber, en parlant des cryftaux de fchorl
qu'on trouve fi abondamment dans les laves du Véfuve, fait mention, page 225 de fa onzieme lettre au
comte de Born, de cryftaux de fchoerl noir, fort brillans, hexagones, oblongs, fi petits qu'on ne peut découvrir leur figure qu'au moyen de la loupe; la pluie
les lave hors des collines de cendres; ils font attirables
par l'aimant, foit qu'ils aient eux-mêmes cette propriété, foit qu'ils la doivent au fable ferrugineux
avec lequel ils font mêlés. M. Ferber ne dit rien de la
pyramide de ces cryftaux.

Cinquieme variété.

Schorl noir de Madagascar, en crystaux solitaires d'un beau noir lui-
sant, à neuf pans d'inégale largeur, & à pyramides triedres obtuses,
dont les plans sont rhomboïdes [a]. Voyez planche I, fig. E.

Ce schorl, selon M. Sage, exposé à un feu violent, s'y réduit en un
émail d'un gris blanchâtre. Je ne l'ai point trouvé dans les laves du Vivarais & du Velay.

La belle tourmaline cryftallifée que poffede M. de Romé Delifle,
affecte la même forme que le schorl de Madagascar; elle eft d'un noir
jaunâtre, peu transparente. J'ai une tourmaline [b] prefqu'auffi grande
qu'une piece de douze fols, très-électrique. Cette pierre eft devenue
moins rare qu'elle ne l'étoit ci-devant; mais je ne l'ai vu cryftallifée que
chez M. Delifle. Il feroit à defirer que les Hollandois, qui font plus à
portée de fe la procurer, & de l'obferver dans l'île de Ceylan d'où
on la tire, fiffent des recherches fur fa nature : la pofition des lieux,
la qualité des matieres voifines peuvent donner des éclairciffemens très-
inftructifs. Je fufpendrai en attendant mon jugement; & malgré fa cryftallifation femblable à celle du schorl de Madagascar, je ne la clafferai
pas parmi les schorls; on peut dire feulement qu'elle s'en rapproche,
ce que M. Linné avoit très-bien vu. Je n'en ai parlé ici qu'à caufe de
fa reffemblance avec le schorl de Madagascar, du moins quant à la
cryftallifation.

Sixieme variété.

Schorl noir, prifmatique, fibreux, ftrié, ou en aiguilles.

Je ne me fers ici de ces divifions que pour la facilité de l'étude, &
pour répandre un peu plus de clarté fur mon fujet. La nature ne connut

---

[a] *Borax bafaltes columnaris, pyramidibus trique-*
tris. Linn. 95. 3. Delifle, cryftallogr. 261.

[b] *Borax electricus,* Linn. 96. 4.
Delifle, cryftallogr. 266.
Les lecteurs feront bien aifes de trouver ici ce que
M. Delifle a dit, page 269 de fa *cryftallographie*, fur
les propriétés de la tourmaline, d'après la lettre de
M. le duc de Noya Caraffa à M. le comte de Buffon.
» 1°. La tourmaline a la propriété d'acquérir une vertu
» électrique lorfqu'elle eft expofée à un feu médiocre,
» & de n'en point fouffrir d'altération. 2°. De s'électri-
» fer par le feu & la chaleur, même dans l'eau, beau-
» coup plus que par le frottement. 3°. D'attirer & de
» repouffer, même à travers le papier, les corps légers
» tels que la cendre & la pouffiere de charbon. 4°. De
» ne donner ni chaleur, ni étincelles; de n'avoir point
» de poles, & d'agir fi l'on veut au bout d'un conduc-
» teur métallique. 5°. De repouffer, à mefure qu'elle
» fe refroidit, les corps qu'elle a attiré ens'échauffant.
» 6°. De rejeter plus vivement les paillettes où l'on
» préfente les pointes. 7°. D'être attirée par un tube
» électrifé, loin d'en être repouffée. 8°. De n'être
» point arrêtée dans fon activité par la préfence de l'ai-
» mant. 9°. De ne perdre fon électricité par aucun

» des moyens ordinaires de la machine électrique, ni
» par les pointes. 10°. De n'avoir plus d'électricité
» lorfqu'elle eft trop échauffée, &c. On a encore re-
» marqué que deux tourmalines fufpendues & échauf-
» fées, s'attirent & ne fe repouffent point ; que la
» diftance des répulfions eft plus grande que celle des
» attractions; que l'un des côtés de cette pierre re-
» pouffe, tandis que l'autre attire, fi elle s'échauffe
» également ; qu'en l'échauffant par le frottement, la
» partie frottée attire, tandis que l'autre repouffe. »
Voyez cryftallogr. de M. de Romé Delifle, page
266, efpece III.
Hift. de l'académie des fciences, année 1717, pages
7 & fuiv.
Lettre du duc de Noya Caraffa à M. de Buffon,
Paris, 1759, in-4°.
Encyclopédie, au mot *tourmaline.*
Mémoires de l'académie royale de Pruffe, tome II,
page 8, article 5 de l'*appendix.*
Mémoire de M. Æpin, dans ceux de l'académie de
Berlin, année 1756, article 22.
Differtation de M. Wilke, fous le titre de *Difpu-*
tatio folemnis philofophica de electricitatibus contra-
riis. Roftochii, 1757.

jamais de divifions tranchantes; je le fais. Forcé d'en former ici plufieurs, je n'ai point eu intention d'établir des genres ni des efpeces; j'ai fait mention feulement des variétés des fchorls qui me font connus : ceux qui font cryftallifés ont dû tenir le premier rang, comme ayant un caractere remarquable. La cryftallifation la plus fimple m'a conduit à la cryftallifation la plus compofée : mes divifions ne font point des lignes de féparation, mais de fimples indications toujours fuivies de la defcription. Il peut très-bien fe faire que d'autres fchorls qui ne me font pas connus, & d'autres encore qu'on découvrira peut-être dans la fuite, viennent occuper de nouveaux rangs; mais en cela leur place fera bientôt trouvée; & n'ayant aucune vue fyftématique à ce fujet, je ne crains pas qu'on vienne attaquer ma méthode. J'ai pu me tromper, j'ai dû faire des erreurs dans un fujet neuf & compliqué; mais je fuis trop récompenfé fi j'ai pu mettre les obfervateurs fur la voie de faire des recherches plus profondes.

Cette fixieme divifion offre de très-grandes variétés; les fchorls noirs, ftriés ou fibreux, imitent quelquefois des cannelures cylindriques affez régulieres, *voyez* fig. F; d'autres fois, des prifmes comprimés, qu'il eft impoffible de déterminer; fouvent ces prifmes font fans ordre, & divergent dans plufieurs fens; quelquefois ils font en faifceaux d'un volume affez confidérable : enfin, les mêmes prifmes font, dans quelques circonftances, fi fins & fi déliés, que l'œil peut à peine les appercevoir.

On peut dire que c'eft ici le labyrinthe de la cryftallifation, dont il eft bien difficile de fe dégager : c'eft donc le cas, toutes les fois que le fchorl n'offrira que des prifmes confus, minces, fibreux & déliés, de les reléguer, en attendant mieux, dans cette fixieme divifion : on voit que c'eft plus en naturalifte qu'en chymifte que je les contemple dans ce moment; car tous les fchorls noirs, différemment cryftallifés, donnent à peu-près les mêmes réfultats par l'analyfe; mais le fecours des formes dans ce cas eft utile pour mettre plus d'ordre dans les idées. Il fuffit d'ailleurs que la nature fe plaife ainfi à adopter des formes variées, pour que nous nous attachions à les étudier & à les bien connoître.

La Bretagne fournit du fchorl noir en maffe fibreufe, & ce fchorl eft pour l'ordinaire adhérent à un feld-fpath d'un blanc jaunâtre; on en trouve d'autre qui eft dans le granit.

Plufieurs granits de Bourgogne contiennent également du fchorl fibreux. On en trouve du très-beau à Johann-Georgen-Stadt, dans une matrice de quartz.

Eibenftock en Saxe en fournit de très-curieux par la difpofition des prifmes, qui la plupart font rangés parallelement les uns fur les autres dans une mine de fer rougeâtre.

On vit en 1772, à la vente du cabinet de Forfter, un très-beau groupe de cryftaux de fchorl en prifmes indéterminés, ftriés, noirs & luifans, dans un quartz blanc où l'on remarquoit les empreintes de plufieurs des cannelures de ces cryftaux qui avoient été détachés; ce qui étoit d'autant plus intéreffant, que ce morceau démontroit que le quartz avoit été formé poftérieurement à ce fchorl : ce bel échantillon venoit d'Altenberg. *Schorl dans le quartz.*

La même vente offrit également un groupe remarquable, compofé de gros canons de cryftal de roche chargés & pénétrés de fchorl prif- *Schorl dans le cryftal de roche.*

matique noir, avec du mifpickel en cryftaux lamelleux : il étoit impoffible de déterminer la forme des prifmes de ce fchorl. Ce morceau fut

Schorl avec
étain blanc &
étain rougeâtre.

vendu 299 livres 19 fols; il venoit de *Graupen* en Bohême. On trouve
de ce même fchorl avec l'étain blanc, fur une bafe de mine d'étain rougeâtre. Schwartzemberg en Saxe, en fournit également avec l'étain
blanc & le mifpickel. Un beau fchorl noir, ftrié, difpofé par faifceaux
qui partent de différens centres, eft celui que Forfter apporta de Geger
en Saxe. On doit encore à ce minéralogifte la connoiffance de plufieurs
fchorls étrangers, comme celui d'Eibenftock à très-longues aiguilles en
faifceaux ; celui de Platte en Bohême qui en fournit en aiguilles très-
déliées ; celui d'Ehrenfriederfdorft en Saxe [a].

M. le chevalier de Born fait mention, dans le catalogue de fon cabinet,
d'un fchorl noir fibreux de Suede. Il donne au fchorl le nom de *bafalte* [b].
Il en poffédoit également du noir fibreux de Bohême [c], de Saxe [d], & du

Schorl fibreux
capillaire dans
une pierre
ollaire verte.

fibreux capillaire, dans une pierre ollaire verte [e].

M. Ferber, dans fes lettres fur la minéralogie de l'Italie, adreffées
au comte de Born, donne des détails affez étendus fur les fchorls qui
fe trouvent dans les laves du Véfuve ; mais il confond les fchorls avec
les grenats & avec d'autres matieres que je regarde comme étrangeres
aux fchorls. Il faut cependant rendre juftice à ce naturalifte ; il a voyagé
en homme très-inftruit & en vrai favant, & fes lettres fur l'Italie forment un excellent ouvrage. La traduction intéreffante qu'en a donné
M. le baron de Dietrich, & les notes favantes & inftructives qu'il y a
jointes, rendent cet ouvrage un véritable livre claffique. Il indique, à
la page 224 de fa onzieme lettre, & fous le numéro 4 [f], un fchorl noir
du Véfuve, en rayons minces & en aiguilles : c'eft pour ne rien négliger
que j'en fais mention ici.

Scopoli, qui a dit très-peu de chofe du fchorl, défigne celui de ma
fixieme divifion, fous la dénomination de bafalte ftrié [g], & cite à ce
fujet le *magafin de Hambourg*, tome *XV*, p. 410, & Cronftedt, §. 74.

Le favant Wallerius, ce minéralogifte fi exact dans fes defcriptions,
n'a pas négligé l'article des bafaltes & des fchorls dans l'édition de 1772.
Il confond, à la vérité, à l'exemple de plufieurs autres naturaliftes, les
bafaltes avec les fchorls ; & en parlant de ces derniers, il a eu l'attention
d'en former plufieurs divifions, ayant égard à leur cryftallifation, à leur
couleur, &c. Il eft vrai qu'il n'a pas déterminé les plans & les pyramides
des cryftaux de fchorl, dont les caracteres étoient cependant bien remarquables ; mais il eft l'auteur qui s'eft le plus étendu fur l'examen de
cette fubftance : fa dixieme divifion, qui fe rapporte aux fchorls fibreux,
eft fubordonnée à quatre fous-divifions, ce qui prouve qu'il ne vouloit

a Voyez le catalogue du cabinet de Forfter, fait
par M. de Romé Delifle en 1772, pages 45, 46, 47
& fuiv.

b *Bafaltes particulis fibrofis nigris, è ferrifodina
Urofudemanniæ in Suecia. Index foffilium quæ
collegit*, &c. *eq. à Born.* 1772.

c *Bafaltes fibrofus niger, è Platte Bohemiæ.*

d *Fibrofus niger ex Altenberg Saxoniæ.*

e *Bafaltes fibrofus fibris nigris capillaribus fparfis
in lapide ollari virefcente, è Salberg Weftmaniæ in
Suecia. Litophilatium Bornianum, pars fecunda,
page 95.*

f Lettres fur la minéralogie & fur divers autres
objets de l'hiftoire naturelle de l'Italie, écrites par
M. Ferber à M. le chevalier de Born, traduites de
l'allemand par M. le baron de Dietrich, à *Strasbourg*,
& fe vend à *Paris* chez Durand neveu, libraire, rue
Gallande, 1776.

g *Bafaltes ftriatus, ftriæ plurimæ in uno centro
fæpè conveniunt, color huic viridis & niger, habi-
tatio cum mineris. Joannis Antonii Scopoli, prin-
cipia mineralogiæ fyftematicæ & practicæ fuccinctè
exhibentia*, &c. *Vetero-Pragæ*, 1772, *in-8°.*

rien

rien négliger. La premiere eſt relative au baſalte fibreux *filamenteux* ; *à l'alun de plume des boutiques*, qu'il n'auroit pas dû placer parmi les ſchorls ; au baſalte ou fchorl en faiſceaux ; au baſalte fibreux acéré, & au baſalte fibreux étoilé, confondant les ſchorls de différentes couleurs. J'oubliois de dire qu'il place ſur la même ligne les pierres zéolites, les baſaltes & les ſchorls [a].

Je n'ai point encore rencontré dans les matieres volcaniques du Vivarais & du Velay du fchorl fibreux tel que celui de Bretagne, ni ſtrié comme celui de Saxe ; mais j'ai remarqué dans les argiles rouges volcaniques du cratere de *Montbrul*, & dans d'autres matieres argileuſes de cette eſpece, de très-fines aiguilles priſmatiques de fchorl noir.

C'eſt ſur une montagne très-élevée des Alpes dauphinoiſes, nommée les *Trois-Lauds*, en Oyſans, qu'on trouve un beau filon de fchorl noir ſtrié, mêlé avec du fchorl priſmatique, en canons comprimés & irréguliers, dans une matrice de quartz blanc, & de feld-ſpath, mêlé d'un peu de mica.

On trouve ſur la même montagne un fchorl verdâtre en cryſtaux irréguliers, groupés & divergens dans pluſieurs ſens ; j'en ai un échantillon d'un aſſez beau volume, remarquable en ce qu'il eſt aſſis ſur une baſe quartzeuſe, & qu'il imite, dans une de ſes faces qui eſt heureuſement caſſée, un petit pavé de géans à priſmes divergens.

M. de Sauſſure [b], de Geneve, ſi avantageuſement connu dans les ſciences, & à qui les hautes Alpes ſont familieres, a eu la bonté de m'envoyer une ſuite intéreſſante de différens fchorls qu'il a recueillis dans ſes voyages ; en voici quatre variétés qui ſe rapportent à cette ſixieme diviſion.

Premiere variété. Un bel échantillon formé par un aſſemblage de cryſtaux en aiguilles brillantes & divergentes en pluſieurs ſens, d'un verd griſâtre : on voit dans une des faces de ce morceau quelques lames de mica noir ; il vient du *Grieſſ en Vallais*.

Deuxieme variété. Schorl en aiguilles comprimées ſpéculaires, d'un verd tendre, ſur une matrice de quartz blanc grenu, du mont S. Gothard.

Troiſieme variété. Schorl noir en aiguilles comprimées, poſées en divers ſens dans un ſchiſte corné d'un gris verdâtre, du mont S. Gothard.

Quatrieme variété. Schorl noir cryſtallifé en gerbe, dans un ſchiſte quartzeux, micacé & granitoïde, entre le mont S. Gothard & *Ayrols*.

Je ne place point ici un prétendu *fchoerl rozierii, corcicus, viridis, particulis fibroſis, faſciculatis, ex centro communi divergentibus*, que M. l'abbé Rozier a apporté de Corſe. Ce n'eſt point un fchorl, mais un

---

[a] *Syſtema mineralogicum, &c. Wallerii*, tome I, pages 317 & ſuiv. editio Holmiæ, 1772.

[b] M. de Sauſſure a donné pluſieurs mémoires intéreſſans ſur la phyſique & ſur l'hiſtoire naturelle : perſonne n'a viſité ſi ſouvent, ni avec autant de fruit les Alpes, qu'il eſt bien à déſirer qu'il nous faſſe connoître. Ce ſavant donne à MM. les naturaliſtes l'exemple de la maniere dont ils devroient voyager ſur les montagnes. Il ne marche jamais ſans d'excellens inſtrumens, ſans un petit appareil chymique pour les eſſais, & ſurtout ſans de très-bons marteaux, ingénieuſement & ſo-

lidement conſtruits, pour détacher & rompre des pierres, avec des ſacs pour porter ce qu'on trouve d'intéreſſant ; il eſt à la tête de pluſieurs domeſtiques à qui il donne l'exemple du travail. Il me fit l'honneur de venir me voir en 1777 avec Mde de Sauſſure & une famille charmante, à qui il a eu l'art d'inſpirer ſes goûts. Nous fimes, armés de toutes pieces, un petit voyage philoſophique ſur une montagne volcanique du Vivarais, d'où nous rapportâmes des choſes intéreſſantes. Si l'Europe avoit pluſieurs naturaliſtes auſſi éclairés, auſſi laborieux & auſſi infatigables, l'hiſtoire naturelle feroit dans peu les progrès les plus rapides & les plus étonnans.

asbefte verd, qui peut fe rapporter à la 154e. efpece de Wallerius ; *asbeftus fibris fafciculatis, è centro vario radicantibus, asbeftus fafciculatus.* L'analyfe qu'en a donné M. Monet, dans le *journal de phyfique* du mois de juin 1777, ne prouve point que ce foit un fchorl. Ce chymifte dit : *je pris quelques morceaux de ce fchoerl ; je les fis calciner dans un creufet devant la tuyere de mon foufflet ; ils y font devenus rougeâtres, preuve de la préfence du fer ; mais les parties n'avoient pas perdu leur brillant pour cela. Jetés tout chauds dans l'eau, ils ne s'y font pas divifés tout-à-fait, comme fait le quartz ; ils fe font difpofés à fe laiffer pulvérifer. Si j'avois pouffé plus loin mes morceaux, il n'eft pas douteux qu'ils fe feroient fondus, tous les fchorls fe fondent ; mais mon but n'étant que de connoître la compofition de cette pierre, je négligeai cette expérience.* C'étoit pofitivement cette expérience qu'il ne falloit pas négliger. Je tiens de la main de M. l'abbé Rozier un échantillon de cet asbefte fur une matrice de quartz blanc ; j'avois auparavant la fuite des amiantes d'*herba longa* ; cet asbefte ou amiante verte immûre, étoit à la tête : venoit après cela l'amiante plus mûre, mais cependant un peu caffante, fur le fchifte gras & verdâtre dont parle M. l'abbé Rozier dans l'obfervation qui précede l'analyfe de M. Monet ; & enfin l'amiante à filets flexibles & très-fouples, le lin foffile. Ces trois variétés d'amiante d'*herba longa* font trop rapprochées pour qu'on ait dû faire de la premiere un fchorl verd, excepté toutefois qu'on ne veuille ranger les asbeftes & les amiantes parmi les fchorls ; ce que je n'ofe pas faire.

S E P T I E M E   V A R I É T É.

Schorl noir ou verd, lamelleux, feuilleté, en maffe, en grains, dans différentes matrices.

C'EST ici où il eft important de bien diftinguer le fchorl d'avec le bafalte ; car le fchorl lamelleux ou feuilleté n'eft qu'un fchorl noir vitreux, en maffe irréguliere, d'une dureté égale à celle des autres fchorls noirs, mais dont la contexture eft femblable à celle de certains fpaths à petites lames & à écailles ; ce qui a donné lieu à Wallerius & à quelques autres minéralogiftes de nommer cette qualité de fchorls, *fchirl fpatheux.* Le bafalte feuilleté, au contraire, eft regardé par plufieurs auteurs, & entr'autres par M. Sage, comme une pierre d'un gris noirâtre, offrant dans fa caffure irréguliere des couches qui imitent en quelque forte les marches d'un efcalier, ce qui l'a fait dénommer par les Suédois *trapp* (efcalier). La pierre de touche eft, felon le même auteur, un trapp ou bafalte feuilleté. Je ne défapprouve point, ainfi que je l'ai déjà dit, le plan de M. Sage ; mais celui que je me fuis prefcrit, exige abfolument que je fépare les fchorls & les bafaltes.

Le fchorl noir lamelleux ou feuilleté fe trouve affez fouvent, par portions irrégulieres de plufieurs pouces de diametre, dans les laves poreufes & dans les pouzzolanes de *Montbrul* & de *Rochemaure* ; c'eft celui-ci qui pourroit avec raifon être appellé fchorl fpatheux, puifqu'il affecte fouvent dans fa caffure la forme rhomboïdale. M. Wallerius, qui a fait une divifion des fchorls fpatheux qu'il nomme *bafaltes planis cubicis vel rhomboïdalibus nitens*, *bafaltes fpathofus*, page 318, fection 8, tome I, fait mention d'un feul fchorl fpatheux de cette efpece, fe rompant en cubes au lieu de fe détacher en rhombe [a]. J'ai rencontré des fchorls à peu-près pareils qui, au premier afpect, paroiffoient offrir des lames cubiques ; mais examinées avec la loupe, je m'appercevois qu'elles étoient rhomboïdales ; il peut fe faire au refte que M. Wallerius ait vu des fchorls en lames cubiques.

Les Alpes fourniffent du fchorl lamelleux, tantôt dans le quartz, dans le feld-fpath, quelquefois dans le fchifte, ou dans des pierres ollaires.

On trouve fur la fommité de la montagne des Trois-Lauds, du côté d'Articol, dans les Alpes dauphinoifes, du fchorl lamelleux dans le quartz, & quelquefois dans le fchifte. Je poffède un échantillon remarquable, venu de cette haute montagne ; ce morceau, qui eft d'un volume affez confidérable, eft formé par des lits d'un fchifte dur verdâtre ; ces lits forment des ondulations, dans l'interftice defquelles on voit du fchorl noir feuilleté. Une des couches de ce fchifte eft un peu quartzeufe, & donne des étincelles avec le briquet, tandis que le refte eft moins dur, & n'en produit point ; mais ce qui rend ce morceau intéreffant, c'eft qu'on remarque, entre deux lits de fchorl noir lamelleux, une bande de plufieurs lignes d'épaiffeur d'une afbefte ou amiante fragile en petits filets verdâtres, qu'il ne faudroit pas confondre avec du fchorl verd.

M. de la Tourette, fecretaire de l'académie des fciences de Lyon, naturalifte auffi laborieux que favant, & fi avantageufement connu dans le monde littéraire, découvrit en 1776, vers la montagne de *la Magdelaine* près de *Lavaure* dans le Lyonnois, une belle maffe d'un fchorl noir irrégulier, lamelleux, très-vitreux, dans un feld-fpath blanc : il voulut bien me faire le facrifice de ce morceau, qui eft beau pour le volume, & intéreffant parce qu'on ne connoiffoit pas du fchorl dans ce canton.

Je n'ai rien vu de fi curieux & de fi intéreffant en fait de fchorl, que ceux qu'a eu l'attention & la complaifance de me procurer M. Collé, habile chymifte de Marfeille, qui forme un cabinet très-inftructif ; ces fchorls, que je vais décrire, viennent d'Iflande & lui ont été envoyés de Danemarck par un médecin inftruit ; ils confiftent dans les variétés fuivantes.

1°. Schorl écailleux en maffe, nuancé de verd, & d'un brun rougeâtre brillant ; morceau des plus rares & des plus variés, en ce qu'il offre, fur le plan le plus étendu d'une de fes faces, une petite maffe de fchorl verd compacte, adhérente à deux cryftaux prifmatiques irréguliers de fchorl noir. Cet affemblage ou grouppe de deux efpeces de fchorl eft environné d'une bande de quartz blanc très-tranfparent, cryftallifé, & cette zone quartzeufe eft enveloppée elle-même par un beau fpath calcaire blanc, tranfparent, formé en rhombes exactement caractérifés, dans lefquels on voit quelques prifmes irréguliers de fchorl noir luifant. Ce morceau renferme encore fur le même plan un grouppe très-agréable de cryftaux réguliers de quartz de la plus belle eau, parmi lefquels fe

[a] *Bafaltes fpathofus niger, figura cubica nitens, berg. Wallerius, tome I, page 318, edit. latin, ad chalybem nonnulli fcintillans, Kalmora in Nor- 1772.*

trouvent des prifmes irréguliers de fchorl noir. Cet échantillon, pefant environ deux livres, eft peut-être un des plus remarquables qui exifte, puifqu'on y trouve le fchorl verd & brun en maffe compaɛe, le fchorl verd lamelleux adhérent au fchorl noir prifmatique, & enfin le fchorl verd en écaille, & le fchorl noir prifmatique dans le fpath calcaire & dans le quartz.

2°. Schorl noir & fchorl verd lamelleux, en maffe compaɛe, avec fpath calcaire rhomboïdal blanc. Ce morceau eft remarquable en ce qu'on y diftingue le paffage du fchorl noir au fchorl verdâtre, & du fchorl verdâtre au fchorl verd. Cette dégradation de couleur par nuance, annonceroit affez que le fchorl verd n'eft peut-être qu'une altération de la matiere ferrugineufe qui colore le fchorl, & qui éprouve différente teinte.

3°. Une plaque de quartz vitreux brillant, d'un pouce 4 lignes d'épaiffeur, fur 4 pouces de longueur & 2 pouces 6 lignes de largeur, recouverte, tant fur fa partie inférieure que fur fa face fupérieure, d'une couche de plufieurs lignes d'épaiffeur de fchorl verd écailleux, mêlé de fchorl brun rougeâtre brillant. On voit dans un des coins de ce morceau un gros noyau de fchorl très-verd qui pénetre dans le quartz & fe termine en prifme irrégulier; on remarque entre ce prifme & le quartz un nœud de fpath calcaire rhomboïdal, de couleur de chair. Ce fpath pénetre dans le quartz; on y voit auffi un fecond cryftal prifmatique irrégulier de fchorl verd, implanté dans la fubftance du quartz même.

4°. Un morceau de fpath calcaire blanc, à demi-tranfparent, mêlé de fchorl noir, en noyau, en fragmens de prifmes irréguliers, en globules, en points, &c. Voilà, d'une maniere indubitable, le fchorl dans une matiere calcaire.

5°. Schorl noir verdâtre, en lames, adhérent à un beau fpath calcaire blanc, dans lequel fe trouve du fchorl noir.

6°. Une maffe de fchorl noir lamelleux, à large feuillets, renfermant du fchorl verd en écaille & des noyaux de fpath calcaire blanc.

7°. Schorl noir lamelleux, adhérent à du fchorl d'un gris verdâtre compaɛe, très-dur & très-pefant, avec fpath calcaire.

8°. Schorl verd écailleux, vitreux & brillant, mêlé de quelques points ferrugineux d'un brun violet brillant, avec fpath calcaire; ce morceau eft remarquable, en ce qu'on y diftingue la pyrite cuivreufe jaune.

Voilà des fchorls qui méritent l'attention des naturaliftes, & qui doivent nous faire defirer de connoître les richeffes de l'Iflande.

En voici encore quelques-uns de différens pays.

Schifte corné, d'un gris noirâtre, mêlé de lames de fchorl noir, trouvé fous le glacier du Buet, qui m'a été envoyé par M. de Sauffure.

Un échantillon d'un beau feld-fpath plein de fchorl noir en prifmes irréguliers, en aiguilles, en petites lames & en grains des Alpes; envoyé par M. de Sauffure.

Roche de corne, mêlée d'une multitude de petites lames de fchorl verdâtre; cette pierre très-compaɛe fe trouve roulée fur les bords du lac de Geneve.

Schorl noir lamelleux, très-brillant, tiré d'un fragment de bafalte en table, des volcans éteints du Vivarais.

Schorl

Schorl noir en lames, affeſtant ſouvent dans ſa caſſure la forme rhomboïdale : ſe trouve en gros noyau dans la pouzzolane du cratere de
Montbrul.

Le catalogue du cabinet de M. Forſter, dont la vente ſe fit à Paris
en 1772, offre les variétés ſuivantes de ſchorl noir lamelleux. Je tranſ-
cris ici les articles tels qu'ils ſont dans le catalogue fait par M. de
Romé Deliſle. On y lit, à la page 47, n°. 259, » ſchorl à cryſtaux
» lamelleux, renfermé dans un quartz rougeâtre, de *Schoenfeld* en
» Bohême, qui en eſt entiérement rempli. 260. Un autre de la même
» variété dans un quartz griſâtre qui en eſt entiérement rempli.

» 261. Un groupe de cryſtaux de ſchorl feuilletés, noirs & luiſans,
» ſur du quartz blanc, de *Schlettau* en Saxe [a].

» 262. Un autre avec mine de fer, d'*Altenberg.*

» 263. Un groupe intéreſſant par le mêlange des cryſtaux de ſchorl
» avec des cryſtaux d'étain noirs, de *Schlackenwalde* en Bohême.

» 264. Un grand & riche morceau de ſchorl, compaſte & feuilleté,
» avec quartz & mica, de *Zinnwalde* en Bohême.

» 277. Une plaque de 5 pouces en carré, polie ſur toutes ſes faces,
» ſinguliere par ſa contexture ; c'eſt une eſpece de pierre ollaire tendre
» & feuilletée, dans laquelle ſont épars des faiſceaux de ſchorl noi-
» râtre, qui contraſtent avec la couleur griſe & chatoyante du fond :
» ce morceau peu ordinaire vient de Saxe. »

M. le chevalier de Born, page 33 du premier volume de ſon catalogue, déſigne un ſchorl noir lamelleux de *Salisburg,* juriſdiſtion d'*Al-*
tenau. Le ſecond tome du même ouvrage en rappelle un noir lamelleux,
mêlé avec le cuivre & le fer de *Ralums-Gratva* en Suede, & un troiſieme de la même eſpece dans le quartz de la mine de Dorothée à *Berg-*
ſtadt, auprès de *Tabor-Boh.*

Schorl lamel-
leux avec le cui-
vre & le fer.

Non-ſeulement le ſchorl noir ſe trouve dans toutes les matieres dont
je viens de parler, ſoit en noyaux irréguliers, ſoit en éclats, ſoit en
lames, &c. mais il eſt quelquefois diſperſé en pouſſiere très-fine dans
le feld-ſpath, ou dans des pierres argilleuſes ; on le diſtingue alors à
l'aide d'une bonne loupe. On remarque ſouvent ſur les bords du Rhône,
du côté du village d'Ancone non loin de Montelimar, & en remontant vers
Valence, Lyon, &c. des cailloux roulés, d'un gris blanc ou verdâtre,
marquetés par de petits points noirs. L'habitude de voir des cailloux de
cette eſpece fait qu'on n'y porte pas beaucoup d'attention ; mais le naturaliſte exaſt & obſervateur, accoutumé à ne rien négliger, voit, en
les examinant avec ſoin, qu'ils ſont compoſés tantôt d'une eſpece de pierre
ollaire dure, tantôt d'une pierre de corne tendre, parſemée d'une multitude
de points de ſchorl noir. Ces pierres ſont entraînées par ce fleuve & viennent
de très-loin ; j'en ai reconnu pluſieurs, dont j'ai retrouvé les matrices en
place & ſur le local.

Le ſchorl eſt plus abondant qu'on ne l'avoit encore cru ; il joue un

---

[a] Je ſens qu'on pourroit m'objeſter que je fais mention ici de ſchorls lamelleux, qui étant priſmatiques,
devoient être rangés dans la ſixieme diviſion ; je réponds à cela qu'en rigueur, il ſuffiſoit en effet que ces
ſchorls offriſſent une cryſtalliſation quelconque, quoiqu'irréguliere & non déterminable, pour que j'euſſe dû
ne pas les rappeler ici ; mais qu'on obſerve que les

numéros 259, 260, 261, 262 de M. Forſter, que je
copie, ont rapport à des cryſtaux irréguliers, feuilletés
ou en lames, & que c'eſt ſous ce ſeul caraſtere que je les
enviſage. Au reſte, on eſt libre de les renvoyer à la
ſixieme diviſion ; je voulois montrer ſeulement ici
qu'il y a du ſchorl qui, quoique cryſtalliſé, ſe détache
en lames ou en feuillets.

rôle intéreſſant dans la nature. J'ai eu le plaiſir de découvrir dans un de mes voyages en Vivarais, une montagne aſſez conſidérable, qui n'eſt preſque entiérement compoſée que d'un ſchorl noir en petites lames. Dans un ſchiſte noir où l'on remarque quelquefois des portions d'un mica argenté, le ſchorl y eſt ſi abondant & il y domine ſi fort, que la partie ſchiſteuſe n'y eſt tout au plus que comme un à ſix; c'eſt tout auprès d'un des plus conſidérables volcans éteints du Vivarais, qu'on trouve ce ſchiſte ſi riche en ſchorl. Il faut ſe rendre au village de *Theuyts*, à deux lieues d'Aubenas, où l'on trouve la montagne de la *Gravene* qui a vomi dans le temps cette ſuite de chauſſées de géans qui s'étendent à pluſieurs lieues, & qui offrent la plus belle coulée de baſalte qu'on connoiſſe. La montagne de la *Gravene* n'eſt abſolument compoſée que de laves poreuſes d'un noir rougeâtre ; elle porte encore tous les caracteres d'un volcan qui ne viendroit que de s'éteindre. Les ſecouſſes & les ébranlemens qu'ont dû produire cette immenſe fournaiſe, ont fait éclater un rocher attenant, formé de granit ; & les fentes de ce rocher ont mis à découvert une maſſe formidable du ſchiſte rempli de ſchorl dont je viens de parler. On voit que ce ſchorl s'éleve juſques ſur la plus haute ſommité de la montagne, & ſe prolonge vers le voiſinage du cratere de la *Gravene* ; c'eſt donc ici une montagne d'un ſchiſte noir, rempli de ſchorl lamelleux, recouvert en certains endroits par le granit & le feldſpath en roche.

Je ne doute pas, à préſent que les connoiſſances minéralogiques ſont beaucoup plus multipliées, & que les obſervateurs ſont plus inſtruits, qu'on ne découvre dans bien des endroits du *ſchorl* en abondance.

Les différentes roches de corne, les *hornfelsſteines* des Allemands, les *lapides cornei* de Wallerius [a], qui en fait quatre grandes diviſions, mériteroient l'examen le plus attentif, & un traité particulier le plus détaillé ; ce ſujet n'eſt pas moins embarraſſant que celui des ſchorls.

J'ai vu pluſieurs pierres de corne qui n'étoient formées qu'avec une matiere argilleuſe plus ou moins dure & variée par la couleur, plus ou moins pénétrées par du ſchorl en feuillets ou en grains : on ſent combien le nom de *roche de corne* dans ce cas-là eſt impropre.

L'*hornblende* des Allemands, qui eſt la roche de corne ſpatheuſe de Wallerius, peut induire également en erreur bien des naturaliſtes.

J'ai vu dans le cabinet de M. de Romé Deliſle les cinq échantillons dont je vais donner la notice, qui avoient été apportés du nord, & qui étoient regardés par les Allemands & les Suédois comme des *hornblendes*, comme *des blendes de corne*.

Nº. 1. Hornblende d'un noir mat, mais un peu luiſant, de Jacob à Riddarhyttan, avec de la pyrite cuivreuſe.

Nº. 2. *Idem*, même qualité dans un quartz très-blanc, avec quelques points de pyrites cuivreuſes, de la mine de fer de *Wik* en Dalecarlie.

Nº. 3. *Idem*, avec quartz très-blanc & pyrite cuivreuſe de la mine d'argent de *Loefaſen*, paroiſſe de *Schewi* en Dalecarlie.

Nº. 4. *Idem*, avec pyrite cuivreuſe de la mine de fer d'*Hoegbo*, paroiſſe d'*Ofwanſive* en Geſtricie.

Nº. 5. *Idem*, avec ſpath calcaire blanc de *Schelettau* en Saxe.

[a] *Lapides cornei*, Gen. 26. §. 71. pag. 355 & ſuiv. tom. I. édit. latine de 1772.

Ces cinq morceaux d'*hornblende*, qui font les mêmes dans des matrices différentes, ne m'ont offert, examinés avec beaucoup d'attention, & foumis à diverfes analyfes chymiques, qu'un fchorl noir compacte, dont la caffure préfente un tiffu écailleux à très-petites lames irrégulieres: quelquefois ces lames très-fines font remplacées par des filets capillaires de fchorl, répandus irréguliérement en divers fens; on y voit auffi quelque portion de pyrites cuivreufes; & la matrice principale qui réunit le fchorl & la pyrite, eft une terre argilleufe noire, à bafe martiale. Il ne faut donc pas regarder cette *hornblende* comme un fchorl pur, mais comme une matiere mêlangée; & lorfqu'on l'examine avec une forte loupe, il eft effentiel de la confidérer dans une caffure vive, car les parties extérieures s'étant moulées quelquefois, lors de leur formation primitive, fur des furfaces polies, elles font devenues comme fpéculaires, ce qui pourroit, au premier abord, donner une fauffe idée de la contexture de ce fchorl qui ne doit être vu à la loupe que dans des parties rompues; j'ai cru cette obfervation importante.

On voit que les minéralogiftes du nord ne vont encore qu'en tâtonnant, fi je puis m'exprimer ainfi, & font peu d'accord au fujet de l'*hornblende*, ou de la blende de corne. Cronftedt l'appelle *bolus indurata particulis fquammofis*[a]; Wallerius, *corneus facie fpathafea ftriata, corneus fpathofus*[b]; M. Linné lui-même, en parlant de ce fchorl qu'on trouve fouvent dans les granits, le nomme *mica atra*, *feu particulæ ʒinci fterilis*. Le ʒincum *ftérile* de cet auteur eft la blende, qui n'eft que le zinc fulphureux. Les Suédois l'ont appelé *hornblende*, *ftråhlskimmer*, *fchiórlblende*; les Allemands *hornblende* ou *fchirlblende*. On voit par ces différentes nomenclatures combien le fujet étoit épineux; mais on doit en même temps rendre juftice aux Suédois & aux Allemands, ils reconnoiffoient du fchorl dans cette matiere; *fchiórlblende* & *fchirlblende* l'annoncent d'une maniere non équivoque. Qu'on me paffe la féchereffe & la longueur de ces réflexions fur l'*hornblende*; mais cette matiere tient de fi près au fchorl, que j'ai été forcé de ne pas la paffer fous filence; je defirerois même que quelqu'un voulût fe donner la peine de l'analyfer à fond.

Sur quelques propriétés particulieres du Schorl noir.

LES fchorls noirs cryftallifés, ou les fchorls vitreux en maffe qu'on trouve dans les matieres volcanifées du Véfuve ou de l'Etna, ont la propriété, lorfqu'ils ont effuyé un certain degré de feu, d'être attirables à l'aimant; il faut en faire l'épreuve avec un barreau d'acier aimanté, qui porte fur un pivot très-pointu, à la maniere des aiguilles des bouffoles. Lorfque le barreau fe fera fixé, car il eft très-mobile, il faut approcher doucement le fchorl qu'on veut éprouver; & s'il a été attaqué par le feu jufqu'à un certain point, on ne tardera pas à voir le barreau fe mettre en mouvement, & fuivre les différentes directions qu'on donne au fchorl qu'on lui préfente[c]. Cette petite découverte, relative aux fchorls attirables à l'aimant, eft utile dans bien des cas.

---

[a] *Cronftedt*, 88.
[b] *Wallerius*, min. tom. I. pag. 359. divifion 3.

[c] Rien n'eft fi bien imaginé, & rien n'eft fi commode que ces barreaux d'acier aimantés; ce petit ap-

J'ai fait quelques obfervations à ce fujet, dont voici les réfultats.

1°. Le fchorl noir vitreux des Alpes, celui de Bretagne ; le fchorl noir cryftallifé de Madagafcar, plufieurs autres fchorls noirs cryftallifés ou en maffe, trouvés dans des pays non volcanifés, préfentés au barreau magnétique, ne lui occafionnent pas le moindre mouvement ; j'ai répété un grand nombre de fois ces expériences avec le même fuccès, fur des fuites confidérables de fchorls de cette efpece [a].

2°. Les fchorls noirs, foit en maffe, foit en cryftaux, foit du Véfuve ou de l'Etna ; ceux qu'on trouve dans les anciennes laves de l'Italie, de l'Auvergne, du Vivarais, du Velay, &c. font en général attirables à l'aimant. Il y a cependant quelques exceptions, & ces exceptions font d'autant plus importantes à bien retenir, qu'elles font elles-mêmes très-inftructives. J'étois fort embarraffé en effet de favoir pourquoi tous les fchorls trouvés dans les déjections d'un même volcan n'étoient pas attirables à l'aimant, & que parmi ceux qui l'étoient, tous n'avoient pas le même degré d'attraction. J'étois occuppé de ces variations, lorfque la qualité des matieres où je trouvois ces fchorls, fervit à m'éclaircir. En effet, toutes les fois que je tirois un cryftal de fchorl du bafalte qui a effuyé la fufion, ou d'une lave poreufe que le feu avoit fortement attaquée, fans néanmoins avoir fondu ce fchorl, ni fans avoir dérangé fa forme, dès-lors ce fchorl étoit certainement attirable à l'aimant. Si au contraire le fchorl fe trouvoit dans des fables ou des déjections volcaniques boueufes qui n'euffent fouffert qu'un léger degré de feu, il n'étoit point attirable : enfin, fi le fchorl avoit été pris dans une lave fi fortement chauffée qu'il eût été mis en fufion & fe fût vitrifié, il n'étoit également pas attirable.

Je conclus de-là que tous les fchorls noirs, quoique contenant du fer, ne font point attirables à l'aimant : lorfqu'ils font dans leur état naturel & primitif, les molécules ferrugineufes étant alors voilées par le gluten de la cryftallifation, fi je puis m'exprimer ainfi, n'ont point d'action fur l'aimant ; tout fchorl non volcanifé eft dans ce cas-là. Mais fi le fchorl faifi par les laves, a été chauffé au point que les parties ferrugineufes aient été mifes à découvert, foit par les principes du phlogiftique, foit par des caufes qui ne nous font pas connues, le fer manifefte alors fon action fur l'aimant. Si au contraire le fchorl trop fortement chauffé paffe à l'état d'émail ou de verre, le fer s'y trouve de nouveau enveloppé par la matiere vitrifiable, & n'eft plus attirable ; il ne l'eft pas non plus lorfque les déjections volcaniques étant boueufes le fchorl n'a été que très-légérement chauffé.

On trouve donc dans les anciens volcans éteints, tout comme dans ceux qui brûlent actuellement, 1°. des fchorls noirs en cryftaux ou en maffe, non attirables parce qu'ils n'ont pas effuyé un degré de feu affez confidérable ; ceux-ci font à la vérité affez rares. 2°. Des fchorls très-légérement attirables, & qui n'occafionnent au barreau aimanté qu'une déviation d'une ligne ou deux, parce qu'ils n'ont éprouvé qu'un feu qui n'a développé

---

pareil eft portatif, & ne tient pas plus de volume dans la poche qu'un porte-crayon.

Il eft infiniment préférable aux aiguilles de bouffole, que le moindre mouvement agite. Le fieur Meyer, habile horloger, place du Palais-Royal, en a toujours de très-bien faits, qu'il vend 4 liv. avec la garniture

en bois de rofe ; ils font préférables à ceux d'un autre artifte, logé fur le quai de l'Horloge, qui les vend 5 liv.

[a] Et en dernier lieu à Paris, en préfence de M. le duc de Chaulnes & de M. l'abbé Fontana, phyficien du grand-duc.

que

que quelques molécules de fer. 3°. Des fchorls fortement attirables : le feu a été porté alors à un degré convenable. 4°. Enfin des fchorls entiérement fondus, qui s'étant déformés & ayant coulés, ne font point attirables, parce que la violence du feu ayant produit de nouvelles combinaifons entre la matiere vitrifiable & le fer, ce dernier a perdu fon action fur l'aimant.

Il réfulte de toutes ces obfervations, que le barreau aimanté eft une boufíole utile pour reconnoître les fchorls volcaniques, j'entends ceux qui ont été pris par les laves ; on voit par-là l'identité des fchorls du Véfuve, de l'Etna, &c. & de tous ceux des différens volcans éteints.

Des Schorls de différentes couleurs.

IL exifte du fchorl verd ; on le trouve en maffe, en lame, en aiguilles, en points. Les fchorls venus d'Iflande, dont j'ai déjà fait mention, offrent le fchorl verd adhérent au fchorl noir ; on voit même dans un de ces morceaux le fchorl paffer du noir foncé au noir verdâtre, & cette derniere couleur fe nuancer d'un verd gai & brillant.

Comme on ne fauroit trop s'attacher à fuivre la nature pas à pas, ce paffage remarquable du fchorl annonce que le noir qui ne doit fa teinte qu'au fer, peut éprouver dans bien des circonftances des altérations propres à produire divers changemens de couleur. Perfonne n'ignore à préfent que ce minéral utile eft une efpece de protée qui fait fe préfenter fous toutes les couleurs & les nuances différentes : il nous induiroit fouvent en erreur fi on vouloit toujours le reconnoître aux apparences trompeufes de fes livrées. Il faut avoir recours à plufieurs moyens pour fe reconnoître & fe diriger dans l'immenfe variété d'objets que la minéralogie préfente de toute part. La cryftallifation, lorfqu'elle eft d'accord fur-tout avec certaines propriétés chymiques, eft un point de ralliement qui peut être utile dans bien des cas ; il ne doit point être négligé dans l'examen des fchorls : cette fubftance, lorfque fes molécules fe font rapprochées d'une maniere lente & graduelle, affecte la forme prifmatique avec une pyramide toujours obtufe. J'avoue cependant que le fchorl n'a jamais une marche auffi conftante que celle du cryftal de roche, & de certains fpaths cubiques, &c. j'efpere même de pouvoir me fervir avantageufement de cette variété dans la forme de la cryftallifation du fchorl, pour hafarder quelques conjectures fur les différentes formes du bafalte ; cependant quoiqu'il exifte plufieurs variétés dans la cryftallifation du fchorl, néanmoins un naturalifte un peu exercé ne s'y trompe que difficilement.

C'eft toujours le fchorl noir qui offre des cryftaux prifmatiques exactement prononcés ; je ne crois pas qu'on ait encore vu des prifmes parfaits de fchorl à pyramide diedre ou triedre obtufe, bleu, verd ou jaune ; il n'eft cependant pas abfolument impoffible d'en rencontrer peut-être quelques jours ; je fuis fondé à le penfer ainfi, d'après un morceau de fchorl d'Iflande que j'ai dans mon cabinet, où l'on voit une maffe folide & compacte de fchorl verd fe terminer fubitement en prifme irrégulier, dont la bafe à la vérité fe perd & fe confond dans la maffe même du fchorl, mais dont la partie fupérieure du prifme eft caractérifée. J'ai vu

C c

un morceau de la même espece plus correct encore, venu du même pays, dans la collection de M. Collé, à Marseille ; mais la pyramide manquoit. Il seroit donc possible d'en rencontrer à la longue de plus parfaits, si toutefois la circonstance qui fait passer le schorl à toute autre couleur que la noire, n'est pas contraire au complément de sa crystallisation : mais un schorl noir parfaitement cryscallisé ne peut-il pas, à l'aide de certaines combinaisons opérées par la nature, se métamorphoser en schorl d'une autre couleur ? Je réponds à cela que quoique la nature ait, dans les secrets de ses vastes laboratoires, une multitude de procédés qui nous sont inconnus, il est plus simple de croire que la variété des couleurs dans les schorls s'est opérée à l'époque primitive de leur formation, & dans le temps même où leurs molécules constitutives étoient tenues en dissolution dans un fluide. On conçoit qu'alors il a pu se faire plus naturellement divers mêlanges, dans lesquels certaines substances acides ou alkalines jouoient un rôle, & étoient mises en action par le feu principe ou le phlogistique ; ce qui doit avoir produit une multitude de combinaisons & de phénomenes qui ont influé sur les formes & sur les couleurs. Il est plus plausible de placer à cette époque les divers caracteres qui ont pu être développés & qui s'effectuent journellement encore dans la formation des schorls : quoique jusqu'à présent je n'aie vu que des schorls d'un noir foncé, d'un noir plus clair, d'un noir verdâtre, d'un verd tendre & d'un verd plus vif, il est possible qu'il en existe avec des couleurs plus tranchantes & plus variées, même de ceux qui sont exactement cryscallisés.

Il peut y avoir également des schorls blancs quoique ferrugineux ; on sait sous quel masque trompeur se cache le fer dans les mines spathiques blanches. J'ai quelques cryscaux de schorl noir, trouvés dans les laves de Rochemaure, qui contiennent eux-mêmes des aiguilles d'une substance blanche & demi-transparente, qui ressemble à un schorl blanc ; je n'oserois cependant pas assurer affirmativement que ce fût du schorl blanc : comme ces morceaux étoient précieux, je n'ai pas voulu les sacrifier pour en faire l'analyse ; mais je crois l'existence du schorl blanc, quoique je ne l'aie jamais vu cryscallisé en prisme caractérisé comme le schorl noir. Il existe un schorl blanc en prismes striés : voici ce qu'en dit M. Sage, dans ses *élémens de minéralogie*, page 204 de la nouvelle édition. » Ce » schorl, demi-transparent ou opaque, est composé de prismes réunis » & striés, qui se séparent facilement ; on en trouve quelquefois de » différentes couleurs dans le même morceau. M. Delisle a dans son » cabinet un morceau de cette espece, où l'on remarque alternative- » ment du blanc & du violet dans du quartz mêlé de mica d'Altenberg. » On voit dans le cabinet de M. le comte d'Angiviller du schorl pris- » matique strié, d'un blanc bleuâtre. Ces différentes especes de basalte » perdent leur couleur au feu ; elles s'y fondent & produisent un verre » blanc. » Cette espece est connue par M. Linneus, qui la définit, *borax basaltes album*, 95. 3. *v* ; aussi-bien que par Cronstedt, §. 74.

Il est encore un schorl blanc indiqué par M. Sage ; ce schorl affecte la forme rhomboïdale. Il faut convenir qu'on apperçoit une bien grande variété dans les schorls ! » Ces cryscaux, dit M. Sage, qu'on trouve or- » dinairement en groupes, font des rhombes d'une ligne d'épaisseur,

» fur trois de longueur & deux de largeur ; ils font taillés en bifeau fur
» les quatre bords, d'où réfulte un décahedre ; leur gangue eft un bafalte
» folide de la même nature, avec des veines bleues, demi-tranfparentes ;
/» on rencontre quelquefois à la furface de cete efpece de fchorl, d'autres
» cryftaux folitaires en cubes rhomboïdaux, dont les faces font ftriées
» en fens contraires ; ces derniers cryftaux, plus durs & plus tranfpa-
» rens que les premiers, ont aufli une légere teinte de bleu. Ce bafalte
» fe trouve à Barege entre des lits d'amiante ; lorfqu'on l'expofe au feu,
» il fe fond & produit un beau verre blanc. » *Elémens de minéralogie*,
page 204.

J'ai un échantillon de ce fchorl qui m'a été donné par M. de Romé
Delifle. J'avoue que je ne l'aurois pas pris d'abord pour un fchorl ; mais
l'autorité de M. Sage eft pour moi d'un trop grand poids pour que j'y
mette du doute.

Je ne range pas au nombre des fchorls blancs certains grenats déco-
lorés qui fe trouvent dans les laves de la *Somma* au Véfuve, non plus
que d'autres grenats calcinés & farineux des laves de Viterbe : ce n'eft
qu'accidentellement & à l'aide des émanations qui s'élevent des volcans,
que ces grenats font dans cet état ; je penfe même que dans aucun cas les
naturaliftes doivent confondre les fchorls avec les grenats, malgré la propriété qu'ont ces derniers de fe fondre fans addition ; il vaut mieux, pour
l'ordre d'un cabinet, en faire une clafle à part. Les macles, les pierres
de croix, les tourmalines, doivent occuper aufli des rangs féparés.

On voit dans les laves du Véfuve & de l'Etna une multitude de fubftances qui s'y trouvent accidentellement engagées, qui ont été prifes pour
des fchorls, & dont la plupart ne font que des efpeces d'hyacinthes, des
grenats, des chryfolites ou des zéolites cubiques à demi-tranfparentes,
& quelquefois diverfement colorées.

Les Schorls font-ils des productions du feu ?

PLUSIEURS naturaliftes diftingués ont regardé les cryftaux de fchorl,
qu'on trouve fi fréquemment & en fi grande abondance dans les matieres
volcaniques, comme le produit du feu. Certaines cryftallifations découvertes par M. Grignon dans des fourneaux de mine de fer ; des nouvelles
obfervations faites par un habile chymifte (M. de Morveau) fur des
efpeces de cryftallifations produites par le feu fur des matieres métalliques en fufion ; tout fembloit venir fortement à l'appui du fyftême de
la formation des fchorls par le feu.

C'eft en obfervant avec beaucoup d'attention la nature fur les lieux ;
c'eft en faifant des voyages réitérés dans différens pays où les feux fouterreins ont exercé toute leur fureur ; c'eft en voyant fouvent les mêmes
objets & en ramaffant les faits un à un, que je fuis venu à bout de me
convaincre que les fchorls n'ont jamais dû leur origine à l'incendie des
volcans, & que leur cryftallifation s'eft opérée à l'aide d'un fluide plus
tranquille & moins en activité que le feu ; qu'en un mot les fchorls fe
font formés à la maniere des quartz, des cryftaux de roche & des autres
différens cryftaux, par l'intermede d'un fluide aqueux.

Comme ce fentiment trouvera probablement des contradicteurs, je ne me fais point une peine d'établir ici les objections qu'on pourroit me proposer; & comme personne n'a défendu avec autant de force ni même avec autant de probabilité l'opinion contraire à celle que j'adopte, que le savant M. Ferber, dans ses lettres adressées à M. le chevalier de Born, je me fais un devoir de transcrire ici les plus fortes de ses objections, auxquelles je tâcherai de répondre article par article.

PREMIERE OBJECTION DE M. FERBER. » Il est inconcevable qu'il » puisse y avoir dans une terre ou filon déposé par les eaux au-dessous » des volcans, une provision aussi considérable de cryftaux de fchoerl, » qu'il y en a dans les laves du Véfuve. Nous n'en avons point d'exemple » dans aucun des terreins & minieres que l'on a fouillés jusqu'ici : le petit » nombre d'especes de fchoerl brut ou vierge que contient le spath cal- » caire micacé, qui a été vomi par le Véfuve, ne sauroit être mis en » comparaifon avec la quantité prodigieufe d'efpeces qui fe trouvent » dans la lave ; on peut tout au plus conclure que la nature peut pro- » duire le même effet par divers moyens : les Napolitains croient même » que les especes de fchoerls qui fe trouvent dans le spath, font aussi » des produits du feu ; ils s'imaginent que le mica qui est dans ce spath » s'est formé de la même maniere que la litharge feuilletée & différem- » ment colorée qu'on obtient fur la coupelle. » *Pag. 226.*

RÉPONSE. Il n'est pas plus inconcevable qu'il y ait des provifions abondantes de fchorl dans l'intérieur de la terre, qu'il l'est qu'il y ait des bancs immenfes de granit, de quartz, de fchifte, &c. J'ai fait voir qu'on trouve le fchorl dans le granit, dans le quartz, dans plufieurs fchiftes, dans des pierres argileufes, & même dans le spath calcaire. Les Alpes, les Pyrenées, plufieurs montagnes de Dauphiné, de Languedoc & de différens pays, fourniffent des fchorls ; l'Iflande en renferme de très-curieux, &c. J'ai dit que fur la montagne de la *Gravene* de *Theuyts* en Vivarais, on trouvoit, tout auprès du cratere de cet ancien volcan, des roches fchifteufes où le fchorl est répandu avec la plus grande profufion. Comme on avoit autrefois peu de goût & peu d'intérêt à rechercher cette matiere, dont le nom même est très-nouveau, il est à préfumer qu'on ne tardera pas à s'appercevoir qu'elle est plus abondante qu'on ne l'avoit cru jusqu'à préfent. Il peut fe faire encore que le fchorl fe forme & réfide de préférence à de très-grandes profondeurs dans des cavités fouterreines, & que ce que nous en voyons à l'extérieur des montagnes ne foit que quelques minces ramifications qui partent d'un tronc confidérable, caché dans l'intérieur de la terre. Quant à l'objection fondée fur ce qu'on ne trouve pas le fchorl en abondance dans les terreins & minieres qu'on a fouillés jusqu'ici, il est aifé d'y répondre en difant d'abord, que les excavations que les hommes ont pratiquées dans quelques contrées pour y rechercher des mines, font fi peu de chofe, qu'elles ne doivent en vérité compter prefque pour rien ; leur objet est d'ailleurs d'y fuivre des minéraux. Le mineur s'occupe peu en général de ce qui est étranger au filon qui fixe feul fon attention : s'il rencontroit par hafard une veine abondante de fchorl, il ne feroit pas tenté de la pourfuivre ; fon premier foin feroit au contraire de l'abandonner promptement. Quant au fentiment des Napolitains, rapporté par M. Ferber, fur la formation du fchorl dans le spath calcaire qui s'y produit à l'instar

de

de la litharge feuilletée des coupelles, il n'eſt pas trop poſſible de répondre férieuſement à ce dernier article.

SECONDE OBJECTION. » Quand on prétendroit qu'il exiſte au fond
» du Véſuve des veines de ces ſchoerls, comment feroit-il vraiſemblable
» qu'il en exiſtât de pareilles & en ſi grande quantité au fond de tous
» les volcans de l'Italie ? » *Pag. 227.*

RÉPONSE. Je ſais qu'en général il y a du ſchorl dans preſque toutes
les matieres volcaniques, non-feulement du Véſuve & de l'Italie, mais
dans celles de l'Etna, de l'Hecla, & dans la plupart des volcans éteints
de l'Auvergne, du Vivarais & du Velay : mais ne trouve-t-on pas parmi
ces mêmes matieres volcaniques des quartz, des ſilex, des fragmens de
granit, particuliérement dans les baſaltes du Vivarais? n'y trouve-t-on
pas juſqu'à des pierres calcaires & des ſpaths? Cette abondance de ſchorls
annonceroit tout au plus que cette matiere eſt plus commune que les
autres dans les terreins où les feux volcaniques ſe ſont manifeſtés. J'ai
vu dans le Velay des montagnes volcaniques conſidérables, où il n'exiſtoit
pas le moindre veſtige apparent de ſchorl : j'en ferai mention dans mon
mémoire ſur le baſalte.

TROISIEME OBJECTION. » Si ces cryſtaux de ſchoerl étoient ſimple-
» ment arrachés de leurs filons, & vomis avec la lave, comment ſe
» pourroit-il qu'ils conſervaſſent leur figure, qu'ils n'entraſſent pas en
» fuſion, qu'ils ne ſe convertiſſent pas eux-mêmes en laves dans une
» chaleur auſſi prodigieuſe que celle de la lave en fuſion, & qui ſe
» conſerve ſi long-temps, tandis que les grenats & les ſchorls ſe con-
» vertiſſent en ſcorie devant le chalumeau ? cependant ces cryſtaux
» de ſchoerls ſe rencontrent même dans la lave vitrifiée, qu'on nomme
» agathe d'Iſlande. » *Ibid.*

RÉPONSE. Cette objeƈtion eſt naturelle & bien préſentée ; je me la
ſuis propoſée ſouvent à moi-même avant la publication de l'ouvrage de
M. Ferber ; mais voici ce qu'on peut y répondre. La lave qui a éprouvé
un degré de fuſion propre à la faire couler, celle dont eſt formé le baſalte
le plus homogene, n'a peut-être pas ſubi un degré de feu auſſi violent
qu'on a pu le croire. La maniere dont s'opere la fuſion des laves dans
les creuſets de la nature, eſt un de ces myſteres phyſiques que nous
ſommes encore bien éloignés de connoître. Voici un fait des plus aiſés
à vérifier, qui prouve démonſtrativement que la lave n'exige pas un
degré de feu bien étonnant pour entrer en fuſion. Pluſieurs fours à chaux
du Vivarais, & entr'autres ceux des environs de Rochemaure, ſont
conſtruits avec du baſalte & des laves poreuſes dures ; c'eſt avec des
fagots ordinaires qu'on chauffe ces fours ; ce feu peu ſoutenu, eſt aſſez
vif pour vitrifier toute la ſuperficie des pierres de baſalte, & pour réduire
en entiere fuſion les morceaux en ſaillie qui ſe trouvent plus à portée
par là d'être touchés par la flamme ; j'ai dans ma colleƈtion pluſieurs de
ces derniers morceaux qui ſe trouvoient par haſard pleins de ſchorl
noir ; cependant malgré la fuſion parfaite de ce baſalte, le ſchorl eſt
demeuré intaƈt & a conſervé ſa forme & ſon caraƈtere. Cette expérience
nous apprend que le ſchorl peut reſter un certain temps dans la lave en
fuſion ſans en être altéré. Ne pourroit-il pas ſe faire, dans ce cas-ci, que
la matiere de lave ſervant d'enveloppe au ſchorl, & le privant par là du

contaƈt de l'air extérieur, la fufion de ce fchorl n'en devînt beaucoup plus difficile, tandis que lorfqu'il eſt feul & expofé à l'aƈtion de l'air, il fe fond avec aſſez de facilité? Je ferois d'autant plus volontiers porté à le croire ainfi, que les naturaliſtes exercés à étudier les matieres volcanifées fur les lieux, ont fûrement fait attention que lorſqu'on trouve des fchorls véritablement fondus, on les rencontre toujours ifolés, détachés de la matiere, dans des pouzzolanes ou dans des fcories réduites en pouſſiere, & dans le voifinage des crateres. C'eſt ainfi qu'on en trouve de fort gros & de très-remarquables dans les pouzzolanes du grand cratere de Montbrul. Eſt-il fi furprenant d'ailleurs que le fchorl ne foit pas toujours fondu dans la lave, puifqu'on trouve dans certains bafaltes du Vivarais des noyaux de pierre calcaire qui n'ont pas été altérés? J'ai plufieurs échantillons de ce genre dans ma colleƈtion; j'en ai mis fous les yeux de meſſieurs les commiſſaires nommés par l'académie; je leur ai fait voir également du bafalte fondu par le feu des fours à chaux, avec du fchorl qui n'avoit pas fouffert par cette fufion.

QUATRIEME OBJECTION. » Comment les petits grenats blancs qui
» font renfermés dans les pierres rouges de Pompeïa & d'autres en-
» droits, peuvent-ils s'y être introduits? Il faudroit cependant foutenir
» que cela eſt arrivé, fi on ne vouloit pas convenir qu'ils proviennent
» de la même matiere dont confiſtoit auparavant la pierre ponce.
» Dira-t-on qu'ils étoient enveloppés dans cette matiere avant qu'elle
» eût fubi la violence du feu, & qu'ils n'ont fait que demeurer dans
» leur matrice pendant qu'elle s'eſt fcorifiée en pierre ponce? cela n'eſt
» pas foutenable. Il eſt d'autant plus impoſſible que le fchoerl, qui par
» fa nature entre facilement en fufion, ait réfiſté à une chaleur auſſi
» violente que celle qu'il faut pour produire la pierre ponce, que cette
» pierre eſt aſſurément le plus haut degré de fcorification. » *Pag. 228*

RÉPONSE. Les grenats, les quartz, les fchorls, les granits, n'ont pu s'introduire qu'accidentellement dans les laves, c'eſt-à-dire que de violentes exploſions peuvent avoir brifé & réduit en de très-petits fragmens des maſſes de quartz, de granit, ou d'autres pierres fervant de matrice aux grenats & aux fchorls. Une partie de ces éclats ont été élancés hors du volcan, ainfi qu'on en voit au Véfuve & à l'Etna, tandis que d'autres étant retombés dans la bouche, fe feront amalgamés avec la lave en fufion. Il eſt poſſible encore que la lave en fe formant dans les vaſtes & profondes cavités fouterreines qui fervent de foyer aux volcans, ait détaché des voûtes & des parois différentes matieres étrangeres qui s'y feront incorporées de cette maniere: les éboulemens doivent être confidérables & multipliés dans des lieux où l'aƈtion des feux intérieurs tend fans ceſſe à tout détruire & à tout renverfer. On pourroit enfin également préfumer, fi on vouloit fe reſtreindre à l'objet des grenats & des fchorls, que la matiere fchiſteufe ou graniteufe qui a fervi à produire la lave, renfermoit elle-même des grenats & des fchorls qui auront réfiſté à l'aƈtion du feu, au moyen de l'enveloppe de lave qui les entouroit dans tous les fens & les garantiſſoit par là de l'aƈtion extérieure de l'air: je ferois cependant peu porté, je l'avoue, à adopter ce dernier fentiment que je ne propofe ici que furabondamment. Je ferai forcé de faire un retour fur cet objet dans le mémoire fur la formation du bafalte.

La circonſtance la plus propre à démontrer que les ſchorls ne ſont point le produit du feu, eſt celle du barreau aimanté qu'on leur préſente. En effet, ils ne ſont pas encore attirables s'ils n'ont eſſuyé qu'une chaleur qui n'ait porté aucune atteinte à la diſpoſition & à l'arrangement des molécules ferrugineuſes ; on en rencontre beaucoup de ce genre dans les matieres volcaniques boueuſes, où l'eau eſt venu diminuer l'action du feu. Les ſchorls attirables à l'aimant ſont ceux qui ont ſubi un coup de feu propre à altérer le lien de la cryſtalliſation & à mettre à découvert les parties de fer qu'ils renferment ; ceux-ci ſont très-communs ; on les rencontre dans le baſalte, dans beaucoup de laves poreuſes, &c. Il eſt un point enfin où les ſchorls ceſſent d'être attirables à l'aimant ; c'eſt lorſque la violence du feu les mettant en fuſion, les convertit en verre ou en émail. Le fer ſe trouvant dès-lors voilé par la matiere vitrifiable, le ſchorl ne peut plus être attiré ; on en trouve de cette eſpece dans les anciens crateres ou dans leur voiſinage.

On peut, comme on voit, connoître aiſément de cette maniere les ſchorls primitifs, & dire : ceux-ci ſont tirés d'une matrice non volcanique, ou s'ils ont été ſaiſis accidentellement par les laves, ils n'ont éprouvé qu'un degré de feu peu conſidérable ; ceux-là ont été tirés de la lave où le feu les a plus fortement frappé ; & enfin, les derniers ont été fondus & ne ſont plus attirables par cette raiſon. Je m'étends peut-être un peu trop ſur cet objet ; je ſupplie donc le lecteur d'excuſer ma prolixité en faveur du ſujet délicat que je traite ; j'ai cru qu'il étoit convenable d'inſiſter ſur cet article.

M. Ferber paroît ſe tromper lorſqu'il avance qu'il a fallu un feu d'une violence extrême pour produire les pierres ponces ou les laves poreuſes ; ce feu, j'oſe le dire, a été moins conſidérable qu'on le croiroit d'abord ; car les écumes de baſalte ou les laves poreuſes ne devroient pas être attirables à l'aimant ſi elles avoient paſſé à l'état de vitrification parfaite ; cependant elles ſont en général preſque toutes attirables auſſi-bien que le baſalte & que les cryſtaux de ſchorl qui y ſont renfermés : donc il n'a pas fallu un feu exceſſif pour convertir la lave en écume ; car s'il eſt quelques cas où les laves poreuſes aient ſubi un coup de feu capable de les vitrifier, ce qui n'eſt pas commun, les cryſtaux de ſchorl qui s'y trouvent ſont informes, & dès-lors ni les laves poreuſes, ni le ſchorl qui y eſt renfermé ne ſont plus attirables. Ce qui peut prouver encore que les ponces n'ont pas éprouvé un feu bien extraordinaire, c'eſt que le degré de feu propre à fondre le cuivre les convertit en un verre non attirable à l'aimant. Ces obſervations multipliées paroiſſent, toute prévention à part, très-favorables à mon opinion.

Je ne ſuivrai pas plus loin les objections de M. Ferber ; je me contente d'avoir rappellé ici les plus preſſantes ; il en eſt une encore cependant, renfermée dans le §. 6, que je ne dois pas taire. M. Ferber demande, en parlant des petits cryſtaux de ſchorl qu'on trouve dans la lave : » Trouve-t-on dans d'autres terreins des cryſtaux de ſchoerl ſem- » blables & auſſi petits ? Comment ont-ils été détachés de leur matrice » ſans qu'ils en aient entraîné quelque choſe avec eux ? » *Pag. 229.* Oui ſans doute on trouve, comme on l'a vu dans ce mémoire, des cryſtaux de fchorl prifmatiques, petits, minces & déliés; on en trouve de toute grandeur; ils n'ont pas toujours été détachés de leur matrice fans en avoir entraîné avec eux quelques lambeaux; car j'ai fait voir à meffieurs les commif-faires de l'académie une lave poreufe d'un gris bleuâtre, du cratere de *Chenavari*, renfermant un noyau de feld-fpath très-fain & très-brillant, qui contient lui-même un joli petit cryftal de fchorl noir, très-diftinct & des mieux caractérifés. J'ai découvert depuis lors plufieurs morceaux de bafalte avec du quartz, dans lequel on voit des aiguilles prifma-tiques de fchorl. Il faudroit donc dire ici que la lave a formé le quartz, & enfuite le fchorl dans le quartz même.

Tous les cryftaux ou les noyaux de fchorl noir qu'on trouve fi abon-damment dans le bafalte & dans les différentes laves, y font tou-jours implantés folidement & les pénetrent dans tous les fens; on n'y voit aucun vuide, aucune concamération où cette prétendue cryftallifa-tion de fchorl ait pu s'opérer. Il faut donc croire que ce n'eft qu'acciden-tellement que le fchorl fe trouve dans les laves; mais comment la chofe a-t-elle pu fe faire? Avouons de bonne-foi que nous n'avons que de fimples conjectures à ce fujet: mais parce que nous ne comprenons pas cette opération, devons-nous nous refufer à une fuite de preuves qui annoncent toutes que les fchorls ne font pas le produit du feu? Je ter-minerai ce long mémoire par le fentiment de M. de Sauffure, de Geneve; ce favant m'écrivit, dans le mois d'avril de l'année derniere 1777, en ces termes: » je vous fuis infiniment obligé des pierres intéreffantes » que vous m'avez envoyées, & fur-tout de la belle colonne de bafalte » qui m'a fait le plus fenfible plaifir: je fuis comblé de vos bienfaits; je » l'étois déjà en quittant Montelimar, & j'attendois avec empreffe-» ment l'occafion de vous le témoigner. J'aurai le plaifir de vous envoyer » des fchorls de nos Alpes; je fuis comme vous perfuadé qu'ils ne font » pas plus des productions du feu que le quartz, le feld-fpath & les » autres ingrédiens des montagnes primitives, puifqu'on les trouve » mêlangés avec toutes ces matieres, de maniere à démontrer qu'il s'eft » formé & s'eft cryftallifé en même temps que ces montagnes fe for-» moient, &c. »

DE LA ZÉOLITE.

LA zéolite eſt un genre de pierre connu depuis peu, dont la découverte appartient à M. le baron de Cronſtedt, qui en a donné la deſcription dans le tome XVIII, année 1756, des mémoires de l'académie royale de Suede. Feu M. le préſident Ogier s'etoit procuré, dans ſon ambaſſade en Danemarck, une ſuite nombreuſe & très-variée des zéolites de Ferroë; ce fut par ſon moyen que l'on parvint à bien connoître cette pierre en France. M. Pazumot, de l'académie de Dijon, bon naturaliſte, & familier avec les volcans de l'Auvergne qu'il a très-bien viſités, vit chez M. le préſident Ogier, la note d'un minéralogiſte danois qui annonçoit que la zéolite d'Iſlande ſe trouvoit dans les cavités d'une eſpece de pierre qui paroiſſoit avoir été volcaniſée. M. Pazumot, dont les yeux ſe ſont exercés ſur les matieres volcaniques, reconnut, à l'examen de la terre adhérente aux morceaux de zéolite d'Iſlande, qu'elle avoit en effet ſubi l'action du feu; cette découverte lui donna l'idée de faire examiner chymiquement, & par comparaiſon avec la zéolite, une pierre qu'il avoit trouvée près de *Volvic*, à l'endroit nommé *la Pauſette de Marcouin*, entre des couches de baſalte grumeleux; il en parla alors à M. Deſmareſt.

M. le duc de la Rochefoucault eſſaya de traiter cette pierre; mais elle fit effervefcence dans l'eau forte, & y devint ſoluble. Malgré cela, M. Pazumot, ſachant qu'il y avoit quelques zéolites en partie ſolubles dans les acides, ne ſe découragea pas & remit à M. le préſident Ogier un mémoire très-détaillé pour faire paſſer en Danemarck, afin d'y prendre des inſtructions locales propres à répandre du jour ſur cette matiere. Ce magiſtrat mourut & le mémoire fut perdu ou demeura ſans réponſe. Le cabinet de M. le préſident Ogier fut mis en vente; M. Pazumot y fit l'acquiſition d'un morceau de lave connue ſous le nom de *peperino*, contenant de la zéolite cryſtalliſée en rayons divergens, qui forma une gelée avec l'acide nitreux, ce qui ne laiſſa aucun doute ſur la nature de ce morceau.

Ce premier apperçu donna lieu à M. Pazumot de pouſſer ſes recherches plus loin; il trouva de la zéolite dans les peperino des volcans éteints de *Gergovia* en Auvergne, & dans d'autres matieres volcaniſées de divers pays. Il fit alors un mémoire intéreſſant ſur la zéolite, qu'il lut à l'académie royale des ſciences, le ſamedi 16 juin 1776. La concluſion de ce mémoire fut que la zéolite ſe trouvant dans des échantillons volcaniſés d'Iſlande & de Ferroë, dans ceux de Gergovia & du vieux Briſach, de l'île Bourbon & de l'île de France, eſt une reproduction de la décompoſition des terres volcaniſées. Les commiſſaires nommés pour l'examen de ce mémoire furent meſſieurs Daubenton & Sage, qui, dans leur rapport du 31 juillet 1776, regarderent les obſervations de M. Pazumot comme neuves, & jugerent que ſon mémoire devoit être imprimé parmi ceux des ſavans étrangers, ce qui fut ainſi arrêté par l'académie.

On voit par ce narré, dont les faits ſont extraits du mémoire même

E e

de M. Pazumot, que ce ne fut que vers le milieu de l'année 1776 que ce naturaliste fit part de ses observations sur la zéolite à l'académie des sciences de Paris. J'avois moi-même, vers la fin de l'année 1775, trouvé & reconnu la zéolite blanche à filets divergens, formant une gelée avec l'acide nitreux, dans le centre du basalte le plus compact & le plus dur du volcan éteint de *Rochemaure* en Vivarais. Je ne connoissois ni je ne pouvois connoître alors les observations de M. Pazumot, puisque elles n'avoient pas été lues à l'académie, & qu'elles n'étoient peut-être pas encore faites à cette époque.

Je fis, vers la fin de l'année 1775, mes premieres expériences sur la zéolite de Rochemaure, en présence de M. Bro, ingénieur-géographe de Montelimar. Peu de temps après M. l'abbé Rozier allant en Corse me fit l'honneur de s'arrêter quelques jours chez moi, & je lui montrai la zéolite de Rochemaure dans le basalte. En 1776, M. l'abbé Bertholon, de plusieurs académies, revenant de Paris, vint voir mon cabinet; je lui fis part de ma découverte sur la zéolite dans le basalte, & il me dit à ce sujet: *M. Pazumot vient de lire, depuis peu de jours, un mémoire sur la zéolite trouvée dans des laves d'Islande & de Gergovia; votre découverte viendra à l'appui de son mémoire.* Au mois de janvier de l'année 1777, M. & Madame de Saussure, de Geneve, s'étant arrêté à Montelimar pour voir mon cabinet, je répétai sous leurs yeux les expériences sur la zéolite de Rochemaure. Je sais qu'à cette derniere époque le mémoire de M. Pazumot avoit été lu; mais ce n'étoit là qu'une suite d'expériences faites antérieurement en présence des savans que je viens de nommer. J'envoyai peu de temps après divers échantillons de mes zéolites à M. le comte de Buffon, à M. le comte de Milly, & à M. Sage.

Je ne rappelle au reste toutes ces circonstances que pour l'exactitude des faits, & non pour disputer à M. Pazumot la priorité de sa découverte qui est autant à lui que la mienne est à moi. Ce naturaliste me fit l'honneur de venir me voir dans le dernier voyage que j'ai fait à Paris l'été dernier 1777. Nous sommes absolument d'accord sur les faits: il est incontestable qu'il a remarqué seul & le premier la zéolite dans des matieres volcanisées d'Islande, du vieux Brisach, de l'île Bourbon, de l'île de France & de Gorgovia; tout comme il est certain que j'ai découvert moi-même, vers la fin de l'année 1775, la zéolite dans le basalte de *Rochemaure*, avant d'avoir eu l'avantage de le connoître, & n'ayant pu me former aucune idée de son mémoire dont la lecture ne fut faite que le 15 juin 1776, & dans un temps où j'étois à 125 lieues de Paris. Nos découvertes respectives nous appartiennent donc. Je sais que ceci est assez étranger aux amateurs de l'histoire naturelle, & que peu leur importe que ce soit un tel ou un tel qui ait fait une découverte pourvu qu'elle existe; mais je devois rendre justice à M. Pazumot; on ne trouve pas toujours par-tout autant de candeur & de bonne-foi que chez lui. Ce naturaliste, s'il eût été moins honnête, pouvoit en rigueur me disputer ma petite découverte, à laquelle pourtant je n'attache pas un mérite bien excessif; il pouvoit dire que son mémoire ayant été lu au mois de juin 1776, faisoit époque, & que tous les témoignages que je réclamois, quoique respectables, ne pouvoient jamais l'emporter contre un titre aussi légal que le dépôt de l'académie. Bien des naturalistes &

des chymiftes favent qu'on a abufé quelquefois de cette rufe litté raire pour leur enlever des découvertes qui leur appartenoient véritablement. J'ai donc cru qu'il étoit de mon devoir de rendre juftice à la loyauté de M. Pazumot ; je lui dois d'ailleurs une double reconnoiffance puifqu'il a bien voulu me donner une copie de fon mémoire qui eft attendu avec tant d'impatience par les lithologiftes, & qui n'a pas encore été imprimé, parce que l'académie eft en retard de plufieurs années pour l'impreffion de fes mémoires, ce qui eft un mal réel dans un fiecle où l'on cultive les fciences. J'ai donc penfé qu'on me fauroit quelque gré de le faire connoître ici aux favans, & c'eft ce qui m'a déterminé à le faire imprimer de l'agrément de M. Pazumot. J'y ai fait quelques notes dans la feule intention d'éclaircir un fujet auffi difficile, que j'ai traité moi-même par un mémoire féparé qui fuivra celui-ci.

MÉMOIRE

SUR LA ZÉOLITE,

Lu à l'académie royale des fciences, le famedi 15 juin 1776.

LES différens travaux qu'on a faits jufqu'ici fur la zéolite n'ayant pas encore fait connoître la nature de cette pierre finguliere, je ferois flatté fi, par quelques obfervations, je pouvois jeter quelque jour fur cette partie de l'hiftoire naturelle.

Une notice d'un minéralogifte danois (de Ferroë [a]) qui m'a été communiquée par feu M. le préfident Ogier, & qui porte que la zéolite d'Iflande fe trouve dans les cavités d'une efpece de pierre qui paroît avoir été volcanifée, me donna lieu d'examiner, avec la plus grande attention, tous les morceaux que M. Ogier avoit raffemblés pendant fon ambaffade en Danemarck, & dont il avoit formé la collection la plus belle, la plus variée, & la plus complete qu'on ait encore vu en France en ce genre. Je trouvai que la plupart de ces morceaux tenoient encore avec eux de la terre qui me parut être leur matrice. L'expérience que j'ai acquife par l'étude que j'ai faite de nos antiques volcans d'Auvergne, m'ayant affez habitué à diftinguer les terres volcanifées, il me fut aifé de reconnoître que celle qui adhere aux morceaux de zéolite de la collection de M. Ogier, eft une terre compofée qui, quoique variée en couleurs, a fubi l'action du feu. M. Sage a acquis la plus grande partie de ces morceaux ; il eft facile de les examiner à l'aife pour mieux reconnoître ces terres & juger de leur état de combuftion. Je puis affurer que quoique pulvérulentes, elles font inattaquables à l'acide nitreux ; mais pour diffiper tous les doutes des perfonnes qui pourroient ne pas affez connoître les terres brûlées, & attendu que le

Les terres qui adhérent à la zéolite font brûlées.

Preuves.

[a] La véritable orthographe de ce nom propre eft Fœroë.

caraĉtere principal qui leve toute difficulté, c'eſt que toutes terres &
pierres volcaniſées fondent facilement au feu ſans addition , & donnent
un verre coloré , ſouvent tranſparent [a], j'ai fait ſubir cette épreuve
aux terres adhérentes à la zéolite. M. Darcet , doĉteur-régent de la
faculté de médecine , profeſſeur de chymie au college royal, & très-
connu par ſes ſavans travaux chymiques , a bien voulu ſe charger de
faire ces expériences. Cinq eſpeces différentes de ces terres ont fondu
très-complétement : elles ont donné ſans addition un verre tranſparent noir & brun. Cependant , ſi malgré cette preuve on vouloit encore
douter ſi les terres adhérentes à la zéolite ont été brûlées , le cabinet
du jardin du roi poſſede un très-beau morceau de zéolite qui faiſoit
partie de la colleĉtion envoyée par le roi de Danemarck , & qui levera
tous les doutes. La terre qui lui eſt adhérente eſt une argile cuite ,
devenue rouge , & dont certaines parties ſont frittées & en état de lave.
Mais les doutes diſparoîtront encore plus facilement par l'inſpeĉtion
d'un morceau du cabinet de M. Sage. La zéolite eſt incorporée & dif-
ſéminée dans une terre noirâtre très-brûlée , & qui porte évidemment
le caraĉtere d'une terre volcaniſée.

Perſuadé que nous pouvions avoir de la zéolite en France, & que peut-
être l'Auvergne nous en avoit fourni , je fis part de mes idées à M. Deſmareſt , & je lui propoſai de faire examiner chymiquement , & par comparaiſon avec la zéolite , une pierre que j'ai trouvée près de Volvic , à
l'endroit nommé *la Pauſette de Marcouin* , entre des couches de baſaltes
grumeleux , & que j'ai retrouvée à mi-côte de la montagne de Chau-
targue , près de Clermont , dans le centre de différens baſaltes de la
même eſpece , qui ſont en état de décompoſition. Cette pierre eſt compoſée de petits filets fins comme le gypſe demi-ſoyeux , & cryſtalliſée
quelquefois dans ſes ſurfaces en rayons divergens comme la zéolite. J'étois
aſſuré par l'expérience que cette pierre n'étoit point un gypſe ; M. le duc de
la Rochefoucault ayant eſſayé de la traiter , elle s'eſt trouvée être tout-à-
fait ſoluble dans l'eau forte , & on n'a pas été plus loin. Comme il y a
quelques zéolites qui ſont ſolubles , au moins en partie , dans cet acide ,
l'accident de ma pierre de Marcouin ne m'arrêta point. Je remis à M. le
préſident Ogier un mémoire contenant des queſtions relatives à l'état
dans lequel on trouve la zéolite en ſituation naturelle. Je demandois
qu'on voulût bien envoyer des échantillons des pierres ou terres qui y
adhérent & qui peuvent être ſa matrice ; mais la mort ayant enlevé
précipitamment ce célebre magiſtrat , mon mémoire n'a pu être envoyé
en Danemarck , & a été inutile.

Je reſtois dans l'attente relativement à l'objet que j'avois à cœur de
pouvoir éclaircir , lorſque la vente du cabinet de M. Ogier m'a procuré
l'acquiſition d'un petit morceau très-intéreſſant & bien digne de fixer
l'attention. C'eſt une lave ou plutôt une de ces terres volcaniſées , connues ſous le nom de péperine , & dont le caraĉtere eſt de contenir des
globules d'une matiere blanche. Celle que mon petit morceau contient
eſt la zéolite qu'il eſt facile de reconnoître par la cryſtalliſation en rayons
divergens ; mais de plus , en ayant détaché quelques globules , ils ſe
font réduits en gelée dans l'acide nitreux.

La zéolite
dans une lave
d'Iſlande ou de
Ferroë.

[a] Premier mémoire de M. Darcet ſur l'aĉtion d'un feu égal & violent.

Ce

Ce morceau, ainfi que les terres brûlées dont j'ai parlé ci-deffus, prouvent, conformément à l'affertion du minéralogifte de Ferroë, que la zéolite fe trouve dans les terres volcanifées. Je ne crois pas pour cela qu'il faille mettre cette pierre au rang des productions des volcans ; mais je penfe qu'il faut la confidérer comme une reproduction formée de la décompofition d'une terre volcanifée [a]. *Ce que c'eft que la zéolite.*

La lave ou plutôt le péperine qui m'eft venu du cabinet de M. Ogier, & qui contient des globules de zéolite, prouve mon opinion. Ce qui la prouve encore, c'eft un fecond morceau du cabinet du roi qui a fait auffi partie de l'envoi du roi de Danemarck, fous l'étiquette danoife de *grains de zéolite dans l'argille.* Il contient à la vérité des petites géodes de zéolites ; mais la prétendue argille eft une lave attirable à l'aimant, qui contient du fchorl noir, & qui, dans fa fufion, donne fans addition un verre noir. Ce qui prouve encore mon opinion, c'eft le morceau du cabinet de M. Sage que j'ai déjà cité. C'eft encore la propriété de la zéolite de fondre au feu fans addition ; propriété qui lui a fait donner fon nom du grec (*ζέω ebullio* & *λίθος lapis* ; propriété enfin qui la caractérife par fa fufibilité [b]. Mais fi je puis montrer la zéolite dans des échantillons analogues, non-feulement de nos volcans de France, mais encore des volcans d'autres contrées, même fort éloignées, j'aurai alors démontré la vérité de ce que je viens d'avancer. *Preuves.*

Il n'y a eu qu'un feul des volcans que j'ai vifités en Auvergne qui ait fourni du péperine ; c'eft la fameufe montagne de Gergovia. Nous en avons trouvé, M. Defmareft & moi, quatre efpeces principales ; l'un eft abfolument terreux, & je n'en parlerai pas ; un autre contient des globules plus ou moins gros, qui font des petites géodes blanches cryftallifées intérieurement ; le troifieme contient, au lieu des géodes, une matiere fort blanche, difféminée dans la terre brûlée ; & le quatrieme ne differe du précédent que parce qu'il contient de plus une efpece de terre argilleufe, jaunâtre & matte. J'ai effayé dans l'acide nitreux ces trois dernieres efpeces. Les globules ou petites géodes contenues dans l'un de ces péperines, font entièrement folubles & par conféquent toutes calcaires. Quant à la matiere blanche des deux autres, elle fait parfaitement la gelée dans l'acide. Frappé de cet effet, j'ai examiné mes péperines avec la plus grande attention. Au fimple coup-d'œil, il eft facile de reconnoître une pâte blanche, matte & analogue à celle de la zéolite ; mais avec le fecours de la loupe on diftingue aifément, fur-tout dans l'efpece qui ne contient point d'argille, la cryftallifation en petits filets foyeux, qui divergent en partant d'un centre, & qui font fi parfaitement femblables à ceux de la zéolite, que je ne puis héfiter à reconnoître cette reproduction pour la vraie zéolite. *La zéolite exifte dans les péperines du volcan de Gergovia.*

Cette obfervation m'engage à foupçonner que ma pierre de Marcouin eft une zéolite imparfaite. Quoique foluble dans l'acide nitreux, fa cryftallifation extérieure en rayons divergens m'autorife à pouvoir lui *Fauffe zéolite.*

---

[a] M. Ferber, dans fa troifieme lettre, obferve que la colline de Vicence, dans laquelle on trouve une très-grande quantité de petites géodes de la nature de la calcédoine, qui contiennent de l'eau, *eft entièrement formée de cendres de volcans d'un brun noirâtre.* Il ajoute que ces *enhydri* (qu'on peut rendre en françois par inhydres) exiftent dans plufieurs collines du Vicentin, également volcaniques ; que ces boules de calcédoine & de zéolite de *Ferroë* en Iflande, fe trouvent dans une terre d'un brun noirâtre de la même maniere que les géodes du Vicentin.

[b] Elle donne au feu un émail blanc. *Lettres de M. Ferber, pages 24 & 25.*

aſſigner ce caractere. Les travaux chymiques pourront peut-être en obtenir les mêmes réſultats que de la zéolite reconnue & avouée pour telle. Au reſte, je ne riſque ceci que comme un ſoupçon que les expériences pourront confirmer ou détruire ; mais je crois devoir ajouter que les minéralogiſtes danois & ſuédois donnent le nom de zéolite à du ſpath que l'on trouve, ſelon toute apparence, avec la zéolite & qui en contient réellement. L'acide diſſout le ſpath, & la zéolite ſe convertit en gelée après la diſſolution du ſpath.

Les péperines de Gergovia ſont les ſeuls produits des volcans d'Auvergne dans leſquels j'aie juſqu'ici découvert la zéolite. Je m'attendois à trouver cette reproduction dans les matériaux brûlés des immenſes courants des monts d'or. Quelques-uns contiennent, avec beaucoup de ſchorl noir, une grande quantité de matieres blanches ſous la forme de petites lentilles qui font l'effet de la pierre frumentaire quand elles ſont tranchées par un plan qui coupe les deux ſurfaces ; mais les expériences que j'ai tentées m'ont prouvé que cette matiere blanche, qui eſt dure ſans étinceler au briquet, n'eſt d'ailleurs ni ſpath, ni quartz, ni argile, & elle me paroît être une eſpece particuliere différente de la zéolite.

A ce défaut, je croyois pouvoir étendre mes preuves par des échantillons volcaniſés d'Italie ; mais aucun de ceux que j'ai vu ne peut entrer en comparaiſon avec les péperines zéoliteux de Gergovia. Ils contiennent tous ou du quartz, ou du ſpath, ou bien des corps argilleux réguliers, qui, ſelon toute vraiſemblance, ont été des grenats. Mais dans la collection des matériaux volcaniſés, faite ſur les bords du Rhin, & qui a été préſentée l'année derniere à l'académie par M. le baron de Dietrich, j'ai trouvé parmi les échantillons du vieux Briſſach, un péperine qui, comme ceux de Gergovia, contient une matiere blanche, matte, très-cryſtalline, qui forme la gelée dans l'acide nitreux, dont la cryſtalliſation lamelleuſe a pour élément des rayons divergens, & qui enfin eſt une vraie zéolite.

Les productions volcaniſées des monts d'or, ainſi que celles de l'Italie, ne m'ayant fourni aucun objet de comparaiſon, j'ai été dédommagé par la collection des produits du volcan de l'île Bourbon, faite par M. Commerçon & envoyée au cabinet du jardin du roi. M. Daubenton, toujours prêt à obliger, ayant bien voulu m'en donner quelques fragmens pour les ſoumettre à l'expérience, j'ai trouvé pluſieurs laves d'un gris noir, qui contiennent une matiere très-blanche & très-cryſtalline, dont la cryſtalliſation pyramidale a pour élémens des rayons divergens, qui fait gelée avec l'acide nitreux, & qui par conſéquent eſt la zéolite.

M. de Romé Deliſle, très-connu par ſa ſavante cryſtallographie, m'a auſſi communiqué une lave griſe qui provient du volcan éteint de l'île de France ; elle contient, comme celles de l'île Bourbon, une matiere tout auſſi blanche & tout auſſi cryſtalline, qui eſt encore la zéolite ; ſa cryſtalliſation, également pyramidale, a auſſi pour élémens des rayons divergens, & comme les autres elle fait gelée dans l'acide. Je remarquerai que dans les cavités où cette zéolite eſt très-abondante, elle eſt cryſtalliſée en cubes, & que cette lave contient de plus une quantité prodigieuſe de petits grenats intacts. Les laves de l'île Bourbon contiennent de même de la zéolite cubique, & les îles de Ferroë ainsi que l'Islande produisent aussi de la zéolite crystallisée de même.

Il me paroît qu'ayant montré la zéolite dans des échantillons volcanisés d'Islande & de Ferroë, dans ceux de Gergovia, dans ceux du vieux Brisssach, & enfin dans ceux de l'île Bourbon & de l'île de France; il me paroît, dis-je, qu'il résulte de ces observations que la zéolite est, comme je l'ai avancé, une reproduction de la décomposition des terres volcanisées; que les îles de Ferroë ont eu des volcans comme l'Islande en a encore, & que le Danemarck, la Suede & toutes les autres contrées qui produisent la zéolite, ont également éprouvé les incendies des volcans. L'observation nous en convaincra plus parfaitement par la suite. *Conclusion que la zéolite est une reproduction de la décomposition des terres volcanisées.*

Mais comme il peut se présenter quelques objections, il en est trois auxquelles je puis répondre d'avance. *Objections.*

La première, que plusieurs des zéolites de feu M. Ogier ont pour base & même pour enveloppe une couverture de verd de montagne, qui prouve une mine de transport, & par conséquent autre chose qu'un volcan.

La seconde, que M. Sage possede un morceau magnifique de zéolite disséminée & incorporée dans une superbe calcédoine polie; & que l'on voit dans le cabinet de M. le duc de la Rochefoucault une espece de grosse géode de calcédoine, dans l'intérieur de laquelle la zéolite s'est formée.

La troisieme, que le jaspe peut contenir de la zéolite qui participe de sa couleur, témoin un magnifique jaspe rouge de feu M. Ogier, & qui est dans le cabinet de madame la présidente de Bandeville.

Je réponds à la premiere objection, que la couche de verd de montagne ne peut pas prouver contre mon assertion, parce que cette couche est elle-même adhérente à une terre brûlée. La simple inspection peut suffire pour en acquérir la conviction; l'émail qu'elle a donné en fondant sans addition est une preuve de plus: mais rien n'empêche que le verd de montagne couvre & pénetre les matériaux volcanisés. Je possede une lave remplie de crystaux pénétrés de ce verd qui constitue la zéolite verte. *Réponses.*

A la seconde objection, je répondrai que la calcédoine peut se former & se forme aussi-bien dans des terres volcanisées que dans celles qui n'ont pas été brûlées. On trouve des agathes laiteuses près de Clermont en Auvergne, sur le puit de Crouelle & sur celui de Girou, qui tous deux sont volcanisés: j'en ai trouvé dans d'autres terreins également brûlés, & je puis produire des morceaux des environs de Pont-du-Château qui contiennent de la terre volcanisée, de l'agathe, de la calcédoine & de l'asphalte.

Quant à la troisieme objection, je puis dire que le jaspe a pu être d'une formation postérieure à celle de la zéolite qu'il a enveloppée & qui se trouve colorée en rouge par le fer dont le jaspe lui-même a été imprégné [a]; par conséquent ces difficultés ne peuvent détruire ce que

---

[a] M. Ferber dit, d'après M. Arduini, » qu'il est » à propos de remarquer que dans beaucoup de can- » tons volcaniques du Vicentin, du Véronnois, &c. » il se trouve au milieu de la lave & de la cendre dif- » férentes especes de cailloux qui font feu avec l'acier, » tels que des pierres à fusil, des jaspes, des agathes » rouges, noires, blanches, verdâtres & de plusieurs » autres couleurs. »

Ces observations de M. Ferber, dont je n'ai eu connoissance qu'après que mon mémoire a été lu à *Note extraite de M. Ferber, page 71.*

j'ai avancé ; & je finirai par dire que la zéolite n'eſt point une pierre auſſi ſimple qu'on pourroit penſer, puiſqu'il me paroît prouvé que c'eſt une reproduction des terres volcaniſées. Conféquemment il ne doit plus paroître étonnant qu'il ait été difficile de reconnoître juſqu'ici la vraie nature de cette pierre ſinguliere. Cette propriété d'être une reproduction, explique pourquoi il y a de la zéolite en ſtalactites & en géodes ; & comme il y a du ſpath zéoliteux, ainſi que de la zéolite qui contient du ſpath, on ne doit plus être ſurpris ſi cette pierre varie dans ſa cryſtalliſation.

Pourquoi la zéolite exiſte en ſtalactites & en géodes & avec des variétés de cryſtalliſation.

Mais on peut objecter encore que la propriété de faire la gelée avec les acides n'eſt point un caractere aſſez déciſif pour reconnoître pour zéolite toute matiere qui éprouvera cet état, parce que quelques ſubſtances vitrifiées font auſſi le magma dans les acides.

Autre objection.

Je répondrai d'abord que ce caractere prouve en quelque façon que la zéolite eſt un produit d'une ſubſtance qui a éprouvé l'action du feu ; & en ſecond lieu qu'il eſt aiſé de ne pas confondre une matiere qui tient de la vitrification, ou qui même eſt tout-à-fait vitrifiée, avec celles que le feu n'a pas réduites en verre ; & que dès que l'on reconnoît une ſubſtance qui n'a reçu aucune altération par le feu, qui même n'en a pas été touchée, qui eſt cryſtalliſée comme la zéolite, & qui, comme elle, fait la gelée avec l'acide, alors ce minéral peut être regardé comme zéolite.

Réponſe.

Enfin, ſi le caractere de fuſibilité que j'ai aſſigné aux pierres & terres brûlées ne paroît pas faire une preuve complete & déciſive, parce qu'on peut dire que toutes matieres fondent au feu, je répondrai que la fuſion des matieres volcaniſées a des caracteres particuliers qui ſont de fondre ſans aucune addition, de donner toujours un verre coloré, enfin de fondre très-facilement.

Paris, 15 juin 1776.

P A Z U M O T, ingénieur-géographe du roi, de l'académie des ſciences & belles-lettres de Dijon, &c. &c.

L ES commiſſaires pour l'examen de ce mémoire ont été MM. Daubenton & Sage. Ces meſſieurs ont fait leur rapport le 31 juillet, & ont dit que ces obſervations ſont neuves, & qu'ils ſont d'avis que ce mémoire ſoit imprimé parmi ceux des ſavans étrangers ; ce qui a été arrêté par l'académie.

---

l'académie royale des ſciences, méritent d'autant mieux de trouver place ici, qu'elles viennent parfaitement à l'appui de ce que je viens de dire & de ce qui ſuit.

Il eſt bon d'obſerver ici que la zéolite, après avoir fait gelée avec les acides, finit par s'y diſſoudre tout à-fait ſi on ajoute ſuffiſamment d'acide.

MÉMOIRE

MÉMOIRE

SUR LA ZÉOLITE.

E mémoire de M. Pazumot sur la zéolite renferme des vues neuves, de bonnes observations & des faits bien présentés. Cette même substance que j'ai trouvée dans l'intérieur du basalte le plus compact & le plus dur[a], m'a donné lieu de faire de nouvelles recherches sur la nature d'une pierre dont l'origine n'est pas encore déterminée.

Mon but est moins de combattre le sentiment de M. Pazumot, sur la formation de la zéolite dans les matieres volcanifées, que de donner quelques faits nouveaux, & de développer avec impartialité les raisons qu'on pourroit opposer contre le systême de ce naturaliste.

M. Sage se trouvant possesseur des morceaux les plus intéressans des zéolites de M. le président Ogier, a été à même d'examiner avec attention cette pierre, & d'en faire une analyse exacte : voici ce qu'il en dit, pages 281 & suiv. de la nouvelle édition de sa minéralogie, tome I.

» La zéolite est fusible sans addition, & produit par ce moyen un émail
» blanc ; cette pierre est soluble dans les acides, avec lesquels elle ne
» fait point effervescence quand elle est pure ; sa dissolution produit
» une gelée demi-transparente. Le verre qui résulte de parties égales
» de quartz & de chaux, étant doué de la même propriété, il y a lieu
» de croire que la zéolite est aussi composée de quartz & de terre cal-
» caire...... Les observations de M. Pazumot font connoître que la
» zéolite se trouve dans presque tous les climats où il y a eu des vol-
» cans. Il est vrai qu'à l'exception des îles de Ferroë où la zéolite se
» rencontre en masses assez considérables, éparses comme le caillou, &
» incrustées d'une argille verte, semblable à la terre de Vérone, les
» autres contrées ne l'ont offerte qu'en petites géodes dans les basaltes
» connus sous le nom de *péperine*. La zéolite en masse des îles de Ferroë
» est ordinairement palmée dans sa fracture ou en prismes, d'un blanc
» laiteux, serrés les uns contre les autres, & qui partent en divergeant
» de différens centres : elle s'y trouve aussi en stalactites, en stalagmites
» & en géodes, dont l'intérieur est tapissé de crystaux plus ou moins
» réguliers. J'ai retiré, par la distillation, de la zéolite blanche trans-
» parente, un huitieme d'eau claire insipide ; ce qui restoit dans la
» cornue étoit blanc, opaque, fragile. Cette même zéolite exposée au
» feu dans un creuset, s'est fondue & boursoufflée ; par un feu violent,
» elle s'est convertie en un émail blanc très-dur. Un mélange de deux
» parties de zéolite & d'une de salpêtre, produit, par la distillation,
» de l'acide nitreux rutilant ; si l'on a employé la zéolite rouge pour
» cette opération, le résidu est une masse opaque, cellulaire, rougeâtre
» & insoluble. Ayant distillé de la zéolite avec deux parties d'huile de

Analyse de la zéolite par M. Sage.

[a] Un basalte parfait, *ferrei coloris & duritiæ.*

G g

» vitriol, il a paffé de l'acide fulphureux & enfuite de l'huile de vitriol;
» le réfidu pefoit près d'un cinquieme de plus que dans l'opération pré-
» cédente. Par la leffive, le réfidu m'a fourni un peu d'alun, mêlé de
» vitriol martial, lorfque j'avois employé du *lapis* ou de la zéolite
» rouge. »

Cette analyfe nous apprend à connoître, d'une maniere non équivoque, les caracteres chymiques de cette pierre ; je dois ajouter que lorfqu'on fait rougir la zéolite au chalumeau, elle répand une lueur claire
& phofphorique qui ne dure qu'un inftant.

M le baron de Cronftedt. M. le baron de Cronftedt a le premier donné un mémoire curieux fur
la zéolite, inféré dans le recueil de l'académie royale de Suede, tome
XVIII, année 1756 : il eft utile de lire ce mémoire. Je ne donne point
ici les différentes efpeces qu'a fait connoître M. Cronftedt, parce qu'elles
font citées fous fon nom dans les ouvrages des auteurs dont je vais faire
mention.

M. de Romé Delifle. M. de Romé Delifle, dans fa *cryftallographie*, page 283, indique
les zéolites fuivantes.

Premiere variété. Celle en cryftaux pyramidaux divergens vers un
centre commun.

Cryftalli zeolitis pyramidales, concreti ad centrum tendentes. Cronft.
min. §. III. 1.

Il y en a qui font d'un jaune clair, qui viennent de la mine de cuivre
de Swappawari dans la Laponie de *Torneo :* d'autres, qui font d'une
couleur très-blanche, font de la mine de *Guftave dans le Jemteland.*

Deuxieme variété. En cryftaux ifolés, prifmatiques, tronqués.

Cryftalli zeolitis diftincti, figurâ prifmaticâ truncatâ. Cronft. *ibid.*

Ils font blancs & viennent également de la mine de *Guftave dans le
Jemteland.* M. de Romé Delifle en a de cette efpece, dont l'extrêmité
des prifmes eft entiérement diaphane, avec un fommet en bifeau.

Troifieme variété. En cryftaux capillaires blancs.

Cryftalli zeolitis capillares. Cronft. *ibid.*

On voit un beau groupe au cabinet du roi, dans celui de M. Sage,
& dans la précieufe collection de madame la préfidente de Bandeville.

M. le chevalier de Born, de la fociété royale de Stockholm, a fait
imprimer à Prague, en 1772 & 1775, en 2 vol. *in-8°.* le catalogue de
fon cabinet ; le chapitre des zéolites y eft intéreffant, & la fuite en eft
nombreufe. Comme ce catalogue n'eft pas entre les mains de tout le
monde, on pourra voir ici avec plaifir ce qu'a écrit ce favant fur la
zéolite, aux pages 45 & fuiv. du tome I de fon catalogue, où il a rangé
la zéolite parmi les pierres *apyres*, quoiqu'elle foit aifément fufible fans
addition.

Zéolites du cabinet de M. le chevalier DE BORN.

M. le chevalier de Born.

1. ZÉOLITE blanche, pure, à particules impalpables, de figure
indéterminée, imitant le cacholong ª de Ferroë en Iflande.

*Zeolithus particulis impalpabilibus, figuræ indeterminatæ, purus
albus, cacholonio fimilis.* Cronft. §. 109, è Ferroe Iflandiæ.

ª Le cacholong eft une efpece d'agathe blanche,   trouve communément ifolée ; on en tire du pays des
peu tranfparente, dure & fufceptible de poli ; on la   Calmoucks.

2. Blanche , femblable à de la calcédoine ondulée , formée en goutte, de Ferroë en Iflande.

Albus chalcedonio undulato ftillatitio fimilis , è Ferroe Iflandiæ.

3. Bleue azurée , *lapis lazuli* oriental.

Cæruleus , lapis lazuli , ex oriente.

Le *lapis* expofé au feu s'y fond facilement & fe change en un émail noir ; lorfqu'on le réduit en poudre & qu'on le couvre d'acide nitreux, il forme une gelée comme la zéolite : voilà deux caractères qui rapprochent le *lapis* de la zéolite. Il eft vrai qu'on n'a trouvé jufqu'à préfent le *lapis* qu'en maffe folide , à tiffu ferré , d'une couleur bleue plus ou moins foncée , & non cryftallifé. Qu'on le regarde donc, fi l'on veut , comme une zéolite brute ; mais il n'en eft pas moins vrai qu'il eft bien claffé ici , & qu'il doit tenir fa place parmi la zéolite à caufe de fa propriété de former une gelée dans l'acide nitreux. Le *lapis* eft un peu plus dur que la zéolite ordinaire ; il contient des petits points pyriteux : lorfqu'on le pile dans un mortier de fer , il s'en dégage une odeur de foie de foufre ; ce qui n'eft peut-être occafionné que par les points pyriteux que la trituration & le frottement décompofent.

On trouve du *lapis* en Afie en morceaux ifolés de différentes groffeurs : il y en a en Perfe , à Golconde , en Efpagne , en Suede , en Pruffe , en Bohême, en Sibérie & ailleurs. Tous les *lapis* n'ont pas la même dureté; leur couleur eft due au fer; on doit obferver cependant qu'il y a certains *lapis* d'un bel azur & fufceptibles d'un poli éclatant , qui doivent leur couleur au cuivre. J'ai des échantillons remarquables de cette efpece, tellement propres à être confondus avec le vrai *lapis* , qu'on y diftingue des points pyriteux très-brillans ; ces *faux lapis* (car il eft bon de les nommer ainfi) font un peu plus durs que les autres ; ils montrent dans leur fiffure de petites cryftallifations quartzeufes & des veines de cuivre gris. Lorfqu'on les réduit en poudre , & qu'on verfe de l'acide nitreux deffus , il fe fait une ébullition momentanée , occafionnée par quelques molécules calcaires; l'acide prend une teinte cuivreufe d'un verd bleuâtre, & la poudre qui eft au fond du verre refte intacte & ne forme aucune gelée. C'eft une fuite d'expériences que j'ai faites fur les *lapis* , qui m'ont mis dans le cas d'établir cette diftinction que j'ai voulu rappeller , parce que rien n'eft autant utile que de prévenir fur les exceptions ; car il peut arriver ici qu'un naturalifte voulant vérifier les propriétés du vrai *lapis* , faffe ufage d'un *faux lapis* femblable à celui que je viens de décrire : il s'enfuit alors que le fuccès ne répondant pas à fon attente , il accufera d'inexactitude des auteurs qui ont cependant bien vu, mais qui ont procédé avec des matériaux d'une qualité différente , quoique les mêmes en apparence. Qu'on me pardonne cette petite digreffion en faveur de la bonne intention qui la dicte. Revenons au cabinet de M. le chevalier de Born.

4. Zéolite pure , blanche & farineufe , de Ferroë en Iflande.

Zéolithus albus farinaceus purus , è Ferroe Iflandiæ.

5. Farineufe tirant fur le verd. *Ibid.*

Virefcens farinaceus. Ibid.

6. Farineufe jaunâtre. *Ibid.*

Flavefcens farinaceus. Ibid.

7. Zéolite blanche fpathique. *Ibid.*

Zeolithus albus fpathofus. Ibid.

8. Spathique lamelleufe. *Ibid.*
Spathofus lamellofus. Ibid.

9. Spathique rouge compacte d'Adelfors en Suede, de Dargoten dans les mines d'or d'Adelfors en Suede.
Ruber fpathofus folidus, ex Edelfors Sueciæ, è Dargoten ad Aurifodinam Edelfors Suecia.

10. D'un jaune rouge. *Ibid.*
Flavo ruber. Ibid.

11. D'un rouge obfcur. *Ibid.*
Obfcuro ruber. Ibid.

12. A fuperficie rouge. *Ibid.*
Ruber fuperficialis. Ibid.

13. Zéolite blanche cryftallifée, exactement femblable au quartz, de Ferroë en Iflande.
Zeolithus cryftallifatus albus, quartzo fimillimus, è Ferroe Iflandiæ.

14. Zéolite blanche, folide & globuleufe, de Ferroë.
Zeolithus purus, albus, folidus, globofus, è Ferroe.

J'ai trouvé cette même variété dans le bafalte de Rochemaure en Vivarais.

15. Blanche fibreufe du baron de Cronftedt, §. 111, à fibres capillaires, réunies, & tendantes en un centre, d'Iflande.
Albus fibrofus, Cronftedt, §. 111, fibris capillaribus aggregatis, ad centrum tendentibus, Iflandiæ.

Cette variété eft dans le centre du bafalte de Rochemaure, à une lieue de Montelimar.

16. A filets fort courts. *Ibid.*
Fibris brevioribus. Ibid.

17. A filets extrêmement courts. *Ibid.*
Fibris breviffimis. Ibid.

18. Jaunâtre, à filets fort alongés. *Ibid.*
Flavefcens fibris longioribus. Ibid.

19. Zéolite blanche cryftallifée, à cryftaux capillaires.
Zeolithus cryftallifatus albus, cryftallis capillaribus, è Guftavs Grufva Jemtiæ in Suecia.

20. A cryftaux prifmatiques tétraedres féparés, tendans en un centre, d'Iflande.
Cryftallis prifmaticis tetraedris diftinctis, ad centrum tendentibus, Iflandiæ.

21. Cryftallifée à prifmes tétraedres, les faces oppofées étant fort étroites, & la pyramide diedre.
Cryftallifatus columnâ tetraedrâ, lateribus oppofitis anguftioribus, pyramide diedrâ, è Guftavs Grufva Sueciæ.

22. A cryftaux tétraedres tronqués & féparés. *Ibid.*
Cryftallis tetraedris diftinctis truncatis. Ibid.

23. Zéolite blanche cryftallifée, à cryftaux formés en pyramide triedre, d'Iflande.
Zeolithus cryftallifatus albus, cryftallis pyramidatis trigonis, Iflandiæ.

24.

24. Zéolite blanche , cryftallifée en cube. *Ibid.*

    Zeolithus cryftallifatus albus , cubicus. Ibid.

On trouve de la zéolite cubique dans les laves de l'île Bourbon & dans celles de l'île de France.

    25. En cubes réunis , tendans en un centre , d'Iflande.

    Cubis aggregatis ad centrum tendentibus , Iflandiæ.

    26. Zéolite vitreufe , électrique , arrondie ou roulée , à fuperficie polie. Tourmaline de Ceylan dans les Indes orientales.

    Zeolithus vitreus electricus, tourmalin, rotundatus, fuperficie politâ, è Zeilon Indiæ orientalis.

On fera peut-être furpris de voir M. le chevalier de Born claffer la tourmaline avec la zéolite. Cependant ne le blâmons pas fans connoître les raifons qui ont pu le déterminer à adopter cette marche. Comme il renvoie fur la fin de cet article aux actes de Stockholm de l'année 1766, j'ai voulu vérifier le mémoire qui lui a fervi de guide ; c'eft M. Sven Rinmann qui en eft l'auteur. Ce chymifte y expofe un travail exact & fuivi fur la tourmaline : il avoit remarqué , en foumettant cette pierre au feu , que pendant la fufion & fur-tout au premier bouillonnement , on voyoit une efpece de lueur phofphorique fur la partie qui bouillonne : voilà d'abord un premier caractere qui fe fait remarquer en général fur prefque toutes les zéolites.

M. Rinmann , dont je vais rapporter les paroles , dit : » la tourmaline
» fondue avec le borax a été diffoute par l'eau forte bouillante , & il
» s'eft fait un précipité gélatineux femblable à une glaife. . . . . . On a
» cherché inutilement la vertu électrique dans toutes les pierres qui
» paroiffent avoir quelque analogie avec la tourmaline , comme la to-
» paze , le fchirl , la zéolite d'Iflande , de Jemteland , de Laponie , de
» Tartarie , de Surate ; le lapis , les cryftaux , les fpaths , les grenats ;
» cependant on a trouvé cette vertu , quoique foible , dans une zéolite
» de Garphitteklint en Néricie ; elle eft rouge ponceau , demi-tranfpa-
» rente , affez compacte , fans figure déterminée. Le diamant de Ceylan,
» partie jaune & partie jaune verdâtre , donne auffi quelque marque
» d'électricité difficile à diftinguer. La tourmaline fondue avec moitié
» de borax , a formé un verre tranfparent , dur & un peu verdâtre ,
» qui s'eft diffout dans l'efprit de nitre après une forte ébullition ; une
» partie s'eft attachée au vafe fous la forme de gelée ; l'autre flottoit
» dans la diffolùtion comme des nuages légers : l'eau forte n'avoit pris
» aucune couleur & l'alkali n'en a rien précipité. Le fchirl de Péters-
» bourg , traité de même , a donné un verre qui a coloré en jaune l'eau
» forte bouillante , & s'eft attaché au vafe comme une gelée ; cette dif-
» folution n'a pas auffi-bien réuffi dans l'efprit de vitriol & dans celui
» de fel : aucune de ces deux fubftances n'a été attaquée par les acides
» minéraux , avant d'avoir été fondue avec le borax. La tourmaline ,
» jointe au fel fufible , a donné un verre opale , que l'eau forte a changé
» en gelée : il paroît qu'elle ne differe du fchirl qu'en ce qu'elle ne
» contient point de métal ; que le fchirl n'eft point électrique , parce
» qu'il en contient quelques particules , & que la zéolite eft la fubftance
» avec laquelle la tourmaline a le plus d'analogie. » *Mémoire de M. Sven Rinmann, dans les mémoires abrégés de l'académie de Stockholm, traduc-*

M. Sven Rin-
mann.

*tion françoise , pages 239 & fuiv. du tome XI de la collection acadé-
mique , partie étrangere.*

J'ai cru qu'il étoit à propos de rapporter ici les expériences de
M. Rinmann , non-feulement pour faire voir que ce n'étoit pas fans une
efpece de fondement que M. le chevalier de Born avoit placé la tourmaline parmi les zéolites , mais encore parce que j'ai trouvé les expériences de l'académicien de Stockholm, propres à jeter du jour fur la formation des zéolites.

Malgré tout ce que nous venons de lire , on doit cependant regarder
la tourmaline comme d'une nature étrangere à la zéolite.

1°. Cette pierre eft beaucoup plus rapprochée du fchorl que d'aucune
autre fubftance. M. de Romé Delifle poffede une tourmaline dont la
cryftallifation eft en tout femblable à celle du fchorl noir de Madagafcar
en cryftaux folitaires , à neuf pans d'inégale largeur , à pyramide triedre
obtufe , dont les plans font rhomboïdes.

2°. La lumiere phofphorique que la tourmaline répand lorfqu'elle
bouillonne , eft un caractere qui fe rapporte à d'autres fubftances ; il y
a des craies phofphoriques & des fpaths cubiques qui jettent de pareilles
clartés ; le diamant lui-même réduit en poudre & femé fur les charbons
ardens , fcintille & répand une lumiere brillante.

3°. Qu'on ne dife pas que dans les expériences de M. Rinmann la
tourmaline produit une gelée avec l'acide nitreux , parce qu'il faut faire
attention que dans ce dernier cas la tourmaline n'étoit pas feule , mais
qu'elle avoit été fondue avec le borax. On fait que cette derniere fubftance contient beaucoup de natron ; & c'eft cet alkali qui ayant fervi
de fondant à la tourmaline , en a formé une efpece de verre avec abondance d'alkali. Le quartz, fondu avec trois parties d'alkali fixe, devient
foluble même dans l'eau ; ce mêlange eft connu fous le nom de *liquor
filicum*. Or , en confidérant , ainfi qu'il eft naturel de le préfumer , la
tourmaline comme une pierre formée par une bafe de quartz très-pur,
uni à l'acide phofphorique & où les principes inconnus de l'électricité
fe trouvent combinés , on doit, fi on fond cette tourmaline avec le borax,
avoir à peu-près les mêmes réfultats que fi on fondoit le quartz avec
l'alkali dans certaines proportions. C'eft ainfi que le borax & la tourmaline, unis & traités par le feu, forment un mixte propre à donner une gelée
dans les acides ; il eft même à croire que fi on augmentoit la dofe du
borax dans cette opération , on parviendroit à rendre la tourmaline foluble , même dans l'eau , tout comme fi on la traitoit avec trois parties
d'alkali fixe ordinaire. Cette expérience fe rapproche beaucoup de celle
par laquelle on fait un verre qui donne une gelée dans les acides, en employant partie égale de quartz & de chaux : on peut appliquer cette
théorie à la tourmaline fondue avec le borax , car cette fubftance alkaline doit produire des effets à peu-près femblables à ceux de la chaux ,
qui eft elle-même alkalefcente.

La tourmaline ne doit donc point être confondue avec la zéolite ; je
croirois qu'il feroit plus naturel de la placer à la fuite des fchorls , ou
mieux encore , fi l'on veut, lui faire tenir un rang féparé avant ou après
les cryftaux gemmes. Je me fuis peut-être trop étendu fur ce fujet ; mais
ce n'eft qu'en difcutant les objets avec détail qu'on peut parvenir quelquefois à les faire connoître tels qu'ils font.

M. le chevalier de Born fait mention, ainsi qu'on l'a vu, d'un grand nombre de zéolites : ce naturaliste a la louable méthode, dans son catalogue, non-feulement de citer avec attention les lieux où se trouvent les morceaux qu'il décrit, mais encore celle de faire connoître les différentes matrices qui fervent de gangues à ces morceaux. Voici ce qu'il dit des zéolites.

Différentes matrices où l'on trouve les zéolites, d'après M. le Chevalier
DE BORN.

1. ON trouve la zéolite dans le fpath calcaire d'Adelfors en Suede.
2. Dans un petro-filex brun de Guftavs Grufva en Suede.
3. Dans le bafalte & le grenat. *Ibid.*

Comme M. le chevalier de Born confond le bafalte avec le fchorl & avec d'autres fubftances, on ne fait de quel bafalte il veut parler ici ; mais on eft affuré, en jetant les yeux fur l'article *bafalte*, pages 38 & fuiv. du tome I du catalogue de fon cabinet, que ce n'eft pas du bafalte-lave dont il eft queftion.

4. Dans une terre argilleufe brune & verte qui environne prefque toujours les calcédoines & les zéolites d'Iflande.
5. Zéolite fibreufe dans une zéolite fpathique d'Iflande.
6. Zéolite fibreufe dans une zéolite farineufe. *Ibid.*
7. Zéolite fibreufe dans une zéolite femblable au quartz. *Ibid.*
8. Zéolite dans une roche, compofée de quartz & de mica de Dargoten, dans la mine d'or d'Adelfors en Suede.

On lit dans les mémoires de l'académie de Stockholm diverfes expériences de M. Anton de Swab, fur des pierres & des verres diffous par les acides minéraux. Il y eft fait mention de la zéolite de la mine d'or d'Adelfors, fur laquelle ce chymifte a fait un travail qui mérite d'être rapporté ici.

» On trouve, dit M. Anton de Swab, dans la mine d'or d'Adelfors,
» une efpece de zéolite friable, d'un rouge pâle, qui fe divife en petits
» grains à côtés plats & brillans, comme ceux d'une certaine efpece de
» gypfe à la flamme & au chalumeau ; elle devient grife, & dès qu'elle
» a rougi, il s'en détache des gouttes claires & phofphoriques qui,
» après un léger bouillonnement femblable à celui du borax dans le feu,
» fe durciffent de nouveau & deviennent difficiles à fondre : réduite en
» poudre groffiere, & mife au feu fans fondant en un creufet, elle y
» forme une maffe grife continue au fond du creufet, & grenelée au-
» deffus & au milieu. L'eau forte verfée fur cette pierre, lorfqu'elle
» n'a pas été calcinée, y excite un bouillonnement violent qui ceffe
» bientôt. Une petite quantité réduite en poudre fut auffi couverte
» d'eau forte ; l'effervefcence ayant ceffé, on trouva une demi-heure
» après qu'une partie de la poudre s'étoit précipitée, tandis que l'autre,
» diffoute par l'efprit, avoit compofé avec lui une gelée rougeâtre &
» tranfparente comme une cornaline : la diffolution de la même pierre
» dans l'acide du fel & dans celui du vitriol, forma la même gelée, mais
» moins promptement. Le vinaigre diftillé attaque auffi cette zéolite &
» la diffout, mais ne donne aucune gelée. La plus forte huile de vitriol

» la diffout d'abord avec force & la coagule ; cependant la diffolution
» ne devient pas gélatineufe, à moins qu'on n'y verfe beaucoup d'eau,
» ou qu'on ne faffe l'expérience avec l'efprit de vitriol. Cette diffolution
» étendue en beaucoup d'eau, fut expofée à l'air extérieur par un froid
» très-vif; après quelques jours on la trouva en gelée, couverte de
» petites éminences de forme conique, compofées de rayons qui par-
» toient du centre de chaque éminence, & s'étendoient comme les
» aiguilles du régule d'antimoine étoilé ; c'eft la forme affeétée à cette
» zéolite lorfque nul obftacle ne la trouble. » *Mémoires abrégés de l'aca-*
démie de Stockholm, pages 243 & fuiv. du tome XI de la colleétion aca-
démique, partie étrangere.

Je reviens à M. Sage ; ce chymifte fait trois divifions des zéolites.

» PREMIERE ESPECE. *Zéolite blanche.* » Elle eft plus ordinairement
» opaque que blanche; elle cryftallife en cubes ou en parallélipipedes. On
» trouve des géodes où il y a des cryftaux de zéolite prifmatiques, té-
» traedres, terminés par des pyramides du même nombre de côtés ; le
» prifme eft quelquefois applati, les plans de la pyramide font alors très-
» différens, & les extrêmités de ces prifmes paroiffent coupés en bifeau.

» Les cryftaux de la zéolite fe trouvent fouvent groupés en maffes
» ftriées & arrondies, dont la furface offre les fommets tronqués de
» chacun des prifmes tétraedres qui compofent la maffe. Dans ces mor-
» ceaux les cryftaux prifmatiques de la zéolite partent d'un ou de plu-
» fieurs centres communs, & font difpofés en éventail.

» Quelquefois ces cryftaux font en aiguilles longues, fines, foyeufes
» & comme en effloreſcence à la furface des morceaux de zéolite palmée.

» On trouve auſſi de la zéolite en maffes irrégulieres qui paroiffent
» offrir dans leur fraéture des lames quarrées. J'ai dans mon cabinet de
» la zéolite blanche radiée dans une calcédoine ; j'en ai vu d'autres à la
» furface d'une efpece de jafpe rouge.

» DEUXIEME ESPECE. *Zéolite rouge.* Sa couleur eft à peu-près fem-
» blable à celle de la brique ; fon tiffu n'offre rien de régulier ; mais
» elle eft fufceptible du poli : on la trouve à Wattholma en Uplande,
» province du royaume de Suede.

» TROISIEME ESPECE. *Zéolite bleue, lapis lazuli.* L'efpece de zéolite
» connue fous le nom de *lapis lazuli,* eft plus dure que les autres &
» fe trouve en Sibérie ; fon tiffu eft ferré, fa couleur plus ou moins foncée,
» & elle eft quelquefois entremélée de zéolite blanche, folide, de
» points pyriteux & de parcelles d'or..... Cette zéolite, expofée au
» feu, y fond facilement & fe change en un émail noir, cellulaire,
» en partie attirable par l'aimant. » *Élémens de minéralogie, tome I,*
pages 284 & fuiv.

On voit par le mémoire de M. Pazumot, que ce naturalifte a découvert, 1°. dans une lave ou plutôt dans un *peperino* d'Iflande ou de
Ferroë, venu du cabinet de M. le préfident Ogier, une zéolite blanche,
globuleufe, à rayons divergens, formant une gelée avec l'acide nitreux.

2°. La zéolite blanche en petites portions, diffeminée dans un *peperino*
de Gergovia en Auvergne ; on diftingue, à l'aide de la loupe, les filets
foyeux de cette zéolite.

3°. Il trouva dans un *peperino* du vieux Briffach, *une matiere blanche,*
matte,

matte, *très-cryſtalline*, *qui forme la gelée dans l'acide nitreux*, *dont la cryſtalliſation lamelleuſe a pour élément des rayons divergens.*

4°. La collection volcanique, envoyée de l'île Bourbon au cabinet du roi par M. Commerçon, ayant été étudiée par M. Pazumot, il y remarqua *pluſieurs laves d'un gris noir*, *qui contiennent une matiere très-blanche & très-cryſtalline*, *dont la cryſtalliſation pyramidale a pour élément des rayons divergens*, *qui fait gelée avec l'acide nitreux.*

5°. Enfin M. Pazumot trouva la zéolite cubique & la zéolite en rayons divergens dans une lave griſe du volcan éteint de l'île de France, que lui communiqua M. de Romé Deliſle.

Je vais faire mention à préſent des zéolites que j'ai dans mon cabinet.

N°. 1. Zéolite en maſſe, d'un blanc laiteux, palmée, réuniſſant des paquets de filets épanouis, qui divergent en pluſieurs centres, de Ferroë [a].

2. Même eſpece, arrondie & roulée par les eaux, & à ſurface polie. *Ibid.*

3. Zéolite cryſtalliſée en priſmes minces, divergens, brillans & plus vitreux que ceux de la zéolite en maſſe, diſpoſés en éventail, & formant pluſieurs groupes dans une eſpece de géode recouverte d'une terre argilleuſe brune, mêlée de verd, de Ferroë ; ce joli morceau, venu de la vente de M. le préſident Ogier, m'a été donné par madame la préſidente de Bandeville.

4. Zéolite d'un blanc laiteux, à demi-tranſparente, diſpoſée en petits cryſtaux groupés & ſaillans, priſmatiques, à priſmes tétraedres applatis, terminés par des pyramides qui paroiſſent coupées en biſeau, & qu'il eſt difficile de définir exactement, parce qu'ils ſont un peu confus. On voit un morceau de ce genre très-rare & très-curieux par le volume & par la belle conſervation, dans le riche cabinet de M. Gallois qui a eu la complaiſance de me faire part de l'échantillon que je poſſede.

5. Zéolite dans une lave griſe, mêlée de très-minces lames de mica d'un noir rougeâtre, de l'île de France. Cette zéolite eſt remarquable en ce qu'elle eſt cryſtalliſée en petits cubes vitreux & tranſparens, réunis dans des petites géodes de la même matiere. On pourroit croire d'abord que cette cryſtalliſation cubique eſt le produit du feu, puiſqu'on la trouve dans des cavités néceſſaires ordinairement pour les cryſtalliſations. Des naturaliſtes d'une opinion différente, pourroient imaginer auſſi que les eaux chargées des molécules de la zéolite, s'infiltrant dans les pores de la lave, y ont dépoſé cet aſſemblage de petits cryſtaux cubiques ; mais lorſqu'on veut examiner avec attention, ſans eſprit de prévention & de ſyſtême, cette lave, on s'apperçoit bientôt que ces petites géodes, formées primitivement par un fluide aqueux, exiſtoient avant la fuſion de la lave où elles ont été engagées accidentellement. L'enveloppe de ces géodes qui eſt de zéolite & qui s'eſt moulée dans la lave, indique par ſa configuration & par ſa contexture qu'elle ne s'y eſt point formée après coup : ce n'eſt pas que je nie la poſſibilité de la choſe dans certaines circonſtances, puiſque j'établirai que quelquefois les eaux ont tranſporté des corps étrangers dans les cellules de certaines laves ; mais l'examen des objets me diſpenſe ici de recourir à d'autres théories.

6. Lave griſe, dure, un peu verdâtre du mont Etna, envoyée par le

[a] Les îles de Ferroë, de Ferra, de Fero, ou de Farre dans l'Iſlande, appartiennent au roi de Danemarck.

chanoine Recupero de Catane. Cette lave eſt tellement pénétrée par des points cryſtallins, qu'on la prendroit pour une pâte formée par une multitude de fragmens de quartz vitreux, amalgamé & fondu dans une eſpece de laitier d'un gris un peu verdâtre. On remarque dans ce morceau quelques cavités où l'on découvre des cryſtaux iſolés de la même matiere vitreuſe ; mais ils ſont tellement engagés dans la lave, qu'il eſt impoſſible d'en déterminer la cryſtalliſation. Cette matiere vitreuſe réduite en poudre & jetée dans l'acide nitreux, n'y a fait aucune efferveſcence, & s'eſt convertie, après pluſieurs heures, en une gelée épaiſſe.

7. Baſalte noir, dur & compacte de Rochemaure en Vivarais, à une lieue de Montelimar ; morceau des plus rares & des plus curieux, en ce qu'on trouve dans l'intérieur de cette pierre volcanique, ſemée de ſchorl noir, de gros nœuds de zéolite blanche en maſſe, ſemblable à celle de Ferroë, & palmée comme elle. On voit dans le même morceau de la zéolite globuleuſe en géode : on remarque auſſi dans une cavité de ce baſalte, de gros paquets de zéolite blanche, en filets épanouis, dont les extrêmités ſont en petits priſmes allongés & ſaillans, qui ſe dégagent de la maſſe. La zéolite ſe préſente encore ici dans l'intérieur du baſalte, ſous la forme d'un gros fragment de pierre blanche à grains ſerrés & ſans régularité, qui reſſemble à la pierre calcaire ordinaire, mais qui eſt une véritable zéolite pure. Il eſt difficile de rencontrer un échantillon auſſi intéreſſant & qui réuniſſe autant de variétés.

8. Zéolite blanche en géode, offrant des groupes mamelonés de petits cryſtaux ſoyeux, d'une délicateſſe & d'un brillant remarquable, dans le baſalte dur de Rochemaure.

9. Baſalte avec ſchorl noir du même lieu, renfermant un noyau conſidérable de zéolite cryſtalliſée en priſmes minces, alongés & applatis, avec des géodes de zéolite cubique.

10. Baſalte avec ſchorl noir de Rochemaure, dans les fentes duquel la zéolite blanche s'eſt introduite en forme de lames épaiſſes, poſtérieurement aux éruptions volcaniques. Ces eſpeces de ſtalagmites zéolitiques ſont l'ouvrage des eaux qui, par l'infiltration, ſe ſont appropriées les particules de zéolites engagées primitivement & accidentellement dans le baſalte, & dont les noyaux ſe préſentoient dans les fiſſures ; il eſt arrivé de-là que la diſſolution de la zéolite par le véhicule de l'eau, a formé des lames irrégulieres & confuſes toutes les fois que le fluide a été trop abondamment chargé des molécules de cette pierre, ou que l'évaporation s'eſt faite d'une maniere trop rapide ; mais lorſque les circonſtances ont été plus favorables ; que la diſſolution a été plus lente, plus graduée ; que les vuides ſe ſont trouvés moins reſſerrés, les principes de la cryſtalliſation ſe ſont développés ſans peine. C'eſt ce qu'on voit, je puis le dire, dans le morceau que je poſſede, d'une maniere démonſtrative ; car à côté même des larges plaques de zéolite en ſtalagmites dont j'ai parlé, on apperçoit des concamérations occaſionnées par des fiſſures dans le baſalte, où la zéolite s'eſt configurée en mamelons chargés d'une multitude d'aiguilles priſmatiques déliées, ſaillantes & très-agréables à voir.

11. Un morceau de baſalte de Rochemaure entiérement rempli de petits nœuds ou globules de zéolite blanche. Cet échantillon, qui peſe

demi-livre, contient au moins la moitié de son poids de zéolite ; tant elle y est abondante & accumulée. Lorfqu'on examine ces globules avec la loupe, on en voit plufieurs en rayons divergens, d'autres en géodes contenant des cryftaux cubiques, & quelques-uns compofés d'une zéo- lite abfolument femblable au quartz en maffe. Cette dernière eft la même que celle de l'efpece 13e du catalogue de M. le chevalier de Born.

12. Zéolite blanche globuleufe dans le bafalte de Rochemaure en Vivarais. J'ai foumis ce bafalte à un feu nud qui le fit fondre & couler en peu de temps. Ce morceau refroidi offrit fur fa fuperficie les glo- bules de zéolite entiérement fondus & changés en un émail ou verre blanc tranfparent, cellulaire ; tandis qu'ayant rompu le morceau, tous les globules de l'intérieur fe font trouvés fains & nullement altérés, quoique ce bafalte eût été chauffé au point de couler. Je ne place ici cet échantillon que comme pouvant fervir d'objet de comparaifon.

13. Zéolite bleue, *lapis lazuli* oriental.

14. Un très-gros morceau d'une matiere femblable à un jafpe rouge calciné, du poids de deux livres, imitant exactement une maffe de zéolite rouge en prifmes divergens, & en filets réguliérement épanouis, trouvé dans une efpece de *peperino* du volcan de Rochemaure. Ce morceau me rappella fur le champ la belle zéolite jafpée du cabinet de madame de Bandeville. J'en réduifis quelques fragmens en poudre ; & les ayant jetés dans l'acide nitreux, il fe fit une prompte & violente ébullition qui dura affez long-temps, mais point de gelée ; il fe forma fimplement au fond du verre un précipité terreux d'un rouge vif, une véritable terre alu- mineufe, chargée d'un principe ferrugineux ; l'acide nitreux tenoit en diffolution la matière calcaire. Eft-ce ici une zéolite altérée, ou une zéolite imparfaite ? c'eft ce que je ne déciderai point. Le morceau fui- vant, que je ne place à la fuite des zéolites que comme objet de com- paraifon, n'eft pas moins intéreffant pour les naturaliftes.

15. Le bafalte poreux & graveleux dont eft formée la bute conique fur laquelle eft bâtie l'églife de S. Michel au Puy en Velay, m'offrit, lorfque j'allai la vifiter, dans la face de l'efcarpement le plus élevé, vers l'entrée de la plate-forme qui fait le tour de l'églife, un gros noyau de plus d'un pied de diametre, où j'apperçus les plus belles cryftallifa- tions de zéolite blanche à rayons divergens. Rien n'étoit auffi net, auffi caractérifé & auffi éclatant que ce morceau, où la zéolite la plus laiteufe & en même temps la plus cryftalline, fe développoit en grands filets prifmatiques épanouis, abfolument femblables, par la contexture & par la demi-tranfparence, à la plus belle zéolite de Ferroë. Je détachai avec beaucoup de précaution & fort heureufement une partie de ce morceau ; j'ai voulu y laiffer le refte pour la fatisfaction des naturaliftes qui iront vifiter ce curieux pic volcanique.

Ayant réduit en poudre des fragmens de cette belle zéolite, je les couvris d'acide nitreux; l'efferwefcence fut prompte & des plus violentes, & ne ceffa que lorfque tout fut diffout; mais il n'y eut pas la moindre apparence de gelée. J'avoue que ma furprife fut des plus grandes de ne voir qu'un fpath calcaire au lieu d'une zéolite. Ceci eft bien propre à nous apprendre qu'un caractere feul, même le plus uniforme & le plus apparent, ne fuffit pas lorfqu'il s'agit de prononcer fur l'effence & la

nature d'une fubftance. Les naturaliftes les plus inftruits feroient journellement fujets à errer, fi la chymie ne les dirigeoit pas. Toutes
les nuances, tous les rapprochemens, toutes les fimilitudes qu'on apperçoit prefque à chaque pas dans la férie des êtres, peuvent & doivent
fouvent embarraffer; ce font ici les épines de la fcience; mais on eft
dédommagé, on eft fatisfait, lorfqu'après des recherches exactes & des
travaux fuivis & foutenus, on a l'avantage de fe reconnoître & de pouvoir marcher avec plus de fermeté & d'affûrance, dans les fentiers qui
nous rapprochent un peu du fanctuaire de la nature.

On voit combien la zéolite offre de variétés, & combien l'étude d'une
fimple pierre exige des recherches lorfqu'on veut l'obferver avec attention
pour en connoître les caracteres; c'eft dans ces vues que je reviens aux
zéolites de ma collection. Je dois rappeller un travail que je fis fur toutes
celles que je poffede. Voulant les foumettre à l'épreuve de l'acide nitreux, je procédai à cette petite expérience avec attention, & je répétai
mes effais jufqu'à trois fois.

Je fis d'abord des lots féparés des différens fragmens que j'avois détachés de mes échantillons. Ne voulant pas faire l'expérience trop en
petit, je ne fus point avare de mes morceaux, même de ceux que je
regardois comme les plus précieux: je réduifis donc mes zéolites en
poudre très-fine, dans un mortier de verre, avec un pilon de la même
matiere; je les plaçai enfuite avec ordre dans de petits boccaux, où
je jetai avec précaution la quantité fuffifante d'acide nitreux de bonne
qualité. Voici les réfultats fideles de mes effais.

N°. 1. Zéolite blanche palmée, de Ferroë. { Point d'effervefcence, gelée tranfparente & folide dans deux minutes.

2. Même efpece, roulée & arrondie par { Mêmes phénomenes.
les eaux, de Ferroë. . . . .

3. Brillante, en géode, difpofée en { Aucune effervefcence & point de gelée.
éventail, de Ferroë. . . . .

4. Celle en prifmes faillans & groupés, { Point d'effervefcence ni de gelée; l'acide
de M. Gallois. . . . . vitriolique fubftitué à l'acide nitreux, a
formé dans l'inftant, fur la fuperficie
de la matiere, une croûte affez folide,
d'un fixieme de ligne d'épaiffeur; mais
le refte a toujours été liquide, & n'a
point fait de gelée.

5. De l'île de France. . . . . { Point d'effervefcence & gelée dans trois
minutes.

6. Du mont Etna. . . . . { Nulle effervefcence & gelée au bout de
quatre heures.

7. De Rochemaure en Vivarais. . . . . { Point d'effervefcence, belle gelée, folide
& tranfparente dans une minute.

8. Du même lieu. . . . . {
9. Du même lieu. . . . . {
10. Du même lieu. . . . . { Idem.
11. Du même lieu. . . . . {

12. Globuleufe dans le bafalte de Roche- { La zéolite qui s'eft trouvée a découvert
maure, fondu à un feu de forge. . . . fur la furface de ce morceau, & qui
s'eft changée en un émail blanc cellu-
laire, n'a point donné de gelée; mais
celle que j'ai tirée de l'intérieur de ce
même bafalte, a fourni une belle gelée.

13. Le lapis. . . . . { Une gelée folide, mais opaque.

14. Fauſſe zéolite rouge de Rochemaure. { Effervefcence violente & foutenue, point de gelée, & précipité terreux rouge.

15. Du Puy en Velay, avec les apparences { Effervefcence & diffolution totale, fans de la plus belle zéolite blanche. . . . { gelée.

Ce tableau nous fait voir qu'il y a des zéolites véritables qui ne produiſent aucune gelée avec les acides, & qu'il en exiſte d'apparentes qui ſe diſſolvent totalement dans l'eau forte à la maniere des matieres calcaires, ſans donner la moindre gelée. Quant à ces dernieres, comme elles n'ont en leur faveur que leur organiſation & leur contexture, ce caractere ſeul ne ſuffit pas pour les regarder comme des zéolites ; car nous connoiſſons diverſes ſubſtances étrangeres à celle-ci qui ſe cryſtalliſent de la même maniere.

On trouve en effet très-communément des pyrites en rognon, qui préſentent dans leur caſſure des filets diſpoſés en éventail ; le ſchorl lui-même ſe montre quelquefois ſous cette forme. Je fis connoître & je donnai l'année derniere 1777, à M. Sage & à M. de Romé Deliſle, un quartz jaunâtre, un peu ferrugineux, demi-tranſparent, cryſtalliſé comme la plus belle zéolite de Ferroë, avec de beaux priſmes divergens, à pyramides hexagones. La découverte de ce quartz qui donnoit des étincelles très-vives avec l'acier, eſt due à madame Deſmareſt, directrice des ſpectacles de Nantes & d'Angers, fort inſtruite en minéralogie, qui honore ſon état par ſes connoiſſances & par ſa modeſtie. Ayant eu occaſion de la rencontrer dans un cabinet de Paris, elle me parla d'une pierre ſinguliere qu'elle avoit trouvée dans un voyage minéralogique qu'elle avoit fait dans les environs d'Angers. J'allai voir cette pierre que je reconnus pour le quartz zéolitiforme dont je viens de parler, & dont aucun lithographe n'avoit encore fait mention.

Dans le même temps M. Pazumot me donna un joli échantillon de quartz tranſparent à pyramide hexagone, compoſé d'un aſſemblage de de mamelons à filets divergens.

Puiſqu'il exiſte donc des pyrites, des ſchorls, des quartz, des ſpaths calcaires, cryſtalliſés à la maniere des zéolites, ce caractere ſeul ne peut rien décider.

Le ſpath calcaire zéolitiforme trouvé dans les matieres volcaniques du Puy, doit par conſéquent être rejeté de la claſſe des zéolites ; mais doit-on également retrancher de cette claſſe les zéolites qui ne font point effervefcence & qui ne forment point de gelée ? ceci mérite d'être examiné avec quelque attention.

Il eſt à préſumer que la zéolite eſt formée par la combinaiſon de la matiere calcaire avec la terre à baſe d'alun, ou avec celle du quartz. Si l'union de cette matiere calcaire alkaline avec le quartz eſt bien intime, il doit en réſulter une ſubſtance neutraliſée, inattaquable aux acides, une véritable zéolite qui produira une gelée ſans effervefcence : mais ne peut-il & ne doit-il pas même arriver, dans certaines circonſtances, que la matiere vitrifiable étant ſurabondante, la zéolite réſiſte abſolument aux acides, & refuſe d'y former une gelée ? La choſe paroît d'autant plus naturelle & vraiſemblable, qu'on voit des zéolites où la matiere calcaire

K k

domine à fon tour, & qui font effervefcence avec les acides avant de s'y congeler.

Je comprends qu'on pourroit m'objecter alors que puifque j'ai fait mention d'un quartz pur, cryftallifé à la maniere des zéolites, il feroit difficile & même fouvent impoffible de féparer l'un d'avec l'autre ; mais il eft aifé de faire la diftinction de ces deux matieres.

Voici de quelle maniere je m'y fuis pris dans la circonftance préfente. Voyant que la zéolite en géode, dont j'ai parlé dans le n°. 3, la même qui eft recouverte d'une croûte argilleufe brune, mêlangée de verd, ne me donnoit aucune effervefcence, ni aucune gelée dans l'acide nitreux, je dis qu'il falloit la retrancher de la claffe de certains fpaths calcaires, cryftallifés en rayons divergens ; mais comme elle ne formoit point de gelée, je ne fus pas encore en état de prononcer fi elle étoit une zéolite. Il fallut la mettre à côté du quartz zéolitiforme, la comparer & l'ana-lyfer enfuite. Mon procédé fut fimple : je me fervis d'un chalumeau & d'une lampe d'émailleur ; je dirigeai la flamme fur ma zéolite, & dans peu de temps je vis qu'il s'en élevoit une lueur phofphorique bien dif-tincte ; la matiere entra en fufion & forma un émail cellulaire blanc. Voilà deux caracteres non équivoques pour reconnoître la zéolite & la diftinguer du quartz qui ne fe fond pas feul & qui ne jette aucune lueur avant ni pendant la fufion. Je conclus donc que ma zéolite en géode étoit une véritable zéolite, quoiqu'elle n'eût produit aucune gelée dans l'acide ; c'eft ainfi que je reconnus celle du n°. 4. Il eft des cas où il faudroit recourir peut-être à un feu plus foutenu que celui du chalumeau ; mais on peut toujours tenter ce procédé qui eft fimple & facile. On voit donc qu'il exifte des zéolites qui ne donnant point de fubftance gélati-neufe dans les acides, n'en font pas moins des véritables zéolites. Cette diftinction m'a paru effentielle.

Il eft temps de paffer à la queftion principale du mémoire de M. Pazumot.

La Zéolite eft-elle formée par une reproduction de la décompofition de la terre volcanifée ?

POUR traiter cette queftion en connoiffance de caufe, je crois qu'il eft à propos de placer fous les yeux du lecteur les deux tableaux de comparaifon fuivans, tracés d'après les faits que fournit ce mémoire.

PREMIER TABLEAU. Il eft convenu d'après les découvertes de M. Pazu-mot, & d'après celles que j'ai faites en Vivarais, qu'on trouve la zéolite,

1°. Dans un péperine d'Iflande.

2°. Dans un péperine de Gergovia.

3°. Dans un péperine du vieux Briffach.

4°. Dans les laves de l'île Bourbon.

5°. Dans une lave de l'île de France.

6°. Dans un bafalte dur, folide & non poreux, de Rochemaure en Vivarais.

SECOND TABLEAU. On trouve auffi la zéolite,

1°. Dans la mine de cuivre de Swapawari, dans la Laponie de Torneo.

2°. Dans la mine de Guftavs, dans le Jemteland.

3°. Dans la mine d'or d'Adelfors en Suede.

4°. Dans le fpath calcaire d'Adelfors.

5°. Dans un petro-filex brun de Guftavs Grufva.

6°. Dans une terre argilleufe, brune & verte.

7°. Dans une roche compofée de quartz & de mica, de Dargoten.

8°. Dans la calcédoine, chez M. le duc de la Rochefoucault, & dans le cabinet de M. Sage.

9°. Dans un jafpe rouge, du cabinet de madame la préfidente de Bandeville.

10. Le *lapis lazuli* ne fe trouve pas dans les matieres volcanifées.

Ces deux tableaux rapprochés nous offrent un plus grand nombre de zéolites non volcanifées que de celles qui fe voient dans les matieres qui ont fubi l'action du feu. Donc la plus grande partie des zéolites a une origine étrangere au feu ; donc leur formation a été opérée par un fluide aqueux : voyons auffi fi celles qu'on trouve engagées dans les matieres volcanifées n'ont pas été également produites par le même agent.

Difons d'abord que toute zéolite cryftallifée doit être regardée comme une pierre de feconde formation, qui, à l'exemple des cryftaux de roche, des fpaths calcaires, cubiques ou féléniteux, &c. n'a pu s'organifer que dans des vuides, dans des concamérations où les molécules, tenues en fufpend par un fluide, auront eu la liberté de s'adapter d'une maniere réguliere, pour former une charpente cryftalline. Or, le bafalte de Rochemaure, dans l'intérieur duquel on trouve de gros noyaux folides de zéolite, ne fe prêtoit point à cette cryftallifation : ces noyaux, fouvent de la groffeur d'une amande, quelquefois même d'une petite noix, font de forme irréguliere, & moulés dans la lave qui les a enveloppés ; on peut les détacher dans quelques occafions avec facilité, & leur fuperficie qui étoit adhérente à la lave, paroît même avoir été légèrement touchée par le feu, puifqu'on voit, en l'examinant avec la loupe, qu'elle eft plus brillante & plus vitreufe que le refte de la matiere. On voit en un mot, pour peu qu'on foit exercé à obferver les matieres volcanifées, que la zéolite de Rochemaure s'eft trouvée engagée accidentellement dans le bafalte, à l'inftar des noyaux de pierre calcaire intacts & non calcinés, qu'on remarque dans le bafalte du même lieu.

Mais, me dira-t-on, la zéolite cubique de l'île de France fe trouve dans des vuides tels que vous les defirez ; c'eft dans ces petites cavités *que la reproduction de la décompofition de la terre volcanifée* a eu la facilité de s'opérer. Je réponds que la lave grife de l'île de France, où fe trouve la zéolite en géode, eft compacte de fa nature, mêlée de petites lames de mica d'un noir rougeâtre, & que les globules de zéolite qu'on y diftingue, quoique pleins de petites cavités, ont été dépofés ainfi formés dans la lave. Il exifte des zéolites en géodes, étrangeres aux volcans ; il doit même en exifter beaucoup, puifque cette matiere s'étant formée par exfudation, n'a pu s'élaborer que dans des vuides. La zéolite en géode de l'île de France exiftoit inconteftablement telle qu'elle eft, avant la formation de la lave ; elle y a été faifie dans le temps de la fufion ; c'eft elle qui a formé fon moule dans cette lave qui eft folide & non poreufe : j'en poffede un morceau que m'a donné M. de Romé Delifle, qui paroît avoir été roulé ; les globules de zéolite font faillans & en re-

liefs fur la furface de la lave , & on voit , en les obfervant avec attention , que loin de s'y être formés, ce n'eft que par accident qu'ils y ont
été engagés.

*La Zéolite ne peut-elle , dans certaines circonftances , être dépofée par
infiltration dans les cavités , dans les fiffures des matieres volcaniques?*

N'AYANT ici pour but que la recherche de la vérité , & n'étant abfolument guidé par aucun efprit de fyftême , je dois dire que le bafalte
de Rochemaure m'a donné la folution de ce problême.

Il exifte au bas de la troifieme butte volcanique de Rochemaure , en
face du château de Serdeparc , une maffe de bafalte noir , folide , qui
renferme de la zéolite blanche fous différentes formes : on pourroit y
détacher des échantillons bien intéreffans ; mais j'ai pris des précautions
pour qu'on ne dégrade pas ce curieux morceau. Je conduis avec plaifir
fur les lieux les naturaliftes qui me font adreffés ; la nature eft mille fois
plus belle & plus inftructive , lorfqu'on l'étudie fur place , fi je puis
m'exprimer ainfi , que dans les plus riches cabinets.

Cette maffe offre des noyaux de zéolite blanche, compacte, configurée
en rayons divergens : on voit dans ce bafalte quelques grandes caffures
occafionnées par la retraite de la matiere lorfqu'elle fe refroidiffoit , ou
peut-être même par des accidens poftérieurs. Tous les morceaux de zéolite
qui fe font trouvés dans les lignes de disjonction du bafalte , ont été
mis à découvert : l'action & le féjour des eaux les minant infenfiblement
& s'emparant de leurs molécules , les ont dépofé en maniere de lames
épaiffes & irrégulieres , dans les fiffures dont je viens de parler. Toutes
les fois que la diffolution s'eft trop rapidement précipitée , la matiere
n'a formé que des plaques , que des efpeces de croûtes pareilles à celles
qu'on voit dans les fentes de certains rochers calcaires durs : mais il eft
arrivé quelquefois que l'eau , imprégnée de zéolite , trouvant des cavités
plus confidérables & plus propres à donner le temps au liquide de s'évaporer infenfiblement , a produit dès-lors des houpes , des mamelons
chargés de la plus brillante cryftallifation. C'eft ce qu'on apperçoit à
Rochemaure de la maniere la moins équivoque.

On voit donc qu'il peut fe former des cryftallifations de zéolite dans
le bafalte ; mais qu'on faffe attention que la zéolite y exiftoit déjà ; qu'elle
n'a été que déplacée , & qu'elle n'a point été produite par la décompofition de la terre volcanifée. J'ai fait une pareille obfervation au fujet du
fpath calcaire que j'ai découvert dans le centre du bafalte le plus dur du volcan de *Maillas.* Ce bafalte, rempli de noyaux d'un beau fpath calcaire blanc
qui ne s'y eft certainement pas formé de la décompofition de la terre volcanifée, a éprouvé des caffures qui ont mis à découvert une multitude de
ces noyaux calcaires. Ils ont été à la longue attaqués par les eaux , qui en
ont dépofé les parties élémentaires dans les vuides accidentels de ce bafalte , où l'on voit des lames , des efpeces de ftalagmites , & même des
cryftallifations rhomboïdales, opérées par le déplacement de la matiere
calcaire.

Si on vouloit m'objecter ici que fi la zéolite avoit été prife dans la
lave , elle s'y feroit convertie en émail cellulaire , & qu'on ne devroit
jamais

jamais la trouver intacte, je renverrai au n°. 12 des zéolites de mon cabinet, où il est fait mention des expériences que j'ai faites à ce sujet sur
un basalte de Rochemaure. La zéolite a dû résister tout autant que le
schorl.

*La Zéolite enfin ne peut-elle, dans aucune circonstance, se former, se
produire dans les matieres volcanisées ?*

JE ne suis pas éloigné de croire qu'il est des circonstances où le feu
& l'eau peuvent avoir donné naissance à quelques zéolites. Il doit arriver
en effet quelquefois que des quartz ou des terres alumineuses se trouvant
exposées dans le foyer des volcans à toute l'impétuosité du feu, la disposition locale donne lieu à des sublimations alkalines qui, dirigées sur
les matieres quartzeuses & vitrifiables, doivent former des verres d'une
nature propre à se convertir en gelées dans les acides; des especes de verres, en un mot, que l'art imite dans nos laboratoires. L'union de la
matiere calcaire avec des terres vitrifiables produit encore le même
effet.

Je comprends qu'on ne doit pas à la rigueur regarder une telle substance comme une véritable zéolite formée par le feu ; mais cette même
matiere élancée hors du volcan, & enveloppée dans des déjections
boueuses, peut & doit à la longue se diviser dans les eaux qui, perfection-
nant ce que le feu n'a fait qu'ébaucher, donnent lieu à la formation d'une
zéolite non équivoque. C'est particuliérement dans les *tuffa*, dans quelques *peperino*, dans les matieres volcaniques *poudingues*, réunies &
consolidées par les eaux, qu'on peut appercevoir de pareilles zéolites,
qui doivent leur premiere origine au feu.

CONCLUSION.

IL y a lieu de croire, 1°. que la zéolite est une pierre mixte & de seconde formation, produite par l'union intime de la matiere calcaire avec
la terre vitrifiable.

2°. Que la voie humide est en général celle que la nature emploie ordinairement pour la formation de cette pierre, & que la plupart des
zéolites qu'on trouve dans les laves & dans le basalte y sont étrangeres,
& y ont été prises accidentellement pendant que la matiere étoit en
fusion.

3°. Que les eaux ont pu & peuvent encore attaquer la zéolite engagée dans les laves, la déplacer & la déposer en lames, quelquefois même
en petits crystaux dans les fissures du basalte.

4°. Que les feux souterreins doivent aussi former des combinaisons de la matiere calcaire avec la terre vitrifiable, ou de la terre vitrifiable avec certaines substances salines, propres à servir de base aux
zéolites; mais qu'il faut toujours que l'eau vienne perfectionner ce que
le feu n'a fait qu'ébaucher.

MÉMOIRE

SUR LE BASALTE

ET LES DIFFÉRENTES ESPECES DE LAVES.

C'EST ici fans contredit la partie la plus difficile de mon ouvrage ; je pourrois dire la plus neuve , celle qui m'a coûté le plus de travail , & qui , malgré toute l'attention que j'y ai apportée, effuiera probablement de grandes critiques ; je dois m'y attendre. L'étude des matieres que rejettent les montagnes ardentes, eft nouvelle ; on commence feulement à s'y appliquer avec attention , & c'eft depuis peu que les idées fe font échauffées fur des objets auffi intéreffans & qui tiennent de fi près aux grands accidens de la nature.

Je vais expofer, à l'occafion du bafalte & des autres déjections volcaniques, des chofes qui paroîtront peut-être extraordinaires & étranges à bien du monde ; mais l'examen attentif des objets que j'indique , & auxquels je renvoie ceux qui voudroient me quereller ; l'attention & la bonne foi des obfervateurs ; le temps fur-tout , ou anéantiront mes affertions ou juftifieront ce que j'avance. Jufqu'alors on peut librement attaquer & combattre mon fentiment, je me ferai toujours un plaifir & un devoir de répondre aux perfonnes qui, après avoir vérifié les lieux & analyfé les objets, voudront me faire des objections. Quant à celles qui fe contenteront de prononcer d'après de fimples morceaux ifolés, & qui me critiqueront du fond de leur cabinet , fans avoir examiné & fuivi la nature fur place , je leur déclare d'avance que quelque fcience , quelque pénétration qu'ils aient, ils courent rifque de s'expofer à bien des erreurs, & qu'il feroit inutile de repouffer des objections qui porteroient probablement fur des fondemens ruineux.

J'entends par le mot *bafalte* une fubftance volcanique noire , quelquefois grife ou un peu verdâtre , inattaquable aux acides , fufible fans addition , donnant , quand elle eft pure & non altérée , quelques étincelles lorfqu'on la frappe avec l'acier trempé, fufceptible du poli, & devenant alors une des meilleures pierres de touche. Cette fubftance doit être regardée comme la matiere la plus homogene, la plus fondue, & en même temps la plus compacte, que rejettent les volcans, tantôt par leur bouche enflammée , en maniere de rivieres de feu ; tantôt par des déchiremens & des ouvertures qui fe forment fur les flancs de la montagne : quelquefois même fe faifant jour dans des plaines, & perçant les plus durs rochers, le bafalte s'éleve en forme de jets, & crée fubitement des monticules qui manifeftent le pouvoir des feux fouterreins [a].

---

a Je comprends qu'on pourroit m'objecter ici que les laves poreufes & en fcories peuvent, dans leur état de fufion , produire une partie des mêmes effets ; mais on verra dans la fuite de ce mémoire les principales raifons qui me déterminent à regarder le bafalte ou la lave compacte comme la matiere qui joue le rôle effentiel dans les volcans.

On trouve le bafalte difpofé en maffes irrégulieres, ou en maffes qui affectent des efpeces de couches paralleles, horizontales ou inclinées ; en prifmes triangulaires, quarrés, pentagones, hexagones, eptagones, octogones, & même felon quelques auteurs à neuf côtés. Ces prifmes font réguliers ou irréguliers, d'une feule piece ou articulés ; on trouve encore le bafalte en boule, en table, &c. Il contient pour l'ordinaire divers corps étrangers, tels que des fchorls en cryftaux, en globules, en fragmens ; des noyaux de feld-fpath, de pierre calcaire, de zéolite, de granit, &c. le tout pour l'ordinaire intact, d'autres fois un peu altéré. Le bafalte dont je parle eft le même que celui d'Agricola, que la pierre de Stolpe, que celle d'Antrim ; il y a lieu de croire que c'eft le *bafaltes ferrei coloris & duritiæ* de Pline, liv. XXXVI, cap. 7. Au refte, que Pline ait voulu défigner, par cette dénomination, le bafalte verdâtre des Egyptiens, qui, felon toutes les apparences, eft volcanique & dont j'aurai occafion de parler dans peu, ou une pierre noire très-dure, qui n'eft compofée que de feld-fpath, mêlé de beaucoup de fchorl noir en lames, & que les Italiens nomment *bafalda nera*, *dura*, *orientale*, c'eft ce que je n'examinerai point ici ; je dirai feulement que la définition de Pline eft bonne & convient aux deux efpeces ; elle eft admife & reconnue, & elle doit être confervée.

C'eft en fuivant la nature pas à pas & avec méthode, qu'on peut quelquefois découvrir des fentiers qui menent, finon à des découvertes, du moins à la connoiffance de plufieurs faits inftructifs. C'eft en m'efforçant de mettre conftamment ces principes en pratique, que je me fuis exercé à fuivre & à étudier fur les lieux le bafalte ou la lave compacte, depuis fon état complet de dureté & de perfection, jufqu'au moment où il commence à s'altérer, où il fe dégrade, fe détériore, fe décompofe, & perdant fes anciennes propriétés, change pour ainfi dire de nature. Cette fuite de nuances & de dégradations préfente une multitude de phénomenes qui, étant bien faifis, donneroient fans doute plufieurs réfultats intéreffans. Cette efpece de chymie des yeux & du tact mériteroit la plus grande attention ; elle a été trop négligée jufqu'à préfent : la chymie de l'art, celle de nos laboratoires, plus faftueufe & plus impofante l'a fait rejeter ; mais c'eft injuftement, j'ofe le dire, puifque cette derniere peut tirer les plus grandes reffources de l'examen local des objets que la nature étale dans fes riches atteliers, où elle met en œuvre, d'une maniere invariable, des procédés qu'elle nous invite à étudier & à fuivre ; & nous ne craignons pas malgré cela de vouloir l'imiter, la copier même fans connoître, fans confulter notre modele ! Mon intention n'eft pas ici de vouloir déprifer une fcience utile, à qui l'hiftoire naturelle a de fi grandes obligations, à dieu ne plaife ; j'exhorterai toujours l'obfervateur à s'occuper fans relâche de la chymie ; mais je veux dire qu'il ne doit recourir aux reffources de l'art que lorfque toutes les recherches préliminaires fe trouvent épuifées.

Deux naturaliftes françois ont traité fort au long une queftion relative au bafalte des anciens ; il s'agiffoit de favoir d'où il venoit & s'il étoit volcanique. L'un [a] a pris foin d'étaler favamment, dans un très-grand

---

[a] Mémoires fur différentes parties des fciences & arts, par M. Guettard, tome II, *in-4°. Paris*, 1770.

mémoire, un faste d'érudition qui annonce des recherches profondes dans une multitude d'auteurs anciens & modernes. Il ne croyoit pas alors que les prismes de basalte fussent volcaniques. L'autre[a], s'appuyant sur une partie des mêmes passages & des mêmes citations données par son confrere, a publié des observations plus méthodiques & mieux vues en général. N'auroit-il pas été plus simple, dans une question relative à des faits, de laisser là les livres anciens & les statues antiques, sur l'origine desquelles il n'y a rien absolument de bien positif[b]? Pour s'occuper essentiellement de l'objet utile de la chose, il falloit aller en Egypte même vérifier le point de fait, ou tout au moins y prendre des renseignemens exacts qui auroient mis fin à toute discussion. Je vais placer ici quelques observations que j'ai faites sur le basalte des Egyptiens, non pour me jeter dans une question que la seule inspection des lieux pourra résoudre, mais pour faire voir qu'on a mis en œuvre en Egypte un basalte qui a tous les caracteres d'une lave compacte, & pour démontrer en même temps qu'on trouve sur une des plus hautes montagnes du Velay un basalte qui se rapproche beaucoup de celui-ci.

C'est aux bontés de M. le duc de Chaulnes, & à son amour pour les sciences, que je dois les échantillons que je possede & qu'il a bien voulu me laisser détacher de deux statues de basalte égyptiennes, mutilées & non réparées, qui font suite à la belle & nombreuse collection qu'il a rapportée de son voyage en Egypte. Ces deux statues sont chargées de caracteres hiéroglyphiques; la matiere en est absolument la même : c'est un basalte gris cendré, un peu verdâtre, le *basaltes viridis orientalis*; *basalda verda, dura, orientale*; *basalda cinerina, dura, antica, orientale*, des Italiens, le même dont on voit de très-belles statues dans la *villa Albani* & au *capitole*. Avant de le soumettre à aucun examen chymique, j'ai voulu suivre une méthode que je crois très-utile en histoire naturelle, celle d'examiner d'abord à l'œil nud cette pierre dont j'avois fait polir une des faces, pour la suivre & l'étudier plusieurs fois à l'aide de fortes loupes, & décrire ensuite simplement tout ce qui se présenteroit à ma vue.

Voici le résultat de mes observations.

Ce basalte vu à l'œil nud sur les parties qui ont été taillées, paroît plutôt noir que cendré : la face que j'ai fait polir présente également un ensemble noir; mais lorsqu'on l'examine de très-près & avec attention, on s'apperçoit que le fond est d'un gris foncé, nuancé d'une teinte ver-

[a] Mémoire sur le basalte, où l'on traite des basaltes des anciens, par M. Desmarest, lu le 11 mai 1771; publié dans le volume de l'académie des sciences pour 1773, imprimé en 1777.

[b] Je ne veux pas dire qu'il n'y ait à Rome plusieurs statues véritablement égyptiennes; mais fait-on de quelle partie de l'Egypte le basalte qui a servi à les former a été tiré? fait-on même si les carrieres en existoient dans l'Egypte? Dans quelle erreur ne se jetteroit-on pas si on regardoit toutes les statues de Rome & d'Italie en basalte, comme égyptiennes; car, 1°. il est connu que les Romains, jaloux de ces sortes d'ouvrages qui se vendoient fort chers, s'attachoient à les contrefaire; & ayant chez eux un basalte pour le moins aussi dur & à-peu-près semblable, il n'est pas naturel de croire qu'ils en tirassent des blocs d'Egypte. 2°. Plusieurs des statues véritablement égyptiennes,

ayant été mutilées, ont été restaurées avec du basalte d'Italie; on se sert même actuellement de la lave compacte du *monte Albano*, qu'on nomme *selce*, pour réparer celles qui ont souffert de nouvelles dégradations, ou qu'on trouve mutilées dans des ruines. Le savant Winkelman, à qui la nature avoit donné le tact le plus sûr pour la connoissance exacte des monumens de l'antiquité, fait voir dans son sublime traité de l'art chez les anciens, que la plupart des statues en basalte ou en marbre, qu'on va étudier à Rome, ont été restaurées : or, je demande à quelle bévue ne s'exposeroit pas un naturaliste qui, la loupe à la main, iroit étudier le pied ou le bras ajouté à une statue égyptienne, ou qui, sans la connoître, s'attacheroit à l'examen d'une statue copiée? Il feroit des raisonnemens sur l'espece & la qualité d'un basalte qu'il prendroit pour antique & particulier à l'Egypte, tandis qu'il n'auroit vu qu'une lave formée par les volcans d'Italie.

dâtre

dâtre bien légere, fablé & contenant une multitude de très-petits points noirâtres, fort rapprochés les uns des autres : cette pierre offre dans fa caffure une couleur grife cendrée un peu verdâtre, mais beaucoup moins foncée que dans les faces taillées, & dans le côté qui eft poli : on diftingue dans fa contexture de très-petites lames blanches, à demi-vitreufes, qui s'y trouvent irréguliérement difféminées. On y voit auffi quelques molécules luifantes.

Vu plufieurs fois au grand jour & même au foleil avec de bonnes loupes, ce bafalte offre dans fa caffure les caracteres fuivans. 1°. Une furface raboteufe, inégale & recouverte par de très-petites écailles irrégulieres, plus ou moins épaiffes, d'une matiere vitreufe, à demi-tranfparente, nuancée d'une teinte verdâtre, douce & légere. Ces petites croûtes vitreufes paroiffent être un véritable feld-fpath un peu coloré par le fer. La pâte entiere de ce bafalte femble n'être compofée que de la même fubftance, un peu plus ou un peu moins chargée en couleur. 2°. J'ai fait tomber des rayons du foleil fur ce morceau, pour le mieux éclairer & en chercher le vrai jour : je n'ai pu y découvrir qu'une fubftance homogene. 3°. Je fais que les perfonnes qui répeteront les mêmes expériences, m'objecteront peut-être qu'on apperçoit fur les parties vitreufes de ce feld-fpath légérement verdâtre, un fond beaucoup plus obfcur, qui paroît même noir & un peu chatoyant fous certains jours ; mais pour peu qu'on fixe l'objet avec attention, & qu'on s'arrête quelque temps à le contempler, afin d'y accoutumer l'œil, on verra que cette fubftance, qui paroît noire, ne fe préfente ainfi que parce que la matiere devenant plus épaiffe & plus compacte fous ces écailles demi-tranfparentes, paroît plus chargée en couleur. Il peut fe faire auffi qu'il y ait dans ce bafalte certaines molécules plus riches en fer les unes que les autres ; je ferois d'autant plus porté à le croire, qu'ayant fait polir avec grand foin un morceau de ce bafalte antique, il a pris un poli brillant, quoiqu'un peu mat ; mais on y voit une multitude de très-petits points d'un noir plus avivé & plus foncé, ce qui donne à ce bafalte un œil fablé, qui fe remarque d'une maniere évidente, même à l'œil nud, & qui frappe davantage lorfqu'on fait ufage de la loupe. 4°. Je n'ai point apperçu dans ce bafalte des corps étrangers, du moins dans les morceaux que je poffede ; j'y ai vu feulement un ou deux petits grains d'une matiere terne rougeâtre, il faut même fe fervir d'une forte lentille pour les diftinguer. Je ne regarde ces légers accidens que comme un effet de l'altération de quelques points ferrugineux. 5°. Ce bafalte eft moins dur de quelques degrés que le bafalte noir du Vivarais, puifque à l'aide d'une pointe bien acérée, on peut l'attaquer & le mordre fans le faire partir en éclats ; tandis que le bafalte noir de nos volcans, qui eft prefque intraitable, fe brife & s'écaille, plutôt que de fe laiffer entamer par des inftrumens tranchans. 6°. Lorfqu'on promene une lame de couteau bien trempée, en appuyant avec effort fur les caffures du bafalte égyptien, la lame y mord un peu, & dès-lors la matiere prend fur cette fuperficie ainfi égrugée un œil blanc, ce qui eft occafionné par la divifion des molécules. Vu en cet état le grain de ce bafalte paroît d'un gris blanc, femé de petites taches noires qui ne font que des portions plus dures & plus compactes. L'on voit après cette opération des particules métalliques brillantes ; mais il

M m

ne faut pas s'y tromper, j'avertis qu'elles ne font occafionnées que par l'acier de l'inftrument qui s'eft attaché fur la furface mordante & raboteufe de la pierre. Un naturalifte exercé fera aifément cette diftinction. 7°. Ce bafalte eft attirable à l'aimant, & fait mouvoir le barreau magnétique tout auffi-bien que le bafalte-lave. 8°. Il fait une excellente pierre de touche. 9°. Enfin, il fe fond fans addition, devient poreux, & pouffé à un feu violent, il forme une efpece de verre ou d'émail noir.

Je ne parle point ici du bafalte noir, dont on voit également des ouvrages égyptiens, du *bafaltes fcintillis minutiffimis de Ferante imperati,* qui eft le *bafalda nera, dura, orientale* des Italiens, pierre noire dure, difpofée en petites lames ou écailles irrégulieres de feld-fpath blanc & cryftallin, interpofées entre d'autres petites écailles ou lames de fchorl noir luifant, & où l'on voit quelquefois des veines irrégulieres de feld-fpath blanc jaunâtre ou rofacé; je ne parlerai point, dis-je, de ce bafalte, parce que je ne le crois pas volcanique, & je fuis en cela du fentiment de quelques naturaliftes.

Variétés des Bafaltes du Vivarais & du Velay.

JE vais faire connoître à préfent les différentes efpeces de bafalte qu'on trouve dans les volcans éteints du Vivarais & du Velay. Je donnerai enfuite la notice & la lifte de toutes les laves curieufes & rares que je ne fuis venu à bout de me procurer, particuliérement celles qui renferment des corps étrangers, qu'après des voyages multipliés, des recherches longues & pénibles, & beaucoup de dépenfes. On verra par ce catalogue qu'il a dû s'écouler bien de temps avant d'avoir pu former une collection auffi étendue; car j'obferve qu'il n'y a pas un morceau que je n'aie vu en place. J'ai dans tous les temps eu l'attention de recommander aux différentes perfonnes que j'avois employées fur les lieux, foit pour m'accompagner & me fervir de guides, foit pour le tranfport des matieres qui m'intéreffoient, que lorfque le hafard leur feroit faire pendant mon abfence quelque découverte qui leur paroîtroit intéreffante, de m'en donner fur le champ avis, ce qui m'a été utile dans plus d'une occafion. J'avois fait un grand nombre de voyages dans plufieurs parties du Vivarais où j'étois connu: j'avois dreffé des payfans des lieux, qui font d'une complaifance extrême lorfqu'on leur parle avec honnêteté & qu'on fait fe mettre à leur portée, à connoître machinalement les morceaux qui pourroient me plaire. Comme je les payois bien, & que j'avois des égards pour eux, l'intérêt [a] & la bonhommie leur donnoient de l'induftrie, & ces braves gens étoient fans ceffe en quête pour m'obliger.

J'obferve cependant que dans les premieres courfes que je faifois dans leur pays, ils ne me voyoient qu'avec une forte d'ombrage & de méfiance. J'étois pris d'abord pour un homme envoyé par le gouvernement pour reconnoître la nature de leur poffeffion, afin d'augmenter les tributs

[a] En général les gens de la campagne font peu intéreffés dans ces pays; j'ai eu fouvent de la peine à faire recevoir de l'argent à plufieurs de ceux que j'employois; ils aiment les politeffes, certains égards, & fur-tout ils ne veulent point qu'on prenne des tons de fupériorité avec eux: ils ont raifon; ce trait caractérife la nobleffe & la liberté de leur ame: parlez-leur poliment, ne refufez jamais ce qu'ils vous offrent, foit du vin, foit du tabac, & vous en ferez ce que vous voudrez: les préfens les plus agréables dont vous puiffiez les gratifier doivent confifter en tabac qu'ils aiment à la folie.

royaux. D'autres fois on me regardoit comme l'espion du seigneur : cette méprise m'auroit été certainement funeste , si je n'avois pas compris un peu la langue du pays, & si je n'avois pas mis la plus grande circonspection dans mes démarches. Je courus même des dangers dans un petit village au-dessus de la *Bastide*, terre appartenante à M. le comte d'Entraigue. J'étois logé dans un misérable cabaret isolé , dont il est difficile de peindre le désordre, l'état de délabrement & de mal-propreté. C'étoit dans le lieu le plus triste & le plus sauvage du monde : une troupe de muletiers étoit logée dans cette maison : ces hommes, peu doux de leur naturel, parurent d'abord offusqués de ma présence & de mon attirail : un grand porte-feuille qu'avoit mon dessinateur , des livres & des papiers que portoit un domestique, leur firent ouvrir des yeux de curiosité & de soupçon. Ils questionnerent d'abord le guide, qui étoit un montagnard d'un village voisin, qu'un curé nous avoit procuré. Ce bon homme crut de ne pas mal faire en disant que nous étions *des gens qui levions des plans* : grands raisonnemens à ce sujet ; chacun dit son avis ; toutes ces têtes échauffées déjà par le vin , ne tarderent pas à fermenter, lorsqu'elles crurent que nous venions pour leur nuire ; nous fûmes traités de *drôles* , de *frippons*.

J'étois alors dans le coin d'un petit mauvais galetas qui me servoit de chambre , occupé à rédiger des observations , lorsque j'entendis ce carillon & ces mauvais propos : je descendis sur le champ, je vins à eux , & leur adressant la parole avec douceur , je leur demandai s'ils ne voudroient pas se charger de transporter avec leurs mulets plusieurs quintaux des pierres noires que je leur montrai, c'étoient des colonnes de basalte , & le prix qu'ils en voudroient pour les rendre à Montelimar ; leur disant quils auroient lieu d'être contens de moi. Ils crurent d'abord que je plaisantois, & se mirent fort en colere ; mais dès qu'ils virent que je leur offrois de l'argent d'avance, & que je parlois sérieusement, ils eurent bientôt fait marché avec moi. Ces gens, d'abord si furieux, devinrent mes amis & mes compagnons de voyage ; j'en emmenai six avec leurs mulets que je fis charger de matieres volcaniques : ils repartirent le lendemain sur leur parole pour le lieu de leur destination , ayant reçu en entier le montant de leur voiture ; & ils firent ma commission avec autant d'exactitude que de fidélité.

Une autre fois (en 1775) M. Guettard, de l'académie des sciences , étant venu en Dauphiné , me parut fort curieux de voir quelques volcans du Vivarais. Je le conduisis à Vals , village renommé par ses eaux minérales , où il existe de belles colonnades de basalte. Nous fûmes obligés de coucher dans une mauvaise gargote , où se trouvoit également une troupe de muletiers fort inquiete sur notre présence dans leur pays, car on leur avoit dit que nous parcourions les montagnes. Nous étions en chambrée avec quatre ou cinq voituriers d'une autre bande, & ces messieurs fort ivres dormoient & ronfloient de tout leur pouvoir, étendus sur des grabats placés tout auprès des nôtres. Comme la chambre où nous étions couchés étoit sur la cuisine, & que le plancher étoit crevé en plusieurs endroits, j'entendois de mon lit la premiere troupe de muletiers qui mangeoit , buvoit , juroit & s'entretenoit sur notre compte & sur l'objet imaginaire de notre mission; ces gens étoient fort mé-

contens contre l'hôtesse de ce qu'elle nous avoit reçu , & l'injurioient
à ce sujet ; j'entendois tout ce dialogue qui ne m'amusoit point : il fallut
toute la douceur & toute la patience de cette pauvre femme, chez qui
j'avois logé d'autres fois & qui me connoissoit , pour endurer cette suite
de mauvais propos : tout en les amadouant & en les rassurant sur notre
compte, elle les faisoit boire à grands traits, jusqu'à ce qu'enfin leurs
soupçons s'éteignirent dans le vin : je ne fus un peu rassuré que lorsque
je leur entendis dire : *nous verrons, nous verrons tout cela demain
matin.* En effet , le lendemain ces messieurs voyant que nous ne nous
occupions qu'à faire préparer des caisses pour emporter des pierres, ne
nous prirent plus que pour des gens qui cherchoient des mines, nous
firent mille questions plaisantes & ridicules à ce sujet, & nous nous
quittâmes bons amis.

Je ne rapporte ici ces deux épisodes que pour faire voir que l'histoire
naturelle a ses peines & ses dangers, mais particuliérement pour ras-
surer les observateurs sur les craintes qu'on ne manquera pas de leur
inspirer, dans le voisinage du Vivarais, au sujet des habitans qui passent, sur-tout dans les cantons du *Cheyllard* & des *Boutieres*, pour des
hommes dangereux & féroces : ces gens se tuent à la vérité quelquefois
entr'eux par esprit de vengeance, à coups de fusil & à coups de couteau;
mais les étrangers peuvent y voyager avec sécurité, sur-tout depuis qu'un
brave militaire du pays , secondé par le gouvernement, a eu le courage
& l'art de les discipliner & de leur empêcher de porter des armes [a].

L E basalte differe beaucoup plus par la variété de ses couleurs, par
le plus ou le moins d'adhérence de ses molécules, que par ses principes
constitutifs qui sont en général toujours, à peu de chose près, les mêmes
dans les basaltes de tous les différens pays où il a existé des volcans.
Comme il est essentiel de connoître ces variétés, je vais m'attacher à
décrire celles qui sont particulieres au Vivarais & au Velay.

Je ne dois pas oublier de prévenir ici qu'il ne faut pas s'en prendre à
l'écorce, c'est-à-dire, à la croûte extérieure des basaltes, pour prononcer
sur leur couleur; le temps, l'action lente, mais constante & sensible de
l'air; le soleil, les pluies, les frimats portent atteinte à ces couleurs;
le fer qui en est la base peut éprouver diverses modifications propres à
produire bien des variétés dans les nuances. On doit donc être attentif
à rompre le basalte & à lire dans ses cassures ! je ne me suis pas toujours
contenté de cette pratique; j'ai fait scier & polir le plus souvent les
morceaux qui m'intéressoient; il est même à propos quelquefois de les
tremper dans une eau limpide; c'est après le poli ce qui en développe
le mieux la couleur.

[a] Cet officier, véritablement utile à sa patrie , se nomme M. le chevalier de la Coste.

Bafalte d'un noir foncé.

CE bafalte eft d'un noir d'ébene. On en trouve en prifmes fur la montagne qui fait face à celle de *Chenavari* en Vivarais, à une lieue de Montelimar. On en voit auffi en plufieurs autres endroits. C'eft le bafalte le plus dur, le plus homogene, celui qui n'a fouffert aucune altération : il eft ordinairement fonore lorfqu'on le frappe.

DEUXIEME VARIÉTÉ.

Bafalte d'un noir bleuâtre.

CE bafalte communément compaȼt & dur, a une teinte bleuâtre, occaſionnée par les molécules ferrugineufes qui ont paffé, à l'aide de certaines combinaifons, à l'état d'une efpece de bleu de Pruffe; opération que l'art peut mettre facilement en œuvre, en attaquant le bafalte avec l'acide marin concentré, & en précipitant la diffolution avec l'alkali phlogiftiqué.

Ce bafalte d'un noir bleuâtre n'eft pas abondant ; on en trouve non loin du cratere de *Montbrul*. Cette belle nuance fe développe d'une maniere remarquable, lorfque ce bafalte a été lavé par la pluie, & qu'on l'examine alors au foleil ; il n'eft cependant jamais auffi bleuâtre que certaines laves poreufes légeres qui fe voient dans le même *cratere*. Comme ces dernieres ont été plus facilement pénétrées par l'acide quelconque, qui a aidé à la métamorphorfe de la couleur noire en bleue, cette opération s'eft faite d'une maniere plus complete & plus achevée que dans le bafalte dur, qui oppofoit plus de réfiftance à l'intromiffion des molécules acides. J'ai des laves poreufes légeres de *Montbrul* qui font colorées d'un bleu prefque auffi éclatant que celui de Pruffe.

TROISIEME VARIÉTÉ.

Bafalte d'un noir rougeâtre, couleur de lie de vin.

LA montagne volcanique de *Montbrul* offre cette variété ; le fer paffant à l'état de rouille ou de chaux lui donne cette couleur. J'ai vu quelques morceaux de ce bafalte non loin du village d'*Expailly*, près du Puy en Velay. Il eft important d'obferver que la plupart des modifications dans le principe colorant des laves, ne change rien pour l'ordinaire à leur pefanteur & à leur dureté, tandis qu'il eft d'autres modifications dont j'aurai occafion de parler, qui en enlevent les parties martiales & en détruifent la confiftance.

MÉMOIRE

QUATRIEME VARIÉTÉ.

Bafalte d'un noir jaunâtre.

LES molécules ferrugineufes ont éprouvé dans ce bafalte le même changement que dans les ochres jaunes ; c'eft toujours une chaux métallique martiale qui fe montre fous un nouvel afpeĉt.

CINQUIEME VARIÉTÉ.

Bafalte gris-blanc , un peu verdâtre , dur , fonore & en table.

CETTE variété fe trouve fur la plus haute fommité de la montagne du *Mezinc* en Velay ; il fe rapproche, par la couleur & par le grain, du bafalte antique gris-verdâtre d'Égypte ; il eft très-pur, mais un peu moins fec , un peu moins grenu & plus dur que ce dernier : fes parties élémentaires paroiffent être placées un peu plus à plat & fe trouvent entrelacées les unes dans les autres, ce qui eft caufe peut-être que ce bafalte du *Mezinc* , fe détache en tables ou en feuillets dans certaines parties de la montagne. Je n'y ai jamais rencontré de corps étrangers ; on y voit feulement quelques lames d'un feld-fpath blanc vitreux, qui a le coup d'œil & le brillant d'une eau glacée ; ces lames font fouvent formées en parallélogrammes , & en les examinant au grand jour on les prendroit pour une efpece de mica ; mais en les confidérant avec attention, à l'aide d'une bonne loupe , on s'apperçoit bientôt qu'elles ne font formées que par un feld-fpath brillant, prefque entiérement tranfparent. Je poffede quelques échantillons où ce feld-fpath renferme lui-même de petites aiguilles de fchorl noir.

Ce bafalte frappé avec l'acier trempé jette beaucoup d'étincelles ; on en rencontre plufieurs morceaux curieux, fort chargés de ces lames de feld-fpath glacé, ce qui éteint la couleur noire de ce bafalte qui reffemble alors à certains fers fpathiques d'un brun grifâtre , ayant des lames à peu-près pareilles. La croûte de cette lave compaĉte fe dénature quelquefois , fa couleur devient d'un rouge jaunâtre ; mais au lieu de fe rendre friable ou argilleufe, cette efpece d'écorce femble fe tranfmuer en une autre fubftance, & perdant fa couleur noire, elle reffemble alors à un granit rougeâtre ; on peut même dire qu'il lui reffemble tellement qu'on y diftingue le même grain, & qu'on y voit une multitude de points de fchorl noir; il n'y manqueroit que du mica pour en faire un granit complet.

Il eft conftant que ces morceaux, lorfqu'on veut les étudier avec attention , font naître l'idée du paffage de certains bafaltes à l'état de granit, ce qui eft abfolument le contraire de ce qu'ont dit & penfé quelques auteurs qui regardent le bafalte comme un granit fondu ; tandis qu'ici tout femble indiquer que le temps , l'infiltration des eaux & plufieurs caufes qui nous font inconnues , peuvent dans quelques occafions faire paffer les bafaltes à l'état de granit incomplet à la vérité , parce que le mica leur manque , mais qui feroit parfait fi la lave en avoit

contenu. J'entends déjà les cris de quelques naturalistes partisans du
système des granits fondus, convertis en lave, qui traiteront de vision
ou d'erreur ce que j'avance, & qui ne manqueront pas de publier que je
me suis trompé d'une maniere absurde ; que mon observation est mal
faite, & que j'aurai certainement pris du granit adhérent à la lave, ou
du granit changé en partie en basalte par la fusion, pour du basalte
métamorphosé en granit.

Je réponds d'avance, 1°. que les morceaux dont je parle, que j'ai
examinés très-soigneusement & plus d'une fois, sont du véritable basalte-
lave, du basalte volcanique, fusible par lui-même, ayant tous les caracteres des autres basaltes, & se trouvant sur une montagne entiérement volcanisée ; 2°. que la substance que je nomme granit incomplet
n'a point été saisie accidentellement dans le temps de la fusion ; qu'elle
n'est point un granit en partie fondu & en partie conservé, mais qu'on
la voit sur la croûte de certains morceaux, particuliérement sur des
especes de calottes basaltiques, sur des éclats demi-sphériques de
cette matiere, dont tout le toît ou l'enveloppe passe à l'état de granit &
pénetre jusqu'à deux ou trois lignes d'épaisseur dans la lave, en se dé-
gradant par nuances insensibles ; enfin, que c'est toujours par les parties
extérieures que cette dégradation semble se faire. On ne seroit point
fondé à m'objecter encore que c'est ici une substance graniteuse qui est
venu se coller après-coup sur le basalte ; la position des lieux, le caractere de la matiere prouvent absolument le contraire. 3°. Lorsque j'examine
à l'œil nud un des morceaux de ce genre que je possede, avec plusieurs
autres, dans mon cabinet, j'apperçois un basalte d'un noir grisâtre, couleur de corne ; j'y distingue une multitude de petites taches d'un blanc
un peu jaunâtre, jetées sur un fond qui paroît noir ; j'y apperçois des
lames de feld-spath très-vitreux & très-brillant, figurées la plupart en
parallélogramme : je suis frappé sur-tout de quelques nuances plus foncées
& plus ferrugineuses qui se remarquent dans ce morceau qui est de la
grandeur de la main, de forme elliptique, plat & uni dans sa cassure,
saillant & bombé vers l'extérieur. Cette croûte, la plus exposée à l'air,
est d'un rouge jaunâtre ; elle me présente l'image d'un granit, & j'y
distingue des lames de feld-spath brillant, semblables à celles qui sont
dans l'intérieur même du morceau. Je suis cette enveloppe qui vient se
noyer & se perdre insensiblement dans la masse ; elle y pénetre, dans des
endroits, d'une ligne, de deux & de trois, & dans d'autres de quatre &
de cinq. Frappé de la nature & de la singularité de ce basalte, je prends
une forte loupe, je l'examine au grand jour, & voici ce que j'y distingue.

Portant mes premiers regards sur la face intérieure, vers la partie
de la cassure, je vois les élémens de ce basalte formés par une multitude de points, de lames, d'especes d'écailles irrégulieres & grenues,
d'une substance blanche qui paroît être un véritable feld-spath ; j'y
distingue même plusieurs portions rhomboïdales ; cette matiere est mêlangée d'une substance noire tellement amalgamée avec les molécules
de ce feld-spath, que cette derniere substance paroît en être comme
gazée ; mais il est impossible d'en reconnoître les élémens tant elle est
divisée ; j'ai cependant lieu de présumer que ce n'est ici qu'un schorl
noir disséminé & étendu dans le feld-spath.

J'apperçois enfuite, d'une maniere très-diftincte, d'affez grandes lames en parallélogramme d'un feld-fpath prefque auffi brillant que le mica [a] ; les taches noires dont j'ai parlé, difperfées dans ce morceau, m'offrent un léger dépôt d'une fubftance purement ferrugineufe, qui s'eft réunie ici & y a produit ces nuances foncées.

Si je promene ma loupe fur les bords du morceau, je vois la couleur fe dégrader infenfiblement & paffer au jaune : au lieu d'écailles de feld-fpath, je n'apperçois plus qu'une aggrégation d'affez gros grains irréguliers, ou de petits rhombes de feld-fpath de la nature des granits jaunâtres. La fubftance noire gazée dont j'ai parlé s'eft éclipfée, & je ne vois dans cet affemblage de grains réguliers ou irréguliers de feld-fpath, qu'une multitude de points de fchorl très-noirs, quelquefois même un peu verdâtres, femés fans ordre dans le feld-fpath où on le diftingue d'une maniere tranchante. On rencontre même quelques-unes de ces laves en table qui paffent à l'état de feld-fpath abfolument blanc, où le fchorl fe trouve mêlé.

Il paroît donc ici que le principe ferrugineux uni aux laves & qui les rend attirables à l'aimant, a été déplacé à la longue ou par le féjour prefque continuel des neiges qui dominent fur la montagne du *Méʒinc*, & y entretiennent une humidité conftante & habituelle, ou que des eaux imprégnées d'air fixe auront occafionné le même effet : alors les vuides produits par le déplacement des molécules martiales, ayant laiffé une multitude d'interftices dans ce bafalte, l'eau aura eu la facilité de s'introduire & de féjourner dans ces efpeces de petites géodes, & y remanint le feld-fpath, elle aura pu lui reftituer fa forme rhomboïdale primitive que la fufion lui avoit enlevée ; ou peut-être encore que la matiere vitrifiable & argilleufe qui conftitue les laves, fe dépouillant de fon fer, contient quelques gas, quelques principes qui, s'affimilant à l'eau, lui donnent la propriété de diffoudre cette fubftance & d'en former, par le rapprochement des molécules, une matiere cryftalline un peu ferrugineufe, de la nature du feld-fpath. Je ne prétends certainement pas développer une théorie auffi délicate & auffi cachée, & je ne hafarde cette conjecture qu'en paffant, & dans l'intention de mettre fur la voie des gens plus inftruits & plus éclairés que moi.

SIXIEME VARIÉTÉ.

Bafalte tigré.

LA montagne du *Méʒinc* fournit encore une variété de lave dure, très-remarquable. C'eft un bafalte que je nommerai *tigré*, parce qu'en effet il eft parfemé d'une multitude de taches noires, toutes à peu-près d'une même groffeur, & placées à une diftance affez égale fur un fond gris. Ces taches, qui pénetrent abfolument le corps de cette lave, font des portions de matieres bafaltiques beaucoup plus noires & plus avivées

---

[a] Si on n'apportoit pas la plus grande attention en examinant ces lames brillantes de *mica*, on les prendroit fans doute pour un véritable *mica talqueux* blanc : ceci me donna l'idée de faire quelques expériences qui tendent à démontrer que le feld-fpath peut, dans quelques circonftances, paffer à l'état de *mica*. Je donnerai quelque jour la fuite de ces recherches.

que le reftant de ce bafalte, dont la pâte eft formée de molécules de feld-fpath gris, un peu terne. Qu'on ne penfe pas au refte que ces points noirs foient du fchorl de cette couleur ; on n'y en diftingue aucun atome vifible, excepté toutefois que ces taches ne duffent cette teinte tranchante à une poufliere très-fine de fchorl noir qui s'y trouveroit amalgamée, ce qu'il eft difficile & même impoflible de découvrir. Quoi qu'il en foit, je n'ai obfervé dans ce bafalte, qui eft très-dur, d'autres corps étrangers que quelques lames affez grandes de feld-fpath brillant.

SEPTIEME VARIÉTÉ.

Bafalte piqué.

C'EST le cas de placer ici une autre efpece de bafalte affez femblable en apparence à la précédente, mais qui en differe cependant par un caractere remarquable : fa couleur eft d'un gris foncé, un peu bleuâtre. On le trouve dans les environs de la belle & grande chauflée d'*Expailly*, en tables minces affez irregulieres. Le toit & la partie inférieure de ces tables font chargés de petites taches affez égales, de couleur cendrée, fur un fond noirâtre. C'eft ici l'inverfe des accidens du bafalte précédent, où les taches font noires fur un fond blanchâtre. J'appelle ce bafalte, *bafalte piqué*, parce qu'il a l'air en effet d'avoir été piqué avec la pointe d'un outil aigu, ou mieux encore d'avoir été martelé avec un inftrument à plufieurs facettes, nommé *boucharde*, dont fe fervent les tailleurs de pierre pour égalifer leurs ouvrages.

Ces piquures blanches fur un fond noir pénetrent non-feulement dans la maffe totale, mais influent encore d'une maniere manifefte fur fon organifation. En effet, fi le bafalte tigré eft compacte & d'une grande folidité, le bafalte piqué, quoique également compacte & auffi lourd, fe brife avec beaucoup plus de facilité, & fait voir dans fes caffures une multitude d'ébauches de très-petites efpeces de prifmes irréguliers, plus ou moins faillans ; ce qui rend ce bafalte fort inégal, raboteux & dur au toucher.

J'ai retrouvé cette variété, qui eft conftamment la même, dans plufieurs endroits du Vivarais & du Velay ; j'ai même affez généralement obfervé que cette efpece d'organifation prifmatique imparfaite, eft d'un volume proportionné à la groffeur des maffes, c'eft-à-dire ; qu'une petite table ou une petite colonne de ce bafalte, offre toutes les inégalités, tous les rudimens de prifmes dont j'ai parlé, fort petits, tandis qu'une colonne ou une table volumineufe a des ébauches plus confidérables. J'ai trouvé dans les environs de Rochemaure quelques prifmes parfaits très-curieux de ce bafalte piqué, n'ayant que 2 pouces ½ de diametre, fur 5 ou 6 de hauteur, qui font l'ornement de mes tiroirs : les faces en font mouchetées ou piquées d'une maniere remarquable. J'ai eu foin de faire polir la partie fupérieure de ces prifmes, ce qui a développé la contexture de leur organifation.

On trouve non loin de la chartreufe de Bonnefoi dans le Velay, du bafalte femblable, en tables & en maffes irregulieres, entierement converti en une maffe argilleufe, d'un blanc jaunâtre. Ce bafalte dont j'aurai

O o

occafion de parler plus au long, conferve tous les caractères extérieurs du plus beau bafalte piqué.

HUITIEME VARIÉTÉ.

Bafalte blanc, un peu verdâtre.

J'AUROIS dû peut-être placer cette variété après celle de la cinquieme divifion, parce qu'en effet c'eft ici une décompofition achevée du bafalte noir, entiérement métamorphofé en une fubftance folide, compacte, qui n'eft qu'une agrégation, qu'un affemblage de grains irréguliers ou en rhombes, de feld-fpath blanc, mêlé d'une multitude de portions de fchorl noir très-diftinct; mais cette lave décolorée a quelques caractères particuliers qui m'ont empêché de fuivre cet ordre. Je comprends au refte qu'on pourroit me reprocher d'appeller *bafalte* cette efpece qui n'a ni la couleur ni la dureté du bafalte integre, & qui ne lui reffemble aucunement par fes caractères extérieurs. Je répondrai que cette lave dure décolorée ayant été inconteftablement un bafalte, j'ai dû, pour la clarté du fujet, lui conferver fon nom.

Ce bafalte ainfi altéré eft tantôt d'un blanc clair, tantôt d'un blanc un peu verdâtre ; on en trouve auffi d'un blanc cendré : celui même qui eft le plus blanc étant trempé dans l'eau, prend une teinte un peu verdâtre : il en exifte une belle carriere fur la montagne du *Mezinc*, dans un quartier nommé *la Chauderole*. Quoique ce bafalte décoloré foit affez dur, & qu'il ait une caffure vive & luifante, il eft néanmoins beaucoup plus traitable que le bafalte noir, puifqu'on peut le tailler avec facilité : l'efpece grife de la carriere de *la Chauderole* à même été très-utile aux chartreux, qui en ont fait faire des cheminées fort propres : toutes les fenêtres de leur maifon font également de la même pierre.

Au refte, il n'eft point douteux que cette matiere n'ait été fondue & ne foit une véritable lave bafaltique, car on en trouve encore plufieurs morceaux dont une des faces ayant été calcinée & étant devenue poreufe, s'eft décolorée en cet état. On voit des blocs de ce bafalte blanc dans une carriere voifine de la chartreufe de Bonnefoi ; ce dernier eft très-blanc, fort tendre & contient des points & quelques aiguilles de fchorl noir.

On trouve non loin de la ville du Puy, un bafalte de la même efpece, d'un blanc tirant fur un gris tendre, mais plus dur & ayant le grain plus ferré ; il reffemble au premier abord, fur-tout dans fa caffure, à un grais dur & fin ; il eft chargé de points ou de petites taches plus foncées en couleur, qui ne font produites que par une plus grande adhéfion & plus de rapprochement dans les particules de la matiere : on y voit auffi des lames brillantes & demi-tranfparentes de feld-fpath, fouvent figurées en parallélogrammes; plufieurs grains & quelques aiguilles prifmatiques de fchorl noir. Cette derniere efpece de bafalte eft prefque auffi pefante que le bafalte noir; il peut fe tailler & recevoir même le poli: on en voit de très-belles colonnes à la façade de l'ancienne églife des jéfuites du Puy ; on pourroit faire de beaux & grands ouvrages avec cette matiere qui eft très-folide & qui réfifteroit mieux que toute autre aux actions & aux injures de l'air.

NEUVIEME VARIÉTÉ.

Bafalte recouvert de dendrites.

C'EST moins ici une variété qu'un accident remarquable du bafalte, car ces dendrites font fuperficielles & font étrangeres à fa contexture & à fa qualité; elles font martiales & occafionnées par le fer des
laves que l'eau diffout & vient dépofer en forme de ramifications : on
voit quelques-unes de ces dendrites fur les petites tables de bafalte des
environs du pavé d'*Expailly*. Elles font en général confufes, mais rien
n'égale la beauté & la régularité de celles que j'ai trouvées vers la chauffée
du pont de *Rigaudel*, entre *Vals* & *Entraigue* en Vivarais. Ce pavé en
prifmes articulés eft au bord de la riviere du *Volant*, & repofe fur une
premiere couche de lave bafaltique un peu poreufe, de forme irréguliere. C'eft fur la fuperficie de cette lave recouverte d'une teinte jaunâtre, que font deffinées de très-jolies dendrites d'un noir foncé, ramifiées d'une maniere agréable, & jetées par petits bouquets féparés, tous
à peu-près de la même grandeur, & placés à une diftance égale.

DIXIEME VARIÉTÉ.

Bafalte graveleux.

CE bafalte auffi pefant & auffi dur que le bafalte compacte, n'en differe qu'en ce qu'étant une fois entamé, le marteau le fait fauter avec
facilité en éclats graveleux & irréguliers. Cette efpece eft affez commune; on la trouve en maffe, en tables, en colonnes; on en voit à la
chauffée de Vals quelques prifmes qui ont extérieurement l'air très-fains,
mais qui, lorfqu'on les rompt, montrent une contexture graveleufe : ils
rendent un fon caffé lorfqu'on les frappe, à la maniere d'une piece de
poterie ou d'une brique rompue. Il y a du bafalte graveleux fort tendre.

J'ai conftamment obfervé que les vuides, que les interftices que laiffent ces portions graveleufes irrégulieres de bafalte, lorfqu'on les détache, font toujours plus vivement colorés que les noyaux qu'on enleve;
non-feulement la couleur noire en eft plus foncée, mais elle tire ordinairement fur le bleu. Ceci fembleroit annoncer que cette altération a
été peut-être occafionnée par un fluide aqueux qui a déplacé & même
un peu altéré le principe colorant : des eaux acidules peuvent avoir produit cet accident, ou bien encore, à l'époque du refroidiffement de
la matiere, des vapeurs acides fulphureufes ayant pénétré plus fortement certaines parties, en auront intercepté l'adhéfion. Je n'avance au
refte tout ceci que comme de fimples conjectures auxquelles je n'attache
abfolument aucune prétention. Je fens trop les difficultés infurmontables qu'il y a à vouloir expliquer les phénomenes occafionnés par des
feux dont la nature ne nous eft pas encore connue.

BASALTES PRISMATIQUES.

Triangulaires.

LES prifmes triangulaires font en général de la plus grande rareté, du moins dans les volcans éteints du Vivarais & du Velay. Dans la quantité confidérable de chauffées que j'ai vifitées, je n'ai abfolument trouvé de prifmes de cette efpece que dans un feul endroit non loin de *Rochemaure*, à une lieue de Montelimar : je dois même dire que ce n'eft pas dans un pavé en regle, mais dans une maffe bafaltique où les prifmes très-éfilés n'offrent, pour ainfi dire, que des ébauches de colonnes. C'eft dans cette butte à demi-cryftallifée, ou fi l'on veut, dans cette retraite imparfaite & irréguliere de la matiere, qu'on découvre, à force de foins & de recherches, quelques prifmes exaéts & parfaits d'un très-petit volume : c'eft de là où j'ai tiré les cinq prifmes dans ce genre, qui fixent l'attention des curieux dans mon cabinet, parmi lefquels on en voit deux triangulaires, un quadrangulaire, l'autre pentagone, & le cinquieme hexagone. Le pavé du pont du *Bridon*, près de *Vals*, renferme quelquefois des prifmes très-beaux & très-élevés, qui ont une difpofition triangulaire apparente ; mais pour peu qu'on veuille les confidérer avec attention, on ne tarde pas à s'appercevoir que les angles font émouffés, & qu'ils offrent de très-petits pans bien caractérifés, qui rendent dans la réalité ces colonnes quarrées ou pentagones. J'ai été bien aife de prévenir à ce fujet, afin qu'on examine avec foin certains prifmes de ce pavé du *Bridon*, qui paroiffent triangulaires au premier afpeét.

Bafalte prifmatique triangulaire.

1. Un prifme triangulaire d'un pied 3 pouces de hauteur, fur 2 pouces ½ de diametre, parfaitement caractérifé, à angles nets & bien prononcés, avec quelques points de fchorl noir. Le bafalte de ces prifmes eft noir, très-dur, & de l'efpece de celui que j'ai nommé *piqué* : des environs de *Rochemaure*, à une lieue de Montelimar.

De 2 pouces de hauteur fur 2 pouces de diametre.

2. Autre prifme triangulaire de 2 pouces de hauteur, fur 2 pouces de diametre, à angles nets, contenant des fragmens de fchorl noir : des environs de *Rochemaure*.

Quadrangulaires.

Quadrangulaire.

3. Prifme quadrangulaire reétangle d'un bafalte très-dur & très-noir, de 2 pieds de hauteur fur 4 pouces de diametre, bien exprimé : du pavé de *Rigaudel*, entre *Vals* & le village d'*Entraigue* en Vivarais. Voyez *planche I. fig. 1.*

Les prifmes de cette forme font en général fort rares ; on en trouve quelques-uns dans la belle chauffée des bords de la riviere du *Volant*, vers le pont du *Bridon*, à un quart de lieue de *Vals*.

Avec un noyau de granit blanc.

4. Autre prifme quadrangulaire d'un pied 6 pouces de hauteur, fur 5 pouces de diametre, avec un noyau de granit blanc de la groffeur d'un œuf de poule ; ce granit entiérement intaét a confervé fon éclat & toute fa fraîcheur : du pavé de *Rigaudel*.

5. Beau prifme quadrangulaire, fi exaét & fi parfait, qu'on le prendroit

droit pour un ouvrage fait de main d'homme, d'un bafalte pur, des plus noirs, de deux pieds d'élévation, fur 4 pouces 3 lignes de diametre : de l'immenfe pavé qui fait face à la montagne de *Chenavari*, non loin de *Meiffe*, à une lieue & demie de Montelimar. *Régulier.*

6. Autre de 8 pouces 6 lignes de hauteur, fur 5 pouces 6 lignes de diametre, d'un bafalte très-noir & très-fonore, avec un noyau de chry-folite : la fommité de ce prifme eft fciée & polie dans la partie où eft la chryfolite : du pavé qui fait face à *Chenavari*. *Avec chryfolite.*

7. Prifme quadrangulaire de 3 pieds de hauteur fur 4 pouces de diametre, d'une régularité & d'une confervation parfaite, d'un bafalte le plus compacte, le plus pur & le plus fonore, remarquable en ce que, malgré fon extrême dureté, le laps de temps, ou d'autres circonftances ont converti en véritable argille graffe & favonneufe la partie extérieure de ce prifme jufqu'à la profondeur d'une bonne ligne & demie ; de maniere qu'en ayant fait fcier & polir la fommité, on voit alors un bafalte d'un noir foncé, qui a pris le poli le plus éclatant, tandis que les bords ou la croûte extérieure change de couleur & offre un bafalte argilleux dans lequel on peut aifément enfoncer la pointe d'un couteau. Ce mor-ceau intéreffant eft tiré du pavé qui fait face à la montagne de *Chenavari* Tous les prifmes de cette colonnade ont une couverte argilleufe, quoique la pâte de ce bafalte foit la plus pure & la plus homogene que je con-noiffe. *Très-dur, dont la partie exté-rieure paffe à l'é-tat d'argille grife.*

8. Autre prifme quadrangulaire, fcié & poli par un des bouts, dont le plan fupérieur offre un rhomboïde curieux par fon petit volume & par fa belle confervation, n'ayant qu'un pouce 9 lignes de diametre, fur 2 pouces de hauteur, contenant une multitude de fragmens de fchorl noir très-vitreux : des environs de *Rochemaure*. *D'un pouce 9 lignes de diame-tre, fur 2 pouces de hauteur, avec fchorl noir.*

Pentagones.

9. PRISME pentagone de 4 pieds 6 pouces de hauteur, fur 4 pouces 2 lignes de diametre, bien net & bien filé, d'un bafalte noir & pur, avec quelques points de fchorl noir, du pavé du pont du *Bridon*, où l'on pourroit tirer des colonnes de 14 & de 15 pieds de hauteur ; mais il y auroit des difficultés pour le tranfport. *Voyez planche I. fig. 2* *Pentagones.*

10. Autre prifme pentagone remarquable en ce qu'il renferme un noyau de *chryfolite* beaucoup plus gros que le poing, bien vitreux, d'un verd jaunâtre, mêlangé de quelques grains plus obfcurs : je n'ai vu qu'un feul endroit dans tout le Vivarais où l'on trouve des prifmes avec des nœuds de *chryfolite* de ce volume ; c'eft à cent pas du village du *Colombier*, à trois lieues d'*Aubenas*, au bord de la riviere d'*Aulliere*, non loin d'un moulin à foie nommé *la fabrique d'Aulliere* : il exifte au pied de cette chauffée une fource nommée *Font-chaude*, qui n'a qu'un degré très-mé-diocre de chaleur. Toutes les matieres volcaniques des environs du *Co-lombier* font mêlées de *chryfolite*. *Avec un gros noyau de chry-folite.*

11. Prifme pentagone d'un pied & demi de hauteur, fur 5 pouces de diametre, avec deux gros noyaux de *granit blanc*, nullement altérés : du pavé de *Rigaudel*. *Avec deux noyaux de gra-nit blanc.*

12. Deux prifmes pentagones égaux, faits pour être placés l'un à côté

P p

de l'autre, de 2 pieds 9 pouces de hauteur, fur 5 pouces de diametre,
des plus curieux & des plus inftruétifs, en ce qu'ils renferment chacun
un gros noyau de granit blanc qui n'a fait autrefois qu'un même corps &
dont les deux parties fe correfpondent par le rapprochement d'une des
faces de ces deux prifmes. On fait que les nœuds de *granit* qu'on remarque quelquefois dans les bafaltes prifmatiques, s'y rencontrent ordinairement dans l'intérieur, vers les parties que la rupture a mifes à découvert : mais ici le *granit* fe trouve placé dans le plan d'une des faces du
prifme, dans une pofition très-propre à donner des éclairciffemens fur
la théorie de la formation des colonnes. Suppofons en effet pour un moment, qu'avant que la matiere fluide de la lave eût affecté la forme prifmatique, un noyau de *granit* s'y trouvât accidentellement engagé ; que
devoit-il arriver dans cette circonftance ? Je crois que pour fe former
une idée de cette opération, il eft bon d'examiner cette théorie fous deux
points de vue différens, les feuls qui paroiffent être vraifemblables ; c'eft-
à-dire, de confidérer leur organifation ou comme le produit d'une cryftallifation femblable à celle des cryftaux pierreux, ou des fels, ou fimplement comme une fuite d'accidens opérés par la retraite d'une matiere
qui prend telle ou telle forme, en paffant par degré de l'état d'incandefcence le plus fort à l'état de refroidiffement total. Je me repréfente donc
dans le premier cas une matiere qui, après avoir fubi un degré de feu auffi
violent que foutenu, fe trouvant en fufion parfaite, auroit la propriété
particuliere de fe cryftallifer par la difpofition & le rapprochement de fes
molécules, à l'exemple de l'antimoine, du foufre, &c. Dès-lors le fluide
igné feroit fonétion du fluide aqueux, & tiendroit comme lui en diffolution les particules conftituantes de la matiere bafaltique : dans cette circonftance le rapprochement, la juxtapofition des molécules fe feroit d'une
maniere tranquille, graduelle & fans effort. Le noyau de *granit* dont j'ai
parlé, ou tout autre corps étranger qui fe trouveroit interpofé dans la lave
bafaltique, occuperoit à la vérité une place, gêneroit & dérangeroit peut-
être en quelque forte la direétion des prifmes ; mais fi par événement il
étoit exaétement placé dans la ligne de féparation d'un prifme à l'autre,
il ne devroit fouffrir aucune efpece d'atteinte ni de dérangement, on
le verroit fimplement être adhérent aux deux prifmes & leur fervir de
lien.

Dans la feconde hypothefe, c'eft-à-dire, dans la circonftance où le feul
refroidiffement de la lave occafionneroit une retraite de nature à donner
naiffance à des prifmes diverfement configurés, une telle opération, bien
différente de la premiere, entraîneroit néceffairement avec elle des efforts, des déchiremens, des disjonétions forcées : les corps étrangers
inclus dans la lave, s'ils fe trouvoient placés dans les lignes de féparation, feroient rompus, partagés, & chaque prifme en retiendroit une
portion : cette hypothefe fe trouve réalifée dans les deux prifmes de cette
efpece.

Cette théorie m'occupoit depuis long-temps, lorfque je pris le parti
d'aller faire à ce fujet les recherches les plus foigneufes fur les lieux.
Je confacrai plufieurs jours à faire fouiller dans le pavé du pont du *Bridon*,
dont les prifmes qui contiennent fouvent du *granit*, me parurent très-
propres à être étudiés ; il étoit d'ailleurs facile de les faire détacher fous

mes yeux, car ce pavé forme une digue coupée à pic au bord de la riviere : on peut marcher avec la plus grande aifance fur le plateau en mofaïque que préfente la fommité tronquée des prifmes.

Je fis attaquer avec les plus grandes précautions une partie de ce pavé, & j'en fis extraire une multitude de colonnes toutes pofées perpendiculairement : elles ne font point adhérentes quoiqu'elles le paroiffent ; on les détache facilement à l'aide du moindre coin de fer ; on en voit même quelquefois plufieurs naturellement féparées par des interfices de plufieurs lignes. J'étois alors avec M. Veyrenc mon deffinateur, M. Pafcal, prieur-curé du *Colombier*, homme de mérite, refpeêtable par fes connoiffances & par les bonnes œuvres qu'il ne ceffe de faire dans fa paroiffe & dans tout le voifinage. Je faifois faire des abattis confidérables de ces colonnes dans l'intention d'y découvrir des noyaux de granit dans les pans des prifmes, lorfqu'enfin j'eus la fatisfaêtion de voir détacher les deux précieufes colonnes qui m'occupent dans ce moment : elles offrirent à ma vue, dans leurs deux faces correfpondantes, chacune une portion d'un gros nœud de *granit*, qui n'avoit fait ci-devant qu'un enfemble, qu'un même corps.

Il eft important d'obferver que ces deux prifmes n'étoient point adhérens ; que la ligne qui les féparoit avoit un tiers de pouce, & que cette disjonêtion ne doit pas être regardée comme accidentelle & arrivée après la formation de la chauffée, puifque plufieurs des colonnes de ce pavé qui eft dans le plus bel ordre, font dans le même fens & la même fituation, & que c'eft dans le centre même de la chauffée que ces deux prifmes ont été trouvés : je les fis laver fur le champ parce qu'ils étoient tachés par une efpece de rouille ferrugineufe : j'eus le plaifir de les voir & de les contempler à mon aife d'une maniere bien diftinête : les deux noyaux de *granit* fe correfpondoient exaêtement ; l'un faifoit la contre-partie de l'autre, & on voyoit indubitablement qu'ils n'avoient fait primitivement qu'un tout, disjoint & féparé par l'effort de la retraite de la matiere lors de fon refroidiffement. Ces deux prifmes font dans mon cabinet où ils ont été vus avec admiration par de très-célebres naturaliftes.

Hexagones.

13. PRISME hexagone, droit & régulier, de 5 pieds 4 pouces de hauteur, fur 4 pouces ½ de diametre, avec fchorl noir : du pont du *Bridon*. On y voit une efpece de cavité ovale accidentelle de 5 lignes de profondeur. *Voyez planche I*, *fig. 3*. [Hexagone avec fchorl.]

14. *Idem*. De 4 pieds ½ d'élévation, fur 3 pouces 6 lignes de diametre, avec un gros noyau de granit : du même lieu. [Avec granit;]

15. *Idem*. De 2 pieds 5 pouces de hauteur, fur 6 pouces de diametre, avec un gros nœud de chryfolite : du village du *Colombier*. [Avec chryfolite;]

16. *Idem*. Un prifme hexagone de 2 pieds ½ de hauteur, fur 2 pieds 3 pouces de diametre : du pavé de *Chenavari*. [D'un gros volume.]

Eptagones.

17. UN prifme à fept faces, de 4 pieds de hauteur, fur 6 pouces de [Eptagone;]

diametre , bien filé , d'une belle confervation , & d'un bafalte noir & fonore : du pavé de *Rigaudel*.

Avec granit & fchorl.

18. *Idem.* Un peu moins élevé, mêlé de fchorl, avec un noyau de granit blanc : du même lieu.

Avec granit dont les bords paroiffent un peu calcinés.

19. *Idem.* De 3 pieds d'élévation, fur 11 pouces de diametre, avec un gros noyau de granit blanc : les bords de ce granit paroiffent avoir fouffert un peu par le feu, dans une épaiffeur d'environ 2 lignes, où cette pierre a pris une teinte bleuâtre, fans rien perdre de fa folidité, tandis que tout le refte du granit eft intact & de la plus belle confervation. J'ai dépofé au cabinet du roi une belle articulation de prifme eptagone avec un pareil granit, dont les bords fembloient avoir été attaqués par le feu ; on peut le voir dans l'armoire où font les matieres volcanifées du Vivarais, que j'avois adreffées dans le temps à M. le comte de Buffon. *Voyez planche I , fig. 4.*

Les prifmes à fept côtés font en général de la plus grande rareté.

Octogones.

À huit pans.

20. COMME je favois que M. de Romé Delifle fait mention, à la page 256 de fa *cryftallographie*, de prifmes de bafalte octogones & ennéagones, & que M. Molineux parle de ceux d'Antrim de cette forme, j'avois fait depuis long-temps les plus grandes recherches pour trouver de ces prifmes à huit & à neuf côtés : cependant malgré la multitude de colonnes que j'avois vues & revues tant de fois, je n'en avois jamais trouvé aucune qui excédât fept faces, lorfqu'enfin dans le commencement de cette année (1778) j'eus la fatisfaction d'en découvrir une à huit côtés bien caractérifés, fur le haut de la montagne de *Chenavari*, au-deffus de *Rochemaure*. J'avoue qu'elle me fit un plaifir extrême ; elle avoit 1 pied ½ de diametre, fur 5 pieds de hauteur : une maffe auffi volumineufe étoit bien difficile à manier ; je la fis attaquer par plufieurs ouvriers ; on l'ébranla fans beaucoup de peine, parce qu'elle n'étoit point adhérente ; mais comme elle fe trouvoit d'un bafalte un peu altéré, elle fe réduifit en pieces en la renverfant ; il y en eut cependant heureufement un affez beau tronçon qui refta integre, qui pefoit 200 livres ; je le fis tranfporter fur le champ dans mon cabinet.

Satisfait de ma découverte, je revins quelques jours après voir de nouveau, avec la plus grande attention, le pavé dont j'avois tiré cette colonne ; mais je n'en trouvai aucune de cette forme. Je me tranfportai alors fur la montagne voifine qui fait face à celle de *Chenavari*, & qui n'eft prefque entiérement compofée que de vaftes débris de chauflées ruinées, où les colonnes font cependant d'un bafalte dur & fonore ; je m'y occupai une journée entiere avec plufieurs perfonnes à examiner avec un foin fcrupuleux ces prifmes qui font bien filés & d'un petit diametre. Autant cette opération étoit ennuyeufe, autant j'y mettois de la conftance ; j'étois encouragé par cette immenfité de prifmes qui fe préfentoient de toutes parts, & qui étoient à portée d'être vus de près. Je fus dédommagé de mes peines, car je trouvai fur le foir un prifme de 3 pieds 7 pouces de hauteur, fur 6 pouces ½ de diametre, de la plus belle confervation, d'un beau bafalte noir, dur & fain, ayant huit pans
bien

bien exprimés & fans défaut. Cette belle colonne eft placée dans ma collection. *Voyez planche I , fig. 5.*

Je poffédois dès-lors toutes les efpeces de prifmes dont avoit parlé M. Molineux, à l'exception de ceux à neuf pans. Ne voulant rien négliger à ce fujet, j'écrivis à M. de Romé Delifle pour lui demander s'il n'avoit pas vu dans les cabinets de Paris des prifmes à neuf pans ; je me rappellois très-bien que je n'y en avois point vu moi-même ; mais il pouvoit en exifter dans quelques cabinets que je n'avois pas vifités. Voici ce que cet habile naturalifte m'écrivit à cette occafion. » . . . . . . Vous
» me demandez, à l'égard des prifmes de bafalte à huit pans que vous
» avez enfin rencontrés après tant de recherches infructueufes, fi j'en
» connois de tels & à neuf pans, à Paris ; je vous dirai que non. M. de
» Beoft, qui avoit une affez belle collection de bafalte-lave d'Auvergne,
» n'en poffédoit aucun de ce nombre de côté ; vu la rareté dont ils font,
» je doute que perfonne en ait apporté. M. Molineux dit à la vérité en
» avoir obfervé dans le comté d'Antrim ; mais quoiqu'il les dife rares,
» il annonce que ceux à fept côtés font les plus rares de tous ; il n'en
» eft peut-être pas de même dans les pays que vous avez parcourus ;
» car il eft poffible qu'ils fe foient offerts à vous beaucoup plus fréquem-
» ment que les octogones dont vous n'avez rencontré que deux prifmes.
» Quoi qu'il en foit, je ne puis rien vous dire de plus fur les prifmes à
» neuf pans, n'en ayant jamais vu, & n'ayant aucune connoiffance
» qu'il s'en trouve ici, &c. »

P R I S M E S   A R T I C U L É S [a].

21. Un prifme articulé pentagone de 2 pieds 6 pouces de hauteur, fur 9 pouces de diametre, formé de trois pieces ou articulations concaves d'un côté & convexes de l'autre, dont la premiere a 8 pouces d'élévation, la feconde 12 & la troifieme 10 : du pavé de *Rigaudel.* Il y a des colonnes de cette efpece qui ont jufqu'à 18 & même 20 articulations. *Pentagone articulé.*

22. Autre articulation pentagone de 4 pouces de hauteur, fur 7 de diametre, d'une forme réguliere : du même lieu. *Idem.*

23. Autre un peu plus élevée, avec des noyaux de granit & de chryfolite : du même lieu. *Avec granit & chryfolite.*

24. Une belle articulation hexagone de 5 pouces de hauteur, fur 7 pouces 6 lignes de diametre, bien caractérifée, d'un bafalte noir très-pur, avec deux gros noyaux de granit blanc : du même lieu. *Avec de gros noyaux de granit blanc.*

25. Prifme eptagone articulé, à angles nets & bien deffinés, de 12 pouces de hauteur, fur 9 pouces de diametre ; très-rare : du pont de la *Baume,* à deux lieues d'Aubenas. *Eptagone.*

26. Autre de la même efpece, un peu moins volumineux, avec un gros noyau de granit blanc, dont les bords ont un peu fouffert par le feu ; de la plus grande rareté : des environs du pont du *Bridon* près de *Vals.* *Avec granit.*

a Voyez planche I , fig. 10.

Q q

COLONNES OU PRISMES IRRÉGULIERS.

J'AI cru qu'il étoit convenable de former une claſſe de cette eſpece de colonnes qui paroiſſent s'écarter de la marche ordinaire des autres, & qui méritent par là toute l'attention des naturaliſtes. Je nomme *priſmes irréguliers* ceux qui ſe préſentant ſous la forme pentagone ou hexagone par une extrêmité, s'éguiſent en quarré ou en pentagone de l'autre ; ceux qui ſont tors ou coudés, ceux qui ſont comprimés & applatis, &c. ce ſont là autant d'écarts qui doivent être ſaiſis & médités avec réflexion.

27. Une colonne de 3 pieds ⅟₄ de hauteur, ſur 5 pouces de diametre, ayant cinq angles à un bout, tandis que l'autre eſt quadrangulaire : ce priſme bien caractériſé vient du pavé du pont du *Bridon. Voyez planche I, fig. 6.*

28. Un priſme pentagone de trois pieds ½ de hauteur, ſur 4 pouces de diametre, dont deux des faces ſont ſi étroites qu'il paroît être triangulaire quoiqu'il ait réellement cinq angles bien prononcés : du pavé du pont du *Bridon.*

29. Autre de la même eſpece plus élevé, avec une contre-partie, offrant dans chaque portion un noyau de granit coupé par le milieu, qui n'a fait autrefois qu'un même corps : du même lieu. *Voyez planche I, fig. 7.*

30. Priſme hexagone de 3 pieds 6 pouces de hauteur, ſur 2 pouces de diametre, très-comprimé, ayant une de ſes faces de 6 pouces de largeur, la face oppoſée un peu concave, & les autres faces étroites & inégales : des environs du pont du *Bridon. Fig. 8.*

31. Un priſme à ſept angles de 3 pieds 9 pouces de hauteur, ſur 7 pouces de diametre, arqué & comme tors : du pavé qui eſt au-deſſus du pont du *Bridon*, non loin de la caſcade. *Fig. 9.*

BASALTE EN BOULES[a].

IL exiſte du baſalte en boules, c'eſt-à-dire, des maſſes plus ou moins volumineuſes de baſalte arrondi, qui ne doivent point leur forme à des accidens poſtérieurs au refroidiſſement de la lave, mais à une configuration particuliere que la matiere en fuſion a quelquefois affectée. Si l'on frappe à coups redoublés avec de forts marteaux ces boules qui ſont d'une dureté extrême, & qu'on vienne à bout d'en briſer quelques-unes, on verra qu'elles ſont formées par une ſuite de couches ou d'enveloppes concentriques d'une épaiſſeur aſſez généralement proportionnée au volume de la boule ; c'eſt-à-dire, que celles qui n'ont qu'un pied de diametre, ont ordinairement des couches d'un pouce d'épaiſſeur ; celles qui ont 2 pieds ont des couches de 2 pouces, & ainſi des autres formées à peu-près dans le même ordre & la même gradation ; regle qui au reſte n'eſt pas toujours invariable, & ſe trouve quelquefois ſujette à des exceptions.

Des naturaliſtes qui ont obſervé des boules à peu-près ſemblables à

[a] Voyez planche I, fig. 11.

celles-ci fur le Véfuve, en attribuent la configuration à des portions de laves qui, dans certaines circonftances, roulant fur des pentes rapides couvertes de matiere en fufion, s'accroiffent & s'arrondiffent en fe chargeant de nouvelles couches. Il n'eft pas douteux qu'il fe forme quelquefois des boules de cette maniere, qui cependant n'ont jamais la rondeur de celles du bafalte dur dont je parle. Des obfervations fuivies que j'ai faites fur la pofition, la contexture & les entaffemens de ces boules, me perfuadent que le bafalte affecte quelquefois naturellement la forme fphérique. Rien ne prouve auffi démonftrativement ce que j'avance, qu'un morceau unique dans ce genre, que j'exhorte les naturaliftes à aller examiner. J'affure d'avance que leur curiofité fera fatisfaite, & qu'ils feront amplement dédommagés de leur peine.

C'eft à environ quatre cents pas de la petite ville de *Pradelle*, dans le plus haut Vivarais, qu'exifte la collection de boules balfatiques la plus remarquable que j'aie vue, & la plus propre en même temps à développer la théorie de leur formation, ou plutôt à apprendre & à démontrer que ce n'eft point en roulant que celles-ci fe font arrondies.

Arrivé à *Pradelle*, demandez le quartier nommé *Ardenne*, connu de tous les habitans : là vous trouverez une butte ifolée & faillante, entiérement compofée d'une lave dure des plus fonores. Le bafalte n'eft point ici en pavé, en tables ou en maffes irrégulieres, mais la crête de la butte eft entiérement hériffée d'énormes poutres de bafalte, groffiérement équarries, dont un grand nombre eft dirigé vers le ciel, tandis que d'autres très-faillantes & de grandeur inégale, femblent menacer l'horizon, ou font placées dans des pofitions fingulieres & variées. On voit cependant que l'enfemble, ou fi l'on veut le fyftême général de ce groupe étonnant, eft difpofé de l'eft à l'oueft. La principale face latérale du talus qui eft au bas de la butte, eft jonchée de boules & de débris détachés des maffes fupérieures. C'eft dans cette partie qu'il faut fe placer pour étudier & contempler en face ce fuperbe morceau.

On verra de droit & de gauche une multitude de boules variées par la groffeur, mais toutes d'une pâte extrêmement dure & de la plus grande pureté. Plufieurs font détachées & jetées pêle-mêle, tandis que d'autres encore en place font dans leur matrice primitive, c'eft-à-dire, incruftées & enracinées dans le bafalte.

En remontant vers la fommité du monticule, on ne tarde pas à découvrir le principal morceau qui doit fixer toute l'attention de l'obfervateur; c'eft une énorme boule de 45 pieds de circonférence, naturellement encaftrée entre les poutres de bafalte dont j'ai parlé, & affife de maniere qu'il n'eft pas poffible de douter qu'elle n'ait été ainfi formée dans l'endroit même où on la remarque & où elle eft encore exactement attenante à la maffe totale. Rien n'a été déplacé dans cette partie qui exifte dans toute fon intégrité primitive.

Cette maffe majeftueufe, parfaitement fphérique, en impofe; elle eft d'autant plus intéreffante, que les fortes gelées qui regnent dans ce climat, ou d'autres accidens, en ont fait détacher heureufement une portion qui, loin de la dégrader, la rende plus curieufe encore, puifque l'on peut voir par là toute fa contexture intérieure qui offre; 1°. un noyau de forme ronde de 13 pieds 6 pouces de circonférence; 2°. fix différentes couches ou enveloppes concentriques d'un pied d'épaisseur chacune, fortement adaptées les unes contre les autres ; 3°. ces lames qui s'amincissent par les bords, sont disposées de maniere que cette boule volumineuse, vue d'un peu loin, ressemble à un énorme choux pommé. Je ne saurois trop recommander aux amateurs de l'histoire naturelle d'aller étudier ce beau morceau.

32. Une boule de basalte dur & noir, pesant cent quatre-vingts livres : des environs de *Montpeȝat*.

33. Autre boule d'un basalte bleuâtre, pesant cent soixante livres : des environs de *Montbrul*.

Ce ne sont là que de petites boules ; celles d'*Ardenne* sont d'un volume & d'un poids trop considérable pour être transportées dans un cabinet ; il y en a qui pesent dix-huit à vingt quintaux.

BASALTE EN TABLES[a].

On ne peut douter que le basalte ne soit une matiere susceptible de prendre des formes très-variées & très-différentes les unes des autres. Il y a en effet un caractere bien opposé entre des prismes réguliers, verticaux, inclinés, divergens, articulés, entre le basalte en boules & celui qui est posé par couches horizontales, à la maniere de certains lits calcaires, dont la disposition & l'arrangement font naître journellement notre étonnement & notre admiration.

Le basalte ainsi établi par lits est absolument de la même nature & qualité que celui qui constitue les prismes ; il est comme lui l'ouvrage de la fusion[b].

Il y a du basalte en tables dans la montagne qui fait face à celle de *Chenavari*, au-dessus *Rochemaure*, & dans quelques autres parties du Vivarais. En général il n'y est pas trop commun. Plusieurs montagnes du Velay en renferment également : on en trouve entre la ville du Puy & *Islengeaux*, près d'un endroit nommé la *Ferriere* ; mais le plus curieux qu'on rencontre en ce genre est sans contredit celui du *Meȝinc*. Cette montagne, une des plus hautes de l'intérieur de la France, est volcanique depuis sa base jusqu'à son sommet. Sa crête est totalement couronnée par des tables de basalte qui se délitent par feuillets : c'est avec des marteaux & une certaine adresse qu'on vient à bout de diviser en quatre ou cinq feuillets, des plaques de trois ou quatre pouces d'épaisseur. Les froids excessifs & presque continuels qui regnent sur cette montagne, ont opéré naturellement cette division, aussi les buttes les plus élevées du *Meȝinc* sont-elles entiérement couvertes de lames très-minces de basalte, que les efforts de l'eau gelée ont fait éclater & détacher des masses, ou plutôt des tables très-épaisses dont sont formées ces éminences volcaniques qui ont percé de droite & de gauche dans diverses parties de la montagne.

Tous les combles des villages & des différentes maisons qui sont dis-

persées

perſées ſur la croupe du *Mezinc*, ſont couverts avec des tables minces de ce baſalte, qu'on taille ou plutôt qu'on rompt à la maniere des ardoiſes: de telles couvertures ſont admirables pour réſiſter aux intempéries des ſaiſons, mais elles ont le déſavantage d'être trop lourdes.

Si l'on veut voir une belle carriere ouverte à grand frais dans les ba-ſaltes en tables, il faut, en deſcendant le *Mezinc*, ſe rabattre ſur la char-treuſe de *Bonnefoi*. Les chartreux de cette maiſon ayant des augmenta-tions conſidérables à faire à leurs bâtimens, creuſerent dans les alentours pour tâcher d'y découvrir du moëllon; ils étoient environnés de toutes parts de baſalte dur en maſſe, mais cette pierre intraitable étoit trop difficile à rompre pour pouvoir être employée dans la maçonnerie; ce fut ce qui détermina ces religieux à faire ſonder le terrein. Ils ne tarderent pas à découvrir fort à propos, ſous une pelouze épaiſſe, une carriere du plus beau baſalte en tables ſe délitant avec facilité, & très-propre par ſa forme à la conſtruction des murs. C'eſt avec ces pierres qu'ils ont bâti cette quan-tité d'ouvrages ſouterreins qu'ils ont été obligés de faire pour ſe garantir des eaux & de l'humidité dans un climat froid & nébuleux, ſujet par ſa poſition à des inondations fréquentes.

Comme cette carriere a été attaquée en regle ſous la direction du procureur dom d'*Acher*, homme d'eſprit & très-intelligent, elle offre de vaſtes excavations qui ont mis à découvert la contexture de cette maſſe volcanique, où l'on voit le plus beau rocher baſaltique en tables, qui puiſſe exiſter au loin. On y découvre:

1°. Des couches horizontales très-paralleles, de différente épaiſſeur, à compter depuis ſix lignes, un pouce, deux pouces, juſqu'à deux pieds & même davantage. Toutes les tables elles-mêmes, particuliérement les plus épaiſſes, quoique d'un baſalte très-ſain & des plus purs, peuvent ſe diviſer en feuillets minces, lorſqu'on les frappe avec un certain art par les côtés.

2°. Ce baſalte eſt d'un noir tirant ſur le bleu; il eſt dur, ſonore, contient très-peu de corps étrangers, ſi ce n'eſt quelques molécules de ſchorl noir, & quelques points de chryſolite diſperſés dans certains morceaux qui ne ſont pas communs & qu'il faut même voir avec la loupe.

3°. Quelque attention que j'aie apporté dans l'examen ſuivi de cette carriere, je n'ai rien apperçu qui m'indiquât qu'elle avoit été formée par autant de couches de lave qu'il y a de différens feuillets: quelque fondue & quelque fluide qu'on veuille ſuppoſer qu'ait été cette lave, elle n'auroit jamais pu s'étendre par coulée ſi mince ni ſi diviſée, & con-ſerver un paralléliſme auſſi égal & auſſi ſoutenu.

4°. Vouloir ſe perſuader, d'après l'ordre & l'arrangement de ces cou-ches, que ce ſont ici des ſchiſtes ou d'autres matieres argileuſes anté-rieurement formées par lits paralleles, & fondues enſuite en place par les feux volcaniques, ce ſeroit admettre une hypotheſe inſoutenable, qui ne pourroit avoir quelque vraiſemblance que dans l'eſprit des per-ſonnes peu familiariſées avec l'étude & l'examen local des productions des volcans. Ceux au contraire qui, exercés ſur ces matieres, connoiſſent la ſtructure, l'anatomie, ſi je puis me ſervir de ces termes, des monta-gnes formées par les feux ſouterreins, qui ont obſervé plus d'une fois la diſpoſition des courans, la ſituation des chauſſées, & qui ont réfléchi

R r

fur les effets que de tels feux produifent fur les matieres calcaires, argilleufes & graniteufes, regarderont toujours comme une chimere la
fufion des granits, des fchiftes ou des rochers calcaires en place.

5°. Doit-on enfin confidérer ces bancs de lave en table comme l'ouvrage d'une ou de plufieurs coulées, & attribuer au laps de temps, à
la qualité de la lave ou à d'autres circonftances, la difpofition particuliere qu'a le bafalte de fe déliter ainfi par feuillets. J'avouerai fincére-
ment à ce fujet que je fuis bien éloigné de concevoir comment la chofe
s'eft opérée, & je n'aurai pas la témérité de vouloir développer ici une
théorie auffi épineufe; je me contenterai de dire que le bafalte en tables,
femblable, par fes principes chymiques & conftitutifs, au bafalte en prifmes
ou en boules, eft indubitablement comme lui l'ouvrage de la fufion;
qu'après avoir fubi un degré d'incandefcence propre à le rendre fluide,
il a coulé & s'eft dépofé dans les lieux où on le rencontre; ou peut-
être encore eft-il poffible que la matiere mife en fufion par des feux
dont nous ne pouvons pas nous former une idée jufte, fe foit dépofée
dans les vaftes cavités fouterreines qui doivent néceffairement exifter
fous les volcans, y ait formé des efpeces de lacs enflammés, qui, fuivant
la loi des liquides, auront pris naturellement leur niveau avec d'autant
plus de facilité, que les vapeurs & les fumées fulphureufes qui s'en
exhaloient, étant refoulées fur elles-mêmes, devoient produire le
dernier état de fufion & de liquidité. Il eft poffible, je le répete, qu'alors
la matiere, paffant à un état de refroidiffement lent & graduel, fe foit
divifée en couches horizontales & paralleles; & comme cette opération
fe paffoit à des profondeurs confidérables, ne feroit-on pas fondé à préfumer
que ces maffes étonnantes, que ces formidables boulevards auront pu être
foulevés en entier & mis hors de terre par les efforts auffi inconcevables
qu'extraordinaires de quelque nouvelle éruption? idée qui va paroître
certainement gigantefque & bien extraordinaire; mais je fupplie le lecteur de fufpendre fon jugement, & de vouloir, avant de prononcer, lire
avec attention les détails que je donne fur le rocher de Roche-Rouge,
près de Landriat; on ne doutera plus alors que la puiffance des volcans
ne faffe fortir du fein de la terre des rochers bafaltiques tout formés.
Je finis enfin cette fection fur les bafaltes en tables, en difant qu'il eft
poffible encore que les eaux mêlées avec le feu foient entrées peut-être
pour quelque chofe dans la forme que ces derniers ont affectée.

34. Bafalte gris en tables : de la fommité de la montagne du Me7inc.

35. Bafalte noir, très-pur & très-fonore, en tables de fix lignes d'épaiffeur : du Me7inc, dans la partie où l'on trouve une ferme appartenante
aux chartreux de Bonnefoi.

36. Bafalte en grandes tables, d'une très-belle qualité, d'un noir
bleuâtre : de la carriere de la chartreufe de Bonnefoi.

37. Bafalte en grandes tables, noir, dur & fonore : de la montagne
qui fait face à celle de Chenavari en Vivarais.

BASALTE IRRÉGULIER

Avec des corps étrangers.

38. UN morceau des plus précieux de basalte noir, contenant un noyau de forme ovale, d'un pouce de largeur dans son plus petit diametre, sur 1 pouce ½ dans la partie la plus alongée, d'une belle zéolite d'un blanc laiteux, palmée dans sa fracture, en crystaux prismatiques soyeux, partant de plusieurs centres communs & disposés en éventail; ce morceau est surmonté de deux rognons de zéolite qui font corps avec le gros noyau. Cet échantillon est sans contredit un des plus beaux & des mieux caractérisés qu'on ait encore vu dans le basalte; on ne peut pas douter, à son inspection, qu'il n'ait été formé antérieurement à la lave dans laquelle il s'est trouvé engagé. Ce basalte contient encore une multitude de fragmens de schorl noir brillant: des buttes de *Rochemaure*.

Avec zéolite radiée.

39. Autre morceau du même basalte, avec une portion de zéolite blanche en masse irréguliere : du même lieu.

Avec zéolite en masse irréguliere.

40. Autre criblé dans tous les sens par une multitude de petits noyaux arrondis de zéolite blanche à tissu irrégulier; il y a autant de zéolite dans ce morceau que de basalte; on y voit baucoup de fragmens de schorl, dont plusieurs affectent la forme rhomboïdale : des environs de *Rochemaure*.

En noyaux globuleux.

41. Autre morceau du même lieu, avec plusieurs gros noyaux de zéolite blanche radiée, & des globules creux de la même matiere. Ces géodes renferment de la zéolite vitreuse & brillante, cryftallisée en cube; on voit dans cet échantillon beaucoup de schorl noir, parmi lequel on distingue deux belles aiguilles prismatiques & des fragmens rhomboïdaux.

Avec zéolite en géodes & en cryftaux cubiques.

42. *Idem.* Remarquable par une géode zéolitique incruftée dans le basalte, qui a été rompue assez heureusement pour mettre à découvert son organisation intérieure; elle offre plusieurs petites houppes hérissées d'une multitude d'aiguilles prismatiques, déliées & faillantes de zéolite. Ce morceau, trouvé dans les environs de *Rochemaure*, est très-agréable à voir.

Avec zéolite en petits prismes faillans, partant de plusieurs centres.

Je répete ici ce que j'ai déjà dit ailleurs, que toutes ces especes de zéolites ne font aucune effervescence avec les acides dans lesquels elles se convertissent en gelée épaisse & à demi-transparente.

43. Un morceau de basalte très-dur, plein de fragmens de schorl noir, extrêmement brillant & vitreux, & de zéolite blanche en masse irréguliere, disséminée dans les basaltes. Comme cette zéolite est très-abondante dans ce morceau, & qu'elle y est comme jetée au hasard, elle y forme des bigarrures tranchantes, qui rendent ce basalte marbré. Cet échantillon a été trouvé non loin d'*Aubenas* en Vivarais.

Zéolite blanche en fragmens irréguliers.

44. Basalte d'un gris noir un peu bleuâtre, contenant un gros noyau de feld-spath blanc, à demi-transparent, luisant, & ressemblant à du spath calcaire. Ce nœud de feld-spath renferme une belle aiguille prismatique de schorl noir : du rocher basaltique de *Maillas* en Vivarais, non loin de *Saint-Jean-le-Noir*.

Basalte & feldspath, avec une aiguille prismatique de schorl noir.

45. Basalte noir, contenant un morceau de feld-spath blanc & bril-

Avec feld-spath & schorl noir rhomboïdal.

lant, configuré en rhombe, d'un pouce de grandeur ; à côté de cet accident on trouve un fchorl noir, brillant, rhomboïdal, de plufieurs lignes de largeur & bien caractérifé : la partie oppofée à celle-ci contient un autre noyau de feld-fpath blanc, un peu jaunâtre, d'un pouce ½ de longueur, fur 9 lignes de diametre : non loin du feld-fpath eft un beau fchorl noir, configuré en rhombe, de 9 lignes de diametre, implanté dans le bafalte. Cet échantillon, qui n'eft pas fi gros que le poing, & qui eft d'une forme agréable, eft auffi rare que curieux : des environs de *Rochemaure*.

Idem.

46. Autre morceau de bafalte noir, mêlé de fchorl noir, avec un feld-fpath cryftallin en rhombe, d'un pouce de largeur, enchatoné dans le bafalte ; ce rhomboïde eft lui-même compofé d'une multitude de petits rhombes, agrégés les uns contre les autres, & des mieux caractérifés : du même lieu.

Avec feld-fpath couvert de dendrites.

47. Autre avec feld-fpath blanc cryftallin, remarquable en ce qu'une des faces du feld-fpath eft couverte de très-jolies petites dendrites ferrugineufes, deffinées en petits buiffons, auffi nettes que celles qu'on trouve fur les plus belles agathes herborifées. Ce morceau a été trouvé dans les environs des buttes bafaltiques de *Rochemaure*.

Avec une pierre argilleufe, de la nature des pierres à rafoirs.

48. Bafalte noir, avec quelques noyaux de pierre calcaire blanche, & un morceau d'une efpece de pierre argilleufe d'un jaune verdâtre, de la nature des pierres à rafoirs, de 3 pouces de longueur, fur 1 pouce ½ d'épaiffeur : des environs de *Rochemaure*.

Avec tripoli.

49. Bafalte de même efpece, avec du fchorl noir & un fragment irrégulier d'un pouce de longueur, fur demi-pouce d'épaiffeur, d'une pierre d'un blanc un peu rougeâtre, qui ne fait aucune effervefcence avec les acides, ayant le grain fin, fec & un peu raboteux, reffemblant en tout à un tripoli ; ce qui me paroît d'autant moins étrange, qu'on trouve dans le voifinage, du tripoli en caillou roulé : des environs de *Rochemaure*.

Avec des noyaux de pierre, en partie attaquables par les acides.

50. *Idem.* Avec fchorl noir & deux gros nœuds d'une pierre blanche, dure, à demi-calcaire, ne faifant qu'en partie effervefcence avec les acides : cette pierre a cependant le grain & la contexture de certaines pierres calcaires. On trouve affez fouvent dans le bafalte des pierres qui font une effervefcence lente dans l'acide nitreux ; j'ai fouvent voulu en chercher la caufe : d'abord j'ai cru que c'étoit des pierres qui, de leur nature, étoient formées par des fubftances en partie calcaires & en partie argilleufes, telles que certains fchiftes ardoifés & autres : mais ayant découvert des bancs de pierre calcaire, entre lefquels le bafalte avoit coulé, j'eus lieu d'entrevoir le phénomene que je foupçonnois : en effet, les couches de pierre dans lefquelles la lave avoit coulé & qu'elle avoit foulevées, étoient véritablement calcaires, contenant des corps marins ; en général, la lave ne les avoit point altéré ; mais j'obfervai qu'il y avoit quelquefois certaines portions, des plus voifines du bafalte, qui réfiftoient long-temps à l'eau forte, & qui n'en étoient attaquées que d'une maniere lente & foible ; d'où je conclus que les fumées acides fulphureufes, qui s'élevent des laves dans le temps de la fufion, pouvoient avoir un peu dénaturé la pierre calcaire, & produire un commencement de combinaifon de l'acide avec la matiere crétacée, ce qui rapprochoit ces pierres de la nature des gypfes qui font inattaquables

par

par les acides. »Lorsque la terre absorbante, dit M. Sage, *élémens de
» minéralogie, tome I, page 116*, qui se trouve en excès dans la pierre
» calcaire, a été saturée d'acide vitriolique, il en résulte le spath sé-
» léniteux; si c'est la terre calcaire calcinée qui a été saturée d'acide
» vitriolique, il en résulte l'argille, &c. »

Je puis encore rappeler ici ce que dit cet auteur, *tome I, page 120*
du même ouvrage, qui peut être applicable aussi aux cas présens. » La
» chaux vive étant sur-calcinée, perd ses propriétés; l'acide qu'elle con-
» tenoit se dissipe en partie, & il ne reste plus que la terre absorbante
» un peu sapide, mais qui n'a plus les propriétés de la chaux vive. »
Les acides les plus forts, jetés sur la terre absorbante, ne produisent
qu'une effervescence très-peu marquée. *Voyez tome I, page 112.*

Je sens qu'on pourra me demander la raison pour laquelle toutes les
pierres calcaires incluses dans les laves n'ont pas éprouvé le même sort ;
je répondrai qu'il est probable que le concours de l'air extérieur est
nécessaire pour cette combinaison, & que lorsqu'on trouve des pierres
calcaires ainsi altérées par l'acide sulphureux, c'est dans des circonstances
particulieres où ces matieres crétacées se sont trouvées à fleur de terre
ou dans des directions où elles étoient exposées plus immédiatement à des
courans d'air chargé de cet acide. Il peut se faire encore que l'eau ait
joué ici un rôle secondaire, & que soit à l'époque du séjour de la mer
sur la terre, époque où les eaux & l'acide marin auront produit des combinaisons variées dans les laves, soit dans quelqu'autre circonstance diluvienne, les eaux imprégnées des fumées ou de l'air fixe des laves, aient
dénaturé plusieurs des matieres qui y étoient renfermées. Les eaux thermal-
les & minérales, si abondantes auprès des volcans, ont elles-mêmes opéré
plusieurs changemens dans les matieres volcaniques, ainsi que je le
rappelle à l'article de la grotte de la *Poule* près de *Neirac* en Vivarais.

Le morceau de basalte qui a donné lieu à cette petite dissertation,
renferme encore un accident intéressant; c'est un gros nœud d'une substance pierreuse, d'une couleur grise-blanchâtre, contenant plusieurs
grains de schorl noir. Cette pierre ressemble en apparence à un grès fin ;
mais lorsqu'on l'examine avec attention, on distingue très-bien que ce
n'est point un corps étranger, mais que c'est le basalte qui s'est dénaturé
dans cette partie, & s'est converti en basalte gris-blanc ; cet accident
local est difficile à comprendre & impossible à expliquer. Comme le schorl
noir est abondant dans ce basalte, il en existe plusieurs fragmens bien
conservés dans la partie décomposée, c'est-à-dire, dans la portion qui est
convertie en basalte gris-blanchâtre. Ce morceau a été trouvé dans les
environs de *Rochemaure.*

51. Basalte noir avec un nœud sphérique de pierre calcaire très- *Avec noyaux
saine & très-vive ; espece de marbre gris. Tous les bords de cette pierre calcaires calci-
ont été attaqués par le feu dans la profondeur d'une demi-ligne & d'une* nés vers les
ligne entière dans certains endroits ; la pierre est devenue blanche & bords.
friable dans ce cercle ; le restant de la pierre est très-sain & d'une couleur vive : des environs de *Chenavari.*

52. *Idem.* Avec un beau cryftal de schorl noir octogone, à pyramide *Avec un cryf-
diedre, des mieux conservés, implanté dans le basalte. Ce morceau con-* tal octogone, à
tient outre cela un gros fragment irrégulier de pierre calcaire, couleur pyramide diedre,
de schorl noir.

S s

de chair, très-fain & nullement altéré ; on y voit auffi un cryftal de fchorl noir rhomboïdal : des environs de *Rochemaure*.

53. Bafalte très-noir & dur, pétri d'un fchorl noir vitreux des plus brillans, qui domine dans ce morceau. On y voit quelques grains de chryfolite verdâtre, & un gros fegment irrégulier de pierre calcaire d'un blanc éblouiffant, altérée par le feu ; cette pierre ne fait qu'une foible effervefcence avec l'eau forte, dans laquelle elle ne fe diffout pas entiérement : des environs d'*Aubenas* en Vivarais.

54. Bafalte noir très-dur & des plus compactes, à grains fins, ferrés & homogenes, renfermant plufieurs noyaux de différentes formes & groffeurs, dont plufieurs ont cependant jufqu'à 11 lignes de diametre, d'un beau fpath calcaire blanc, cryftallin & à demi-tranfparent, encaftré dans l'intérieur du bafalte ; morceau des plus rares & des plus finguliers : on ne trouve dans tout le Vivarais qu'un feul bloc ifolé de bafalte qui préfente ce curieux accident ; c'eft à la naiffance de la premiere rampe de *Montbrul* ; il faut de forts marteaux pour pouvoir en détacher quelques éclats ; on voit que la maffe en eft lardée.

J'obferve 1°. que ce bafalte eft très-folide, nullement poreux ; examiné à la loupe, on voit que fon grain eft lié & bien fondu.

2°. Il ne contient que quelques petits atomes de fchorl noir, outre le fpath calcaire.

3°. Ce fpath calcaire eft de forme plus ou moins ronde ou ovale, & ne préfente aucun angle ; il eft arrondi dans tous les fens.

4°. Il fait la plus vive effervefcence avec l'acide nitreux, dans lequel il fe diffout entiérement.

On peut envifager la formation de ce fpath fous deux points de vue différens ; la premiere idée qui fe préfente, c'eft de penfer que ce bafalte, quoique pur en apparence, étoit poreux & renfermoit des foufflures ; que des dépôts fupérieurs calcaires ont rempli, à l'aide d'une infiltration lente, tous ces interftices où ils ont été dépofées par l'eau : je ne nie pas qu'il puiffe y avoir de pareils dépôts dans certaines circonftances ; mais ici l'examen local, la qualité du bafalte, la forme des globules de fpath indiquent que la nature a employé d'autres moyens pour parvenir à la formation de ce fpath. J'ai d'abord obfervé que ce bafalte n'étoit point poreux ; que c'eft un des plus compactes qui puiffe exifter ; que le bafalte à pores n'offre pas des cellules de cette forme. Qu'on examine avec attention les logettes, les cavités du bafalte poreux & de toutes les laves de cette efpece, on les trouvera conftamment pleines de petites rugofités, d'enfoncemens irréguliers & de petites foufflures qui fe font fait jour dans les grandes : mais ici le bafalte a des cavités moulées fur le fpath même ; ces cavités ont des furfaces unies, liffes & non poreufes ; on voit, à n'en pas douter, que c'eft le noyau lui-même qui s'eft modelé dans le bafalte fluide, & voici ce que je penfe à ce fujet : je crois d'abord que la matiere calcaire n'a pas été prife dans cette lave fous la forme de fpath en globules ainfi arrondis ; le fpath peut s'ufer & s'arrondir à la vérité dans l'eau par le roulement, mais comme c'eft une pierre tendre, le frottement la brife & la fait partir en éclats ; j'aime donc mieux croire que de petits cailloux de pierre calcaire, roulés & arrondis en plufieurs fens, ont été faifis par la matiere fondue du bafalte, & y ont fait leur moule ; la lave de ce morceau étant très-pure & très-homogene, je suppose qu'elle a eu un degré d'incandescence propre à décomposer la pierre calcaire ; mais comme l'eau de sa crystallisation n'a pas pu s'évaporer sous une enveloppe épaisse de lave, il n'y a eu qu'un déplacement des molécules aqueuses ; l'acide de la chaux aura repompé promptement cette eau, & de-là le spath calcaire, qui n'est qu'une crystallisation opérée par une plus grande division & par un plus grand rapprochement des principes crétacés. Si l'on m'objecte que la matiere calcaire n'a pas pu se convertir en chaux sans le contact de l'air extérieur, je répondrai encore, si l'on veut, qu'il n'y a point eu de conversion réelle en chaux, mais qu'il y a eu plus grande division dans les molécules ; que l'eau de la crystallisation ne pouvant pas s'évaporer, & se chargeant au contraire d'une quantité abondante des vapeurs acides sulphureuses de la lave, cet air fixe doit avoir encore concouru à crystalliser la matiere en spath [a]. Au reste, que mes conjectures soient bonnes ou mauvaises, le spath calcaire en noyaux arrondis n'en existe pas moins dans l'intérieur d'un des plus durs basaltes. J'en ai déposé un échantillon au cabinet du roi ; j'en ai envoyé également à M. le comte d'Angiviller, à M. le comte de Milly, à M. Sage, &c.

55. Basalte noir, recouvert par un beau groupe de cryftaux de spath calcaire blanc, à demi-transparent, disposé en rhombes bien exprimés : de *Rochemaure*. L'origine de ce spath est bien différente de celle dont j'ai fait mention dans l'article précédent. Il est certain que ce morceau vu isolé embarrasseroit les naturalistes les plus instruits ; mais l'inspection des lieux donne la clef du système & abbat toutes les conjectures que pourroit faire naître ce singulier échantillon. On voit derriere le château de *Rochemaure*, bâti sur une butte de basalte en prismes, un grand ravin ouvert par les eaux dans les matieres volcaniques ; ces matieres sont très-curieuses & très-variées ; c'est ici une des plus belles études volcaniques ; comme j'en fais mention dans la description de *Rochemaure*, je dirai simplement qu'on y voit des traces non équivoques d'une éruption boueuse, mêlée de beaucoup de matieres calcaires calcinées. Ces matieres crétacées s'étant en partie décomposées dans l'eau bouillante du volcan, très-chargée d'acide sulphureux, elles ont servi de *gluten* à un poudingue composé de pierres calcaires roulées & en partie altérées, & formé de filex, de laves poreuses, & d'une multitude de gros fragmens de basalte intact ou demi-poreux. Il s'est trouvé beaucoup de cavités & de vuides dans cette agrégation irreguliere des différentes matieres que vomissoit le volcan, & il s'est formé dans toutes ces concamérations les plus agréables crystallisations spathiques calcaires, tantôt en rhombes, tantôt striées, tantôt lenticulaires, & d'autres fois à pyramides triedres ; il y en a plusieurs qui reposent sur de gros fragmens irréguliers de basalte, & en les détachant avec soin, on les conserve sur leur support. On voit ici combien il importe de connoître & d'observer les lieux, & combien il est hasardeux de vouloir prononcer sur des morceaux isolés.

Avec spath calcaire cryftallisé en rhombes.

56. Un rare & précieux morceau de basalte entre deux couches calcaires. Cet échantillon, des moins équivoques, est des plus remarquables ;

Basalte entre des couches calcaires.

[a] Voyez dans le journal de physique de M. l'abbé Rozier, du mois de janvier 1778, page 12, la lettre de M. Achard, chymiste, de l'académie de Berlin, au sujet de la découverte qu'il a faite sur la formation des cryftaux par le moyen de l'air fixe.

il a en total 2 pieds ¼ de hauteur, sur 3 pieds 2 pouces de largeur &
9 pouces d'épaisseur, & pese plus de cent trente livres : on y voit, d'une
maniere très-diſtincte, entre les couches de pierre calcaire, un lit de 5
pouces de hauteur, d'un baſalte très-noir, pur, & contenant ſeulement
quelques atomes de ſchorl noir, en très-petite quantité. Ce baſalte eſt
exactement adhérent à la matiere calcaire qui n'en a reçu aucune eſpece
d'altération & qui fait une forte efferveſcence avec les acides : la couche
ſupérieure a 9 pouces de hauteur & l'inférieure 16 ; la couleur de cette
pierre eſt griſe en général, mais d'un gris inégal, mêlé de blanc-jau-
nâtre dans certains endroits : non-ſeulement ces bancs ſont entiérement
calcaires, mais ils contiennent quelques corps marins ; j'ai deux belemnites qui en ont été tirées. Ce baſalte, entre des bancs calcaires, ſe
trouve dans les environs de *Villeneuve-de-Berg* en Vivarais.

Six petites cou-
ches de baſalte
dans la pierre
calcaire.

57. Autre morceau non moins intéreſſant de 5 pouces de longueur,
ſur 3 ¼ de largeur, ſcié & poli d'un côté, où l'on voit ſix différentes
petites couches de baſalte entre la pierre calcaire. La plus grande a 9
lignes de largeur, une autre en a 8, une autre 5, & les trois autres une
ligne & demie ; le tout étroitement lié à la matiere calcaire qui eſt ſaine
& intacte. Ces accidens nous démontrent combien le baſalte en fuſion
doit avoir de fluidité pour avoir pu former entre les joints calcaires
des zones moins épaiſſes d'une ligne, qui, malgré cela, ſont diſtinctes
& très-remarquables. Ce bel échantillon a encore une ſingularité curieuſe, on y voit entre deux couches de baſalte une fiſſure de 2 pouces
de longueur, ſur 5 lignes de largeur, qui eſt entiérement remplie de
ſpath calcaire d'un blanc légérement jaunâtre, à demi-tranſparent : des
environs de *Villeneuve-de-Berg.*

Baſalte entre
des couches cal-
caires, avec di-
vers éclats de
cette pierre dans
la lave.

58. Un lit de baſalte de 3 pouces moins 2 lignes de largeur, ſur
5 pouces d'épaiſſeur, entre deux couches de pierre calcaire d'un
gris blanchâtre ; morceau des plus inſtructifs, en ce qu'on remarque dans
l'intérieur même du baſalte, des fragmens irréguliers de la même pierre
calcaire, qui y ſont encaſtrés & intimement liés. Cet accident aide à
réſoudre un grand problême : il n'eſt point de naturaliſte à qui on préſente des échantillons iſolés de baſalte entre des couches calcaires, qui
ne diſe au premier aſpect : voilà pluſieurs éruptions ſucceſſives qui reculent dans un éloignement effrayant l'époque de ces volcans : la premiere couche de pierre calcaire, poſée par banc, annonce un ſéjour long
& permanent des eaux de la mer ſur la terre ; le lit de baſalte qui vient
après, nous démontre un des principaux phénomenes volcaniques qui a
ſuccédé à cette éruption diluvienne : nouvelle couche de matiere calcaire :
nouveau retour & autre ſéjour long des eaux de la mer : enfin, ſecond lit
de baſalte, & ainſi des autres alternativement ; & on ſe perd dans l'immenſité des temps. Mon idée n'eſt certainement pas ici de trop rapprocher ces époques ; il eſt d'autres cauſes qui indiquent leur très - grande
antiquité ; mais l'énoncé dans l'exactitude des faits, eſt un devoir invio-
lable pour moi.

Je ne blâmerois pas certainement le naturaliſte qui, en voyant les morceaux que j'indique, & en les voyant iſolés, tireroit les conjectures
dont je viens de faire mention. Ces morceaux ſont ſi frappans, il faut
l'avouer, ils portent tellement tous le caractere d'une ſuite de révolutions

qui

qui paroiſſent n'avoir pu s'opérer que par des ſucceſſions de temps lentes
& reculées, qu'il feroit injuſte d'exiger qu'on penſât différemment. J'ai
eu moi-même d'abord cette idée lorſque ces morceaux frapperent pour
la premiere fois ma vue ; mais ravi de trouver un objet d'étude auſſi intéreſſant, je ne négligeai rien pour obſerver toutes les circonſtances locales, & ma concluſion fut que c'étoit un ruiſſeau de lave venu d'une
montagne voifine, qui s'étoit frayé une route à travers les rochers calcaires, qui en avoit féparé les lits, qui avoit coulé dans les fiſſures, dans les
joints des couches ; ce qui ſe remarque ſur les lieux d'une maniere évidente, ainſi que je le développe plus au long dans une lettre à ce ſujet,
inférée dans l'ouvrage, à laquelle je renvoie. L'échantillon qui fait l'objet
de cet article, annonce feul que le baſalte a ſoulevé avec effort les bancs
calcaires, opération qui n'a pas pu ſe faire ſans qu'il y eût disjonction &
rupture dans certaines parties ; la lave s'emparoit en coulant de tous
les débris, de tous les fragmens qui ſe trouvoient ſur ſa route : ce
ſont des éclats pareils qu'on voit dans le morceau dont je parle ; j'en
ai pluſieurs autres dans mon cabinet, qui portent le même caractere,
dont je ne ferai pas mention ici, pour éviter d'entrer dans de trop longs
détails.

59. Baſalte noir, dur & ſonore, avec un gros noyau de granit blanc, *Avec granit blanc & noir, dont le ſchorl eſt vitrifié.* de deux pouces de diametre : du pavé du pont de *Rigaudel* en Vivarais, entre *Vals* & *Entraigue*. Ce granit vu à l'œil nud, offre tous les caracteres d'un granit frais & ſain : conſidéré à la loupe, il eſt tout différent ;
on voit qu'il eſt compoſé d'un aſſemblage de petits rhombes de feld-ſpath
& de ſchorl noir, ſans mica : le feld-ſpath paroît un peu altéré, & ſemble
être à demi-vitrifié ; le ſchorl eſt preſqu'entiérement fondu, & s'étant
amalgamé avec le feld-ſpath qu'il environnoit, il a formé une eſpece
d'émail d'un bleu verdâtre, un peu poreux, & légérement tranſparent.
Ceci nous montre combien nos yeux, quelque bons qu'ils ſoient, nous
induiſent en erreur : le naturaliſte ne ſauroit ſe paſſer de loupe, plus
particuliérement pour les pierres que pour les autres objets d'hiſtoire
naturelle ; la loupe eſt pour lui ce qu'eſt le téleſcope pour l'aſtronome.

60. Autre baſalte avec feld-ſpath un peu roſacé, mêlé de feld-ſpath *Avec granit dont le ſchorl eſt altéré.* verdâtre ; le ſchorl dont cette eſpece de granit ſans mica étoit rempli, a
perdu ſon éclat, & reſſemble exactement à du baſalte noir : du pont du
Bridon près de *Vals*.

61. Un morceau de baſalte du plus beau noir, ſcié & poli, contenant *Avec granit blanc nullement altéré.* une plaque de granit, d'un pouce & 9 lignes dans ſa plus grande
face, également ſciée & polie. Ce granit qui eſt blanc, mêlé de beau-
coup de ſchorl noir non altéré, eſt ſi intimement joint & lié au baſalte,
que malgré le poli qui en fait reſſortir tous les effets, la ligne de jonction n'eſt pas remarquable, tant la matiere eſt étroitement unie & comme
amalgamée dans le bords ; ce qui avoit fait regarder de pareils morceaux
à quelques naturaliſtes, comme la preuve du paſſage du granit à l'état
de baſalte, par le moyen de la fuſion : ils penſoient que les granits étoient
des reſtes de cette pierre qui n'avoient pas encore été fondus ; mais
l'examen attentif de pluſieurs de ces morceaux, vus ſur place, détruiſent
entiérement cette aſſertion : des environs de *Vals*.

62. Rare & curieux échantillon, où l'on voit une plaque de granit adhé-

T t

Avec granit blanc & rougeâtre, mêlé de fchorl & de mica, bien confervé.

rent au bafalte : du rocher de *Roche-rouge*, à une lieue & demie du *Puy*, fur le chemin de *Landriat* en *Velay*. On peut voir la defcription que je donne de cette étonnante butte volcanique. Cette pierre eft à gros grains, d'un blanc rougeâtre, pleine de fchorl & de mica; c'eft un granit complet. La butte, en perçant des bancs épais & irréguliers de ce granit, en a enlevé des lambeaux qui s'y font attachés, & qui pendant de droite & de gauche, forment un tableau auffi fingulier qu'intéreffant.

Avec chryfolite à grains de différente couleur.

63. Bafalte noir, fcié & poli, avec un gros noyau de chryfolite, à grains verds, à grains jaunes, couleur de fauffe topaze, & à grains ferrugineux, rougeâtres & noirs : de la montagne de *Maillas*, dans les environs de *Saint-Jean-le-Noir*.

Avec chryfolite dont les grains font prefque d'un verd tendre.

64. Bafalte noir, plein de nœuds de chryfolite, à gros grains irréguliers, prefque tous de couleur verd tendre, très-vitreux; on y voit quelques grains obfcurs tirant fur le noir : des environs du pont du *Bridon*, non loin de *Vals*.

Avec chryfolite qui fe décompofe.

65. Bafalte d'un gris noir un peu poreux dans certains endroits où le feu a produit quelques foufflures, criblé de nœuds de chryfolite, à grains verdâtres, remarquable en ce que le bafalte, quoique très-dur en apparence, a éprouvé une altération qui, fans porter atteinte à fa couleur, l'a néanmoins rendu plus tendre : un inftrument d'acier peut y mordre facilement. La même caufe qui a ainfi attendri ce bafalte, qui fe brife facilement, a auffi altéré la chryfolite, dont les grains ont prefque tous paffé à un état de rouille rougeâtre, dont la confiftance a été détruite en partie ; cette chryfolite s'égrene avec facilité fous l'ongle : des environs de *Rochemaure*.

Avec une cavité pleine de ftalactites ferrugineufes.

66. Bafalte noir du pavé d'*Expailly*; ce morceau a été détaché d'un grand prifme, dans une partie duquel il exiftoit une fiffure ovale, une cavité de trois pouces de longueur, fur deux de largeur : il s'eft formé dans cette ouverture un dépôt ferrugineux, fous forme d'hématite, qui en tapiffe tout l'intérieur, & qui eft de couleur gorge de pigeon très-chatoyante. On voit fur cette belle hématite quelques groffes gouttes d'une efpece de calcédoine blanche, à demi-tranfparente : une des faces de ce morceau eft recouverte de dendrites ferrugineufes.

LAVES A DEMI-POREUSES,

De différentes qualités, dont plufieurs contiennent des corps étrangers.

J'AUROIS pu me difpenfer de faire une divifion des laves femi-poreufes, & paffer tout de fuite aux laves entiérement poreufes; mais ne confidérant toutes les laves poreufes & cellulaires fans exception, que comme une lave bafaltique plus ou moins calcinée, plus ou moins réduite en fcorie, plus ou moins expofée à l'action du feu ou à la qualité des fumées acides ou fulphureufes, ce paffage important offrant des gradations & des nuances remarquables, j'ai cru qu'il étoit convenable de les rappeller ici, pour me conformer à la marche de la nature; c'eft pour cela que j'ai formé cette divifion.

Le bafalte mis en fufion & rendu fluide par des feux dont les qualités nous font encore inconnues, coule par ruiffeaux enflammés qui fe prolongent au loin: c'eft lui qui a formé ces immenfes chauffées dont l'ef-pece d'organifation réguliere caufe notre étonnement & notre admira-tion; c'eft lui qui a fourni la matiere de ces pics ifolés, de ces rochers énormes de la couleur & de la dureté du fer. Cette matiere préparée dans la profondeur des cavités fouterreines, & parvenue au point de fluidité qui lui convenoit, a coulé & produit, par le refroidiffement, une pâte homogene, dure, compacte, qui le plus fouvent ne porte aucun veftige apparent de fufion, & qui eft cependant l'ouvrage du feu. La croûte de ces maffes de matiere fondue eft devenue quelquefois fpon-gieufe par l'effet du feu qui cherchant une iffue pour s'échapper, pro-duifoit des foulevemens, des foufflures fur la lave. La nature, en un mot, faifoit ici ce qu'il nous eft très-facile d'exécuter dans nos labo-ratoires. Qu'on expofe en effet à l'action du feu ordinaire de nos four-neaux un morceau de bafalte folide & nullement poreux, on ne tardera pas à voir la matiere rougir, fe ramollir, fe déformer, fe bourfouffler, enfuite fe cribler de pores, & couler en cet état comme un verre fondu. La lave plus ou moins poreufe ne doit donc être confidérée que comme une efpece d'écume de bafalte. Cette divifion du bafalte en lave femi-poreufe, eft donc moins une divifion claffique & méthodique, qu'une fuite du paffage du bafalte à l'état de lave femi-poreufe; paffage démon-tré par l'hiftoire des faits; ce qui nous conduira naturellement à la def-cription des laves légeres, cellulaires & à grands pores.

67. Bafalte noir dont la furface en fcorie eft femblable à certaines fta-lactites couvertes d'une croûte irréguliere & pleine d'afpérité : le feu n'a cependant pas affez vivement pénétré ce bafalte pour le rendre léger; il eft prefque auffi pefant que s'il n'y avoit pas des foufflures; mais ou-tre ces bulles qui font d'une forme très-irréguliere, on voit dans les caffures une multitude de petits pores de la grandeur de la pointe d'une épingle, & ces derniers ont une difpofition plus égale & plus rapprochée de la forme ronde: des environs du cratere de la montagne de la *Coupe*, non loin d'*Entraigue*.

Bafalte noir demi-poreux, pefant.

68. Bafalte noir avec fchorl noir & chryfolite : ce bafalte eft pefant & paroît, à l'œil nud, un bafalte ordinaire ; mais en l'examinant avec attention, on voit qu'il eft percé d'une multitude de petits pores d'une fineffe extrême ; & ce qu'il y a de remarquable ici, c'eft que la croûte d'une des faces de ce morceau a tellement été touchée par le feu & par la fumée, qu'elle a été convertie en lave poreufe rouge des plus légeres, & fi friable, qu'on la réduit facilement en pouffiere avec le moindre inftrument ; cette pouffiere eft une véritable pouzzolane. Au refte, le fchorl & le bafalte n'ont point fouffert.

Bafalte noir poreux, recou-vert de lave po-reufe rouge, lé-gere & friable.

69. Bafalte en tables, couleur de lie de vin, dur & fonore, mais criblé de petits pores qu'on peut voir fans le fecours de la loupe, & dont la difpofition générale affecte la forme ronde ou ovale : des environs du cratere de la *Gravene de Theuyts*. On voit quelques points de cette lave qui ont été un peu altérés, & qui font d'un rouge de pouzzolane.

Bafalte poreux, couleur de lie de vin.

70. Lave ou bafalte femi-poreux, d'un rouge violet, très-curieux en ce que cette efpece reffemble exactement à du bois pétrifié. C'eft un bafalte recuit qui a coulé & s'eft moulé fur des bafaltes ou d'autres laves diverfement configurées. Ce qu'il y a d'affez fingulier dans quelques-uns

Lave femi-po-reufe imitant le bois pétrifié.

de ces morceaux, c'eft qu'on y voit une certaine difpofition dans l'enfemble des pores qui les rapprochent de la direction des fibres ligneufes d'un tronc d'arbre ; on y voit même des efpeces de nœuds qui achevent de rendre l'illufion complete ; mais pour peu qu'on porte un œil exercé fur ces laves imitant le bois, & qu'on faffe ufage de la loupe, on voit diftinctement que tout eft ici abfolument étranger au bois calciné & réduit en laves ; cette matiere eft un véritable bafalte recuit, calciné ; fa couleur eft due à différentes altérations qu'a éprouvé le fer ; fa contexture extérieure n'eft que l'effet des corps fur lefquels cette lave s'eft moulée : d'autres laves torfes ou inégales, des fiffures, & mille autres circonftances ont pu modeler ces ébauches groffieres : la difpofition des pores eft due peut-être aux vapeurs ou à l'air intérieur qui, au lieu de percer & foulever la matiere dans tous les fens, l'a pénétré quelquefois du haut en bas & dans un fens égal : quant aux nœuds blancs ou rougeâtres qu'on y diftingue & qui confirment les perfonnes qui ne fe piquent pas de beaucoup d'attention, dans la croyance que c'eft du bois, je dois leur dire qu'il y a quelques-uns de ces nœuds qui ne font que des fragmens de pierre calcaire faifant effervefcence avec les acides ; que d'autres font des morceaux de feld-fpath rougeâtres, imprégnés de beaucoup de molécules ferrugineufes, donnant des étincelles lorfqu'on les frappe avec le briquet : il y en a quelques-uns parmi lefquels on diftingue des cryftaux opaques rhomboïdaux. J'ai vu de ces jeux de laves qui imitent des fongites & des cables ; j'en ai vu auffi qui ont une couleur grife, & d'autres rougeâtre.

Rouge, nuancée de violet.

71. Lave à demi-poreufe, pefante, mais d'une confiftance peu folide étant graveleufe ; remarquable par fa couleur qui eft d'un rouge tendre, nuancée de violet, couleur qui lui vient des différentes altérations qu'a éprouvé cette lave dans plufieurs points de fa contexture. Il faut voir à la loupe l'immenfité de très-petits pores dont elle eft entiérement pénétrée : du cratere de *Montbrul*.

Bleue,

72. Très-belle variété de lave femi-poreufe, d'une couleur bleue foncée, rapprochée de celle du bleu de Pruffe : on voit dans cet échantillon des parties du bafalte qui ont refté intactes, d'autres qui font femi-poreufes, & enfin quelques-unes où la lave offre des pores très-fpongieux ; la teinte bleue de cette lave eft égale par-tout : du cratere de *Montbrul.*

Torfe.

73. Lave noire torfe, figurée de maniere à imiter le goulot d'une groffe bouteille : on prendroit ce morceau pour du bafalte pur ; mais le coup de feu qui lui a fait prendre cette forme l'a pénétré & l'a rendu poreux : on voit, à l'aide d'une bonne loupe, une multitude de pores d'une fineffe extrême, dont toute cette lave eft criblée ; on diftingue fur la croûte des petites aiguilles prifmatiques de fchorl qui ont réfifté au feu : des environs de *Pradelle*, dans le plus haut Vivarais.

Avec fpath calcaire.

74. Lave grife, dure & pefante, mais femi-poreufe, dont les pores à la vérité font affez grands & peu rapprochés. Cette lave, malgré ces cellules, a encore toute l'apparence du bafalte ; elle contient un noyau ovale, d'un pouce dans fon plus grand diametre, d'un fpath calcaire à demi-tranfparent, des plus blancs & des plus brillans. J'en ai trouvé un échantillon à peu-près pareil dans les volcans éteints d'*Evénos* en Provence, à deux lieues de Toulon.   75.

75. Lave grife, femi-poreufe, contenant un morceau de fpath félé- *Avec fpath féléniteux.*
niteux, ftrié, brillant & à demi-tranfparent. Ce morceau, qui eft d'une
jolie forme, a un pouce 4 lignes de longueur, fur 6 lignes d'épaiffeur;
il eft ovale & plat d'un côté, convexe ou en cabochon de l'autre; fa
couleur eft d'un blanc argentin; fes ftries font deffinées en fibres ou en
filets minces & paralleles. Ce fpath doit fon origine à la terre calcaire
faturée d'acide vitriolique, ainfi que nous l'a démontré M. Margraff,
dans fa treizieme differtation fur différentes pierres, page 401, auffi-
bien que M. Sage, dans fes *élémens de minéralogie, tome I, page 164.*
Ce qu'il y a d'intéreffant ici, c'eft que j'ai trouvé ce morceau dans
les environs du Puy, non loin des carrieres d'un gypfe féléniteux qui a
abfolument la même couleur & la même cryftallifation. Je crus d'abord
reconnoître exactement le même gypfe, & rien ne me parut auffi
curieux que de trouver de la félénite gypfeufe non altérée dans la lave;
j'en fis fur le champ l'effai en en détachant quelques écailles; mais
j'apperçus de la réfiftance & beaucoup plus de dureté que dans le gypfe;
j'en détachai quelques morceaux; je les mis dans un creufet, & loin de
fe convertir en plâtre, ils rougirent facilement & prirent une couleur
ardente très-belle, qu'ils conferverent pendant plus de deux heures que
je les tins fur le feu. Je ne doute pas que fi je les euffe traité à feu nud
fur les charbons ardens en leur donnant la préparation ordinaire de la
pierre de Bologne, je n'en euffe fait un véritable phofphore; mais je ne
pouvois traiter la chofe qu'en petit parce que j'avois voulu ménager le
morceau de ce fpath qui eft dans la lave, & je n'ofois en détacher que de
petits fragmens. Au refte, il eft d'autant moins furprenant d'avoir trouvé
ici le fpath féléniteux, que je ne doute pas que ce fpath ne provienne,
dans cette derniere circonftance, d'un morceau du même gypfe, fi abondant dans les environs du Puy, & dont les carrieres font couvertes par
des matieres volcaniques. Ce fragment ainfi engagé dans la lave fe fera
trouvé expofé au contact des fumées acides, & comme l'enveloppe de la
lave dont il étoit recouvert, le privoit de l'action de l'air, au lieu de fe
convertir en plâtre, l'acide l'aura faturé & l'aura métamorphofé en fpath
féléniteux.

76. Lave femi-poreufe, d'un noir rougeâtre, dont une partie eft *Avec granit.*
encore bafalte, contenant un morceau irrégulier de 2 pouces ½ de longueur, fur un pouce ½ de largeur, d'un granit blanc qui a peu fouffert
par le feu; le feld-fpath y eft bien confervé, auffi-bien que quelques
points de fchorl; mais on y voit certains grains qui ont formé une efpece
de rouille ferrugineufe jaunâtre, qui remplit les interftices de ce granit :
du volcan de *Banes*, à une lieue de la côte de *Maire*, dans le haut Vivarais.

77. Belle lave noire, femi-poreufe, du cratere de la *Gravene*, dans la *Avec feld-fpath fondu.*
partie de *Montpezat*, avec un fragment irrégulier de 2 pouces ½ de lon-
gueur fur un pouce de diametre d'un feld-fpath entiérement blanc &
fans corps étranger, à demi-vitrifié & converti en un bifcuit abfolument femblable, pour la couleur & pour le luifant mat, à celui de la porcelaine de Seve, de l'efpece qu'on nomme dure; la fuperficie de ce feld-
fpath eft abfolument vitrifiée.

78. Lave du même lieu & d'une même qualité, du noir le plus foncé, *Avec feld-fpath & fchorl fondu.*

V v

avec un noyau de granit fans mica : le fchorl qui y eft abondant s'eft vitrifié avec le feld-fpath & à formé un émail verdâtre, tandis qu'on trouve à côté du même morceau un nœud de chryfolite verte qui n'a pas fouffert le moindre degré d'altération.

Avec chryfolite. 79. Lave femi-poreufe, d'un noir très-foncé, avec une belle chryfo- lite à grains verds & jaunes, intacts & bien confervés, tandis que la violence du feu à converti en émail certaines parties de cette lave, ce qui annonce jufqu'à quel point la chryfolite eft réfractaire ; cette lave fe trouve dans des maffes de fcories & de laves poreufes recouvertes par des prifmes de bafalte : de la *Gravene de Montpeʒat*.

LAVES POREUSES.

D'un gris bleuâ. tre, à grands pores. 80. LAVE d'un gris bleuâtre, à très-grands pores, imitant les cellules des mouches à miel, légere & furnageant fur l'eau : non loin du châ- teau de *Polignac* en Velay. On trouve de pareilles écumes de bafalte dans les environs de tous les crateres : celle-ci eft remarquable par fa couleur & fon extrême légéreté.

Couleur gris de lin. 81. Lave poreufe légere, couleur gris de lin, tirant un peu fur le violet : cette lave dont la couleur eft très-fraîche, quoique tendre & dé- licate, eft à petits pores arrondis : du cratere de *Montbrul*.

Grife avec feld- fpath brillant. 82. Lave grife avec un noyau de feld-fpath fi brillant, fi tranfparent & fi cryftallin, qu'on le prendroit pour un beau fpath calcaire ; mais j'ai éprouvé que ce n'étoit que du feld-fpath : des environs de *Chenavari*, au-deffus de *Rochemaure*.

D'un beau bleu tendre, avec chryfolite en ta- bles. 83. Belle lave poreufe d'un bleu tendre, d'une teinte égale à celle du bleu de Pruffe : cette lave très-légere & de la plus grande fraîcheur, renferme de la chryfolite en tables, de 2 pouces 4 lignes de longueur, fur 7 lignes d'épaiffeur. La chryfolite qu'on n'avoit trouvée jufqu'à préfent qu'en boules, en maffe ou en fragmens irréguliers, paroît ici fous la forme exacte d'une table ou d'une petite couche, d'une épaiffeur égale par-tout. Les grains de cette pierre font d'un beau verd, mêlés d'autres grains d'un verd & d'un jaune tendre, avec quelques portions d'un jaune un peu rougeâtre. Ce morceau vient du cratere de *Montbrul*. J'en ai en- voyé un pareil au cabinet du roi, à M. Sage & à M. le comte de Milly.

Grife avec du grès. 84. Lave grife très-calcinée & très-poreufe, contenant un gros noyau ovale, de 3 pouces moins 2 lignes de hauteur, fur 2 pouces une ligne dans fon plus grand diametre, d'un véritable grès blanc nullement altéré : on voit feulement autour de cette boule plufieurs zones ferrugineufes d'un brun rougeâtre, qui pénetrent ce grès dans toute fon épaiffeur : j'ai dé- taché moi-même ce morceau des laves qui bordent le ruiffeau du *Riou- Peʒʒouliou*, auprès d'*Expailly*, le même où l'on trouve des grenats.

Brune, avec granit altéré. 85. Lave poreufe brune, enveloppant une boule de granit de 3 pouces 2 lignes de diametre : du cratere de *Montbrul*. Ce granit n'a pas été fondu ; mais le feu ou les fumées fulphureufes lui ont occafionné une telle altération, que le feld-fpath en a perdu tout fon éclat, & que fa couleur blanche eft devenue terne. Le fchorl à fon tour s'y eft dénaturé & a été converti en une fubftance terreufe d'un noir terne.

86. Lave très-noire avec du feld-fpath fondu & converti en une efpece de bifcuit : du cratere de la *Gravene*, du coté de *Montpezat*. Très - noir ; avec feld-fpabt.

87. Un noyau de granit, de 3 pouces ½ de longueur, fur 2 pouces 5 lignes de largeur, environné d'une lave poreufe gris de lin : du cratere de *Montbrul*. Ce granit eft altéré ; fa couleur blanche eft matte : on y voit plufieurs zones paralleles d'une fubftance terreufe martiale, de couleur rougeâtre. Gris de lin, avec granit al-téré.

88. Lave légere, à grands pores irréguliers, variant dans fa couleur, où l'on voit des taches d'un rouge vif, d'autres d'un bleu violet, & enfin quelques-unes noires. Cette variété eft agréable à la vue : de la montagne de *Chenavari*, non loin de *Rochemaure*. Rouge & d'un bleu violet.

89. Belle & curieufe lave légere, poreufe, ayant tous les caracteres extérieurs d'une lave ordinaire, d'un blanc de lait, dure en quelques endroits, mais tendre, friable & argilleufe dans d'autres. C'eft ici un des plus intéreffans paffages des laves poreufes à l'état d'argille blanche. Voyez à ce fujet ma lettre à milord Hamilton. Je vais indiquer les morceaux qui précédent & qui fuivent cette lave poreufe blanche, dans l'ordre où on les obferve fur une montagne non loin du château de *Polignac*. Cette fuite forme un des tiroirs les plus intéreffans de ma collection. Lave poreufe blanche.

1°. Un échantillon de bafalte gris noirâtre, tiré des grandes couches qui couvrent ce rocher volcanique dont il eft queftion : ce bafalte eft dur, mais un peu altéré, & fe rompt avec affez de facilité.

2°. Laves poreufes noires ; on en trouve des maffes immédiatement après le bafalte.

3°. Laves grifes & jaunâtres, poreufes, tendres & friables : premiere altération de cette lave qui perd fa couleur & fon adhéfion ; on y voit quelques portions moins altérées.

4°. Lave très-blanche, poreufe, légere, qui s'eft dépouillée de fon fer, & qui a paffé à l'état d'argille blanche, friable & farineufe. On y voit quelques petits morceaux moins dénaturés, qui ont confervé une teinte prefque imperceptible de noir.

5°. Comme le fer qui a abandonné ces laves ne s'eft point perdu, les eaux l'ont dépofé après les laves blanches, & en ont formé des efpeces de couches de plufieurs pouces d'épaiffeur, adhérentes aux laves. Ce fer eft tantôt en forme de véritable hématite brune, dure, dont la furface eft luifante & globuleufe. D'autres fois il a fait des couches de *fer limonneux*, tendre, friable & affectant une efpece d'organifation affez conftante, qui imite la contexture de certains madrepores de l'efpece des *cérébrites*. Enfin, le fer des laves s'englutinant à la matiere argilleufe, a formé une multitude d'*ætites* ou de géodes ferrugineufes de différentes formes & groffeurs, pleines d'une fubftance terreufe, martiale, qui raifonnent & font du bruit lorfqu'on les agite. Plufieurs de ces géodes ont une organifation intérieure très-finguliere, qui eft l'ouvrage de l'eau. Leur extérieur eft d'un jaune ocreux très-vif.

6°. Après ces géodes qui font difperfées dans les laves décompofées, on trouve une argille blanche, folide & peu liante, formée par l'eau qui a réuni les molécules des laves poreufes décompofées ; ou c'eft peut-être ici une lave compacte, totalement changée en argille.

7°. La couche qui vient après cette derniere, est une argille verdâtre, qui devient favonneufe & peut fe paîtrir, elle doit peut-être fa couleur aux couches d'hématite qui fe décompofent à leur tour, & viennent colorer en verd ce dernier banc d'argille, qui eft le plus confidérable, & qui n'offre aucune régularité dans fa pofition & dans fon fite. J'entre dans de plus longs détails à ce fujet dans ma lettre à milord Hamilton.

PIERRE DE GALLINACE.

Email des volcans.

APRE's avoir parlé des bafaltes, des laves femi-poreufes & des laves poreufes légeres, il faut dire un mot de la pierre de *gallinace*, que M. le comte de Caylus a regardé comme la pierre obfidienne des anciens, dans un mémoire qu'il a donné à ce fujet dans le XXX volume des mémoires de l'académie des infcriptions. Il y a apparence que cette pierre eft une efpece d'émail de volcan. M. Linné l'a défigné fous le nom de *pumex vitreus*, 182. 7 : ce qui lui a fait tirer naturellement cette conféquence, c'eft que la lave foumife à un feu violent & foutenu, après avoir formé une matiere poreufe, fe convertit en un émail à peu-près femblable à celui que rejettent quelques volcans. M. Sage la regarde également comme un émail de volcan, & je fuis bien de fon avis.

Quelques naturaliftes ont appellé fort improprement cette production volcanique, *agathe noire d'Iflande* ; mais cette dénomination eft fauffe & mauvaife, cette pierre étant étrangere en tout aux agathes.

On trouve de la pierre de *gallinace* dans les volcans du Pérou [a].

L'Etna, le Véfuve en fournifent, mais en très-petite quantité. Je n'en ai trouvé qu'en un feul endroit du Vivarais, dans les environs de *Rochemaure*, & même elle n'y eft pas commune. Les trois feuls morceaux que je poffede font affez confidérables, ils font de la même qualité.

Pierre de gal-linace. 90. Pierre de *gallinace*, très-noire & vitreufe, femblable pour la dureté & la couleur à celle du mont Hécla, donnant comme elle des étincelles lorfqu'on la frappe avec l'acier ; & ayant des bulles de la groffeur de la tête d'une épingle, toutes d'une rondeur exacte : des environs de *Chenavari*, à demi-lieue de *Rochemaure*.

---

[a] Voici quelques détails intéreffans fur la pierre de *gallinace* ; ils font tirés d'une lettre de M. Godin à M. le comte de Maurepas. »La pierre de gallinace »eft une efpece de cryftal noir, fort beau ; fa cou-»leur lui a fait donner le nom de *gallinace*, oifeau »fort commun en Amérique, au moins depuis Car-»thagene jufqu'à Cuença ; c'eft un oifeau de proie »qui approche beaucoup de la poule d'Inde. M. Sloane »en a donné la defcription dans fon *hiftoire naturelle* »*de la Jamaïque*, fous le nom de *vultur gallinæ* »*Africanæ facie*. Il y auroit à ajouter à la defcription »qu'en donne M. Sloane. . . . . Les Indiens appellent »auffi cette pierre argent des morts, *guanucuna* »*culqui*, parce qu'ils avoient coutume d'enterrer des

»morceaux avec leurs morts ; on en trouve en effet »dans leurs anciens tombeaux des morceaux taillés..» On voit dans le cabinet d'hiftoire naturelle du jardin du roi, deux de ces morceaux ; « le plus grand, dit M. Go-»din, eft un des plus beaux qu'on ait vu dans le pays ; »il fut trouvé dans un tombeau fort écarté dans les »montagnes près de Quito ; il a 9 pouces de diametre »& 10 lignes $\frac{1}{2}$ d'épaiffeur ; il eft convexe des deux »côtés, mais de convexités inégales, & une de fes »faces eft plus polie que l'autre. Il y a apparence que »les anciens Indiens s'en fervoient pour faire des mi-»roirs, dont ils étoient fort curieux.... Il y a une mine »de pierre de gallinace à plufieurs journées de Quito, »dont la pierre eft très-bien veinée. »

LAVES-POUDINGUES ET BRECHES VOLCANIQUES,

Produites par le feu sans le concours de l'eau.

J'APPELLE breches volcaniques, d'anciens bafaltes, d'anciennes laves, ou de nouvelles matieres volcaniques remaniées par le feu, & amalgamées avec des laves plus modernes qui s'en emparent pour en former un feul & même corps. Dès-lors ces laves varient par la dureté, par la couleur; elles imitent certains marbres, certains porphyres compofés de fragmens irréguliers de diverfes matieres. On juge, à l'infpection attentive de ces breches volcaniques, qu'elles doivent leur origine à des matieres formées à diverfes époques; quelquefois la matiere eft tellement unie, qu'elle ne fait qu'un feul & même corps, telle que celle de la montagne de *Danis*, à un quart de lieue du Puy. D'autres fois elle n'eft pas aufli folidement jointe, & on voit les fragmens de bafalte ou de laves à demi-poreufes, qui laiffent quelques interftices entr'eux, & qui ne font pas réunis dans tous les points, tels que ceux qu'on remarque fur le rocher de *Polignac*. Dans les uns la lave fecondaire qui a cimenté ces divers fragmens de laves plus anciennes, & qui a fait corps avec eux, a confervé fa couleur; d'autres fois, ce qui eft plus commun, la pâte de cette derniere lave eft plus pâle, fouvent grife ou jaunâtre, & prefque toujours beaucoup plus tendre; dans d'autres occafions elle eft feche, friable & fe décompofe. Voilà les remarques que m'ont fourni les obfervations fuivies que j'ai faites à ce fujet fur ces breches volcaniques qui doivent leur formation à diverfes éruptions. Je ne dois pas oublier de dire que lorfque les fragmens de lave encaftrés dans ces breches, ont été primitivement roulés & arrondis, ou par les eaux ou par d'autres circonftances, dès-lors cette breche doit prendre, à caufe de l'arrondiffement des pierres, le nom de *poudingue* volcanique, pour la diftinguer de la véritable breche à fragmens irréguliers.

91. Breche volcanique formée par un affemblage de fragmens de lave femi-poreufe, noire & dure, réunie & cimentée par une lave compacte d'un gris jaunâtre. Cette multitude de fragmens de lave femi-poreufe, a tellement été frappée par le feu, qu'elle a été changée en un émail vitreux du plus beau noir & de la plus grande dureté, plein de bulles; on prendroit au premier afpect cette fubftance pour du fchorl fondu, mais en l'obfervant avec foin on voit que ce n'eft qu'une lave vitrifiée. Quant à la pâte qui aglutine le tout, on croit d'abord que c'eft le produit d'une éruption boueufe; mais à l'aide d'une très-forte loupe, on voit que cette fubftance très-homogene, a été fondue; qu'elle eft encore extrêmement dure, fur-tout dans certains morceaux, quoiqu'elle ait éprouvé une altération foit par les fumées foit par d'autres circonftances, qui ont dénaturé fa couleur en la rendant d'un gris jaunâtre ou rougeâtre, en l'attendriffant un peu, car elle fe laiffe tailler: on en trouve aufli de la même qualité qui eft plus tendre encore, parce que la lave jaunâtre commence à paffer à l'état d'argile.

Toute la partie du midi de la montagne volcanique de *Danis*, à un quart de lieue du Puy, eft compofée de cette pierre; on en voit de très-grands rochers qu'on prendroit, si on n'y portoit pas un œil attentif, pour du véritable basalte, d'autant plus qu'ils sont taillés à pics; mais c'est la main des hommes qui les a mis dans cet état: on y a ouvert, depuis des temps reculés, de très-belles carrieres qui servent à l'usage de la ville du Puy; on peut tailler cette breche volcanique, & en faire des portes & des fenêtres; la cathédrale & une partie des maisons en sont construites: elle est quelquefois en grandes masses irrégulieres, & pour l'ordinaire elle est posée par couches fort épaisses, qui ont été produites par autant de coulées que vomissoit le volcan de *Danis* qui a toutes les apparences d'un ancien *cratere.*

Idem. 92. Breche volcanique, formée par des fragmens irréguliers de lave noire semi-poreuse, environ de la grosseur d'une amande, quelquefois plus considérables, mais cette lave est moins vitrifiée que celle de la montagne de *Danis*; elle n'est pas d'ailleurs aussi-bien liée, & on y voit plusieurs interstices: là lave qui aglutine ces fragmens est d'un blanc jaunâtre, fort altérée dans plusieurs parties qui sont converties en argille, tandis que d'autres sont un peu plus dures. On voit sur cette lave décomposée une multitude de petites taches d'un noir mat, très-fines, qui paroissent être occasionnées par de très-petits points de schorl noir disséminés dans la lave. Ce schorl a été lui-même altéré sans néanmoins perdre sa couleur: on trouve cette espece de breche à *Polignac* & dans quelques endroits de la montagne de *Danis.*

Idem. 93. Breche volcanique de la montagne sur laquelle est bâti le château de *Polignac.* Cette espece est presque semblable à celle de la montagne de *Danis,* si ce n'est qu'on y voit plusieurs passages très-curieux. 1°. Les morceaux de laves qui composent cette breche ne sont pas tous également cuits; on en voit de fort noirs & de très-vitreux, d'une espece à demi-poreuse, tandis que d'autres sont sains & présentent un basalte noir, intact, mêlangé de quelques petits points de quartz blanc. 2°. La lave qui aglutine ces fragmens est dure, pesante, d'un gris ferrugineux dans certains endroits, tandis que dans d'autres cette couleur se change en rouille d'un jaune rougeâtre, sans cesser d'être dure. Enfin, on voit d'autres endroits où elle est plus altérée, où elle prend une couleur jaune terne, pâle, & dès-lors elle s'attendrit: toutes ces différentes gradations s'observent dans le même échantillon qui pese environ trois livres, & qui contient en outre un gros fragment de plus d'un pouce $\frac{1}{2}$ de longueur, d'un quartz blanc laiteux, à demi-transparent.

Idem. Avec feld-spath & schorl. 94. Autre du même lieu, avec un nœud de feld-spath blanc, plein de globules de schorl noir, plus gros que des grains de bled: ce schorl a été réduit en scorie par le feu.

Poudingue remarquable, avec un spath scoriiforme. 95. Très-rare & très-curieux *poudingue,* formé par une lave d'un gris noirâtre, recuite, très-calcinée, semi-poreuse, dont les fragmens sont si fortement aglutinés par la vitrification, qu'ils paroissent ne faire qu'un seul & même corps; morceau d'autant plus intéressant, qu'il est absolument plein de noyaux de spath calcaire blanc, d'un brillant argentin, cristallisés en rayons divergens, dont les aiguilles longues, fines & soyeuses partent de plusieurs centres. Cette configuration, la couleur blanche laiteuse un peu argentine, la matiere volcanique dans laquelle cette substance se trouvoit incrustée, tout me confirma, en découvrant ce beau morceau, que c'étoit de la zéolite. Ce ne fut que quelques jours après qu'ayant voulu en faire convertir un morceau en gelée, je fus d'une furprife fans égale lorfque je vis l'acide nitreux l'attaquer avec la plus forte ébullition, & la difloudre entiérement, fans me donner la moindre apparence de zéolite. Je répétai la même opération plufieurs fois, & j'eus toujours les mêmes réfultats fans un atome de zéolite. Je précipitai la diflolution par l'alkali, & j'eus une terre blanche calcaire.

Nul doute que ce ne foit ici un fpath calcaire *zéolitiforme*, fi reffemblant à la zéolite, qu'il n'eft aucun naturalifte qui n'ait vu ce morceau fans en avoir été frappé, d'autant mieux qu'il eft d'une belle forme ; il a 4 pouces 6 lignes de longueur, 2 pouces ½ de largeur, fur 9 lignes d'épaiffeur : ce fpath y domine ; les deux grandes faces en font prefque entiérement couvertes, & on y en voit plufieurs groupes d'un pouce de diametre, palmés comme la plus belle zéolite. J'obferve que ce n'eft point ici une cryftallifation fuperficielle & faite après coup : la matiere pénetre entiérement la lave ; on y voit des morceaux réguliers, d'autres en fragment qui n'offrent que des portions *cuneiformes* de rayons, d'autres des fegmens de globules fphériques, ayant toujours la même cryftallifation. Enfin, rien n'eft auffi beau ni auffi curieux que ce morceau : j'eus le plaifir de le détacher moi-même avec toutes les précautions poffibles, vers la partie la plus élevée du *pic de Saint-Michel*, au Puy, contre le rocher attenant à la chapelle perchée fur la plus haute cime de cette butte volcanique. M. Sage fait mention dans fes *élemens de minéralogie*, *tome I*, *pag. 148*, d'un fpath à peu-près femblable, trouvé par M. Pazumot à *Marcouin*, près de *Volvic*, dans le centre d'un bafalte grumeleux en décompofition.

96. Autre breche du même lieu, formée par un enfemble de plufieurs morceaux irréguliers de lave à demi-poreufe, plus groffiérement aglutinée & comme en grumeaux : plufieurs de ces éclats de lave font trèsnoirs & ont prefque paffé à l'état d'émail, tandis que d'autres ont moins fouffert & préfentent le bafalte légérement poreux. Cette lave eft auffi altérée dans certaines parties où la couleur paffe du noir au gris, & où la matiere eft moins dure : on voit dans cet échantillon plufieurs morceaux de ce beau fpath *zéolitiforme* dont j'ai déjà parlé, mais qui fe préfentent ici fous un point de vue inftructif : un des plus gros, eft un faifceau ifolé de rayons divergens partant d'un point, & s'ouvrant en éventail ; il a 10 lignes de diametre en partant du point de l'angle, ce qui en fuppoferoit 20 dans la totalité du morceau, s'il avoit été entier, complet & de forme ronde, comme celui-ci femble l'annoncer.

J'obferve que ce n'eft ici qu'une fection *cuneiforme*, équivalente à peu-près à un angle droit, & que ce morceau n'eft ainfi imparfait que parce qu'il a été faifi en cet état dans la lave : on voit inconteftablement qu'il a appartenu primitivement à un groupe plus confidérable, ou tout au moins à une maffe arrondie, dont les aiguilles fines & foyeufes partoient du même centre : la difpofition & le caractere de ce qui refte l'annoncent ; ceci ôte tout équivoque, & on ne peut pas dire que ce fpath eft venu s'établir après coup dans cette lave pour y former une feule portion d'une cryftallifation qui devoit être trois fois plus grande, & dont ce fragment ne fait qu'un angle droit, de l'extrémité duquel partent

Idem. Avec fpath zéolitiforme.

les rayons qui fe développent. Tout ceci eft très-difficile à rendre, &
je fens qu'il faut abfolument voir le morceau pour s'en former une
idée bien exacte.

BRECHES OU POUDINGUES VOLCANIQUES,

Provenues des éruptions boueufes.

LES volcans recevant des magafins d'eau ou par les communications
fouterreines qu'ils ont avec la mer ou avec de grands lacs, ou quelquefois même par la fonte des neiges qui couvrent leur fommet rejettent
enfuite ces eaux qui doivent avoir éprouvé une forte ébullition, &
qui, fe trouvant mêlées & confondues avec des matieres ardentes,
peuvent avoir été portées à un très-grand degré d'incandefcence; les
fifflemens & les ravages occafionnés par le combat du feu & de l'eau,
ont felon moi produit de médiocres effets. Je comprends que fi dans le
moment où un volcan embrafé développe toute fes fureurs, une riviere
d'eau froide s'engouffre dans le cratere, il peut en naître quelques
phénomenes bruyans; mais ces événemens font rares, & les eaux qui
s'introduifent par les *crateres* font fi peu de chofe, qu'elles doivent être
comptées pour rien; il eft quelques cas feulement où les volcans très-
voifins de la mer, étant entrés dans les plus terribles convulfions, ont
occafionné des fiffures, des crevaffes dans la partie de leur bafe qui
trempe dans l'eau; de-là ce liquide a pu s'infinuer avec rapidité & à
grands flots dans ces antres brûlans où la nature déployant fes forces
dans le grand, oppofe à des mers d'eau, des mers de matieres embrafées,
& mettant en conflit & en oppofition deux des plus formidables élémens, peut produire de ces ébranlemens généraux qui fe font quelquefois fentir d'une extrêmité de la terre à l'autre. Voilà ce qui fe préfente naturellement à l'efprit; mais fommes-nous affurés que cela s'opere
ainfi? Trop accoutumés à juger du grand par le petit, nous courrons
fouvent l'événement de nous tromper. Il eft certain qu'il n'eft perfonne
qui ayant été témoin des explofions terribles occafionnées par quelques
gouttes d'eau jetées fur du métal fondu, ne doive tirer de grandes conféquences fur les effets que produiroit un volume confidérable d'un
liquide aqueux, fur un plus grand volume d'une matiere ardente, telle
que la lave en fufion: on fe fait fur le champ l'idée d'un tableau qui
effraie l'imagination; cependant fi l'on étoit témoin d'un pareil fait,
peut-être en feroit-on quitte pour une terreur chimérique. Des expériences très-nouvelles, inférées dans le *journal de phyfique & d'hiftoire
naturelle* de M. l'abbé Rozier, peuvent fervir à jeter un grand jour fur
ce fujet: c'eft dans cette intention que je tranfcris ici les intéreffantes
obfervations que cet auteur rapporte ainfi lui-même.

» M. Deflandes, chevalier de Saint-Michel & directeur de la manu-
» facture royale des glaces de Saint-Gobin, fit voir l'année derniere à
» M. le duc de la Rochefoucault & à moi, un phénomene furprenant &
» qui paroît d'autant plus extraordinaire, qu'il femble contredire tout
» ce qui a été écrit fur les propriétés de l'eau. M. Monet, minéralo-
» gifte du roi, & plufieurs autres phyficiens, en ont été encore les
témoins

» témoins pendant le cours de cette année. Ainsi, c'est donc un fait &
» une expérience aussi authentiques qu'il est possible de le desirer.

» Les physiciens & les chymistes ont regardé jusqu'à ce jour l'eau
» comme un être ou un principe très-volatil, susceptible de la plus
» grande expansion, & qui se volatilise dès qu'il éprouve l'action de la
» chaleur. Son effet, ont-ils dit, est toujours en raison du degré d'inten-
» sité de la chaleur. Il seroit trop long de rapporter ici les témoignages
» des auteurs & de citer les exemples sans nombre des effets désastreux
» produits par l'explosion de l'eau. Il étoit donc naturel de penser que
» l'eau jetée sur un corps fort chaud devoit éprouver une explosion ter-
» rible; & cette expérience se répete tous les jours sous nos yeux, lors-
» qu'on jette l'eau sur du fer, sur du cuivre, sur des charbons ardens;
» mais il paroît qu'il en est autrement, lorsque le degré de chaleur est
» à son *maximum*. Dans le cas présent, l'eau reste tranquille en tom-
» bant sur le corps en fusion depuis plus de douze heures; elle roule sur
» la surface, comme feroit un métal fondu, ne jette aucune fumée ap-
» parente, & peu à peu elle disparoît entiérement sans le moindre
» éclat, ni la plus légere détonnation. Tel est le phénomene de l'eau
» jetée dans le creuset qui contient la matiere des glaces en fusion. M.
» Deslandes a répété plusieurs fois cette expérience, & M. le duc de
» la Rochéfoucault, M. Monet & plusieurs autres attesteront que l'eau
» d'une cuillere de bois, contenant la valeur d'un bon verre d'eau, fut
» jetée sur la matiere des glaces; que cette eau prit aussi-tôt la forme
» sphérique sans le moindre bruit; qu'elle prit ou parut prendre une
» couleur rouge, semblable à celle du creuset & du verre qu'il contenoit;
» qu'elle roula sur sa surface à peu-près comme le plomb qui se con-
» sômme dans une coupelle; que l'eau diminua peu à peu de volume,
» & enfin, qu'il fallut près de trois minutes, montre à la main, pour
» qu'elle fût entiérement évaporée. Une autre fois, M. Deslandes ne
» voulant ou ne pouvant attendre que cette eau fût entiérement dissi-
» pée, fit verser la matiere du verre sur la table & fit couler la glace
» comme à l'ordinaire; il n'en resulta aucune détonnation.

» Pour expliquer ce phénomene, M. Deslandes dit que l'évapora-
» tion subite de l'eau n'a lieu dans d'autres circonstances, qu'à cause de
» l'air environnant ou ambiant qui, touchant immédiatement la surface
» de l'eau, lui donne pour ainsi dire des ailes; mais que dans la cir-
» constance présente, la chaleur extrême raréfie absolument l'air &
» l'ayant totalement dissipé de dessus la surface du verre & même à l'en-
» tour du creuset, il ne peut avoir de détonnation; au contraire l'eau ne
» pouvant s'y volatiliser, contracte un degré de chaleur fort supérieur
» à celui qu'il auroit en se volatilisant; elle s'y fond, pour ainsi dire, &
» y paroît dans un état qui a été vraiment inconnu jusqu'ici ». *Observations sur la physique, sur l'histoire naturelle & sur les arts. Janvier 1778,
pag.* 30.

Voilà de belles expériences propres à démontrer que les eaux qui
s'introduisent dans les foyers des volcans, y trouvant un air des plus
raréfiés, n'y produisent aucune explosion; elles doivent s'y joindre au
contraire avec les différentes émanations acides qui s'élevent de la lave
& avec les substances salines qu'elles peuvent y rencontrer; il naît pro-

bablement alors de ces mélanges des combinaisons variées, des fublimations, des fédimens, des incruftations., des dépôts, des altérations de
plufieurs efpeces. Il eft probable encore que lorfque la lave brûle, calcine
des pierres calcaires, ou réduit en chaux des minéraux, l'eau portée à un
degré de chaleur extrême, doit les remanier, les mêlanger & opérer par
là une multitude de phénomenes qui nous font encore inconnus, ou que
nous voyons fans en foupçonner la caufe.

On comprend d'après cela qu'il n'eft pas auffi aifé qu'on pourroit le
croire, de bien connoître & de favoir diftinguer les éruptions où l'eau
a opéré conjointement avec le feu; ce que quelques naturaliftes ont
nommé *éruptions boueufes*. C'eft pour ne pas foumettre la nature à des
divifions trop tranchantes, que je n'ai pas voulu paffer fubitement des
laves poreufes, aux déjeétions où l'eau a joué un rôle : la nature ne va
pas ainfi par faut. J'ai donc défigné une efpece de breche intermédiaire,
qui fe forme par des matieres divifées, recuites, refondues, & qu'une lave
moderne cimente & réunit fans le fecours d'un liquide aqueux. Cette
divifion eft une nuance qui exifte en effet, & qui nous conduit à l'étude
des breches & des poudingues volcaniques, à la formation defquels
l'eau a eu autant de part que le feu, & que j'appellerai breches ou *poudingues* volcaniques boueux, à la defcription defquels je vais paffer
tout de fuite.

Breche
boueufe.

97. Breche boueufe formée par une multitude de très - petits éclats
irréguliers de bafalte noir, dur & fain, de quelques grains de fchorl noir
vitreux, parmi lefquels on en diftingue fouvent en petits prifmes, quelquefois même en affez gros cryftaux oétogones, terminés par des pyramides diedres : certaines portions du bafalte inclus dans cette breche
font intaétes, tandis que d'autres bleuâtres & tendres fe décompofent. On
y en voit quelques grains couleur de rouille de fer; tous ces éclats de bafalte font confondus avec des fragmens d'une pierre blanche, tirant fur
la couleur de rofe tendre. Cette pierre a le grain très-fin & très-ferré ;
elle n'eft point dure, & reffemble beaucoup à une pierre calcaire qui
auroit été vivement calcinée; cependant elle ne fait aucune effervefcence
avec les acides ; elle happe un peu la langue ; je crois qu'on pourroit la
confidérer comme une pierre argilleufe qui auroit perdu une partie de fon
gluten, de fon éclat, & qui auroit un grain mat nullement avivé.

Il y a quelquefois dans cette breche des fragmens irréguliers de cette
matiere, qui ont plufieurs pouces de diametre : je n'oublierai pas de dire
qu'on diftingue fur fon fond blanc couleur de rofe, des petites taches de
la groffeur d'une tête d'épingle, d'un noir mat le plus foncé, qui pénetrent & entrent fort avant dans la matiere. Je ne puis mieux comparer ces petites taches, qu'aux malpropretés & aux ordures que laiffent
ordinairement les mouches lorfqu'elles féjournent fur quelque chofe. Ce
fut dans cette croyance, la premiere fois que je vis un beau morceau
de cette breche, que je la lavai pour enlever ces taches ; mais je fus
fort furpris lorfque je m'apperçus qu'elles réfiftoient à l'eau & à la broffe.
Je les examinai alors de près, & je vis qu'elles entroient dans la fubftance de la pierre, qui en étoit toute garnie. Seroit-ce des grains de
fchorl noir dénaturés, & qui ont perdu leur brillant vitreux, ou bien
des points ferrugineux changés en une rouille noire ? C'eft ce que je ne

fuis pas en état de décider : je croirois plus volontiers cependant que c'est du schorl altéré. On voit des zones de spath calcaire d'un blanc bleuâtre, demi-transparent disperfées dans cette breche ; on y en découvre même de grandes bandes qui font inconteftablement l'ouvrage de l'eau, qui a converti en spath les matieres calcaires calcinées. On trouve des maffes énormes de cette breche derriere le grand ravin qui eft au bas du château de *Rochemaure* ; elle eft quelquefois en efpece de couches, d'autres fois en maffes irregulieres qui ont plus de trente pieds d'élévation.

98. Breche poudingue contenant , 1°. quelques petits fragmens roulés & arrondis de quartz blanc : 2°. du jafpe rouge un peu brûlé , implanté dans un éclat de bafalte à demi-poreux : 3°. une multitude de morceaux de bafalte de différentes formes & grandeurs , fort durs, peu ou point poreux , & dont un contient un petit noyau de spath calcaire d'un blanc jaunâtre : 4°. plufieurs points de fchorl noir : 5°. des agathes rouges en fragmens, de la nature des cornalines ; beaucoup de morceaux de pierre calcaire, dont quelques-uns font fains, d'autres un peu calcinés, le tout fortement agluriné par une pâte jaunâtre qui reffemble à une efpece de matiere fablonneufe ; mais on voit à l'aide d'une loupe , que c'eft une efpece de lave altérée qui commence à devenir terreufe : des environs du château de *Rochemaure* , où l'on trouve des courans de cette matiere que j'ai appeilée breche poudingue, parce qu'elle tient de la nature de l'une & de l'autre, car on y voit plufieurs pierres qui s'y trouvent engagées en fragmens irréguliers, tandis que d'autres font arrondies & ont été roulées. *Poudingue.*

99. Breche noire & blanche , abfolument compofée de fragmens de bafalte noir, encaftrés dans une pâte de spath calcaire blanc en maffe : des environs du château de *Rochemaure* , du côté de la fontaine. On voit dans cette partie de la montagne qui eft volcanique , des blocs de différentes matieres qu'a vomi le volcan, confiftant en pierres compofées d'éclats de bafalte , de laves poreufes , & de laves de différentes couleurs, qui entrent en décompofition. On voit des fiffures affez confidérables dans ces maffes , & c'eft dans ces efpeces de déchirures qu'une eau chargée de molécules calcaires, y a agluriné tantôt des éclats de bafalte , d'autres fois des laves terreufes en décompofition. L'échantillon que je décris n'eft formé que de spath & de bafalte à fragmens irréguliers , dont plufieurs ont un demi-pouce de diametre. Quelques-uns de ces éclats font d'un noir foncé, d'autres d'un gris bleuâtre, d'autres ont une teinte un peu ferrugineufe, rougeâtre ; mais toutes, fans exception , quoique très-dures en apparence , font tendres & fe laiffent attaquer facilement avec le moindre inftrument tranchant. *Breche noire & blanche.*

100. Un morceau de spath blanc , du même lieu , de 4 pouces de longueur , fur 3 de diametre , dans l'intérieur duquel on voit de gros fragmens de bafalte noir & dur , qui y ont été engagés à l'époque de la formation de ce spath ; échantillon d'autant plus intéreffant , qu'une de fes faces offre une belle cryftallifation spathique en prifmes triangulaires, terminés par une pyramide triedre, dont le fyftême général diverge en plufieurs centres. C'eft le *natrum urinofum feu natrum lapidofum marmoreo fpathofum ; erectum pyramide triedrâ.* Syft. nat. edit. XII. *fig.* 37. *Breche fpathique.*

nitrum spathosum acaule , pyramide triquetrâ acute imbricatâ ; musæ tesseriani.

Idem.

101. Autre morceau, du même lieu, de 4 pouce ½ de longueur, sur 3 pouces de diametre, des plus curieux & des plus brillans, dont la base est composée d'un gâteau de spath calcaire d'un blanc de lait, à demi-transparent & en masse solide, dans laquelle on voit de petites zones ondulées, & des ébauches de rayons soyeux divergens. Ce spath est plein de fragmens de basalte noir intact, ayant seulement la superficie un peu altérée : on y voit aussi des nœuds de lave poreuse, & des morceaux d'une espece de *tuffa* rougeâtre, qui n'est qu'une lave qui entre en décomposition : la partie supérieure qui recouvre la base dont je viens de parler, est entiérement chargée d'une brillante crystallisation disposée en roses : on y distingue une multitude de petits prismes spathiques triedres, à pyramide de même forme, saillans, bien prononcés, se croisant & divergeant autour de plusieurs centres, d'une maniere très-agréable. Ce spath quoique brillant a une légere teinte brune, occasionnée par la couleur ferrugineuse du basalte. Cette couleur loin de déparer cette belle crystallisation , semble au contraire lui donner un brillant mat que l'œil voit avec plaisir.

Poudingue ba-saltique, dans un sable graniteux.

102. Poudingue composé d'éclats de basalte noir, durs & arrondis, dont plusieurs sont de la grosseur du poing , de cailloux de granit roulés, & de noyaux de feld-spath arrondis, le tout très-étroitement & très-fortement lié par une pâte graniteuse, composée de feld-spath, de lames de mica, & de quelques points de schorl noir. Voilà sans contredit un poudingue d'une espece bien étrange & bien curieuse, puisque jusqu'à présent on n'avoit trouvé aucun corps étranger dans le granit; cependant la pâte de ce poudingue, vue à l'œil nud ou à la loupe, présente la contexture d'un véritable granit; mais c'est ici un granit secondaire, façonné des mains de la nature par une théorie dont je donne l'explication dans une lettre adressée à ce sujet à M. de Saussure, où l'histoire de la formation de ce poudingue est développée d'après l'étude des faits que chacun est à portée de vérifier : je ne le place ici que parce qu'il renferme des basaltes, car il est d'une formation postérieure à celle des volcans : pris sur les bords de la riviere d'*Ardeche* , au-dessous du village de *Neirac* en Vivarais.

POUZZOLANES.

JE n'entrerai ici dans aucun détail sur la pouzzolane; je renvoie au mémoire détaillé que je donne à ce sujet : je dirai seulement que je regarde en général la pouzzolane, le *pumex cinerarius*, Lin. 185. 5, la même dont on fait usage pour les ouvrages sous l'eau, depuis Vitruve jusqu'à nos jours, comme un *detritus* de matieres volcaniques; c'est-à-dire, que la pouzzolane, vue à la loupe, n'offre qu'une multitude de grains irréguliers, à très-petits pores inégaux, d'une lave poreuse qui se détruit & tombe en poussiere; sa couleur varie, il y en a de grise, de rougeâtre, de jaunâtre, de noire, &c. on y voit des points de schorl noir détachés, & quelquefois des petites portions de basalte sain ou altéré: on en trouve dans presque tous les cantons volcanisés, particuliérement

dans

dans les environs des *crateres*. On trouve plusieurs especes de pouzzolanes dans le Vivarais, & en plus grande abondance dans le Velay;
on n'y connoissoit point avant moi les propriétés & l'usage de cette
terre: on alloit même souvent chercher le sable très-loin, tandis qu'on
fouloit aux pieds la pouzzolane.

Il est encore une espece de pouzzolane non moins bonne que celle
dont je viens de parler, qui doit également sa formation à des matieres volcaniques: c'est une espece de matiere d'un rouge ferrugineux,
quelquefois d'un rouge très-vif, qu'on trouve souvent dans le voisinage
des *crateres*, entre des couches de basalte. On prendroit sur le champ
cette substance pour une véritable argille bolaire, car elle happe la langue,
est grasse & onctueuse au toucher, & a tous les caracteres d'une argille.
Cette substance, que quelques naturalistes de Paris, qui ont de la réputation, mais qui n'avoient pas visité les lieux, ont pris pour une argille
cuite par le feu des volcans, n'est point une argille calcinée en état d'argille, mais bien une véritable lave, souvent même un basalte noir & dur,
qui a coulé & qui a éprouvé par la suite des altérations qui l'ont attendri. Sa couleur noire a été changée en rouge; l'acide vitriolique lui a
donné ensuite une partie de ce liant qui caractérise la plupart des argilles propres aux arts: mais si on fait attention à cette lave altérée, on
y verra beaucoup de paillettes de schorl noir. La position & la forme des
bancs de cette matiere, situés presque toujours ou entre des couches
de basalte, ou quelquefois en masses irrégulieres dans les laves poreuses, annonce qu'elle a la même origine que la lave: on y trouve même souvent
des portions qui n'ont pas encore été dénaturées, & qui ont tous les caracteres de la lave. Enfin, si on veut s'édifier & se convaincre que cette matiere,
quoique très-rapprochée, par son altération, des substances argilleuses,
en differe encore essentiellement, qu'on prenne celle qui est la plus liante, la
plus pâteuse, *la plus argille*, si je puis m'exprimer ainsi; qu'on en fasse un
ciment avec de la chaux vive, dans les doses & les proportions accoutumées, & on verra que ce liant disparoît; que le mortier devient égal
à celui qu'on feroit avec le sable de riviere le plus graveleux; que rien
ne s'attache aux instumens & que ce ciment fait sa prise dans l'eau comme
la plus excellente pouzzolane; que hors de l'eau & employée dans la
maçonnerie, elle durcit au bout d'un certain temps d'une maniere étonnante.

Qu'on fasse ensuite la comparaison de cette terre volcanique avec l'argille ordinaire; qu'on prenne une certaine quantité de cette derniere;
qu'on en fasse un ciment selon les mêmes procédés: le mortier sera terreux,
s'attachera aux instrumens; on ne pourra pas venir à bout de l'employer; il
ne prendra corps ni hors de l'eau ni dans l'eau; ce ne sera pas, en un mot,
un mortier véritable: voilà une expérience que j'ai répétée plusieurs fois.
Il y a donc encore une différence sensible entre les argilles anciennes,
formées par le *detritus* très-fin des matieres quartzeuses & sablonneuses,
& les matieres volcaniques décomposées, qui passent à l'état d'argille,
mais qui, pour acquérir toutes les qualités qui constituent les véritables
argilles, doivent peut-être être remaniées par les eaux de la mer, ou subir
de nouvelles altérations. Voilà ce que j'étois bien aise d'annoncer ici,
afin qu'on ne prenne pas, en visitant les volcans éteints, des laves en

décompofition pour des argilles qui ont été entraînées par les eaux aux bords des bouches des volcans.

103. Pouzzolane d'un brun rougeâtre, à petits grains, compofée de fragmens de laves poreufes, avec des points de fchorl noir, dure, feche & friable, en tout femblable à celle des environs de *Pouʒʒole* & dont on fait ufage dans nos ports de mer : des environs du cratere de *Mont-brul*, à un quart de lieue de *Saint-Jean-le-Noir*.

104. Autre, femblable à celle-ci, mais un peu noire, à grains un peu plus gros & plus poreux : des environs de *Theuyts*, provenue du volcan de la *Gravene*.

105. Pouzzolane d'un brun rougeâtre, à peu-près femblable à celle de *Pouʒʒole*, & par le grain & par la qualité, avec beaucoup de fchorl noir : de la montagne volcanique de *Chenavari*, au-deffus de *Rochemaure*.

106. Pouzzolane jaunâtre, de la montagne voifine des fermes nommées les *Odouards*, à une demi-lieue de *Rochemaure*.

107. Pouzzolane rouge, des environs de *Chenavari*, d'une excellente qualité, propre à faire un *béton* d'une grande dureté, & produire un ciment parfait pour tous les ouvrages fous l'eau.

Je me borne à n'indiquer ici que ces cinq efpeces de pouzzolanes pour ne pas entrer dans de trop longs détails ; les autres efpeces qui font dans le Vivarais & le Velay, étant à peu-près les mêmes, ou ne différant que par la couleur plus ou moins foncée.

Bafalte, Laves poreufes, & autres matieres volcaniques décompofées & paffant à l'état argilleux.

IL eft conftant que le bafalte le plus dur, le plus homogene, que les laves les plus vitrifiées font fujets à fubir des altérations étonnantes dont il eft difficile de déterminer les caufes ; ce feroit ici le fujet d'un beau & d'un favant travail, dont j'ai donné une légere efquiffe dans ma lettre adreffée à M. le chevalier Hamilton. Je me contenterai de dire, 1°. que les matieres volcaniques les plus dures ont fubi des altérations dans le temps même que les volcans brûloient & que les principaux changemens qu'elles ont éprouvés font dus aux différentes vapeurs fulphureufes plus ou moins fortes, plus ou moins permanentes & fouvent combinées avec des principes falins qui ont attendri, *déphlogiftiqué*, fi je puis m'exprimer ainfi, les laves les plus intraitables, & qui ont occafionné cette multitude de nuances, de gradations qu'on remarque dans leur couleur.

2°. Le temps feul calcine à la longue, à l'aide des vapeurs qui font répandues dans l'air ou par d'autres moyens cachés, les bafaltes les plus purs ; cette opération eft longue à la vérité, mais il n'en exifte pas moins. Plufieurs bafaltes du plus beau noir & de la plus extrême dureté ne paroiffent gris que parce qu'ils font expofés au grand air qui les mine infenfiblement, & rend leur premiere croûte terreufe : fi on rompt le moindre de ces morceaux, on voit dans la caffure un bafalte vif, noir & fain. Voilà donc un fecond moyen que la nature emploie pour attendrir les laves. Ce moyen eft long, mais la nature ne compte pas avec le temps.

108. Basalte noir, sonore & des plus durs : du pavé qui fait face à celui de *Chenavari*. Les prismes sont recouverts d'une croûte grise, tendre, qui paroît argilleuse, & qui pénetre & s'enfonce dans le basalte d'un quart de ligne, d'une demi-ligne, d'une ligne entiere, & souvent même de deux, c'est-à-dire, que cette croûte n'est que la partie extérieure de ce basalte décomposé : on y voit quelques points de schorl qui ont un peu changé de couleur, mais qui n'ont pas perdu leur éclat vitreux.

Basalte dur, dont la croûte est argilleuse.

109. Basalte gris-blanc & gris-jaunâtre, de l'espece nommée *basalte piqué*, happant la langue, savonneux au toucher, entiérement argilleux, c'est-à-dire, qu'il en a toutes les apparences, & qu'il se laisse couper, à l'aide d'un couteau, avec la même facilité qu'un morceau de terre à foulon. Il est à remarquer que ce basalte se trouve en assez grande masse dans des pouzzolanes rouges auprès de la maison des chartreux de *Bonnefoi* en Velay ; que ces taches ou piquures, plus blanches que le restant de la matiere, sont aussi caractérisées & aussi distinctes que celles du basalte piqué : on y voit encore des points de schorl noir qui ont été également décomposés & réduits en terre.

Basalte argilleux piqué.

110. Basalte gris cendré, en partie compacte, en partie poreux, décomposé & se laissant facilement couper avec un couteau : des montagnes volcaniques qui font face au pont de *Brives*, à une demi-lieue du Puy.

Gris cendré argilleux.

111. *Idem*. Du même lieu, avec un noyau de feld-spath.

Idem. Avec feld-spath.

112. Lave décomposée & changée en une substance compacte, d'une belle couleur rouge, savonneuse, avec schorl noir, en partie vitreux, en partie terne & terreux : on voit encore dans plusieurs de ces morceaux, qui ressemblent au bol le plus rouge, des portions de laves poreuses légeres, qui ont contracté la même couleur, mais qui ne sont que foiblement altérées : de *Chenavari*, entre deux couches de basalte, dans le voisinage du cratere.

Lave changée en une espece de bol rouge.

113. *Idem*. D'un rouge plus vif encore & de couleur de *minium*, avec beaucoup de points de schorl noir altéré : du cratere de *Montbrul*, entre deux coulées de basalte.

D'un rouge vif.

114. Lave décomposée, de couleur fauve, se coupant facilement avec un couteau, compacte, & renfermant des portions de lave poreuse grise, légere, qui n'ont presque point été altérées : des environs de *Chenavari* en Vivarais. Cette lave argilleuse offre un accident bien intéressant ; on y voit des noyaux de chrysolite, à grains jaunâtres, à grains verd-obscur & verd-clair, qui ont conservé encore un peu de leur éclat vitreux, & qui, malgré cela, ont subi la même altération que la lave, car ils sont tendres & se réduisent facilement en une poussiere terreuse sous les doigts. Quelle est donc la puissance de ce terrible acide qui a pu ainsi altérer une des matieres les plus dures & les plus réfractaires, à laquelle un feu très-violent & très-soutenu ne porte aucune atteinte !

Idem. Avec chrysolite décomposée.

115. Lave d'un jaune ocreux, savonneuse & tendre, dans laquelle est contenu un morceau de filex de la nature des pierres à fusil, attendri & converti en substance qui se réduit en une poussiere fine, onctueuse sous les doigts ; on y trouve aussi quelquefois des points de schorl noir : des environs du cratere de *Montbrul*, entre deux coulées de basalte.

Idem. Jaunâtre, avec un filex décomposé.

Idem. Jaunâtre argilleuse.

116. Lave jaunâtre à demi-poreuse, conservant encore tous les caracteres extérieurs de la lave, mais convertie en matiere argilleuse, avec des petits cryftaux de fchorl noir intacts : de la montagne des *Odouards*. L'on voit dans la pente de cette montagne des ruiſſeaux de cette matiere qui ont coulé ſur les baſaltes.

Idem. Argilleuse , couleur de lilas.

117. Lave à petits pores, très-légere, couleur de lilas, ayant encore tous les caracteres d'une lave intacte ; mais lorſqu'on la touche, on s'apperçoit qu'elle eſt argilleuſe & totalement dénaturée : des bords du ruiſſeau du *Rioupezzouliou* en Velay, non loin de l'endroit où l'on cueille les grenats.

Idem. Poreuſe, blanche , argilleuſe.

118. Lave poreuſe blanche, ayant l'extérieur d'une lave intacte , mais convertie en une eſpece d'argille feche & friable : de la grande butte volcanique voiſine du village de *Polignac* : c'eſt l'eſpece du n°. 89.

Idem. Blanche & friable.

119. Matiere blanche en partie friable & en partie pierreuſe, qui n'eſt abſolument formée que du ſédiment des laves poreuſes blanches : de la montagne qui fait face à *Polignac*.

Idem. Argilleuſe verdâtre.

120. Matiere argilleuſe verdâtre, formée de la décompoſition des laves poreuſes : du même lieu. Cette couleur verdâtre eſt due au fer.

Ici devroit finir mon mémoire ſur le baſalte & ſur les laves ; ce qui ſuit n'eſt que pour offrir ſous un même tableau, toutes les matieres qui ſe trouvent dans les produits volcaniques du Vivarais & du Velay.

SCHORLS.

Voyez le mémoire que j'ai donné à ce ſujet, où l'on trouve la deſcription de tous les fchorls que j'ai rencontrés dans les matieres volcaniſées du Vivarais & du Velay.

GRENATS.

Borax granatus , ſeu borax teſſelatus , ſolidus , politus , ſcintillans. Syſt. nat. edit. XII.
DELISLE , *cryſt. 272.*
SAGE , *élémens de min. tom. I. page 210.*

ON trouve ſur les bords d'un ruiſſeau nommé le *Rioupezzouliou*, près d'*Expailly*, à un quart de lieue du Puy, des grenats. Comme c'eſt dans des matieres volcaniſées qu'on trouve ces pierres, avec d'autres cryſtaux gemmes, je vais en faire mention ici. J'ai ſuivi & viſité ce ruiſſeau avec attention , accompagné d'un homme du lieu, qui fait depuis trente ans le métier de chercher de ces pierres, à qui je donnai une gratification honnête pour l'engager à me montrer, dans tous les détails, les lieux où ſe trouvent les grenats, & à m'apprendre la maniere de les ramaſſer. Ce bon homme qui ne s'étoit pas enrichi à ce métier, m'annonça que j'aurois beaucoup de peine ſi je voulois le ſuivre, & que je m'amuſerois peu. Il me prévint encore qu'il y avoit une dixaine d'années qu'ils étoient plus abondans ; qu'il falloit les aller chercher moins loin, & que très-anciennement on trouvoit des paillettes d'or dans ce torrent.

Il eſt ſingulier que dans preſque tous les pays où l'on a des mines de grenat, tels qu'à Swapawari, en Laponie, en Norwege, ſur le
mont

mont Krapacks en Hongrie, &c. on foit dans la perfuafion qu'ils ont prefque toujours avec eux des paillettes d'or ou d'argent : j'approuve fort la raifon que donne M. Lehmann de cette croyance. » J'ai ima-
» giné, dit cet habile minéralogifte, que ce qui a fait croire que les
» grenats contiennent une affez grande quantité d'or, vient de la pierre
» talqueufe & luifante qui leur fert de matrice. »

Nous nous mîmes en route après ce petit préambule, & nous en-trâmes enfuite dans le ruiffeau qui eft à fec dans les chaleurs de l'été, mais qui eft confidérable dans les temps de pluies : on peut en juger par fon lit qui eft fort profond dans certains endroits, & qui eft encombré de ba-falte & de laves poreufes roulées. On trouve de droite & de gauche de grands efcarpemens, tantôt en bafalte, tantôt en laves tendres de dif-férentes couleurs qui fe décompofent : je remontai ainfi avec beaucoup de peine ce torrent, pendant environ une demi-lieue, fans voir le moindre figne indicatif de grenats. Je m'étois perfuadé de les trouver enga-gés dans le bafalte ou dans différentes laves, ce qui me faifoit d'avance un véritable plaifir, & me donnoit des forces & du courage ; mais j'eus beau exercer mes yeux de tous les côtés, je ne vis briller que quel-ques fragmens de fchorl noir : enfin nous marchâmes encore environ pen-dant demi-heure, lorfque mon guide me fit remarquer quelques petits repos d'eau, de trois ou quatre pieds de largeur, occafionnés par le ruiffeau qui formoit ces excavations dans les temps d'inondations ; il me dit, *nous trouverons ici quelque chofe*. Il entre alors dans l'eau, & remplit une pe-tite auge en bois qu'il portoit avec lui, de fable & de terre qui étoient au fond de ces creux. Il lava ce fable & l'agita à la main, en te-nant l'auge au fond de l'eau ; les corps les plus pefans fe précipitoient en bas par cette opération, & la terre & les autres corps étrangers, ou furnageoient, ou étoient entraînés par l'eau. Après avoir fait cette ma-nœuvre pendant trois quarts d'heure, il tira l'auge hors de l'eau, & me fit voir un fable ferrugineux à gros grains, parmi lequel je vis luire une multitude de petits grenats, & quelques faphirs, dont je parlerai dans peu.

Je fis recommencer à mon guide fon opération dans un autre endroit, & je me procurai une provifion affez abondante de ce fable, que je me propofai d'obferver & d'étudier à tête repofée. Je dis alors au guide que puifque nous trouvions ici des grenats, la mine n'en devoit pas être éloignée : il me répondit, qu'à la vérité c'étoit ici le meilleur endroit, mais qu'il n'y avoit point à proprement parler de mine ; que dans les temps d'orage, la riviere enlevoit ce fable contenant des grenats, de fes bords dans le voifinage ; il me montra en effet dans le lit même de la riviere & dans l'efcarpement du ravin, quelques zones d'un fable ferrugineux, mêlées dans des détrimens de bafalte & de matieres volca-nifées. Ces zones étoient irrégulieres, ne fuivoient aucun ordre ; le fable ferrugineux n'y étoit pas pur, & étoit mêlangé avec des fragmens de laves poreufes roulées. Après avoir obfervé parmi ces décombres quel-ques-unes de ces zones, où je trouvai quatre ou cinq grenats roulés parmi le fable, je conclus que des eaux antérieures à celles du torrent qui prend fa naiffance à quatre cents pas au deffus de l'endroit où l'homme me montroit des grenats, & où il ne forme qu'un très-petit ruiffeau ; je conclus, dis-je, que de eaux diluviennes ou des éruptions volcaniques boueufes, avoient entraîné fans ordre ce fable ferrugineux, & les grenats qui y font mêlés; que les matieres étrangeres aux laves n'avoient été vomies, que parce qu'elles s'étoient trouvées dans les cavités fou-terreines par où le volcan s'étoit ouvert une route, & qu'elles avoient été prifes dans les déjections volcaniques. Mon guide m'affura qu'autre-fois ces grenats étant plus recherchés, des particuliers avoient fait des puits d'épreuve, & des ouvertures affez profondes dans la terre; que ces fouilles ne les avoient mené à rien; qu'on trouvoit de temps en temps feulement quelques couches minces, irrégulieres & ifolées de fable fer-rugineux, contenant des grenats, mais que ces couches difparoiffoient bientôt, ce qui leur fit abandonner cette entreprife. On s'en eft donc tenu depuis ce temps-là à la méthode de pêcher ce fable dans la riviere après les crues d'eau, & de recueillir les grenats par des lotions: ce procédé eft plus fûr & beaucoup moins difpendieux. Le guide ajouta que perfonne ne s'étoit enrichi à ce trifte métier. Voilà les détails de ce voyage, peu intéreffant en lui-même, dans le *Rioupezzouliou*; je dis peu intéreffant, parce qu'on n'y voit que défordre & confufion dans les matieres, & que rien n'y eft propre à donner des éclairciffemens affurés fur la maniere dont ces grenats ont été dépofés; qu'on ne voit d'autres veftiges de leurs matrices que ce fable noir à gros grains, qui eft en général ufé & arrondi, ainfi que la plupart des grenats. Je vais donner à préfent la defcription de ces pierres, d'après celles que je me fuis procurées fur les lieux, en les faifant ramaffer en ma préfence, ou en achetant celles qui étoient les mieux caractérifées.

Fer octaedre, attirable à l'aimant. 121. Sable noir ferrugineux, à gros grains, attirable à l'aimant: ce fable n'eft formé que par une multitude de petits éclats irréguliers ou arrondis, d'une pierre ferrugineufe cryftallifée, très-dure, dont la couleur eft abfolument femblable à celle de l'argent vitreux, à l'exception de celle de notre fable eft d'un noir plus foncé & plus mat. Lorfque je dis que cette fubftance ferrugineufe eft cryftallifée, j'en ai la preuve; car l'examen attentif que j'en ai fait, m'a donné lieu de reconnoître que prefque tous ces fragmens offroient des portions de prifmes; je fuis même venu à bout, en prenant la peine d'en trier plus de deux livres, grain à grain, d'y trouver fix cryftaux entiers, & des mieux cryftal-lifés, fous la forme exacte de la mine de fer *octaedre*, attirable à l'aimant, la même de l'efpece 11 de la defcription du cabinet de M. de Romé De-lifle, celle que Wallerius nomme, *ferrum mineralifatum cryftallifatum octaedrum*, min. 252. 1; Linné, *ferrum teffellare & cryftallinum*, fyft. nat. 12. 136. n°. 2 & 137. n°. 3; ces chryftaux font femblables à ceux qu'on trouve ifolés, en Corfe, dans une gangue talqueufe; on en rencontre auffi de folitaires & quelquefois de groupés dans les mines de Nordberg & de Persberg en Suede.

Quoique les côtés de ces cryftaux aluminiformes *d'Expailly* foient égaux & en tout femblables à ceux de Corfe, j'en ai trouvé dans le nombre deux qui avoient de très-petits bifeaux dans leurs vives-arêtes. Je crois devoir faire obferver cette variété accidentelle.

Grenat rouge hexagone. 122. Grenat d'un rouge couleur de feu, décaedre, formé par un prifme court, hexagone, terminé par des pyramides triedres obtufes.

123. Grenat à prifme quadrilatere, terminé à chaque bout par une pyramide à quatre faces, ce qui forme un grenat à douze facettes. Ce cryftal a en général le prifme alongé : j'en ai qui ont jufqu'à 4 lignes. Ils font d'un très-beau rouge, légérement jaunâtres : cette efpece femble tenir le milieu entre le grenat & l'hyacinthe ; elle eft rapprochée de celle que les Italiens nomment *giacinto guarnallino*, hyacinthe grenat.

124. *Idem*. Accollé avec un autre.

125. *Idem*. Qui a perdu fa couleur, blanc & cryftallin.

126. A prifme court hexagone, terminé par deux pyramides pentagones, dont les faces font la plupart rhomboïdales ou à cinq côtés, ce qui forme un grenat à feize facettes.

127. A prifme très-alongé, à huit faces, terminé à chaque bout par une pyramide aigue, & à pointe de diamant à quatre côtés, ce qui fait feize facettes : c'eft peut-être une variété du précédent, qui n'en differe que par la pofition des facettes qui font en même nombre.

Voilà toutes les variétés que j'ai trouvées dans les grenats du *Puy* : il peut en exifter d'autres, mais je ne les ai pas vu.

Quant à la couleur, on en trouve d'un rouge lavé, affez femblable à la couleur des grains de grenade bien mûrs ; d'autres d'un rouge tirant fur le jaune, auffi beau par la couleur que la plus belle vermeille ; mais d'un petit volume : d'autres enfin tirant fur le jaune, & fe rapprochant de l'hyacinthe.

HYACINTHES.

Gemma plus minùs pellucida, duritie nonâ, colore ex flavo rubente. WAL. min.

128. J'AI trouvé parmi les grenats *d'Expailly* de véritables hyacinthes d'un jaune tirant fur le rouge, cryftallifées, à prifme quadrilatere oblong, terminées à l'un & à l'autre bout par une pyramide à quatre côtés. J'en poffede un qui a 1 pouce de longueur, fur 6 lignes de diametre, mais qui n'a point de pyramide. On appelle ces hyacinthes, *jargons d'hyacinthe du Puy.*

SAPHIRS.

Alumen gemma, pretiofa, feu alumen lapidofum pellucidiffimum, folidiffimum, cæruleum. LINN. 103. 6. v.

CRONST. §. 44.

DELISLE, *cryftal.* 220.

Il y a quelques faphirs dans le fable ferrugineux *d'Expailly*, mêlés avec les grenats & les hyacinthes. Je puis affurer que ce font de vrais faphirs, & non des cryftaux de roche colorés, ainfi que l'avoient cru quelques naturaliftes.

129. Un prifme hexagone de 4 lignes de longueur, fur z de diametre, tronqué, fans pyramide, mais s'aminciffant par un des bouts en maniere de quille ; de forte que c'eft ici ou un cryftal entier de faphir, ou une portion d'un cryftal de l'efpece des faphirs d'orient, cryftallifé fous la forme de deux pyramides oblongues, hexagones, oppofées bafe à

À douze facettes.

Groupé.

Décoloré.

À feize facettes.

Idem.

Hyacinthes.

Saphirs.

bafe, décrit par M. Sage, *tome I, pag. 227, élémens de minéralogie.* Ce faphir d'*Expailly* eft d'un bleu velouté foncé, des plus vifs & des plus agréables. Il offre un accident affez fingulier : on voit à la bafe du prifme qui n'a point été rompu, un double triangle, ou un triangle dans l'autre en relief, d'une régularité furprenante.

Saphir curieux.   130. Autre faphir du même lieu, & d'une même cryftallifation, mais beaucoup plus gros que le précédent, ayant 5 lignes de longueur, fur 4 de diametre dans fa bafe, à pyramide hexagone, oblongue, qui s'amincit vers le bout. Cette pierre offre une fingularité bien étonnante : vue au grand jour, en la tenant par les deux bouts avec les doigts, c'eft-à-dire, en regardant à travers les faces du prifme, elle eft claire & tranfparente, & d'un verd d'émeraude : fi au contraire on la confidere en préfentant l'œil à la bafe de ce cryftal, comme fi on vouloit regarder l'autre extrêmité, & lire dans le fond du cryftal, il paroît d'un très-beau bleu ; de forte que ce cryftal, vu dans un fens, eft verd, & bleu, vu dans un autre.

En cailloux roullés.   131. Saphirs en cailloux roulés, irréguliers, dont plufieurs ont 9 lignes de longueur, fur 6 de diametre.

Pl. I.

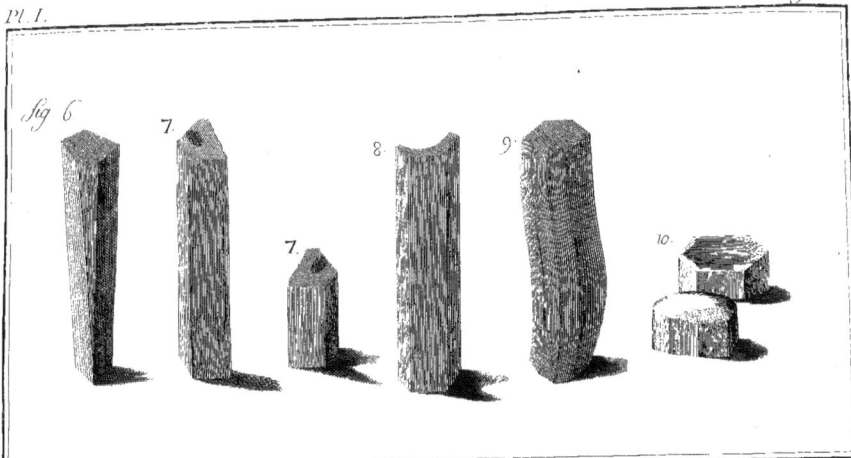

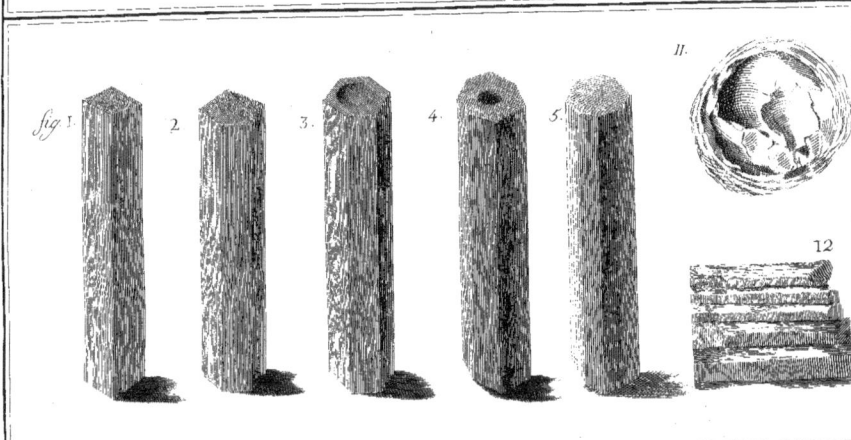

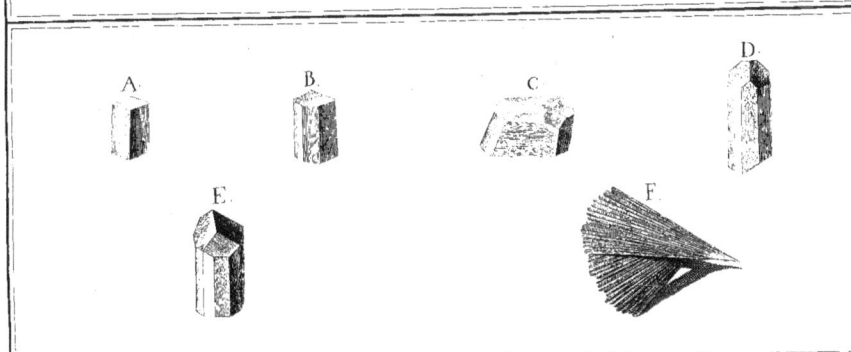

PRISMES DE BASALTE ET SCHORLS.

LETTRE

A MILORD HAMILTON,

Chevalier de l'ordre du Bain, Envoyé extraordinaire & plénipotentiaire de sa Majesté Britannique à la Cour de Naples, & Membre de la société royale de Londres.

De Montelimar, le 1er mai 1778.

MILORD,

J'ÉTOIS dans les plus hautes montagnes du Velay lorsque votre lettre & le beau présent qui l'accompagnoit ont été rendus chez moi. Comme mon voyage a été long, je n'ai pu voir votre livre & avoir l'honneur de vous répondre & de vous remercier que dans ce moment.

J'ai vu, avec autant de plaisir que d'admiration, le grand & magnifique monument que vous venez d'élever à la nature; cette belle suite de tableaux plus instructifs les uns que les autres, échauffera les idées sur une des plus curieuses parties de l'histoire naturelle, celle des volcans, fort négligée ou trop légérement vue jusqu'à présent. On croyoit avoir connu le Vésuve lorsqu'on y avoit fait un voyage ou deux; il n'est presque point de physicien ou de naturaliste qui ayant fait une promenade sur ce volcan, ne nous ait promptement donné un beau & grand mémoire à ce sujet.

Il falloit être sur les lieux, avoir votre zele & toute votre constance, pour observer & suivre pendant plusieurs années les phénomenes du Vésuve, & pour saisir les circonstances variées qui les précedent ou qui les accompagnent : il falloit voir aussi souvent & aussi-bien plusieurs éruptions pour en faire connoître les détails d'une maniere aussi piquante : il falloit, en un mot, votre fortune pour faire peindre à grands frais cette suite de tableaux qui rendent la nature avec tant de vérité, qui la transportent en entier dans nos cabinets, si je puis me servir de cette expression.

Tout m'a intéressé vivement dans votre livre; les détails que vous

B b b

donnez de la grande éruption de 1767, dont vous aviez été le témoin oculaire, & où rien ne vous a échappé, m'ont été du plus grand secours dans ce que j'avois à dire sur le Vésuve, relativement à certaines circonstances applicables aux volcans éteints que j'avois à faire connoître.

Parmi la foule d'objets curieux dont vos observations sur les volcans des deux-Siciles sont remplies, il en est une entr'autres qui doit fixer toute l'attention des naturalistes; il est probable même qu'elle doit conduire à des connoissances nouvelles, car en nous éclairant sur l'origine primitive de plusieurs terres & de diverses substances abondamment répandues sur le globe, elle peut enrichir d'une suite de nouveaux faits l'histoire de la théorie de notre planete; je veux parler de la conversion des laves les plus dures & des autres matieres volcaniques en argile; belle découverte qui fera époque dans la science!

Comme j'ai trouvé dans les volcans éteints du Vivarais & du Velay les mêmes phénomenes, avec des accidens & des circonstances très-variées, permettez, MILORD, que je vous en entretienne : une découverte vient à l'appui d'une autre & ne peut que la fortifier; c'est vous d'ailleurs qui le premier m'avez conduit à ces observations, & je vous en offre l'hommage avec autant de justice que de reconnoissance. Après avoir lu ce que M. Sage dit aux pages 324 & 325 du tome I. de ses *élémens de minéralogie*, sur le passage des laves à l'état argileux, où il rapporte que c'est vous qui lui avez donné la premiere idée des expériences qu'il a faites à ce sujet, j'entrepris de nouveaux voyages dans le Vivarais & le Velay, bien résolu d'étudier amplement sur les lieux les circonstances, les passages & jusques aux moindres nuances de la décomposition des matieres volcaniques. J'en revins très-satisfait & chargé d'une suite de richesses en ce genre; mais avant de vous entretenir de ce qui me concerne, je suis charmé de faire un retour sur votre découverte, parce que me proposant d'inférer, sous votre bon plaisir, la lettre que j'ai l'honneur de vous écrire, dans mon ouvrage, le public sera instruit que c'est à vous le premier à qui l'observation du passage des laves à l'état d'argile est due, & qu'on ne sauroit y apporter aucun doute.

Ce fut le 5 mai 1771 que vous communiquâtes à la société royale de Londres vos remarques sur les propriétés qu'ont les vapeurs de la Solfatare, d'amollir & de calciner en quelque façon toutes les matieres volcaniques qu'elles rencontrent : votre observation est consignée dans les transactions philosophiques. Vous rapportâtes, & vous le répétez dans votre grand ouvrage sur les volcans des deux-Siciles, tome II, explication de la planche 43, » que c'est par l'effet que fait cette vapeur » sur plusieurs parties du cône de la Solfatare, que les couches de *Ra-* » *pilli*, les fragmens de lave, &c. dont elle est composée, sont réduits » en une poudre blanche & fine; l'eau de pluie entraîne cette poudre, » & la mêlant avec les matieres brûlées de différentes couleurs, en » forme une argile très-belle, également de diverses couleurs, qui » étant exposée à l'air, s'endurcit, & l'acide n'y cause point d'effer- » vescence. »

En 1772, M. Ferber se trouvant en Italie écrivit une lettre datée de Naples le 17 février, à M. le chevalier de Born; c'est la onzieme de la traduction françoise qui en a été donnée en 1776 par M. le baron de

Dietrich, imprimée à Strasbourg en un volume *in*-8°. On y lit les paroles suivantes au sujet des matieres volcaniques de la Solfatare, dont plusieurs passent à l'état argilleux.

» La Solfatare étoit sans doute autrefois un volcan qui étant épuisé
» s'est écroulé en lui-même; il en est résulté un bassin environné de
» toute part d'une circonférence élevée. Le bassin est composé d'une
» terre argilleufe blanche, qui, selon toute apparence, ne sert que de
» plancher ou de couverture à l'ancien gouffre..... On nomme *Piscia-*
» *relle* deux ou trois petits filets d'eau brûlante qui ont le goût d'alun,
» sentant le foie de soufre, & qui ont leur source au pied d'une des
» collines de lave qui environnent le gouffre de cet ancien volcan. *La*
» *lave de cette colline qui porte le nom de Monte-secco, a été changée*
» *par l'acide sulphureux en une argille blanche.*

» L'existence d'une quantité d'acide sulphureux, dans les souterreins
» de la Solfatare, est suffisamment constatée par le soufre jaune qui se
» sublime en petites fleurs cryftallisées par l'alun, le vitriol & la sélé-
» nite, qui s'attachent au plancher & aux collines qui servent de mur
» à la Solfatare. Il n'est pas moins certain qu'il existe dans les entrailles
» de la Solfatare de l'acide marin & de l'alkali volatil, puisqu'il s'y su-
» blime aussi du sel ammoniac, dont ils font les parties intégrantes.

» Les rochers ou parois qui décrivent un cercle autour de la Solfa-
» tare, sont pour la plupart divisés en couches, & ont tous la blancheur de
» la pierre à chaux, si bien qu'on s'y trompe au premier coup d'œil, mais
» par l'examen on voit qu'ils font argilleux.

» Je ne doute point que ces collines ne fussent au commencement
» formées que de laves & de cendres de l'ancien volcan; & celles qui
» sont disposées par couche, ne doivent apparemment leur origine qu'à
» différentes especes de cendres. Ce mélange a été pénétré par les va-
» peurs brûlantes de l'acide sulphureux qui l'a converti en argille... Il
» y a des morceaux dont une partie est encore lave & l'autre changée en
» argille; cette argille est molle comme une terre, ou dure & pierreuse,
» elle ressemble à une pierre à chaux blanche : on y voit encore quelque-
» fois du schorl blanc en forme de grenats, si commun dans les laves
» d'Italie, mais il est aussi converti en argille : les matieres autrefois
» volcaniques, font la plupart blanches, mais on en trouve aussi de rouges,
» de grises-cendrées, de bleuâtres & de noires en quelques endroits,
» fur-tout aux *Pisciarelle.* Cette métamorphose des matieres volcaniques
» vitreuses en argille, par l'intermede de l'acide sulphureux qui les a
» pénétrées & en quelque sorte dissoutes peu à peu & en un grand nom-
» bre d'années, est sans doute un phénomene remarquable & très-instruc-
» tif pour l'histoire naturelle.

» Il est notoire que l'argille perd par la calcination sa propriété tenace
» & liante, & qu'on ne sauroit la lui rendre en l'humectant avec de l'eau,
» & quand même on la réduiroit en poudre la plus fine; mais l'acide
» sulphureux de la Solfatare a le pouvoir de lui rendre cette qualité
» liante; car pour obtenir le sel ammoniac qui se sublime de la Solfatare,
» on se sert de débris de vases de terre très-bien cuite; cependant les
» vapeurs acides de la Solfatare l'amollissent & lui rendent la forme
» d'une argille calcinée.

Voilà les obfervations faites par M. Ferber fur les effets des fumées de la Solfatare : quoiqu'il n'ait pas le mérite de la découverte, ce qu'il dit à ce fujet eft fenfé & me paroît bien vu; je dis qu'il n'a pas le mérite de la découverte, puifqu'il n'a vu la Solfatare qu'en 1772, tandis que votre lettre adreffée à la fociété royale de Londres, eft du 5 mai 1771. D'ailleurs il me paroît que M. Ferber n'affecte pas de fe rendre cette obfervation propre & perfonnelle; il ne dit rien à ce fujet, & il feroit poffible qu'il ignorât de bonne foi que c'étoit à vous à qui l'hiftoire naturelle avoit cette obligation avant tout autre : il n'y auroit qu'un feul cas où le naturalifte fuédois feroit véritablement dans fon tort; ce feroit celui où ayant été inftruit, par vous ou par tout autre, de votre obfervation avant d'aller à la Solfatare, il eût affecté de ne pas vous nommer; & il eft probable que la chofe eft ainfi, puifqu'à l'explication de la planche 43ᵉ de votre livre, vous faites mention de l'époque à laquelle vous envoyâtes vos remarques à la fociété royale de Londres, époque qui eft du 5 mai 1771, comme on le voit dans les tranfactions philofophiques, & vous ajoutez tout de fuite : *M. Ferber, naturalifte fuédois, qui fut à Naples l'année 1772, vient de publier cette découverte comme la fienne propre, dans une de fes lettres à M. de Born, fur le fujet de l'hiftoire naturelle d'Italie.* Quoi qu'il en foit, MILORD, votre titre eft inconteftable, puifqu'il eft dépofé dans les tranfactions philofophiques, & vous êtes le premier à qui nous devons la belle obfervation de l'effet des fumées de la Solfatare fur les matieres volcaniques. M. Sage qui a donné dans fes élémens de minéralogie, tom. I, pag 323. d'excellentes expériences fur les laves poreufes, s'eft fait un plaifir d'annoncer que c'étoit vous qui l'aviez principalement conduit à ce travail.

Je ne doute pas que ce qui s'opere journellement à la Solfatare n'ait eu lieu dans bien des circonftances dans les anciens volcans éteints; j'en ai la preuve dans ceux du Vivarais & du Velay, & je fuis convaincu que bien des matieres qu'on a prifes pour des argilles naturelles plus ou moins calcinées par les feux fouterreins, ou pour des cendres réduites en pâte, &c. ne font que de véritables productions volcaniques, altérées ou décompofées. Pour venir à l'appui, par des faits indubitables, de ce que j'avance ici, voici quelques détails fur les laves décompofées des deux provinces dont je décris les volcans éteints; mais comme la defcription, quelqu'exacte qu'elle foit, ne peut jamais peindre à l'efprit des objets de cette nature d'une maniere affez claire, j'ai accompagné cette lettre de l'envoi de tous les échantillons bien numérotés, dont je vais avoir l'honneur de vous entretenir, en vous fuppliant de ne lire les détails que je joins ici, que les morceaux à la main.

La montagne du *Mezinc* en Velay, à fix lieues du Puy, élevée d'environ 900 toifes, eft volcanique depuis fa bafe jufqu'à fa plus haute fommité; elle contient les objets les plus inftructifs en laves altérées. Avant de vous faire connoître les laves converties en argille, qu'on y rencontre, je fuis bien aife de vous faire part d'une obfervation finguliere que j'ai faite fur certains bafaltes de cette montagne : j'ofe me flater que ceci pourra vous intéreffer; mais j'ai befoin de vos yeux & de toute votre attention.

Nᵒ. 1. Prenez le nᵒ. 1ᵉʳ. c'eft un bafalte en tables, affez mince, reffemblant

femblant à un fchifte, mais étant un véritable bafalte-lave, qui a coulé & effuyé une certaine altération qui l'a un peu attendri, & qui a principalement porté fur fa couleur, d'un gris tirant fur le blanc. Prenez une forte loupe, & confidérez ce morceau au grand jour; vous obferverez d'abord que la contexture de la matiere offre une multitude de petites lames de feld-fpath blanchâtre, prefqu'auffi brillant que certains talcs; vous remarquerez que le fer, fi intimement uni au bafalte, a abandonné ces lames, pour fe fixer en petits points noirs difperfés dans la maffe, ce qui donne à ce bafalte une apparence de granit, ainfi que vous en conviendrez certainement en le fuivant de l'œil avec une loupe : vous verrez dans le même morceau quelques portions moins altérées, plus noires & *plus bafalte*, fi je puis m'exprimer ainfi.

Comme j'étois bien aife de vous conduire par gradation dans un examen auffi délicat, & que vos connoiffances perfonnelles, & la grande habitude que vous avez d'obferver, vous mettent mieux à portée qu'un autre de fuivre les différentes nuances que je viens foumettre à votre examen, je fais fuccéder à l'échantillon du n°. 1, celui du n°. 2 qui lui eft analogue.

N°. 2. Ce bafalte eft en maffe ou en grandes tables fort épaiffes. En le confidérant d'un peu loin, il reffemble à un bafalte ordinaire, mais vu à la loupe, on s'apperçoit qu'il a éprouvé un puiffant degré d'altération, bien différent de celui qu'ont fubi les laves converties en argille : ici la matiere eft dure; on voit toutes les molécules de feld-fpath, à nud, dépouillées en partie du principe ferrugineux qui les enveloppoit; elles font devenues blanches, vitreufes & brillantes; le bafalte en cet état reffemble à un granit fin, ou fi vous aimez mieux, à une ébauche de granit.

N°. 3. Voici, MILORD, un morceau du plus grand intérêt, relatif au premier, mais avec des caractéres plus tranchans : c'eft un échantillon pris fur le plus haut de la montagne du *Mezinc*; vous y verrez dans certaines parties le bafalte encore bafalte, tandis que dans d'autres la lave s'éclaircit, le feld-fpath fe découvre & paroît en petites lames rhomboïdales ou en parallélogrammes. Plufieurs de ces lames font blanches, d'autres *rofacées*; le fer du bafalte s'eft réuni en petits points noirs & tranchans fur le feld-fpath, ce qui lui donne toutes les apparences d'un granit, d'une maniere d'autant plus frappante, que plufieurs de ces lames de feld-fpath font auffi brillantes que le mica; on voit même dans cet échantillon quelques taches de fchorl noir en lame, qui achevent de jeter dans l'illufion, & font croire que le bafalte altéré eft un véritable granit.

Je comprends, d'après la fimple defcription que je donne, que fi on n'avoit pas le morceau fous les yeux, on feroit fondé à m'objecter que ce n'eft fimplement ici qu'un granit engagé dans le bafalte : d'autre part, ceux qui admettent que les laves ne font formées que par des granits fondus, ne manqueroient pas de dire que ce morceau vient fortement à l'appui de leur opinion, & qu'il n'eft qu'un granit en partie fondu, encore granit d'un côté, & converti en lave de l'autre. Pour vous, MILORD, qui cherchez la vérité fans être efclave d'aucun fyftême, & qui êtes familiarifé avec l'examen des productions volcanifées, vous en verrez avec plaifir les nuances, les dégradations infenfibles, & vous jugerez que c'eft un véritable bafalte altéré.

J'ai en mon pouvoir d'autres échantillons non moins démonftratifs, où l'on retrouve encore divers accidens qui ne laiffent aucun doute à ce fujet : vous comprendrez que je n'ai pas eu tort de vous mener à ce paffage par les articles précédens, qui font les premiers anneaux de cette chaîne. Vous voyez par là que loin de croire que les laves & les bafaltes foient des granits fondus, on pourroit foupçonner au contraire que les bafaltes peuvent paffer quelquefois à l'état de feld-fpath *granitoïde*, fans que je prétende cependant faire de ceci une regle générale. Ce ne fera même qu'avec le temps, & d'après de nombreufes obfervations faites par des naturaliftes affectionnés à fuivre la partie des volcans, que mon opinion fera peut-être goûtée. Je me réfigne jufqu'alors à fupporter tranquillement toutes les critiques, même les plus ameres, que mon obfervation ne manquera certainement pas de faire naître.

Nº. 4. On ne fe douteroit certainement pas que la pierre blanche de cet article fût un bafalte; cependant c'en eft un. Cet échantillon a été pris fur la montagne du *Me͜zinc*; il eft pefant, a de la confiftance fans dureté, fe laiffe tailler, eft fec au toucher comme la véritable pierre ponce blanche : fa couleur eft d'un blanc mat, luifant & comme argenté : obfervé à la loupe, on diftingue que c'eft un bafalte qui a perdu fon fer, ou du moins que fes molécules ferrugineufes fe font cachées fous une enveloppe nouvelle : ce qui fembleroit le prouver, c'eft que ce bafalte, quoique blanc, réduit en poudre & jeté dans l'acide marin, donne à cet acide une couleur citrine très-vive; quelques gouttes de cette diffolution, recouvertes d'eau, produifent un bleu de Pruffe foncé & éclatant, par l'intermede de l'alkali phlogiftiqué; expérience qui annonce la préfence du fer dans cette lave, que j'appellerois volontiers *bafalte fpathique*.

La pâte de cette pierre eft formée par un affemblage de grains écailleux & irréguliers, dont quelques-uns, mais en petit nombre, affectent la forme rhomboïdale : on y voit auffi de petites lames minces & brillantes qui reffemblent d'abord à du mica blanc, ou mieux encore au *talcite*; mais tournez & retournez ces morceaux au foleil, en les étudiant avec la loupe, & vous ne tarderez pas à découvrir qu'ils ne font formés que de la même fubftance du corps de la pierre, c'eft-à-dire, de feld-fpath brillant. L'échantillon que je vous offre eft d'autant plus intéreffant encore, qu'on y diftingue quelques petites paillettes de fchorl noir, nullement altérées, qui font fort remarquables, fur un fond blanc : une des faces de ce morceau offre de jolies herborifations en dendrites ferrugineufes.

Voilà, MILORD, de belles variétés dans la lave; voilà un paffage bien intéreffant, un changement bien extraordinaire dans le bafalte; tout ceci pourra peut-être nous mettre fur la voie de faire des découvertes fur la première origine de plufieurs pierres, que nous étions bien éloignés d'attribuer au feu : je ne voudrois pas d'après cela qu'on donnât dans l'excès & qu'on généralifât trop la chofe, mais qu'on marchât l'analyfe & les preuves à la main. Pour moi je crois que la matiere vitrifiable qu'on trouve dans la bafe des déjeftions volcaniques, dans les argiles, dans les cryftaux de roche, dans les quartz, les feld-fpath , &c. éprouve une multitude de modifications que nous fommes bien loin de connoître encore, foit lorfqu'elle eft maniée par les eaux, par le feu, ou combinée avec diverfes fubftances falines, acides, alkalefcentes, ou phofphoriques. Ce ne fera que par des obfervations fines, fuivies & comparées, que des naturaliftes infatigables viendront à bout quelque jour de porter la lumiere fur cette belle & favante partie de l'hiftoire naturelle, la lithologie.

Convenez que fi j'euffe foumis un morceau ifolé de la lave blanche dont je viens de vous parler, à l'examen d'un obfervateur éclairé, il au-roit pu fe trouver embarraffé, tandis qu'en étudiant la nature fur les lieux, en fuivant les nuances, les gradations qu'elle préfente, en obfer-vant la liaifon & l'enchaînement des faits, peu à peu les épines difpa-roiffent, la route s'applanit, on voyage avec plus d'affurance & de fer-meté dans les fentiers de la nature ; on ne découvre pas à la vérité fes fecrets, comme bien des gens ofent le croire, mais on recueille au moins des faits, on ramaffe de bons matériaux pour fervir de bafe à fon hif-toire. Si vous euffiez pris, dans le temps, une portion de la fubftance argilleufe, produite par l'altération des laves de la Solfatare, & qu'elle eût été remife à de bons naturaliftes, à d'excellens chymiftes, pour être examinée, auroient-ils jamais foupçonné que des laves, que des bafaltes durs & noirs avoient donné naiffance à cette argile ? mais vos obferva-tions & le fait ont mis cette vérité dans tout fon jour, & votre décou-verte n'a pas tardé d'en faire naître d'autres. La fcience environnée d'une immenfité d'obftacles, ne marche qu'à pas imperceptibles & lents : forcée fouvent de s'arrêter, elle refte des fiecles entiers en ftation ; mais une circonftance heureufe la pouffe rapidement ; elle brife alors les bar-rieres qui lui faifoient obftacle, & s'élance à pas de géans dans la route des découvertes. Pardonnez, MILORD, cette digreffion, mais je me plais, en rendant juftice à vos découvertes, à me redire à moi-même & à me répéter fans ceffe, qu'il faut voir les objets en place, contempler la nature fur le fol même où elle étale les richeffes les plus analogues à nos goûts, & celles qui nous intéreffent davantage.

Je ne crois pas qu'on doive attribuer toujours aux vapeurs acides ful-phureufes, l'altération des bafaltes dont je viens de parler: cette opéra-tion pourroit avoir des caufes plus lentes & d'une autre nature ; mais elles me femblent fi fort fe dérober à nos yeux, qu'on s'expoferoit à donner trop dans le fyftême en voulant tenter de les expliquer. Tout ce qu'on peut dire de plus raifonnable à ce fujet, c'eft que plufieurs circonftances, telles que le féjour des eaux de la mer, des eaux minérales froides ou thermales, chargées de principes falins, ou fortement imprégnées d'air fixe, ou peut-être encore les neiges & l'humidité conftante, peuvent à diverfes époques avoir occafionné les changemens qu'on remarque dans ces bafaltes.

Cependant, MILORD, permettez que je hafarde ici une opinion à laquelle je vous prie de ne donner que la valeur qu'elle mérite : j'oferai vous dire que je foupçonne, depuis que j'ai lu les expériences de M. Achard, chymifte, de l'académie de Berlin, communiquées au prince de Gallitzin, & que vous pouvez voir dans le journal de phyfique du mois de janvier de cette année, au fujet de la régénération de la terre calcaire par l'intermede de l'eau fortement imprégnée d'air fixe, je soupçonne, dis-je, que le même agent peut avoir également la faculté d'attaquer les terres vitrifiables, & de les revivifier à la longue sous forme de feld-fpath ou de cryftaux quartzeux.

La converfion du bafalte en feld-fpath ne feroit donc plus alors une opération qui dût paroître impoffible; il feroit même affez facile de la concevoir, & voici comment je penferois que la chofe auroit pu fe faire.

Je fuppoferois d'abord que ç'auroit été à l'époque où cette partie du globe étoit fous les eaux, que cette métamorphofe auroit pu avoir lieu; en effet, un liquide chargé de principes falins tel que celui de la mer, devoit porter fon action diffolvante fur les molécules ferrugineufes des laves; ou fi l'on croyoit que cette action trop lente de fa nature exigeoit une férie trop nombreufe de fiecles pour pouvoir s'emparer du principe martial des matieres volcanifées, je puis me retourner facilement d'un autre côté & fuppofer, ce qui n'eft point hors de vraifemblance, que les volcans dont il eft queftion brûloient alors fous la mer ainfi qu'on en a eu obfervé dans différentes plages.

L'acide des fumées devoit néceffairement, dans cette derniere hypothefe, enlever une partie du fer de ces mêmes laves & les décolorer par là; d'autre part, ces vapeurs, ces fumées acides imprégnoient, faturoient de la maniere la plus forte toute l'eau environnante, de l'air fixe le plus puiffant; cette eau dès-lors acquéroit le pouvoir de réagir fur la terre alumineufe & vitrifiable de la lave, & devoit en la régénérant la convertir naturellement en lames élémentaires de feld-fpath, c'eft-à-dire, d'une efpece de quartz groffier. Si je hafarde au refte ces idées, MILORD, c'eft moins pour vouloir expliquer une théorie auffi fubtile que pour faire voir que le changement du bafalte & des laves en feld-fpath, n'eft point une chofe contradictoire & phyfiquement impoffible.

Nᵒ. 5. Le bafalte de ce numéro eft un échantillon d'environ 4 pouces de longueur fur 3 de largeur; il eft remarquable en ce qu'un peu plus de la moitié du morceau eft changée en une fubftance argilleufe, blanche & tendre, recouverte d'une teinte rougeâtre nuancée de jaune, tandis que l'autre partie eft encore bafalte gris-noir, mais tendre. On voit dans ce dernier quelques points de fchorl noir non altéré. On trouve cette efpece dans une montagne de cailloux roulés des environs de Montelimar, qui fait face aux volcans de Rochemaure. Ces bafaltes ont été entraînés du Vivarais & dépofés par les eaux dans cette montagne de cailloux roulés, à l'époque de fa formation qui doit remonter à des temps bien reculés. J'ai dans ma collection un prifme quadrangulaire du même lieu, entiérement changé en argille d'un blanc jaunâtre; le fchorl qui s'y trouvoit eft converti en une fubftance terreufe noirâtre.

Nᵒ. 6. Bafalte de l'efpece que j'ai nommée *bafalte piqué* dans mon mémoire fur les laves: celui-ci, fans avoir changé de forme, eft entiérement converti en argille grife, favonneufe, happant la langue, fe laiffant couper facilement avec un couteau. On y voit les mêmes marbrures que fur le bafalte piqué, & quelques petites taches jaunâtres, occafionnées par une chaux ferrugineufe, avec quelques paillettes de fchorl, en partie dénaturées, mais qui ont confervé leur couleur. Ce bafalte fe

trouve

trouve à deux pas de la chartreuse de *Bonne-foi* , sur la montagne du *Mezinc* , dans les endroits où les fumées acides sulphureuses paroissent avoir exercé leur action , & ont converti des laves compactes & des laves poreuses en argille rouge, propre à servir de pouzzolane. Ce basalte se trouve parmi ces matieres , & a été changé en argille grise, tel que vous le voyez dans cet échantillon : j'ai joint , pour faire pendant à ce morceau , un petit prisme de basalte sain & conservé , de l'espece analogue que je nomme *piqué* , à cause des petites taches ou piquures qu'on y distingue ; vous reconnoîtrez que l'un & l'autre sont de la même espece , & j'ai été charmé de les rapprocher , afin que vous puissiez en juger plus facilement.

N°. 7. Cette matiere, d'un rouge ochreux, pesante & dure en apparence, mais se réduisant facilement en une poussiere graveleuse , est pleine de paillettes de schorl noir en partie vitreux : on y voit aussi avec la loupe quelques petits nœuds de lave poreuse : cette déjection volcanique se trouve vers les bords du cratere de l'ancien volcan de *Chenavari* en Vivarais , entre deux coulées de basalte ; elle y forme une espece de banc de plusieurs pieds d'épaisseur , & est recouverte par des couches de basalte pur, de plus de 15 pieds de hauteur. On voit de droit & de gauche des masses énormes de laves poreuses grises & rouges, avec une profusion de noyaux de schorl , & non loin de là un grand & magnifique pavé des géans que j'ai fait graver. Je ne regarde cette coulée de matiere rougeâtre un peu argilleuse, que comme un basalte calciné & dénaturé par l'action soutenue du feu, & particuliérement par la qualité des fumées. Je ne crois pas qu'on puisse lui attribuer d'autre origine , d'autant mieux qu'on voit encore des masses de basalte sain , en partie changées en cette substance argilleuse qui forme une excellente pouzzolane, en la réduisant en poudre , ce qui s'opere facilement. On trouve au même lieu des portions de cette matiere , plus ou moins dures, plus ou moins vives en couleur , & plus pâteuses & liantes les unes que les autres. Vous en jugerez par l'échantillon du n°. suivant.

N°. 8. Cet échantillon ressemble à un véritable bol d'un rouge vif ; il est d'une ténacité extrême. J'ai essayé d'en faire faire des ouvrages en poterie ; mais au premier coup de feu d'une faïancerie ordinaire , l'extérieur des vases que j'avois fait tourner se convertit naturellement en une couverte vitreuse , se gersa , & tout l'ouvrage tomba en mille éclats à demi-vitrifiés, d'une couleur rouge noirâtre.

N°. 9. Est une substance argilleuse semblable à la premiere, mais d'un rouge plus vif ; les points de schorl sont altérés ici & changés en une terre noire sans consistance & sans éclat. On trouve cette espece de bol volcanique entre deux coulées de basalte, sur les bords du cratere de *Montbrul* en Vivarais.

N°. 10. Est une matiere volcanique argilleuse intéressante, de couleur fauve clair. Elle a de l'adhésion & une certaine consistance ; on peut la couper cependant avec la plus grande facilité , & la réduire en poudre. On y voit plusieurs noyaux de lave poreuse d'un gris noir, qui n'ont été que foiblement altérés, du moins quant à la forme & à la couleur ; mais ce qui rend ce morceau intéressant, c'est qu'on y trouve des portions de chrysolite volcanique qui a conservé son grain & tous les accidens de sa couleur, mais qui n'a ni brillant, ni confiftance, & qui fe réduit en poudre fous les doigts. C'eft ici une chrifolite déphlogiftiquée, fi je puis m'exprimer ainfi. On voit par là que les matieres les plus réfraſtaires font fujettes comme les autres à être attaquées & converties en chaux par les fumées brûlantes, chargées de divers mixtes falins, qui s'émanent des foyers embrafés des volcans.

Un des grands objets volcaniques qui réunit le plus de variété dans la décompofition des laves, eft la montagne qui fait face à la tour du château de *Polignac* en Velay, à une lieue du Puy; il femble que la nature l'ait placé dans la pofition où elle eft pour l'inftruſtion des obfervateurs; elle fe trouve fituée au bord d'un petit vallon entouré d'autres montagnes. Ce vallon, à en juger par la quantité de laves poreufes dont il eft jonché, me paroît être un grand *cratere* abymé. Notre montagne qui n'a guere plus de cinq cents pieds d'élévation, eft taillée à pic, de forte qu'il eft facile de connoître fa contexture intérieure. Comme j'ai eu la conftance de paffer un jour entier à l'étudier, & qu'j'ai gravi, non fans danger, dans les endroits les plus efcarpés, pour voir de très-près les matieres qu'elle renferme, voici ce que j'ai obfervé en partant de fa fommité pour defcendre jufqu'à fa racine.

1°. Diverfes coulées fort épaiffes de bafalte, adaptées les unes fur les autres en maniere de grand banc; ce bafalte eft noir, dur, mais un peu rouillé, inégal & raboteux, & fe brife par éclats; il forme plufieurs grandes affifes.

2°. On trouve après le bafalte des maffes d'une épaiffeur énorme de laves poreufes légeres, torfes, mêlées & confondues, & formant une efpece de grand banc qui regne tout le long de la coupe de la montagne : ces laves poreufes font de diverfes couleurs; il y en a de jaunâtres ou rouillées, d'autres d'un gris pâle; elles ont effuyé déjà un degré d'altération, car elles font tendres, friables, & un peu argilleufes; vous en reconnoîtrez dans l'envoi un échantillon fous le n°. 11, qui a les deux nuances réunies; vous trouverez à un des bouts un cryftal de fchorl noir bien confervé.

3°. Comme rien ne fe perd dans la nature, le fer qui s'eft féparé de ces laves eft venu fe dépofer par intervalles dans les vuides qu'il a rencontrés, & y a formé de très-belles hématites mamelonnées quelques couches irrégulieres d'un fer limonneux, en grains raboteux & friables, mais qui affeſtent fur la fuperficie une efpece d'organifation réguliere, en forme de cellules d'abeilles : fouvent ces dépôts ferrugineux fe font convertis en *géodes* ou *aetites* vuides ou pleines d'une ochre jaune ferrugineufe. Vous trouverez ces trois objets fous les numéros 12, 13 & 14.

4°. C'eft après ces laves en partie décolorées & mêlées de fédimens ferrugineux, qu'on voit un amas d'autres laves poreufes, légeres, décolorées, dont plufieurs font d'un très-beau blanc de lait ; d'autres ont quelques légeres nuances d'un gris noirâtre ; toutes confervent la configuration & la forme de laves poreufes ; quelques-unes produifent une belle argille blanche, farineufe, très-fine, tandis que certaines, quoique abfolument décolorées, ont confervé de la dureté. On trouve dans ce banc de laves blanchies, encore quelques dépôts ferrugineux en forme d'hématites ou *d'aetites*, mais en bien moindre quantité que dans les bancs supérieurs. Je vous envoie un beau morceau de cette lave poreuse blanche sous le n°. 15.

5°. Immédiatement après ces laves décolorées, on trouve de gros fragmens irréguliers d'une espece de pierre qui ressemble à la pierre calcaire blanche ordinaire, dont les angles sont émoussés & arrondis, plusieurs de ces fragmens sont friables & argilleux; d'autres sont solides & presque aussi durs que les pierres à chaux communes; elles sont très-blanches, mais leur croûte extérieure est recouverte d'une substance ochreuse jaune; on remarque quelques laves poreuses décolorées parmi ces pierres blanches. J'ai l'honneur de vous observer que lorsqu'on jette quelques fragmens de cette substance pierreuse dans l'acide nitreux, elle y fait un peu d'effervescence pendant un moment; l'ébullition cesse, & la pierre résiste ensuite aux plus forts acides. Il faut donc croire que cette matiere volcanique ainsi dénaturée devoit s'être emparée acciden-tellement de quelques molécules calcaires : est-ce ici un véritable basalte décomposé, dans lequel se trouvoient engagés des nœuds calcaires ? est-ce un dépôt, un sédiment pierreux formé par le *detritus* des laves poreuses blanches supérieures ? c'est ce que je ne suis point en état d'expliquer : tout ce que je puis dire, c'est qu'ayant jeté des éclats de cette matiere pierreuse blanche dans l'acide marin, j'ai formé, par l'intermede de l'alkali phlogistique, un précipité en bleu de Prusse des plus épais & des plus foncés en couleur, quoique cette pierre n'eût aucun principe ferrugineux apparent.

6°. Enfin, c'est après toutes ces matieres qu'on trouve divers bancs irréguliers, ou plutôt des especes de dunes fort épaisses & considérables, d'une terre argilleuse d'un gris verdâtre, peu liante, happant néanmoins fortement la langue, ne contenant aucun corps hétérogene. Cette substance, vue à la loupe, me paroît être aussi une décomposition de matieres volcanisées. D'après ce tableau, que je ne saurois trop exhorter les amateurs de cette partie de l'histoire naturelle d'aller étudier, il est probable que c'étoit ici un volcan sous-marin, c'est-à-dire, qui brûloit à l'époque où la terre étoit ensevelie sous les eaux. Le fer détaché des laves & déposé sous forme d'hématite, annonce incontestablement le travail lent & successif des eaux; mais comme celles de la mer, malgré l'acide qu'elles contiennent, n'auroient pas eu le pouvoir de décolorer ainsi ces laves, & que d'ailleurs les basaltes du voisinage sont sains & intacts, il faut présumer qu'il s'élevoit dans cette partie des fumées qui, partant du bas en haut, commençoient par décomposer les laves les plus proches, & les convertissoient en argile telle que celle que nous trouvons si abondamment ici. Ces fumées devoient être poussées jusqu'à la hauteur où les laves sont décolorées; & étant affoiblies dans les bancs les plus élevés, ceux-ci n'ont perdu qu'une partie de leur principe co-lorant, ensuite, l'eau se chargeant des molécules ferrugineuses déta-chées des laves, les déposoit tantôt sous la forme d'hématites, tantôt en maniere de fer limonneux.

On pourroit me demander pourquoi ces dunes argilleuses ne montrent pas les mêmes sédimens ferrugineux; j'ai deux réponses à faire à ce sujet: la premiere est que lorsqu'on examine avec la loupe la pâte de cette argille, on y distingue de petites taches d'un jaune ochreux qui caractérifent le fer ; la feconde eft que la couleur verdâtre de ces laves n'eft qu'un produit du fer lui-même, & voici comme je croirois que cette opération pourroit être envifagée. Les fumées qui s'élevoient du bas en haut devoient frapper avec plus de vigueur dans la partie de la montagne qui fert de bafe aux laves blanches, & à celles qui ont moins été altérées ou qui ne l'ont pas été du tout : non-feulement les matieres volcaniques de cette bafe devoient être fortement altérées & converties en argille, mais cette argille étant remaniée & continuellement expofée à des courans acides, éprouvoit néceffairement un grand degré de divifion ; le fer, qui s'y trouvoit auparavant combiné, avoit le même fort, & devoit flotter dans le liquide qui tenoit le tout en diffolution.

Comme ce bafalte décompofé, comme cette argille volcanifée contient encore quelques molécules calcaires, il eft à préfumer qu'il s'y trouvoit, à l'époque de fa formation primitive, des fragmens confidérables de pierre calcaire : on feroit fondé de penfer encore que les eaux de la mer, qui recouvroient cette montagne, y avoient entraîné des débris de corps marins. Ces fubftances alkalefcentes pouvoient très-bien former un alkali phlogiftiqué naturel ; & ce dernier rencontrant les molécules ferrugineufes des laves tenues en fufpens & en diffolution dans les eaux imprégnées du principe acide, devoit les précipiter fous la forme de bleu de Pruffe, couleur qui pouvoit facilement paffer à l'état verdâtre, ou par la furabondance d'alkali, ou par d'autres moyens fur lefquels je ne m'étendrai pas pour ne pas me jeter dans de trop longs détails.

Il eft temps que je finiffe cette lettre, dont je vous prie de vouloir excufer la longueur.

Je fuis,

MILORD,

Votre très-humble & très-obéiffant ferviteur,
FAUJAS.

RECHERCHES

RECHERCHES
SUR LA POUZZOLANE[a].

UNE terre volcanifée propre à faire un ciment, dont la réputation s'eft foutenue depuis des temps très-reculés jufqu'à nous ; une terre que les Romains, qui excelloient dans l'art de bâtir, avoient toujours regardée comme l'ame & la bafe de la folidité de leurs conftructions, & que Vitruve reconnoiffoit comme propre à opérer des chofes admirables, *genus pulveris quod efficit naturaliter res admirandas*, méritoit fans doute de faire l'objet d'un mémoire détaché. L'intérêt national, celui des particuliers, m'obligent d'entrer dans des détails fur cette terre : nous la poffédons en France ; elle y eft abondante ; elle peut y circuler facilement à l'aide de plufieurs grandes rivieres. Quelle reffource pour la conftruction des grands ouvrages & des monumens publics, à la folidité defquels on ne fauroit trop apporter d'attention ! Quel avantage pour le citoyen en particulier qui pourra fe procurer cette pouzzolane à un prix modique ! Si un objet d'utilité reconnu & confirmé par plus de vingt fiecles d'expériences, doit fixer l'attention du gouvernement ; c'eft fans contredit celui-ci.

On a vu de tout temps des perfonnes curieufes rechercher l'origine des chofes dans l'étymologie des mots ; cette maniere finguliere de s'inftruire fit fortune dans quelques efprits, & dégénéra même en une efpece d'épidémie à certaines époques. Cette méthode, en général fujette à mille erreurs & à mille embarras, ne doit cependant pas être rejetée, fur-tout lorfqu'on fait en ufer avec fobriété. On a été curieux de favoir même affez anciennement, ce qui avoit pu donner lieu au nom de *pulvis puteolanus* (pouffiere, fable de Pouzzole, pouzzolane). Quelques écrivains, & entr'autres Philander, avoient imaginé qu'on ne nommoit cette terre *pulvis puteolanus*, que parce qu'il falloit ouvrir des puits, *putei*, pour la tirer ; mais cette foible étymologie, qui ne porte fur rien, ne fauroit fe foutenir : voici des raifons qui décident la queftion. Un auteur du cinquieme fiecle, Sidoine Apollinaire, évêque de Clermont, célébrant dans fes poéfies la bonté & l'efficacité de la pouzzolane dans les conftructions fous l'eau, nomme cette terre *pulvis Dicarchea* [b] ; or, nous favons par Pline que la ville de Pouzzole fe nommoit très-anciennement Δικαιαρχεια, *Dicaerchia*. On voit donc par là que le *pulvis Dicarchea* de Sidoine Apollinaire, que le *pulvis puteolanus* de Vitruve & des auteurs anciens, fe rapporte directement à la terre de Pouzzole, à la

---

[a] Quelques auteurs écrivent *pozzolane, pouffolane* ; mais le mot *pouzzolane* doit être préféré ; il eft confacré parmi les naturaliftes, & plus analogue à la ville de *Pouzzol* ou *Pouzzole* à qui il doit fon origine.

[b] *Porrigis ingentem fpatiofis mœnibus urbem,*
Quam tamen Auguftam populus facit itur in æquor

Molibus, & veteres tellus nova contrahit undas.
Namque Dicarcheæ tranflatus pulvis arenæ
Infratis folidatur aquis, durataque maffa
Suftinet advectos peregrino in gurgite campos.
Sic te difpofitam, fpectantemque undique portus,
Vallatum pelago, terrarum commoda cingunt.

Eee

pouzzolane , & que c'eſt cette ville où ce ſable volcanique aura d'abord été employé , qui a donné très-anciennement ſon nom à cette terre.

Mais voyons à préſent ce que Vitruve a dit de la pouzzolane ; cet auteur célebre a conſacré une ſection entiere pour examiner les qualités & l'origine de cette terre. Voici comment il s'exprime au chapitre 6 du livre II de ſon architecture : *il exiſte une eſpece de pouſſiere qui opere naturellement des choſes admirables ; elle naît dans le pays de Baye & dans les champs qui ſont autour du mont Véſuve. Cette pouſſiere mêlée avec la chaux & la blocaille , non-ſeulement donne beaucoup de ſolidité aux édifices ordinaires , mais ſert à conſtruire des môles dans la mer, qui prennent la plus grande dureté dans l'eau ; il paroît que cette terre n'eſt telle qu'à cauſe qu'il exiſte ſous ces montagnes & dans le territoire un grand nombre de fontaines bouillantes , qui ne ſont ainſi échauffées que parce qu'il y a dans l'intérieur des feux ardens occaſionnés par le ſoufre , l'alun ou le bitume : la vapeur paſſant par les veines de la terre la rend légere ; il en naît un tuf dépouillé de toute humidité ; c'eſt pourquoi lorſque ces trois choſes* produites par la véhémence du feu ſont mêlées enſemble , à l'aide de l'eau ; elles s'endurciſſent bientôt & ſont une maſſe que ni les flots de la mer ni l'action de l'eau ne peuvent diſſoudre[b].* Je me ſuis attaché à traduire le plus fidellement & le plus littéralement qu'il m'a été poſſible, ce paſſage de Vitruve qui méritoit d'être médité, ainſi qu'on verra par les notes que j'ai été dans le cas d'y faire : j'aurois voulu le

---

* Ces trois choſes ſe rapportent à la pouzzolane , à la chaux & au tuf volcaniſé.

[b]   " Eſt etiam genus pulveris quod efficit naturaliter res admirandas. Naſcitur in regionibus Bajanis & " in agris municipiorum, quæ ſunt circâ Veſuvium montem, quod commixtum cum calce & cæmento* non " modo cæteris ædificiis præſtat firmitates, ſed etiam moles, quæ conſtruuntur in mari, ſub aquâ ſolideſcunt; " hoc autem fieri hâc ratione videtur , quòd ſub his montibus & terrâ ferventes ſunt fontes crebri , qui non " eſſent ſi non in imo haberet aut ſulphure , aut alumine , aut bitumine ardentes maximos ignes : igitur " penitus ignis & flammæ vapor per intervenia permanans & ardens efficit levem eam terram , & ibi qui " naſcitur tophus , exugens eſt & ſine liquore ; ergo cum tres res conſimili ratione , ignis vehementiâ formatæ " in unam pervenerint mixtionem , repente recepto liquore una cohæreſcunt , & celeriter humore duratæ " ſolidantur , neque eas fluctus, neque vis aquæ p oteſt diſſolvere.

---

* Le mot *cæmentum* mérite ici quelque attention ; il n'indique certainement point un ciment fait avec des tuiles ou des briques pulvériſées ; ce dernier étoit nommé par les Romains *ſigninum* , ainſi qu'on peut le voir dans Pline , livre XXXV , chap. 12. Tâchons de trouver ſa véritable ſignification ; la choſe n'eſt pas aiſée : ce mot déſigne en général toute ſorte de pierres brutes & non taillées ; mais comme il y a des pierres de cette eſpece d'un très-gros volume, d'autres moins conſidérables , & d'autres enfin très-petites , il faut tâcher , lorſqu'on le trouve employé dans les auteurs anciens, de découvrir le véritable ſens qu'ils ont voulu y attacher. On eſt dans le cas de faire ici cette recherche , puiſqu'il s'agit de reconnoître l'exactitude d'un procédé de l'art de bâtir des Romains. La choſe eſt d'autant plus difficile, que Vitruve emploie ici le mot *cæmentum* ſans épithete qui puiſſe en aſſurer la véritable ſignification , tandis que dans d'autres cas , il s'eſt conduit différemment. On voit en effet que cet auteur faiſant mention , au chapitre 6 du livre VII , des éclats de marbre qu'on pile pour faire le ſtuc, les nomme *cæmenta marmorea* , d'où il eſt aiſé de conclure que ce mot *cæmentum* n'a été mis ici en uſage que pour déſigner des recoupes , des blocailles de marbre qu'on pile pour faire le ſtuc ; je pars de ce point pour croire que *cæmentum* peut être employé quelquefois pour indiquer, non de groſſes pierres brutes ou du moilon d'un gros volume , mais des éclats de pierre, de la blocaille, du caillloutage. Non-ſeulement le paſſage que je viens de citer en eſt la preuve , mais j'en trouve un ſecond dans Vitruve qui vient encore à l'appui de mon ſentiment ; c'eſt dans le chapitre 5 du livre I qu'eſt ce paſſage que voici ; l'architecte romain fait mention des *fondemens des murs & des tours*, & il s'énonce ainſi à ce ſujet : " de ipſo autem muro è " præfiniendum , quod in omnibus locis , quos op ta- " mus cupias , eas non poſſumus habere : ſed ubi ſunt " ſaxa quadrata , ſive ſilex , ſive *cæmentum* , aut " coctus later, ſive crudus his erit utendum. " Tous les commentateurs ſont d'accord pour rendre le *ſaxa quadrata* par de gros quartiers de pierre non taillée , mais brute ; le ſilex par de gros cailloux : le *cæmentum* venant enſuite & ſe trouvant en derniere ligne , paroît être relatif à des pierres d'un moindre volume que les cailloux. Je penſerois donc qu'on devroit le regarder comme ſervant à déſigner de la menue pierre , de la blocaille ; cette conſéquence paroît d'autant plus naturelle , qu'elle devient applicable au cas préſent , relativement au procédé *cæmentum* qui doit être mêlé avec la chaux & la pouzzolane. On trouveroit alors chez les Romains un procédé qui ſe pratique encore de nos jours lorſqu'on fait du mortier de pouzzolane pour bâtir dans l'eau. On verra dans le port de Toulon tous les ouvrages en pouzzolane conſtruits dans la mer, ont du *cæmentum* fait avec de la recoupe de pierre calcaire.

tranſmettre mot pour mot ſi notre langue avoit pu le permettre ; on doit, dans des objets de cette nature, chercher plutôt à rendre ſtrictement la penſée de l'original, qu'à s'attacher à une diction élégante qui éloigne ſouvent du véritable ſens de l'auteur.

Pline le naturaliſte & Séneque [a] parlent de la pouzzolane ; mais ils n'entrent pas dans un détail auſſi intéreſſant que Vitruve qui ne s'en tient pas à ce que nous venons de dire ſur cette terre, & qui en fait mention encore dans un autre endroit que je rappellerai lorſqu'il en ſera temps.

M. le chevalier Hamilton, dans ſon ſavant ouvrage ſur le Véſuve, n'a point négligé de parler de la pouzzolane ; il nous dit, à la page 58 du volume de ſes lettres : » ce qu'il y a de plus remarquable dans la compo- » ſition du *tufa*, me paroît être cette belle matiere brûlée, appellée » *pouzzolane*, dont les parties ſe lient ſi parfaitement & ſont ſi utiles » employées comme ciment, qualités reconnues par Vitruve & qui ne » peuvent ſe rencontrer que dans les pays qui ont été travaillés par des » feux ſouterreins. »

Des lieux où l'on trouve de la Pouzzolane.

LES collines qui ſont au pied du Véſuve & dans les environs de Naples, abondent en pouzzolane de différentes couleurs ; les Italiens la nomment *terra pozzolana* ; il y en a de la brune & de la jaunâtre ; il y a de la pouzzolane noire ſur le Véſuve ; la meilleure de cette couleur ſe tire de la *Torre dell'Anunziata* : on en trouve de la griſe très-fine dans les environs de Pouzzole ; il y a même quelques collines du voiſinage qui en fourniſſent d'un gris blanchâtre, qui eſt mêlé de quelques parties alkalines qui font un peu d'efferveſcence avec les acides ; la pouzzolane brune & jaunâtre eſt très-commune & ſe trouve dans preſque toutes les parties de l'Italie qui ont ſubi l'action des feux ſouterreins. L'état eccléſiaſtique renferme des pouzzolanes de différentes qualités ; on y en trouve de la griſe, de la jaunâtre, de la brune, de la rougeâtre : la meilleure des environs de Rome ſe prend dans la colline qui eſt à la droite de la *via Appia*, non loin du tombeau des deux Scipions. Cette pouzzolane qui eſt rougeâtre eſt une des meilleures. Les catacombes de Rome ſont toutes creuſées dans une eſpece de pouzzolane d'un brun violet, parſemée de petits cryſtaux de ſchorl.

En France, l'Auvergne, le Velay, le Vivarais, les environs d'Agde, ceux de Toulon du côté d'Evenos, & les environs de la chartreuſe de *l'Averne* en Provence, renferment de la pouzzolane de différentes qualités & de pluſieurs couleurs ; en un mot, on en trouve en général dans tous les pays où l'on voit des reſtes de volcans : c'eſt dans les environs des anciennes bouches & des crateres qu'il faut la chercher ; il eſt vrai qu'elle n'eſt pas abondante par-tout & qu'elle ſe rencontre ſouvent dans des lieux d'un accès difficile.

a Pline s'exprime ainſi : *quis ſatis miretur, pulverem appellatum in puteolanis collibus opponi maris fluctibus, merſumque protinus fieri lapidem unum inexpugnabilem undis & fortiorem quotidie utique ſi Cumano miſceatur cæmento.* Pline, lib. XXXV, cap. 13. Voici ce qu'en dit Séneque, *natur. quæſt. lib. III, puteolanus pulvis ſi aquam attigit ſaxum fit.*

De quelle maniere se forme la Pouzzolane.

L A pouzzolane doit en général son origine aux débris graveleux de la lave poreuse ; ce n'est point une cendre ; les volcans qui ne sauroient être comparés aux incendies ordinaires , ne laissent point après eux, comme les matieres végétales ou animales, des traces de cendres : je sais cependant qu'on est en usage de donner le nom de cendres aux matieres brûlées & réduites en poussiere, élancées dans les airs par les explosions des volcans, aussi-bien qu'aux laves décomposées réduites en poudre fine ; mais depuis qu'on commence à voir avec des yeux plus attentifs, & qu'on apporte plus d'exactitude & de méthode dans l'étude de l'histoire naturelle, nous devons, en réformant des idées trompeuses, réformer aussi les mots qui servoient à les exprimer & qui perpétuoient par là nos erreurs.

Il n'y a point de véritables cendres dans les volcans, je le répete ; il n'y existe absolument que la matiere de la lave cuite, recuite, calci-née , réduite ou en scorie graveleuse, ou en poussiere fine ; ce que Vi-truve a très-bien rendu par *penitus ignis & flammæ vapor per intervenia permanens & ardens efficit levem eam terram & ibi qui nascitur tophus , exugens est & sine liquore.*

Je vois dans Dion & dans quelques autres auteurs anciens, qu'ils n'emploient jamais le mot *cinis* pour désigner les matieres volcaniques en poussiere ; ils se servent constamment du terme de *pulvis* qui est beau-coup plus convenable : mais comment imaginer que des nuages de pous-siere, élevés dans les airs, portés ensuite à plusieurs lieues, & tombant en forme de pluie, ne soient pas des cendres, tandis que cette poussiere en a la couleur, & contient même quelquefois, comme nos cendres ordinaires, des substances salines.

Je vais tâcher de répondre à cette objection en hazardant rapidement quelques idées sur la théorie de la lave réduite en poussiere, particu-liérement sur celle qui est portée dans les airs & qu'on nomme cendre.

Les personnes qui observent les volcans avec attention n'ignorent pas que pendant le temps d'une forte éruption, on voit s'élever dans l'air des quantités prodigieuses de laves poreuses, d'écumes, de pierres-ponces jetées au loin par les explosions ; mais la direction de ces matieres étant verticale , une partie retombe ordinairement dans la bouche ou dans les environs de l'entonnoir : c'est ici un énorme canon chargé à mitraille, qui ne discontinue pas de tirer ; qu'on me passe cette foible comparaison. Il doit donc se former nécessairement des entassemens immenses de sco-ries [a] qui , retombant sans cesse sur elles-mêmes , & éprouvant l'action alternative & continue de l'air & du feu, doivent éclater, se heurter, se diviser, se réduire en sable ; d'autre part, les fumées acides & sul-phureuses exerçant en même-temps toute leur action contre ces mêmes corps, les attaquent, les minent, les décomposent, les pulvérisent : il

---

[a] Il se forme quelquefois des monticules dans l'in-térieur même des crateres. Le 15 décembre 1766, M. Hamilton en observa un qui ne s'élévoit pas au-dessus des bords de la bouche ; mais il augmenta tel- lement pendant l'éruption de 1767, que le 15 octobre cette éminence formée par des entassemens de laves poreuses, avoit 185 pieds d'élévation.

fe forme alors des entaffemens qui comblent pour quelques temps une partie du gouffre enflammé : le feu ralenti & comme étouffé n'en devient que plus formidable ; il réunit toutes fes forces , ébranle la montagne , rompt fes barrieres , fe développe en explofion, & fe débarraffant avec fracas de ces monceaux de matieres réduits en poudre , les éleve dans le plus haut des airs où ils obfcurciffent fouvent la lumiere & vont retomber au loin difperfés par le fouffle des vents [a].

Il arrive quelquefois que des matieres alkalines fe fubliment dans les crateres des volcans ; l'acide fulphureux peut auffi s'y combiner avec le fel marin qu'entraînent les eaux de la mer qui s'ouvrent, dans certaines circonftances, des paffages parmi les matieres enflammées : il arrive alors que les matieres volcaniques en pouffiere contiennent quelques principes falins [b]. D'autres fois le feu ayant réduit la lave en fcorie , la vitrifie totalement & la divife en filets capillaires ; on a un exemple de cela dans le volcan de l'île de Bourbon , qui , en 1766 , fit une explofion qui couvrit la terre, dans un endroit nommé l'Etang falé, à fix lieues du volcan , d'un verre capillaire , jaunâtre & brillant , en filamens minces & flexibles où l'on voyoit de diftance en diftance de petits globules vitreux.

Je n'entre dans tous ces détails que pour faire voir que loin de trouver ici une matiere de la nature des cendres, on n'y voit au contraire qu'une pouffiere produite par une lave plus ou moins calcinée , plus ou moins divifée , quelquefois même convertie en un verre foyeux que l'air éleve & fait retomber en filamens.

Ceci n'eft point étranger à notre fujet, & nous ramene naturellement à la maniere dont peuvent fe former plufieurs pouzzolanes : c'eft en obfervant avec beaucoup d'attention cette fubftance dans les différens endroits où on la trouve, & en examinant les différentes pofitions qu'elle occupe fur les lieux, qu'on peut conclure que la nature emploie plufieurs moyens pour convertir les laves en pouzzolane : je crois qu'on peut réduire les principaux aux fuivans. 1°. Les laves poreufes fe réduifant en fable ou fe divifant en pouffiere par les divers frottemens qu'elles éprouvent dans le cratere, ou fubiffant une calcination foutenue & fans fufion, deviennent friables , & forment une excellente pouzzolane ; leur couleur

[a] On trouve dans prefque toutes les relations des éruptions du Véfuve que la pouffiere volcanique a été à des diftances étonnantes ; Dion affure que pendant l'éruption qu'on éprouva fous Tire, *tantus fuit pulvis ut ab eo loco in Africam & Syriam & Ægyptum penetraverit.* Francefco Sorrata Spinola Galateo , dit que le 16 décembre 1631 , le jour d'une grande éruption du Véfuve , la pouffiere tomboit comme une pluie , malgré le temps calme , à Lecce , éloigné de neuf journées de la montagne , que le ciel en étoit obfcurci & que la terre en fut couverte de trois lignes; que ce même jour, une pouffiere d'une autre qualité tomba à Bari , ce qui alarma les habitans qui ne pouvoient rien concevoir à ce phénomene. Bufion nous apprend des chofes étonnantes à ce fujet ; mais comme tous ces détails peuvent être exagérés, entendons M. le chevalier Hamilton nous dire : « quelques » gens dignes de foi m'ont affuré qu'ils ont été témoins » de la chûte des cendres pendant une éruption, à une » diftance , de plus de deux cents milles du Véfuve. » L'abbé Giulio Cefare Bracini, dans la relation de l'é-» ruption du Véfuve en 1631, dit que la hauteur de la

» colonne de fumée & de cendre prife de Naples par » le quart de cercle , étoit au-delà de 30 milles. » Quoique des calculs fi incertains méritent peu d'at-» tention , je fuis néanmoins convaincu , par ce que » j'ai remarqué moi-même, que dans des grandes érup-» tions les cendres s'élevent à une hauteur telle, » qu'elles peuvent rencontrer des caraceres d'air » extraordinaires qui expliquent affez bien les longs » trajets qu'elles ont faits en fi peu d'heures. » Obfervations fur les volcans des deux-Siciles, par M. le chevalier Hamilton , volume de difcours , pages 28 & fuiv. aux notes.

[b] On lit dans plufieurs auteurs qui ont donné des détails fur l'éruption du Véfuve de 1660, qu'il tomba une pouffiere qui avoit la forme de croix , ce qui fut regardé comme un prodige. Kircher , quoique fort crédule & amateur du merveilleux , donne cependant une affez bonne explication de ce phénomene dans un traité particulier , intitulé *de prodigiofis crucibus, &c. Rome* , 1661. Il dit que cette efpece de pouffiere qui tomba depuis le 16 avril jufqu'au 15 octobre , étoit imprégnée d'un foufre nitreux.

eft jaunâtre, grife, noire ou rougeâtre, en raison des différentes altérations que le principe ferrugineux qui s'y trouve contenu, a éprouvé.

2°. Les fumées acides fulphureufes frappant les laves les plus dures, les pénetrent, les attendriffent, changent leur couleur noire en rouge, & les convertiffent en pouzzolanes ochreufes qui paroiffent un peu argilleufes, mais qui n'en font pas moins d'une très-bonne qualité, ainfi que l'expérience le confirme : la couleur de celles-ci eft ordinairement d'un rouge foncé affez vif ou jaunâtre. Il eft quelquefois des vapeurs fi actives dans certains volcans, que non-feulement elles amolliffent les laves, mais les dépouillant totalement de leur fer, les font paffer à l'état d'une argille blanche : on voit ce phénomene à la *Solfatare*. Une telle fubftance feroit beaucoup trop altérée ; la déperdition de la matiere ferrugineufe lui enleveroit la faculté de fe fixer & de prendre un corps dans l'eau. *La propriété de la pouzzolane*, dit M. Ferber dans fes lettres fur la minéralogie de l'Italie, *lui vient vraifemblablement de la vertu liante des particules ferrugineufes qu'elle contient.* Voyez auffi *la minéralogie de Cronftedt*, édit. allem. de M. Brünnich, page 47. *La chaux de fer*, dit M. le baron de Dietrich, *a en général la propriété de lier les parties terreftres, car on remarque que les fcories des fourneaux de fonte de fer font un très-bon effet dans les cimens. Quoi qu'il en foit, les Romains ont bien reconnu le bon ufage de la pouzzolane ; ils l'ont employée dans tous leurs mortiers quand ils ont pu s'en procurer ; à fon défaut, ils fubftituoient la brique rouge pilée, qui étant auffi une terre vitrifiée un peu ferrugineufe, devoit la remplacer.* Note de la page 179 des lettres de M. Ferber.

3°. Le bafalte lui-même le plus compacte & le plus dur fe trouvant, dans certaines circonftances, expofé à des vapeurs dont nous ne fommes point à portée d'étudier la nature dans le moment des éruptions, eft converti lui-même en une pouzzolane rouge ou grife, douce au toucher, d'une très-bonne qualité. J'ai obfervé dans le Vivarais des bancs entiers de bafalte convertis en pouzzolane rouge ; ces bancs ainfi décompofés étoient recouverts par d'autres bancs intacts & fains d'un bafalte dur & noir ; on fe tromperoit fi on les regardoit comme une argille cuite & calcinée ; l'infpection des lieux & plufieurs autres circonftances démontrent que c'eft un véritable bafalte réduit en chaux & en partie déphlogiftiqué, fi je puis me fervir ici de ce terme : on trouve même fur le plus haut de la montagne volcanique de *Chenavari* en Vivarais, & ailleurs dans le voifinage des crateres, le bafalte décompofé attenant encore au bafalte fain, & on peut fuivre les gradations de la décompofition. J'ai parlé plus au long, dans ma lettre à M. le chevalier Hamilton, du bafalte paffant à l'état de pouzzolane : je ne dois pas oublier de rappeller à cette occafion un phénomene intéreffant, rapporté par ce favant, & qui peut répandre quelque lueur fur ce fujet. » J'ai fouvent remarqué, dit le naturalifte anglois, fur le mont Véfuve, quand je me trouvois à côté » d'une bouche d'où la lave fortoit, que la qualité de cette lave varioit » de momens à autres ; je l'ai vu auffi fluide & auffi liquide que le » verre en fufion, & je l'ai vu *farineufe, les particules fe féparant au* » *moment de leur fortie, telles que la farine lorfqu'elle fort de deffous les* » *meules.* » *Lettre à M. Maty*, page 38, *note a.* Voilà un fait bien concluant pour la réduction des laves en chaux, dans l'intérieur même

du foyer. Qu'on ne nous objecte pas que ces laves *farineufes* font peut-
être des matieres pulvérulentes que le volcan rencontre dans l'intérieur
de la terre, & qu'il vomit avec la lave ; j'ai examiné plufieurs de ces
laves farineufes, & je les ai toujours reconnu pour une lave réduite
en chaux.

Je ne prétends pas au refte reftreindre la nature aux trois feuls moyens
dont je viens de parler, pour la formation de la pouzzolane, dont la
matiere primitive émane toujours des laves ; nous fommes fi peu avancés
encore dans l'hiftoire des faits, nous favons fi peu ce qui fe pafle dans
les laboratoires de la nature, que nous devons avouer de bonne foi que
la fcience n'eft encore que dans fon berceau. Je n'ai donc rapporté ici
les trois circonftances où j'ai cru appercevoir le paffage des laves poreufes & du bafalte même, à l'état de pouzzolane, que parce que ce font
celles qui m'ont frappé le plus & qui m'ont paru les moins équivoques.

Analyfe de la Pouzzolane.

JE vais d'abord rapporter ce que M. Sage dit de la pouzzolane, à la
page 316 du tome I de fes *élémens de minéralogie* : le fentiment de cet habile
chymifte vient fi fort à l'appui de ce que j'ai avancé fur les laves & fur
la pouzzolane, que j'ai cru devoir le rapporter ici tout au long. » La
» pouzzolane me paroît être une efpece de tufa, au moins celle qui eft
» jaune ou rougeâtre & qu'on trouve dans l'état eccléfiaftique aux en-
» virons de Rome, & dans d'autres parties de l'Italie ; on la tranfporte
» à *Civita-Vecchia*, d'où on l'envoie en Suede, en France, en Hollande
» & dans plufieurs autres contrées de l'Europe pour en faire, en l'unif-
» fant avec de la chaux, un mortier impénétrable à l'eau. Cette pouz-
» zolane, expofée à un feu violent, éprouve les mêmes altérations que
» le tufa d'*Herculanum*, c'eft-à-dire, qu'elle fe réduit d'abord en une
» fcorie noire, cellulaire, & qu'enfuite elle forme un émail noir.
» M. Cronftedt a placé la pouzzolane parmi les mines de fer, à caufe
» de la portion de ce métal qu'elle contient, de même que les bafaltes
» d'où elle tire fon origine. »

On voit que la pouzzolane fuit le fort de toutes les efpeces de laves
plus ou moins altérées, c'eft-à-dire, que fi on l'expofe à un feu violent,
elle s'y réduit en fcorie & enfuite en émail noir. Les laves poreufes,
brunes ou rouges, les laves compactes noires ou jaunâtres, en un mot,
toutes les matieres volcaniques, de quelques climats qu'elles viennent,
donnent toujours un verre lorfqu'on les foumet à un feu foutenu.

Voici une expérience fort fimple qui prouve que la pouzzolane a la
même identité que les laves : prenez deux gros de pouzzolane rouge ou
d'un brun rougeâtre, ou de la noire ; réduifez-les en poudre fine &
impalpable dans un mortier d'agathe ou de verre ; faites la même opération fur de la lave poreufe ou compacte, fur du bafalte en prifme ;
prenez toutes les variétés des matieres volcaniques, ayez foin qu'elles
ne contiennent aucun corps étranger ; faites-en autant de lôts féparés
du même poids & bien étiquetés ; placez ces différentes poudres dans
autant de verres ou de petits boccaux bien propres ; verfez deffus fix
parties d'acide marin concentré, vous ne tarderez pas à voir l'acide

prendre une couleur citrine ; décantez & verfez alors la liqueur dans autant de verres féparés qu'il y a de différens lots ; prenez enfuite avec la pointe d'un petit tube de verre quelques gouttes de cet acide qui a paffé fur les laves ; noyez-les dans un verre ordinaire plein d'eau de pluie ou d'eau diftillée ; jetez-y deux ou trois gouttes de bon alkali phlogiftiqué , & vous remarquerez fur le champ un beau précipité de bleu de Pruffe.

La pouzzolane rouge , celle qui eft d'un brun rougeâtre , le bafalte & quelques laves poreufes fourniffent les teintures les plus chargées & les plus fortes ; mais toutes les autres matieres donnent une belle couleur plus ou moins foncée en raifon du plus ou du moins d'altération que le fer a éprouvé à l'époque des éruptions volcaniques. Verfez encore fur la poudre qui eft au fond de vos verres du nouvel acide marin ; laiffez le tout en digeftion pendant vingt-quatre heures ; l'acide s'imprégnera encore d'une couleur citrine ; décantez de nouveau ; mettez toujours en réferve la liqueur chargée des molécules ferrugineufes , & continuez cette manœuvre pendant plufieurs jours ; vous vous appercevrez alors qu'à mefure qu'un nouvel acide marin vient s'approprier le fer des laves, leur couleur s'affoiblit ; elles blanchiffent. Si vous continuez quelque temps cette expérience qui, quoique très-facile en apparence , exige néanmoins beaucoup de patience & une certaine dextérité , vous viendrez à bout de décolorer entiérement vos matieres, qui vous offriront une fubftance blanche , homogene , de la nature du quartz en poudre. J'ai obfervé que fi cette pouffiere, quoique déjà décolorée, n'a pas entiérement perdu tous fes principes ferrugineux, elle eft toujours fufible & reffemble alors à une efpece de feld-fpath pulvérulent : fi au contraire on vient à bout d'en enlever tout le fer , cette pouffiere eft alors de la nature du quartz pur & infufible. Si on veut favoir enfuite exactement la quantité de fer qu'on a extrait des laves par l'intermede de l'acide marin , l'opération fera facile par les lotions & les filtrations de l'acide qu'on a mis en réferve.

M. Sage eft le premier qui m'a mis fur la voie de faire cette fuite d'expériences ; il a fait un travail à peu-près femblable fur la lave noire du Véfuve, dont il rend compte à la page 323 du tome I de fes élémens de minéralogie.

Il réfulte des expériences dont je viens de parler & de plufieurs autres qu'il feroit trop long de rapporter ici :

1°. Que toutes les laves en général ont pour bafe une matiere quartzeufe ou vitrifiable , unie avec beaucoup de fer, & que leur fufibilité n'eft due qu'à ce même fer.

2°. Que le bafalte eft de toutes les matieres volcaniques, celle qui eft la plus intimement liée & combinée avec les élémens ferrugineux ; que le fer y eft très-voifin de l'état métallique , & que c'eft à cette caufe qu'on peut attribuer la facilité qu'a le bafalte de fe fondre.

3°. Que les laves fe trouvent plus ou moins altérées , foit dans leur dureté, leur contexture ou leur couleur, en raifon des différentes modifications qu'a éprouvé le principe ferrugineux attaqué par les fumées volcaniques plus ou moins acides, plus ou moins imprégnées de phlogiftique ou de fubftances falines fixes ou volatiles.

4°.

4°. Cette fimilitude dans le réfultat de mes expériences fur les laves, annonce une identité parfaite dans la matiere qui les compofe toutes : donc les pouzzolanes , les tufa , les laves tendres , rouges , jaunâtres ou de différentes couleurs , les laves poreufes , les laves compactes font les mêmes quant à leur effence , & ne different que par les modifications que le feu & les vapeurs qui s'en émanent y ont occafionné : donc fi la matiere ferrugineufe , comme il y a lieu de le croire , a le pouvoir de donner de la confiftance & de la dureté aux corps avec lefquels elle s'unit , la fubftance qui en contiendra le plus fera fans doute la plus fé- conde en principes propres à fournir ce lien , ce gluten invifible qui joint, qui refferre les molécules & produit ce que nous appellons la dureté : donc la pouzzolane rouge ou d'un brun rougeâtre étant une des pro- ductions volcaniques non-feulement la plus riche en fer , mais celle où ce minéral fe trouve atténué & le plus à découvert , doit produire les effets les plus marqués en ce genre [a].

En voilà affez pour donner une idée de la pouzzolane ; il eft temps de paffer à l'objet d'utilité qu'on en retire dans l'art de bâtir ; c'eft de quoi je vais m'occuper dans la divifion fuivante.

DOSES ET PROPORTIONS DANS LES CIMENS DE POUZZOLANE.

ON peut employer la pouzzolane dans l'eau ou hors de l'eau : quoique fa principale vertu , celle qu'on a toujours regardée comme la plus utile & la plus intéreffante , foit relative à la propriété qu'elle a de prendre corps dans l'eau, & d'y former un ciment inattaquable aux flots, qui aug- mente même fans ceffe de dureté , je ferai voir qu'on peut en tirer un parti très-avantageux dans la conftruction de plufieurs ouvrages expofés à toutes les intempéries de l'air.

La pouzzolane a cela d'agréable, que le ciment qu'on en forme n'exige abfolument aucune manipulation difficile & compliquée ; ce qui n'eft certainement pas un petit avantage , car les perfonnes accoutumées à diriger des conftructions , connoiffent les peines qu'on a de faire mettre en œuvre, d'une maniere exacte, les pratiques fouvent les plus fimples ; on fait que pour peu qu'elles exigent de foin, les manœuvres s'en ennuient, s'en dégoûtent & reviennent promptement à leurs premiers erremens que l'habitude les a accoutumé à regarder toujours comme ce qu'il y a de mieux.

Ici le ciment ou le mortier, foit qu'on le deftine à être employé fous l'eau ou en plein air, fe fait comme tous les mortiers ordinaires, en mélangeant la chaux nouvellement éteinte avec la pouzzolane, le fable & les recoupes de pierre lorfque le cas l'exige, dans les proportions que je vais indiquer, en y jetant de l'eau & en broyant le tout à la maniere ordinaire, comme fi on faifoit un mortier commun. On ne fauroit cer-

[a] Le bafalte eft à la vérité pour le moins auffi chargé de principes ferrugineux que la pouzzolane, parce que c'eft lui qui donne naiffance à cette derniere ; mais comme le fer s'y trouve enchaîné par les liens d'une efpece de vitrification particuliere & de l'effence du bafalte, il ne pourroit être fubftitué à la pouzzo- lane qu'autant qu'on le diviferoit en parties très-fines, & dès-lors cette pouzzolane factice feroit à peu-près auffi bonne que celle que la nature prépare ; mais il y auroit de grandes difficultés pour réduire en poudre un corps auffi dur ; cependant les Hollandois qui met- tent tout à profit ont eu l'induftrie d'imaginer des moulins où ils réduifent en pouffiere le bafalte en prifmes & les laves poreufes dures, qu'ils vendent fous le nom de pouzzolane, & qui en effet en a toutes les qualités.

tainement rien voir de plus fimple que ce procédé. Paffons à des détails plus circonftanciés.

Proportions d'après Vitruve , dans la conftruction des ouvrages fous l'eau.

JE vais rapporter ici une partie du paffage du chapitre 12 du livre V de l'architecture de Vitruve , qui a pour titre : *des ports & de la maçon-* *nerie qui fe fait dans l'eau.* Un double motif m'oblige de tranfcrire ici ce morceau intéreffant ; on y verra d'abord la maniere dont les Romains faifoient des môles & des ouvrages avancés dans la mer : on y trouvera en fecond lieu les proportions des trois matieres qui fervoient à former le mortier ou ciment dont ils faifoient ufage dans cette occafion. » La » commodité des ports , dit Vitruve [a], eft une chofe affez importante » pour nous obliger à expliquer ici par quel art on les peut rendre ca-» pables de mettre les vaiffeaux à couvert des tempêtes. Il n'y a rien » de fi aifé quand la nature du lieu s'y rencontre favorable , & qu'il fe » trouve des hauteurs & des promontoires qui s'avancent & laiffent au » milieu un lieu naturellement courbé ; car il n'y a qu'à faire autour du » port des portiques, des arfenaux ou des paffages pour aller du port » dans les marchés, avec des tours aux deux coins qui foient jointes par » une chaîne que des machines foutiennent ; mais fi ce lieu n'eft pas » propre de foi pour couvrir les vaiffeaux & les défendre contre la tem-» pête, pourvu qu'il n'y ait point de riviere qui incommode, & que la » profondeur foit fuffifante d'un côté, il faut bâtir dans l'autre côté un » môle qui s'avance dans la mer & qui enferme le port.

» La maniere de bâtir le môle dans l'eau eft telle : il faut faire » apporter de cette poudre qui fe trouve dans les lieux qui font depuis » Cumes jufqu'au promontoire de Minerve , (de la pouzzolane) & la » mêler en telle proportion qu'il y ait deux parties de poudre fur une » de chaux. Pour employer ce mortier il faut , dans la place où l'on » veut bâtir le môle, planter dans la mer & bien affermir des poteaux » rainés & liés fermement enfemble par de fortes pieces de bois ; enfuite » remplir les entre-deux avec des ais, après avoir égalé le fond & ôté » ce qui pourroit nuire. Cela étant fait , la propriété de la poudre dont » il a été parlé ci-devant eft telle , qu'il n'y aura qu'à jeter & entaffer » le mortier qui en fera fait, & des pierres autant qu'il en faudra pour » emplir tout l'efpace qui aura été laiffé pour le môle.

» Mais fi l'agitation de la mer eft fi grande que l'on ne puiffe fuf-» fifamment arrêter ces poteaux , il faudra bâtir dans la terre , même » au bord de la mer, *un maffif* qui s'éleve jufqu'au niveau de la terre , » en forte néanmoins qu'il n'y en ait pas la moitié à niveau , parce que » l'autre partie qui eft la plus proche de la mer doit être en talus. Enfuite » on bâtira tant du côté de l'eau que des deux côtés du maffif, des re-» bords d'environ 1 pied ½ jufqu'à la hauteur de la partie du maffif qui » eft à niveau, ainfi qu'il a été dit, & on emplira de fable le creux du » talus jufqu'au haut des rebords. Cette efplanade étant faite , on bâtira

[a] Je me fers ici de la traduction de Claude Perault. Voyez page 185 , édition de 1673.

» deſſus une maſſe de maçonnerie de la grandeur que l'on jugera ſuffi-
» ſante , & l'ayant laiſſé ſécher du moins pendant deux mois , on abattra
» les rebords qui ſoutiennent le ſable qui, étant emporté par les vagues,
» laiſſera tomber & gliſſer la maſſe dans la mer , & par ce moyen on
» pourra peu à peu s'avancer dans la mer autant qu'il ſera néceſſaire. »

Le réſultat de ce paſſage qui renferme des objets de détails fort curieux , eſt que lorſqu'on bâtit dans la mer , il faut que le mortier ſoit
formé avec une portion de chaux & deux portions de pouzzolane : ce
procédé , qui eſt en effet le meilleur , devroit faire regle conſtante par-
tout ; cependant, par un principe d'économie mal entendu, on s'en écarte
un peu dans les lieux où il faut apporter la pouzzolane de loin.

Il eſt abſolument eſſentiel , lorſqu'on veut employer de la pouzzolane
pour les conſtructions dans l'eau, de ſe procurer de la chaux vive. Je ſuis
obligé de parler ici de la chaux : on ne nous a point encore donné
des détails aſſez clairs & aſſez à portée de tout le monde ſur cette matiere
qui mériteroit les plus grandes recherches , & qui exigeroit une ſuite
d'expériences faites avec ſoin ; rien n'intéreſſant autant la phyſique &
les arts. Je ne jetterai ici, pour ainſi dire, qu'un coup d'œil général ſur
cette ſubſtance, mes occupations ne m'ayant pas encore permis de l'examiner dans un auſſi grand détail que je l'aurois deſiré.

De la chaux.

On diviſe ordinairement la chaux en *chaux vive* & en *chaux graſſe*.

La *chaux vive* eſt celle qui eſt faite avec une qualité de pierre calcaire
pure , ſaine, vive & cryſtalline dans ſa caſſure , & qui tend à ſe rapprocher
de la nature du ſpath calcaire : une telle chaux, lorſqu'elle eſt cuite à
propos, a des qualités qui different de la chaux commune ordinaire ,
ou de la chaux graſſe.

Voici ce que j'ai obſervé de plus particulier ſur la *chaux vive* : 1°. les
pierres qui la forment, quoique cuites & calcinées au point d'avoir perdu
la moitié de leur poids, ſont néanmoins aſſez dures & aſſez ſonores lorſqu'on les frappe.

2°. Lorſque cette chaux ſe trouve d'une bonne qualité, elle peut reſter
impunément un mois & même davantage à l'air, ſans perdre conſidérablement de ſa vertu , pourvu qu'elle ne ſoit pas dans un endroit humide ;
elle pompe à la vérité les molécules aqueuſes qui flottent dans l'air, ſe
les approprie, ſe diviſe & tombe en pouſſiere, mais elle n'en fait pas
moins un très-bon mortier; il vaut cependant toujours mieux, dans les
conſtructions ſoignées, faire uſage de la chaux nouvelle.

3°. La chaux vive, diſſoute & fondue dans l'eau , doit être amalgamée
ſans retard avec le ſable ; elle durciroit & feroit corps quoique ſeule &
malgré qu'elle fût humectée & qu'elle nageât même dans l'eau [a] ; mais
une fois qu'elle eſt mêlée avec le ſable, elle peut ſe conſerver, en la tenant
fraîche , quinze jours dans l'été, & environ un mois dans l'hiver : on
peut l'employer utilement alors en l'humectant avec de l'eau, & en la
broyant de nouveau.

[a] Du moins certaine eſpece comme celle de Montelimar.

4°. Cette chaux employée en mortier avec du fable non terreux, prend corps beaucoup plus promptement que la chaux commune, & forme des ouvrages d'une très-grande folidité.

La *chaux graſſe* ou la chaux commune eſt celle qui eſt faite avec des pierres calcaires tendres, ſouvent un peu marneuſes, qui contiennent quelquefois beaucoup de corps marins foſſiles, ou celle qui ayant un grain rapproché de la meilleure pierre à chaux ſe trouve néanmoins tellement chargée de principes gras ou d'acide volatil phlogiſtiqué, que l'eau a de la peine à en diſſoudre les molécules; ce qui eſt cauſe qu'on eſt obligé, avant d'employer une telle chaux, de la faire macérer long-temps dans l'eau, afin qu'à la longue cette matiere gazeuſe ſe décompoſe; *in maceratione diuturna*, a dit Vitruve, *liquore defervere coaɗa*. Auſſi voyonsnous dans les anciennes loix romaines qu'il étoit défendu aux entrepreneurs d'employer cette eſpece de chaux qu'ils nommoient *calx macerata*, chaux macérée, à moins qu'elle n'eût trois ans de fuſion.

Il exiſte quelquefois dans l'intermédiaire différentes chaux qui tiennent le milieu entre la *chaux vive* & la *chaux graſſe*. On comprend même combien il doit y avoir de nuances & de modifications différentes dans ce genre. Il n'y a preſque point de pays où la chaux ſoit abſolument égale & reſſemble en tout à celle d'un autre pays; ces différentes variétés ont été de tous les temps la cauſe que les perſonnes qui ont voulu donner des procédés ſtriɗes & généraux pour les doſes de chaux dans pluſieurs cimens qui on été imaginés depuis peu, ont preſque toujours échoué, & cela devoit être.

La chaux vive, d'une bonne qualité, eſt la ſeule qui puiſſe être utilement employée dans la fabrication du mortier de pouzzolane, deſtiné à ſervir dans les conſtruɗions ſous l'eau; ſi on faiſoit uſage des chaux communes, je ne répondrois pas du ſuccès, je le croirois même d'avance incertain; il eſt cependant toujours bon de faire des eſſais, & voici une méthode ſimple pour procéder à des épreuves.

Prenez une meſure de chaux du pays dont vous voudrez faire l'eſſai, ayez attention qu'elle ſoit nouvelle; faites-la détremper à la maniere uſitée du lieu; joignez-y deux meſures de pouzzolane, une demi-meſure de gros ſable non terreux; ſi vous n'êtes pas à portée de vous procurer du ſable de cette qualité, il vaut mieux s'en paſſer que d'employer du ſable altéré; joignez au tout deux meſures de recoupes de pierres ou de blocailles dont les plus gros fragmens n'excédent pas la grandeur de la main; faites ſoigneuſement broyer le tout en employant de l'eau de riviere, de fontaine ou de puits, pourvu qu'elle ne ſoit pas chargée de ſélénite. Votre mortier ainſi fait, laiſſez-le repoſer l'eſpace de ſix heures; jetez-le après ce temps-là dans une bonne & forte caiſſe percée dans tous les ſens par des trous d'environ 3 ou 4 lignes de diametre, afin de donner iſſue à l'eau; que la caiſſe ait la grandeur convenable à la quantité de matiere que vous voulez mettre en épreuve; on peut en employer deux ou trois pieds cubes. Ayez attention non-ſeulement de remplir exaɗement la caiſſe, mais faites-y entrer avec force & à coups de marteau quelques pierres pardeſſus, de la groſſeur environ du poing; fermez alors votre caiſſe avec un couvert également percé, que vous fixerez avec de gros cloux; deſcendez le tout dans une piece d'eau, dans un puits, dans une

marre

marre ou dans une riviere où vous le laisserez en dépôt pendant trois mois : ce délai expiré, retirez la caisse, & si la chaux que vous avez employée se trouve bonne & convient à la pouzzolane, le mortier aura formé un corps dur, un ensemble de la plus grande solidité, que l'eau & le temps durciroient encore davantage.

Cette épreuve, aussi simple que peu dispendieuse, peut être de la plus grande utilité pour faire des essais ; on pourra facilement connoître par là la qualité de la chaux du pays qu'on habite ; il est bon même de ne pas négliger cette épreuve, car j'ai vu quelques especes de chaux assez médiocres en apparence & foibles, employées avec le sable, réussir parfaitement & prendre corps dans l'eau, lorsqu'on les unissoit avec la pouzzolane ; ce qui prouve combien cette substance tend à augmenter la qualité de la chaux.

Composition du mortier de Pouzzolane pour les grandes constructions dans la mer.

Douze parties de pouzzolane.
Six parties de gros sable non terreux.
Neuf parties de chaux vive bien cuite.
Six portions de blocaille ou recoupe de pierre.
Préparation du mortier. 1°. On prend la quantité de chaux vive nouvellement cuite qu'on veut employer ; on l'étend de gros en gros en rond, & on l'entoure d'une digue circulaire de pouzzolane pour retenir l'eau ; le gros sable, les recoupes de pierre doivent être prêtes, mesurées & sous la main.

2°. On jette d'abord sur la chaux de l'eau de fontaine, de riviere ou de puits, mais il faut que cette derniere ne soit point chargée de sélénite. Ayez attention en versant l'eau de la répandre par gradation & à plusieurs reprises, afin que la chaux s'échauffe lentement, mais fortement, & qu'elle puisse se diviser en molécules très-fines ; cette méthode au reste est connue par tous les maçons expérimentés : elle est essentielle ; *il ne faut pas noyer la chaux*, disent-ils, & ils ont raison.

3°. Dès que la chaux sera bien divisée, bien fondue & réduite en pâte laiteuse, il faut la mêler sur le champ avec la pouzzolane ; c'est-à-dire, que des ouvriers jetteront alternativement sur le monceau, de la pouzzolane & du gros sable, tandis que d'autres broyeront & gâcheront le tout avec soin.

4°. Cette opération faite, il faut rebroyer une seconde fois sur le champ le mortier, & y introduire les recoupes de pierre : pour que cet amalgame se fasse bien, il faut rendre la pâte liquide en y jetant un peu de nouvelle eau si la chose paroît nécessaire.

5°. Faites mettre le tout en tas, & laissez-le reposer en cet état pendant six heures ; on peut, après ce temps-là, en faire usage & employer ce gros mortier pour les constructions dans l'eau, soit par encaissement, par jetée, ou selon les différens procédés usités dans l'art de bâtir dans la mer ou dans les rivieres.

Ce procédé se pratique depuis long-temps à Toulon, où l'on voit de très-grandes constructions dans la mer, soit à l'arsenal, soit au port.

H h h

La pouzzolane acquiert par le temps une si grande dureté dans l'eau, que j'ai vu dans un ancien bâtiment de Toulon, nommé *la vieille tour*, construit dans la mer, des murs en pierre de taille, que le sel marin & le coup des vagues ont usés & détruits ; les joints qui étoient en pouzzolane ont résistés, & sont d'une dureté extrême ; ils forment des bordures & des encadremens en saillie fort singuliers, qui indiquent jusqu'à quel point s'avançoient les paremens de ces pierres : rien n'annonce autant l'excellence de la pouzzolane. Ceci me rappelle ce que M. le chevalier Hamilton dit des blocs de maçonnerie en pouzzolane qui sont sur le rivage de Pouzzole ; la causticité du sel marin ne leur a pas porté la moindre atteinte, & le frottement continuel des vagues, loin de les détruire & de les renverser, les a unis & polis comme des cailloux. Les restes de l'ancien môle de Pouzzole, nommé communément *le pont de Caligula*, résistent depuis des temps reculés à l'attaque journaliere des flots ; c'est à la pouzzolane à qui ils doivent cette inébranlable solidité.

Mortier pour les aqueducs, cîternes, bassins, souterreins humides, &c.

IL est nécessaire, pour des ouvrages de cette nature, d'avoir un mortier moins graveleux & plus propre à être égalisé ; en voici le procédé qui differe peu du premier.

Une mesure de chaux vive nouvellement cuite.

Deux mesures de pouzzolane.

Une mesure de sable de riviere, non terreux.

Comme la chaux vive d'un pays peut consommer plus de sable & plus de pouzzolane que celle d'un autre, les gens de l'art auront soin de se conformer à la qualité de la chaux du lieu, c'est-à-dire, que si deux mesures de pouzzolane & une de sable formoient un mortier trop gras, on devroit augmenter la dose de pouzzolane & de sable dans les mêmes proportions, jusqu'à ce que le mortier fût au point convenable ; si au contraire les doses que j'indique étoient trop fortes pour certaines qualités de chaux, on pourroit les diminuer : on comprend qu'il est impossible de donner à ce sujet des regles strictes & positives, qui puissent généralement convenir à tous les cas.

Je n'entrerai pas ici dans les détails déjà connus de la construction des bassins & des autres différens ouvrages propres à recevoir l'eau : je dirai seulement que si on veut leur donner un degré de solidité à toute épreuve, il faut les bâtir entiérement en mortier de pouzzolane & en moilons, & à défaut de ceux-ci en gros cailloux. Lorsque la maçonnerie en sera achevée, faites jeter sur l'aire ou sur le plancher une couche de mortier d'environ 2 pouces ½ ou 3 pouces d'épaisseur, qu'il faudra également lisser, battre & massiver avec un battoir dont le plateau doit avoir environ 1 pied de longueur sur 8 pouces de largeur [a].

Vous ferez crépir également tout le tour du bassin avec une couche moins épaisse, qu'on unira soigneusement avec la truelle, en revenant à

---

a Cet instrument, très-simple & très-aisé à façonner, se fait avec un plateau en bois de noyer, qui doit avoir au moins 2 pouces ½ d'épaisseur, pour que l'humidité continuelle ne le fasse pas déjeter, & qu'il puisse rester toujours égal ; il doit être emmanché perpendiculairement avec un liteau de même bois, implanté au milieu d'une des grandes faces.

cette opération à plufieurs reprifes, & en appuyant fortement cet inftrument, dès que la matiere commencera à prendre de la confiftance : enfin
lorfque le ciment fera affez dur pour repouffer le battoir, vous remplirez
le baffin d'eau, quoiqu'il ne foit pas encore fec ; la chofe eft néceffaire
& effentielle pour la bonté de l'ouvrage : il faut avoir attention feulement en faifant entrer l'eau dans le baffin, de prendre des précautions
pour qu'en tombant elle ne dégrade pas le plancher encore tendre ; mais
il eft aifé de parer à cet inconvénient. C'eft en s'y prenant de cette maniere qu'on réuffira à faire un ouvrage qui ne laiffera jamais perdre une
goutte d'eau, qui acquerra avec le temps une dureté & une folidité
inébranlables, & réfiftera aux gelées les plus fortes & les plus foutenues.

Si au lieu de faire la totalité des baffins en pouzzolane, on étoit à
portée de fe procurer à meilleur compte des pierres de taille impénétrables à l'eau, & propres à réfifter aux gelées, ce motif d'économie
pourroit faire donner la préférence à ces dernieres ; mais il feroit toujours important de fermer les joints avec du mortier de pouzzolane. Il
faudroit au refte être dans des pays bien retirés, pour que la pierre de
taille pût y revenir à meilleur compte que la pouzzolane : en général cette
fubftance volcanique doit faire un objet d'économie au moins de la moitié fur la pierre de taille.

Je n'ai point encore parlé du couronnement des baffins : fi on veut les
faire en pierre de taille, il faudra les cimenter avec du mortier de pouzzolane ; mais il eft bon de fe procurer une pierre d'une excellente qualité, car
rien n'eft auffi défagréable & auffi défectueux dans les jardins que le
tour d'un baffin, lorfqu'il eft écaillé & dégradé par les gelées. Si on
veut éviter cet inconvénient & diminuer la dépenfe au moins de la moitié, il faut fimplement employer du mortier de pouzzolane, & en jeter
un béton fur le mur du baffin, d'une épaiffeur environ de 3 pouces, &
le maffiver de la même maniere que le fond du baffin, en ayant foin,
dès qu'il repouffera le battoir, de le couvrir de paille, que vous tiendrez
journellement humectée en l'arrofant de temps en temps pendant environ un mois & demi : cette partie fe trouvant hors de l'eau, on doit
prendre la précaution que j'indique pour éviter les gerçures & même
l'action des gelées, car rien n'eft fi fujet à fe détruire & à s'exfolier
qu'une partie de maçonnerie expofée alternativement à l'humidité, à la
chaleur & à toutes les injures de l'air : mais fi la couverture de votre
baffin eft à l'abri du vent & du foleil pendant environ un mois & demi,
elle aura acquis une partie de fa folidité, & elle fera dès-lors à l'abri de
tout danger.

Je dois obferver ici que fi on eft dans le cas de conftruire un baffin
en plein air, dans le temps des grandes chaleurs de l'été, comme la deffication du mortier fe fait d'une maniere très-rapide, il eft effentiel de
battre & de maffiver fans relâche le plancher jufqu'à ce qu'il ait acquis
la confiftance néceffaire. Il faut auffi liffer continuellement le tour des
murs avec la truelle, pour éviter les gerçures & les fentes que l'ardeur
du foleil ne manqueroit pas d'occafionner : fi la chaleur étoit même extrêmement forte, il feroit néceffaire d'arrofer de temps en temps l'ouvrage,
qui acquerra de la dureté en très-peu de jours. J'ai vu dans un cas pareil un très-grand baffin qu'on crépiffoit, être en état de recevoir l'eau

le troifieme jour : en général cependant il ne faut pas choifir le temps des chaleurs pour les ouvrages en maçonnerie ; les travaux du printemps & de l'automne font toujours plus folides & mieux conditionnés.

Les procédés que je viens de rapporter ici font applicables aux cîternes , aux aqueducs , aux fouterreins humides , & en général à tous les ouvrages expofés à l'eau. C'eft-là le vrai triomphe de la pouzzolane. Les épreuves réuffiront toujours conftamment , pour peu que la chaux vive foit bonne.

Différentes méthodes employées pour fuppléer à la Pouzzolane.

On a tellement fenti de tous les temps l'utilité de la pouzzolane , particuliérement pour la folidité des conftructions dans l'eau , que les perfonnes qui n'ont pas été à portée de s'en procurer , ont tâché de lui fubftituer des matieres qui s'en rapprochoient ; les unes ont fait ufage des fcories des fournaux , de certains laitiers , de mâche-fer ; d'autres de différentes matieres plus ou moins calcinées , & le plus grand nombre en général de briques ou de tuiles pulvérifées.

Il n'eft pas douteux que ces fubftances maniées par le feu ne foient très-propres à donner plus de confiftance & plus de folidité aux ouvrages expofés à l'humidité , que le fimple fable quartzeux ; mais la différence entre la propriété de la brique pilée & de la pouzzolane eft grande.

Il eft affez généralement reçu que les Romains employoient dans leur ciment de la brique pulvérifée ; on en a fouvent jugé par la couleur : or, la plùpart de ces cimens , dit-on , ont réfifté à un laps de temps de quinze ou dix-huit fiecles : donc , a-t-on conclu , rien n'eft auffi utile , rien n'eft auffi propre à réfifter au temps qu'un ciment , qu'un mortier fait avec de la brique réduite en poudre. J'ai été dans le cas de faire à ce fujet des recherches affez fuivies fur certains cimens rouges des anciens. Je poffede une collection affez nombreufe de différens échantillons venus d'Italie & des environs de Rome , détachés de plufieurs monumens antiques ; mais je me fuis apperçu en les examinant avec foin , que la plus grande partie eft fabriquée avec de la véritable pouzzolane rouge & non avec de la brique pilée. On en juge facilement par les petits globules de lave poreufe , & par les points de fchorl noir qu'on y remarque pour l'ordinaire encore : j'ai trouvé de pareils échantillons en France, dans les environs de Vienne , à Orange & à Nifmes, & j'ai reconnu qu'ils étoient faits également avec de la pouzzolane. J'en ai obfervé à la vérité quelques-uns pétris avec de la brique pilée ; mais ces derniers étoient toujours friables & tendres , & avoient perdu leur confiftance , tandis que les cimens faits en pouzzolane , n'ont rien perdu de leur dureté, particuliérement ceux qui fe trouvent dans la terre , & qui font expofés à l'humidité.

Mon intention n'eft certainement pas ici de dégouter les conftructeurs de faire ufage de la brique pilée , qui produit toujours un bon effet dans le ciment ; mais toutes les fois qu'on pourra fe procurer de la pouzzolane , il ne faut pas balancer à la préférer.

De tous les procédés propres à imiter la pouzzolane , je n'en trouve point de fi ingénieux que celui qu'a imaginé un fuédois , pour fabriquer

une

une pouzzolane factice, devenue très-utile à fa patrie, en ce que, outre qu'elle remplit à peu-près le même objet que celle d'Italie, elle revient encore à un prix moins cher, à caufe de l'éloignement & du tranfport de celle de Pouzzole, & qu'elle empêche la fortie de l'argent hors de ce royaume, ce qui n'eft pas un des moindres avantages que puiffe procurer cette découverte due à M. Baggé, de Gothenbourg. Voici la maniere de faire cette pouzzolane; j'en dois la recette à la complaifance de M. Efcalier, commiffaire de la marine, qui a été envoyé très-utilement & en excellent obfervateur dans cette partie du nord. Non feulement il a eu la complaifance de me communiquer l'obfervation qu'il a faite à ce fujet, extraite du journal de fon voyage; mais il a joint encore à cette honnêteté les deux échantillons de cette pouzzolane qu'il avoit apportés de Suéde, dont l'un confifte en la pouzzolane toute préparée, & l'autre en la matiere premiere qui fert à la former: voici cette notice intéreffante.

» La difficulté du tranfport & la cherté de la pouzzolane que nous » employons pour cimenter les maçonneries hydrauliques, a exercé l'i- » magination d'un Suédois ingénieux, pour trouver à la remplacer par » artifice: il a confidéré que cette terre que l'on tire d'Italie y a été » travaillée & cuite par l'effet d'un volcan, & qu'il étoit poffible (en » trouvant une matiere femblable à celle fur laquelle la nature a opéré » dans ce pays-là,) de la cuire & de la fabriquer en pouzzolane par une » opération analogue à celle de la nature. Il a été affez heureux pour trouver » auprès de *Wennersborg*, une pierre noire & dure, dont j'ai montré un frag- » ment à M. Guettard, qui m'a dit que c'étoit de l'ardoife dure, & » qu'il s'en trouvoit en France: cette pierre fe cuit dans des fours à » peu-près à la maniere de la chaux; à la premiere cuiffon elle devient » rougeâtre, gardant fa confiftance & fa dureté; mais en la cuifant une » feconde fois, elle fe réfout en une efpece de pâte qui fe met facilement » en poudre, en la paffant fous des pierres à meule tournées par des che- » vaux, à la maniere de nos moulins à olives. On m'a affuré que cette » préparation avoit toutes les qualités de la pouzzolane, à laquelle elle » reffemble parfaitement, & on s'en fert comme telle avec tous les fuccès » poffibles dans les baffins & éclufes que l'on fait dans ce voifinage, » pour franchir les cafcades de *Trollæta*.

» Cette invention eft due à M. Baggé, de Gothenbourg. »

J'ai examiné foigneufement la pierre noire dont on fait cette pouzzolane; elle n'eft autre chofe qu'une véritable ardoife dure, très-pure, ne faifant pas la moindre effervefcence avec les acides, & paroiffant fe divifer en feuillets affez épais, à en juger par l'échantillon qu'a eu la bonté de me donner M. Efcalier, lorfque j'eus l'honneur de le voir à Toulon, où M. de Sartine, miniftre & fécretaire d'état au département de la marine, m'avoit envoyé pour faire mettre en épreuves les pouzzolanes que j'avois découvertes dans le Vivarais. Cette même efpece d'ardoife fe trouve en plufieurs endroits de la France; j'en ai vu dans les Alpes & ailleurs.

Comme on eft obligé de calciner deux fois cette pierre en Suede, cette opération doit confommer beaucoup de bois, & rendre cette pouzzolane factice chere: on pourroit donc demander la raifon pourquoi dans un

pays où l'argile ne doit pas être rare, on ne préfere pas la brique pulvérifée, qui coûteroit le double moins, puisque l'extraction en seroit
beaucoup plus facile, & qu'on se trouveroit dispensé de la faire cuire
deux fois. Cette premiere idée s'est d'abord présentée à moi, mais ayant
analysé cette pouzzolane de M. Baggé, j'ai reconnu qu'elle étoit chargée
d'une très-grande quantité de molécules ferrugineuses, que le feu convertit en une espece de chaux d'un brun rougeâtre : j'y en ai trouvé
presqu'autant que dans la pouzzolane d'Italie, & que dans celle du
Vivarais : c'est certainement à cette abondance de principes métalliques
qu'est due la propriété qu'a cette matiere de se rapprocher par ses effets
des pouzzolanes volcaniques.

Il ne faut pas se persuader au reste que le schiste ardoisé de Suede
étant calciné, ait la même apparence extérieure & la même contexture
que la pouzzolane ordinaire : cette derniere est poreuse & remarquable
par de petits grains de schorl noir qu'on y voit briller : on voit d'ailleurs
qu'elle est le produit d'un feu d'une nature bien différente, tandis que
la pouzzolane de Suede ressemble à une pierre terreuse, d'un brun rougeâtre, compacte & nullement poreuse.

Il seroit donc difficile d'après cela de tirer la moindre induction sur
l'espece & la qualité des pierres primitives qui servent à former les
laves & les pouzzolanes volcaniques; ce qui auroit pu être une conclusion
bien intéressante du mémoire de M. Baggé; mais cette ardoise noire donne
par la calcination un produit si différent des véritables matieres volcanisées, qu'on auroit tort de croire que les volcans opérent sur des productions de cette nature pour en former des laves.

Conjectures sur la théorie de la dureté du mortier.

L E meilleur mortier, celui qui est fait avec une chaux vive de bonne
qualité, n'a pas encore acquis son dernier degré de dureté au bout de
trente ans, disent journellement les maçons consommés dans la pratique
des bâtimens : c'est en démolissant des maisons plus ou moins anciennes,
qu'ils ont été à portée de faire souvent cette observation : les maisons
les plus ordinaires, ajoutent-ils, celles qui ont été bâties avec des matériaux
communs & avec un mortier médiocre, ont des murs peu solides, friables
& faciles à abattre ; mais les murs de ces mêmes bâtimens, qui se trouvent dans les fondations, étant à l'abri de l'air, & éprouvant une humidité constante, deviennent à la longue de la plus grande dureté, tandis
que ceux qui sont au niveau de terre, se trouvant exposés à l'action
alternative d'un air sec & d'un air humide, souffrent le plus, & tombent
en éclat & en pourriture.

J'ai souvent réfléchi sur les causes qui pouvoient occasionner des modifications si différentes dans un même mur, ce qui m'a engagé à faire
quelques recherches suivies à ce sujet : je vais donc hasarder à cette
occasion quelques conjectures qui ont pour but l'utilité publique & l'a-
vantage des particuliers. Je serai trop recompensé si je puis mettre sur
la voie de perfectionner un art aussi nécessaire & aussi utile que celui de
bâtir. Je me suis principalement attaché à étudier & à suivre les procédés de la nature. Ils sont unis, peu compliqués, simples comme elle; &

fi en voulant la copier, nous nous écartons fi fouvent de notre modele, nous fommes bien excufables ; le temps nous manque , & nous fommes preffés de jouir.

Je vais pofer ici quelques principes préliminaires, dont il eſt effentiel que je donne la notice, afin que les naturaliftes, les phyficiens & les autres perfonnes inſtruites qui liront ces recherches, fachent de quel point je fuis parti : c'eſt pour me rendre plus clair & plus méthodique que j'adopterai l'ordre qui fuit.

» 1°. Le fpath calcaire blanc, tranfparent, dit un de nos habiles chy-
» miftes, doit être confidéré comme la pierre calcaire la plus pure ; il
» fe diſſout entierement dans l'acide nitreux, décrépite lorſqu'on l'ex-
» pofe au feu, & produit par la calcination l'une des meilleures chaux
» connues. La bonne qualité de la chaux dépend en partie de la pureté
» de la pierre qu'on calcine ; la chaux qu'on obtient du marbre blanc &
» du marbre noir eſt préférable à celle de la pierre à chaux commune ,
» & celle de la pierre à chaux vaut mieux que celle qu'on feroit avec la
» craie. » M. Sage, élémens de minéralogie, tome I, pag. 143.

2°. La folidité & la dureté de la pierre calcaire doit être, felon toutes les apparences, attribuée à une efpece de cryſtallifation. Voyez avec la loupe le marbre le plus pur, vous y découvrez des lames, des éclats vitreux, qui annoncent une cryſtallifation fpathique , plus ou moins confufe, foit en raifon des corps intermédiaires qui ont intercepté le rapprochement des molécules, foit parce que l'opération s'eſt faite d'une maniere trop précipitée.

3°. La pierre calcaire calcinée perd environ la moitié de fon poids ; l'eau de la cryſtallifation eſt enlevée par le feu ; la matiere graffe eſt brûlée ; la pierre devient tendre & acquiert la plus grande aptitude à s'emparer des molécules humides de l'air ; l'eau y eſt bientôt abforbée ; une chaleur forte fe manifeſte ; la chaux fe dilate & tombe en pouffiere.

4°. Cette pouffiere de chaux qui eſt le produit de la calcination , ne peut regagner une partie de fa dureté que par un nouveau rapprochement des molécules, que par une nouvelle réunion des parties ; en un mot, que par une nouvelle cryſtallifation opérée à l'aide d'un liquide.

5°. Ce liquide eſt l'eau la plus pure & la moins chargée de corps étrangers ; la chaux y devient foluble, elle s'y fond, elle s'y diffout avec facilité ; dès-lors la fuperficie de cette eau fe couvre de petits cryſtaux feuilletés, qu'on a nommé improprement crême de chaux ; ces petites lames font les véritables élémens de la pierre calcaire, qui fe revivifient ; ce n'eſt plus de la chaux, c'eſt un fpath calcaire régénéré.

6°. » Lorſqu'on diſtille de la pierre calcaire dans une cornue de verre,
» dit M. Sage, élémens de minéralogie, tome I, pag. 121, il fe dégage
» un acide volatil furchargé de phlogiſtique ; cet acide, fourni par la
» décompofition de la matiere graffe contenue dans la pierre calcaire a,
» eſt réduit en vapeurs fi expenfibles par le moyen du feu, que fi l'on
» n'avoit pas foin de les coercer par un alkali , elles romproient les vaiſ
» feaux qu'on auroit lutés avec trop de foin ; mais lorſqu'on a mis de
» l'alkali dans le récipient, on ne court aucun danger ; l'acide devenu
» libre, fe combine immédiatement avec lui pour former un fel qui

a Si l'on fond du minium avec fix parties de terre calcaire, une portion de cette chaux fe revivifie.

» cryſtalliſe en cubes, & ſemblable à celui dont j'ai parlé dans mon
» analyſe des bleds, ſous le nom de *ſel marin volatil*. Si au lieu de ré-
» cipiens dont je viens de parler, on fait uſage de l'appareil chymico-
» pneumatique de Halles, on apperçoit un déplacement d'eau très-
» conſidérable, ce qui a fait croire à pluſieurs phyſiciens que c'étoit
» de l'air qui ſe dégageoit ; de là le nom d'*air fixe* donné à un acide
» volatil qui n'eſt point de l'air & n'en contient point : cette opinion
» née en Angleterre, a depuis été adoptée par quelques François.

» Cet acide volatil, ſurchargé de phlogiſtique, eſt plus peſant que
» l'air, & le déplace au point que je crois pouvoir avancer que par-tout
» où cet acide ſe rencontre en certaine quantité, l'eſpace qu'il occupe
» eſt privé d'air. L'expérience m'a convaincu que dans l'atmoſphere
» de la cuve où fermente la bierre & où s'éteint une lumiere par la
» préſence d'un acide volatil analogue à celui dont je parle, il n'y a
» point d'air, quoiqu'on ait prétendu le contraire: on peut s'aſſurer en
» un inſtant qu'il s'y trouve un acide, en introduiſant dans cette ath-
» moſphere de la teinture de tourneſol, puiſqu'elle y rougit auſſi-tôt;
» de plus, ſi l'on y introduit un bocal avec de l'eſprit alkali volatil ſa-
» turé à froid, on obtient des cryſtaux d'une eſpece de ſel ammoniac
» dont j'ai parlé dans mes mémoires de chymie, pages 96 & ſuiv. »

Sans entrer ici dans la queſtion auſſi délicate qu'épineuſe, relative
à cette vapeur, à cette émanation que M. Sage nomme acide volatil,
que d'autres appellent du nom de *gas*, d'*air fixe*, &c. je me bornerai à
dire qu'il s'éleve de la pierre calcaire, par la calcination, une vapeur
acide, qui étant ſéparée de la pierre, lui fait perdre ſa dureté, ſa conſiſtance. Si je ſoumets également un morceau de pierre calcaire à l'action
de l'acide nitreux, il s'en dégage une grande quantité de vapeurs à peu-
près ſemblables. Cette vapeur acide, cet acide volatil ſeroit-il le principe de l'adhéſion & de la dureté des corps ? ſeroit-ce un tel menſtrue
qui auroit la faculté de communiquer à l'eau qui en ſeroit imprégnée,
la propriété de diſſoudre non-ſeulement les pierres, mais la plupart des
matieres métalliques ?

Si la choſe eſt ainſi, (& une foule d'expériences nouvelles, particuliérement celles que M. Achard, chymiſte, de l'académie de Berlin, a
communiquées au mois de janvier dernier au prince de Gallitzin, tendent
à la confirmer de plus en plus) on pourroit ſe former quelques idées
raiſonnables ſur la théorie de la dureté de certains corps, particuliérement ſur celle des matieres calcaires : en effet, en conſidérant une
pierre calcaire comme formée à l'aide d'une eau fortement chargée de
cet acide, ne ſeroit-on pas fondé de conjecturer que par l'intermede du
fluide aqueux, cet acide volatil s'eſt combiné avec la ſubſtance alkaline,
avec la matiere abſorbante calcaire, pour former avec elle une eſpece de
ſubſtance neutre, une eſpece de cryſtal pierreux, dont les molécules,
en s'uniſſant plus ou moins rapidement, ont formé une pierre calcaire
commune, un marbre ou un ſpath rhomboïdal.

S'il étoit permis de comparer les chaux calcaires avec les chaux métalliques, on pourroit peut-être en tirer des inductions, y découvrir
quelques rapports qui tendroient à jeter du jour ſur un ſujet ſi délicat
& ſi difficile à bien ſaiſir.

Je

Je dirois, par exemple, cette modification du principe igné, qui eſt lumiere dans l'air, électricité dans la foudre, phlogiſtique dans les métaux, qui brûle, qui détruit tout en ſe développant dans la combuſtion, tandis qu'il ſe laiſſe approcher, qu'il ſe laiſſe manier ſous certaine enveloppe [a]; qui, ſous la forme d'un liquide trompeur & avec tous les caractères apparens de l'eau, produit tous les ravages du feu dans certains acides [b]; en un mot, ce Protée étonnant qui fait ſe diviſer, ſe modifier à l'infini; qui s'alliant à l'eau, lui donne la fluidité; qui s'introduiſant dans les végétaux, y circule avec la feve qui donne la vie aux animaux, les ſoutient, les anime; je dirois, en un mot, c'eſt ce principe, c'eſt cet agent univerſel qui doit être ſans ceſſe l'objet des ſpéculations & des recherches du naturaliſte & du phyſicien.

Cherchons donc dans le feu, ou dans la diverſité de ſes modifications, le principe de la dureté des corps; mais comparons auparavant les chaux métalliques avec les chaux calcaires.

Un métal tel que l'étain, le cuivre, l'argent, &c. qui a une conſiſtance & une dureté qui lui eſt propre & relative, ſoumis à l'action d'un acide, fait efferveſcence, perd ſon brillant, ſa dureté, & ſe réduit en une pouſſiere qu'on nomme _chaux métallique_. La couleur de cette chaux eſt toujours analogue à la qualité du métal.

La pierre calcaire, ſoumiſe également à l'action de l'acide, fait efferveſcence, perd ſon adhéſion, ſa dureté, & ſe convertit en une pouſſiere fine qu'on appelle _chaux calcaire_.

Les matieres métalliques, ſoumiſes à un feu violent & ſoutenu, s'y fondent, s'y calcinent, perdent peu à peu leur éclat, & s'y réduiſent en _chaux_ : la calcination commence toujours vers les parties qui ſe trouvent en contact immédiat avec l'air; ce qui feroit croire, ou que la violence du feu pouſſe le principe acide volatil vers les parties extérieures, ou que ce même acide volatil phlogiſtiqué ſe trouvant preſque à nud par l'effet de l'incandeſcence, l'air extérieur a le pouvoir de s'en emparer : en un mot, cette calcination, de quelle maniere qu'elle s'opere, ſe fait plus ou moins promptement, en raiſon du plus ou du moins d'adhérence & de combinaiſon de ce principe igné avec les molécules métalliques.

La matiere calcaire la plus dure, expoſée à un feu ſoutenu, perd d'abord non ſeulement une grande partie de l'eau qui entroit comme principe conſtitutif dans ſa cryſtalliſation, mais encore une portion de l'acide volatil qui lui ſervoit de lien. Les matieres calcaires ſont plutôt ou plus tard converties en chaux, en raiſon du plus ou du moins d'adhérence & d'abondance de ce même principe.

Les matieres métalliques expoſées à la calcination dans des cornues de verre lutées, ne s'y réduiſent point en chaux.

Les pierres calcaires miſes également dans des cornues, hermétiquement fermées, n'y paſſent point à l'état de chaux. * * Voyez la note de la page ſuivante.

La chaux des matieres métalliques ſe révivifie à l'aide du principe inflammable, tiré du charbon ou des différentes matieres combuſtibles, & le métal paroît ſous ſa forme primitive. Cette régénération qui a lieu ici par la voie ſeche, ne peut s'effectuer pour la matiere calcaire

---

[a] Dans le ſoufre, la poudre à canon, &c.
[b] Tels que l'acide vitriolique concentré, l'acide marin, &c.

K k k

que par la voie humide, la chose est naturelle, la chaux ne se revivifie qu'en se cryftallifant par l'intermede d'un liquide; mais il faut toujours que ce liquide s'impregne de la vapeur de l'acide volatil : une telle eau revivifieroit également à la longue les chaux métalliques, c'est ainfi qu'en agit la nature dans fes laboratoires fouterreins; car faifons attention que les métaux lorfque nous les avons purifiés dans nos ufines pour les rendre malléables, font plutôt l'ouvrage de l'art que celui de la nature : nous profitons de mille combinaifons, de mille reffources pour accélérer notre jouiffance. Les métaux, ofons le dire, n'ont pas été faits pour l'homme, puifqu'ils fe trouvent pour l'ordinaire cachés à fa vue & enfevelis à des profondeurs extraordinaires, d'où la cupidité les a retirés, plutôt pour en faire l'inftrument de fon malheur, que pour foulager fes befoins. Or, la nature unit, combine les productions métalliques à l'aide du principe du feu, mais c'est toujours par l'eau qu'elle élabore la plus grande partie des tréfors qu'elle recele. Regardons donc dans le grand la révivification des chaux métalliques, auffi bien que celle des matieres calcaires, comme l'ouvrage d'une eau plus ou moins imprégnée d'un feu qui fait fe traveftir fous mille formes différentes.

Ce parallele nous montre des parités qui à la vérité n'expliquent pas ce que c'est que ce principe caché, ni comment il agit, mais qui annoncent une efpece d'uniformité dans la marche de la nature, lorfqu'elle veut détruire ou régénérer certaines de fes productions. Tout ceci paroîtra trop long, trop abftrait, je le fens; mais ce n'eft qu'en tâtonnant qu'on peut faire quelques pas dans une carriere fi difficile & fi peu avancée : je voudrois être moins prolixe & fur-tout pouvoir rendre mes idées d'une maniere plus claire, mais il n'est pas auffi aifé qu'on pourroit le croire de mettre à la portée de tout le monde un fujet fi abftrait par lui-même.

Si l'on me demande à préfent pourquoi la chaux métallique ne s'échauffe pas comme la chaux calcaire, lorfqu'on l'impregne d'eau, car cette derniere développe des phénomenes bien différens, & produit un degré de chaleur capable de convertir en charbon des brins de matieres végétales, tels que la paille de froment ou de feigle; je répondrai qu'il est probable que la chaux métallique, d'une nature différente de la chaux calcaire, a perdu entiérement, par la calcination, fon acide volatil furchargé de phlogiftique, tandis que la matiere calcaire n'a perdu que l'eau de fa cryftallifation & un peu de ce principe volatil qui lui fervoit de lien : je dis un peu, puifque par l'addition de l'eau, elle fe cryftallife de nouveau; mais fi on l'expofe à un feu nud, trop long-temps foutenu, & qu'on fur-calcine cette chaux, elle perd fes propriétés ₐ; ce qui prouve que la calcination que nous donnons à la pierre calcaire, ne fait que lui enlever beaucoup d'eau, & mettre à découvert fon gluten, fon acide qui a la faculté en cet état de

---

ₐ Voici ce que dit très-ingénieufement M. Sage, au fujet de la calcination, page 119 du tome I de fes *élémens de minéralogie.* » Par la calcination, la pierre » calcaire perd d'abord l'eau de fa cryftallifation; c'est » cette eau qui, en s'échappant, fouleve les lames » falines & occafionne le bruit de la décrépitation; » la matiere graffe de la pierre calcaire s'altere enfuite, » brûle, & paffe à l'état de charbon : ce paffage eft » très-fenfible lorfqu'on calcine du fpath jaunâtre » tranfparent, car après cette opération, il devient » opaque & prend une couleur bleuâtre : fi l'on diftille » cette efpece de fpath dans une cornue de verre » lutée, *il n'y éprouve que ce genre d'altération fans* » *fe convertir en chaux.* J'ai tenu la cornue rouge pen- » dant quinze heures, ce fpath n'avoit perdu que très- » peu de fon poids, & avoit pris une couleur bleuâtre » par le charbon très-divifé qui fe trouve entre fes » lames cryftallines.

» Ce même fpath, mis à calciner dans un têt, devient » blanc, alors le charbon, fourni par les matieres » graffes, eft totalement décompofé, & le fpath ainfi » converti en chaux, perd, durant cette opération,

fe combiner de nouveau avec ce liquide, & d'en reprendre la dofe néceſſaire pour fe régénérer & acquérir une nouvelle dureté.

M. Sage a dit des chofes très-bien vues fur la calcination de la pierre
calcaire, il eſt bon de l'entendre lui-même : voici comment il s'exprime.
» La chaux vive, nouvellement faite, imprime fur la langue une faveur
» cauſtique. Lorſqu'on verſe un acide fur cette chaux, il fe fait bien
» moins d'efferveſcence que fi l'on en verſoit fur la pierre calcaire,
» même avant ſa calcination. La théorie fuivante peut ſervir à rendre
» raiſon de ces divers phénomenes. Dans la calcination de la pierre
» calcaire, l'eau de la cryſtalliſation fe dégage, la matiere graſſe qui
» rendoit cette pierre inſoluble, venant à fe décompoſer, l'acide de la
» pierre calcaire, qui pour lors eſt très-concentré, tend à s'en échapper
» & eſt à la ſurface de chaque molécule de terre abſorbante ; auſſi-tôt
» donc qu'on lui préſente de l'humidité, il l'abſorbe, & la chaleur qui
» s'excite alors eſt produite par l'union rapide de l'eau avec l'acide phoſ-
» phorique très-concentré qui faiſoit partie de la pierre calcaire. » *Elé-
lémens de minéralogie, tome I, page 123.*

Phénomenes de la calcination.

TOUTE la théorie de la combuſtion de la chaux peut être envi-
ſagée ſous les points de vue fuivans.

1°. Le feu enleve à la pierre calcaire l'eau de ſa cryſtalliſation.

2°. La matiere graſſe, fournie peut-être en partie par les ſubſtances
animales à qui la terre calcaire doit, ſelon toutes les apparences, ſon
origine, s'altere, brûle & paſſe à l'état de charbon. Il y a des pierres
calcaires plus ou moins chargées de cette ſubſtance graſſe, ce qui in-
flue fur la qualité des chaux.

3°. Il fe dégage de la matiere calcaire, pendant qu'elle eſt en incandeſcence, un peu de ſon principe acide-volatil ; mais cet acide n'eſt enlevé
qu'en petite quantité toutes les fois que la combuſtion n'eſt pouſſée que
juſqu'à un certain degré. Si le feu au contraire eſt trop vivement & trop
long-temps foutenu, la chaux fe déplogiſtique entierement & perd alors
fes principales propriétés ; auſſi les chaufourniers font-ils très-attentifs à
la conduite de leur feu pour que la pierre calcaire ne reçoive que le
degré de calcination convenable.

4°. Dès que la matiere calcaire eſt réduite en chaux vive, elle fe
trouve dépouillée de l'eau de ſa cryſtalliſation ; il ne lui reſte donc qu'un
acide igné très-concentré, environnant la ſurface de chaque molécule
de terre abſorbante ; cet acide qui eſt preſque à nud, eſt pour ainſi dire
prêt à s'échapper.

5°. Cet acide igné concentré, en un mot, cette modification quelconque du principe inflammable, eſt tellement avide d'eau, que le
moindre atôme humide qui s'en approche eſt promptement faiſi, & il fe

---

» environ la moitié de fon poids ; cette chaux vive
» étant fur-calcinée, perd fes propriétés ; l'acide qu'elle
» contenoit fe diſſipe en partie, & il ne reſte plus que
» la terre abſorbante un peu ſapide, mais qui n'a plus
» la propriété de la chaux vive ; c'eſt ce que j'ai vérifié

» en tenant rouge & embrâſée pendant cinq jours de
» la chaux vive que j'avois faite avec du ſpath calcaire ;
» après cette longue calcination, elle ne s'échauffoit
» plus avec l'eau & ne prenoit plus corps avec le ſable. »

forme dans le point de contact une combinaison fubite de la terre abforbante , du principe phofphorique & de l'eau.

6°. Si l'on jette de l'eau fur la chaux vive , elle eft promptement abforbée , la matiere s'échauffe , fe gonfle , éclate & tombe en poudre. Nous
ignorons encore la véritable caufe qui peut développer dans la chaux un
fi puiffant degré de chaleur : on croit en général que ce phénomene peut
être occafionné par l'union rapide de l'eau avec cet acide concentré ; on
obferve pareille chofe toutes les fois qu'on verfe de l'eau dans l'acide
vitriolique. Je crois que la véritable caufe du développement de cette chaleur n'eft pas encore connue. La fuppofition du frottement des molécules ne fatisfait pas affez.

Phénomene de la régénération de la matiere calcaire.

1°. Des que la chaux vive a été bien divifée & réduite en poudre
par le moyen d'une eau pure , fi on continue de la mouiller elle fe dé-
laye , forme une efpece de bouillie , un lait de chaux qui s'épaiffit jufqu'à un certain point , ce qui annonce que les molécules de la matiere
calcaire calcinée fe divifent encore , fe gonflent , augmentent de volume,
préfentent de nouvelles furfaces , & développent encore de l'acide phofphorique. Si on noye cette pâte dans beaucoup d'eau , & qu'on l'agite,
on forme une eau de chaux. Comme l'eau eft ici furabondante , les molécules calcaires flottent dans le liquide , s'y uniffent , s'y combinent,
& on ne tarde pas à voir fur la fuperficie une pellicule à demi-tranfparente , qui examinée à la loupe , offre une multitude de petites lames , de
petites écailles de fpath calcaire régénéré.

2°. Ce fpath calcaire revivifié d'une maniere très-prompte & très-
précipitée , n'offre qu'un affemblage de très-petits feuillets minces , divifés & fans confiftance ; c'eft moins un véritable fpath folide , qu'une
efpece de *gurh* friable & tendre. La cryftallifation s'eft opérée trop rapidement : l'acide phofphorique n'a pas eu la liberté de fe porter d'une
maniere égale fur la terre abforbante qui lui fert de bafe , ou plutôt cet
acide n'a pas eu le temps de fe déployer entiérement. Il en eft à peu-
près de même des cryftallifations falines , fi on preffe trop l'évaporation,
& qu'on la pouffe jufqu'à ficcité , les cryftaux font confus , imparfaits , &
la maffe eft tendre & friable.

3°. Si dans le moment où les molécules de la chaux nagent dans une
eau furabondante , on introduit dans cet eau du nouvel acide volatil , en
un mot de l'air fixe , elle fe trouble dans le premier moment , parce que
cet acide , analogue à celui du fpath , s'unit à la terre abforbante de la
chaux , & forme fur le champ des lames fpathiques ; mais fi on continue à imprégner cette même eau d'air fixe , & qu'on l'en fature , elle
devient pour lors acidule , & acquiert la propriété de rediffoudre le fpath
qui s'étoit d'abord formé ; l'eau redevient tranfparente & lympide , &
tient le fpath calcaire en diffolution.

4°. Il eft des pierres calcaires qui , foit qu'elles contiennent des principes gras , foit que leur cryftallifation , à l'époque de leur formation , fe
foit

foit faite d'une maniere trop précipitée, ne produifent pas par la calcination une chaux abondante en air fixe. De telles chaux qu'on regarde
comme mauvaifes, parce qu'elles font lentes à prendre corps, & que
même fouvent elles ne durciffent pas, exigent de refter long-temps en
macération; il faut donc les laiffer plufieurs mois dans des foffes, après
les avoir bien délayées dans l'eau; elles gagneront au lieu de perdre en cet
état, parce que l'eau qui les tient en diffolution, fait entrer en une efpece
de fermentation les molécules graffes qui enchaînent le phlogyftique : ce
dernier fe dégage, éguife l'eau, & lui donne le pouvoir de rediffoudre la
terre abforbante, & de la changer en fpath. Une telle chaux peut donc
fe bonifier par le laps de temps ; mais il faut avoir foin de la couvrir
pendant qu'elle eft en macération, afin d'empêcher qu'une nouvelle eau
ne vienne affoiblir la premiere. J'obferve que malgré tous ces foins, cette
chaux n'égalera jamais en bonté la chaux vive, qui eft celle que l'on doit
le plus rechercher pour la folidité & la durée des conftruâions, en employant néanmoins les moyens que j'indiquerai bientôt.

On voit en général que toute la théorie de la régénération de la matiere calcaire confifte en une diffolution parfaite de la terre abforbante,
par l'intermede d'une eau fortement imprégnée d'un principe que la
chaux elle-même lui communique, principe qui donne à cette eau la
propriété de diffoudre la matiere, & de la dépofer en forme de petits
cryftaux qui ont plus ou moins d'adhéfion, de confiftance & de dureté,
en raifon du plus ou du moins de temps qu'ils ont refté à fe former. Tout
tend donc à prouver, & l'expérience eft ici d'accord avec la théorie, que
fi on accélere trop la cryftallifation de la chaux, elle ne produit que
des lames minces & friables, qui ne pourront jamais former qu'un mortier
lâche & terreux.

Mais quel eft le temps à peu-près néceffaire pour que la matiere de
la chaux tenue en diffolution dans l'eau imprégnée d'air fixe, puiffe
produire un fpath d'une dureté convenable & propre à former un mortier d'une grande folidité? Je répondrai qu'à en juger par une expérience
que tout le monde eft à portée de vérifier, il faut un temps très-long
pour que les molécules de la chaux aient acquis leur dernier degré de
dureté, lorfqu'elles font mêlées avec le fable & l'eau. Examinez en effet
avec une loupe un fragment de mortier détaché d'un bâtiment ; fi les
murs ont été conftruits dans un temps de vent, de féchereffe & de chaleur, euffent-ils été faits avec la plus excellente qualité de chaux, ils
n'acquerront jamais une grande dureté : la croute extérieure vous paroîtra à la vérité dure, mais cette dureté n'eft que fuperficielle, & fi
après l'avoir enlevée, vous paffez à plufieurs reprifes le doigt fur la contexture du mortier, vous l'égrenerez facilement, & vous l'aurez bientôt
fait tomber en pouffiere : la loupe ne vous montrera dans un pareil morceau que des grains fablonneux, foiblement joints & liés par une efpece
de pouffiere blanche & farineufe, de la nature de la craie. De tels murs
ne tiennent & ne refiftent que parce qu'ils font appuyés fur de bons
fondemens, & parce que les pierres, le mortier, le bois, les charpentes
font un enfemble, un tout qui fe foutient refpeâivement ; ils peuvent
être comparés à ces maçonneries en argile, qui n'ont de la confiftance
que parce que la terre eft bien jointe, bien maffivée, liée par les char-

L ll

pentes, & à l'abri des pluies par des combles avancés : de telles maisons malgré cela, quoique composées avec des matériaux peu solides, ne laissent pas que de se soutenir & de durer long-temps.

Si les murs d'un bâtiment fait à la hâte, & dans un temps où le mortier séchoit trop rapidement, n'offrent qu'une chaux friable & terreuse, il n'en est pas de même ordinairement des murs de fondation de ce même bâtiment, car si on n'a rien épargné dans sa construction, vous reconnoîtrez que la nature est venue ici au secours de l'art; les matieres s'étant trouvées à l'abri de l'air, & à un même degré de température & d'humidité, n'ont point éprouvé une dessication prompte ; l'eau au contraire tenant les molécules calcaires en macération pendant long-temps, s'empare de tout l'air fixe qui s'y trouve contenu ; elle acquiert alors le pouvoir de dissoudre, de fondre, de remanier la terre absorbante, de la régénérer, de la lier, de la joindre au quartz ; & comme l'évaporation du liquide ne se fait que d'une maniere insensible & lente, ou plutôt qu'une partie du liquide lui-même se combine avec la matiere pour former l'eau de la crystallisation, cette opération se trouve d'autant plus parfaite, qu'elle est plus longue & plus élaborée. Ce n'est ordinairement qu'au bout de trente ou quarante ans que le mortier acquiert en cet état une dureté singuliere, époque qui à la vérité est bien longue pour nous, mais qui n'est rien pour la nature. Détachez des fragmens d'une pareille maçonnerie ; considerez-les avec la loupe, vous ne verrez plus alors cette poussiere farineuse qu'on remarque dans les murs qui ont séché trop promptement, mais vous distinguerez des molécules calcaires métamorphosées en spath dur & souvent brillant, en un mot, changées en une véritable pierre calcaire, solide & compacte, qui enchaîne & lie les grains de quartz qui s'y trouvent mêlés.

C'est ainsi que la nature opere d'une maniere bien plus lente & bien plus graduelle encore dans les antres souterrains où elle se plait quelquefois à construire de vastes édifices, dont les formes & la singularité nous étonnent ; c'est dans les grottes telles que celle d'Antiparos & dans plusieurs autres cavernes de cette espece, qu'il faut aller étudier la maniere tranquille, lente, mais solide & admirable, dont la nature met en œuvre les élémens de la pierre calcaire. Ce beau méchanisme mérite toute l'attention d'un observateur; c'est toujours l'eau imprégnée du principe dissolvant qui transporte, qui manie, qui façonne ces grands rideaux de spath brillant, ces voutes hardies, ces piliers inébranlables, ces arceaux qui nous étonnent par leur forme & leur élévation, ces baldaquins, ces girandoles, ces cascades surprenantes d'une matiere solide, aussi éclatante que le cryftal ; en un mot, cette variété d'ornemens & de figures bizarres qui, séduisant & échauffant notre imagination, semblent nous transporter subitement dans le palais magique de quelque divinité enchantereffe [a].

Les spaths calcaires, les stalactites, les stalagmites, les incrustations, &c. font l'ouvrage de l'eau, & d'une eau chargée du dissolvant de la terre absorbante ; plus l'eau en est saturée, mieux la matiere se dissout, & tend à une homogénéité parfaite. Si l'évaporation s'en fait d'une

---

[a] Ceci pourra paroitre un peu trop poétique, mais j'en appelle aux naturalistes qui ont visité des grottes souterreines.

maniere lente & infenfible, dès-lors les cryſtaux tendent à ſe rapprocher, à ſe refferrer, à former un tout, un enſemble d'autant plus ſolide
que les élémens ſont mieux liés & laiffent moins de vuide. La découverte ingénieuſe de M. Achard, chymiſte, de l'académie de Berlin, ſur
la maniere de compoſer des cryſtaux factices de ſpath, vient fort à l'appui de ce que j'avance : j'ai déjà parlé de la lettre que ce ſavant a
adreffée à ce ſujet au prince Gallitzin, ambaffadeur de Ruffie à la Haye,
qu'on trouve à la page 12 du journal de phyſique, du mois de janvier de
cette année (1778). Je vais en rapporter ici quelques paffages, qui
tendront à répandre un plus grand jour ſur la théorie délicate que je
viens de tenter de développer, ou plutôt dont je n'ai donné qu'une
très-foible ébauche.

» Je prends la liberté de foumettre au jugement de votre alteffe, une
» découverte à laquelle j'ai été récemment conduit par l'analyſe chy-
» mique du rubis, de l'émeraude, du ſaphir, de l'hyacinthe, de la
» topaze orientale & des grenats de Bohême. Les naturaliſtes ont juf-
» qu'à préſent regardé ces pierres comme compoſées de terre vitrifiable,
» & j'ai trouvé au contraire qu'elles ſont compoſées de terre alkaline,
» c'eſt-à-dire, de terre calcaire & de terre alumineuſe, mêlées en
» différentes proportions avec une petite quantité de terre vitrifiable
» & de terre métallique, principalement avec la terre ferrugineuſe.
» Je crus pouvoir expliquer par-là pourquoi on trouve les pierres cryf-
» tallifées. Cette explication avoit paru juſqu'à ce jour très-difficile &
» très-peu poffible, parce que toute cryſtallifation ſuppoſe néceffaire-
» ment une diffolution préliminaire, & parce qu'on ne connoît pas dans
» la nature un diffolvant de la terre vitrifiable, tandis qu'elle nous pré-
» ſente pluſieurs menſtrues capables de diffoudre les terres alkalines.

» Pour que les cryſtaux ſoient indiffolubles, comme cela a lieu à
» l'égard des pierres précieuſes, il eſt effentiel que le diffolvant aban-
» donne les terres qu'il tient en diffolution, au moment où les parties
» ſe réuniffent & ſe cryſtallifent. Or, de tous les diffolvans connus des
» terres alkalines, il n'y a que l'*air fixe* qui puiffe ſatisfaire à cette
» condition. Je penſai donc que l'eau imprégnée d'air fixe, ſaturée de
» terres alkalines, en ſe filtrant par des couches de terre, & en s'atta-
» chant en gouttes à la partie inférieure de ces couches, pouvoit,
» lorſque l'air fixe s'en échappe, occaſionner la réunion des parties de
» la terre que l'eau avoit diffoute par ſon intermede, & former de cette
» maniere des cryſtaux différens, ſuivant les circonſtances dans leſquelles
» ſe fait la cryſtallifation, & ſuivant la nature & la proportion des
» terres alkalines dont l'eau imprégnée d'air fixe étoit chargée. L'obſerva-
» tion qu'on a faite ſur l'origine des ſpaths calcaires cryſtallifés ſem-
» bloit confirmer cette idée. Je crus cependant qu'il étoit effentiel de
» la déterminer d'une maniere plus préciſe par l'expérience.....»

M. Achard décrit enſuite la machine ingénieuſe qu'il a inventée pour
la formation de ces cryſtaux, à l'aide de l'eau imprégnée d'air fixe : comme
le deffous du vaſe ou de l'inſtrument où ſe fait l'opération eſt en terre
cuite, l'eau s'infiltre à travers cette matiere poreuſe & dépoſe, ſous la
partie extérieure qui eſt ſupportée par des pieds, des cryſtallifations
factices très-curieuſes. Il ſeroit trop long de détailler ici cette machine

qui eſt gravée dans le journal de M. l'abbé Rozier ; j'y renvoie le lecteur ; j'ajouterai ſeulement ce que dit M. Achard à la fin de cette deſcription, c'eſt-à-dire, que je vais donner la concluſion de la lettre qui renferme le réſultat de l'opération.

» L'eau ſe filtre alors fort lentement par les deux diaphragmes. . . .
» & par le ſable broyé qui eſt entr'eux, & s'attache en gouttes & en
» deſſous. . . . Pour que l'expérience réuſſiſſe, ces gouttes ne doivent
» ſe ſuccéder que dans l'eſpace d'une demi-heure à l'autre, & même
» davantage.

» Après l'expiration de la dixieme ſemaine, j'ai obtenu de cette
» maniere de petits cryſtaux fort durs & tranſparens. . . . ; ils n'avoient
» aucune couleur lorſque je n'avois pas mis de la terre métallique dans
» le tube. . . . . ; mais lorſque j'y eus mis un peu de chaux de fer, ils
» avoient une belle couleur rouge, approchant de celle du rubis.
» Lorſque je n'ai mis que de la terre calcaire dans ce tube, j'ai obtenu
» alors les cryſtaux bien plus promptement [a]. »

Il ſuit naturellement de tout ce que nous venons de déduire, que la régénération de la pierre calcaire convertie en chaux, n'eſt pas une opération prompte & rapide.

Il faut dix ſemaines à M. Achard pour former des cryſtaux par le moyen du procédé ingénieux qu'il a découvert ; mais qu'on faſſe attention que ce chymiſte exige que l'eau dont on ſe ſert comme diſſolvant, ſoit fortement & continuellement imprégnée d'air fixe ; il recommande de redonner toutes les huit ou toutes les douze heures du nouvel acide volatil à l'eau, & d'y en introduire par un double appareil propre à en développer une grande quantité. On voit donc qu'en multipliant les moyens, en forçant pour ainſi dire la nature, il faut cependant ſoixante-dix jours pour pouvoir obtenir des cryſtaux.

Qu'on daigne à préſent jeter un coup d'œil ſur quelques procédés modernes qui viennent de nous être communiqués, pour former avec la chaux divers cimens qui ont la propriété d'acquérir de la ſolidité & de la dureté d'une maniere très-prompte ; ils paroiſſent ſi fort s'écarter des loix de la nature, qu'il me ſemble qu'on doit être très-circonſpect pour les mettre en uſage dans des ouvrages en grand [b].

[a] On lit dans le mercure de France, du 5 juillet, les détails ſuivans, que le lecteur verra ſans doute avec plaiſir.

» M. Magellan, de la ſociété royale de Londres, » a fait voir à l'académie des ſciences, dans ſon aſ-» ſemblée du 17 juin, (1778) deux cryſtaux artificiels » qui lui ont été envoyés de Berlin par M. Achard. Ils » ont été formés, l'un en faiſant filtrer très-lentement » à travers de la craie, de l'eau ſaturée d'acide, connu » ſous le nom d'air fixe ; l'autre en faiſant filtrer cette » même eau à travers la terre qui ſert de baſe à l'alun. » Le premier reſſemble ſinguliérement, par ſa forme » & ſes propriétés, à un cryſtal de ſpath calcaire ; le » ſecond, à une aiguille de cryſtal de roche, & il en » a toute la dureté. M. Baumé a publié un procédé » par lequel il étoit parvenu à faire de l'alun avec » du cryſtal de roche. En rapprochant ces deux expé-» riences, il paroit que la terre de l'alun n'eſt que le » cryſtal de roche privé d'air fixe, & que le cryſtal » de roche n'eſt que la terre de l'alun devenue, comme » les alkalis, ſuſceptible de ſe cryſtalliſer par ſa combi-» naiſon avec l'air fixe. » Mercure de France par une ſociété de gens de lettres, 5 juillet 1778, pages 63 & ſuiv.

[b] A dieu ne plaiſe que je veuille par-là déprécier les recherches de M. Loriot & de M. de la Faye : tout citoyen qui s'occupe d'objets qui tendent à l'avancement des arts utiles, a des droits à notre reconnoiſſance. L'ouvrage de M. Loriot, intitulé mémoire ſur une découverte dans l'art de bâtir, eſt intéreſſant, & quoique je ſois éloigné de croire que ſon procédé eſt celui qu'employoient les Romains, en partant même du paſſage de Pline, qui ſert d'appui & de fondement au mémoire de M. Loriot, néanmoins cet ouvrage mérite l'eſtime du public. Le procédé d'employer la chaux vive réduite en poudre eſt propre à la vérité à donner une certaine dureté au ciment, parce que cette chaux vive ajoute de l'acide à l'eau qui tient la chaux éteinte en diſſo-lution, & commence à la revivifier d'une maniere très-prompte ; mais cette régénération eſt d'autant plus ſujette à n'avoir qu'une adhéſion factice, à peu-près ſem-biable à celle du gypſe dans l'eau, qu'elle eſt occaſionnée par un effet trop précipité. D'ailleurs, la méthode de M. Loriot a été regardée comme un peu trop compli-

Mais

Mais, pourra-t-on me dire, donnez vous-même de meilleures méthodes, des moyens plus fûrs & établis fur des principes mieux ana-
lyfés? Je répondrai, copiez la nature, ou plutôt efforcez-vous de l'imiter de
loin, non pour tenter d'exécuter comme elle des ouvrages qui bravent
la durée des temps, nous n'avons ni le loifir, ni les moyens, mais du
moins en la prenant pour modele, tâchons de ne pas nous écarter fi
directement du plan qu'elle femble nous tracer.

Toutes les fois donc que nous voudrons élever des monumens publics,
dont la durée doit répondre à la magnificence, puifqu'ils font faits, ou
du moins qu'ils doivent l'être, pour tranfmettre à la poftérité des exemples
d'héroïfme, de vertu, de patriotifme, ou pour fervir de dépôt aux
fciences & aux arts qui honorent l'humanité, dès-lors nous ne devons
abfolument rien négliger de tout ce qui peut tendre & concourir à
porter de tels monumens à leur perfection. Quelle idée les peuples de
l'antiquité, tels que les Egyptiens, les Grecs & les Romains ne nous
ont-ils pas donné de leur grandeur, de leur magnificence & de leur
favoir en ce genre? Mettons comme eux le plus grand choix dans les
matériaux que nous devons employer dans nos conftructions; cherchons
moins ce qui peut être le plus à notre portée, que ce qui peut convenir
à la perfection de l'art; nous ne ferons plus expofés alors à voir périr
& tomber en ruine des monumens que nous avons vu conftruire fous
nos yeux, qui étoient faits pour immortalifer à jamais le fiecle qui les
avoit produits, & les artiftes qui les avoient dirigés. Au lieu d'employer
des routines groffieres, qui s'éloignent directement des procédés de la
nature; au lieu de mettre en œuvre des méthodes compliquées & em-
barraffantes, fimplifions au contraire les chofes. L'hiftoire naturelle
qui étale à nos yeux mille objets précieux & utiles que nous foulions autrefois aux pieds, la chymie qui vient de s'élever & de s'ennoblir par la fageffe
de fes méthodes, par la multiplicité de fes moyens, nous fourniffent
mille reffources qui doivent néceffairement rapprocher les arts de leur
perfection.

L'art de bâtir eft celui qui peut profiter le plus avantageufement de
plufieurs découvertes. Nous fommes forcés de convenir que jufqu'à préfent nous n'avons rien de fûr, rien de fondé en principes fur l'art des
cimens: voyons s'il ne feroit pas poffible de trouver quelques points d'appui
qui puffent nous fervir de regle & nous mettre au moins fur la bonne voie.

Il eft certain que la théorie de la régénération de la pierre calcaire
réduite en chaux, eft un fil propre à nous diriger & à nous conduire
dans cette route non frayée; mais malheureufement elle nous apprend

quée pour le commun des ouvriers, qui ont déjà beaucoup de peine à exécuter les chofes les plus fimples:
toutes les différentes chaux, même fouvent les meilleures, ne s'accommodent pas de ces mélanges, & il paroit que ce nouveau procédé eft négligé dans ce moment.

M. de la Faye, dans fes *recherches fur la préparation
que les Romains donnoient à la chaux*, a traité ce
fujet d'une maniere très-détaillée & même fcientifique,
& quoique cet auteur, en difant que les anciens faifoient
du véritable granit, & qu'on pouvoit même en fabriquer
encore, ait prévenu contre lui les naturaliftes, néanmoins
on ne peut qu'applaudir à fa *maniere de préparer la chaux
pour les conftructions*; fa façon de la diffoudre, quoi-

qu'un peu gênante, lorfqu'il s'agit de grands travaux, eft
néanmoins très-bonne, parce qu'elle tend à divifer la
chaux & à en développer l'air fixe. Lorfqu'on eft dans
le cas de faire ufage d'une excellente chaux vive, on
peut fe difpenfer de mettre en œuvre la pratique de
M. de la Faye; mais toutes les fois qu'on fera forcé
d'employer de la chaux d'une qualité médiocre, je
confeille, j'exhorte fort d'en faire ufage. Voyez la page
34 du tome I de fon livre, où cette méthode fe trouve
détaillée. Au refte, l'ouvrage de M. de la Faye renferme
des recherches intéreffantes. On lit à la fin du fecond
volume plufieurs lettres très-curieufes de M. de Bruno
fur la maniere de bâtir dans les Indes.

M m m

que la plupart du temps nous avons fuivi des manipulations qui nous en écartoient directement. Nous conftruifons ordinairement nos édifices fort à la hâte ; nous donnons à nos mortiers des préparations mal entendues ; nous bâtiffons dans toutes les faifons & fans précaution ; ce font ordinairement les cimens qui nous procurent les plus promptes jouiffances, que nous reconnoiffons comme les meilleurs ; c'eft ainfi que depuis plufieurs fiecles nous procédons prefque à l'aventure, en tâtonnant & en nous écartant fouvent des regles. Les Romains, dans leurs beaux fiecles, avoient tellement l'objet des bonnes conftructions à cœur, que les loix n'avoient pas dédaigné de s'occuper à dreffer des réglemens fages, qui foumettoient les ouvriers & les conftructeurs à fe conformer à des méthodes reconnues, tant dans le choix des matériaux, que dans la maniere de les employer.

Nous avons vu que la théorie & l'expérience concouroient à nous apprendre que la chaux la plus fortement imprégnée d'air fixe, eft celle qui fe revivifie le plus folidement & le plus promptement ; mais nous avons vu combien il étoit important de ne pas précipiter cette opération. Il faut donc avoir attention de ne pas bâtir dans les chaleurs brûlantes de la canicule, ou, fi des circonftances forcées nous obligent d'entreprendre ou de continuer des ouvrages dans cette faifon, il faut avoir foin d'employer plufieurs fois dans la journée des manœuvres à jeter de l'eau fur les murs nouvellement conftruits, & à les arrofer fouvent pour les maintenir frais ; rien n'importe autant que de ne pas fe négliger fur cet article ; ce ne fera qu'en évitant la trop prompte deffication qu'on parviendra à avoir des murs d'une meilleure qualité. Il n'eft point d'ouvriers qui ne fachent très-bien que les bâtimens conftruits dans l'automne ou dans la faifon pluvieufe du printemps, ne foient les meilleurs & ne different totalement de ceux qui ont été édifiés dans l'été.

Il eft important auffi, lorfqu'on eft dans un pays où les pierres calcaires font tendres & ne donnent qu'une chaux graffe & onctueufe, une chaux qui manque de nerf, de tenter de faire macérer cette chaux plufieurs mois dans des foffes couvertes, en y mettant la quantité d'eau fuffifante. L'eau peut à la longue, en décompofant le principe gras, trop abondant quelquefois dans ces qualités de chaux, développer l'air fixe qui fe trouvoit enchaîné par ce lien, & lui donner par ce moyen le gluten néceffaire pour former un mortier de bonne qualité. On comprend qu'on ne peut fixer aucune regle à ce fujet ; mais on ne fauroit trop recommander de multiplier les effais en ce genre.

Mais n'exifte-t-il point de procédés pour conftruire en peu de temps des ouvrages d'une grande folidité, pour faire par exemple des terraffes fur des voûtes ou fur des charpentes, qui puiffent réfifter aux vents, aux pluies, à toutes les intempéries de l'air ? Je crois qu'à l'aide de certaines précautions la chofe n'eft pas impoffible.

Nous avonsvu par la belle expérience de M. Achard, que plus l'eau eft imprégnée d'air fixe, plus elle a la propriété de diffoudre les matieres calcaires ; nous avons même pu obferver que M. Achard étoit parvenu à former de véritables cryftaux de roche. Plus l'eau fe trouvera chargée du diffolvant, plus les opérations en ce genre feront parfaites & promptes.

La chaux vive la plus excellente ayant perdu par la calcination des portions de son gas acide, ne pourra jamais, en se régénérant, acquérir un degré de dureté égal à la pierre primitive qui a servi à la former. Il faut donc chercher le moyen de lui restituer la perte qu'elle a supportée ; il faut même, s'il est possible, lui procurer une surabondance de ce même acide, & nous serons parvenus alors au vérirable but de la nature. Nous pourrons, à l'exemple du chymiste de l'académie de Berlin, nous procurer dans l'espace environ de dix semaines, une régénération de la pierre calcaire, qui aura toute la dureté que nous pouvons desirer. Mais où trouver dans la nature un agent qui puisse nous fournir en grand & à très-peu de frais la quantité d'air fixe nécessaire, non-seulement pour remplacer celui que la chaux a perdu par l'effet de l'incandescence, mais encore pour lui en fournir une surabondance ? c'est ce que nous allons examiner à présent.

Il existe dans la terre un grand nombre de substances naturellement chargées de beaucoup d'acide volatil, saturé de phlogistique ; mais ce principe, je le répete, qui paroit n'être qu'une modification du feu, se trouve si souvent lié & emprisonné dans certains corps, qu'il est très-difficile & même souvent impossible de l'en dégager, sur-tout par des procédés simples & faciles : les minéraux, les métaux en sont abondamment pourvus, le fer particuliérement, ce minéral universel, répandu avec tant de profusion dans la nature où il joue des rôles si variés & si différens en apparence, est un de ceux qui en renferme le plus ; ce principe s'y trouve quelquefois si à découvert que l'humidité seule est souvent capable de le lui enlever pour se l'approprier. C'est donc à ce dernier métal qu'il faut avoir recours, comme le plus commun, pour redonner à la chaux ce gas qui lui manque souvent, & qui cependant lui devient si nécessaire ; mais comme le fer en son état métallique seroit trop exorbitamment cher, pour en faire usage dans les constructions, il faut s'attacher à des matieres plus communes, où on puisse le trouver en assez grande abondance, & sur-tout où il se rencontre dans une combinaison rapprochée de l'état métallique.

On a cru de tout temps reconnoître le fer comme propre à donner de la solidité à certains corps : on trouve dans les plus anciennes recettes qu'il a été employé machinalement dans les cimens fondus & chauds, pour rejoindre & rajuster les marbres rompus ; mais comme ce métal s'y trouve enveloppé par des substances résineuses, sa vertu doit être regardé comme nulle ; d'ailleurs des cimens de cette espece ne sont bons que pour de petits raccommodages, & ne sauroient être employés en grand, & en plein air.

On a fait assez souvent usage de scories de forges, & de fourneaux, de mâche-fer, &c. qu'on a mêlés avec la chaux : de tels mortiers sont assez bons, parce que tous ces laitiers contiennent du fer, mais ces matieres ne sont pas assez abondantes, & chacun n'a pas la facilité de pouvoir s'en procurer.

La brique cuite & pilée a eu son tour, on en fait usage depuis des temps très-reculés, elle produit d'assez bons effets, parce que le feu y a développé quelques principes ferrugineux, mais le fer n'est pas encore en assez grande abondance ici.

La nature nous a offert des tréfors en ce genre dans les produits volcaniques; les laves, depuis le bafalte jufqu'aux pouzzolanes, contiennent beaucoup de fer; ce minéral s'y trouve fous un cachet fi remarquable, que fi on préfente de ces matieres au barreau aimanté, elles le font mouvoir. On a vu dans l'analyfe fimple que j'ai donnée de la pouzzolane, combien elle eft en général chargée de fer; l'expérience de l'acide marin & de l'alkali phlogiftiqué, celle de l'aimant, l'annoncent d'une maniere non-équivoque.

La pouzzolane a encore l'avantage de contenir le fer fous une forme qui fe rapproche de l'état métallique, elle ne feroit pas fans cela attirable à l'aimant: or, point de métal fans phlogiftique, point de phlogiftique fans principe acide volatil phofphorique, c'eft-à-dire, fans air fixe, ou fi on aime mieux fans air inflammable, qui eft toujours une modification de la matiere ignée a : donc la pouzzolane étant très-ferrugineufe, & ayant action fur l'aimant, contient le gas, le principe que nous cherchons.

Voici ce qui s'opere toutes les fois qu'on fait un mortier avec de la chaux vive & de la pouzzolane : l'eau s'empare promptement de l'air fixe de la chaux, s'en imprégne, & acquiert par-là, non-feulement la propriété de diffoudre les élémens de la terre calcaire, mais elle porte encore fon action fur la pouzzolane même qui, foit en raifon de quelques loix d'affinité ou de quelque caufe que nous ignorons, perd à fon tour fon propre air fixe qui s'unit promptement à l'eau; ce liquide s'en trouvant doublement faturé, a le pouvoir alors de revivifier, de la maniere la plus puiffante, la terre abforbante de la chaux, & même celui de réagir fur la pouzzolane, en régénérant la matiere vitrifiable de fa bafe, & en la métamorphofant en petits cryftaux élémentaires, d'une nature approchante de celle du feld-fpath : on comprend alors combien l'union intime de ces différentes fubftances doit faire un enfemble, un corps parfait.

Il ne faut pas fe perfuader qu'une pareille opération puiffe acquérir toute fa perfection dans un moment; on a vu que M. Achard, en faifant ufage d'une eau fortement & continuellement imprégnée d'air fixe, n'obtient des cryftaux qu'au bout de foixante & dix jours. Il s'offre ici une parité bien remarquable & bien furprenante, c'eft que le mortier fait avec de la pouzzolane & de la chaux vive, forme également un corps dur dans l'eau après un laps de temps pareil; ce n'eft pas qu'à l'expiration de ce terme la pouzzolane & la terre calcaire foient entiérement & parfaitement régénérées, mais la maffe a déjà acquis une dureté telle qu'elle furpaffe de beaucoup celle qu'un mortier fimple & fans pouzzolane auroit pu acquérir au bout de vingt ans.

Voilà un moyen fimple & facile pour faire des conftructions d'une grande folidité, dont on peut fe procurer la jouiffance d'une maniere très-prompte.

Mais, pourra-t-on me dire, nous fommes obligés de tirer la pouzzolane des environs de Naples, d'où elle ne peut venir qu'à grand frais,

---

a On fent combien je fuis géné ici par le mot ; les uns veulent qu'on défigne ce fingulier agent fous le nom d'acide volatil furchargé de phlogiftique, d'autres fous celui de gas, d'acidum pingue, d'émanation, de *vapeur méphitiques*, d'*air fixe*, &c. En attendant que ce procés foit jugé, je fais ufage de la plupart de ces différentes dénominations pour défigner la même chofe.

l'exportation

l'exportation dans l'intérieur du royaume devient ruineuse ; comment donc se déterminer à en faire usage ? Nous allons voir dans la section suivante qu'il est facile dans ce moment en France de pouvoir s'en procurer à peu de frais dans presque toutes les différentes parties du royaume : je donnerai ensuite quelques procédés simples, faciles & éprouvés pour construire des terrasses à l'italienne, & faire des pavés dans les appartemens, de la plus grande solidité & d'une propreté qui ne laissera rien à desirer.

Des différentes especes de Pouzzolane de France, particuliérement de celles du Vivarais.

LE Vivarais, le Velay, l'Auvergne, &c. ayant été très-anciennement ravagés par les feux souterreins, (& la chose est incontestable) ces pays doivent offrir les mêmes accidens, les mêmes phénomenes, les mêmes matieres que les parties de l'Italie & que les autres contrées où les volcans ont manifesté les effets de leur puissance. Des yeux exercés & accoutumés à l'observation, n'y trouveront absolument aucune différence ; mêmes crateres plus ou moins vastes, plus ou moins profonds ; mêmes courans anciens de laves ; mêmes chauffées de basaltes en prismes ; mêmes buttes de basaltes en masses ; mêmes laves poreuses ; mêmes sites ; mêmes dispositions dans les montagnes : on doit donc y retrouver les mêmes pouzzolanes, & en effet la chose est ainsi ; mais comme cette matiere volcanique est un détriment de laves poreuses, on ne peut en rencontrer des amas considérables que dans les parties voisines des crateres, ou près des anciennes bouches où l'action du feu & des fumées sulphureuses a réduit le basalte le plus compacte & le plus dur en scorie, en pierres poreuses, ou l'a converti en une espece de chaux ferrugineuse plus ou moins colorée.

On peut trouver à la vérité assez facilement quelques portions de pouzzolane disperfées çà & là dans les environs de certains crateres ; mais il est assez difficile, en Italie tout comme en Vivarais, en Velay & ailleurs, d'en rencontrer des mines considérables & abondantes, où la matiere, convenablement préparée, soit prête à être mise en œuvre.

On a reconnu depuis plus de vingt ans qu'il avoit existé autrefois des volcans en Auvergne [a]. On lit dans le receuil de l'académie royale des sciences plusieurs mémoires relatifs à ces volcans ; on parle même dans les derniers des pouzzolanes qu'on y rencontre en général parmi les autres matieres valcanisées ; mais personne jusqu'à présent, à ce que je sache, n'avoit fait des recherches suivies pour découvrir des mines de cette terre, & personne n'avoit encore tenté des expériences sur les pouzzolanes de France, pour en introduire l'usage dans ce royaume ; je ne connois du moins aucun titre, aucune espece de renseignement notoire & public qui l'annonce.

Un des principaux buts dans mes recherches sur les volcans éteints du Vivarais & du Velay, a toujours été, en recueillant des faits qui pouvoient être utiles à une des plus nobles branches de l'histoire naturelle, celle de l'étude de la théorie de la terre, de m'occuper égale-

[a] Voyez la lettre de M. Ozi, chymiste de Clermont, à la fin de cet ouvrage.

N n n

ment des objets qui pouvoient concourir à l'utilité publique & particuliere.

Ce fut dans ces vues qu'en suivant une carriere qui secondoit mes goûts, je me déterminai sans peine à y donner tous mes soins & tous mes momens, à y sacrifier au-delà même de mes revenus, à renoncer à un état qui me donnoit une existence agréable, pour m'ériger en voyageur dans des lieux retirés, pénibles, dangereux, & d'un accès difficile. Je m'enfonçai dans les montagnes du Vivarais & dans les chaînes du Velay, avec des dessinateurs, des instrumens & tout l'attirail nécessaire pour pouvoir suppléer, par mes soins & par mon exactitude, au peu de connoissance que j'avois. Plus je voyois la nature, plus je commençois à me familiariser avec elle, & plus je sentois les difficultés que cette belle étude entraîne, les réflexions qu'elle exige, & l'examen répété qu'elle demande des mêmes objets. Il ne fallut donc plus se contenter d'un voyage & de deux, j'en fis jusqu'à douze & même jusqu'à quinze dans certaines parties intéressantes du Vivarais; je cherchois en vain de la pouzzolane; j'en rencontrois à la vérité de temps à autre, mais c'étoit toujours en petite quantité, ou si j'en trouvois des mines un peu abondantes, c'étoit ordinairement dans des lieux abruptes, d'un accès difficile, isolés & écartés de toute espece d'habitation.

Ce ne fut qu'après plusieurs voyages, & vers 1775, que je me déterminai à revoir de nouveau une montagne voisine du Rhône, que je n'avois parcourue que rapidement & sur laquelle je me rappellai d'avoir apperçu quelques indices de pouzzolane. Arrivé sur la sommité de cette montagne nommée la montagne de *Chenavari*, je vis en effet des amas de laves poreuses & les plus fortes indications d'une mine abondante de pouzzolane; mais comme le tout étoit recouvert par une légere couche de terre végétale, je fis faire dans cette partie divers puits d'épreuves, & je ne tardai pas à reconnoître que j'entrois dans une carriere riche & fertile de pouzzolane rouge. J'en découvris non loin de là une seconde d'un brun rougeâtre, un peu plus seche & plus friable que la premiere, mais d'une excellente qualité pour certains ouvrages.

Je ne tardai pas alors à faire ouvrir la mine en grand & par tranchées. L'analyse chymique & les différens essais que j'avois faits sur ces pouzzolanes, ne me laisserent aucun doute sur leur identité avec celle d'Italie; j'en envoyai plusieurs boîtes à Paris, où elles furent reconnues pour excellentes.

Je résolus ensuite d'en faire des essais en grand; mais j'étois assez embarrassé pour les doses & pour les proportions. J'écrivis en conséquence en Italie; on me répondit qu'on n'y suivoit aucune regle fixe & déterminée, & que les doses de pouzzolane étoient ordinairement subordonnées aux qualités de la chaux, souvent même à la fantaisie & au caprice de l'ouvrier. Cet incident m'embarrassa un peu; cependant je me déterminai à faire divers essais & à chercher moi-même les proportions les plus convenables.

M. le marquis de *Geoffre de Chabriniac*, colonel du régiment de Barrois, avec lequel j'étois en liaison, & à qui je fis part de mes idées, me pria de vouloir faire faire mes essais à son château de *Serdeparc*, situé à une demi-lieue de Montelimar, sur la route de Provence. Nous dirigeâmes notre premiere opération sur une terrasse voûtée en plein air, au-deſſous de laquelle eſt une orangerie ; on avoit tenté veinement pluſieurs fois d'y jeter divers carrelages qui, malgré toutes les précautions qu'on avoit priſes, n'avoient jamais pu garantir l'orangerie des filtrations & des ſuintemens. Nous fîmes donc enlever avec ſoin les débris de l'ancien pavé, & nous jetâmes ſur l'aire de la terraſſe un béton compoſé d'une portion de chaux vive, d'une portion de pouzzolane & & d'une partie de ſable. Comme le temps étoit alors pluvieux, nous fûmes obligés de faire uſage d'une chaux déjà ancienne, ne pouvant pas nous en procurer de la nouvelle : nous parvînmes malgré cela à conſtruire un pavé de la plus grande ſolidité, qui a réſiſté non-ſeulement aux chaleurs qu'on éprouve dans cette partie méridionale de la France, mais encore aux gelées, à la neige & à l'hiver rigoureux de cette année ; il eſt dans ce moment de la plus grande intégrité, & l'orangerie a été abſolument à l'abri de toute eſpece d'humidité.

Nous fîmes enſuite garnir & incruſter le tour de deux baſſins, que l'alternative continuelle de l'humidité, de la chaleur & du froid faiſoit ſans ceſſe éclater ; cette derniere épreuve eut un ſuccès égal à la premiere. Ces ouvrages ont acquis une ſolidité inébranlable.

Enfin, je multipliai les expériences, & je parvins à reconnoître les doſes convenables pour les conſtructions expoſées à l'air, qui étoient celles qui exigeoient le plus de ſoin, & qui étoient les plus difficiles à bien traiter.

J'allois faire entreprendre divers travaux en ce genre, lorſque, vers le commencement du mois de novembre 1777, je fus chargé par M. de Sartine, miniſtre & ſecrétaire d'état au département de la marine, dont le zele, égal aux connoiſſances, ne néglige rien de ce qui peut intéreſſer le ſervice du roi, d'envoyer à Toulon pluſieurs tonneaux des différentes pouzzolanes que j'avois découvertes dans le Vivarais, pour en faire faire les épreuves dans la mer, & les comparer avec celles d'Italie, dont on fait un grand uſage dans ce port. Je fis partir pluſieurs tonneaux de cette terre, & je me rendis quelques temps après à Toulon. On y convoqua un conſeil de marine, & dix commiſſaires furent nommés pour aſſiſter aux expériences. Il fut procédé, en la préſence de ces meſſieurs & en la mienne, à l'examen analytique & comparé des deux eſpeces de pouzzolanes du Vivarais avec celle d'Italie. On en fit enſuite trois lots diſtincts & ſéparés, le premier en pouzzolane d'Italie, le ſecond en pouzzolane rouge du Vivarais, & le troiſieme en pouzzolane griſe-rougeâtre du même lieu. On amalgama ces terres, toujours par lots ſéparés, avec de la chaux vive, du gros ſable, de la recoupe de pierres & de l'eau douce, & on en fit un mortier qui fut placé dans trois caiſſes numérotées, propres à contenir chacune trois pieds cubes de matiere. Ces caiſſes, percées de gros trous, furent remplies, clouées, liées avec des chaînes de fer, & coulées à fond dans la mer où elles devoient reſter pluſieurs mois en épreuve. Il fut dreſſé procès-verbal de toute cette opération, & l'original en fut dépoſé au contrôle de la marine, le 24 du mois de décembre 1777. Voici la teneur de ce procès-verbal.

C O M P T E qu'ont l'honneur de rendre au Conseil de Marine , les Commissaires par lui nommés pour examiner les Terres-Pouzzolanes, découvertes dans le Vivarais, sur les bords du Rhône , par M. FAUJAS DE SAINT-FOND , & les comparer avec celles d'Italie.

LES Commissaires soussignés, s'étant fait représenter les terres-pouzzolanes du Vivarais, déposées au magasin général , ensuite de l'envoi qui en avoit été fait par M. Faujas de Saint-Fond , une partie de couleur rouge, l'autre grise, ont reconnu, lui présent, par des expériences analytiques, la même analogie & les mêmes principes qui constituent la bonté de celles d'Italie.

Ils ont ensuite fait peser un pied cube de chaque espece de pouzzolane, il ont trouvé que la rouge du Vivarais pesoit 76 livres , la grise 79 livres , & celle d'Italie 91 livres.

Continuant ensuite leur opération, ils ont fait faire l'amalgame des différentes matieres qui doivent, suivant l'usage de ce port, composer le béton ou ciment que l'on emploie dans les ouvrages de maçonnerie sous l'eau , à laquelle composition il a été procédé, toujours en leur présence, de la maniere suivante ;

S A V O I R,

Douze parties de pouzzolane ,
Six parties de gros sable non terreux,
Neuf parties de chaux vive bien cuite ,
Seize parties de blocaille ,
Et la quantité d'eau douce nécessaire pour éteindre la chaux & lier le ciment.

Dans cette opération ils ont reconnu que la qualité de pouzzolane rouge du Vivarais, formoit un mortier plus gras, ce qui annonceroit qu'elle seroit propre à produire une économie utile sur l'emploi de la chaux.

L'amalgame fait, le ciment formé par les pouzzolanes du Vivarais, leur a paru se rapprocher parfaitement de ; celui des pouzzolanes d'Italie.

Après avoir, suivant l'usage, laissé reposer les différens bétons, l'espace de six heures, ils en ont fait remplir trois caisses, contenant chacune trois pieds cubes de matiere amalgamée : savoir, dans la caisse n°. 1. celle de pouzzolane rouge du Vivarais, dans la caisse n°. 2. celle grise dudit lieu, & dans la caisse n°. 3. celle d'Italie ; ces caisses solidement construites & percées dans tous les sens, pour donner issue à l'eau, ont été fermées, liées avec des chaînes de fer en leur présence, & coulées à fond dans le bassin de l'arsenal, au sud du pavillon des peintres.

Il y a tout lieu d'espérer qu'après que lesdites caisses auront restées dans l'eau le temps nécessaire, l'expérience donnera le succès desiré; succès qui ne peut-être que très-avantageux au service du roi.

A Toulon, le 24 décembre 1777. *Signés* , LOMBARD, le Chevalier D'ALBERT, S. HYPOLITE, CHAMPORCIN, D'ALBERT DE RIONS, BOADES, LA CLUE, VIDAL DE LERY, VERRIER & PAUL.

Collationné à l'original déposé au contrôle de la marine à Toulon le 30 décembre 1777.

Signé , MOLLIERE.

On voit, par ce procès-verbal, que MM. les commissaires ont reconnu dans les pouzzolanes du Vivarais, *la même analogie & les mêmes principes qui constituent la bonté de celle d'Italie.*

De

De la maniere d'employer la Pouzzolane hors de l'eau, soit pour cons-truire des terrasses à l'italienne, exposées à l'air, soit pour former dans les appartemens des carrelages en compartimens, qui ne produisent jamais de poussiere, & dont la solidité l'emporte de beaucoup sur les carrelages en briques.

Quoique la principale propriété de la pouzzolane soit de prendre corps dans l'eau, d'y acquérir une extrême dureté, & de former par-là le plus excellent & le plus parfait ciment que nous connoissions pour les constructions dans la mer, pour celles des bassins, des aqueducs, des citernes & des différentes pieces destinées à recevoir l'eau ou à être exposées à l'humidité ; néanmoins je crois qu'en employant cette matiere volcanisée avec certaines précautions, on peut en tirer un parti très-avantageux pour les ouvrages hors de l'eau, c'est à quoi je me suis particuliérement attaché dans une suite d'expériences que j'ai tentées à ce sujet.

Je sais qu'en Italie on fait usage de pouzzolane pour couvrir les ter-rasses ; mais comme on n'y apporte pas ordinairement tout le soin qu'exige l'emploi & le traitement de cette matiere, il arrive qu'on est souvent obligé de revenir à de nouvelles opérations & de rétablir les dégrada-tions qui se manifestent de temps en temps.

Je crus donc qu'il seroit possible de construire dans ce genre des ou-vrages de la plus grande solidité, en faisant usage d'un procédé bien simple, c'est-à-dire, en prenant toujours la nature pour guide & pour modele. Or, je dis en moi-même, la pouzzolane mêlée avec la chaux vive prend corps dans l'eau au bout de dix semaines, je n'ai qu'à faire faire des terrasses avec un bon mortier de cette matiere, les tenir hu-mectées pendant tout ce temps-là, & je dois obtenir un corps solide, homogene, & d'une dureté à peu-près égale à celle qu'acquiert le mor-tier de pouzzolane dans l'eau.

Ce fut en partant de ce principe, qui se trouvoit d'accord avec ce que j'ai dit de la théorie de la dureté de la chaux, que je pris le parti de faire carreler en pouzzolane un sallon que je venois de construire au rez-de-chaussée de ma maison.

Pour parvenir à faire un ouvrage solide, voici de quelle maniere je procédai : je fis faire deux especes de mortier ; le premier consistoit en une portion de chaux vive nouvellement éteinte ; une portion de pouz-zolane du Vivarais, une partie de gros sable de riviere non terreux, une portion de recoupe de pierres, dont les plus grosses n'excédoient pas la grandeur d'un écu de trois livres.

Ce fut avec ces différentes matieres, & d'après les procédés dont j'ai déjà fait mention, qu'on forma un gros mortier qu'on mit en tas pour y rester quarante-huit heures, afin de donner le temps à tous les grains de chaux de se dissoudre exactement, pour éviter les poussées.

Le second mortier qui fut construit en même-temps, consistoit en une partie de chaux vive nouvelle, deux parties de pouzzolane rouge du Vivarais, pilée & passée au sas ; le tout exactement broyé, fut éga-

O o o

lement mis en monceau pour repofer quarante-huit heures comme le premier mortier.

Ce délai expiré, l'aire de mon fallon bien égalifée & bien nivelée à l'aide d'une couche de fable d'un demi-pouce de hauteur, fur laquelle j'eus l'attention de faire verfer plufieurs arrofoirs d'eau, pour tenir le fol frais & humide, ce qui eft important; je jetai alors à la maniere accoutumée le premier mortier, & par-deffus celui-ci le mortier fin qu'on égalifa avec la truelle, en fe conformant au niveau qu'on fe procure facilement à l'aide d'une grande regle.

J'obferve qu'il faut donner à ce carrelage l'épaiffeur de 3 pouces en tout, non compris le fable, & que la couche fupérieure en mortier fin ne doit avoir tout au plus qu'un demi-pouce.

Le béton ainfi jeté & bien égalifé, fut abandonné jufqu'à ce qu'il commença à prendre un peu de confiftance, ce qui entraîna un délai de deux jours (dans les chaleurs un jour doit fuffire). Au bout de ce temps, un ouvrier commença à maffiver le pavé avec le battoir dont j'ai déjà parlé, & continua cette opération pendant fix jours à différentes reprifes; je dis à différentes reprifes, car cette manœuvre eft néceffaire trois ou quatre fois dans la journée, on doit même fe régler à ce fujet fur la température de l'athmofphere plus ou moins chaude, fur la qualité du mortier plus ou moins prompt à durcir. L'opération de maffiver doit être d'autant moins négligée, qu'elle eft effentielle & abfolument indifpenfable pour lier le mortier, le raffermir, lui faire rendre la furabondance d'eau qu'il contient, & éviter les gerçures & les fentes qui ne manqueroient pas d'arriver fans cela, fur-tout fi la deffication fe faifoit d'une maniere prompte; il faut même avoir un tel foin d'éviter les fentes, que dès qu'on en appercevra la moindre indice, il faut redoubler d'attention & en arrêter les progrès en battant & en maffivant plus fouvent.

Dès qu'on s'appercevra que le ciment durcit & refufe le battoir, dès-lors la principale opération fera faite; il ne s'agit plus que de couvrir l'ouvrage avec de la paille neuve & propre, de feigle ou de froment, & la tenir continuellement humide en y jetant de temps à autre quelques arrofoirs d'eau.

Ce fut au bout de quinze jours que je fis enlever la paille, balayer avec foin l'appartement, & que je fis deffiner le carrelage; cette derniere opération fe pratique d'une maniere très-fimple & très-aifée, à l'aide de plufieurs ficelles qu'on tient tendues horifontalement fur le pavé, & qu'on fait entrer de force dans le ciment encore frais, en frappant doucement & à petits coups redoublés, avec le bout du manche d'un marteau, fur une truelle qu'on tient à plat fur la ficelle. On peut par ce moyen imiter des fougeres & divers compartimens agréables qui ne s'effacent jamais.

Cette opération faite, on recouvre encore le tout avec de la nouvelle paille qu'on laiffe un mois & demi, & qu'on tient humide, fi on veut fe procurer un ouvrage parfait en ce genre. Au refte, cette attente n'eft point longue pour les gens de l'art, puifqu'elle tend à procurer un carrelage qui durera à jamais, qui formera un bel enfemble, & ne donnera aucun atome de pouffiere. La dépenfe en eft d'ailleurs beaucoup moindre que celle d'un carrelage en brique.

Cette maniere de carreler un appartement ayant réuſſi au mieux, au-delà même de mes eſpérances, tant du côté de la ſolidité que de l'élégance, je fis conſtruire une terraſſe à l'italienne à peu-près dans le même goût; mais comme un ouvrage de cette nature, en exigeant la même ſolidité, ne méritoit pas autant de recherches dans l'agrément & la propreté, je procédai de la maniere ſuivante, c'eſt-à-dire, que je fis faire ſimplement un gros mortier avec une partie de chaux vive, une partie de gros ſable non terreux, une partie de pouzzolane & une partie de groſſes recoupes de pierres. D'autre part, je fis compoſer un ſecond mortier avec chaux vive, ſable de riviere, pouzzolane ordinaire ſans être paſſée au ſas, dans les proportions & à la maniere accoutumées. Je laiſſai repoſer le tout quarante-huit heures.

Ce fut après avoir fait égaliſer l'aire de ma terraſſe, ſituée ſur une voûte de 48 pieds de longueur, ſur 24 de large, que j'y jetai environ un pouce ½ de ſable de riviere. Cette premiere couche eſt doublement utile, en ce qu'elle eſt très-commode pour égaliſer le ſol & lui donner le niveau néceſſaire, & en ce que étant bien imprégnée d'eau, elle conſerve long-temps une humidité & une fraîcheur très-utile à la bonté de l'ouvrage. Après que ce ſable fut bien arroſé, je fis jeter le gros mortier ſur une épaiſſeur de 2 pouces ½; le ſecond mortier fut jeté en même temps ſur celui-ci; le tout fut égaliſé à la truelle.

Comme c'étoit dans un temps de chaleur que je faiſois conſtruire cette terraſſe, & que la maçonnerie en plain air ſe ſeche très-rapidement, je fus forcé le lendemain de faire jouer le battoir & d'occuper un homme qui travailla ſans relâche à cette manœuvre, pendant près de trois jours conſécutifs. Le vent du midi, qui régnoit alors, occaſionnoit une ſi prompte deſſication, que j'étois obligé de faire arroſer l'ouvrage dans les momens où l'ouvrier prenoit ſes repas. Au bout de trois jours, le pavé refuſa le battoir; je le fis couvrir alors de paille que l'on tenoit humeſtée, & huit jours après j'y fis tracer de grands carreaux de 3 pieds de longueur ſur 3 pieds de largeur, qui imitoient au parfait de grandes dales en pierre de taille. On remit enſuite la paille qu'on continua d'humeſter de temps en temps, & dans moins de trois ſemaines ce pavé en pouzzolane avoit acquis une dureté étonnante; malgré cela, je laiſſai la paille pendant deux mois & demi, en la faiſant arroſer quelquefois. Ce fut après ce délai que j'eus la ſatisfaſtion de voir un pavé inébranlable, propre à réſiſter à toutes les chaleurs de la canicule & aux plus fortes rigueurs des hivers.

J'avois fait donner une pente légere & comme imperceptible à cette terraſſe pour l'écoulement des eaux, & dans un temps où elle a éprouvé des pluies longues & conſtantes, je ne pus jamais découvrir le moindre ſuintement ſous ſa voûte qui ſert de couvert à une remiſe dont je fais journellement uſage.

Voilà donc la bonté, l'efficacité & l'utilité de la pouzzolane reconnue pour les conſtruſtions hors de l'eau; je ſais qu'on en fait uſage depuis long-temps en Italie pour les terraſſes; mais comme on n'y apporte pas toutes les précautions que j'indique, qui ſont cependant très-ſimples, on ne s'y procure certainement pas des pavés de la ſolidité de ceux que j'ai fait exécuter, qui doivent être regardés comme les premiers faits en France avec de la pouzzolane du pays.

Il me resteroit encore à tenter les mêmes épreuves pour former des terrasses sur le haut des maisons, ce que je regarde comme très-praticable; je me serois même déjà occupé de cet objet si les travaux relatifs à l'ouvrage que je publie, m'avoient donné plus de momens; mais dès-que j'aurai tenté des expériences à ce sujet, je me ferai un plaisir d'en instruire le public & de lui en rendre compte.

Ce mémoire pourra peut-être paroître trop prolixe & trop chargé de détails minutieux, mais un objet aussi important exigeoit le plus sérieux examen; je ne doute pas même qu'il ne reste beaucoup de choses à dire sur ce sujet; j'ose espérer cependant qu'on voudra m'excuser, en faisant attention que j'ai travaillé ici sur une matiere neuve, & que je n'ai eu absolument aucune ressource dans les auteurs dont quelques-uns seulement ont parlé rapidement & en passant de la pouzzolane, sans qu'aucun soit entré dans les détails méchaniques de sa manipulation. On pourra me reprocher aussi peut-être quelques répétitions, mais j'y en ai placé à dessein, dans l'intention de familiariser ceux des lecteurs qui ne font pas profession d'histoire naturelle & de chymie, avec une théorie délicate, peu facile à bien saisir, par les difficultés qu'il y avoit à les bien rendre. Il falloit en un mot envisager sous plusieurs rapports l'analyse de la chaux, de la pouzzolane, les différentes combinaisons qui en résultent, &c. Je me trouvois forcé par-là de revenir souvent sur les mêmes objets; mais je suis trop heureux si j'ai rendu d'une maniere intelligible cette suite d'analyses, de rapports, de faits, d'observations, & trop recompensé si je puis mettre seulement les autres sur la voie de perfectionner un travail que je n'ai pas l'amour propre de regarder comme achevé.

Voici l'extrait de quelques pieces qui constatent le succès de mes expériences.

CERTIFICAT de l'Ingénieur en chef pour les ponts & chaussées, employé en Dauphiné.

Nous, Ingénieur du Roi, en chef pour les ponts & chaussées, employé en Dauphiné, certifions, qu'ayant examiné avec attention dans la maison de M. Faujas de Saint-Fond, située à Montelimar, tant l'aire d'un sallon, au rez-de-chaussée, que celle d'une terrasse sur voûte, exposée à l'air, celle-ci contenant trente-deux toises quarrées; avons reconnu que l'une & l'autre de ces aires, formées avec ciment composé *d'un tiers de chaux vive, d'un tiers de sable pur de riviere, & d'un tiers de matieres volcaniques ou pouzzolane*, nouvellement découverte en Vivarais par mondit sieur Faujas, le tout bien & duement amalgamé suivant un procédé simple, employé de trois pouces d'épaisseur, sur une forme affermie de gros sable ou gravier, lissé à la truelle, & suffisamment battu, a produit une chape unie, d'une couleur agréable, d'une très-grande ténacité, sans aucunes gerçures, ni fissures; de sorte que nous croyons ce ciment très-propre à resister, sur les terrasses découvertes, aux effets de la pluie, de la gelée, des filtrations, ainsi qu'à enduire l'intérieur des citernes & à faire tous autres ouvrages semblables; outre sa propriété reconnue de se durcir à l'eau & hors de l'eau, comme le ciment fait avec pouzzolane d'Italie. Mais ce qui ajoute aux avantages de celle du Vivarais, sur-tout pour l'intérieur du royaume, c'est sa proximité du Rhône & de la grande route de Lyon à Marseille. En foi de tout quoi nous avons dressé & signé le présent. A Montelimar ce 5 juin 1778.

Signé, Paulmier de Latour

PROCÈS-VERBAL

PROCÈS-VERBAL, *contenant rapport d'architecte*, &c.

Nous Alphonse-Laurent-Antoine Salamon, baron de Salamon, vice-fénéchal, Lieutenant-général civil & criminel, juge-mage en la cour du grand Sénéchal des comtés de Valentinois & Diois, féant à Montelimar; certifions que cejourd'hui à dix heures du matin, pardevant nous, en notre hôtel, feroit comparu M^{re}. Faujas de Saint-Fond, ci-devant Lieutenant-général en ladite fénéchauffée, lequel auroit expofé qu'il y a environ trois ans qu'il découvrit, non-loin du village de Rochemaure, fur la montagne nommé *Chenavari*, une mine de pouzzolane femblable à celle de Pouzzole, pour la couleur & pour la qualité : qu'il fit ouvrir cette mine dans le commencement de l'année 1777, & qu'il fit conftruire divers ouvrages, foit dans l'eau, foit hors de l'eau, avec ladite pouzzolane, au château de *Serdeparc*, appartenant à *M. le marquis de Geoffre de Chabrignac*, colonel en fecond du régiment de Barrois; lefquels ouvrages auroient eu un fuccès accompli : que dans le courant du mois de novembre mil fept cent foixante-dix-fept, M. de Sartine, miniftre de la marine, chargea l'expofant de fe rendre à Toulon, pour faire mettre en épreuve dans la mer, ladite pouzzolane, & la comparer à celle de Pouzzole, ce qui fut exécuté conformément au procès-verbal dreffé à ce fujet par M M. les commiffaires nommés dans un confeil de marine, tenu à cette occafion : qu'enfin, l'expofant a fait faire dans fa propre maifon, divers ouvrages avec ladite pouzzolane, entr'autres le carrelage d'un falon & une terraffe à l'italienne, de quarante-huits pieds de longeur fur vingt-quatre de largeur ; & voulant conftater la bonté de ladite pouzzolane, & la folidité qu'elle donne aux différentes conftructions dans lefquelles elle eft employée, il nous auroit requis de commettre un architecte & quatre maîtres maçons, à l'effet d'être par eux accedé fur les lieux où il a été employé de la pouzzolane, & de faire leur rapport fur la folidité & propreté des ouvrages qu'ils auroient vifités : fur quoi nous aurions pour ce commis & député le fieur Jean-Jacques Bros, architecte arpenteur à la maîtrife royale du Diois, Jacques Davin, Louis Vidal, Francois Bernard & André Mariton, tous quatre maîtres maçons de cette ville, lefquels, après ferment par eux fait pardevant nous, auroient procédé à la vifitation des fufdits ouvrages, & fait enfuite leur rapport par lequel il confte que les architectes & maîtres maçons fufnommés ont reconnu que les ouvrages en pouzzolane étoient également folides, propres & impénétrables à l'eau, d'après l'effai qu'ils en auroient fait eux-mêmes : que d'ailleurs, chacun d'eux ayant été dans le cas de fe fervir de cette même pouzzolane, ils avoient lieu de s'en applaudir chaque jour, ainfi que les propriétaires pour lefquels ils l'avoient employée : que notamment le nommé André Mariton, l'un defdits maîtres maçons, auroit conftruit fous la direction dudit fieur Faujas de Saint-Fond, une terraffe à l'italienne, fur une voûte de quarante-huit pieds de longueur & de vingt-quatre pieds de largeur, en pouzzolane du Vivarais, dans les proportions fuivantes : une portion de chaux vive; une portion de fable de riviere, bien pur; une portion de pouzzolane du Vivarais, & une portion de blocaille ou recoupe de pierres; ladite chaux vive ayant été éteinte & détrempée à la maniere accoutumée, il en auroit été fait un mortier avec les matieres ci-deffus, dans les proportions défignées, lequel mortier, très-aifé & très-fimple à faire, a été gâché & corroyé avec foin, afin que le tout foit exactement mêlangé, & amalgamé : quoi fait, après avoir laiffé repofer le mortier vingt-quatre heures, il a été employé à conftruire le *glacis*, *béton*, ou *pavé* de ladite terraffe, ce qui a donné une épaiffeur de trois pouces & demi, ayant eu l'attention auparavant de répandre fur l'aire de ladite terraffe & fur ledit *glacis*, un demi-pouce de fable, bien égalifé & fortement humecté avec beaucoup d'eau, pour donner de la fraîcheur audit ouvrage; que ledit *glacis* fut conftruit en un jour & demi, & fut battu & maffivé le même foir & tout le lendemain, par un homme occupé à cette manœuvre; qu'enfuite on couvrit ledit *carrelage*, qui avoit déjà de la folidité, avec de la paille qu'on tint humectée avec de l'eau, & que le quinzieme jour ladite terraffe avoit acquis une très-grande folidité, n'ayant abfolument aucune gerçure : que le *glacis* du fufdit falon fut fait fans blocaille, & qu'il eft auffi propre & beaucoup plus folide que les carrelages en brique les plus recherchés;

qu'enfin ces ouvrages ne laiffent rien à defirer, ni pour la folidité, ni pour la propreté, & fur-tout que le fufdit carrelage ne donne jamais aucune efpece de pouffiere.
De tout quoi nous avons, à la réquifition dudit fieur Faujas de Saint-Fond, fait dreffer
le préfent certificat conforme à la plus exacte vérité, & comme tel l'avons figné avec
ledit fieur Faujas de Saint-Fond, les experts fufnommés, à l'exception de Jacques
Davin, qui a déclaré ne favoir écrire, & notre greffier : ce fut fait à Montelimar le
cinq juin mil fept cent foixante-dix-huit.

Signés, FAUJAS DE SAINT-FOND. J. J. BROS. VIDAL. BERNARD.
MARITON. SALAMON.

CABESTAN, *greffier.*

Le procès-verbal d'extraction des Pouzzolanes du Vivarais, hors de la mer, n'ayant pu être fait, à caufe
des grands objets qui occupent dans ce moment la marine, on le publiera dans une édition *in-*8°. qu'on
donnera inceffamment *de ces recherches fur la Pouzzolane.*

VOLCANS ÉTEINTS

DU VIVARAIS

ET DU VELAY.

Pour l'explication des phénomenes de cette espece, il faut porter sur toute la nature un coup d'œil vaste & profond , en embraffer à la fois toutes les parties, ne jamais perdre de vue l'infinité du grand tout , & fe repréfenter fans cesse combien le ciel eft peu de chofe par rapport à l'univers ; & quel atôme imperceptible eft l'homme comparé au globe entier.

LUCRECE , tome II , livre VI , page 367 , traduction de M. L *. G **.

EXAMEN

EXAMEN

De quelques substances qui se trouvent engagées dans les matieres volca-
niques, avec l'explication de plusieurs termes usités en histoire naturelle,
qui peuvent servir à l'intelligence de la description des volcans éteints
du Vivarais & du Velay.

J'AI cru qu'il feroit à propos, avant de passer à la description des volcans
du Vivarais & du Velay, de dire un mot sur plusieurs des corps étrangers
qui se trouvent accidentellement engagés dans les laves & dans les différentes déjections volcaniques ; j'ai inféré en même - temps dans ce petit
vocabulaire une explication succinte de plusieurs termes usités en histoire naturelle, avec lesquels on n'est pas toujours bien familier. Cet
examen préliminaire ne sera pas inutile aux personnes même les plus ver-
sées dans cette science ; elles sauront du moins par-là le sens que j'ai
voulu attacher aux mots.

AGATE.

J'entends par ce mot en général une substance rapprochée du quartz,
mais qui en differe en ce que les molécules qui la composent sont moins
pures & moins homogenes. L'odeur sulphureuse qui se fait sentir lorsqu'on
frotte deux de ces pierres l'une contre l'autre, annonce la présence d'un
principe phlogistique, que la calcination détruit. Les agates jettent
abondamment des étincelles lorsqu'on les frappe avec l'acier ; elles se
trouvent pour l'ordinaire en masses, disperfées & arrondies, & font souvent recouvertes d'une croûte formée par une pâte grossiere de la même
matiere : elles font luisantes dans leurs fractures. Je ne prétends donner
ici que des caracteres généraux sur les agates, il nous reste beaucoup de recherches à faire sur ce genre de pierre qui n'est pas encore bien connu ;
mais en attendant que quelque habile naturaliste ait découvert des caracteres particuliers, constans & invariables dans les agates, propres à les
faire reconnoître d'une maniere positive, je rangerai dans la même classe les
pierres suivantes ; l'opale [a], le girafol [b], le cacholong [c], la calcédoine [d],
la cornaline [e], la sardoine [f], le prafe ou chryfoprafe [g], l'agate onix [h],
le caillou d'Égypte [i], le silex pierre à fusil [k], & même les différentes
especes de jaspes, quoiqu'ils soient plus opaques que les agates, & moins
brillans dans leur fracture.

ALUMINEUSE. *Terre, pierre alumineuse.*

La terre alumineuse est celle qui fait la base de la serpentine, du
kaolin, de l'argile, de l'ardoise, du mica, des basaltes, &c. » Cette terre

---

[a] *Silex opalus paderota. Linn. 68. 6. b.*
[b] *Silex opalus receptus. Linn. 68. 6. a.*
[c] *Cacholong. Cronst. §. 57 & 62. Silex petro-*
silex. Linn. 70. 11.
[d] *Silex calcedonius. Linn. 69. 8.*
[e] *Silex carneolus. Linn. 69. 9.*
[f] *Silex sardus. Linn. 68. 5.*

[g] *Nitrum fluor viride pallidior. Linn. 85. 3. n.*
An silex rupestris virescens. Linn. 70. 12.
[h] *Silex onix. Linn. 69. 7.*
[i] *Silex hæmachus. Linn. 68. 4.*
[k] *Silex cretascens & pyromachus. Linn. 67. 1. 2.*
Lapis corneus. Cronst. §. 54 & 61. pyromachus.

» qui fert de bafe à l'alun, dit M. Sage, page 64 de fes *élémens de miné-*
» *ralogie*, tome I, n'eft pas vitrifiable par elle-même, ni par le moyen
» du verre de plomb : elle reffemble en ce point à la terre abforbante....
» Quelques chymiftes ont avancé que la terre de l'alun étoit vitrifiable
» & de la nature du quartz ; ils ont cru démontrer ce qu'ils avançoient
» parce que la terre féparée du *liquor filicum* par l'acide vitriolique ,
» a les propriétés de la terre de l'alun , ce qui eft très-vrai ; mais
» cette terre , de même que celle de l'alun , n'a pas la propriété de
» fe vitrifier lorfqu'on la fond avec du *minium* ; les chymiftes n'ont pas
» fait attention que durant la fufion des cailloux avec trois parties d'al-
» kali fixe, le quartz fe décompofoit & qu'il étoit reporté prefque à l'état
» de terre abforbante ; c'eft ce qu'avoit très-bien vu M. Pott qui dit ,
» dans fa lithogéognofie, que la terre précipitée du *liquor filicum*, de
» terre vitrifiable & d'infoluble qu'elle étoit auparavant par les acides,
» eft devenue alkaline, puifqu'elle fe diffout dans les acides.

Quoique les terres alumineufes ne foient pas vitrifiables lorfqu'elles
font pures , elles le deviennent toutes les fois qu'elles contiennent du
fer. Ainfi, il ne faut pas être furpris fi le bafalte, fi certaines argilles, fi
certains fchiftes colorés par le fer font fufibles & vitrifiables.

Il exifte plufieurs pierres formées par la terre alumineufe, telles que
les tripoli, les pierres de Cos ou les pierres à razoirs, les pierres ollaires,
les ferpentines, les gabbro des Florentins , &c. Pour connoître fi une
pierre eft à bafe de terre d'alun , il faut diftiller une partie de nitre avec
deux parties de la matiere qu'on veut éprouver : fi l'acide nitreux fe
dégage de fa bafe , c'eft une annonce que la terre donnera de l'alun. Le
procédé pour faire de l'alun avec cette terre eft dans tous les bons livres
de chymie.

APYRE. *Apyrus.*

Se dit des pierres ou des terres qui réfiftent au feu le plus violent ;
fans y être changées ni en verre, ni en chaux.

BRECHE. *Saxum primigenum* ; LINN. 80. 37. *Breccia calcarea* ;
CRONST. §. 271.

On défigne par ce nom des pierres formées par un affemblage de
morceaux réunis, de la même nature, de grandeur & de couleur différente : ceci a befoin d'un exemple. Une maffe de pierre calcaire, compofée d'une multitude de fragmens de différentes pierres également calcaires, jointes & aglutinées par le fuc lapidifique, peut & doit être
nommée une *breche* calcaire : fi la pierre eft d'un grain fin, ferré &
fufceptible de poli & de plufieurs couleurs, c'eft une *breche* dans la claffe
des marbres. Il ne faut pas reftreindre ce mot aux marbres ou aux fimples
pierres calcaires : il peut y avoir des breches calcaires mélangées de divers cailloux, qui réfiftent aux acides, & en ce cas il faut en faire mention.
Il y a encore des breches entiérement compofées de matieres de la nature
des filex, des jafpes, &c. Il importe effentiellement, lorfqu'on veut faire
connoître une *breche*, de faire mention de l'efpece & de la qualité des
pierres qui la forment.

CALCAIRE. *Pierre , terre calcaire.*

S'il falloit entrer dans des détails chymiques fur les terres & fur les pierres calcaires, cet article feroit trop long ; je me contente d'envifager ces fubftances feulement en naturalifte. C'eft à l'aide des acides, particuliérement de l'acide nitreux, qu'il eft facile de connoitre les matieres calcaires qui doivent, lorfqu'elles font pures, être entiérement folubles avec effervefcence dans l'eau-forte , la craie , le *guhr* ou *craie coulante*, les fubftances que les anciens naturaliftes ont nommées improprement *farine foffile, lait de lune, agaric minéral* : ce que les minéralogiftes du Nord ont appellé *finter*, ne font que des terres calcaires plus ou moins folides , légeres ou pefantes , plus ou moins friables , ou poreufes. La pierre calcaire ne differe de la craie & des autres terres calcaires, que parce que fes parties ont plus de confiftance & d'adhéfion, & qu'elles forment des maffes folides. Les marbres ne font que des pierres calcaires fufceptibles de poli, mélangées de différentes terres colorées par des fubftances métalliques : il y a des marbres & des pierres calcaires de toutes les couleurs.

Un fentiment généralement adopté dans ce moment par les naturaliftes , les chymiftes & les phyficiens , c'eft que toutes les matieres calcaires doivent leur origine à des fubftances animales marines.

Lorfqu'on expofe les matieres calcaires à un feu foutenu , elles s'y calcinent , perdent à peu-près la moitié de leur poids & fe convertiffent en chaux, qui, lorfqu'elle eft nouvellement faite, imprime fur la langue une faveur cauftique. La chaux eft foluble dans l'eau, & on s'en fert pour faire le mortier qu'on emploie dans les bâtimens , en la mêlant avec le fable ; on en fait divers cimens , foit avec la brique pilée, ou encore mieux avec la pouzzolane pour les ouvrages fous l'eau.

CHAUX METALLIQUES.

Lorfqu'on dépouille un métal par la calcination ou par les autres procédés ufités en chymie , de fon phlogiftique, la terre qui refte eft celle qui eft propre au métal, & qu'on nomme *chaux* ou terre de tel ou tel métal. Pour porter cette terre à l'état métallique, il ne s'agit que de lui reftituer le phlogiftique qu'on lui a enlevé , ce qui eft facile en la revivifiant à l'aide de la pouffiere de charbon, ou d'autres matieres inflammables.

CHRYSOLITE DES VOLCANS.

La chryfolite eft une pierre dure, d'un verd clair, tirant fur le jaune, ne perdant point fa couleur au feu le plus violent, fe vitrifiant à fa furface, felon M. Sage , mais fans fe déformer. Sa cryftallifation , lorfque cette pierre eft parfaite, eft un prifme à fix côtés inégaux, terminé par deux pyramides quadrilateres cunéiformes. Voilà la defcription de la chryfolite d'Orient, qui eft rangée dans l'ordre des pierres précieufes. Celle que je nomme *chryfolite des volcans*, qui eft en grains irréguliers, offre une multitude de petits fragmens d'une pierre cryftalline , qui ont la couleur, la dureté & les autres caracteres de la véritable chryfolite ; mais en même-temps la chryfolite des volcans réunit tant d'autres accidens & des caractères fi variés , qu'elle mérite de faire une claffe à part. Je ne l'appelle *chryfolite des volcans* que parce qu'elle fe trouve abondamment dans les laves & dans certains bafaltes, & pour la diftinguer de la première ; je fuis fort éloigné de lui attribuer une origine volcanique. Comme perfonne n'eft encore entré dans aucun détail fur cette pierre qui fe trouve en gros fragmens irréguliers dans quelques bafaltes du Vivarais, où j'ai été à portée d'en examiner un grand nombre d'échantillons, je vais la décrire avec fes accidens & toutes fes variétés.

Quoiqu'on puiffe voir a l'œil nud la contexture de cette pierre, il vaut beaucoup mieux faire ufage d'une bonne loupe; les objets font plus faillans, plus diftinêts & rien n'échappe. On voit d'abord qu'elle eft compofée d'un affemblage de grains fablonneux, plus ou moins fins, plus ou moins adhérens, raboteux , irréguliers, quelquefois en efpece de croûte, en petites écailles graveleufes, mais le plus fouvent en fragmens anguleux qui s'engrainent les uns dans les autres. La couleur de ces grains eft variée; les uns font d'un verd d'herbe tendre & agréable, d'autres d'un verd clair tirant fur le jaune, couleur de la véritable chryfolite; quelques-uns font d'un jaune de topaze, certains d'une couleur noire luifante, femblable à celle du fchorl, de forte que dans l'inftant on croit y reconnoître cette fubftance, mais en prenant au foleil le vrai jour de ces grains noirs, & en les examinant dans tous les fens, on s'apperçoit que cette couleur n'eft due qu'à un verd noirâtre qui produit cette teinte fombre & foncée.

Il y a des chryfolites qui paroiffent d'un jaune rougeâtre ochreux à l'extérieur; je me fuis apperçu, en les examinant avec foin, que cet accident eft dû à une altération occafionnée dans les grains jaunâtres qui fe décompofent en partie, & fe couvrent d'une efpece de rouille ferrugineufe.

On trouve des chryfolites moins variées dans leurs grains & dans leur couleur: on voit non loin de *Vals*, un bafalte très-dur qui en contient de gros noyaux très-fains & très-vitreux, prefque tous d'un verd tendre, légérement nuancés de jaune, on y remarque feulement quelques grains un peu plus foncés , qui fe rapprochent du noir.

La chryfolite des volcans eft en général plus péfante que le bafalte ; elle donne des étincelles lorfqu'on la frappe avec le briquet. On en trouve dans les bafaltes de *Maillas*, non loin de *S. Jean-le-Noir*, dont les grains font fi adhérens qu'ils paroiffent ne former prefque qu'un feul & même corps; j'en ai fait fcier & polir des morceaux qui pefent quatre livres; ils font d'une grande dureté, & ont pris un poli affez vif, mais un peu étonné à caufe de leur contexture, formée par la réunion d'une multitude de grains qui, quoique fortement liés, ne font cependant pas un enfemble, un tout parfait.

Cette fubftance eft des plus réfraêtaires ; le feu des volcans ne lui a occafionné aucun changement fenfible : j'ai des laves du *cratere de Montbrul* , réduites en fcories, qui contiennent de la chryfolite qui n'a fouffert aucune altération.

On trouve dans le bafalte de *Maillas* la chryfolite en fragmens irréguliers,

guliers , ou en noyaux arrondis ; il y en a des morceaux qui pefent jufqu'à huit ou dix livres, plufieurs paroiffent avoir été ufés & arrondis par l'eau avant d'avoir été pris dans les laves.

J'ai de la chryfolite en table, d'un pouce d'épaiffeur, fur 4 pouces de longueur & 2 pouces de largeur ; j'en ai envoyé de cette forme àM. Sage; elle fe trouve engagée dans une belle lave poreufe bleue du *cratere* de *Montbrul.*

C'eft auprès du village du *Colombier* en Vivarais qu'on trouve la chryfolite en groffe maffe dans le bafalte ; on en voit des morceaux qui pefent jufqu'à trente livres ; elle eft à très-gros grains qui varient dans leur couleur. Je poffede des colonnes qui en contiennent des noyaux beaucoup plus gros que le poing. J'ai envoyé à M. le comte d'Angiviller de la Billarderie un morceau de chryfolite du *Colombier*, qui pefe une douzaine de livres, très-curieux en ce qu'on voit qu'il affecte une cryftallifation pyramidale bien caractérifée, mais dont il n'eft pas aifé de déterminer les faces d'une maniere affirmative, parce qu'il y a une portion de ce cryftal monftrueux par fa groffeur, qui eft rompu; j'ai recommandé avec le plus grand foin fur les lieux, de rechercher de pareils morceaux & de me les faire parvenir. Il feroit curieux de trouver des cryftaux parfaits d'un auffi grand volume , & d'une fubftance qui n'eft pas encore à beaucoup près connue, & qui mérite d'être étudiée avec attention. Si mes occupations me le permettent, je me propofe quelque jour de faire un examen fuivi de cette fubftance, & de l'attaquer par différentes voies chymiques ; j'exhorte en attendant les naturaliftes qui font à portée de s'en procurer des échantillons, de l'obferver & de l'analyfer avec foin.

Cette pierre, malgré fon extrême dureté, a éprouvé le fort de certaines laves qui s'attendriffent, fe décompofent & paffent à l'état argilleux, foit à l'aide des fumées acides fulphureufes qui fe font émanées en abondance de certains volcans, foit par d'autres caufes cachées, qui enlevent & détruifent l'adhéfion & la dureté des corps les plus durs ; c'eft ici un des grands myfteres de la nature. On voit non loin du volcan éteint de *Chenavari* en Vivarais, une lave compacte qui s'eft décompofée & a paffé à l'état d'argille, de couleur fauve, qui contient des noyaux de chryfolite, dont les grains ont confervé leur forme & leur couleur, mais qui ont perdu leur coup d'œil vitreux, & qui s'exfolient & fe réduifent en pouffiere tendre fous les doigts; tandis que dans la même matiere volcanique argilleufe, on voit encore des portions de lave poreufe grife, qui n'ont pas perdu leur couleur & qui ne font que légérement altérées.

CUNÉIFORME. *Cuneiformis*, fait en forme de coin.

On dit une pierre *cunéiforme*; un cryftal *cunéiforme* ; le gypfe *cunéiforme* de Montmartre.

DENDRITES. *Dendrites.*

Les dendrites font des ramifications métalliques qui fe déployent en maniere de plantes dans l'intérieur ou fur la fuperficie de certaines pierres , telles que les agates , les fchiftes , &c. Ces pierres , qu'on nomme auffi *herborifées,* font autant de mignatures naturelles , qui imi-

tent des plantes, des buiſſons, des terraſſes, &c. mais qui n'ont abſolument qu'un rapport apparent avec les végétaux, dont elles rendent à peu-
près l'image ; les dendrites ne ſont en un mot que l'ouvrage accidentel
d'un fluide chargé de particules métalliques.

ENHYDRES. *Enhydros, enhydry.*

Ce ſont des cailloux, des eſpeces de pierres caverneuſes ou *géodes*,
pleines d'eau. Cette eau eſt ordinairement limpide, ſans goût, ſans
odeur, & de la plus grande pureté. On trouve près de Vicence, ſur une
colline volcanique, de petits cailloux creux, d'une eſpece de calcédoine
ou d'opale, dans leſquels il y a quelquefois de l'eau. Ces *enhydry* peuvent ſe monter en bagues, & comme ils ſont d'une ſubſtance tranſpa-
rente, on y voit très-diſtinctement l'eau qui s'y trouve renfermée.

FELD-SPATH. *Spathum fixum*, LINN. 50, 12, 14. *Spathum
campeſtre*, LINN. 50. 1.

Le feld-ſpath eſt une eſpece de quartz feuilleté, blanchâtre & demi-
tranſparent, quelquefois nuancé d'une teinte ferrugineuſe, moins dur
que le quartz pur, & donnant moins d'étincelles lorſqu'on le frappe
avec l'acier. On trouve quelquefois des cryſtaux de feld-ſpath en
parallélipipedes obliques. M. Sage a obſervé » que ſi l'on frotte deux
» morceaux de feld-ſpath l'un contre l'autre, il s'en dégage une odeur
» déſagréable & particuliere qui n'eſt point celle du quartz ordinaire,
» quoiqu'elle en approche ; mais ſi l'on a fait rougir cette même pierre,
» & qu'on la frotte après l'avoir laiſſé refroidir, elle ne répand plus
» de mauvaiſe odeur. »

FISSILE. *Fiſſilis.*

Se dit des pierres qui ſe fendent, qui ſe détachent facilement par
feuillets, qui ſe délitent par petites couches.

FLOS FERRI. *Stalactites flos ferri*, LINN. 183. 4.

C'eſt un nom très-improprement donné à une ſubſtance calcaire qui
ne contient pas un atôme de fer ; le *flos ferri* eſt une ſtalactite calcaire
rameuſe, très-agréablement diſpoſée en cylindres allongés qui ſe croiſent
& s'entrelaſſent en divers ſens, & d'un beau blanc.

GABBRO.

Le gabbro eſt une pierre très-rapprochée des ſerpentines, des colu-
brines, des pierres ollaires ; les Florentins lui ont donné depuis long-
temps le nom de gabbro.

Il y a des gabbro verdâtres ou jaunâtres avec des taches nuancées d'un
verd plus ou moins foncé ; d'autres ſont chargés de taches rougeâtres
demi-tranſparentes ſur un fond verdâtre ; on remarque dans pluſieurs
des mica de différentes couleurs. Le gabbro eſt une pierre qui ne fait
aucune efferveſcence avec les acides, & qu'on doit ranger dans la claſſe
des pierres à baſe de terre alumineuſe ou argilleuſe. Je ſais qu'il contient auſſi quelquefois de la même terre qui ſert de baſe au ſel de ſedlitz,
c'eſt-à-dire de la magnéſie, terre qui ne ſe trouve point dans l'argille
pure ; mais cette circonſtance accidentelle, ne doit pas faire rejeter le

gabbro du genre des pierres alumineufes. Prefque tous les gabbro préfentés au barreau aimanté le font mouvoir, ce qui annonce que le fer qui les colore y eft dans un état prefque métallique.

J'ai dans ma collection un très-beau gabbro d'Italie, d'une confiftance ·dure, d'un poli gras, mais très-éclatant, mêlé de diverfes nuances d'un rouge très-vif, fur un fond noir verdâtre, dans lequel on voit de petites lames de mica tirant fur le verd. Lorfqu'on examine, à l'aide d'une bonne loupe, les taches, les petites zones rouges jetées irrégulierement fur ce gabbro, on voit qu'elles font formées par une efpece de jafpe affez tendre du rouge le plus éclatant.

Un naturalifte qui a fait des recherches fur les volcans, donne le nom de *gabbro* aux différentes efpeces de fchorl en lames, en maffes, en cryftaux &c. Cette nouvelle dénomination, ou plutôt ce changement de nom ne peut tendre qu'à embrouiller la matiere & à y répandre de la confufion. Le mot gabbro eft déjà ancien dans l'hiftoire naturelle, l'ufage l'a confacré à défigner dans tout le Nord, dans l'Italie, & même en France, une pierre de la nature des ferpentines, tandis que le nom de fchorl, ou fchoerl, ou fchirl, eft affecté à la fubftance fur laquelle j'ai donné un mémoire particulier.

G AS.

C'eft une expreffion très-vague & même barbare, dont Vanhelmont s'eft fervi pour défigner différentes vapeurs; il fait mention du *gas feptique*, du *gas* falin, du *gas* terreftre, du *gas* des eaux minérales, du *gas* des fermentations &c. Ces gas ne font que les molécules émanantes des corps, les différentes efpeces d'*air fixe*, autre terme qui n'eft peut-être guere plus convenable que celui de *gas*.

GÉODES. *Ætites*.

On a donné ce nom à des pierres de différentes groffeurs, ordinairement ifolées, tantôt rondes, tantôt ovales, quelquefois même triangulaires ou de forme irréguliere, dans lefquelles eft une cavité fouvent tapiffée de cryftaux; il y a des *géodes* calcaires, argilleufes, quartzeufes, de la nature des filex &c. on trouve quelquefois dans l'intérieur de certaines géodes, des cryftallifations intéreffantes. J'en ai une dans mon cabinet, venue d'*Aurel* en Dauphiné près de Die, de forme ronde, d'une pâte grife très-fine, qui a l'apparence argilleufe, mais qui eft calcaire ; elle renferme une corne d'ammon calcaire, recouverte par des cryftaux brillans, ifolés & à deux pointes, d'une matiere de cryftal de roche très-fine & de la plus belle eau.

On trouve quelquefois dans des géodes, des cryftaux quartzeux, mêlés avec des cryftaux de fpath calcaire, ou féléniteux, ce qui annonce que la cryftallifation des pierres tient de très-près à l'harmonie de la cryftallifation des fels, dans laquelle chaque molécule fe rapproche de celle qui lui eft le plus analogue. *Voyez* ce que j'ai dit fur les géodes & fur les ætites à la page 110 & fuiv. de l'édition que j'ai donnée des œuvres de Bernard Paliffy, dans laquelle un M. Gobet s'eft permis, de fon autorité privée, d'inférer quelques notes ridicules & pleines d'injures contre M. de Voltaire & contre les auteurs de l'encyclopédie.

GRANIT. *Saxum granites.* LINN. 70. 19.

Le granit eſt une pierre ou roche compoſée, qui a pour baſe le *feld-ſpath*, c'eſt-à-dire, le quartz feuilleté, dans lequel eſt enveloppé le ſchorl noir ordinairement en lames, & quelquefois en priſmes ou en rayons, avec le mica. Le feld-ſpath graniteux eſt ſouvent blanc ou rou-geâtre, verdâtre ou demi-tranſparent. Le granit doit être compoſé de ces trois ſubſtances, le feld-ſpath, le ſchorl & le mica. Une pierre qui ne ſeroit formée que de feld-ſpath & de mica, ne ſeroit pas un granit parfait, il vaudroit mieux la nommer *feld-ſpath de telle ou telle couleur avec mica*. Le granit donne des étincelles lorſqu'on le frappe avec l'acier, & n'eſt point attaqué par les acides. Cette pierre, dont les Egyptiens ont fait des monumens ſi hardis & ſi durables, paroît être une des plus anciennes du globe a; elle ſe trouve en maſſes énormes & en grande abondance. Il y a des granits de différentes couleurs, quelques-uns ſont ſuſceptibles d'un aſſez beau poli.

GRENAT. *Borax granatus*, LINN. 96. 5.

C'eſt une pierre cryſtalliſée, placée dans l'ordre des pierres précieuſes : celui qu'on nomme oriental offre pluſieurs variétés de couleur; on nomme le grenat rouge, pur & ſans mêlange de couleur, *eſcarboucle*, celui qui eſt d'un rouge tirant ſur le jaune, *vermeille*, & le rouge tirant ſur le violet, *grenat Syrien*. Les grenats de Bohême ſont d'un rouge foncé preſque noir : ceux qu'on trouve dans les matieres volcaniques des environs d'*Expailly*, près du Puy en Velay, ſont d'un rouge plus lavé, vif & gai, & de la couleur des grains de grenade, d'où eſt venu peut-être originairement le nom de grenat.

Les grenats varient par leur forme; on en voit beaucoup de *dodé-caëdres*, à plans rhombeaux, &c. On peut conſulter, ſur leurs différentes cryſtalliſations, l'ouvrage de M. Deliſle, *cryſtallographie*, *page 272 & ſuiv*. On rencontre les grenats preſque toujours ſolitaires & détachés; on en trouve quelquefois de grouppés; il y en a qui ſont en-caſtrés dans le baſalte-lave, dans le quartz, le jaſpe, les talcs, les mica. Il y a des grenats groſſiers d'un gros volume; on en voit dans les cabinets qui peſent plus d'une livre. Les grenats expoſés à un feu vif & ſoutenu s'y convertiſſent en un émail d'un rouge noirâtre : ils doivent leur couleur au fer.

GRES. *Cos cotaria*, LINN. 61. 1.

Ce n'eſt autre choſe qu'une multitude de molécules quartzeuſes di-viſées, qui ont plus ou moins de cohérence entr'elles. Il y a des grès moins fins & plus groſſiers les uns que les autres; il y en a de très-compactes, de tendres, de poreux. Ils varient dans leur couleur; mais en général ils ſont blancs, griſâtres ou d'une couleur de rouille de fer. Il y a des grès coquilliers, d'autres ſont recouverts par des dendrites ferrugineuſes; j'ai vu de véritables empreintes de feuilles d'arbres dans un grès compacte du Languedoc. Le grès dur donne des étincelles lorſ-

---

a Je ne la regarde cependant pas comme une pierre primitive, puiſqu'elle eſt formée par la réunion de pluſieurs ſubſtances qui ſuppoſent une exiſtence anté-rieure, & qui montrent que le granit eſt une pierre de ſeconde formation.

qu'on

qu'on le frappe avec un briquet ; ceux qui font purs ne font aucune effervefcence avec les acides. Il y a des grès, tels que ceux de Fontainebleau & de Nemours,qui fe laiffent attaquer par les acides,parce qu'ils font mêlés de terre calcaire , & c'eft probablement à cette matiere calcaire qu'eft due leur cryftallifation en cubes rhomboïdaux.

G U H R.

Ce mot vient de l'allemand *guhren*, qui fignifie fourdre, fuinter, fortir de terre à la maniere des eaux. Les minéralogiftes du Nord ont donné ce nom à une craie que les eaux détrempant, tranfportent fous forme liquide dans l'intérieur des grottes fouterreines, dans des cavités ou vers la furface de la terre : guhr en un mot fignifie *craie coulante*. M. Linné l'a nommé *calx guhr*, & le confond avec le guhr gypfeux de Cronftedt, §. 14. Ce mot ftérile & peu fignificatif pourroit être facilement banni de l'hiftoire naturelle. Les mots *craie*, *matieres crétacées*, *matieres calcaires* font plus expreffifs, & rempliffent le même objet d'une maniere plus intelligible.

I N C R U S T A T I O N.

L'eau tenant en diffolution des matieres calcaires ou quartzeufes , les dépofe dans les fiffures des rochers , ou fur différens corps , & c'eft ce qu'on nomme incruftation. Les incruftations calcaires font en général les plus communes, parce que l'eau a beaucoup plus de facilité à diffoudre les fubftances de cette nature, que celles qui font vitrifiables. On voit beaucoup d'eaux minérales ou thermales former des incruftations d'une maniere affez prompte.

K N E I S *ou* G N E I S des Saxons.

C'eft une efpece de granit feuilleté , compofé de quartz , de feldfpath & de mica.

L A I T I E R.

Eft un verre quelquefois compacte , fouvent cellulaire, tantôt blanc, tantôt coloré , qui provient, dans la fonte des mines , des fubftances vitrifiables étrangeres à la mine. M. Linné appelle le laitier du fer, *pumex ferri*. L I N N. 181. 2.

M E N S T R U E.

C'eft un mot que la chymie a rendu relatif aux différentes fubftances qui ont la propriété de divifer, de décompofer les corps folides & d'en rompre l'aggrégation ; il peut être regardé comme fynonime avec *diffolvant* ; menftrue eft dérivé de l'adjectif latin *menftruus* , *a* , *um* , *d'un mois* , *de chaque mois* , *qui arrive tous les mois* ; Cicéron dit, *menftrua cibaria* , *vivres pour chaque mois*. Les anciens alchymiftes étoient dans la fauffe perfuafion qu'il falloit un mois aux diffolvans pour produire leurs effets, & ce mois, qui étoit le mois philofophique , étoit de quarante jours.

MICA. *Glimmer des Allemands. Mica membranacea.* LINN. 58. 1.

On a donné le nom de mica à une espece de pierre lamelleuse, ordinairement transparente, douce au toucher, se délitant facilement, & se divisant en feuillets très-minces, flexibles & brillans, ne faisant aucune effervescence avec les acides, & ne se fondant point à un feu violent. On distingue plusieurs especes de mica ; celui qui se détache en grandes feuilles, & qu'on nomme *verre de Moscovie*, est de couleur blanche argentine, ou d'un jaune clair : les Russes & d'autres nations l'employoient anciennement en place de verre. Celui qu'on trouve en très-petites écailles pulvérulentes & presque opaques, a été appellé *argent de chat*, lorsqu'il est blanc, & *or de chat* lorsqu'il est jaune. On se sert de l'un & de l'autre pour sécher l'écriture. Il y a encore des mica de différentes couleurs. M. Sage a fait des observations chymiques importantes sur les mica ; elles doivent trouver une place ici. Cette substance très-abondante dans les granits ne sauroit être trop connue. Cet habile chymiste divise les mica en trois especes. Mica *alumineux* ; mica *non alumineux* ; mica *en grandes feuilles*. Ecoutons-le lui-même.

P R E M I E R E   E S P E C E.

MICA ALUMINEUX.

» Il est difficile de distinguer à la vue le mica alumineux de celui qui
» ne l'est pas : l'espece dont je vais parler, crystallise en prismes à
» six pans tronqués ; exposée au feu, elle s'y exfolie sans se vitrifier ; lors-
» qu'on la distille avec deux parties d'acide vitriolique ; elle se réduit
» en une masse saline, qui se dissout entiérement dans l'eau, & qui,
» par l'évaporation, donne de l'alun.

» Si l'on fait bouillir une dissolution d'alun avec la terre nouvelle-
» ment séparée de ce sel, par le moyen de l'alkali fixe, on obtient un
» sel talqueux, brillant, insipide, assez semblable au mica : le résidu de
» la distillation de ce même sel avec l'acide vitriolique étant lessivé,
» produit aussi de l'alun.

» Je suis porté à croire, d'après ces expériences, que le mica alumi-
» neux, n'est que de l'alun saturé de sa terre. Ce mica alumineux est
» plus propre à décomposer le nitre, que ne le font l'argile & le kaolin ;
» l'acide qu'on obtient par son intermede est aussi plus coloré. On doit
» considérer la *molybdene*, comme un mica martial & alumineux.
» M. Delisle a fait connoître dans un mémoire qu'il a lu à l'académie,
» que par la cohobation avec l'acide vitriolique, on convertissoit une
» partie de la molybdene en alun. M. de Romé Delisle a dans sa col-
» lection de mineraux, de la molybdene crystallisée en segment de
» prismes hexagones comme le mica. »

D E U X I E M E   E S P E C E.

MICA NON ALUMINEUX [a]. *Mica argentea & aurata.* LINN. 58. 3 & 4.

» Cette espece se trouve en petits feuillets brillans, ordinairement

---

a Peut-être fourniroit-il de l'alun, si l'on recohoboit dessus de l'huile de vitriol, comme M. Delisle l'a fait pour la molybdene.

» opaques & diverfement colorés ; il y en a de blanc, de jaune, de vert,
» de rougeâtre & de noirâtre, & on le nomme quelquefois d'après fa
» couleur, *or* ou *argent de chat*.

» Pour féparer ce mica des terres étrangeres avec lefquelles il eft
» fouvent mêlé, il faut le laver dans beaucoup d'eau ; le mica, comme
» plus leger, y refte plus long-temps fufpendu, tandis que les autres
» terres fe précipitent.

» On trouve à Feucherolles, village fitué à une lieue de la forêt de
» Marly, une petite montagne compofée de mica, de fable rougeâtre
» & de géodes martiales de la même couleur. Ce mica ne me paroît
» être autre chofe que le mica alumineux qui a éprouvé de l'altération.
» Ce qu'il y a de certain, c'eft que ce dernier devient brillant après avoir
» été calciné, & qu'alors il n'a plus la propriété de fournir de l'alun
» quand on le diftille avec de l'acide vitriolique ; il reffemble en cela au
» mica non alumineux : la terre martiale rouge avec laquelle celui-ci
» fe rencontre d'ordinaire, femble confirmer ce que j'avance, car l'ochre
» martiale ne prend jamais cette couleur qu'après avoir éprouvé l'action
» du feu. »

T R O I S I E M E   E S P E C E.

MICA EN GRANDES FEUILLES, *dit* verres de Mofcovie. *Mica membranacea*. LINN. 58. 1.

» C'eft un mica tranfparent, non alumineux, flexible, élaftique, qui
» lorfqu'on l'expofe au feu, s'y exfolie, devient blanc, opaque & bril-
» lant ; chaque petit feuillet qu'on détache du verre de Mofcovie, cal-
» ciné, eft tranfparent. La grandeur des feuilles de ce mica varie beau-
» coup ; j'en ai qui ont deux pieds & demi de longueur, fur un pied de
» largeur ; celui qu'on trouve dans les granits & dans les argiles eft fou-
» vent en lames fi petites, qu'on a de la peine à les diftinguer. Ces
» différentes efpeces de mica ne fe vitrifient point au feu le plus violent. »

MOUFETTES. *Halitus minerales.*

La décompofition des minéraux produit fouvent dans les vuides fouterreins, des émanations volatiles qui détruifent l'air. Ce font ces vapeurs invifibles qu'on a nommé moufettes ; elles font ou inflammables,
ou acides : dans le premier cas on les reconnoît facilement en defcendant une lumiere dans les lieux qui en font infectés ; elles ne tardent
pas à s'enflammer avec explofion, & dès-lors le danger eft paffé : fi elle
font acides, la lumiere s'éteint promptement ; on s'expoferoit aux plus
dangereux accidens en entrant dans des fouterreins rempli de pareilles
vapeurs. Ces dernieres font nommées *air fixe*, tandis que les premieres
font appellées *air inflammable*. On a trouvé l'art de produire artificiel-
lement dans les laboratoires de chymie, ces différentes efpeces d'exhalaifons. Les mots *moufettes* ou *pouffe*, *mephitis*, *feu brifon* ou *terron*,
ballon, &c. ont été donnés par les mineurs à ces *gas* dangereux.

PIERRE A POLIR. PIERRE NAXIENE. PIERRE A RASOIR.
Schiftus olearius. LINN. 39. 11.

Cette pierre, d'une confiftance affez tendre lorfqu'elle fort de la car-

riere, s'endurcit enfuite ; elle eft de différente couleur, mais ordinairement d'un gris ou d'un blanc jaunâtre ; le grain en eft fin & compacte ;
on s'en fert avec l'huile pour aiguifer les rafoirs & autres inftrumens d'a-
cier : cette pierre ne fait aucune effervefcence avec les acides, & a
pour bafe une terre alumineufe.

P O R P H Y R E, du mot grec πφφύρα, P O U R P R E. *Saxum porphyrius.*
LINN. 72. 1.

Le porphyre eft une pierre compofée, formée par une pâte de la
nature du jafpe pourpre, parfemée d'une multitude de petits cryftaux
de feld-fpath blanc, fi toutes fois on peut appeller cryftaux des fragmens
de feld-fpath de diverfes formes, parmi lefquels on diftingue à la vérité
affez fouvent de petits quarrés longs. La couleur du fond du porphyre
varie. Il y a des porphyres à fond verd, connus fous les noms d'ophites,
de porphyre verd antique. La couleur des porphyres, qui varie quelquefois, eft due au fer. Ces pierres ne font aucune effervefcence avec les
acides, font d'une grande dureté, & fe fondent lorfqu'on les expofe à
un feu violent.

P O U D I N G U E. *Saxum filicinum*, LINN. 80. 39.

Eft une breche formée en cailloux arrondis, foit d'une même qualité, foit de diverfes efpeces.

P Y R I T E S. *Pyrites.*

Les pyrites font des fubftances compofées par la nature, où le foufre
uni aux différentes matieres minérales, joue un grand rôle. Les pyrites
font différemment cryftallifées, plus ou moins brillantes, dures ou
compactes & de diverfes couleurs, en raifon des minéraux qui les conftituent. On diftingue les pyrites arfénicales, cubiques, les pyrites arfénicales à facettes hexagones & brillantes, les pyrites cuivreufes, &c.
Les plus abondantes fans doute & les plus multipliées font les pyrites
martiales ; elles font répandues avec une profufion étonnante dans le
fein de la terre, & on les trouve même quelquefois par bancs affez
étendus. Les pyrites peuvent s'enflammer au moyen de l'eau, c'eft
pourquoi la plûpart des naturaliftes font d'avis qu'elles donnent naiffance aux feux fouterreins & aux volcans ; opinion que je difcuterai en
fon lieu.

Q U A R T Z.

M. Sage confidérant le quartz fous fes propriétés chymiques, l'a divifé en onze efpeces différentes, dont je vais donner ici la notice.

1. Quartz en prifmes hexahedres, terminés par des pyramides hexahedres, cryftal de roche. 2. Cryftal de roche de Madagafcar. 3. Améthifte
ou cryftal de roche violet. 4. Quartz rougeâtre & opaque, hyacinthe de
Compoftelle. 5. Topaze de Bohême, ou cryftal citrin. 6. Quartz grenu.
7. Quartz avec des cavités régulieres. 8. Quartz feuilleté, feld-fpath,
pétuntfé des Chinois. 9. Quartz opaque & cellulaire, pierre meuliere.
10. Quartz grenu, opaque, grès ou queux. 11. Quartz en poufliere,
fable ou fablon.

Toutes

Toutes ces divisions tendent à mettre de l'ordre dans une collection d'histoire naturelle. Ces matieres sont à peu-près les mêmes quant au fond, & ne different que par certaines modifications. Le quartz est dur, pesant, d'un éclat vitreux, résiste aux acides les plus forts, & donne beaucoup d'étincelles lorsqu'on le frappe avec un briquet; il est plein de gerçures dans ses cassures : on le trouve ordinairement dans les fissures des montagnes, contre les parois des cavernes, dans certaines géodes, &c. Le quartz ne se fond pas au feu le plus violent si l'on n'y joint un intermede. Si on le fond avec trois parties d'alkali fixe, il devient soluble dans l'eau ; les chymistes ont nommé cette dissolution, *liquor silicum*. M. Sage pense que le quartz est un sel neutre composé d'acide vitriolique & d'alkali fixe, ce qui forme un tartre vitriolé naturel. C'est pour appuyer cette théorie que ce chymiste explique, d'une maniere ingénieuse, la décomposition du grès qui a lieu dans les rues très-fréquentées. Voici comment il s'exprime.» Le grès dur qu'on emploie pour paver
» les rues de Paris, se décompose par le moyen des matieres putréfiées
» & par l'intermede du fer & de l'eau; durant cette altération, une
» partie de l'acide vitriolique du quartz se combine avec le phlogistique
» des matieres putréfiées, & il en résulte du soufre; celui-ci s'unissant
» à l'alkali volatil, produit par les matieres putréfiées, forme un foie
» de soufre volatil qui dissout une partie du fer laissé sur le pavé par
» les cercles des roues & les fers des chevaux; ce foie de soufre com-
» biné avec le fer & dissout par l'eau, pénetre le grès & lui donne une
» couleur d'un bleu noir, en même-temps qu'il altere sa solidité; le
» sable qui se trouve sous ces pavés est noirci à plus de 10 pouces de
» profondeur, & répand une odeur bien sensible de foie de soufre décomposé. » *Elémens de minéralogie, tome I, pages 244 & suiv.*

Il y a quelque légere différence entre le crystal de roche & le quartz, quoique la crystallisation soit la même quant au nombre des faces de la pyramide. Le quartz crystallisé offre assez constamment une multitude de pyramides hexagones réunies, partant d'une masse solide & irréguliere, sans prismes, tandis que le crystal de roche se développe en prismes hexagones alongés, distincts & séparés, avec une pyramide à six cotés : on distingue souvent sur les druses de crystal de roche, des crystaux parfaits à deux pointes, ce qui peut être considéré comme le complément d'une crystallisation achevée. Je regarde donc le crystal de roche comme formé par une matiere analogue à celle du quartz crystallisé, mais beaucoup plus pure & plus homogene. On pourroit peut-être me faire observer que ce sont des circonstances locales qui ont empêché le quartz de se crystalliser en longues aiguilles, ainsi que le crystal de roche; mais les expériences de M. Darcet serviront de réponse à cette objection; en effet, ce chymiste a très-bien observé que le quartz blanchit & perd sa transparence au feu, au lieu que le crystal de roche & les crystaux à deux pointes, connus sous le nom de *faux diamans* & de *fausses hyacintes*, y conservent leur transparence & quelquefois leur couleur. J'ai suivi, dans l'arrangement de mon cabinet, l'ordre indiqué par M. Sage; mais j'y ai joint une division de plus, car j'ai placé entre sa cinquieme & sa sixieme espece, c'est-à-dire, avant le *quartz grenu*,

le *quartz plus ou moins transparent, crystallisé en pyramide hexagone sans prismes.*

SCHISTE. *Schistus solidus*, LINN. 38. 6. *Schistus communis, idem* 39. 10.

Toutes les fois qu'un mot trop général ne présente pas des idées nettes & invariables des objets auxquels il est consacré, il est fait pour occasionner des difficultés & des embarras dans la science, & tend par là à en reculer les progrès. Le mot de schiste se trouve malheureusement dans ce cas, c'est pourquoi plusieurs naturalistes en ont fait usage dans divers sens. Ce terme, dans la stricte regle, étoit applicable en général à toutes les pierres qui se séparent par lames & par feuillets; mais ce mot technique porte sur des substances trop variées, & ne désigne absolument qu'une qualité accidentelle qui ne se rapporte qu'à la forme : en effet, il y a des matieres argilleuses calcaires, alumineuses, & même quartzeuse feuilletées, qui different totalement les unes des autres; il est donc évident que si ce mot étoit applicable à toutes, il jetteroit dans la plus grande confusion. Cependant ce mot est ancien, il est admis par l'usage, & adopté par la pluralité des naturalistes : il ne seroit donc pas à propos de le rejeter; on peut donc le laisser subsister avec certaines modifications. Je penserois que le mot de schiste ne doit être appliqué qu'à des pierres d'une nature argilleuse, alumineuse, ou rapprochées de certains feld-spath, & que les matieres calcaires fissiles, quoique feuilletées, ne doivent jamais être rangées dans la classe des schistes; elles ont des caracteres trop remarquables & trop constans pour pouvoir être confondues avec eux. Il est des circonstances cependant où en décrivant des pierres calcaires, établies & posées par feuillets minces & fissiles, on pourroit ajouter que ces pierres *sont formées à la maniere des schistes, quoique de nature différente.*

Voici comment je considérerois les caracteres des schistes; il me paroît, d'après la notice que je vais en donner, qu'il ne sera pas difficile de les placer chacun dans leur rang, lorsqu'on voudra en faire des suites. Comme les bornes de ce petit vocabulaire ne me permettent pas de m'étendre beaucoup, je ne donnerai ici que trois grandes divisions dans lesquelles on pourra choisir les divisions particulieres, applicables à bien des cas.

SCHISTE MICACÉ. *Schistus argillaceus, lamellosus, fibrosus, vel solidus, micaceus aut talcosus, cinereus pallidè virescens, vel albus.*

Ces schistes sont quelquefois en feuillets ou en lames irrégulieres; il y en a de fibreux qui ressemblent à du bois pétrifié; ils varient dans leur couleur; j'en ai vu de gris cendré, de gris obscur, de bleuâtre, de verd pâle, d'autres qui se rapprochent du jaune & du blanc; il y en a même de rougeâtres; ils sont plus ou moins parsemés de petites lames de mica, argenté ou couleur d'or. On en trouve dans les environs de Toulon, au quartier de *la Malgue*, qui sont doux & savonneux au toucher, ce qui est occasionné par l'abondance d'un mica, ou d'un talc pulverulent qui y domine : à coté de ceux-ci, on en remarque d'un blanc

verdâtre, qui, loin d'être gras & onctueux, font au contraire fecs &
comme friables; le talc qu'ils renferment femble avoir fouffert quelque
altération; ce font des efpeces de talcites. Les fchiftes micacés font plus
ou moins durs; ils n'ont cependant pas en général une confiftance trop
folide; ils fe détachent en tables ou en mafles irrégulieres; il y en a
qui fe détruifent naturellement, s'effleuriffent ou tombent en écailles.
On trouve dans les fchiftes de cette divifion des pyrites cubiques, ou
en nœuds irréguliers, & quelquefois des dendrites métalliques: je n'y
ai jamais apperçu de corps marins. Les bancs de ces fchiftes, qui font
fouvent ondulés & peu réguliers, font traverfés & coupés en divers
fens par des veines de quartz blanc ou ferrugineux.

SCHISTE ARDOISÉ. *Schiftus ardefia*, LINN. 38. 5.

La couleur de ce fchifte eft d'un gris noirâtre ou bleuâtre. Cette
pierre fe divife affez facilement par feuillets; on en fait ufage pour couvrir les maifons ou pour faire des tables; elle durcit confidérablement
à l'air & y devient fonore; elle eft imperméable à l'eau. Les fchiftes
ardoifés ne font pas tous d'une qualité égale; on en trouve de fragiles
qui n'ont pas affez de confiftance, d'autres s'effleuriffent à l'air & tombent en petites écailles; il y en a qui font un peu d'effervefcence avec les
acides, & qui contiennent des matieres calcaires; celles-là ne font pas
pures. On rencontre quelquefois dans les fchiftes ardoifés des empreintes de végétaux, des cornes d'ammon, des cruftacés; on y voit également des pyrites cubiques ou globuleufes, des dendrites ferrugineufes,
& même des cryftaux de gypfe blanc étoilé.

Je ne fais fi on doit regarder comme un véritable fchifte la pierre
noire & friable dont fe fervent les artifans pour tracer leur ouvrage:
j'aimerois mieux la renvoyer parmi les bols noirs argilleux.

SCHISTE BLANCHATRE. PIERRE A POLIR. PIERRE A
AIGUISER LES RASOIRS. *Schiftus olearius*, LINN. 39. 11.

Comme cette pierre eft de nature argilleufe & qu'elle fe délite par
feuillets, je la claflerai parmi les fchiftes; mais il feroit à defirer qu'elle
fût examinée & analyfée avec attention; il faut éviter fur-tout de la
confondre avec une autre efpece de pierre à polir & à aiguifer qui vient
du Levant, & qui eft formée par un quartz pulvérulent aglutiné, très-fin.

On trouve dans certaines parties des Alpes & dans le Vivarais, fur
la *gravene de Theuyts*, des pierres tantôt noires, tantôt grifes ou verdâtres, qui fe détachent par feuillets; elles font formées d'une matiere
argilleufe, mêlée d'une multitude de petites lames de fchorl noir ou verdâtre. Quelques auteurs ont défigné ces pierres fous le nom de *roche de
corne*, de *pierre cornée*, &c. Je crois qu'il feroit bon d'examiner fi on ne
devroit pas les placer parmi les fchiftes, & en faire une efpece qu'on
nommeroit *fchiftes à lames de fchorls* de telle ou telle couleur: puifqu'on
a fait un fchifte micacé, rien n'empêcheroit qu'on ne diftinguât un fchifte
fchorlique, s'il m'eft permis de hafarder ce mot.

Voyez, fur les propriétés chymiques des fchiftes, M. Sage, *élémens
de minéralogie*, tome I, pages 182 & fuiv.

SCHORL, SCHOERL, SCHIRL, COCKLE, ou COLL des Anglois.
Borax bafaltes atrum & viride, LINN. 95. 3. a. b. *Bafaltes martialis*,
CRONST. §. 72. 73. 74. 75.
Voyez le mémoire que j'ai donné fur les fchorls, *pag.* 85.

SPATH. *Spars fignificant fluores*, BOYLE, *de origine gemmarum.*
Il n'y a pas long-temps qu'il régnoit une grande confufion dans la
nomenclature des fpaths ; mais avec de la peine & des recherches, on
eft enfin venu à bout de mettre de la clarté, de l'ordre & de la méthode
dans une partie auffi intéreffante.

J'ai fouvent entendu demander à des perfonnes qui étudient l'hiftoire
naturelle : *quelle eft donc la maniere la plus fimple & la plus aifée de
reconnoître les différens fpaths ?* Je crois qu'on pourroit répondre de la
maniere fuivante :

Les différens fpaths, quoique cryftallifés fous une multitude de
forme, peuvent fe claffer fans confufion fous trois grandes divifions.

　　1. Les fpaths calcaires.
　　2. Les fpaths fluors, vitreux, ou phofphoriques.
　　3. Les fpaths féléniteux.

Le fpath calcaire fait conftamment effervefcence avec les acides.

Le fpath vitreux ou fluor n'eft point attaqué par les acides, & fe
trouve ordinairement cryftallifé en cubes ; réduit en poudre & jeté fur
les charbons ardens, il répand une lumiere nuancée, très-vive ; il eft
vrai que lorfqu'il eft blanc ou jaune, ce phénomene n'a pas lieu.

Le fpath féléniteux ne fait aucune effervefcence avec l'eau-forte, &
ne produit aucune lumiere lorfqu'on le jette en poudre fur les charbons
ardens.

Suppofons à préfent, d'après ce court énoncé, que ne connoiffant
pas les fpaths, je veuille m'attacher à diftinguer les trois efpeces dont
je viens de parler, qu'on me préfenteroit mêlées & confondues.

Je commencerois d'abord par toucher les trois échantillons avec de
l'acide nitreux ; celui qui en feroit attaqué avec effervefcence, feroit
inconteftablement le fpath calcaire ; point de difficulté à ce fujet ; je
pourrois le nommer en toute affurance fpath calcaire en maffe, ou cryftallifé de telle ou telle maniere. Quant aux deux autres qui auroient réfifté à l'acide, j'en prendrois des fragmens que je réduirois féparément
en poudre, & je les répandrois fur les charbons ardens ; la lueur phofphorique, qui ne tarderoit pas à fe montrer, m'apprendroit à reconnoître le fpath vitreux ou fluor : le troifieme feroit néceffairement le
fpath féléniteux.

Il peut fe préfenter ici une difficulté dont il faut que je prévienne le
lecteur ; en effet, fi le fpath vitreux qu'on met en épreuve, eft blanc ou
jaune, on ne verra point de lueur phofphorique, & dès-lors on fe trouvera embarraffé ; mais il reftera plufieurs reffources affurées. Premierement, fi le fpath fluor que vous examinez eft cryftallifé, la forme cubique
de fes cryftaux vous fervira de guide. Secondement, le fpath vitreux,quoi-
qu'en maffe, eft beaucoup plus transparent & plus cryftallin que le fpath
féléniteux. Troifiemement, l'analyfe, s'il le faut, deviendra la bouffole.

la

la plus affurée; en calcinant à feu ouvert ce fpath féléniteux à travers les charbons, il acquerra la propriété de fe charger de la lumiere & de la répandre dans l'obfcurité : enfin, il y a plufieurs autres moyens indiqués par M. Sage qui peuvent fervir à diftinguer d'une maniere non-équivoque le fpath vitreux d'avec le fpath féléniteux. Voyez à ce fujet la page 156 & fuiv. du tome I des *élémens de minéralogie* de ce chymifte.

Je vais dire encore un mot ici des fpaths.

Le fpath qui fait effervefcence avec les acides doit-être regardé comme la pierre calcaire la plus pure; il produit, par la calcination, la meilleure qualité de chaux, & décrépite lorfqu'on l'expofe au feu. Ce fpath prend, dans fa cryftallifation, une grande variété dans les formes ; la rhomboïdale eft cependant la plus commune. M. Sage a divifé fes cryftallifations en treize efpeces différentes, fans y comprendre les in-cruftations, les géodes calcaires, les *ludus helmontii* qu'il a placé à la fuite des fpaths calcaires cryftallifés.

Le fpath fufible eft felon M. Sage un fel neutre formé par la terre calcaire, faturé d'acide phofphorique : il eft connu fous le nom de *fpath fufible*, de *fluor*, de *fpath vitreux*, & quelquefois même de *fpath cubique*, parce qu'il affecte fouvent cette forme dans fa cryftallifation. On le nomme *fpath fufible & fluor* parce qu'il eft employé comme fondant dans le traitement des mines, & *vitreux* parce qu'étant d'une pâte ferrée, & vitreufe, il a l'apparence du verre lorfqu'on le caffe ; il a fouvent l'éclat de plufieurs efpeces de pierres précieufes.

Il y a du fpath vitreux jaune, blanc, rouge, bleu, verd & violet; cette pierre, quoique peu dure, eft fufceptible d'un affez beau poli; elle feroit de la plus grande beauté, mife en œuvre, fi fon tiffu ne paroiffoit pas toujours un peu *gerçé* & *étonné*; elle ne s'altere prefque pas, même au feu le plus fort, qui ne la vitrifie jamais lorfqu'elle eft feule ; mais fi on la mêle avec du quartz, des terres métalliques, de la matiere calcaire, &c. elle entre promptement en fufion, & produit de très-bons verres. M. Sage donne à la page 156 du tom. I *de fa minéralogie*, un procédé pour retirer l'acide phofphorique du fpath vitreux : on peut con-fulter cet habile chymifte à ce fujet. On trouve du fpath fufible cryftal-lifé en cubes, en cryftaux octaèdres aluminiformes : on en trouve beau-coup en maffes irrégulieres.

Le fpath féléniteux, qui differe du fpath vitreux par fa forme & par les principes qui le conftituent, ne jette point de clarté lorfqu'on le feme en poudre fur les charbons ardens, mais il a la propriété, lorfqu'on l'a cal-ciné à feu nud, à travers les charbons, de pomper la lumiere, de fe l'approprier pour la repandre enfuite dans un lieu obfcur. La pierre de Bologne eft un fpath féléniteux en filets ou ftrié. M. Sage compte neuf efpeces de fpath féléniteux qui font tous propres à devenir phof-phoriques après avoir été calcinés. Le fpath féléniteux ne fe fond point au feu lorfqu'il eft feul; il a befoin d'un intermede pour fe vitrifier.

STALACTITES.

Ce font des concrétions formées par des fubftances pierreufes ou mi-nérales tenues en diffolution par l'eau; la plupart des grottes fituées dans des rochers calcaires contiennent de pareilles concrétions diverfement configurées, & fouvent cryftallifées. La malachite n'eft qu'une ftalactite cuivreufe, & l'hématite une ftalactite martiale ; il y a auffi des ftalactites quartzeufes, &c.

STALAGMITE.

C'eft une concrétion pierreufe qui adhere fur le fol des grottes ; on auroit pu fe paffer de faire ufage de ce mot, parce que celui de ftalactite auroit pu y fuppléer.

TRAPP des Suédois. *Saxum trapezum*, LINN.

Les Suédois ont donné le nom de *trapp*, qui fignifie efcalier, à une efpece de bafalte en table qui eft volcanique felon les apparences, puifqu'ils l'emploient pour faire des bouteilles dans leurs verreries ; or, rien n'eft auffi fufible & auffi propre à donner un verre noir que le bafalte. Cependant, comme je n'ai pas vu du *trapp* que je puiffe affurer être venu de Suede, je ne puis pas affirmer pofitivement que cette efpece de bafalte en table foit volcanique.

TRIPOLI. *Argilla Tripolitana.* LINN. 202. 8.

Les naturaliftes n'ont pas toujours été d'accord fur l'origine du tripoli ; les uns l'ont regardé comme un bois foffile, qui a fouffert une altération propre à le changer en tripoli ; d'autres comme des fchiftes altérés par le feu ; d'autres enfin comme une argille qui a perdu fon *gluten*. Quoiqu'on ne connoiffe pas encore parfaitement la nature du tripoli, & que cette matiere foit fufceptible de beaucoup de recherches locales, on eft affuré que le tripoli n'eft point un bois foffile altéré, & que les bois foffiles des tripolieres de *Poligny* en Bretagne, fe font trouvés accidentellement dans une terre de tripoli qui les a pénétré, tout comme ils auroient pu être enfevelis fous des terres argilleufes ou calcaires. Il y a des carrieres de tripoli à fept lieues de *Menat* en Auvergne, qui prouvent que cette matiere eft abfolument étrangere au bois foffile : on le trouve ordinairement difpofé par lit. Le tripoli eft très-leger, fec & grenu au toucher, abforbant l'eau avec bruit, fans perdre de fa confiftance, durciffant lorfqu'on l'expofe à un feu violent, & ne faifant point d'efferve fcence avec les acides. Le tripoli eft en général d'une couleur qui tire un peu fur le rouge ; il varie cependant par fa couleur & par fa dureté ; il y en a du noir, du gris, du blanc, du rougeâtre. On trouve parmi les cailloux roulés de *Montelimar*, un très-beau tripoli rougeâtre, qui a été arrondi par les eaux ; on trouve quelquefois dans ces cailloux de tripoli, des corps marins. On voit dans le cabinet de M. le Marquis de Grollier, au *Pont-Din*, non loin de Lyon, un bel ourfin, pas de poulin, changé en tripoli, dans une pierre roulée de la même matiere, que nous trouvâmes en examinant enfemble les cailloux roulés des environs de *Montelimar*, parmi lefquels on voit des maffes très-curieufes de bafalte, qu'une irruption diluvienne a tranfportées du Vivarais, éloigné d'une lieue delà, de l'autre côté du Rhône.

ZEOLITE. *Stalactites zeolithus.* LINN. 185. 12.

Voyez mon mémoire fur cette pierre, *pag. 117.*

VOLCANS ÉTEINTS
DU VIVARAIS
ET DU VELAY.

VOLCANS DU VIVARAIS.

VUES GÉNÉRALES.

E Vivarais eſt une petite province de France, dépeñ-
dante du Languedoc ; elle a pour capitale Viviers.
Ce pays eſt borné au nord par le Lyonnois, à l'eſt
par le Rhône qui le fépare du Dauphiné, dans une
longueur qui commence un peu au-deſſus du *péage de
Rouſſillon*, & finit au-deſſous de *Pierrelate* ; la partie
du ſud limite le dioceſe d'Uzès, & celle de l'occident
le Gévaudan & le Velay ; il eſt diviſé en haut & bas Vivarais. Le haut
Vivarais eſt la partie ſituée du côté du Forès & du Velay ; Annonay en
eſt la capitale. Le bas Vivarais occupe le midi. Cette province, qui a environ 26 lieues de longueur, ſur 16 de largeur, eſt encore diviſée en
petits diſtricts ou cantons qui portent des noms particuliers, tels que
le Cheylar, les Bouttieres, le Coueirou, &c.

Le Vivarais donne naiſſance à *la Loire* qui prend ſa ſource ſur le
haut de la montagne du *Gerbier-des-Joncs* ; à *l'Ardeche*, & à une multitude de torrens & de ruiſſeaux qui ſont d'autant plus multipliés &
plus rapides, que le pays eſt plus montagneux : *l'Ardier* prend naiſſance
non loin de *Pradelle*, & traverſe une partie du haut Vivarais.

Les principales villes ou gros bourgs du Vivarais, ſont *Annonay,*

Tournon, la *Voute*, le *Pouzin*, *Privas*, *Chaumeyrac*, *Bays*, *Cruas*, *Meiſſe*, *Rochemaure*, le *Theil*, *Viviers*, le *Bourg-ſaint-Andeol*, *Joyeuſe*, l'*Argentiere*, *Villeneuve-de-Berg*, *Aubenas*, *Theuyts*, *Montpezat*, *Vals*, *Entraigues*, *Jaujeac*, *Pradelles*, &c.

Le bas Vivarais, quoique coupé ſans ceſſe par des côteaux, des éminences, des pics, ne renferme cependant que des montagnes du ſecond & du troiſieme ordre, quant à l'élévation ; comme la plûpart ſont volcaniſées, elles ſe trouvent multipliées & rapprochées ; le climat eſt en général, dans cette partie, d'une aſſez bonne température ; il n'en eſt pas de même du haut Vivarais, car en partant de la côte de *Maïre*, on s'éleve d'une maniere très-rapide dans une région froide, aride, dans une eſpece de vaſte déſert qui fait regretter le beau pays qu'on vient de quitter. Parvenu au haut de la *Chavade*, on eſt à une élévation d'environ 600 toiſes ſur le niveau du Rhône ; on trouve alors une immenſe plaine en montagne, ſur laquelle on apperçoit avec étonnement une multitude de grands pics, & même de hautes montagnes très-rapprochées & couvertes de neiges pendant les trois quarts de l'année : on découvre d'ici les grandes chaînes du *Gévaudan* & de l'*Auvergne*, &c.

On voit en entrant dans le Vivarais, qu'il a été le vaſte théâtre, où des volcans très-multipliés & très-anciens ont exercé toute leur fureur ; on y reconnoît une multitude de buttes, de pics, de montagnes de laves, & on y diſtingue encore des crateres auſſi bien caractériſés que pluſieurs de ceux des volcans actuellement brûlans. Ce qu'il y a ſur-tout d'admirable & de bien curieux ici, c'eſt que les différens lits de preſque toutes les rivieres & des torrens, ſont bordés, de droit & de gauche, par de grandes & ſuperbes chauſſées formées par un aſſemblage de colonnes priſmatiques, qui font un effet ſi ſurprenant, qu'on ne pourra jamais s'en former une idée exacte, qu'en venant les viſiter.

En partant de *Montelimar*, on entre dans les matieres volcaniques dès qu'on a traverſé le Rhône au port d'*Ancone*, & qu'on eſt parvenu à *Rochemaure* : c'eſt là qu'on trouve les premieres buttes volcaniques ; on peut voir non loin delà, ſur la montagne de *Chenavari*, un ſuperbe pavé de géans, dont les priſmes ſont d'une grande élévation & d'une belle proportion ; cette montagne conduit dans le *Coueirou* où tout eſt abſolument volcaniſé ; les villages d'*Aubignac*, de *Saint-Pons*, de *Seütre*, *Montbrul*, *Berſeme*, *Freicinet*, *Maltaverne*, *Rocheſſauve*, & en revenant ſur ſes pas, *Saint-Jean-le-Noir*, *Maillas*, *Mont-Redon*, *Saint-Laurent*, &c. ſont placés parmi les baſaltes, les laves & les pouzzolanes.

Vals, *Entraigues*, *Labaſtide*, *Portaloup*, le *Colombier*, *Burzet*, *Montpezat*, *Theuyts*, *Neirac*, *Jaujeac*, &c. ſont également dans le centre des volcans éteints. C'eſt parmi cette multitude de grands foyers & d'immenſes coulées de laves, qu'on voit encore pluſieurs crateres qui ont des caracteres très-remarquables : on en diſtingue ſur-tout quatre dans ce genre, qui offrent les plus curieux morceaux volcaniques qui puiſſent exiſter ; il en eſt deux particuliérement dont les bouches placées au plus haut d'une montagne conique, ont un tel caractere de conſervation, qu'on y remarque encore les courans de laves qui ont deſcendu par ondulation dans la plaine, où ils ont formé de ſuperbes

pavés

pavés de géans. Ces quatre crateres d'une admirable confervation , dont j'aurai occafion de parler plus au long, fe nomment la *Coupe* du col d'*Aifa*, la *Coupe* de *Jaujeac*, les *Balmes* de *Montbrul*, & la *Gravene* de *Theuyts*.

Les pavés en colonnes prifmatiques du bas Vivarais ont en général une belle confervation ; les prifmes bien filés n'y font pas d'un trop gros volume, & font configurés à 3, 4, 5, 6, 7 & 8 pans bien caractérifés ; plufieurs font fort élevés , d'autres articulés; le bafalte fe préfente encore ici fous diverfes formes , telles qu'en tables, en maffes irrégulieres , &c.

Les volcans du haut Vivarais, qui paroiffent n'avoir pas moins été formidables que ceux de la partie méridionale de cette province , n'ont pas en général le ton de confervation des premiers ; je crois à la vérité que l'afpérité du climat, les pluies, les neiges & les froids exceffifs qui regnent dans ces contrées , ont dégradé plufieurs de ces chaufflées qui font même en général recouvertes d'une efpece de lichen blanc ou jaunâtre, qui enleve une partie des effets que ces grandes maffes devroient produire, & leur donne un air de rouille & de vétufté qui les fait paroître beaucoup plus antiques & en plus mauvais état que ceux du bas Vivarais : malgré cela cependant , il eft à croire que ces volcans ont effuyé, poftérieurement à leur formation, de terribles révolutions qui ont porté de grands dérangemens dans leur fite & dans leur difpofition primitive.

On trouve par exemple au deffus du lieu nommé la *Chavade*, fur le plus haut de la côte de *Maïre*, une efpece de plaine de plufieurs lieues, où tout eft abfolument jonché de prifmes & de maffes de bafaltes ufés, arrondis & difperfés au loin, parmi de gros blocs de granits roulés : une très-grande & très-formidable révolution diluvienne femble avoir laiffé de toutes parts ici des reftes de ruine & de dévaftation. J'obferve encore qu'on ne trouve dans le haut Vivarais nuls crateres caractérifés comme ceux dont j'ai déjà parlé ; ils fe font prefque tous abymés, & ont formé des lacs tels que ceux d'*Iffarlès*, *du Bouchet Saint-Nicolas*, ou de grands enfoncemens qui n'ont prefque confervé aucun caractere de leur premiere origine.

Les chaufflées les plus vaftes & les plus confidérables de ce pays, font en général plutôt difpofées en grandes maffes, en ébauche de prifmes, ou en colonnes d'un très-gros calibre, qu'en prifme régulier & bien caractérifé, comme ceux du bas Vivarais, où les chaufflées font plus égales, plus régulieres & mieux difpofées, & fe prolongent beaucoup plus au loin : on voit en un mot un ton de fraîcheur & de confervation dans les produits volcaniques du bas Vivarais, qu'on ne retrouve plus dès qu'on s'eft élevé fur le plus haut de la côte de *Maïre* : il eft vrai qu'on y remarque en revanche de très-grands objets qui méritent d'être obfervés & d'être médités avec attention. On y trouve une multitude de beaux rochers bafaltiques, tels que ceux de *Bannes*, de la *Chavade*, de *Chenelette*, de *Bonjour*, de *Pradelles*, d'*Ardennes*, de *Rufchambon*, de *Saint-Clement*, de *Beauregard* : rien n'eft auffi intéreffant que *Montlor*, la *Farre*, *Goudet*, le calvaire de *Coucourou*, *Saint-Paul de Tartas*, la *Fayette*, *Monchaud*, l'*Hermitage de Pradelles*, la *Fagette*, les *Ufernès*, la *Mouteyre*, *Ribens*, *Landos*, *Pijeres*, *Moutelle*, *Saint-Arcon*, *Barges*, le *Villard*, *Coulon*, &c. Les bords de l'Allier, ceux de la Loire, dans cette partie du Vivarais, offrent des objets de la plus grande curiosité pour ceux qui veulent appliquer l'étude des montagnes volcaniques, à des recherches suivies sur la structure & l'organisation de la terre.

Le Vivarais renferme une multitude de sources minérales froides ou thermales, dont plusieurs sont en réputation pour l'usage de la médecine, telles que celles de *Saint-Laurent* & de *Vals*; on trouve aussi des eaux minérales près d'*Entraigue*, à *Jaujeac*, à *Neirac*, &c. il existe en outre dans le bas Vivarais des puits méphytiques, non moins intéressans que la grotte du chien de Pouzzole. J'aurai occasion d'en parler dans le temps.

La disposition générale des volcans du Vivarais est telle qu'on peut les suivre sans interruption depuis *Rochemaure*, en entrant dans le *Coueirou*, jusques au delà de *Pradelle*, en passant par le *Collombier*, *Montpezat*, & en laissant la côte de *Maïre* sur la gauche, ce qui fait une ligne un peu arquée, d'environ dix-huit lieues de longueur; on pourroit même encore, si on vouloit, prolonger cette ligne de sept ou huit lieues dans le Vivarais, & on obtiendroit alors une zone d'environ vingt-six lieues de longueur, brûlée sans interruption par l'action des feux souterreins.

Si par un calcul bien simple on donne à cette zone une extention de vingt-six lieues en longueur, & qu'on fixe son diamètre à une largeur qui ne sauroit être moindre que de quatre lieues, on aura une surface de cent quatre lieues qui, reduites en toises, donneront quatre cents seize millions de toises quarrées, entiérement brûlées. Si on veut donner ensuite à cette surface une profondeur seulement de dix toises, on aura pour la solidité totale de cette bande, quatre billions cent soixante millions de toises cubiques de matiere volcanisée.

On ne seroit pas fondé de m'objecter que je donne un diamètre trop grand à cette zone de vingt-six lieues, car les personnes qui connoîtront le local s'appercevront qu'elle s'étend souvent bien au delà de cette mesure; mais comme elle se rétrécit quelquefois dans certaines parties, j'ai voulu prendre un terme à peu-près moyen, & j'ai cru que je ne pouvois pas la fixer au dessous de quatre lieues que je ne fais que de deux mille toises chacune. S'il y a donc un reproche à me faire, c'est d'avoir évalué peut-être les choses trop bas, mais j'observe que je n'ai voulu donner ici que des idées générales, fondées sur des approximations. Quant à la profondeur de dix toises, je crois de l'avoir évalué aussi à une mesure modique, puisque le seul pays du *Coueirou*, volcanique depuis sa base jusqu'à sa sommité, est d'une grande étendue & d'une élévation au moins de quatre cents toises. On trouve aussi dans la zone brulée du Vivarais, une multitude de montagnes élevées, telle que la *Gravenne de Montpezat*, la *Coupe d'Entraigue*, la *Coupe de Jaujeac*, la montagne de *Neyrac*, toute la suite des grandes masses volcaniques du haut Vivarais; tout cela est bien fait pour compenser les petits intervalles qui pourroient ne pas avoir cette profondeur dans l'entre-deux de certaines vallées; il seroit difficile d'ailleurs de pouvoir évaluer la profondeur exacte de la plûpart des chauffées prismatiques qui ont souvent coulé dans l'intérieur des terres , & qui, lorsqu'elles font apparentes, ne nous montrent pas toujours les matieres fur lesquelles elles reposent.

Si en partant donc de ce premier apperçu où je ne comprends pas le Velay, dont je parlerai ailleurs, je voulois donner la même largeur à la grande bande volcanifée qui part de l'Auvergne, & même de plus loin, pour joindre le Velay , le Vivarais, & fe prolonger felon toutes les apparences jufqu'au bord de la mer, du côté d'Agde, où l'on voit de grandes montagnes volcanifées , j'aurois une longueur au moins de foixante & onze lieues, ce qui produiroit une furface de deux cents quatre-vingt-quatre lieues quarrées, ou, ce qui revient au même, de quatre millions de toifes quarrées pour chaque lieue de furface , ce qui rendroit, pour la furface générale & complete de cette bande, deux cents quatre-vingt-quatre fois cette quantité, dont le produit total donneroit neuf cent trente-fix millions de toifes quarrées, qui évaluées à dix toifes de profondeur, fourniroient une maffe folide de neuf billions trois cent foixante millions de toifes cubes de laves & de déjeétions volcaniques.

J'abandonne ici , à ceux qui voudroient quereller mes calculs rélatifs aux produétions volcaniques de la France , les volcans éteints qui exiftent non loin d'Aix en Provence, qui joignent ceux d'*Evenos*, d'*Olioule*, &c. & fe prolongent de proche en proche , jufques dans la chaîne des montagnes des *Maures*; quoique ces volcans éteints foient étendus, je n'ai point voulu les comprendre dans mon calcul, parce que je n'avois intention que donner ici un apperçu général. ª

Il eft temps que je revienne aux volcans éteints qui ont fait l'objet de mes recherches, & que je dife un mot du fite & de la difpofition des différentes maffes qui environnent ces volcans.

En partant d'*Annonay*, & en fe rapprochant du Rhône par *Tournon*, on trouve une large bande de fchiftes micacés, & de granits. Les volcans du haut Vivarais, qui fe rapprochent de ces parties, limitent donc ici des granits & des matieres fchifteufes.

Si on fuit en partant de Tournon, la côte du Rhône , en defcendant, on trouve les matieres calcaires en roches & par couches horizontales ou inclinées ; on rencontre feulement de temps en temps, dans certains intervalles , quelques monticules de cailloux roulés , & quelques bancs

ª Je n'ai jeté ce coup d'œil ici que rapidement, pour ne pas trop me détourner de mon fujet; mais j'efpere revenir quelques jours fur cet objet. Je fuis perfuadé d'avance que la grande zone , qui part du *Cantal*, après avoir traverfé une partie de la France, aboutit à *Agde*, s'enfonce dans la mer, traverfe le *golphe de Lyon* , & va gagner en droite ligne les volcans éteints de la *Corfe* , tandis qu'une feconde ligne partant de celle d'*Agde*, coupe la portion de cercle que forme le golphe de Lyon , vers *les bouches du Rhône* , vient paffer entre *Laciotat* & *Toulon* , pour joindre *Olioule* , *Evenos* & *Brouffant* , où l'on retrouve des volcans éteints qui paffent à *Laverne* , à *Cogolin*. Ces derniers volcans ne fe bornent pas ici, ils entrent dans la montagne des *Maures*, & j'ai lieu de croire qu'ils pénétrent dans les *Appenins* , où ils fe font fait un paffage pour aller fe confondre avec ceux d'Italie , fi confidérables & fi multipliés. On fait enfuite que la bande brûlée d'Italie conduit à celle des Deux-Siciles , où l'on trouve , outre beaucoup de volcans éteints , deux volcans allumés , le *Vefuve*

& l'*Etna* ; on eft delà fur la route de l'Archipel, où font plufieurs volcans éteints , &c. J'ofe croire enfin que fi on fuivoit ainfi de proche en proche les pays volcanifés, on iroit probablement bien loin. L'idée d'une carte volcanique des deux émifpheres, fe préfente fur le champ à l'efprit. Quel charme en effet pour ceux qui fe plaifent à étudier les grandes branches de l'hiftoire naturelle, d'avoir fous les yeux un tableau qui offriroit la marche des feux fouterreins ! il ne faut pas croire qu'une telle entreprife exigeât des dépenfes immenfes & un travail dont nos neveux feuls pourroient jouir ; je fuis perfuadé d'avance que des naturaliftes laborieux feroient en état d'exécuter cette belle opération dans moins de dix ans ; car il ne fauroit être queftion ici de plans géométriques. On trouveroit les plus grandes reffources dans une multitude d'excellentes cartes que nous poffédons , & il ne s'agiroit que d'y défigner par des figraux , les terreins qui ont été dévaftés par les feux. Une telle opération feroit faite pour immortalifer le nom des fouverains qui concourroient à la favorifer.

d'argilles : les volcans du Vivarais pénétrent dans ces matieres calcaires, depuis le *Pouzin* jufques au deſſous de *Vivier*, où les torrens roulent encore quelques pierres volcaniques : je ne veux pas dire par là que les volcans du Vivarais bordent cette partie de la côte du Rhône ; j'entends feulement que c'eſt dans cet intervalle & dans l'enfoncement des terres que ſe trouvent les volcans du *Coueirou*, qui correſpondent à cette partie qui fait face au Rhône : il eſt feulement un endroit où les laves ſe ſont ouvert un paſſage, & ont fait une ſortie juſqu'au bord de ce fleuve, vers la petite ville de *Rochemaure*. On peut, en voyageant ſur le Rhône, diſtinguer facilement les trois buttes iſolées & le rocher volcanique ſur lequel le château de *Rochemaure* ſe trouve bâti ; il eſt conſtant que les volcans ont fait ici une trouée fort avancée dans les bancs calcaires ; auſſi *Rochemaure* eſt un des lieux les plus curieux, & celui qui offre les accidens & les phénomenes les plus remarquables : avant & après cette petite ville, on ne trouve plus rien de volcanique, ſi ce n'eſt quelques laves roulées, que les torrens entraînent de l'intérieur des gorges.

Les volcans du *Coueirou* ſont entiérement bordés par les matieres calcaires, depuis *Rochemaure*, en tournant vers *Saint-Jean-le-Noir*, juſques aux approches de *Privas*. On trouve non loin de cette derniere ville, une grande coulée qui part du haut du *Coueirou*, pour ſe prolonger & s'élever encore ſur une partie de la montagne de l'*Eſcrenel*, & aller delà dans les autres parties élevées du Vivarais qui ont été ſoumiſes à l'action des feux ſouterreins.

C'eſt immédiatement après *Aubenas*, en remontant la riviere d'*Ardeche*, qu'on quitte les rochers calcaires, pour entrer dans les granits. Les volcans de *Vals*, d'*Entraigue*, de *Portaloup*, de *Theuyts*, ſont dans les pierres graniteuſes ou dans les ſchiſtes : on rencontre un beau ſchiſte noir argilleux & micacé, dans les environs de *Jaujeac* & de l'*Olanier* ; on y voit de grands filons de charbons de pierre dans le voiſinage des volcans.

Tous les volcans éteints du haut Vivarais ſont en général environnés de granits ; on n'y trouve rien de calcaire ; ſi on veut bâtir à Pradelle & dans les environs, on eſt obligé de faire venir à grands frais la chaux du Puy en Velay.

Telle eſt en général la diſpoſition des volcans du Vivarais : ceux de la partie baſſe de cette province ſont plus dans les matieres calcaires que dans les rochers vitrifiables, tandis que ceux de la partie élevée repoſent entiérement ſur les ſchiſtes & les granits.

VOLCAN

VOLCAN DE ROCHEMAURE.

C'EST de Montelimar qu'on doit partir pour aller visiter le volcan de *Rochemaure* qui n'en est éloigné que d'une lieue. On se rend au village d'*Ancone*, où est le bac : on y traverse le Rhône, & on se trouve en Vivarais. Le village de *Rochemaure* se présente alors en face, & offre par la situation de son ancien château, le site le plus pittoresque. On voit à la droite & sur la même ligne, à environ cinq cents pas du lieu, au bord du grand chemin, trois belles buttes basaltiques, rangées de front, rapprochées les unes des autres, mais isolées & détachées de la montagne calcaire, contre laquelle elles paroissent colées.

Il est important avant tout d'aller visiter ces trois monticules qui renferment des objets intéressans : on s'y rend par le chemin qui mene à un hameau très-agréable, nommé les *Fontaines*, assis au pied d'une montagne couverte de vignobles & d'oliviers toujours verds, fécondés par les premiers rayons du soleil levant ; les maisons sont environnées de fontaines abondantes, de plantations, de prairies, de jardins, & ce charmant tableau, enrichi par une perspective étendue, offre sur le premier de ses plans le plus grand fleuve de la France, sur le second la ville de *Montelimar*, le château de *Serdeparc*, & des côteaux abondamment chargés de vignes & de fruits de toute espece, quelques villages de Provence, & dans le lointain la premiere chaîne des Alpes.

La plus considérable de ces buttes est celle du milieu ; elle est de forme conique irréguliere, taillée à pic dans presque tous les sens, & a environ trois cents pieds d'élévation ; les deux autres moins élevées, escarpées & abruptes, ne sont accessibles que d'un côté ; mais il faut être adroit & courageux pour monter sur celle du milieu. Elles sont toutes trois d'un basalte noir très-dur, tantôt disposé en grandes masses irrégulieres, jointes & adhérentes, tantôt formé en colonnes imparfaites, posées en divers sens : la base de ces trois zones porte sur des matieres calcaires, en éclats & en cailloux roulés, où l'on trouve quelques pierres à fusil & des silex de la nature des agates. Ces buttes isolées n'ont aucune attenance avec des courans de laves, ce qui doit faire présumer naturellement, qu'elles ont été pousslées & élevées subitement hors de terre, par les efforts de deux crateres supérieurs, celui de *Rochemaure* & de *Chenavari* dont je vais parler dans peu.

C'est dans des blocs de basalte de la troisieme butte, & dans les masses qui se sont détachées & ont roulé dans une partie de terrein qui est en vigne, qu'on trouve la zéolite incrustée dans la lave, soit en noyaux irréguliers, soit en houppes rayonnantes, &c.

Il faut avoir soin d'examiner entre la premiere & la seconde butte, un grand ravin dans lequel il est bon de pénétrer ; on y remarquera des laves qui en coulant se sont emparées d'une multitude de cailloux roulés qui y sont engagés ; ces morceaux sont d'autant plus intéressans, que la lave se présente ici sous forme de courant ; on voit encore dans les environs, quelques brèches volcaniques très-curieuses. On peut ramasser dans cette partie des morceaux avec des accidens remarquables.

Y y y

Le bourg ou la petite ville de *Rochemaure*, n'est qu'à cinq ou six cents pas des monticules dont je viens de parler ; une partie des maisons est située au bas de la montagne, tandis que l'autre est disposée en emphithéâtre sur la hauteur. Il existe dans le bourg même une butte considérable de basalte, qui a percé également dans les matieres calcaires, sur la sommité de laquelle on voit encore des débris d'une espece de fort ; on y passe tout auprès par un chemin rapide & escarpé, pour monter à l'ancien château, perché d'une maniere pittoresque sur la montagne volcanique supérieure : on trouve dans les environs de cet ancien château très-élevé, une douzaine de maisons toutes habitées, fondées sur la lave ; c'est en y montant par le petit chemin qui traverse le bourg, qu'on trouve du côté droit du rempart, dans le voisinage des maisons les plus élevées, au-dessus de l'église, un courant de lave basaltique, qui s'est fait jour en descendant, à travers des lits de cailloux roulés, mêlés d'agates grossieres & de silex de la nature des pierres à fusil.

On remarque non loin delà, au pied du même rempart, des courans d'une éruption volcanique boueuse, composés de fragmens de basalte, de petits éclats de laves poreuses, de grains de pouzzolane, de cailloux calcaires, irréguliers ou arrondis, de pierres à fusil, de quartz, d'agates communes, & de quelques portions de spath calcaire : cette espece de brêche ou de poudingue volcanique est d'autant plus curieuse qu'elle réunit des matieres très-variées.

Dès qu'on est parvenu aux maisons qui sont à la droite du château & sur la même ligne, on trouve divers murs en talus d'un basalte noir configuré en très-petits prismes, irréguliers & imparfaits à la vérité, mais parmi lesquels on peut à force de recherche en rencontrer quelques-uns de très-intéressans & de très-rares : le schorl noir abonde dans ce basalte.

Rien n'est aussi singulier que cette suite de maisons dont les unes ont pour escalier & pour perron de petites colonnades de basalte, tandis que les autres sont adossées contre des masses inclinées de laves ; les fenêtres, les portes sont encadrées dans de gros prismes réguliers de basalte ; la lave en table y est employée pour figurer des especes d'avant-toits pittoresques ; enfin toutes ces maisons placées en emphithéâtre dans des débris de ruines volcaniques, présentent à l'œil un tableau aussi neuf que piquant. Le château n'est qu'à trente pas de ces maisons, il devoit être immense, il est fortifié par des masses escarpées de basalte, & par des murs fort élevés, & d'une épaisseur considérable.

On y entre par plusieurs avant-cours spacieuses, mais tout n'est que ruines & confusion ; ce sont ici de vastes appartemens, ou renversés ou découverts ; on voit en plusieurs endroits d'anciennes peintures à fresque, qui ont conservé toute leur couleur ; ce sont des chiffres, des écussons, reste des monumens de l'empire féodal ; ici sont les débris d'une immense sale d'arme, là est une vaste chapelle, ou plutôt les ruines d'une église détruite ; on voit d'une part des citernes, des prisons, des cachots, une espece d'antre où l'on frappoit la monnoie ; de l'autre des salles d'appareil, une suite de chambres spacieuses ; tout est grand, tout est vaste ici, mais tout y porte l'empreinte du désordre & de la destruction.

On voit avec admiration dans une des cours, de grands murs na-

Pl. II. *Pag. 271.*

A.F. Gautier-Dagoty Del.   P.C. LeBas Sculp.

CHATEAU DE ROCHEMAURE,
à une Lieue de Montelimar.

turels de bafalte en colonnes difpofées en plufieurs fens, dont on a fu profiter adroitement pour y élever deſſus, des parapets, des murs avec d'autres colonnes tranſportées : les premiers préſentent de lourdes maſſes qui étonnent par leur couleur fombre & par leur organiſation ; les feconds annoncent la hardieſſe des hommes, & contraſtent merveilleufement avec les boulevards que la puiſſance de feux fouterreins a élevés, mais le temps a tout altéré & on voit avec furpriſe & avec admiration les ruines de la nature parmi les ruines de l'art.

C'eſt lorfqu'on a traverſé tous ces débris d'anciens bâtimens, qu'on parvient à la derniere cour : on eſt véritablement frappé du fpeſtacle qui s'y préſente ; c'eſt une butte bafaltique prodigieuſemeut élevée ; on reſte ſtupéfait & on eſt à chercher d'où a pu venir une maſſe auſſi étonnante, auſſi iſolée, ainſi perchée ſur un plateau volcanique. J'ai fait deſſiner ce morceau. Voyez planche II.

Il eſt certain que la tournure & la configuration de ce rempart de bafalte offre un tableau bien fingulier ; la difpofition des prifmes mérite auſſi toute l'attention des naturaliſtes. C'eſt ſur la plus haute fommité de la butte qu'étoit bâti le dernier retranchement ou le donjon inacceſſible qui préſidoit à la défenfe & à la confervation du château dont on voit les reſtes ; on y monte par un efcalier qui a plus de quatre-vingt marches, très-adroitement pratiqué dans une fiſſure de la lave, & qu'on n'a pas pu faire fentir dans le deſſein, parce qu'il eſt dans une partie oppofée à celle qu'on a voulu repréſenter.

Lorfqu'on eſt parvenu au plus haut du donjon où il eſt poſſible de monter, on eſt faifi d'étonnement & d'une efpece d'horreur de fe trouver fur un mont iſolé, d'une élévation ſi prodigieuſe, taillé à pic & efcarpé de toute part ; on a d'autant plus lieu d'être furpris, qu'en montant de Rochemaure au château on ne s'apperçoit pas que la montagne foit ainſi iſolée, & on la croit attenante avec une autre plus élevée encore, contre laquelle elle paroît adoſſée ; mais ici un fpeſtacle nouveau fe préſente, on voit d'abord que la partie qui fait face au Rhône eſt abſolument inacceſſible & a plus de ſix cents pieds d'élévation ; du côté du fud la vue fe précipite dans une ravine volcanique efcarpée, d'une largeur & d'une profondeur conſidérable ; on y découvre des chûtes & des courans d'anciennes laves, qui defcendent par ondulation jufques dans la plaine ; un ruiſſeau d'eau coule avec fracas là où étoit jadis une riviere de feu, & y forme une cafcade bruyante ; d'autre part ſi on fe tourne du côté de l'oueſt, on apperçoit une vaſte & profonde déchirure, efpece d'abîme d'autant plus effrayant, que la terre eſt ici d'une couleur noire & brûlée, & qu'on ne peut pas douter que ce ne foit une ancienne bouche à feu. Il faut abſolument que le naturaliſte qui voudra vifiter Rochemaure, defcende dans cette excavation ; l'abord en eſt rapide, les efcarpemens en font rudes, la profondeur en eſt au moins de quatre cents pieds, & la largeur de foixante & dix toifes dans certaines parties ; il faut y defcendre avec précaution ; on y verra avec plaifir des maſſes immenfes d'une efpece de tuffa qui contient beaucoup de fchorl noir en petits cryſtaux oſtogones, terminés par des pyramides triedres ; la plûpart font dégradés, mais on en découvre cependant dans le nombre quelques-uns d'une belle confervation ; on y apperçoit auſſi des traces de déjections boueuses , où se trouvent divers corps étrangers, tels que des silex , des fragmens de pierre calcaire, des matieres volcaniques décomposées , le tout mêlé de schorl noir , &c.

Je vis avec plaisir dans la partie du ravin qui fait face au château , dans une profondeur considérable , un accident qui m'intéressa : c'est une couche de basalte qui n'a tout au plus que douze ou quinze pieds d'épaisseur sur quarante de longeur , elle est comme lardée dans la masse des tuffa; la matiere du basalte , entraînée avec les autres déjections , a formé une zone ondulée , & cette configuration forcée ne l'a pas empêché de se convertir entiérement en prismes. On voit, par l'examen du local , que ce n'est point ici un débri de pavé entraîné accidentellement parmi les tuffa , mais que la lave a pris sa configuration prismatique sur place ; ceci mérite d'être observé avec attention , car on ne sauroit trop s'attacher à recueillir des faits qui peuvent tendre à donner des notions sur la théorie embarrassante de la formation des prismes de basalte.

Au dessus du ravin, dans la partie la plus élevée qui fait face au château , on voit les belles crystallisations spathiques dont j'ai fait mention dans mon mémoire sur les laves ; ces crystaux, dont la plûpart sont à pyramide triedre allongée, se trouvent dans une espece de *tuffa* & dans une matiere volcanique en partie décomposée , quelquefois même dans des cavités formées par des entassèmens de basalte en éclat. On voit ici, d'une maniere à ne laisser aucun doute , que les eaux ont manié après coup ces différens sédimens spathiques , qu'elles les ont déposé dans les cavités , dans les vuides qu'elles ont rencontrés.

La partie de l'escarpement du ravin, attenante au château , renferme dans le bas une pouzzolane d'un gris noirâtre , mêlée de quelques grains spathiques calcaires ; on voit ensuite des laves poreuses , des masses irrégulieres de basalte , avec des noyaux de pierres calcaires , dont plusieurs sont de la grosseur du poing ; & enfin au plus haut , vers les murs d'enceinte du château , des remparts de basalte noir en petits prismes irréguliers, dans lesquels on trouve beaucoup de schorl noir.

VOLCAN DE CHENAVARI.

Lorsqu'on eſt parvenu au château de *Rochemaure*, & qu'on a obſervé tout ce qu'il y a d'intéreſſant & de curieux, on eſt ſurpris de voir un autre montagne preſque attenante à celle dont je viens de parler, mais beaucoup plus conſidérable & d'une grande élévation. On entrevoit ſur ſon ſommet un de ces plateaux iſolés qui couronnent la plupart des montagnes volcaniques, & qui ſont formés ordinairement par des chauſſées de baſalte en priſmes. Il ne faut pas manquer d'aller viſiter ce beau volcan; pluſieurs objets méritent d'y être obſervés.

Un chemin qui part du château y conduit par une pente aſſez rapide; on ne tarde pas à quitter les matieres volcaniques pour entrer dans les rochers calcaires, interrompus de temps en temps par des cailloux roulés, mêlés de quelques ſilex, mais où cependant les pierres calcaires dominent.

Après un quart d'heure de chemin aſſez rapide, on rencontre quelques fermes nommées *Lous-Coutas*, & un demi-quart d'heure après, on en trouve une nommée les *Creuſets* : c'eſt ici où il faut dépoſer les chevaux ſi on eſt curieux de gravir le reſte de la montagne à pied; mais comme la route eſt encore longue & ſur-tout très-rapide, & que les chevaux peuvent cependant y monter, je conſeille de ne point y aller à pied; car comme cette partie de la montagne eſt très-élevée & que l'air y eſt vif, on courroit riſque de prendre froid après avoir eu chaud.

En quittant la ferme des *Creuſets*, on entre dans un ſentier rapide qu'il faut aller chercher ſur la gauche : on eſt toujours dans les pierres calcaires; mais au lieu d'être en bancs comme au deſſous, on ne trouve plus que des eſpeces de grandes couches de cailloux calcaires arrondis, dont pluſieurs ſont fortement aglutinés, parmi leſquels on trouve des pierres à fuſil, quelques quartz opaques & groſſiers : ici le quartier change de nom, la montagne prend celui de *Chenavari*. Au bout d'un quart d'heure & vers les approches d'un petit bois de chataigner, on entre dans les matieres volcaniques, c'eſt-à-dire, qu'on eſt alors dans des entaſſemens d'éclats de baſalte noir & dur. On monte encore d'ici pendant une demi-heure, & toute cette croupe eſt garnie de débris de priſmes & de maſſes irrégulieres de baſalte : on découvre déjà le grand plateau ſupérieur formé par des priſmes d'une groſſeur monſtrueuſe; & avant d'y parvenir, on voit pluſieurs petites chauſſées diſpoſées en moſaïque, dont les priſmes bien caractériſés & d'un petit volume, ſont la plupart enterrés dans la montagne, ce qui eſt cauſe qu'on n'en découvre que la ſommité ſur laquelle on eſt obligé quelquefois de marcher; ces priſmes ſont à 5, à 6 & même à 7 pans; on y en voit pluſieurs d'articulés.

On arrive enfin au pied d'une formidable chauſſée qui ſert de ſoutien & de rempart au plateau ſupérieur : ici le chemin eſt des plus mauvais; on eſt dans les entaſſemens & dans les ruines de baſalte; tout eſt jonché d'énormes maſſes de matieres volcaniques. Cette premiere chauſſée eſt formée par des colonnes qui ont plus de 25 pieds d'élévation, & dont le diametre eſt de pluſieurs pieds; le baſalte dont elles ſont compoſées eſt un peu

altéré & graveleux : c'est ici où j'ai découvert le premier prisme octogone de ma collection ; mais ceux de cette espece sont si rares, que je
n'en ai jamais pu rencontrer d'autres. Arrivé sur le plateau on trouve un
aire égale de forme oblongue, d'environ 20 toises de largeur sur 110 de
longueur ; cette vaste terrasse est soutenue & entourée par des colonnades
de basalte ; le laps de temps en a altéré la superficie & l'a converti en une
terre graveleuse, d'environ 2 ou 3 pouces de hauteur, où l'on recueille
de deux en deux ans du seigle ou de l'avoine. L'escarpement du plateau
dans la partie qui fait face au couchant, présente un magnifique pavé
de géans dont je parlerai bientôt ; je dois dire auparavant qu'on voit à
l'extrêmité de la terrasse, dans la partie du nord, une grande butte conique qui domine sur toute la montagne volcanisée : en approchant de
son pied, on voit le basalte graveleux disparoître pour faire place à diverses coulées de laves poreuses grises & rougeâtres, qui ne font qu'un
basalte recuit qui s'est répandu en cet état dans divers sens sur la racine
du cône & dans les environs de sa base : ici les effets du feu paroissent
avoir été d'une violence extrême.

Les couches irrégulieres de laves poreuses, dont je viens de parler,
font recouvertes par d'autres couches de pouzzolane, d'un gris rougeâtre,
absolument semblables à celle de Pouzzole : viennent ensuite des couches
de basalte noir, dur, contenant du schorl noir, quelques noyaux de
quartz & de feld-spath, & ces dernieres couches font surmontées par
des especes de bancs fort épais, d'une pouzzolane très-rouge, mêlée de
beaucoup d'éclats & de petites aiguilles prismatiques de schorl noir :
cette pouzzolane en grande masse, quoique un peu différente, quant au
grain, de la premiere, c'est-à-dire, de celle qui imite celle de Pouzzole,
n'est pas moins d'une qualité aussi bonne, & la substance en est la même.
Je suis en état de démontrer que cette espece de pouzzolane rouge de
Chenavari, n'est qu'une lave dure ordinaire, de la nature même du basalte, qui, après avoir coulé sous cette forme, a été recuite & calcinée
par les fumées qui l'ont converti en une espece de *chaux basaltique*,
qu'on me passe cette expression. Ces bancs de pouzzolane rouge contiennent encore quelques portions de laves, qui n'ont été que légérement
altérées ; ils ont absolument la même disposition que les bancs supérieurs
de basalte noir, qui font adhérens, & on trouve des morceaux de basalte, en partie intacts & en partie convertis en cette pouzzolane. La
sommité du cône est terminée par des masses irrégulieres de basalte noir
intact & de la plus grande dureté.

Si on se place dans la partie qui correspond au midi, on est effrayé
de l'escarpement profond qui se présente dans cette partie de la montagne ; on voit à gauche une colonnade étonnante par l'arrangement &
par l'élévation des prismes, & sous la butte même, des entassemens immenses de laves poreuses, grises & rougeâtres, dont l'ensemble est
configuré en portion de cercle. On ne sauroit douter, d'après l'inspection des lieux, que ce ne fût ici la bouche d'un formidable volcan, dont
la plus grande partie du *cratere* a été ensevelie & abymée ; il est facile
d'en juger par ce qui reste, & on conçoit alors que ce devoit être une
vaste fournaise qui, non seulement a rejeté toutes les laves dont la
montagne est couverte, mais a produit par ses différentes explosions,

les buttes des environs de *Rochemaure*, & les bouches à feu de la montagne fur laquelle eft le château. On ne tarde pas à fe convaincre de cette vérité, fi on veut contempler, fous un point de vue général, & néanmoins fous un même afpect, la montagne de *Chenavari*, les trois buttes bafaltiques placées auprès du hameau des *Fontaines*, les différens cônes volcaniques de *Rochemaure* & du château, le grand ravin dont j'ai parlé, & les courans de laves poreufes, ou les déjections boueufes qu'on y remarque. Qu'on faififfe alors les connexités, l'enfemble de ces différentes maffes, & on verra que l'effort, que l'ébranlement général qui a donné iffue aux laves, eft parti du grand foyer de *Chenavari*. Je trouve une reffemblance parfaite, dans l'enfemble & la difpofition des maffes & des accidens, entre ce volcan & celui de *Stromboli* qui brûle actuellement dans une des ifles de Lipari.

Mais il eft temps de dire un mot du beau pavé qui foutient une partie du plateau de *Chenavari*; cette grande chauffée préfente un tableau fuperbe, (*Voyez Planche* III.) elle eft taillée à pic, & comme alignée dans une efpace de plus de 600 pieds; les colonnes placées perpendiculairement, ont plus de 40 pieds d'élévation; elles font de divers diamêtres, bien deffinées, d'un beau caractere, & elles fe féparent avec la plus grande facilité. On en voit plufieurs qui, s'élevant au deffus des autres, reffemblent à de grands obélifques, tandis que d'autres, prêtes à fe détacher, n'appuyant que fur des points, ou fufpendues par leur fommité incruftée dans le bafalte en maffe, font détourner la vue, étant prêtes à écrafer quiconque s'arrêteroit un peu trop pour les contempler. Toute cette chauffée étant appuyée fur une pente rapide, la multitude de colonnes qui fe font détachées, offre une autre fcene non moins intéreffante : on ne voit que des entaffemens de ces colonnes pofées dans tous les fens, accumulées les unes fur les autres : plufieurs n'ayant pas fouffert dans leur chûte, & étant reftées droites ou fimplement inclinées, imitent des efpeces de tours, des pyramides, des clochers, des bâtimens détruits. Ce grand & magnifique fpectacle porte un caractere unique de ruine & de dévaftation. Toute la fommité de la colonnade eft recouverte par des maffes irrégulieres de bafalte, d'un volume confidérable. On obferve dans la principale face de cette chauffée deux grandes caffures tranfverfales, qui la coupent dans toute leur longueur; cet accident doit être attribué, felon toutes les apparences, à quelque tremblement de terre qui, en ébranlant cette chauffée, aura occafionné ces deux coupures.

Les prifmes du pavé de *Chenavari*, font à 5, à 6 & à 7 pans, dans la partie qui fait face au couchant; leur diamêtre eft depuis 5 pouces jufqu'à 1 pied ½; il y en a de très-fains, d'autres font d'un bafalte un peu graveleux : on n'y rencontre aucun corps étranger, fi ce n'eft quelques points de fchorlnoir. Comme j'ai dit que ce pavé formoit un vafte plateau, bordé de colonnes, la partie oppofée à celle dont je viens de faire mention, c'eft-à-dire, la chauffée qui fait face au Dauphiné, renferme des prifmes d'un énorme volume, dont plufieurs ont jufqu'à 2 pieds de diamêtre, fur 15 à 18 pieds de hauteur: ce fut dans cette partie où je trouvai le premier prifme à 8 pans, que je poffede.

Il eft encore un fegment de cette belle chauffée qui renferme des colonnes articulées, c'eft le côté qui fait face à *Rochemaure* : là on trouve de très-jolis prifmes qui n'ont environ qu'un pied de hauteur fur 5 ou 6 pouces de diamêtre.

Le volcan de *Chenavari* porte dans toutes fes parties fur une grande bafe calcaire, foit du côté qui fait face à *Rochemaure*, où l'on trouve de grands bancs de cette pierre, en montant vers les premieres fermes nommées *Lons-Coutas*, foit du côté de la profondeur du ravin de *Meiffe*, foit enfin dans la partie qui conduit aux granges des *Odouards*.

Ce volcan préfente le tableau de trois révolutions frappantes.

1°. La bafe de la montagne eft à grandes affifes calcaires.

2°. Ces maffes de pierre à chaux font recouvertes, à une haute élévation, par de grands dépôts de cailloux roulés, parmi lefquels on diftingue des filex, des jafpes groffiers, des pierres à fufil en maffes arrondies, diverfes agates, &c. quelquefois ces cailloux fe font joints & aglutinés, & ont formé par là des efpeces de *poudingues* d'un gros volume.

La troifieme révolution eft celle des feux fouterreins qui fe font fait jour à travers la montagne, ont percé vers fa fommité, pour répandre de droit & de gauche des torrens de laves qui ont formé les belles chauffées qui foutiennent le plateau de *Chenavari*.

La premiere révolution, celle à qui eft due la naiffance des grands bancs calcaires, n'a pu s'opérer que d'une maniere lente & graduelle.

Celle qui a tranfporté les cailloux roulés, a dû néceffairement être d'une nature bien différente : en effet, tous les cailloux de ce *poudingue* étant d'une extrême dureté, n'ont pu s'ufer & s'arrondir ainfi que par le frottement : un formidable courant a été feul capable de tranfporter cet amas de pierres roulées à une fi grande élévation. Ce feroit fe refufer au témoignage de fes propres yeux, que de vouloir contefter l'exiftence de ces trois différentes révolutions. Bien des naturaliftes en étudiant avec attention ce qui refte des parois du *cratere de Chenavari*, feroient fort tentés de faire intervenir ici une quatrieme révolution : comment concevoir, en effet, que les trois quarts de ce cratere aient difparu dans un efcarpement taillé à pic, fans imaginer que de terribles courans font venus le dénaturer, & en ont entraîné au loin tous les décombres! la pofition des lieux oblige prefque de tirer cette conféquence; car dans l'endroit où le *cratere* paroît avoir été coupé, on ne voit ni entaffement de laves, ni rien qui indique des éboulemens; au contraire la profondeur de l'efcarpement porte fur des affifes calcaires. Cependant je ne prononce rien à ce fujet.

Pl. III.

PAVÉ DES GÉANS DE CHENAVARI.

De Veyrenc. del.

Ch. Tessard. Sc.

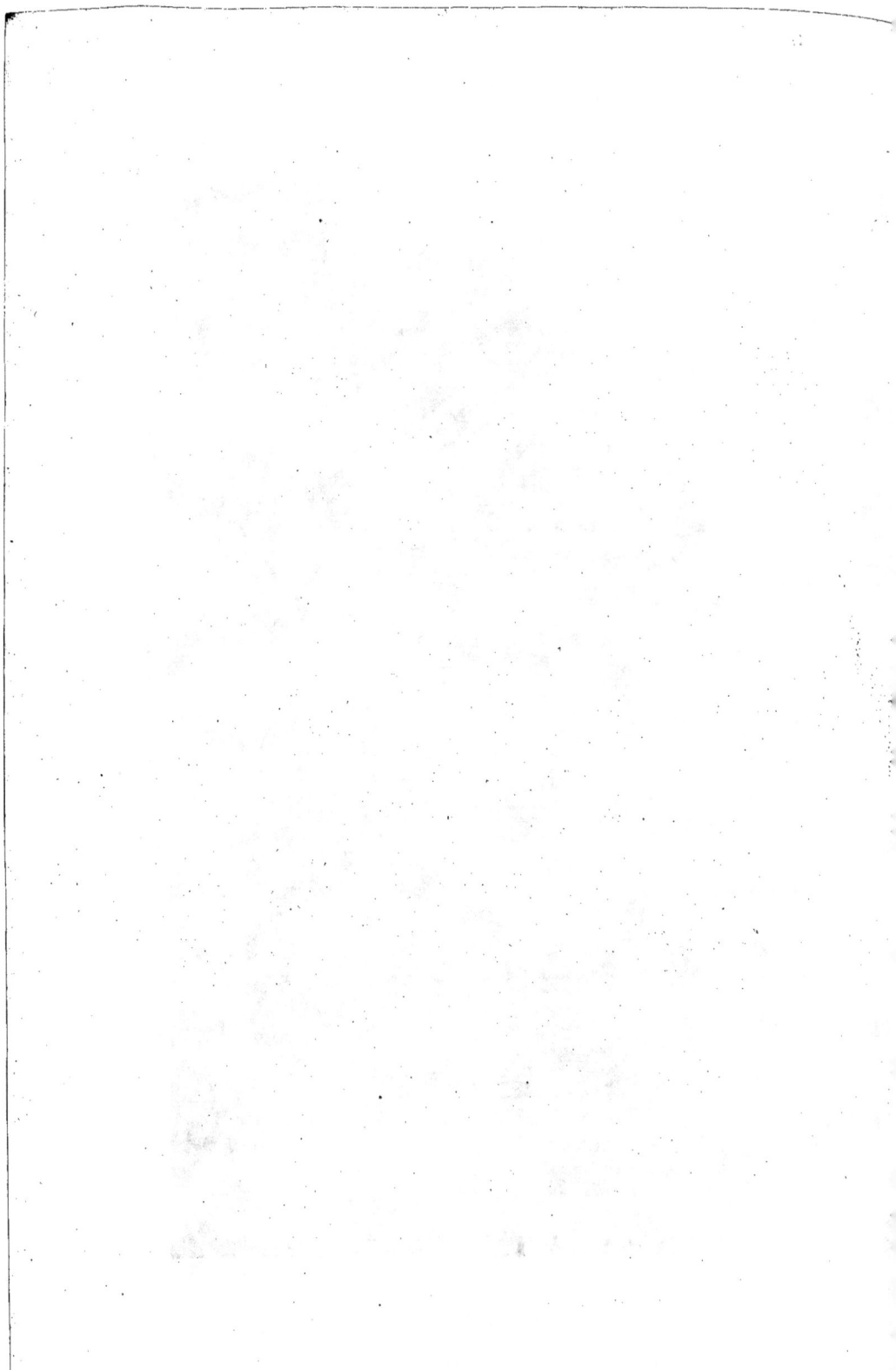

VOLCAN DE MAILLAS.

VOYAGE à SAINT-JEAN-LE-NOIR, au mont JASTRIÉ, & description du pavé de MAILLAS.

ON se rend de *Rochemaure* au village du *Theil*, situé sur la rive du Rhône, en suivant la grande route, bordée à gauche par une chaîne de petites montagnes, dont plusieurs sont calcaires, d'autres argilleuses, & quelques-unes en cailloux roulés. On compte une petite lieue de *Rochemaure* au *Theil* : il faut quitter ici la grande route pour prendre le chemin de *Mélas* ; on laisse alors le Rhône sur la gauche, pour entrer dans les montagnes. Le torrent qui passe à *Mélas* roule des masses considérables de basalte & de laves poreuses ; il coule dans une gorge profonde, entre des rochers calcaires fort élevés ; on le suit jusqu'auprès du village d'*Aubignac*. Les montagnes qui dominent sur *Aubignac* sont couronnées par des chaussées de basalte : c'est ici l'extrêmité méridionale du *Coueirou*.

Après avoir quitté le torrent de *Mélas*, on ne tarde pas à se rendre au *Buis* d'*Aps*, qui est une hôtellerie située sur le chemin, dépendante du village d'*Aps*, l'*Alba-Helviorum* des anciens [a], qu'on apperçoit non loin delà. On a toujours voyagé jusqu'ici sur les matieres calcaires, quoiqu'on ait sur la droite les montagnes volcaniques du *Coueirou* ; on continue même à les suivre jusques vers les approches de *Saint-Jean-le-Noir*, éloigné d'environ 3 lieues du Rhône.

Peu après avoir passé le *Buis* d'*Aps*, on rencontre un torrent nommé *Escoutai*, qui traverse le chemin : ce torrent roule des basaltes provenus des montagnes voisines. Dès qu'on entre dans le territoire de *Saint-Jean-le-Noir*, placé sur une hauteur, on apperçoit que tous les champs sont pleins de basaltes en table, en fragmens de colonnes, en masses irrégulieres ; la campagne en est entiérement jonchée de droit & de gauche à plus d'une lieue, avant de rencontrer les rochers qui les ont fourni. On commence à bien découvrir d'ici la suite des montagnes volcaniques du Vivarais, avec leur sommité recouverte par des plateaux de lave ; ce qui donne à ces montagnes un aspect pittoresque, bien différent de tout ce qu'on voit dans les rochers de granit ou dans les pays calcaires.

Saint-Jean-le-Noir est un village peu considérable, entiérement bâti avec des laves noires ou rougeâtres ; on y trouve des auberges, il faut y laisser les chevaux, & il est bon même de s'y rafraîchir, pour aller ensuite à pied sur le *mont Jastrié*, ou le *Rhan-Jastrié*, ou la montagne de *Maillas*, car ces trois noms sont synonymes dans le pays.

Maillas n'est qu'à un petit quart de lieue de *Saint-Jean-le-Noir*, on s'y rend par le chemin de *Berseme* qu'on laisse à gauche ; on trouve en-

---

[a] Ce village connu sous le nom d'*Aps*, d'*Abs*, & quelquefois sous celui d'*Albe*, étoit anciennement une ville considérable de la dépendance romaine, capitale du peuple *Helvii*, ce qui lui valut le nom d'*Alba Helviorum* & d'*Alba Augusta*. Cette ville fut détruite vers la fin du bas Empire : on trouve encore au village d'*Aps*, des vestiges remarquables de son antiquité, tels que des mosaiques & nombre de médailles qu'on y découvre journellement. Il me fut envoyé il y a quelques années un Mercure antique en bronze, d'un bon style, trouvé dans ce pays.

core ici au pied de la montagne quelques argilles, avec des lames de pierre calcaire, recouvertes par les laves; mais un inftant après toutes ces matieres difparoiffent pour faire place à des amas immenfes de bafaltes & de laves poreufes; on y diftingue fur-tout des blocs d'un volume étonnant, entaffés les uns fur les autres, entre lefquels on voit des arbres & des chaines antiques qui, repandant leur ombre fur toutes ces ruines, leur donnent une teinte obfcure qui, fans déplaire abfolument à l'ame, la rappelle à des penfées fombres & mélancoliques.

Le rocher principal de la montagne de *Maillas* eft entiérement compofé de bafalte. Il a plus de 400 toifes de longueur, fur 400 pieds d'élévation; on voit qu'il eft abfolument coupé à pic dans toute fa longueur: on peut donc le fuivre & l'obferver en entrant dans les décombres qui fe remarquent à fes pieds. J'en ai fait deffiner un profil. *V. Pl. IV.*

Cette partie eft d'un bafalte noir très-foncé, d'une grande dureté; il s'en eft détaché des maffes dont plufieurs, jetées au hafard & entaffées les unes fur les autres, ont plus de 25 pieds de diametre, & offrent des faifceaux de colonnes d'un volume confidérable & des mieux caractérifées, qui s'étant féparées en tombant, ont pris les plus fingulieres pofitions. Les unes jetées au hafard affectent des formes bifarres, tandis que d'autres étalent à la vue de grandes mofaïques qui charment l'œil: rien n'eft fi étonnant ni fi admirable que tout ce beau défordre.

Comme toutes ces maffes fe font détachées du principal rocher, il eft facile de juger de fa contexture. La partie la plus élevée, c'eft-à-dire, celle qui furmonte les prifmes faillans, placés à peu-près vers le milieu du rocher, eft formée en maniere de couches horizontales affez diftinctes, plus en faillies les unes que les autres, mais où l'on voit néanmoins des ébauches & des rudimens de colonnes. On peut attribuer cette difpofition ou à différentes coulées, ou à une configuration particuliere qu'a affecté la lave. Les premiers bancs de la fommité font d'un vrai bafalte, comme le reftant du rocher, mais ils ont été un peu attaqués par le feu, & ont bouillonné, ce qui les a rendu légérement poreux, tandis que les parties inférieures font d'un bafalte fain & dur.

Les ébauches de colonnes qui garniffent tout le parement du rocher, ne font que foiblement faillantes, mais les prifmes qui fe remarquent dans le bas, ont le caractere le plus tranchant; ils font bien filés, d'une belle venue; les plus épais n'ont pas plus de 7 à 8 pouces de diametre; le bafalte en eft dur & d'un beau noir; ce joli pavé eft d'autant plus curieux, d'autant plus intéreffant, qu'il eft comme niché dans l'intérieur même du grand rocher de bafalte: c'eft, fi je puis m'exprimer ainfi, une immenfe géode volcanique. Ici les colonnes attachées à la voûte, font fufpendues, & femblent menacer ceux qui oferoient refter deffous; là elles partent de la bafe, s'élevent verticalement, & vont foutenir le toît; les unes s'avancent fur le devant de la fcene, & laiffent derriere elles des vuides, des interftices occafionnés par la chûte des prifmes attenans; les autres, d'inégale grandeur, forment des efpeces de tuyaux d'orgues: un peu plus loin elles paroiffent fupporter en entier le poids énorme du rocher, & à côté de celles-ci on en voit de rangées, qui n'étant foutenues en l'air que par leur faîte, femblent annoncer, d'une maniere effrayante, l'inftant du défordre & du bouleverfement prochain de

De Cagniac. Del.

P. Bouillard. 1776.

VUE D'UNE PARTIE DU ROCHER DE MALLIAS.

Près de S.t Jean le noir, avec les Prismes de Basalte qui se dégagent de l'intérieur de cette masse Volcanique.

toute la montagne. Ici l'imagination eſt d'autant plus effarouchée, qu'on ne voit de part & d'autre que des monceaux, que des entaſſemens de baſaltes briſés ou accumulés les uns ſur les autres, ou prêts à s'écrouler, & qu'on ſe trouve tellement engagé dans ces ruines, qu'on n'apperçoit abſolument aucun débouché pour s'évader, en cas d'événement & d'accident qui peuvent arriver à chaque inſtant.

Ce pavé eſt ſans contredit un des plus remarquables, & mérite toute l'attention des naturaliſtes : cette belle ſuite de priſmes, dans l'intérieur & dans la partie ſolide même du rocher, pourroit faire croire aux uns que la configuration des priſmes eſt due à une ſimple retraite de la matiere, tandis que d'autres partiroient peut-être du même point pour prononcer que les priſmes ſont une véritable cryſtalliſation opérée par le feu : quant à moi, j'avouerai bien ingénuement que malgré les recherches ſuivies que j'ai faites ſur cette matiere, que malgré une ſuite de faits que j'ai recueillis à ce ſujet, particuliérement celui que je rapporte à la page 149 & ſuiv. n°. 12 du mémoire ſur le baſalte, je ne ſuis pas ſuffiſamment inſtruit pour oſer prononcer ſur une matiere auſſi délicate.

On trouve dans pluſieurs des priſmes de *Maillas*, des nœuds de chryſolite, on en rencontre même quelquefois de conſidérables, & de plus gros que le poing; on y voit auſſi des points de ſchorl noir.

Les laves poreuſes ſont abondantes ici : j'ai obſervé que l'extrêmité de la chauſſée du côté du levant, porte ſur une eſpece de ſable volcanique, mêlé de beaucoup de paillettes de ſchorl noir. Ce ſable qui n'eſt qu'une pouſſiere, qu'un *detritus* de matieres volcaniques, renferme auſſi quelques portions de terre calcaire, car il fait un peu d'efferveſcence avec les acides.

La montagne du *mont Jaſtrié* m'a paru ſi intereſſante, que j'ai cru qu'il étoit à propos d'en faire prendre la vue générale. *Voy. Pl.* V. Cette gravure eſt propre à donner une idée exaĉte de la totalité, de l'enſemble d'une montagne volcanique, bordée par des rochers & par des chauſſées de baſalte : toutes celles qui ont ainſi de grands murs de laves compaĉtes, ſurmontés par une plate-forme, ont preſque toujours la même configuration. C'eſt vers une des parties les plus élevées qu'eſt placé le pavé de *Maillas*, le village de *Saint-Jean-le-Noir* eſt cet aſſemblage de maiſon au bas de la montagne.

Voici le tableau des matieres qu'on trouve ſur le *mont Jaſtrié*, ou la montagne de *Maillas*.

1°. Du baſalte en maſſes irrégulieres.

2°. Du baſalte avec de ſimples ébauches de colonnes.

3°. Des priſmes exaĉtement caraĉtériſés & d'un joli volume, à 5 & à 6 pans, quelquefois à 7, mais ils n'y ſont pas communs.

4°. Des priſmes avec de gros nœuds de *chryſolite des volcans*; on trouve de ces *chryſolites* dans le baſalte en maſſe, qui peſent juſqu'à 7 ou 8 livres; elles ſont un peu altérées, c'eſt-à-dire, que pluſieurs des grains de cette pierre ont une eſpece de rouille ferrugineuſe terne.

5°. Du baſalte en priſmes avec du granit altéré.

6°. *Idem.* Avec feld-ſpath blanc & ſchorl noir.

7°. Laves poreuſes griſes, legeres.

8°. *Idem*. Avec chryſolite.

9°. Laves poreuſes rougeâtres.

10°. *Idem*. Avec chryſolite.

11°. *Idem*. Avec granit altéré.

12°. *Idem*. Avec feld-ſpath.

13°. *Idem*. Avec ſchorl noir.

14°. Eſpece de ſable volcaniſé, contenant une multitude de paillettes de ſchorl noir brillant : ce ſable eſt mêlé de quelques élémens calcaires, & fait un peu d'efferveſcence avec les acides.

Quoique les laves poreuſes qui annoncent l'action plus immédiate d'un feu très-violent, ſoient aſſez abondantes dans les environs du rocher baſaltique de *Maillas*, on n'y voit néanmoins aucune trace bien caractériſée de *cratere*; il eſt vrai qu'une formidable bouche à feu, celle des *Balmes de Montbrul*, n'eſt qu'à deux pas delà. Je regarde donc le rocher baſaltique de *Maillas* comme une de ces productions volcaniques que l'effort inconcevable des feux ſouterreins a fait ſortir toutes formées de l'intérieur de la terre, idée qui va paroître giganteſque & ſyſtématique, mais dont j'eſpere de pouvoir donner le développement d'une maniere ſatisfaiſante, à l'article du rocher de *Roche-Rouge*, dans la deſcription des volcans du *Velay*. Je prie le lecteur de lire, avant de me condamner, les détails que je donne ſur cette admirable butte volcanique.

Au reſte, le rocher de *Maillas* repoſe dans la partie qui fait face à *Saint-Jean-le-Noir*, ainſi que je l'ai déjà dit, ſur des couches de matieres calcaires, diſpoſées par petites lames, à la maniere de certains ſchiſtes.

Pl. V.

De Vayraux Del.

A. Fessard Sc.

MONT JASTRIÉ,

Au dessus du Village de Saint Jean-le-noir.

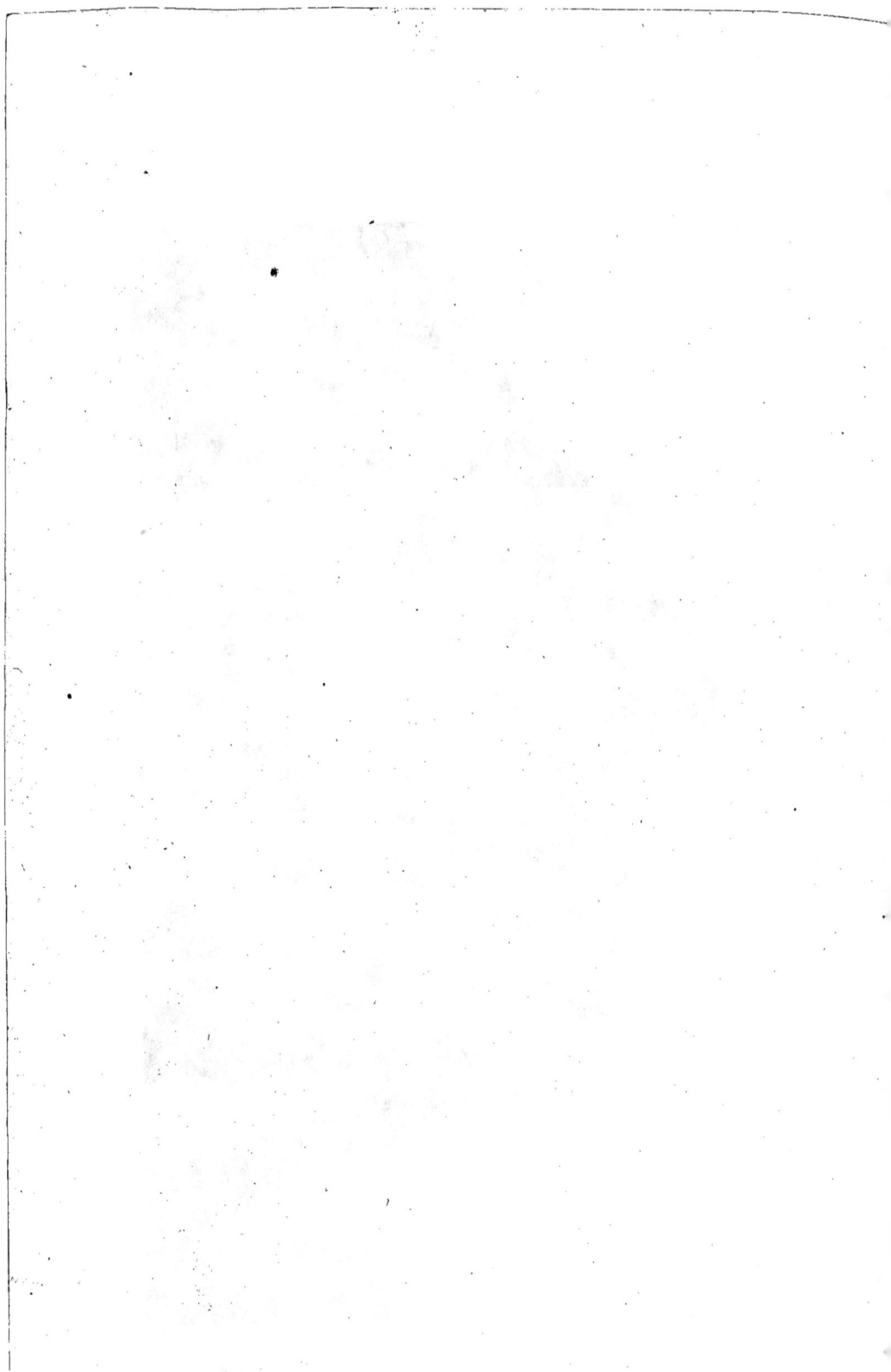

RAMPES DE MONTBRUL.

Description des rampes de Montbrul.

DES qu'on a visité la montagne de *Maillas*, il faut rejoindre le grand chemin situé à l'extrêmité méridionale de ce grand rocher volcanique; cette route pratiquée à grands frais sur une montagne fort escarpée, est tracée dans les laves, elle consiste en diverses rampes ménagées avec art pour adoucir le chemin. Comme tout est intéressant ici pour l'histoire naturelle des volcans, par rapport aux différentes coupures qu'on a été obligé de faire dans cette pente, je vais tâcher de décrire avec le plus de clarté & de précision qu'il me sera possible, cet itinéraire, pour mettre les naturalistes qui voudront faire ce voyage, à portée de trouver au premier coup d'œil les objets que j'indique.

La route de *Maillas* à *Montbrul* étant divisée par rampes, je formerai moi-même autant de division qu'il y a de rampes, cette méthode me paroît plus claire & plus propre à fixer l'attention de l'observateur.

PREMIERE RAMPE.

C'EST en entrant sur la premiere rampe que le naturaliste doit examiner avec beaucoup d'attention, l'escarpement qui a été formé dans la partie gauche. Pour agrandir le chemin & le rendre praticable, on a été obligé de couper à pic un grand talus que formoit ici la montagne, ce qui a mis à découvert des objets d'un très-grand intérêt, qui m'ont paru mériter une gravure particuliere. *Voyez Planche*. VI.

Le premier objet qui se présente, est un banc de cailloux roulés, encastré dans les matieres volcaniques. *Voy. fig.* I. Ce banc véritablement remarquable, suit la direction de la rampe, & a dans sa plus grande épaisseur apparente, environ 5 pieds; il renferme les pierres suivantes usées & arrondies. On y trouve 1°. de gros cailloux d'un véritable granit composé de feld-spath, de schorl & de mica, ce granit tend à se décomposer & se réduit en gravier sous la main : 2°. des quartz grossiers, roulés & arrondis : 3°. de gros morceaux d'un véritable tripoli blanchâtre, leger & friable, mais moins usés & moins arrondis que les autres pierres, ce qui pourroit être attribué à la légéreté de cette substance : 4°. on distingue enfin parmi toutes ces matieres, des pierres de basalte, usées & arrondies comme les autres cailloux : 5°. des laves poreuses noires & roulées. Le tout est recouvert par des couches de pouzzolane, par une espece de tuf volcanique, surmonté par des masses de basalte de plus de 30 pieds d'élévation, sur lesquelles on distingue des élémens de prismes. *Voyez fig.* II & III.

On ne peut disconvenir que ce banc de cailloux roulés, emprisonné dans les matieres volcaniques, ne mérite la plus grande attention & le plus sérieux examen. D'où est-il venu? comment est-il venu? dans quel temps est-il venu? Cet objet feroit le sujet d'un travail qui formeroit seul un ouvrage véritablement intéressant, & qui demanderoit non-seulement une multitude de recherches locales , mais qui exigeroit de bien grandes connoiſſances en hiſtoire naturelle ; comme je me borne à donner de faits , je ne formerai que quelques réflexions à ce ſujet.

Je dirai ſeulement qu'on eſt fort embarraſſé de pouvoir attribuer à aucune riviere cet amas de cailloux roulés , excepté cependant qu'on ne voulût croire qu'un chétif ruiſſeau bien éloigné de là , qui ſe trouve dans la profondeur de la vallée , n'eût jadis roulé ſes eaux dans cette partie & à cette hauteur étonnante ; mais quel laps de temps immenſe ne lui auroit-il pas fallu pour ſe creuſer un lit d'une profondeur auſſi extraordinaire que celui où il eſt à préſent ! d'ailleurs ce ruiſſeau fort éloigné d'ici , ne roule ni tripoli dont on ne connoît aucune mine dans le pays , ni granit dont les carrieres ſont éloignées de quatre lieues , & dans un ſens oppoſé.

Je penſe qu'il ſeroit peut-être plus vraiſemblable & plus naturel d'attribuer à une grande révolution diluvienne ce banc de cailloux roulés ; ceci ſuppoſeroit à la vérité des éruptions volcaniques antérieures à la ſubmerſion de cette partie du globe , puiſqu'on trouve dans ce même banc du baſalte & des laves porreuſes arrondies ; mais comme on voit que la premiere baſe de la montagne de *Montbrul* porte ſur de grands bancs de pierres calcaires , ainſi qu'il eſt facile d'en juger par la profonde excavation de la partie nommée les *Balmes* ; il faut néceſſairement ſuppoſer que le ſéjour de l'eau de la mer avoit d'abord dépoſé les ſédimens propres à former cette ſuite de grandes couches calcaires , ſur leſquelles porte la totalité de la montagne de *Montbrul* & les rampes qui en ſont une dépendance , ce qui devoit exiger un laps de temps conſidérable : il faut ſuppoſer encore qu'après que les dépôts calcaires eurent été établis en couches , un courant rapide entraînant de loin ein granits , des tripoli, des baſaltes, des laves poreuſes, en aura formé le banc de caillouxs roulés dont il s'agit , & que poſtérieurement à tout cela un formidable volcan , vomiſſant une immenſité de lave , aura pu en fournir des proviſions aſſez abondantes , non-ſeulement pour recouvrir toutes les matieres calcaires , & le banc de cailloux roulés , mais encore pour former une montagne auſſi élevée que celle de *Montbrul.* Voilà les conjeĉtures les plus probables que l'inſpeĉtion réitérées des lieux peut faire naître.

D E U X I E M E　R A M P E.

L A ſeconde rampe remonte ſur les laves & le baſalte qui recouvre le banc de cailloux roulés dont je viens de faire mention; la partie droite du chemin eſt formée par un eſcarpement conſidérable de laves poreuſes bleuâtres & jaunâtres, fortement calcinées, diſpoſées en grandes maſſes , & ſurmontées par des coulées de baſalte priſmatique , de la hauteur d'environ 20 pieds. C'eſt à la naiſſance de la premiere rampe qu'on trouve au bord du chemin, ſur le côté droit, une groſſe maſſe d'un baſalte très-noir & de la plus grande dûreté, qui renferme des noyaux de ſpath calcaire blanc , à demi tranſparent , le même dont j'ai parlé à la pag. 162. n. 54, du mémoire ſur le baſalte.

Fig 3.

Fig 2.

Fig 1.

De Lignac del.

Lapine Sculp.

RAMPES DE MONTBRUL.

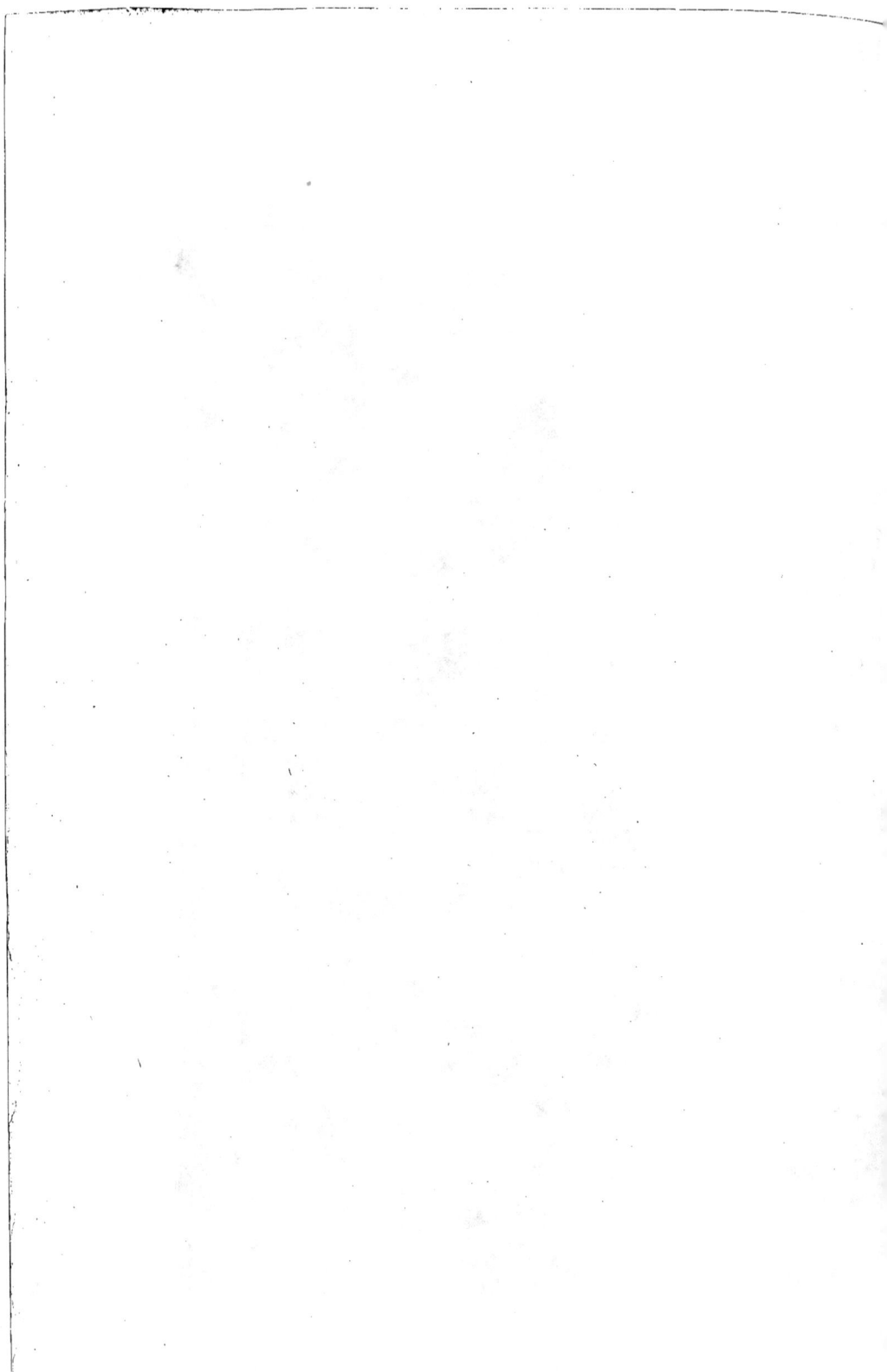

TOISIEME RAMPE.

La troifieme rampe eft bordée par des maffes efcarpées de laves bleuâtres & couleur de rouille de fer, mêlées de pouzzolanes ; le tout eft couronné par des bafaltes en maffe, de quinze pieds d'élévation.

QUATRIEME RAMPE.

Cette montée, des plus longues & des plus élevées, eft ouverte dans les laves poreufes les plus friables & les plus calcinées, de diverfes couleurs; on voit dans les grands murs naturels de ces laves qui bordent le chemin, plufieurs boules de 5 ou 6 pieds de diametre, d'une lave à demi-poreufe; ces boules, formées de plufieurs couches, paroiffent s'être arrondies en roulant dans le temps de la fufion ; elles font fortement engagées dans les maffes de laves poreufes, qui fervent de fondement & de foutien à un rempart de bafalte prifmatique en colonnes informes de plus de 60 pieds d'élévation.

CINQUIEME RAMPE.

Cette derniere rampe fort élevée aboutit au hameau de *Montbrul*; elle eft longue & fa bordure droite eft tantôt en bafalte en tables, d'environ 20 ou 25 pieds de hauteur, tantôt en grand dépôt de tuf volcanique & de pouzzolane rouge, mêlée de fchorl noir. On trouve au hameau de *Montbrul* quelques fermes où l'on peut laiffer les chevaux pour aller vifiter à pied le beau cratere qui n'eft qu'à deux pas delà.

Il feroit difficile de pouvoir trouver un endroit auffi propre à l'inftruction que ces rampes de *Montbrul*. Comme on a été obligé d'y couper des tranchées pour ouvrir le chemin, on a la facilité d'y obferver de grands & beaux efcarpemens qui mettent en évidence cette partie de la montagne : il eft donc effentiel que le naturalifte qui voudra connoître ces rampes, y faffe une ftation affez longue ; car lorfqu'on ne veut voir que rapidement & à la hâte, il eft difficile de bien voir. On a d'ailleurs ici l'avantage d'être à portée d'une hôtellerie, celle de *Saint-Jean-le-Noir*, où l'on trouve bien des commodités : fi on vouloit même s'élever plus haut fur le *Coueirou*, on rencontreroit fur la route le village de *Berfeme* où eft un château dont le maître, homme de beaucoup d'efprit, *M. l'abbé de Montbrun*, fe fait un plaifir d'accueillir les honnêtes gens. Comme il y a des objets très-curieux à voir dans cette partie, il eft bon de favoir qu'un galant homme vit en philofophe dans cette folitude élevée, où les pauvres naturaliftes feroient fort embarraffés en cas d'orage ou de mauvais temps, s'ils ignoroient qu'on peut en toute affurance & fans déplaire au maître du château, lui demander l'hofpitalité. Voici la note des matieres volcanifées qu'on trouve fur les rampes de *Montbrul*.

1°. Les pierres dont j'ai fait mention en découvrant le banc de cailloux roulés de la premiere rampe.

2°. Bafalte noir & compacte, en maffes irrégulieres, avec des fragmens de fchorl noir.

3°. Bafalte en prifmes pentagones & hexagones.

4°. Bafalte en tables.

5°. *Idem*. Avec des noyaux de fpath calcaire blanc à demi - tranfparent, très-intéreffans & peu communs.

6°. *Idem*. Avec des nœuds de chryfolite des volcans.

7°. *Idem*. Avec granit altéré.

8°. Lave poreufe brune.

9°. Lave poreufe rougeâtre.

10°. *Idem*. D'un gris bleuâtre avec de la chryfolite.

11°. *Idem*. Avec fchorl noir.

12°. Laves à demi-poreufes, configurées en boules, revêtues de plufieurs couches.

13°. Pouzzolane grife.

14°. *Idem*. D'un brun rougeâtre.

15°. Lave décompofée paffant à l'état d'argille jaunâtre.

16°. Efpece de tuffa.

CRATERE DE MONTBRUL.

MONTBRUL est un hameau composé de quelques maisons placées sur la partie la plus élevée des rampes dont je viens de parler; on apperçoit non loin de ces habitations, lorsqu'on y arrive par la route de *Saint-Jean-le-Noir* & du *mont Jastrié*, un abyme vaste & profond, situé sur la partie gauche de la derniere rampe : cette immense excavation, qui offre dans son ensemble une teinte rougeâtre, se nomme *les Balmes de Montbrul.*

Cet abyme a 80 toises de profondeur, sur 50 toises de diametre; il est de forme circulaire, fait en entonnoir, avec une large déchirure dans la partie qui est entre le midi & le couchant ; on peut y descendre par un petit ravin étroit, rude & des plus escarpés. L'entrée de cet abyme offre le spectacle le plus étrange & le plus nouveau: on ne voit ici que des laves calcinées, de toutes les formes & de toutes les couleurs : les parois de ce *cratere*, (car c'en est un des plus beaux & des plus curieux) sont taillés à pic & coupés dans certaines parties, comme des murs de maçonnerie ; dans d'autres, la matiere entiérement poreuse & réduite en scorie, forme des especes de tours, des bastions, des demi-lunes qui imitent des ouvrages de fortifications. On voit en plusieurs endroits des crevasses & des enfoncemens qui paroissent avoir été autant de bouches à feu; aussi tout est brûlé ici à un tel point, qu'on croiroit que le feu s'y est éteint depuis peu, quoique ce *cratere* soit de l'antiquité la plus reculée.

Penseroit-on que des hommes s'étoient jadis ménagés des retraites dans cet abyme, & que tandis que plusieurs profitoient des crevasses que les feux avoient ouverts, pour en faire leur logement, d'autres trouvant que la matiere dont ces rochers de laves très-poreuses sont formés, étoit tendre & se laissoit facilement couper, avoient pratiqué un assez grand nombre d'habitations dans les parois de ce *cratere*, où ils s'étoient creusés des especes d'antres, qui placés les uns sur les autres, offrent une multitude d'ouvertures profondes dans lesquelles on se rendoit par des plates-formes & des marches taillées dans la matiere calcinée, ce qui donne à ces singulieres habitations un air grotesque & si étrange, qu'on a de la peine à croire que des hommes aient été assez fous, ou assez malheureux pour être réduits à se contenter d'un pareil domicile.

Il existe encore plus de cinquante de ces maisons souterreines, qui n'ont été délaissées que par les accidens que les pluies & les fortes gelées occasionnoient, en faisant rompre & détacher des parties considérables de cette montagne volcanique, ce qui a mis à découvert l'intérieur de plusieurs de ces logemens , & rend ce tableau extrêmement piquant: il existe encore dans cet horrible manoir deux familles logées avec leurs enfans dans des repaires de cette nature. On voit sur une des saillies les plus élevées du *cratere*, des ruines d'un ancien château & d'une chapelle en partie creusée dans la matiere du volcan. Il faut que depuis des temps très-reculés il y ait eu des hommes dans tous ces antres, car j'y ai reconnu divers fragmens de potterie antique. On me montra la plus considérable de ces habitations souterreines & profondes, qui subsiste en

C c c c

entier & qu'on nomme la *prifon* ; elle eft formée de deux étages oblongs;
pofés l'un fur l'autre; il paroît que le premier étage étoit la demeure du
geolier; la *prifon* étoit au deffus, on y montoit par un efcalier étroit,
pratiqué dans la lave. Cet horrible cachot qui n'a de jour que par une
trifte & petite lucarne , paroît avoir été jadis deftiné à renfermer un
affez grand nombre de prifonniers qu'on y tenoit enchaînés à des anneaux dont on voit encore des veftiges : un des habitans qui s'eft em-
paré de cette prifon pour en faire un grenier à foin, m'a dit avoir arra-
ché depuis peu plufieurs de ces anneaux qui reftoient encore & qui
étoient d'un volume & d'un poids confidérable.

Toutes ces matieres ainfi calcinées renferment une multitude de fragmens de fchorl noir , qui fe trouvent pris & engagés dans des pierres
poreufes , dont plufieurs font fi légeres qu'elles furnagent fur l'eau : il
exifte de ces morceaux de fchorl, de la groffeur d'une noix; j'en ai trouvé
même de beaucoup plus confidérable : ce qu'il y a d'étrange , c'eft que
tous ces fchorls noirs qui font affez communs ici, ont été en partie roulés , ufés & arrondis, & fe trouvent dans cet état ainfi engagés dans le
centre des laves poreufes légeres. J'en ai une belle fuite dans mon cabinet. L'endroit où ces fchorls font les plus communs, eft fitué dans la
partie où l'on voit une quantité prodigieufe d'une belle pouzzolane rouge
& jaune , réduite en pouffiere très-fine, & de la plus grande pureté.

Toutes les parties de ce *cratere* où font les maifons, ne préfentent
que des laves poreufes brûlées , de différentes couleurs, où le rouge &
le noir dominent. Tous les parois du *cratere* font formés par des maf-
fifs de la même matiere, qui fe prolongent à de grandes profondeurs.

Comme il auroit fallu trop multiplier les planches pour donner le
développement total de cette grande bouche à feu, de forme circulaire,
je me fuis contenté de faire prendre la coupe ou le profil de la partie
qui pouvoit le plus fervir à l'inftruction. *Voy. Pl.* VII. On y remarque :

1°. Le refte de plufieurs anciennes habitations , creufées dans les
laves poreufes ; elles font repréfentées d'après nature , telles qu'elles
exiftent actuellement. La partie ovale oppofée, qui fait face à celle-ci,
eft également percée par une multitude d'excavations ou d'antres femblables.

2°. Depuis la derniere ouverture ou entrée de maifon qui s'obferve
dans la profondeur du *cratere*, vers le côté où font les prifmes, jufques
à la plus haute fommité où l'on voit une tour ruinée , tout eft laves poreufes , rouges , grifes , noirâtres , jaunâtres , & même quelquefois d'un
bleu agréable. On trouve dans ces laves divers accidens, tels que des
noyaux de granits , de quartz , de chryfolites altérées , de gros fragmens
de fchorls ufés & arrondis. Les maffes de laves poreufes font quelquefois interrompues par des efpeces de courans de laves plus compactes ,
de différentes couleurs. On obferve auffi dans quelques endroits l'effet
des fumées acides, qui ont altéré & décompofé les laves , & les ont fait
paffer à l'état de matiere terreufe.

3°. Au deffous de toutes ces laves poreufes, & à plus de 300 pieds
de profondeur, dans l'intérieur du *cratere*, on trouve une vafte coulée
de bafalte dur & compacte, qui fe dégage du fein des laves. *Voyez*
fig. I.

Pl. VII.

A.F. Goutier-Dagoty Del.

Chr. Fessard Sculp.

COUPE D'UNE PARTIE INTÉRIEURE
DU CRATÈRE DE MONTBRUL,
à trois Lieues et demie de Montélimar.

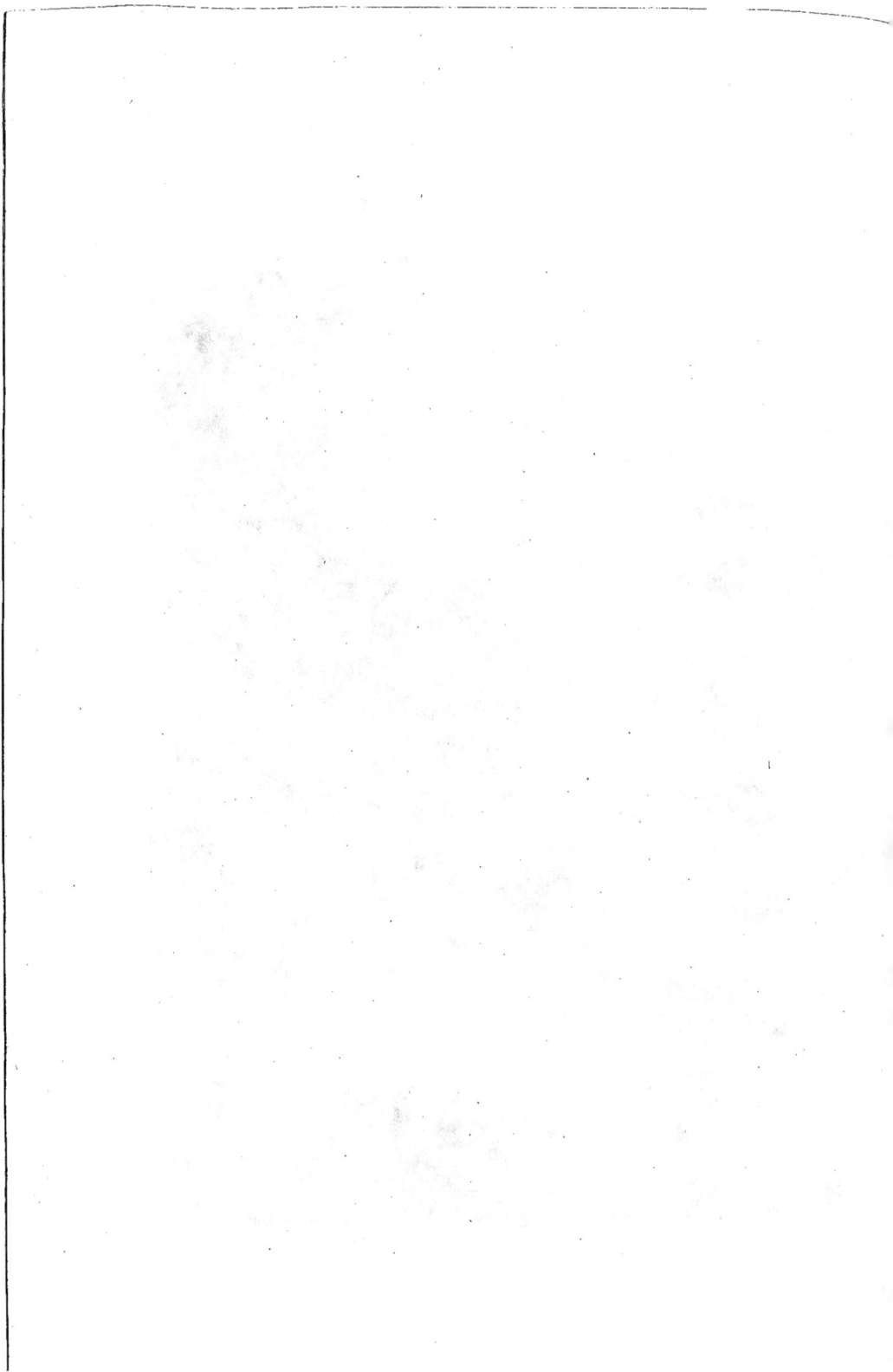

4°. C'eſt au deſſous de cette maſſe qu'on voit des priſmes bien caraĉtériſés, adhérens à la grande coulée de baſalte. Je ne les indique
ici par aucune figure, parce qu'ils ſont aſſez remarquables par eux-mêmes.
Ces priſmes ſe prolongent au loin, en tournant dans cette partie, &
vont ſe développer beaucoup plus en grand derriere le *cratere* où ils
ont formé une chauſlée des plus élevées.

5°. Au deſſous de ces priſmes eſt un talus produit par le décombre de
laves poreuſes ſupérieures, qui empêchent de diſtinguer ſur quel maſſif
portent les colonnes; mais en deſcendant plus bas on voit que ces
priſmes repoſent ſur de grandes maſſes de baſalte en bancs irréguliers,
qu'on n'auroit jamais été à portée d'appercevoir, ſi un énorme ravin
n'avoit coupé le *cratere* dans cette partie, ce qui a mis ſa contexture
la plus profonde à découvert.

6°. Les derniers bancs de ce baſalte, ceux qui ſe trouvent le plus bas,
repoſent ſur des couches horizontales de pierres calcaires d'un gris cendré; mais les encombremens empêchent de diſtinguer la jonĉtion de la
lave avec la matiere calcaire. Je n'ai pas pu faire rendre ces derniers
objets ſur la gravure, parce qu'elle ne repreſente qu'environ la moitié
de la profondeur du *cratere* : j'ai regretté que la diſpoſition du local ne
m'ait pas permis de placer dans ce deſſein la totalité de la coupe verticale de cette curieuſe & remarquable bouche à feu.

Je dois dire en finiſſant cet article que la bouche du volcan de *Montbrul* n'eſt pas placée, comme quelques crateres, ſur la ſommité d'une
montagne conique, mais bien ſur le flanc d'une haute montagne de
lave : c'eſt donc plutôt une immenſe & profonde bouche latérale, telle
que celles qu'on remarque à *Stromboli*, qu'un entonnoir iſolé, ſemblable à celui de la montagne de la *Coupe*, & à celle de *Jaujeac*, dont
j'aurai occaſion de parler dans peu.

Il eſt à préſumer que le *Coueirou* entier, dont *Montbrul* eſt une dépendance, avoit pluſieurs bouches pareilles, qui ont vomi ou élevé de
toutes parts cette ſuite de buttes, de chauſſées, & cette immenſité de
laves qui ont formé toutes les montagnes de ce pays.

Lorſqu'on a viſité avec attention l'intérieur du *cratere de Montbrul,*
il faut remonter au hameau, c'eſt-à-dire, ſe tranſporter dans la partie
ſupérieure la plus élevée de ce même *cratere*, pour ſe rendre delà ſur
un petit plateau où l'on a pratiqué, à force d'art, un ou deux jardins
modiques, en terraſſe : c'eſt dans celui où exiſte une ſource, qu'on verra
une belle couche de baſalte rouge, argilleux & décompoſé, entre deux
grandes coulées d'un baſalte dur & ſain. Cette lave altérée, cette chaux
de baſalte, douce & ſavonneuſe au toucher, eſt d'un rouge brillant,
preſqu'auſſi vif que celui du *minium* : on y diſtingue une multitude de
paillettes de ſchorl noir.

VOYAGE

A FREYCINET, à CHAUMERAC, à PRIVAS, à la montagne de LESCRENET & à AUBENAS.

ON peut se rendre dans demi-heure, par un très-beau chemin coupé dans les laves, de *Montbrul* à *Berseme*, mais la route va toujours en montant.

Berseme est un village dont les maisons sont dispersées; ce lieu est situé sur une des parties élevées du *Coueirou*, dans une latitude froide; son territoire forme une espece de plateau considérable & étendu, mais cette plate-forme n'est pas encore la partie la plus élevée du pays, puisqu'il faut suivre une montée très-sensible qui dure une grande lieue, pour parvenir au village de *Freycinet*. Tous les champs, toutes les terres labourables sont absolument formées par une pouzzolane d'un brun rougeâtre, qui ne fait aucune effervescence avec les acides; cette production volcanique fournit d'excellentes récoltes en grains; mais comme ce sol n'a tout au plus que 5 ou 6 pouces de profondeur, & qu'il est assis sur des basaltes ou sur des laves dures, on ne peut y élever aucun arbre; toutes les clôtures des champs sont formées avec des murs de basalte, grossiérement construits. Rien n'est si triste & si sauvage que cette région dépouillée de verdure. Lorsque le soleil répand ses rayons sur cette terre, on la voit briller de tous côtés, ce qui est occasionné par la multitude de paillettes de schorl dont elle est semée.

Lorsqu'on a quitté *Berseme* on continue à voyager parmi les laves, dans un chemin solide & bien fait, qui va toujours en montant. Dès qu'on a fait environ trois quarts de lieues dans cette route, il faut se détourner un peu sur la gauche pour aller joindre le village de *Freycinet*. C'est dans la proximité de ce lieu qu'on remarque un enfoncement d'environ 60 toises de profondeur sur 900 toises de diametre; cet immense bassin est de forme ronde, sans interruption ni sans coupure; ses parois sont bordés de tous côtés par des especes de digues ou de murs en laves poreuses, rouges, calcinées & très-spongieuses; toute la capacité intérieure est recouverte d'une pouzzolane fine que les eaux y ont déposée à la longue; & comme cette terre est propre à la végétation on a su en tirer un parti avantageux, & des moines industrieux ont eu l'art de métamorphoser le foyer d'un ancien volcan, en un vallon aussi précieux que productif.

Je ne balance pas à croire que ce fût ici la plus formidable & la plus terrible fournaise du *Coueirou*, que ce fût elle qui vomit cette quantité énorme de basalte en tables, en masses irrégulieres, en colonnes, qui se remarquent de toutes parts dans cette partie du Vivarais; l'inspection des lieux annonce que cet abîme avoit des communications avec d'autres bouches qui lui étoient subordonnées, & que c'étoit là le soupirail du gouffre majeur où se préparoient la plupart des laves qui couvrent le *Coueirou*.

Si ce grand *cratere* n'offre pas, comme celui de *Montbrul*, le développement

pement de ces coupes intérieures, la raison en est naturelle; la disposition du local n'a pas permis que les ravins aient formé des déplace-
mens & des coupures dans les parois de ce volcan; toute la croûte des
plateaux voisins étant en laves poreuses, fortement adhérentes, & leur
pente se dirigeant dans ce bassin, les eaux y ont déposé toutes les scories, toutes les laves poreuses légeres, toutes les pouzzolanes qu'elles
ont pu déplacer, ce qui à la longue a comblé une partie de ce majestueux
cratere, & a dérobé par là à la vue les beautés principales de son intérieur.

Il est si vrai que le *cratere* de *Freycinet* a été en partie comblé par
des détrimens volcaniques, que quoiqu'il soit d'un très-grand diametre,
& que sa disposition lui fasse recevoir toutes les eaux du voisinage dans
les temps des orages & des pluies, néanmoins les eaux ne l'ont jamais
converti en lac, parce que en s'infiltrant dans les entassemens des décombres, elles vont gagner les abîmes aussi vastes que profonds, qui
doivent regner sous un *cratere* de cette nature.

Dès qu'on quitte *Freycinet*, il faut venir rejoindre le grand chemin
qui conduit à *Privas*; on continue à voyager ici sur ce haut plateau de
montagne, au moins pendant une heure, toujours parmi les basaltes &
les laves poreuses. Ce n'est qu'à l'extrêmité du *Coueirou* qu'on découvre
Privas, situé sur une montagne opposée; on commence dès-lors à marcher dans une pente aussi longue que rapide, & il faut d'ici environ
deux heures pour arriver dans le vallon de *Privas*; les basaltes en masses
& en tables, les laves poreuses descendent aussi jusqu'à mi-côte de la
montagne, où elles disparoissent pour faire place à des rochers calcaires
à grandes couches horizontales, qui se prolongent au loin & vont gagner, en remontant, les montagnes calcaires qui bordent la côte du Rhône.
On va facilement du bas de la montagne du *Coueirou*, au bourg de *Chau-*
merac où l'on trouve des carrieres d'une espece de marbre gris, susceptible d'un beau poli; on voit dans les approches de *Chaumerac*, des
entassemens considérables de laves, mais c'est un torrent furieux qui les
entraîne des gorges du *Coueirou*.

Privas est une petite ville en amphitéatre sur la croupe d'une montagne calcaire; on se rend de *Privas* à *Aubenas* par une montagne des
plus élevées, nommé l'*Escrenet*; le chemin en est beau, mais rapide; en
marchant sans relâche on ne peut parvenir qu'au bout de trois heures
à peu près vers le plus haut de la montagne, sur un petit plateau isolé,
où est une hôtellerie nommée le *cabaret de Madame* : on est forcé de
laisser reposer ici les chevaux fatigués, & si on veut se rafraîchir soi-
même, il faut avoir soin de prendre des provisions à *Privas*, car le cabaret de *Madame* est bien le lieu le plus dépourvu & le plus malpropre
que je connoisse; les aubergistes qui sont des paysans aussi grossiers que
brutaux, ne daignent seulement pas faire attention aux pauvres voyageurs fatigués, qui sont forcés de s'arrêter dans un aussi mauvais gîte.
Il seroit sans doute très-dangereux de murmurer & d'oser se plaindre
dans un lieu aussi sauvage, & avec des hôtes aussi féroces, il faut donc
prendre ses dimensions en partant de *Privas*, pour ne pas s'exposer à
coucher dans un lieu de cette nature.

De *Privas* au cabaret de *Madame*, toutes les pierres sont calcaires,
mais à 50 toises au dessus de l'auberge, les matieres calcaires s'éclipsant,

les granits paroiſſent pour un moment & ſont ſurmontés enſuite par les baſaltes en maſſe , qui couvrent cette partie de la montagne.

Ces nouvelles laves forment une zone qui part du *Coueirou* par *Freycinet* , & ſe prolonge enſuite par la haute partie du Vivarais.

On traverſe une portion de cette zone en deſcendant la montagne de l'*Eſcrenet*, par le chemin qui conduit à *Aubenas* , & on retrouve, peu de temps après , de grands bancs de pierres calcaires où l'on voit quelques cornes d'*Ammon* , d'un aſſez gros volume , mais mal conſervées. On ſe rend delà à *Aubenas* par le chemin de *Vaiſſeau*.

PAVÉ DES GEANS DU PONT DU BRIDON.

VOYAGE à VALS, & au pont du BRIDON.

A UBENAS eſt une aſſez jolie petite ville, ſituée ſur une montagne calcaire, où l'on trouve des corps marins & entr'autre des *cornes d'Ammon*, & de très-grandes bélemnites. Pour ſe rendre de cette derniere ville à *Vals*, il faut deſcendre au *pont d'Aubenas*, où l'on trouve le chemin qui y conduit, c'eſt ſur cette route que ſont placés pluſieurs fours à chaux, dans le voiſinage deſquels eſt une grotte nouvellement ouverte, où l'on voit de belles ſtalactites. Les bancs calcaires diſparoiſſent dès qu'on a quitté ces fours à chaux, & ſont remplacés par un grès tendre un peu calcaire ; ce grès acquiert de la conſiſtance & beaucoup plus de dureté à meſure que la montagne qui en eſt compoſée s'éleve, & il ceſſe alors de faire effervescence avec les acides. On voit bientôt paroître les granits, c'eſt-à-dire, que dans un intervalle de moins de 100 pas de longueur, on trouve des bancs calcaires, des grès tendres & ſablonneux, faiſant un peu d'effervescence avec les acides, des grès purs, compactes & à gros grains, & des granits. Les amateurs de l'hiſtoire naturelle ſeront empreſſés de ſavoir ſi j'ai obſervé ici la ligne de ſéparation, ou plutôt celle de jonction dè ces différentes matieres, ce qui ſeroit auſſi curieux qu'inſtructif ; mais j'avoue que quelqu'attention que j'aie apportée à cet examen, il ne m'a pas été poſſible de prendre les renſeignemens que je deſirois à ce ſujet ; des entaſſemens de terre végétale, mille pierrailles empêchent de diſtinguer l'union de ces différentes ſubſtances. J'ai ſouvent tenté de pareilles recherches dans les Alpes, & il ne m'a jamais été poſſible de pouvoir obſerver d'une maniere ſenſible & non équivoque, l'adhéſion des pierres calcaires avec les ſchiſtes ou les granits.

On traverſe aux approches de *Vals*, la riviere d'*Ardeche* ſur un bac, ce grand torrent a beaucoup d'eau, eſt très-rapide, & occaſionne ſouvent des ravages terribles dans le Vivarais ; il roule ici des maſſes conſidérables de baſalte.

Vals eſt ſitué dans une gorge étroite que forment des montagnes de granit fort rapprochées, la riviere de la *Volane* ou du *Volant*, baigne ſes murs, ce pays où la campagne eſt bien cultivée, eſt dans un ſite charmant.

C'eſt ſur la rive gauche du *Volant*, un peu avant d'arriver à *Vals*, qu'on voit les ſources minérales qui ont donné de la célébrité à ce lieu ; la principale, qui eſt au bord de la riviere, eſt fermée par un bâtiment qui la met à l'abri des pluies & du torrent ; elle ſort à gros bouillons d'un petit rocher de feld-ſpath fort dur & donnant beaucoup d'étincelles lorſqu'on le frappe avec un briquet. J'ai eu lieu d'obſerver ici une ſingularité intéreſſante & qui mérite d'être connue, c'eſt que non ſeulement les eaux bouillonnant avec bruit, dégagent une quantité prodigieuſe d'air fixe, mais encore j'ai remarqué que la vapeur humide qui s'en éleve, & qui est fortement imprégnée de ce gas acide, frappant contre le parement du rocher de quartz, par une des fissures duquel l'eau sort, altere & décompose d'une maniere très-prompte le feld-spath, au point que cette pierre perd sa couleur blanche & vitreuse, s'attendrit, prend une teinte ferrugineuse brune, & se brise sous les doigts : j'en enlevai une fois avec un couteau plus de deux livres, & je parvins jusqu'au feld-spath pur & sain. Trois mois après je repassai sur les lieux, & je vis que la vapeur acide avoit de nouveau altéré le rocher à plus de 2 lignes de profondeur. Les personnes chargées de la direction de ces eaux, m'assurerent qu'elles étoient obligées de temps en temps de décrouter ainsi le rocher, pour que cette substance, d'un brun ocreux, en tombant dans l'eau ne la troubla pas.

Cette observation n'est point à négliger, elle prouve que l'usage d'une eau fortement imprégnée d'air fixe, peut être d'une grande utilité, prise intérieurement, pour détruire les concrétions pierreuses. Cette terre, d'un brun jaunâtre, produite par la décomposition du feld-spath, a contracté un goût salin très-sensible, ce que j'attribue à la qualité des eaux minérales de cette source, qui contiennent du *natrum*. Je n'ai pas encore eu le temps d'examiner cette substance saline, mais je répete ici que le rocher de feld-spath est sain & pur, qu'il ne contient aucunes pyrites, & qu'il est malgré cela ainsi journellement dénaturé par ces eaux fortement imprégnées d'air fixe, & qu'il n'est attaqué que dans la partie où la source en sortant bouillonne & éleve la vapeur acide.

En quittant *Vals*, il faut remonter la riviere du *Volant*, jusqu'aux approches du pont nommé le *Bridon*; c'est ici où commence la plus belle suite de chaussées, qui existe dans tout le Vivarais. On peut dire que le torrent roule ses eaux entre des digues de basaltes prismatiques, depuis ce pont jusqu'au dessus du village d'*Entraigues*, c'est-à-dire, pendant environ 2 lieues.

Si les différentes chaussées dont il a déjà été fait mention, telles que celles de *Chenavari*, de *Maillas*, présentent des tableaux grands & majestueux, portant souvent l'empreinte du désordre, le pavé du pont du *Bridon* offre au contraire une suite de colonnes d'une forme agréable, disposées dans un bel ordre, assez grandes, sans être colossales, entiérement à découvert, placées à propos pour être étudiées sans gêne tout auprès du grand chemin, & dans un des plus beaux sites de la nature. *Voyez Planch.* VIII.

On est étonné de voir combien cette chaussée differe des autres; elle sert de droit & de gauche de digue à la riviere, & l'on croit d'abord en la voyant de loin que c'est un ouvrage d'art fait pour contenir le torrent; mais à mesure qu'on approche, on voit les prismes se développer, former une belle mosaïque qui s'exhausse en talus, & marche comme par gradation jusqu'au pied d'un grand rocher de granit.

Le pont est appuyé d'un côté sur des granits à gros grains, tandis qu'il porte de l'autre sur la sommité des prismes. L'ingénieur qui a dirigé cet ouvrage auroit dû faire attention que les colonnes se détachant avec facilité, cette partie du pont sera tôt ou tard renversée.

Tous les prismes sont droits, posés perpendiculairement les uns à côté des autres, & imitant un jeu d'orgue; leur superficie est à découvert

PAVÉ DES GÉANS DU PONT DU BRIDON,
Près de Vals.

De Leprieur, del.

Cl. Fessard, Sculp.

couvert, & c'est ici où on peut facilement observer que les colonnes de basalte n'ont point de pyramide : on se promene aisément sur le plateau qu'elles forment. C'est de cette agréable chaussée que j'ai tiré les deux rares & belles colonnes accouplées, dont j'ai fait mention n°. 12, page 149 du mémoire sur le basalte. On trouve encore ici des prismes quarrés, pentagones, hexagones & à sept côtés ; quelques-uns renferment des noyaux de granit.

Ce pavé est le commencement des chaussées qui regnent le long de la riviere du *Volant*, & dont la plus grande partie est sortie du *cratere* de la montagne de la *Coupe*, au dessus d'*Entraigues* ; j'aurai occasion d'en parler dans peu.

On voit au bord de la chaussée du pont du *Bridon*, un accident qui annonce que le basalte prismatique dont elle est formée, a incontestablement coulé & s'est répandu sur la place même où il est actuellement, dans le temps qu'il étoit en fusion, & avant qu'il eût affecté la forme prismatique qu'il a adoptée peut-être dans le temps du refroidissement. Cet accident que j'ai fait rendre avec attention dans le dessein, s'annonce par les quatre cavités oblongues qu'on remarque dans l'escarpement qui fait face au grand chemin sur la rive droite de la riviere. La lave en coulant a rencontré dans cette partie des masses assez solides, d'un gros sable graveleux, formées en petites dunes; cet obstacle ne l'a point arrêtée ; elle s'y est modelée en se conformant aux ondulations. Le courant de la riviere ayant emporté à la longue une partie de ce sable, a mis à découvert ces petites excavations qui deviennent par là très-intéressantes; j'ai cru qu'il étoit inutile de les indiquer par des chiffres ; elles sont assez remarquables par elles-mêmes.

Lorsqu'on veut se procurer des colonnes de cette chaussée, il faut se placer sur la plate-forme, dans la partie qui sert de digue à la riviere, & à l'aide du moindre coin de fer qu'on introduit dans les joints, on ébranle facilement ces colonnes dont plusieurs ont jusqu'à 12 ou 15 pieds d'élévation, sur 6 à 7 pouces de diametre : il faut avoir attention, lorsqu'elles sont séparées de maniere à y pouvoir passer la main, de les lier avec de bonnes cordes, & de les retirer à l'aide de quatre ou cinq personnes, & avec précaution, pour les empêcher de tomber dans la riviere qui est profonde dans cette partie.

CHAUSSÉE DU PONT DE RIGAUDEL.

J'AI dit que le pavé du pont du *Bridon* n'étoit que le commencement d'une suite de belles chaussées qui bordoient de droit & de gauche la riviere du *Volant*, dans l'intervalle d'environ 2 lieues ; en effet, c'est tout de suite après le pont, qu'on voit des chaussées admirables sur la rive gauche du torrent ; elles sont toutes taillées à pics ; les prismes y sont fort élevés ; tantôt placés verticalement, ils soutiennent des plateaux couverts de verdure ; tantôt disposés en faisceaux divergeans, ils offrent les tableaux les plus pittoresques. Ici on voit deux, trois & jusqu'à quatre rangs de colonnes, posés les uns sur les autres, ces diverses assises sont le produit de plusieurs coulées. Là est une masse considérablement élevée, où les prismes ont affecté toute sorte de position. Souvent une cascade bruiante se précipitant du plus haut de la chaussée, forme en tombant de prisme en prisme, des effets & des accidens qu'il est impossible de décrire. Un pavé est composé de prismes articulés, un autre de prismes gigantesques d'un seul jet ; celui-ci montre un arrangement & une propreté qui enchante ; celui-là étale toutes les horreurs du désordre & du bouleversement. Quelqu'un qui viendroit passer huit jours à *Vals* & à *Entraigues* pour en suivre tous les détails, pourroit voir dans ce court espace de temps, tout ce que les productions volcaniques offrent de plus magnifique, de plus remarquable, de plus instructif, & de plus intéressant. Si j'avois voulu m'attacher à faire dessiner tout ce qu'il y a de curieux sur les bords du *Volant*, je me serois procuré assez de planches pour former de ce seul objet un volume aussi considérable que celui que M. le chevalier Hamilton nous a donné sur les volcans des deux Siciles.

Je me suis contenté de faire graver le pont du *Bridon*, le pavé du pont de *Rigaudel*, & la montagne de la *Coupe*, où est le *cratere* qui a vomi une partie de ces belles & surprenantes chaussées. La planche IX. présente la vue du pavé de *Rigaudel*.

Cette belle chaussée est placée non loin du second pont qu'on rencontre sur le chemin de *Vals* à *Entraigues*. Ce pont fort élevé fait un agréable effet sur la riviere ; un petit moulin placé vers la naissance du parapet gauche, anime le paysage ; & une vaste & majestueuse chaussée en prismes articulés, fait la principale masse du tableau.

Il est difficile de pouvoir parvenir au pied du pavé, il faut donc user de beaucoup de précaution en descendant le rocher de granit, dans l'escarpement duquel, est une espece de déchirure par où on est forcé de passer pour se rendre au bord de la riviere.

La plupart des prismes sont articulés, mais leur emboîtement n'est pas en général toujours exact, & les articulations ressemblent quelquefois plutôt à des cassures, qu'à des disjonctions & qu'à des séparations naturelles & propres au basalte ; on y en trouve cependant quelquefois de très-exactement articulés.

Les prismes sont ici d'une grande beauté, bien filés, d'un diametre proportionné & point trop étendu, & ce qu'il y a de remarquable, c'est

L. Peyrous incd.

Lerpinit Sculp.

CHAUSSÉE DU PONT DE RIGAUDEL.

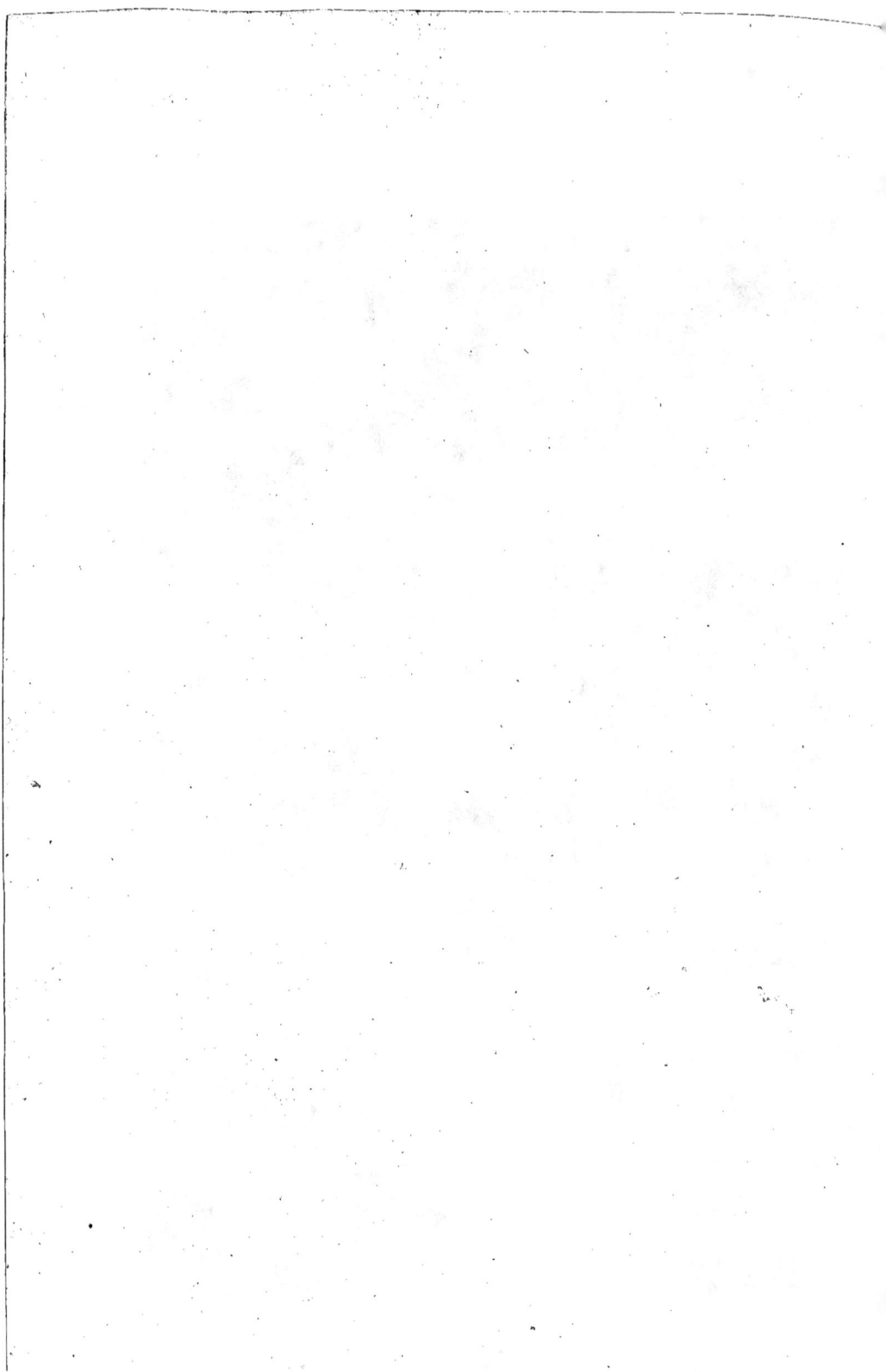

que plufieurs renferment des noyaux de granit à fond blanc, d'une confervation parfaite; on y trouve auffi quelquefois des fragmens de fchorl
noir, & quelques petits points de chryfolite.

La totalité de la chauffée repofe fur une couche de cailloux roulés
d'un gros volume; vient enfuite une feconde couche formée par un fable
jaunâtre ferrugineux, adhérent; ce fable eft quartzeux; c'eft fur cette
zone fablonneufe que portent les colonnes de la premiere coulée, elles
font ordinairement moins régulieres, & plus effilées à leur naiffance ,
mais elles s'élevent & fe projettent enfuite d'une maniere réguliere &
fymétrique.

Une feconde coulée eft venu s'adapter fur celle-ci, & s'y eft également configurée en prifmes; on trouve entre cette couche & la premiere,
quelques petits amas de laves à demi-poreufes d'un noir très-foncé; la
fuperficie de cette lave eft recouverte d'une teinte jaunâtre, fur laquelle
on voit de très-jolies dendrites d'un noir tranchant, très-agréablement
ramifiées & jetées par petits bouquets féparés, d'une grandeur à peu-
près égale. On remarque auffi quelquefois de pareilles dendrites à la
bafe même de certains prifmes de cette belle chauffée.

La difpofition des prifmes & des coulées, fe préfente ici fous des afpects variés qui m'ont engagé à faire deffiner ce morceau, que j'exhorte
les amateurs d'hiftoire naturelle à aller vifiter.

Le lit de la riviere du *Volant* roule dans cette partie des blocs énormes de granit & de quartz groffier, on y voit également une multitude de bafaltes & de laves poreufes; la rive oppofée à celle où fe trouve
la chauffée de *Rigaudel*, eft voifine du chemin qui eft borné par une
montagne de granit, fort élevée,

VOLCAN DE LA COUPE.

Dès qu'on a vifité le pavé du pont de *Rigaudel*, il faut rejoindre le grand chemin d'*Entraigue*. On s'apperçoit pendant tout le temps qu'on voyage au bord de la riviere, qu'elle eft prefque toujours encaiffée dans des chauffées prifmatiques, dont plufieurs ont plus de 300 toifes de longeur fans interruption, d'autres font féparées quelquefois par des rochers de granit qui font bientôt place à de nouvelles colonnades. Le chemin eft dans une gorge fort étroite entre de hautes montagnes de granit; comme on ne peut pas toujours fuivre les bords de la riviere, qui deviennent inacceffibles quelques temps après avoir laiffé le pont de *Rigaudel*, on fe détourne fur la gauche pour entrer fur un chemin en corniche qui s'éleve fur la montagne ; cette route quoiqu'un peu rapide eft délicieufe, on eft dans des bois de châtaigniers de haute-fû- taie, d'une admirable fraîcheur, & fouvent parmi des rochers qui for- ment des points de vue qui font autant de tableaux.

On trouve, avant d'arriver à *Entraigue*, le hameau de *Cupia* & celui du *Plau*, & on découvre, dès qu'on eft fur la fommité de la montagne, le village d'*Entraigue*, placé fur un grand plateau de laves, entre le *Volant* & un autre ruiffeau qui vient fe jeter ici dans le premier.

Il faut defcendre une partie de la montagne pour aller joindre un pont qui conduit à *Entraigue* ; c'eft aux approches de ce pont qu'on retrouve des objets volcaniques du plus grand intérêt, mais il faut fe rendre au village même d'*Entraigue* pour être à portée d'obferver une cafcade de lave de toute beauté.

Quoiqu'on defcende pendant un quart d'heure par une pente affez rapide pour venir joindre *Entraigue*, ce village ne laiffe pas que d'être placé fur une efpece de plate-forme élevée au bord du torrent du *Volant* qui s'eft excavé un lit d'une profondeur & d'une largeur éton- nante, bordé de droit & de gauche par de fuperbes chauffées en bafaltes prifmatiques ; le village lui-même repofe fur un maffif énorme de lave ; mais rien n'égale le fpectacle qui fe préfente lorfqu'on vient fe placer fur le chemin à dix pas du village, & qu'on contemple de face l'efcarpement de la rive droite du torrent.

On voit un rempart d'une hauteur prodigieufe, tout en colonnes de bafalte à plufieurs grandes affifes, & au milieu, dans la partie la plus élevée, une cafcade prodigieufe de lave, qui defcend d'une montagne voifine & vient fe joindre aux chauffées qui bordent la riviere. On voit ici, d'une maniere indubitable & non équivoque, que la lave, fous forme de bafalte dur & compacte, a coulé à diverfes reprifes de la montagne voi- fine, pour donner naiffance à ce grand pavé à divers étages, avec lequel la lave qui eft defcendue par ondulation, eft encore jointe & adhérente. On peut fuivre le torrent bafaltique fur la pente de la montagne qui eft de forme conique & d'une grande hauteur, entiérement volcanique depuis fa bafe jufqu'à fa fommité ; elle fe nomme la montagne de la *Coupe*, au *Col d'Aifa* ; c'eft le plus curieux *cratere*, le mieux caractérifé, & le plus
remarquable

remarquable de tout le Vivarais ; il eſt éloigné d'un quart de lieue d'*Entraigues* ; on va repaſſer ſur le pont & regagner le grand chemin pour y parvenir.

Dès qu'on eſt ſur la route, on apperçoit le même courant de lave qui deſcend de la montagne, & qui coupe le grand chemin : ce courant ſe montre ſur une largeur d'environ 30 pieds dans cette partie ; mais on voit qu'il entre fort avant dans la profondeur de la terre, où il a une bien plus grande largeur, à en juger par la coupe ou le profil des chauſſées, auquel il eſt attenant.

Toute la baſe de la montagne conique de la *Coupe* eſt en laves po-reuſes, accumulées les unes ſur les autres ; on ne trouve abſolument plus ici que ſcories, que laves cellulaires, noires, rougeâtres, & de diffé-rentes couleurs, toutes en blocs détachés ou en fragmens irréguliers, entaſſés de maniere qu'on ne peut pas douter que ce ne ſoit là l'ouvrage d'une ou de pluſieurs formidables éruptions, où les laves élancées li-quides dans l'air, retomboient au pied du cône, en affectant toutes les formes & les figures qui les diſtinguent.

On peut faire à cheval le tour d'une partie de cette belle montagne, juſqu'à ce qu'on apperçoive un courant ſurprenant de lave, qui frappe la vue & qui deſcend par ondulation depuis la grande ouverture qu'on apperçoit à la ſommité de la montagne, juſqu'au deſſous du chemin où il va former un pavé des géans. Il faut s'arrêter ici, envoyer les chevaux à des fermes qui ſont dans le voiſinage, & remonter ce courant à pied, ou plutôt s'élever ſur le flanc de la montagne, pour gagner le *cratere* en contournant le cône ; on en connoîtra mieux par là l'enſemble & les acci-dens, & parvenu dans le *cratere* on deſcendra ſur le courant même : j'ai toujours pris cette route dans cinq différens voyages que j'ai faits à la montagne de la *Coupe*.

Il faut environ une heure pour arriver du grand chemin à la ſommité du pic, en le tournant du côté droit : on marche ſans ceſſe ſur les ſcories & ſur les laves poreuſes ; cette route eſt fatigante ; il faut ſe diriger avec attention pour ne pas ſe bleſſer ; les meilleurs ſouliers réſiſtent à peine à ce voyage. On voit, à une certaine élévation, un ravin qui a mis à découvert une des parties où le volcan a percé contre un rocher de gra-nit, c'eſt-à-dire, qu'on obſerve ici des entaſſèmens d'une lave noire très-calcinée, adhérente à la montagne voiſine compoſée d'un granit grave-leux qui ſe réduit en terre ; il paroît que ce granit a peu ſouffert par le feu, d'ailleurs des éboulemens de terre empêchent de bien diſtinguer les objets.

On laiſſe le rocher de granit pour ſe replier ſur la gauche, & monter par un endroit rapide ſur la plus haute ſommité du cône ; tout eſt cou-vert de laves torſes, dont pluſieurs ſont ſonores lorſqu'on les frappe, elles renferment diverſes ſubſtances, du ſchorl noir, du granit, du feld-ſpath, de la chryſolite, pluſieurs ont des configurations bizarres, les unes imitent des cables, d'autres des troncs d'arbres pétrifiés, &c.

On arrive enfin après beaucoup de peine au bord du *cratere*, on voit exactement ici la totalité de la montagne qui forme un cône aſſez ré-gulier, fort reſſemblant à celui du *Véſuve*.

Les bords du *cratere* ſont rapides & contournés en maniere d'entonnoir

F fff

d'environ 140 ou 150 toises dans son plus grand diametre, sur 600 pieds de profondèur; les laves ont été tellement calcinées dans cet endroit, qu'elles ont été en partie converties en une espece de pouzzolane graveleuse légere & très-calcinée, mêlée de grosses masses de scories noires tranchantes; on ne descend qu'avec beaucoup de peine dans le *cratere* & on entre dans la pouzzolane jusqu'à mi-jambe dans certaines parties; on ne trouve absolument que les mêmes matieres un peu plus ou un peu moins calcinées ou vitrifiées dans ce beau *cratere* fait en cône renversé; on voit dans le fond une plantation de grands & magnifiques châtaigniers qui ont prospéré au delà de toute expression dans cette ancienne bouche de volcan, n'ayant pour toute terre & pour tout engrais qu'une pouzzolane seche & friable, mais en général très-propre à la végétation.

Dès qu'on est au fond du *cratere*, on apperçoit une breche, une coupure dans la partie qui fait face aux maisons du *Colet d'Aisa*; l'aire totale du fond du creuzet incline vers cette grande ouverture qui peut servir de sortie; dès qu'on est parvenu vers cette issue, on remarque un beau ruisseau de lave, qui part de l'intérieur & prend son cours sur le penchant de la montagne, on y descend par ondulation parmi les laves poreuses, on peut le suivre en y marchant dessus avec beaucoup de précaution, car il est escarpé & fort glissant dans certains endroits; il paroît d'une épaisseur considérable; sa largeur apparente n'est que de 6 ou 7 pieds dans sa naissance, du moins on ne peut en voir que cela, les scories & les autres déjections volcaniques cachant le reste qui doit être dix fois plus considérable. Cette lave est un vrai basalte noir & compacte de la nature de celui des prismes, on apperçoit de temps en temps quelques portions de la superficie qui ont bouillonné & sont devenues un peu poreuses. Dès qu'on est parvenu, en suivant sans cesse ce courant, jusqu'au chemin qui est au pied de la montagne, il ne faut pas l'abandonner, & descendre encore en continuant à le suivre, jusque dans le lit d'un torrent peu éloigné du grand chemin; là on jouira du spectacle le plus satisfaisant pour un naturaliste; on verra d'une maniere distincte & non-équivoque, que la lave dans une pente encore rapide, & avant d'avoir coulé sur un terrein égal, a affecté la forme prismatique; que cette même lave, en descendant dans le bas fond, a formé une charmante colonnade avec laquelle elle est jointe & adhérente; c'est le développement de ce morceau unique qui est rendu dans la planche X.

On ne doutera plus, d'après l'inspection de cet objet, que la lave qui a coulé des *crateres* ne soit absolument la même que celle des basaltes; on ne niera plus que les prismes ne soient une production volcanique & l'ouvrage du feu; quand je n'aurois tiré d'autre fruit de mes voyages que cette découverte satisfaisante & si utile pour l'éclaircissement d'un des points les plus intéressans en histoire naturelle, je serois trop récompensé de mes peines. Il y a ici une chose bien digne d'attention, c'est que la lave a pris la forme prismatique avant de trouver le bas fond horisontal sur lequel elle repose & où elle s'est développée en chauffée, on la voit en effet configurée en prismes dans la partie en talus qui joint le pavé. Il étoit sans contredit bien difficile de rencontrer une montagne qui renfermîa autant d'accidens aussi curieux & aussi instructifs.

Pl. X.

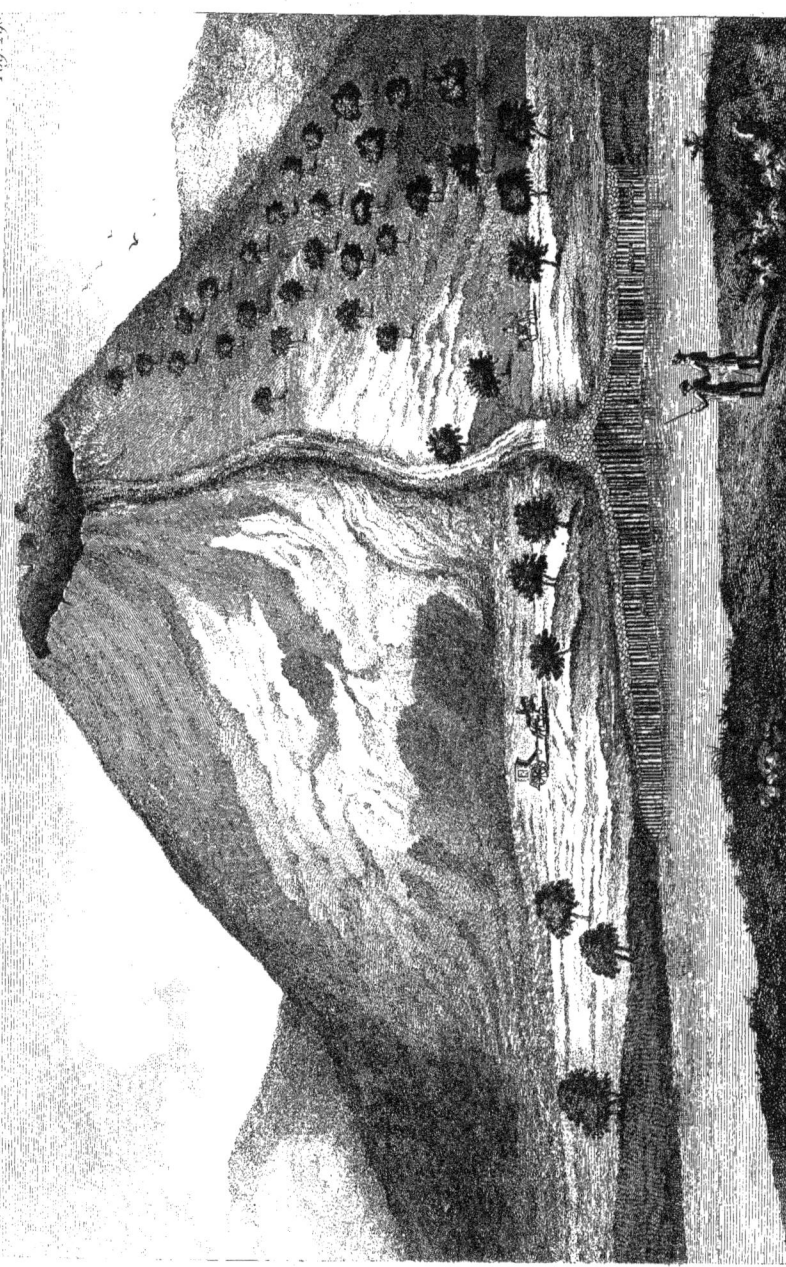

C. Vaprue. Del.

C. Focard Sculp.

CRATÈRE DE LA MONTAGNE DE LA COUPE, AU COLET D'AISA,

Avec un Courant de Lave qui donne naissance à un pavé de basalte prismatique.

Une chofe bien finguliere , relative à cette montagne, c'eft qu'elle a confervé le nom propre à défigner la bouche d'un volcan , en effet elle s'appelle la *montagne de la Coupe*, terme que je regarde comme traduit du latin *crater*, une tafse , une coupe ; or ce mot étoit confacré à défigner l'entonnoir, la bouche, le *cratere* d'un volcan ; cette derniere dénomination que nous avons admife & confervée dans la langue françoife , vient cependant plutôt du grec que du latin, car Lucrece nous l'apprend dans fa belle defcription de l'*Etna*, en s'exprimant ainfi : *A la cime font ces larges crateres par où s'échappent les vents, ainfi nommés par les grecs, & à qui nous donnons les noms de gorges & de bouches.*

> *In fummo funt ventigeni* crateres *ut ipfi*
> *Nominitant ; nos quas fauces perhibemus & ora.*

Il eft à remarquer que les deux plus curieux *crateres* du Vivarais , celui du *Colet* d'*Aifa* dont je viens de parler, & celui de *Jaujeac*, placés tous deux fur une montagne conique , & formés en entonnoir, portent le nom de *Coupe du Colet* d'*Aifa*, *Coupe de Jaujeac*.

Il ne faut point quitter cette partie du Vivarais fans aller vifiter le château de *la Baftide* à une petite lieue du *Colet* d'*Aifa*; ce château appartenant à M. le comte d'Entraigue, qui aime & cultive les fciences avec fuccès, eft dans un fite auffi agréable que pittorefque ; on y verra tout auprès de la maifon une magnifique chauffée bafaltique qui repofe fur les granits.

CHAUSSÉE DU PONT DE LA BAUME.

LE pavé du pont de la *Baume* ou de *Portaloup* eſt un des plus curieux qui puiſſe exiſter, tant par la différente configuration de ſes priſmes, par leur diſpoſition & leur arrangement, que par la grandeur &
l'enſemble de cette belle maſſe.

On arrive à *Portaloup* par *Aubenas*, ſur une route tracée à grands
frais au bord de la riviere d'*Ardeche*, au pied d'une ſuite de grands rochers de granit : c'eſt aux approches de *Portaloup* que les granits ſont
remplacés par un rempart de baſalte, qui placé comme eux ſur le même
lit, borde le chemin : les premieres coulées de cette lave compacte ne
préſentent que des ébauches de colonnes, mais à meſure qu'on avance,
les priſmes ſe développent & ſe détachent de la maſſe.

La partie que j'ai fait deſſiner eſt celle qui m'a paru la plus curieuſe, c'eſt le beau profil qui ſe remarque vers cette ſuite de maiſons
bâties non loin du pont jeté ſur la riviere d'*Ardeche*, qui coule au pied
de la chauſſée. *Voyez Planche* XI.

Le premier objet qui ſe préſente à gauche, lorſqu'on conſidere ce
morceau en face, eſt une colonnade charmante où les priſmes ſont articulés ; ils ſont d'une grande élévation; les articulations ſont en général
aſſez égales, & ont environ 1 pied, 1 pied 3 pouces de hauteur : ce qu'il
y a de remarquable ici, c'eſt que les colonnes articulées, poſées verticalement, ſe détachent d'une maſſe où les priſmes ſupérieurs, beaucoup
moins tranchans que les autres, ſont diſpoſés diagonalement & forment
pluſieurs eſpeces d'aſſiſes contournées. Les priſmes articulés de ce pavé
ſont à 5, à 6 & à 7 pans ; quelques-uns renferment des fragmens de
ſchorl noir ; & d'autres de petits éclats de granit en chryſolite ; mais ces
accidens n'y ſont pas communs.

En face des maiſons, dans la partie tournée vers la riviere, ſont quelques jardins & quelques petites pieces de terres, entourés de pierres
de baſalte.

La derniere maiſon eſt preſque attenante à une belle grotte qui imite
au parfait un ouvrage de l'art ; cependant tout eſt naturel ici ; la voûte
réguliérement ceintrée eſt ſurmontée par des priſmes qui paroiſſent avoir
été placés à deſſein pour donner de la régularité à ſon entrée ; le toît
eſt formé par l'extrêmité des colonnes, qui jointes & adhérentes, préſentent une eſpece de moſaïque qui décore l'intérieur de la grotte : ce
ſuperbe morceau, tranſporté en entier & tel qu'il eſt dans nos jardins à
l'angloiſe, y figureroit d'une maniere merveilleuſe.

Cet antre volcanique eſt recouvert & ſurmonté par un mur fort ex-
hauſſé & taillé à pic, du même baſalte où l'on voit une multitude de
priſmes plus ou moins bien configurés, divergens en pluſieurs ſens,
& décrivant differens arcs de cercle.

On remarque après la grotte d'énormes priſmes de baſalte, d'un ſeul
jet, non articulés ; ces priſmes qui ſont courts & qui ont plus de 2 pieds
de diametre, paroiſſent ſupporter la maſſe entiere du rocher baſaltique
dans cette partie : la coupe ou le profil offre une multitude d'ébauches de

priſmes

Pl. XI.

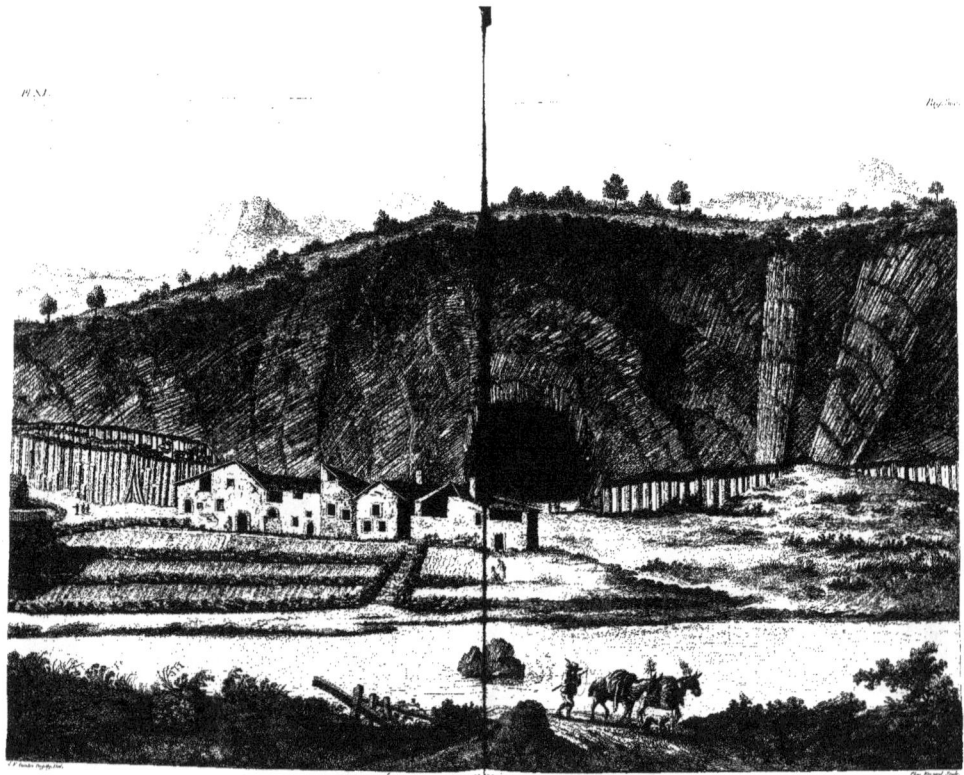

CHAUSSÉE BASALTIQUE DU PONT DE LA BEAUME,
Au bord de la Rivière d'Ardèche.

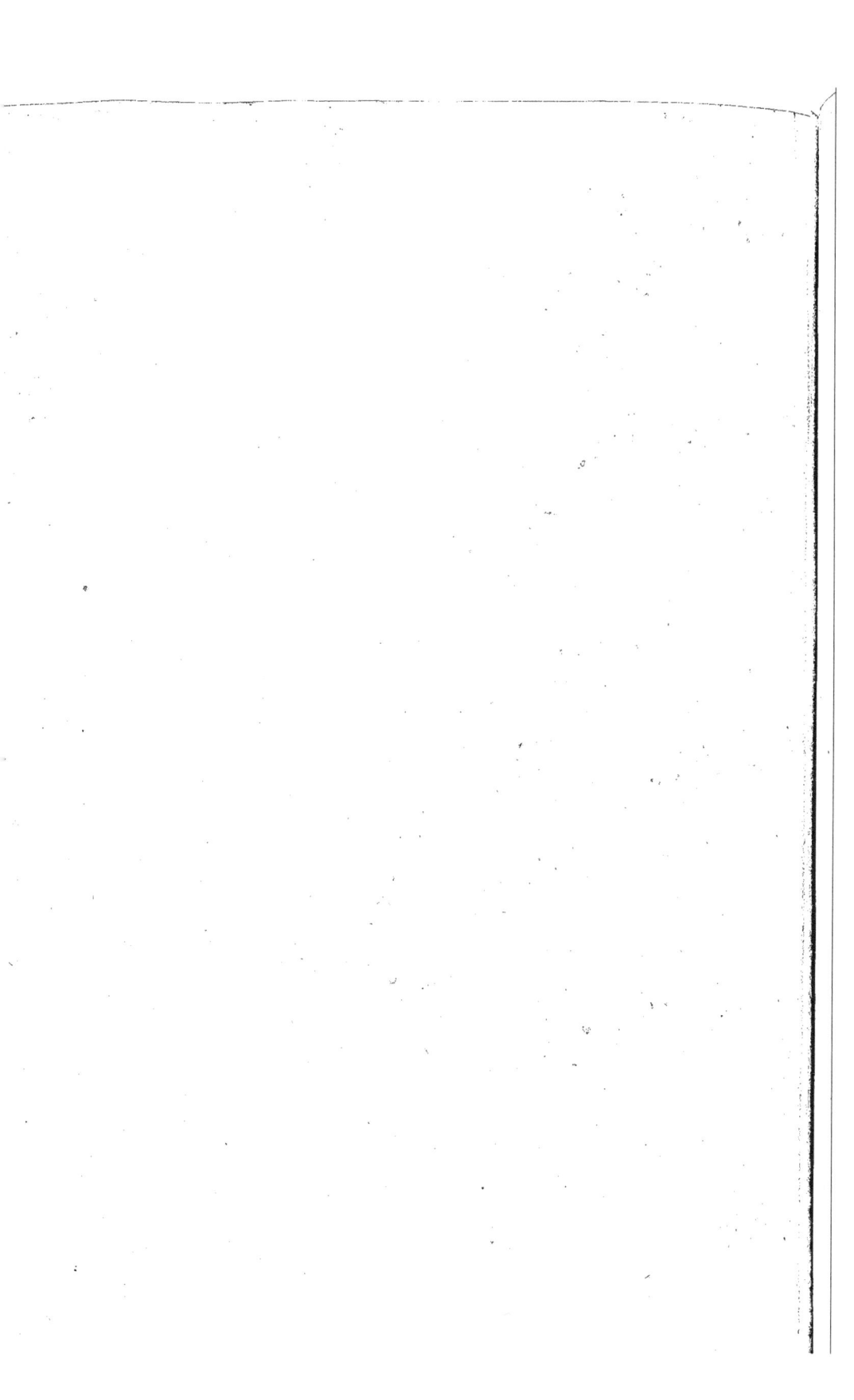

prifmes diverfement configurés ; on y diftingue deux grands faifceaux de colonnes, dont le moins confidérable eft difpofé prefque verticale-ment, tandis que l'autre préfente un plan incliné ; l'un & l'autre ont des zones circulaires.

On voit donc fur le profil de ce beau rocher, non feulement la plupart des variétés des colonnes, mais encore le tableau où fe trouve réuni une multitude d'accidens, curieux par l'organifation & la difpofition des prifmes ; on peut les admirer & les fuivre depuis leurs plus légeres ef-quiffes, jufqu'à leur point de perfeition le plus complet.

Le bafalte de cette chauffée eft fain & de la plus grande dureté ; c'eft une fuperbe coulée de lave qui fe prolonge au moins à 2000 toifes, & qui paroît être un produit du volcan de la *Gravenne*, ou de celui qui eft au deffus de *Neyrac*.

NEYRAC.

Puits de la Poule.

Neyrac eft un petit hameau, à trois lieues d'*Aubenas*, compofé de quelques maifons ifolées, fur la croupe d'une montagne, non loin de la riviere d'*Ardeche*. J'avois entendu depuis quelque-temps raconter à des payfans des environs, beaucoup de chofes extraordinaires fur divers puits qui exiftent dans les poffeffions d'un habitant du lieu : les uns m'a-voient dit que nulle efpece de plantes ne pouvoient croître dans les en-virons de ces puits ; d'autres, que tous les oifeaux & tous les reptiles qui s'en approchoient, étoient frappés de mort ; plufieurs ajoutoient que des moutons & même quelquefois des bœufs qui étoient venus fleirer ces ouvertures de trop près, étoient morts fubitement.

Comme les habitans de la campagne font naturellement amateurs du merveilleux, j'ajoutai peu de foi à tout ce qui me fut débité à ce fujet ; cependant ne voulant rien négliger, je me déterminai à faire un voyage tout exprès à *Neyrac*, dans l'intention de vérifier la chofe ; j'avois paffé plufieurs fois auprès de ce hameau, fans m'y être arrêté, je n'étois pas inftruit alors des phénomenes dont on m'avoit parlé.

J'arrangeai donc ce voyage avec M. le marquis de *Geoffre de Chabri-gnac*, colonel en fecond du régiment de Barrois, qui aime l'hiftoire na-turelle, & réfide quelques mois de l'année à *Montelimar* : comme il de-voit aller chaffer dans les terres d'un de fes amis en Vivarais, il fut con-venu que je me rendrois de mon côté à *Aubenas* au jour indiqué, où il fe trouveroit lui-même pour aller delà à *Neyrac* ; mais les pluies & le mauvais temps m'ayant empêché d'arriver au rendez-vous, M. de *Geoffre* plus voifin d'*Aubenas*, s'y rendit, & ne me voyant point arriver, alla vifiter les puits de *Neyrac*.

J'arrivai moi-même à *Aubenas* peu de jours après, & n'y trouvant pas M. de *Geoffre*, je m'acheminai pour le haut Vivarais & le Velay où j'avois à faire ; mais je me détournai du chemin pour aller au village du *Colombier*, vifiter la belle chauffée d'*Auliere*. Je témoignai au prieur du lieu, homme d'efprit, chez qui j'étois logé, le defir que j'avois d'aller voir les puits de *Neyrac* ; il m'apprit que je n'en étois éloigné que d'une lieue & demie, m'exhorta à y aller, & offrit de m'y accompagner : nous partîmes le lendemain.

Pour fe rendre de *Neyrac* au *Colombier*, on prend un chemin de traverfe ; on voyage pendant un demi-quart de lieue fur des laves poreufes, qui font une dépendance du cratere de la *Gravenne* de *Montpezat* qu'on laiffe fur l'adroite pour aller gagner le bourg de *Mairas*. Les environs de *Mairas* font compofés d'un granit quartzeux, friable ; c'eft après avoir quitté ce lieu qu'on trouve une defcente très-rapide, qui mene au grand chemin de *Theuyts* ; c'eft au bas de la montagne & à l'entrée du chemin de *Theuyts*, qu'on rencontre une maifon ifolée où il faut laiffer les chevaux, pour delà fe rendre enfuite à pied, par un chemin étroit & rapide, à *Neyrac*, en traverfant la riviere d'*Ardeche* fur un pont nommé le pont de *Barrutel* ; fi la riviere étoit baffe & tranquille, il faudroit la traverfer plus haut, fur une efpece de pont en planches : cette derniere route eft plus courte & plus commode, il eft même effentiel de venir y obferver un point d'hiftoire naturelle, dont je parlerai dans peu.

Je donne ici tous les détails de cet itinéraire, d'une maniere étendue, parce que mon but eft moins de chercher à éviter des longueurs & des circonftances minutieufes, que d'être utile aux voyageurs qui feroient dans le cas de faire la traverfée du *Colombier* à *Neyrac* ; ceux au contraire qui viennent par *Aubenas*, trouvent un beau chemin qui les conduit en droiture à la maifon ifolée, voifine du pont de *Barrutel*.

La pofition de *Neyrac* eft fur une éminence, à mi-côte d'une montagne volcanique ; mais le fol fur lequel ce hameau repofe, eft mêlé de maffes détachées de bafalte & de granit ; la montagne fupérieure attenante eft un grand *cratere* qui a fourni une partie des laves de *Neyrac*, & les chauffées qui font à fon revers : *Neyrac* eft donc dominé par un grand pic conique, couvert de laves poreufes, rouges & noires.

Le guide que j'avois pris nous conduifit dans un champ labourable, difpofé en plan incliné & en maniere d'emphitéatre ; ils nous montra trois efpeces d'ouvertures ou de puits creufés dans la terre, éloignés d'environ 30 pieds les uns des autres, & placés prefque fur la même ligne : la plus grande de ces ouvertures, de forme plutôt ovale que ronde, a 5 pieds de diametre, fur 4 pieds ½ de profondeur ; elle eft, ainfi que les autres, intérieurement revêtue d'un petit mur ruftique, en pierre feche, pour foutenir le terrein. Plufieurs payfans & des femmes qui nous aborderent en voyant que nous nous approchions des puits, nous avertirent de ne pas nous expofer à la vapeur, & nous apprirent que depuis peu de jours il étoit venu deux MM. les vifiter, qu'un d'entr'eux ayant voulu s'approcher de trop près, en avoit été étourdi (c'étoit M. le marquis de Geoffre & M. le marquis de Rochefauve, ainfi qu'on le verra bientôt dans la lettre qu'un d'eux m'écrivit à ce fujet). J'obferve que lorfque je me rendis à *Neyrac*, il y avoit déjà plus de fix jours qu'il pleuvoit conftamment ; nous nous étions munis d'une poule, & l'ayant attachée par les pieds, je la defcendis dans le trou principal ; elle y refta plus de fix minutes fans donner le moindre figne d'incommodité : je plongeai alors une bougie allumée dans l'athmofphere méphytique, mais elle ne s'y éteignit point, ce qui me prouva qu'il n'exiftoit aucune efpece de vapeur dans ce puits ; j'y defcendis alors moi-même avec le deffinateur qui m'accompagnoit , je me baiffai jufques au niveau de la terre , & je ne fentis pas la moindre exhalaifon.

Les payfans parurent fort étonnés de cet événement , & nous affurerent qu'ils n'avoient jamais vu leurs puits dans un femblable état ; qu'ils ne pouvoient rien y comprendre : j'avoue que je n'y comprenois autre chofe moi-même , fi ce n'eft que j'étois affez grandement porté à regarder tout ce qui m'avoit été dit de ces puits comme une chofe fufpecte ; cependant la furprife & la bonne foi des habitans , l'unanimité de leur rapport,me tenoient en fufpens, lorfque j'apperçus à une vingtaine de pas de ces puits , à la tête d'une prairie , une efpece de baffin quarré, d'environ 12 pied de diametre, qui fixa mon attention.

Je voyois fur la furface de cette piece d'eau (car ç'en étoit une) un mouvement d'ébullition qui me parut extraordinaire & qui excita ma curiofité ; je m'approchai & vis que la furface étoit entiérement couverte de globules d'air qui fe fuccédoient rapidement les uns les autres : je reconnus dès-lors que l'air fixe jouoit ici un rôle, & que l'eau devoit en être fortement imprégnée : je bus de cette eau , malgré les confeils réitérés des payfans qui ne ceffoient de m'affurer qu'elle étoit dangereufe ; j'en avalai malgré cela quelques verres en leur préfence, qui loin de m'incommoder, me raffraîchirent ; je fis enfuite quelques effais qui me convainquirent que les globules qui s'élevoient de cette eau , étoient un véritable *gas méphytique* ; je ne doutai plus dès-lors que tout ce qui m'avoit été raconté au fujet des puits, ne fût très-vrai , & j'attribuai aux longues pluies la ceffation du phénomene : l'exceffive quantité d'eau qui étoit tombée, & qui s'étoit infiltrée dans la terre, devoit avoir abforbé la plus grande partie des vapeurs qui s'exhaloient de ces ouvertures.

J'étois preffé de me rendre dans le haut Vivarais & le Velay, je n'eus donc pas le temps de refter plufieurs jours à *Neyrac*, pour attendre que l'air fixe reparût ; je partis en priant M. le prieur du *Colombier* de vouloir bien dans la fuite revenir fur les lieux pour y tenter de nouvelles expériences.

Mon voyage du haut Vivarais ayant duré trois femaines , je me rendis au *Puy*, capitale du Velay, où je trouvai la lettre fuivante que m'y avoit adreffé M. le marquis de Geoffre.

LETTRE

De M. le Marquis DE GEOFFRE DE CHABRIGNAC, Colonel en fecond du Régiment de Barrois, à M. FAUJAS DE SAINT-FOND.

JE vous ai attendu vainement ici, au milieu des volcans du Vivarais, que je parcourus avec toute l'ardeur d'un de vos profélytes le plus zélé. Vos occupations vous ont fans doute empêché de venir me joindre à *Aubenas*, ainfi que nous en étions convenus. Voici quelques obfervations faites en attendant, & je les foumets à vos lumieres. On difoit ici vaguement qu'il exiftoit non loin du village de *Neyrac*, à deux lieues de cette ville , une efpece de grotte ou d'ouverture dans laquelle les animaux qui y entroient, mouroient promptement. Vous vouliez vérifier

ce fait, & je vous ai devancé afin de vous éviter une courfe, fi le phénomene n'exiftoit pas. Je partis de chez M. le Marquis de Vogué, où je
vous attendois avec M. le Marquis de Rocheffauve pour me rendre à
Neyrac. Un payfan de ce village nous y conduifit malgré le mauvais
temps, & le débordement de *l'Ardeche* nous força de gagner le pont de
Barrutel, éloigné d'un quart de lieue de *Neyrac*. Nous laiffâmes nos
chevaux au village de *Barrutel*, & gravîmes à pied la côte efcarpée qui
conduit à *Neyrac*. Les habitans nous confirmerent tout ce que l'on raconte de cette grotte ; & notre guide nous conduifit enfuite au milieu
d'un champ labouré, à mi-côte d'une montagne volcanique ; il nous
montra trois efpeces de puits qui ont environ 5 à 6 pieds de profondeur, fur 4 de diametre. Je me procurai une poule, & attachée avec
une petite corde par les pieds, elle fut bientôt defcendue dans un des
trous, & dans l'inftant attaquée de mouvemens convulfifs, elle paffa
à l'état de mort. Je voulus la faire retirer alors, mais la corde ayant
échappé de mes mains, elle retomba dans le trou. Je fus obligé d'y
faire defcendre un payfan pour la retirer, ce qu'il fit avec répugnance
dans la crainte d'être lui-même fuffoqué. La poule fortie du trou, étoit
dans un état complet d'afphixie, c'eft-à-dire, ne donnant aucun figne
de vie ; je lui préfentai de l'alkali volatil fluor, de la même maniere
dont nous l'avions pratiqué enfemble chez M. le Duc de Chaulnes, fur
un moineau. Ici l'alkali volatil n'agit pas auffi promptement : la poule
ayant refté trop long-temps dans le trou, je la regardai comme parfaitement morte ; cependant, ayant perfifté à lui préfenter de l'alkali, je
la vis, avec le plus grand plaifir, revenir à la vie, & peu après ne plus
être incommodée. Je la fis jeter de nouveau dans le trou, elle y éprouva
le même accident, & enfuite la même guérifon. Voilà donc une nouvelle grotte du chien, qui mérite autant d'attention que celle d'Italie ;
je vous exhorte à venir la vifiter , vous y ferez fans doute des expériences plus nombreufes & plus fuivies ; mais en voilà affez pour conftater ce qu'avançoient les payfans du lieu, fur l'exiftence des vapeurs
moffétiques. Je ne dois pas oublier de vous dire qu'on voit encore, non
loin delà, un grand baffin plein d'eau vive qui bouillonne continuellement ; je goûtai cette eau & la trouvai entiérement femblable à celle
imprégnée d'air fixe , que vous m'aviez fait goûter plufieurs fois dans
votre laboratoire. M. de Rocheffauve, mon compagnon de voyage, s'étant
penché fur cette fontaine pour y boire de l'eau , s'en trouva incom-
modé ; il éprouva un étourdiffement & un mal-être général, ce qui pouvoit bien provenir auffi de ce qu'il s'étoit approché de trop près du trou
où la poule étoit devenue afphixique. Quoiqu'il en foit, l'alkali volatil
le rétablit fur le champ dans fon état de fanté ordinaire. Ces obfervations font bien propres, mon cher compatriote, à jouer un rôle intéreffant dans votre grand ouvrage fur les volcans éteints du Vivarais &
du Velay, pour lequel vous ne ceffez de faire de pénibles & foigneufes
recherches. Je fuis. &c.

Quelques temps après je reçus une lettre de M. *Pafcal, prieur du Co-*
lombier ; il avoit la bonté de m'apprendre les détails des expériences que
je l'avois prié d'aller faire à *Neyrac* ; je joins ici fa lettre, on y trouvera des faits très-intéreffans.

Au

Au Colombier, le 12 décembre 1777.

JE me flattois, Monsieur, qu'à votre retour du Velay, j'aurois eu le plaisir de vous voir chez moi, ainsi que vous me l'aviez fait espérer, mais comme je me vois privé de cette satisfaction, je vais vous rendre compte du résultat des expériences que nous avons faites aux trous de *Neyrac*, où j'ai été en deux différentes occasions dans le courant du mois de novembre dernier; la premiere avec M. le comte d'*Entraigues :* nous y portâmes une poule & un chat; à peine y eûmes-nous jeté la poule, qu'elle commença à tordre le col, & le moment d'après elle expira; je la laissai encore un instant, me flattant de la faire revenir par le moyen de l'alkali volatil, je la retirai, lui jetai dans le bec quelques gouttes d'alkali, mais voyant qu'elle ne donnoit aucun signe de vie, je crus pouvoir l'y rappeller en l'arrosant avec de l'eau; je fis plus, je la mis dans la fontaine qui est à côté, mais en vain, elle étoit réellement morte. Nous jetâmes alors dans le trou le chat auquel nous avions eu la précaution de lier les pattes; dans peu nous apperçûmes que les flancs lui battoient, que ses yeux devinrent farouches & lui sortoient de la tête, l'instant d'après les pulsations des flancs devinrent plus fréquentes & moins fortes, & bientôt il ne donna plus aucun signe de vie; je le retournai plusieurs fois avec ma canne, mais inutilement, nous ne vîmes aucune marque de mouvement; je le retirai, le mis à la renverse, & lui jetai dans les narines & dans la gueule de l'alkali volatil; le moment d'après nous apperçûmes que les flancs commencoient à battre, & bientôt il rendit par la gueule quelque peu d'écume mêlée de globules d'air, qui grossirent à mesure que les pulsations des flancs prirent de force; étant parfaitement revenu, il devint furibond, il mordoit les cordes qui le lioient, arrachoit de rage les brins d'herbes qui étoient autour de lui, mâchoit de la terre, & miauloit d'une façon à exprimer la rage qui le transportoit; je le jetai une seconde fois dans le trou, & voulus essayer si en le laissant plus long-temps que la premiere fois nous pourrions le rappeller à la vie, mais ce fut inutilement, ni l'alkali ni l'eau ne purent le faire revivre.

La seconde fois que j'allai visiter ce même puits avec MM. les comtes de *Vogué*, d'*Entraigues*, M. *Duclos* médecin d'*Aubenas*, & quelques autres personnes, nous y portâmes aussi une poule & un chat; à peine la poule y eut-elle resté les trois quarts d'une minute, qu'elle mourut : nous y jetâmes ensuite le chat, & dans moins de trois minutes il ne donna plus aucun signe de vie; je le sortis, lui jetai de l'eau sur la tête, & dans peu les flancs commencerent à lui battre; il rendoit, ainsi que l'autre, de l'écume mêlée de globules d'air : dès qu'il eut repris assez de force, nous le vîmes chercher l'eau que j'affectois de jeter à côté de sa tête; nous le rejetâmes dans le trou lorsqu'il fut parfaitement revenu, & il n'y resta pas deux minutes qu'il fut réellement mort. J'y descendis une bougie allumée qui s'éteignit dès qu'elle fut parvenue à l'air fixe; je voulus alors essayer si je pourrois distinguer dans cette vapeur quelque goût de soufre ou de bitume; je me baissai, en me dirigeant par la bougie allumée, jusques au point où je m'étois apperçu que la vapeur s'élevoit,

Hhhh

c'eft-à-dire à environ 2 pieds ; à peine eus-je afpiré par deux ou trois fois que je me fentis la poitrine embarraſſée ; je me levai avec précipitation , & me fentant fuffoqué je me jetai de l'eau fur le vifage & eus recours à l'efprit volatil de fel ammoniac que vous aviez eu la bonté de me donner ; je fus promptement foulagé.

Voilà, Monfieur, ce que j'ai obfervé, & ce fait l'a été par plus de vingt perfonnes ; je dois vous dire que dans les deux différentes occafions où je fuis allé à *Neyrac* , le temps étoit beau & ferein , & qu'il n'avoit pas plu depuis quelques jours , au lieu que lorfque nous y fûmes enfemble , c'étoit, ainfi que vous le favez, dans le temps d'une pluie extraordinaire qui avoit probablement abforbé toutes les vapeurs.

Je fouhaite que vous ayez fait votre voyage en parfaite fanté , & vous prie d'être perfuadé de la plus refpectueufe & parfaite confidération avec laquelle j'ai l'honneur d'être ,

MONSIEUR,

Votre très-humble & très-
obéïffant ferviteur ,
PASCAL , curé.

RÉPONSE de M. FAUJAS DE SAINT-FOND, à la lettre de M. le Marquis de Geoffre de Chabrignac.

JE trouvai, Monfieur, à mon arrivée au *Puy* en Velay, la lettre intéreffante que vous m'y adreffâtes au fujet des belles expériences que vous fîtes dans un des puits de *Neyrac* , avec M. le marquis de Rocheffauve ; je fus extrêmement reconnoiffant de l'attention que vous aviez bien voulu avoir de m'en faire part.

Ne vous trouvant pas à *Aubenas* , où le mauvais temps m'avoit empêché de me rendre au jour indiqué , je partis pour le village du *Colombier* , dans l'intention d'entrer delà dans le haut Vivarais ; mais me trouvant fi voifin de *Neyrac* , je ne refiftai point à la curiofité d'y aller avec M. le prieur du *Colombier* , qui eut la complaifance de m'y accompagner. Croiriez-vous, Monfieur, que les trois puits fur lefquels je tentai des expériences , ne me donnerent aucune efpece d'indication de vapeurs nuifibles ; une bougie allumée ne s'y éteignit point ; une poule que j'y defcendis, ne reffentit pas la moindre incommodité : enfin, fi je n'euffe pas obfervé à l'extrêmité latérale du fol où font ces efpeces d'excavations , une belle fource fortement imprégnée d'air fixe , j'aurois regardé tout ce qu'on nous avoit dit à ce fujet, comme un badinage, ou comme l'effet de l'amour du merveilleux.

Je quittai donc *Neyrac* , peu fatisfait de mon voyage & des peines que je m'étois données en fuivant le chemin efcarpé, pénible & dangereux, qui regne tout le long de l'*Ardeche*, depuis le pont de *Barrutel* jufqu'à *Neyrac* , où l'on eft expofé cent fois à fe caffer le col , ou à fe précipiter dans la riviere. Je priai cependant M. le prieur du *Colombier* de revenir encore une fois faire de nouveaux effais dans ces puits , car je foupçonnois que les pluies abondantes qui regnoient depuis quelques temps , pouvoient avoir affoibli les vapeurs méphytiques qu'on y remarquoit auparavant ; je laiffai à M. le prieur du *Colombier* de l'alkali volatil pour tenter quelques expériences.

Arrivé dans la capitale du Velay, j'eus le plaisir d'y trouver votre lettre, qui constatoit l'existence d'un phénomene semblable à celui qui s'observe dans la grotte de Pouzzole, & puisqu'une poule a été l'objet sur lequel vous avez fait ici vos premieres expériences, je crois qu'on devroit donner à la principale ouverture ou excavation de *Neyrac*, le nom de *puits de la poule*, tout comme on a donné à la caverne de Pouzzole celui de *grotte du chien*, parce que c'est ordinairement un animal de cette espece qu'on soumet à l'action de la vapeur méphytique.

Je ne répondis pas sur le champ à votre lettre, parce que j'étois embarrassé de vous faire parvenir ma réponse, me trouvant dans des hautes montagnes, & dans une espece de pays perdu; j'étois d'ailleurs bien aise de revenir une seconde fois à *Neyrac*, après mon voyage du Velay, non que je doutasse de l'exactitude de vos observations, mais pour pouvoir en même temps vous faire part des miennes.

Je ne pus entreprendre cette course qu'assez tard, & je fis recrue, en passant à *Aubenas*, de plusieurs compagnons de voyage instruits; j'en partis avec M. le chevalier de Colonne, M le comte de Chalender, M. le chevalier de Bannes, M. Bernardy, & M. de la Boissiere très-instruit en physique & en histoire naturelle.

Ce fut par la route de *Jaujeac* que nous parvinmes à *Neyrac*, en suivant les grandes chaussées basaltiques des bords du *Vignon*, jusqu'à la riviere d'*Ardeche*; arrivés à *Neyrac* nous nous procurâmes une poule & un chat; la poule fut descendue la premiere dans la principale ouverture; elle n'en eut pas plutôt respiré l'air, qu'elle battit sur le champ des aîles, s'agita vivement, ouvrit un large bec, respira quelques instans avec peine, & mourut au bout de deux minutes; nous la laissâmes encore environ trois minutes dans le puits, & l'ayant retiré, je m'apperçus qu'elle avoit le bec couvert d'écumes; je fis usage, mais vainement, de l'alkali volatil pour la rappeller à la vie, elle avoit resté trop long-temps dans la vapeur, & tous mes soins furent inutiles.

Comme nous n'avions pas ici des poules à notre disposition, je ne pus tenter pour lors aucune expérience sur des individus de cette espece; nos ressources furent donc dans le chat; il fut lié par les pattes, descendu dans le trou où il n'eut pas resté quelques secondes, qu'il poussa un cri plaintif, respira avec peine; ses flancs s'agiterent & ne donnerent bientôt plus que des pulsations lentes & forcées; il ouvroit la gueule pour chercher à respirer du meilleur air; ses yeux grossirent prodigieusement, & paroissoient vouloir sortir de la tête; il resta sept minutes dans cet état convulsif & mourut : nous le laissâmes encore quelques minutes dans la vapeur, où il ne donna plus aucune espece de signe de vie.

Lorsque nous le retirâmes, ses membres étoient roides & en contraction; je le laissai en cet état plusieurs minutes sur la terre, pour voir si le grand air seul pourroit mettre en jeu les principes de la vie, mais vainement; il étoit toujours dans le même état; je lui tins long-temps la main sur la région du cœur, sans pouvoir y reconnoître la moindre espece de mouvement : enfin, je lui ouvris avec force, à l'aide d'une clef, la gueule qui étoit pleine d'une écume gluante; je lui jetai alors dans le gosier quelques gouttes d'alkali volatil, & je sentis presque subitement un petit treſſaillement dans les poumons , ſuivi d'une legere aſpiration ; je continuai à lui verſer dans la gueule de l'alkali volatil que je mitigeai avec de l'eau , j'agitai l'animal , je le ſecouai quelques momens, les poumons reprirent un peu de jeu , & je profitai de cet inſtant pour lui inſinuer de l'alkali dans les narines ; il ouvrit alors les yeux, & miola quelque temps après ; je le mis à terre où il fit des efforts réitérés pour ſe ſoulever ſur ſes jambes ; il en vint cependant à bout , mais non ſans beaucoup de peine , car le pauvre animal avoit été cruellement affecté par la vapeur ; peu de temps après il ſe tint ſur ſes pieds & marcha : comme il étoit foible il eût été dangereux de refaire de nouvelles expériences ſur lui , mais le fait eſt que l'alkali volatil le tira de l'état d'aſphixie le plus complet & le rappella à la vie , non comme ſtimulant , mais en ſe combinant avec le *gas* acide qui regne dans ce puits.

J'ai une ſuite d'expériences faites poſtérieurement à ce ſujet , que je rendrai quelques jours publiques ; je les ai entrepriſes ſans aucune eſpece de prévention , & je puis aſſurer d'avance qu'elles tendent toutes à prouver que l'alkali volatil fluide , & même dans certains cas l'alkali concret, agit dans les états d'aſphixie complete, non comme ſtimulant , mais comme neutraliſant l'acide du *gas* ; je démontrerai qu'il eſt des cas à la vérité où l'air ſeul & l'eau peuvent rappeller à la vie les ſujets ſuffoqués par la vapeur , lorſque l'aſphixie n'eſt pas complete, mais que lorſqu'elle eſt à ſon dernier période, pourvu qu'il n'y ait aucun déchirement dans les vaiſſeaux , ni épanchement de ſang dans le cerveau , l'alkali volatil , affoibli même par beaucoup d'eau , eſt ſeul capable de redonner le jeu aux principes de la vie , & s'il eſt quelques cas où les ſuffoqués ne puiſſent pas revenir, rien ne doit détourner de faire uſage de l'alkali, qu'on peut joindre ſi l'on veut aux aſperſions d'eau & aux autres ſecours indiqués, pourvu qu'ils ne contrarient pas l'effet de l'alkali, ce qui eſt très-important à obſerver. J'ai l'honneur d'être , &c.

C'eſt en revenant de *Neyrac* qu'il eſt à propos d'aller obſerver ſur le bord de la riviere d'*Ardeche* , dans la partie qui fait face au hameau , un phénomene intéreſſant pour les amateurs de la lythologie : la lettre que j'ai adreſſée à ce ſujet à M. *de Sauſſure* , & que je joins ici, ſervira à compléter les détails que j'avois à donner ſur les environs de *Neyrac*.

LETTRE adreſſée à M. DE SAUSSURE.

JE n'eus pas le temps, Monſieur, à l'époque où j'eus l'honneur de vous envoyer les dernieres laves du Vivarais , dont vous avez paru très-ſatisfait, de vous faire parvenir quelques détails ſur une eſpece de *poudingue* qui étoit compris dans cet envoi ; cette pierre très-ſinguliere & très-curieuſe méritoit cependant d'être accompagnée de quelques obſervations locales qui ſervent à la rendre encore plus intéreſſante.

Si vous vous donnez la peine d'examiner de nouveau ce *poudingue* , vous vous appercevrez 1°. qu'il a pour baſe & pour pâte une matiere graniteuſe , ou pour mieux dire , un véritable granit qui , conſidéré à la loupe , offre des grains de feld-ſpath blanc & rougeâtre , quelques lames de mica , & quelques paillettes de ſchorl noir : 2°. on trouve dans cette
espece

eſpece de breche, des noyaux de baſalte noir compaƈte, & des laves noires à demi-poreuſes ; 3°. des cailloux roulés & arrondis de granit, de quartz, de feld-ſpath; j'y ai même eu rencontré des éclats de ſchiſtes micacés.

C'eſt ſur le bord de la riviere, & dans le lit même de l'*Ardeche*, en face du hameau de *Neyrac* en Vivarais, qu'exiſtent des maſſes conſidé-rables, mais peu élevées, de ce *poudingue*, dont la baſe reſſemble tel-lement à celle des granits, que je fus ſinguliérement embarraſſé en exa-minant cette pierre ; mais je ne tardai pas à m'appercevoir que ce n'é-toit ici qu'un *poudingue*, qui ne différoit des autres que par ſa pâte formée par une matiere graniteuſe très-remarquable : cependant les laves qui s'y trouvoient engagées, rendant cet objet très-intéreſſant, je cherchai dès-lors, dans l'examen des lieux, à découvrir quelques indices propres à me donner des éclairciſſemens ſur la formation de cette eſpece de breche; voici de quelle maniere je procédai.

J'étudiai d'abord la forme, la poſition, la contexture des maſſes de ce *poudingue*; je diſtinguai qu'il occupoit une portion du fond de la riviere, dans une eſpace d'environ vingt pas de longueur, vers la partie droite du bord, & qu'il ſortoit de la pierre en s'élevant en plan incliné, à une huitaine de pas ſur le rivage ; quant à ſa contexture, je vis clairement qu'elle n'offroit aucune diſpoſition réguliere, qu'il n'exiſtoit ici ni couche ni lit, mais que le tout compoſoit une maſſe ſolide compaƈte, & d'une grande dureté; ce qui me ſurprenoit le plus, c'eſt que dans l'endroit où finiſſoit ce *poudingue*, je retrouvois les mêmes matieres, c'eſt-à-dire les mêmes cailloux roulés, mêlés de portions de baſalte également roulé dans un ſable graniteux; mais ici cet aſſemblage de pierre n'étoit point aglutiné, la riviere ne rouloit pas d'autres matieres, & ſon ſable étoit le produit des beaux granits micacés qu'elle entraîne ; les baſaltes & les autres cailloux roulés ſont apportés par les ravins; pourquoi donc ne ſe trouvent-ils joints & liés par le ſuc lapidifique, que dans ce ſeul endroit? c'étoit-là le nœud de la difficulté.

J'examinai s'il ne découleroit pas du côteau voiſin, correſpondant à cette partie, quelque ſource tuffeuſe qui tranſportaſſe des molécules cal-caires, propres à s'aglutiner ainſi ces maſſes de cailloux roulés, & je remarquai en effet une ſource qui deſcendoit de la montagne, & ſe jetoit dans la riviere d'*Ardeche*, en baignant le local même où étoient les cail-loux aglutinés; mais cette ſource de la plus grande limpidité, ne dépo-ſoit aucun ſédiment; je la goûtai & je m'apperçus avec ſurpriſe qu'elle étoit acidule, je la ſoumis à quelques expériences, & je reconnus qu'elle étoit fortement imprégnée d'air fixe ; je ne doutai plus alors que ce ne fût à ce *gas* acide qu'étoit due l'adhéſion de ces maſſes, mais j'avoue que je ne concevois aucunement de quelle maniere la choſe s'opéroit, c'étoit beaucoup pour moi d'avoir pu en reconnoître la cauſe. Je remontai alors cette ſource, & je vis que le fond de ſon lit étoit, dans pluſieurs endroits, ſur-tout dans la partie où il y avoit de petits repos d'eau, entiérement pavé d'un *poudingue* preſque tout volcanique, très-dur, occaſionné par le fluide imprégné d'air fixe; *poudingue* qui n'exiſtoit au reſte que ſur la partie où l'eau couloit. Cette eſpece de fontaine me conduiſit, en la remontant par divers circuits, au deſſus du hameau de

Iiii

Neyrac, vers une fource abondante d'eau acidule, placée tout auprès de trois puits moffétiques.

Les belles expériences de M. *Achard* , chymifte , de l'académie de Berlin , fur la maniere de produire des cryftaux fpathiques ou quartzeux, à l'aide d'une eau faturée d'air fixe , vinrent me confirmer quelques temps après fur la propriété de l'eau imprégnée de cet acide ; vous avez pu lire la découverte de ce chymifte dans le journal de phyfique de M. l'Abbé Rofier , du mois de janvier dernier.

Le feul mérite de ma petite découverte, dont j'ai été bien aife de vous faire part, fur la formation des blocs de *poudingue*, qui fe trouvent dans la partie de la riviere de l'*Ardeche*, correfpondante à la montagne volca-nique de *Neyrac*, confifte à nous apprendre feulement que la nature a diverfes reffources & différens moyens pour parvenir au même but ; ceci nous montre en même temps que cette efpece de breche eft d'une formation beaucoup moins ancienne qu'on pourroit le croire. Si je ne m'étois pas opiniâtré à étudier ce morceau , je me ferois fans doute expofé à tirer de bien mauvaifes conjectures fur fon antiquité, & y ayant trouvé des bafaltes roulés inclus, j'aurois formé des raifonnemens peut-être apparens , mais qui auroient porté fur de faux principes; d'où je conclus qu'il nous refteroit un grand & bel ouvrage à faire en hiftoire naturelle, ce feroit celui qui nous apprendroit à éviter les erreurs aux-quelles l'obfervateur, même celui qui étudie avec autant d'application que de bonne foi, peut être journellement expofé. Je comprends qu'un tel livre exigeroit les plus grandes connoiffances, & une pratique con-fommée, auffi feriez-vous, Monfieur, un de ceux fur qui je jetterois le premier les yeux, fi j'avois voix pour demander l'exécution d'un ouvrage auffi effentiel.

J'ai l'honneur d'être , &c.

COUPE DE JAUJEAC.

Chauffée du VIGNON.

ON peut fe rendre au village de *Jaujeac* par la route d'*Aubenas*, ou par celle du pont de la *Beaume*; mais comme il y a des objets intéreffans à voir fur l'un & fur l'autre chemin, il eft bon de partir d'*Aubenas* ; cette derniere ville n'eft éloignée que de deux lieues de *Jaujeac*; c'eft avant d'arriver à ce village, qu'on trouve des montagnes d'un fchifte noir un peu micacé, qui fuccedent à des rochers de granit : il exifte dans ces fchiftes de très-bonnes mines de charbons foffilles, dont l'exploitation eft en général mal dirigée.

C'eft prefque immédiatement après avoir quitté les bancs fchiiteux, contenant du charbon , qu'on entre dans les matieres volcaniques , & qu'on rencontre les laves poreufes. Arrivé à *Jaujeac*, on voit fur la gauche une belle montagne conique qui offre une ouverture fur fa fom-mité ; c'eft ici un magnifique *cratere* d'où ont découlé toutes les laves qui ont formé cette fuite de chauffées qui regnent tout le long de la riviere du *Vignon*.

La montagne volcanique de *Jaujeac* eft prefque en tout femblable à celle de la *Coupe du Colet d'Aifa* près d'*Entraigues* ; fa forme extérieure eft également conique, fon cratere a une ouverture femblable, & par une parité bien finguliere, elles portent toutes deux le même nom ; la premiere s'appelle la montagne de la *Coupe du Colet d'Aifa*, celle-ci, la montagne de la *Coupe de Jaujeac*.

L'élévation de la montagne de *Jaujeac* eft peut-être un peu moins grande que celle du *Colet d'Aifa*, quoique la différence en foit petite, mais fon *cratere* auffi bien caractérifé, eft environ du double plus vafte, & a un tiers de profondeur de plus ; on y voit, comme à la *Coupe d'Aifa*, une belle forêt de châtaigners, & une déchirure que les laves ont produites en s'écoulant de ce vafte creufet. On ne peut entrer commodément dans ce *cratere* que par cette ouverture ; les laves poreufes rouges & noires qui s'y font entaffées, empêchent qu'on puiffe bien diftinguer le ruiffeau de lave qui defcend par ondulation depuis la bouche du *cratere*, jufques dans le bas de la plaine où on le voit paroître, & où on peut le fuivre de diftance en diftance jufqu'au bord du *Vignon*, riviere qui coule au pied de *Jaujeac* où font d'immenfes chauffées de bafalte, les plus élevées de tout le Vivarais. Rien n'eft auffi intéreffant que la fuite de ces murs immenfes de bafalte, qui encaiffent la riviere dans une longueur d'une grande lieue, y compris les circuits ; il faut au moins une journée entiere pour étudier les produits de cette grande coulée, & comme il faut entrer dans le lit de la riviere, on ne peut faire cette route qu'à pied, & même avec beaucoup de peine, parce que les bords en font fort efcarpés, & qu'il n'y a point de chemin frayé ; mais on fera bien amplement dédommagé de cette pénible courfe, par le plaifir délicieux de contempler les plus magnifiques produits du feu, & d'admirer une fuite de grands tableaux où la lave bafaltique fe développe fous une multitude de forme : ici les prifmes d'un feul jet font perpendiculaires, & ont plus de 50 pieds d'élévation ; là les colonnes articulées forment quelquefois une efpece de pavé régulier, auffi agréable à voir que difficile à comprendre ; d'autres fois les colonnes font comme torfes : à droite on voit des boulevards de bafalte, de plus de 140 pieds d'élévation, difpofés en plufieurs étages de prifmes, qui fe déployant en évantail, divergent dans tous les fens ; à gauche le courant de lave recouvre des monticules de granit, & fe modele fur les contours de cette pierre ; dans certains endroits la lave compaĉte ne forme qu'une feule & même maffe ; dans d'autres elle eft difpofée en maniere de grands bancs : en un mot, rien n'eft auffi varié, auffi intéreffant à fuivre & à étudier, que ce grand jet de fonte qui regne dans toute la longueur de la riviere du *Vignon*, jufques à l'*Ardeche* où cette grande lave va fe joindre aux autres coulées, produites par les volcans de *Theuyts* & de *Neyrac*.

Au refte fi je n'ai point fait deffiner la *Coupe de Jaujeac*, c'eft à caufe de fa reffemblance exaĉte avec la *Coupe du Colet d'Aifa*, près d'*Entraigues*, qui eft gravée.

V O Y A G E

Au COLOMBIER, à la chauffée d'AULIERE & à la GRAVENNE de MONTPEZAT.

Lorsqu'on veut fe rendre d'*Aubenas* au village du *Colombier*, on eſt obligé de venir traverſer la riviere d'*Ardeche* au pont de la *Baume*, vers *Portaloup*; on laiſſe enſuite la route qui conduit à *Theuyts*, pour prendre un petit chemin ſur la droite, qui mene au hameau du *Fes*: c'eſt non loin delà qu'eſt une hôtellerie iſolée, nommée *Taparel*. La route depuis *Portaloup* juſques à *Taparel*, eſt ſur les granits & ſur les ſchiſtes; mais aux approches d'une riviere nommée *Burge*, on commence à rencontrer des chauſſées baſaltiques : c'eſt en traverſant cette riviere ſur un pont nommé le pont de la *Veyriere*, qu'on voit au fond de l'eau la partie ſupérieure d'un beau pavé qui forme une moſaïque admirable.

Peu de temps après avoir quitté ce pont on trouve quelques maiſons nommées *les Amarnier*; les laves poreuſes noires & rouges commencent à être très-abondantes ici, & on voyage ſur un terrein entiérement volcaniſé, juſqu'à un pont gothique nommé le pont d'*Auliere*, bâti ſur des ſcories volcaniques: la riviere qui a donné ſon nom au pont ſe nomme *Auliere*; elle coule dans un petit vallon ſolitaire & triſte, entiérement couvert de laves brunes ou noirâtres.

C'eſt auprès du pont, & ſur les bords de la riviere, qu'eſt une longue & magnifique chauſſée qui a découlé de la montagne de la *Gravenne de Montpezat* dont je vais parler dans l'inſtant; ce pavé, d'une très-grande élévation & d'une belle proportion dans les priſmes, forme un eſcarpement coupé à pic au bord de la riviere; il eſt remarquable tant par la hauteur des colonnes que par leur diſpoſition; j'en ai fait rendre une vue dans la planche XII. Ce beau pavé a pour fondation une aſſiſe de cailloux roulés, recouverte par une petite couche de ſable d'un brun jaunâtre, ſur laquelle porte le pavé; on voit au-deſſus des colonnes les plus élevées, une couche aſſez irréguliere de laves, ſurmontée par une troiſieme couche de baſaltes priſmatiques; le tout eſt couronné par des maſſes de baſalte irréguliérement configuré.

On apperçoit vers une des faces élevées de la chauſſée, & dans l'endroit où les priſmes divergent, une cavité qui paroît être l'entrée d'une eſpece de caverne, mais cette ouverture eſt abſolument inacceſſible. De la riviere d'*Auliere* au *Colombier*, la route eſt ſans ceſſe ſur les laves; on peut ſe rendre d'ici à ce dernier village dans un quart d'heure.

Le *Colombier* eſt au pied d'une montagne, dans un vallon fort étroit & au bord d'une riviere ou d'un grand torrent bordé de belles chauſſées de baſalte; il en eſt une entr'autre au bas d'une prairie, où les priſmes ſont d'une très-belle forme, bien exprimés & contiennent des nœuds de chryſolite, dont pluſieurs ſont beaucoup plus gros que le poing; j'en ai trouvé qui peſoient plus de trente livres, incruſtés dans des blocs de baſalte en maſſe; voyez ce que j'ai dit de cette pierre à la page 247 & ſuiv. au mot *chryſolite des volcans*. La montagne au pied de laquelle eſt bâti le village du *Colombier*, eſt entiérement volca-

nique,

Pl. XII.

CHAUSSÉE DES BORDS DE LA RIVIERE D'AULIERE,
Non loin du Village du Colombier.

nique, tandis que celle qui lui fait face, située sur la rive gauche de la riviere, est composée de granit à gros grains: si on remonte la riviere jusqu'au village de *Burzet*, on trouve une suite de pavés des géans dont la plupart sont d'une grande beauté. On voit à *Burzet* un clocher qui branle lorsqu'on agite les cloches; espece de phénomene connu & qui s'observe dans quelques autres clochers.

J'ai fait plusieurs voyages au *Colombier*, je m'y trouvai le quatorze du mois d'octobre 1777, logé chez Mr. le prieur, dans le temps d'un terrible orage qui dura plusieurs jours & plusieurs nuits de suite. Cet orage redoubla dans la nuit du quatorze au quinze, c'étoit une véritable tempête, les vents siffloient, une pluie mêlée de grêle tomboit à seau, les éclairs les plus vifs & les plus brillans se succédoient, le tonnerre faisoit retentir les montagnes, & la nature sembloit être dans un moment de destruction. Comme le châtaignier vient naturellement dans le Vivarais, & qu'il s'y éleve dans les gorges à une hauteur prodigieuse, toutes les montagnes en sont plantées, & il y forme des forêts épaisses: à l'époque de cet orage, ces arbres étoient chargés de fruits qui commençoient alors à entrer en maturité, & l'enveloppe qui contient les châtaignes, étant hérissée de toutes parts de pointes, il me vint à cette occasion une idée assez singuliere: dans le moment où nous allions nous coucher, & que les éclats de tonnerre sembloient ébranler la maison, je rassurai quelques personnes qui étoient avec moi, en leur disant que j'étois dans la persuasion que les châtaigniers étant armés dans ce moment d'une multitude de pointes, & leur tronc étant mouillé par la pluie qui ne cessoit de tomber, ces arbres pouvoient être autant de conducteurs propres à garantir du tonnerre les édifices voisins. Deux heures après, étant couché, j'entendis un coup des plus violens, précédé d'un éclair qui m'offusqua la vue, car il étoit impossible de dormir avec ce temps-là; l'éclat fut si terrible & si court, que je ne doutai pas que la foudre ne fût tombée dans le voisinage; je brûlois d'envie de savoir ce qu'il en étoit, lorsque le lendemain M. le prieur du *Colombier* vint m'annoncer que le tonnerre étoit tombé hors du village, à deux pas de la maison d'un des habitans, dans un quartier nommé *Pisse-Loup*, où sont quelques maisons réunies; je m'y rendis sur le champ avec lui.

Nous questionnâmes ces malheureux paysans, qui étoient dans la plus grande consternation, & qui avoient eu une frayeur horrible; ils étoient plusieurs couchés dans la même chambre au rez-de-chaussée, une de leur fenêtre ouverte, lorsque le tonnerre tomba; un d'eux qui ne dormoit pas à l'instant du coup, nous assura que dans le moment où la foudre éclata avec un tel bruit que la maison en fut ébranlée, il vit un grand châtaignier éloigné de sept pas de la maison, entiérement couvert de feu; qu'ensuite une clarté très-blanche *coula comme de l'eau*, depuis la sommité de l'arbre qui avoit quarante pieds d'élévation, jusques vers sa racine; que cette lueur ne lui paroissoit point être du feu, mais *une espece de clarté vive & blanche*, qui dura environ deux minutes & disparut ensuite.

J'allai examiner l'arbre qui avoit, ainsi que je l'ai dit, environ quarante pieds d'élévation, sur deux pieds d'épaisseur dans son plus grand diametre; comme ces arbres sont fort rapprochés & se trouvent entre des montagnes très-hautes, ils s'élevent prodigieusement pour chercher le soleil. Celui-ci étoit couvert de fruit, ſes feuilles n'étoient ni brûlées, ni fanées, il paroît que le fluide électrique, puiſſamment attiré par la multitude de pointes que lui préſentoit l'arbre couvert de fruit, s'y étoit attaché, & le tronc ſans ceſſe mouillé par l'orage avoit ſervi de conducteur pour porter la foudre à terre où elle s'étoit diſſipée, ce qui avoit garanti du tonnerre la maiſon qui ſans cette heureuſe circonſtance auroit peut-être été détruite, ainſi que les malheureux qui s'y trouvoient. Ce n'eſt qu'hiſtoriquement que je raconte cette anecdote, moins pour expliquer le phénomene dont il s'agit, que pour rapporter un fait : j'oubliois de dire que le fluide électrique en coulant tout le long de l'arbre, avoit occaſionné dans certaines parties de la ligne qu'il avoit décrite, quelques déchirures qui pénétroient environ d'un demi-pouce de profondeur dans l'écorce qui fut diviſée en quelques endroits en une eſpece de filaſſe.

Lorſqu'on veut ſe rendre du *Colombier* à la *Gravenne de Montpeẑat*, une des grandes montagnes volcaniques du Vivarais, on prend le chemin qui paſſe auprès d'un moulin à ſoye nommé *Auliere* : c'eſt non loin de cette maiſon, ſur la gauche du chemin & vers la riviere, qu'on trouve une chauſſée baſaltique, au bas de laquelle eſt une petite fontaine dont l'eau n'eſt ni chaude ni froide, qu'on nomme cependant *font chaude ;* on traverſe après cela la riviere d'*Auliere* ſur le pont dont j'ai déjà parlé, qui eſt appuyé ſur des entaſſemens de laves ; le chemin en rampe qui conduit de ce pont ſur le plateau où eſt la route de *Montpeẑat*, eſt taillé dans de belles laves poreuſes rouges, qui fourniroient une excellente pouzzolane.

On gagne d'ici un hameau nommé *Champagne baſſe*, dépendant de la paroiſſe de *Meiras*, bâti ſur des laves poreuſes rouges, très-calcinées ; ce territoire entiérement volcaniſé eſt une dépendance de la montagne de la *Gravenne*. On entend raiſonner la terre dans cette partie ſous les pieds des chevaux, comme s'ils marchoient ſur des voûtes ; tout eſt ſcories, laves, pouzzolanes, ſable volcaniſé. La riviere de *Montpeẑat* ou de *Font-Auliere* eſt à la droite du chemin, elle eſt dans un profond ravin, bordée par de grandes chauſſées de baſalte qui ont plus de 150 pieds d'élévation dans certains endroits, & qui ont été vomies par le *cratere* de la *Gravenne*. Un autre hameau nommé *Champagne haute*, ſe trouve ſur la route tracée ſur la montagne, & conduit au pont qui traverſe la riviere de *Font-Auliere*, à un quart de lieue de *Montpeẑat* ; au bout de ce pont prodigieuſement élevé, eſt une ferme où il faut laiſſer les chevaux ; c'eſt ici un lieu de ſtation des plus avantageux pour étudier la montagne de la *Gravenne* heureuſement coupée dans cette partie par la riviere qui y a occaſionné de grandes excavations propres à développer la contexture d'une portion de cette belle & curieuſe montagne volcaniſée.

A dix pas de la maiſon eſt un eſcarpement du plus grand intérêt, c'eſt une coupure d'environ 400 pieds d'élévation, qu'on a la facilité d'obſerver à l'aiſe, on peut même, avec certaines précautions, y monter fort haut. Voici quel eſt l'ordre des matieres dans ce beau profil.

1°. Dans la baſe, c'eſt-à-dire au bord de la riviere, ſont des entaſſemens conſidérables de cailloux roulés que les eaux entraînent ; le lit du torrent a dans cette partie au moins trente pieds de profondeur ; il eſt poſſible,

que dans de très-violentes inondations, la riviere ait entraîné les entaſ-
femens de cailloux qui ſont ſur les bords.

2°. Au deſſus de ces monceaux de pierres uſées, jetées irréguliérement
& ſans ordre, eſt une grande couche de cailloux roulés en granits beaucoup plus gros que les autres, incruſtés, mélangés dans des *détritus* de
laves noires; cette eſpece de grand banc eſt élevé d'environ 35 pieds au
deſſus du premier, & les maſſes de granit roulé ſont étroitement liées
avec les détrimens volcaniques, tandis que les cailloux inférieurs, entraînés par la riviere, ſont dans un déſordre étonnant, & irréguliér-
 rement entaſſés au deſſous du dépôt de cailloux mêlés dans les matieres volcaniſées; les pierres roulées par la riviere entraînent à la vérité
des laves cellulaires, mais le principal ſable eſt un gravier graniteux. Il
n'eſt pas aiſé de prononcer ſi le banc ſupérieur de cailloux roulés, dans
les déjeéctions volcaniques, eſt dû à la riviere qui auroit coulé jadis à
cette élévation, ce qui eſt difficile à croire, tant à cauſe de la diſpoſition de ce banc, qu'à raiſon de la profondeur aétuelle du torrent; ou s'il a
été formé par un courant de mer; ou enfin ſi les laves en fuſion ne ſe ſont
pas emparées de toutes ces pierres qu'elles ont tranſportées du voiſinage.

3°. Après les cailloux roulés, ſuccede un banc de pluſieurs pieds d'é-
paiſſeur d'un ſable quartzeux un peu jaunâtre & rouillé, mêlé d'une multitude de molécules de lave noire.

4°. Au deſſus de ce ſable on remarque des entaſſemens de laves poreuſes très-noires; ces matieres ſont recouvertes par de grandes aſſiſes de
baſalte dur & noir, qui offrent les premiers développemens des priſmes;
d'autres coulées baſaltiques, qui ſont ſur celle-ci, ont des priſmes mieux
caraétériſés.

5°. Le tout eſt couronné par des maſſes de laves poreuſes de plus
de 200 pieds d'élévation, ou pour mieux dire qui ſe prolongent juſques
vers la partie conique de la montagne.

Comme c'étoit ici un des foyers où les feux ſouterreins exerçoient toute
leur fureur, la montagne n'eſt preſque entièrement compoſée que de
ſcories & de laves poreuſes de différentes couleurs; les baſaltes ont coulé
dans les parties plus baſſes & plus profondes, & ont formé cette
ſuite prodigieuſe de chauſſées qui ſe prolongent à pluſieurs lieues, tant
dans la riviere de *Montpeʒat*, dans cette partie de la *Gravenne*, que dans
l'*Ardeche*, du côté de *Theuyts*. Quoique le baſalte en fuſion occupe en
général la baſe des montagnes volcaniques, néanmoins les efforts puiſ-
ſans des exploſions, l'élevent quelquefois fort haut, & le font circuler
parmi les laves poreuſes vers la partie conique de la montagne ; c'eſt
ce qu'on obſerve auprès du pont de *Montpeʒat*, où l'on voit de grandes
coulées de baſalte qui traverſent les laves poreuſes.

On peut avec beaucoup de peine s'élever d'ici ſur le plus haut de la
Gravenne, en eſcaladant la montagne parmi les laves graveleuſes dans
leſquelles on s'enfonce juſqu'à mi-jambe parmi des ſcories de toute eſpece; lorſqu'on eſt parvenu à la plus haute ſommité, au lieu d'y trouver, comme à la montagne de la *Coupe*, un *cratere* large & profond, on
n'y rencontre qu'une éminence conique, avec un évaſement ſur le côté,
qui fait face à *Montpeʒat*; ce reſte de bouche paroît avoir été autrefois une partie du *cratere* qui aura été comblé par de nouvelles laves
que les feux ſouterreins y auront élevés.

Lorſqu'on eſt ſur la ſommité de la *Gravenne*, on découvre une grande étendue de pays. Le village de *Montpeʒat* eſt bâti ſur la partie du nord de la montagne qui prend ici le nom de *Gravenne de Montpeʒat*; le bourg ou la petite ville de *Theuyts* eſt placé vers la partie oppoſée de la même montagne, ſur les bords de l'*Ardeche*, & ſe nomme de ce côté, la *Gravenne de Theuyts*; ce grand pic volcanique qui a formé une ſi grande quantité de chauſſées, mérite toute l'attention des naturaliſtes; on y trouve du baſalte noir en maſſe & en priſme, des laves poreuſes de pluſieurs couleurs, avec ſchorl, granit, chryſolite, &c. des pouzzolanes, des ſables volcaniſés, dans leſquels on rencontre quelquefois des paillettes ferrugineuſes, attirables par l'aimant.

CHAUSSÉE

CHAUSSÉE DE GUEULE D'ENFER·

VOYAGE à THEUYTS *, à la* GRAVENNE *, au pont de* GUEULE
*d'*ENFER.

EN partant d'*Aubenas* pour se rendre à *Theuyts*, on peut faire aisément ce trajet en trois heures de temps, par le chemin du pont de la
Beaume sur lequel on traverse la riviere d'*Ardeche*; depuis ce pont
jusques à *Theuyts*, la riviere est bordée de droit & de gauche par des
chaussées de basalte en prismes, dont plusieurs sont d'une grande élévation; il faut monter une côte assez rapide pour se rendre à *Theuyts*; la
riviere offre un précipice effrayant sur la gauche du chemin qui est assez
étroit, tandis que la partie droite est bordée par un rempart de laves
poreuses rouges & noires; on marche sur les scories & les pouzzolanes;
le feu a laissé ici de toutes parts des traces & des empreintes si remarquables, & les substances volcanisées ont acquis une teinte tellement
rouge, mélangée d'un noir foncé, qu'il semble que les flammes frappent
encore sur ce sol incendié. La montagne de la *Gravenne* qui fait le fond
de ce tableau, s'élevant en forme conique dans les nues, ressemble
parfaitement au *Vésuve* : le bourg de *Theuyts* assis au pied de la montagne, produit l'effet le plus pittoresque.

Toutes les laves basaltiques qui ont coulé de la *Gravenne*, forment
un très-grand plateau, sur lequel est une partie du territoire de ce pays;
cette vaste plate-forme est soutenue par un immense pavé des géans,
qu'on nomme le *Rocher du Roi*, qui se prolonge jusques vers les bords
de la riviere d'*Ardeche*.

La *Gravenne* a non loin d'elle un autre pic volcanique moins élevé,
qui n'en est séparé que par une bande de rocher de granit ; c'est sur
le haut de ce rocher qu'on trouve quelques belles masses d'un schiste noir,
mêlé d'une multitude de paillettes de schorl noir en lames, le même dont
j'ai parlé à la page 98 de mon mémoire sur les schorls; cette seconde
montagne brûlée se nomme la montagne du *Prat* vers la sommité, & vers
le bas, la montagne de *Mouleires*; elle n'est qu'une dépendance de la
Gravenne qui paroît avoir fait une violente éruption dans cette partie.

Il faut traverser un grand bois de châtaignier pour parvenir sur la
partie la plus escarpée de la *Gravenne*, on n'y monte qu'avec peine tant
elle est rapide; on s'enfonce jusqu'à mi-jambe dans les détrimens pulvérulens des laves rouges & noires; la sommité du cône, qui est très-
élevée, ne présente pour tout *cratere* qu'une espece de déchirure peu
profonde, dirigée du côté de *Montpezat*; le *cratere* principal a été probablement comblé par les laves poreuses que l'action du volcan y avoit
élevées.

On revient très-promptement & dans demi-heure à *Theuyts* en descendant la montagne dans la partie la plus rapide, & en glissant sur les
pouzzolanes dans lesquelles on s'enfonce jusqu'aux genoux; j'ai fait plusieurs fois cette route abrégée, mais il faut être leste & ne pas craindre
les élévations, il faut même user de certaines précautions pour ne pas se

précipiter dans un grand ravin qui eſt ſur la gauche ; en tout il eſt plus ſage & plus prudent de ſuivre le chemin le plus long.

Dès qu'on aura viſité la *Gravenne*, & qu'on ſe ſera repoſé à *Theuyts*, il eſt eſſentiel d'aller viſiter l'immenſe pavé qui eſt au bord de l'*Ardeche*, qui n'eſt qu'à 300 pas du bourg ; on s'y rend par une route étroite, mais des plus curieuſes, en paſſant ſous l'arche inférieure d'un pont à deux étages, qu'on a très-artiſtement conſtruit pour faire paſſer la grande route, & couper un précipice affreux d'environ 500 pieds de profondeur ; ce lieu ſe nomme la *Gueule d'enfer*.

On peut y deſcendre ſans aucune eſpece de danger, par un ſentier eſcarpé qu'on a pratiqué avec art en maniere d'eſcalier, tantôt ſur des priſmes de baſalte, tantôt ſur des maſſes de granit.

Le pont repoſe d'un côté ſur un granit ſain & dur, tandis qu'il eſt appuyé de l'autre contre un rocher baſaltique, & ce rocher eſt le commencement d'un pavé en priſmes divergens, diſpoſés en pluſieurs ſens ; cette grande maſſe porte à nud ſur le granit, mais les matieres qui ſe ſont détachées, & les encombremens empêchent de voir les points de contaćt de la lave avec le granit.

Une caſcade ſuperbe ſe précipite avec fracas, depuis le pont juſqu'à la profondeur de l'abîme, on eſt étourdi par le bruit de l'eau & ravi par l'horreur & la beauté du ſpećtacle ; c'eſt cette vue difficile à rendre, dont j'ai fait prendre une partie. *Voyez planche* XIII.

Le rocher de baſalte en priſmes, dont on ne voit qu'une portion ſur la gauche du pont, ſuit la diſpoſition du roc de granit ſur lequel il repoſe, & deſcend juſqu'à ce qu'il ait gagné un nivau horizontal, où il ſe développe & forme une des plus belles & des plus vaſtes chauſſées du Vivarais ; ce grand pavé qui ſe prolonge & remonte la rive gauche de l'*Ardeche*, a plus de 100 pieds d'élévation ; les priſmes y ſont d'un très-grand jet, & contiennent quelquefois du granit & des fragmens de ſchorl noir.

Les habitans de cette partie du Vivarais où les montagnes commencent à s'élever, ne ſont ni auſſi durs ni auſſi féroces qu'on les en accuſe ; j'ai apperçu, dans une ſuite de voyages que j'ai faits chez eux, qu'ils ſont en général complaiſans, empreſſés même à obliger les étrangers, mais il faut leur parler avec douceur & politeſſe ; je ne les ai point trouvés intéreſſés, les ayant très-ſouvent vu préférer du tabac, dont ils ſont très-amateurs, à de l'argent qu'on veut leur donner lorſqu'ils ont rendu quelques petits ſervices.

Ils ſont en général extrêmement curieux & un peu méfians, accablant les étrangers de queſtions ; comme ils ont beaucoup de peine, qu'ils ſont chargés d'impôts & de redevances ſeigneuriales, ils ſont obligés de vivre avec beaucoup d'économie, & de réſerver pour leur nourriture les denrées de la plus mauvaiſe qualité. Ces gens ſont aſſez généralement ſombres, triſtes & mélancoliques ; leur langage eſt lourd & groſſier comme leur perſonne, ils portent des habits de laine noirâtre, ſemblables à ceux des Corſes, & de gros ſabots de bois, élevés de pluſieurs pouces, avec leſquels ils marchent néanmoins très-bien.

La triſteſſe & la mélancolie les conduit à la dévotion ; je me ſuis apperçu les jours de fêtes & de dimanches qu'ils fréquentoient fort aſſi-

Pl. XIII.

De Voyvre Del.

Cl. Fessard Sculp.

PONT DE GUEULE D'ENFER,
Où le Basalte prismatique repose sur le Granit.

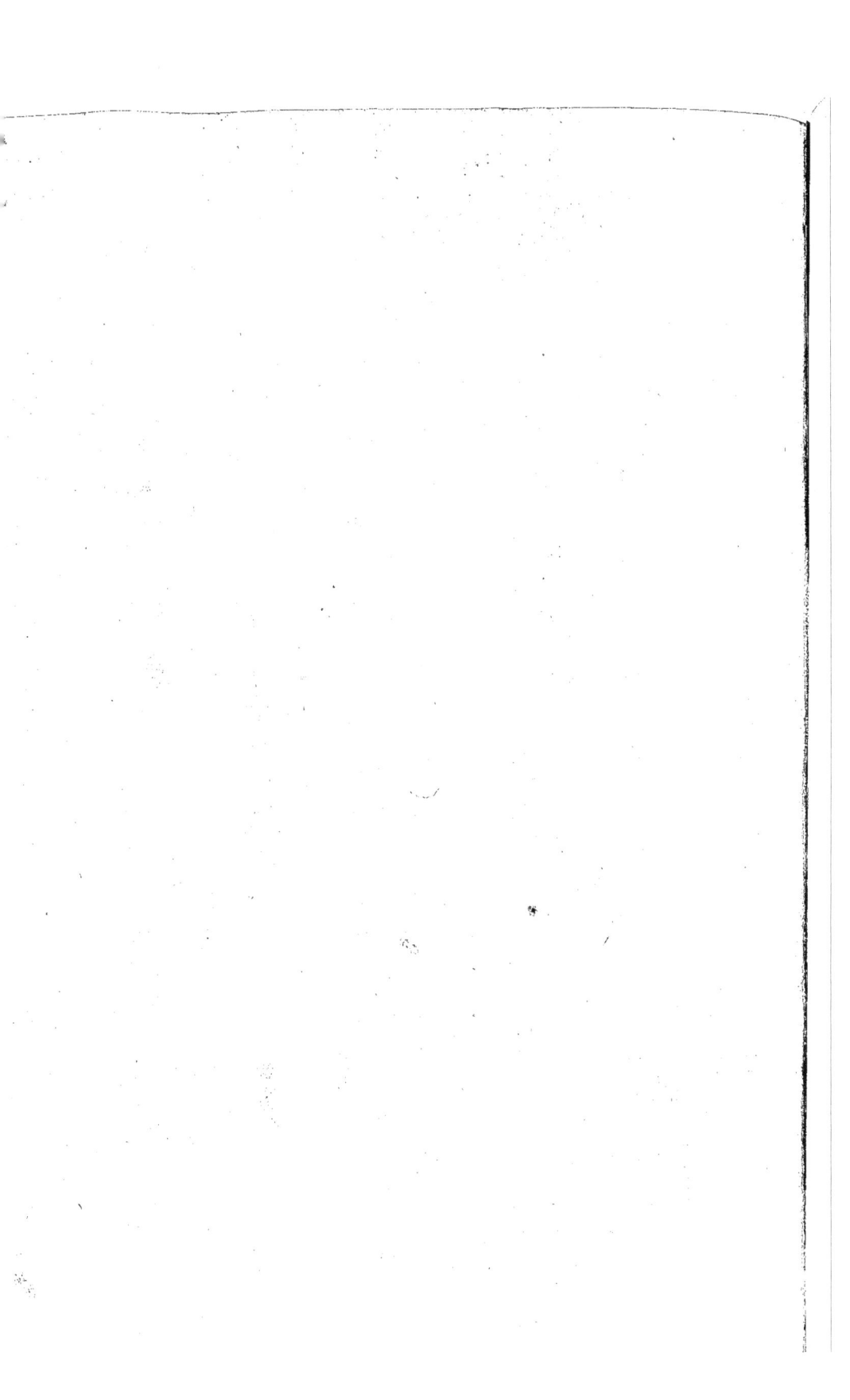

dument les églifes, qu'ils aimoient les cérémonies, avoient des con-fréries; mais ils ne manquent jamais après les offices, hommes & femmes, d'aller au cabaret où le vin n'eft pas ménagé ; la joie fuccede à la trifteffe & à la componction, & comme ils font extrêmes en tout, la fureur a bientôt remplacé la joie, leur ivreffe dégénere en furie, & le premier fentiment qu'ils éprouvent alors eft la vengeance qu'ils confer-vent long-temps dans leur ame ; c'eft dans ces momens qu'ils fe tuent entr'eux à coup de couteaux ou à coup de piftolet.

J'avois vu fouvent, avant qu'on eût tenté de les dompter, la porte des églifes, les jours de meffe, garnie d'une multitude de fufils qu'ils portoient avec eux; d'autres fois je les ais vus dans le cabaret être juf-qu'à trente à table ayant chacun un piftolet à côté de foi, mais on les a difciplinés depuis quelques années, & ils ne portent plus des armes que furtivement.

Les femmes y ont en général un teint très-éclatant & de la plus grande fraîcheur, mais elles font mal faites, & ont une provifion éton-nante de gorge, leur dents font toutes en mauvais état, ce qu'on ne doit attribuer qu'à leur maniere de vivre. Leur nourriture dans l'hi-ver confifte en un potage copieux, compofé de beaucoup de choux, de navets, de racines & d'autres légumes cuits dans une eau où l'on jette un morceau de beurre ou de lard; ils ne mettent point de pain dans cette foupe, parce qu'ils vendent leurs grains pour fe procurer du fel, ou pour payer le feigneur; mais comme les récoltes de marrons y font fort abondantes, les châtaignes leur tiennent lieu de pain ; ils mangent donc à leur repas alternativement une cuillerée du potage dont j'ai parlé, & des marrons cuits à l'eau, qu'ils aiment de préférence, fur-tout lorf-qu'ils font bouillans; dès qu'ils ont foif, ce qui leur arrive fouvent, à caufe de la qualité farineufe des châtaignes, ils boivent alors de l'eau glacée de leur fontaine, & le paffage rapide & continuel du froid au chaud a bientôt détruit l'émail de leurs dents. Les habitans de ces contrées jouif-fent en tout d'une bonne & forte fanté; leurs principales maladies font des fievres putrides inflammatoires, qu'ils attrapent dans le printemps, & qui font principalement occafionnées par des tranfpirations arrêtées, & par les variations fubites de l'athmofphere dans ce climat montagneux.

ROUTE

De THEUYTS à PRADELLES, la NARSE, PEYRE-BAILLE.

ON compte de *Theuyts* à *Pradelles* cinq grandes lieues, mais il faut neuf heures pour les faire : on quitte les matieres volcanifées à environ 200 toifes au deffus de *Theuyts*, pour entrer dans les granits grifâtres, ou plutôt dans des rochers de feld-fpath un peu micacé, mais fans fchorl; ces rochers font difpofés par grands bancs irréguliers & inégaux. On ne tarde pas à arriver au village de *Maïres*, où l'on trouve une route ou-verte à grands frais & avec beaucoup d'art, dans des rochers prefque inacceffibles : on entre ici fur la route de la côte de *Maïres*, grand &

fuperbe ouvrage fait pour aller de pair avec ceux des Romains ; il faut avoir vu ce chemin pour fe faire une idée des peines & des dépenfes qu'a dû coûter l'exécution de cette entreprife hardie : il a fallu tailler dans les plus durs rochers, & fur une montagne qui a plus de 200 toifes d'élévation perpendiculaire, un chemin de 6100 toifes de long fur 5 de large, dirigé en corniche fur le flanc de la montagne.

On a été forcé, pour vaincre & franchir de profonds ravins, de conf-truire vingt-deux ponts, dont quelques-uns font à double & à triple rang d'arcade : ces ponts qu'on voit s'élever les uns fur les autres, pro-duifent un effet très-piquant ; ils font conftruits en granit & en laves rougeâtres, qu'on tire du volcan de *Bannes.* Quoique ce chemin foit commode & bien fait, il faut au moins deux heures & demie pour par-venir au plus haut de la côte ; on voyage toujours parmi les granits qui font quelquefois un peu fchifteux, & mêlés de mica : on rencontre aufli quelques maffes ifolées d'un très-beau granit d'un gris blanc noirâtre, parfemé de mica & de fchorl ; ce granit eft fufceptile d'un beau poli.

Lorfqu'on a fait le quart du chemin de la montée de la côte, on voit dans un granit qui fe décompofe & qui eft très-friable, une couche de feld-fpath blanc, lardé de beaucoup de mica en feuilles, difpofé par bandes de la largeur de 4 ou 5 lignes : j'ai trouvé de ce mica cryftallifé en feg-mens de prifmes hexagones.

La fommité de la montagne où eft la région des fapins, eft compofée d'un vrai granit gris-blanc, très-dur, mêlé de points de fchorl noir & de mica.

C'eft vers le plus haut de la montagne qu'on rencontre quelques ha-bitations nommées la *Narfe* ; l'on eft ici à 200 toifes au deffus de la bafe de la montagne, & on commence à trouver des fragmens de ma-tieres volcaniques, difperfés de droit & de gauche ; on ne tarde pas en avançant à rencontrer abondamment des prifmes, & on trouve fur la droite des maffes bafaltiques : c'eft dans cette partie où commencent les volcans du haut Vivarais.

On entre après la *Narfe* fur une vafte plaine en montagne ; ici tout eft inculte, agrefte, froid, fauvage & défert ; ce grand plateau couvert d'une mauvaife peloufe, a plus de demi-lieue de longueur ; la vue fe perd de toutes parts dans un lointain obfcur : on fe trouve ifolé dans ce cli-mat où la nature perd fon éclat, & l'ame s'attrifte & s'inquiete dans cette folitude.

On ne trouve dans ce lieu fauvage qu'une feule maifon nommée *Peyre-Baille*, cette efpece de cabane peut être d'un grand fecours aux voyageurs en cas d'orage, particuliérement dans la faifon des neiges.

Si ce grand plateau, perché fur une hauteur confidérable, ne peint à l'ame que des idées fombres & mélancoliques, l'obfervateur peut y trouver de quoi fe diftraire ; il ne fera plus étonné de ce que tout an-nonce ici le deuil de la nature, le défordre & la dévaftation, lorfqu'il fera attention, vers les approches de *Peyre-Baille*, où la peloufe & toute le verdure difparoît, que le fol eft entiérement jonché de toutes parts d'une quantité étonnante de blocs de bafalte, dont plufieurs font roulés & arrondis, mêlés avec de gros granits également roulés, le tout confondu, tantôt avec un fable purement quartzeux, tantôt avec un fable noir vol-

canique

canique, formé par le détriment des laves : cependant point de montagnes qui dominent, on est, il faut l'avouer, auffi étonné qu'embarraffé à l'afpect de ce grand objet.

On pourroit croire d'abord que c'étoit ici un immenfe fommet volcanique, qui fe feroit détruit & enfeveli; ce défordre extrême fembleroit l'annoncer; mais les maffes de bafaltes roulés, & les cailloux de granit qui les accompagnent, la difpofition & l'égalité du fol, annoncent mieux encore que les eaux de la mer ont manié, ufé & arrondi ainfi toutes ces matieres, & en ont formé cette vafte plate-forme, qu'elles auront ainfi égalifée; voilà ce que tout naturalifte fans prévention & de bonne foi, ne pourra s'empêcher de croire.

De *Peyre-Baille* on fe rend à *Pradelles* par un affez beau chemin fur les matieres volcanifées, interrompues de temps en temps par des granits.

ENVIRONS DE PRADELLES.

L'HERMITAGE, CHENELETTE, ARDENNE, SAINT-CLÉMENT, *bords de l'ALLIER.*

PRADELLES eft une petite ville du plus haut Vivarais, fituée dans les matieres volcaniques; je ne dirai rien de l'âpreté de fon climat, parce que M. l'abbé de Mortefagne qui eft de cette ville, m'a fait l'honneur de m'adreffer des lettres très-intéreffantes à ce fujet, qu'on trouvera à la fuite de cet ouvrage; je dirai feulement que *Pradelles* eft environné de grandes buttes de bafalte, que les plus confidérables font l'*Hermitage*, *Chenelette*, *Ardenne*, qu'on voit de très-beaux rochers volcaniques non loin de l'*Allier* du côté de *Saint-Clément*, &c.

Le fite & la difpofition générale des volcans de cette partie du haut Vivarais, différent effentiellement de ceux des parties méridionales de cette province; le bafalte eft plus communément en grandes maffes inégales, en tables, en boules; les prifmes y font moins réguliers; les *crateres* n'y font plus reconnoiffables, & tout en général femble y annoncer diverfes révolutions; on trouve affez fouvent dans les terres des blocs de bafalte roulés & arrondis, des fragmens de prifmes ufés, mêlés & confondus avec des pierres de granit également arrondies, tout annonce que la même révolution diluvienne, qui a formé le grand plateau de *Peyre-Baille*, eft venu fe jouer ici & y a produit les ravages dont des yeux exercés apperçoivent de toutes parts les traces; de terribles courans femblent avoir détruit & renverfé les *crateres*, bouleverfé les chauffées, difperfé la plupart des prifmes, & occafionné des changemens qui nous empêchent de reconnoître la marche primitive de ces anciens volcans. Nos yeux trop conftamment appliqués à de petits objets, ont tant de peine à s'accoutumer avec le grand, que ce n'eft qu'à force de travail, d'ufage, de recherches, de réflexions, qu'on peut venir à bout de vaincre le pouvoir impérieux de l'habitude, & qu'on fe familiarife à faifir l'enfemble de plufieurs opérations de la nature, qui nous prouvent toute l'étendue de fes moyens.

Les volcans du haut Vivarais portent en général plufieurs caracteres

M m m m

d'une antiquité plus reculée que celle des volcans du bas Vivarais : les bafaltes des environs de *Pradelles*, quoique noirs, durs & fonores, ont néanmoins la croûte fuperficielle un peu altérée ; cette furface attendrie fe laiffe mordre avec un couteau jufques à la profondeur d'environ une demi-ligne, & la fubftance qu'on en enleve, eft une terre de nature argilleufe ; l'âpreté du climat, fon intempérie prefque habituelle, & fur-tout une très-longue férie de fiecles, peuvent avoir produit cette altération.

Le bafalte du haut Vivarais eft un des plus purs que je connoiffe, il ne contient que très-peu de fchorl, & de temps en temps quelques petits points de chryfolite ; je n'y ai trouvé ni granit ni quartz ni autres corps étrangers.

Ardenne eft cette belle butte volcanique des environs de *Pradelles*, que j'ai décrite dans mon mémoire fur le bafalte page 154 ; c'eft ici où l'on peut obferver la plus belle collection de boules bafaltiques qui puiffe exifter. Je ne parlerai pas des autres maffes volcaniques des environs de cette petite ville, parce que je n'y ai trouvé rien de bien remarquable que le rocher d'*Ardenne*, d'ailleurs M. l'abbé de Mortefagne parle fort au long & très-bien des productions volcaniques de fon pays dans les lettres qu'il m'a écrites.

Le volcan de *Bonjour*, à trois quarts de lieue de *Pradelles*, du côté de *Langogne*, contient une multitude de gros noyaux de fchorl noir dans une pouzzolane rouge, plufieurs de ces fchorls paroiffent avoir été roulés & arrondis.

VOYAGE

A la FAYETTE, à MONTLOR, à la FARE, à ISSARLES, & à GOUDET.

LES chauffées de la *Fare* méritent d'être examinées : on fe rend à ce village par *Pradelles*, qui en eft éloigné de trois grandes lieues qu'il eft difficile de faire dans quatre heures, même en allant affez vîte : on ne trouve dans toute cette longue traverfée qu'un défert trifte & folitaire, dépourvu de villages & de maifons ; on rencontre feulement auprès d'un petit bois de fapin, une maifon nommée la *Fayette*, & beaucoup plus loin & plus bas, un moulin nommé *le moulin de Roux*, affis au bord d'un torrent : on laiffe *Montlord* & d'autres villages fur la gauche.

On ne voit de droit & de gauche que des buttes bafaltiques ruinées ; les chemins ne font couverts que de bafalte en maffes ou en boules entaffées ou difperfées de toutes parts, & mêlées avec des blocs de granit, c'eft ici à peu près le même défordre qu'à *Peyre-Baille* & dans tous les environs de *Pradelles*.

On trouve en quelques endroits des laves poreufes rouges, mais elles n'y font pas abondantes, & font difperfées fur le terrein. Dès qu'on approche de la *Fare*, placé dans une fituation moins fauvage, on s'apperçoit d'un changement dans la difpofition des matieres volcaniques ; les environs de ce village offrent, non des buttes volcaniques ifolées, mais de véritables montagnes de bafalte, d'une grande élévation, qui fe prolongent jufqu'au bord de la Loire : on ne voit point fur quoi repofent ces maffes énormes de matieres fondues, car elles entrent bien avant dans la terre. Le bafalte eft dans cette partie tantôt en maffe irréguliere, tantôt en colonnes articulées, ou d'un feul jet.

La partie la plus intéreffante de ce canton, eft une efpece de prefqu'ifle alongée entre la Loire & le torrent de Langognoile. Les laves ont formé ici un avancement confidérable, & on voit de part & d'autre des boulevards formidables de bafalte ; avec plufieurs chauffées en colonnes articulées, figurées depuis cinq pans jufqu'à fept, & recouvertes par des entaffemens énormes de bafalte en maffe, irréguliérement difpofé.

La petite riviere de Langognolle coule dans un détroit de bafalte, d'une très-grande profondeur : il paroît que les volcans ont travaillé ici dans le grand ; mais je le répete, on ne voit point de cratere bien caractérifé.

Le lac d'Iffarles, dont le baffin eft dans les laves poreufes, n'eft éloigné que d'une lieue de la Fare ; il paroît occuper l'ouverture d'une ancienne bouche à feu.

Goudet, qui n'eft qu'à deux lieues de la Fare, offre diverfes chauffées bafaltiques très-curieufes, en prifmes articulés.

Si on retourne de la Fare à Pradelles, il eft important de fe mettre en route par un temps clair & affuré, & de ne pas s'expofer à être pris par la nuit, on rifqueroit fans cela de s'égarer, même avec les meilleurs guides, & on courroit l'événement de fe précipiter dans quelque profond ravin, car il n'y a point de chemin ni de route pour pouvoir fe reconnoître, cette traverfée fe faifant ou fur les bafaltes, ou fur une peloufe uniforme, fur laquelle il n'exifte que de legeres traces des pieds des chevaux. Voici ce qui m'arriva dans ce voyage.

J'avois dîné à la Fare chez le curé, homme inftruit & honnête ; j'en partis le foir à trois heures avec le deffinateur & un eccléfiaftique de Pradelles, qui connoiffoit parfaitement le chemin, & qui avoit eu la bonté de m'y accompagner.

Un brouillard fubit fuccéda au beau temps ; nous n'eumes pas plutôt fait demi-lieue, que le brouillard froid & humide obfcurcit l'air ; tout fut dans les ténebres ; quelques précautions que nous puffions prendre, nous ne tardâmes pas à nous égarer ; nous errions à l'aventure : bientôt il fallut aller à pied, marcher en tâtonnant, & traîner les chevaux par la bride parmi des entaffemens de bafalte : forcés d'aller doucement, le froid nous pénétroit & le brouillard avoit percé nos habits : fe fentir ainfi égaré la nuit par un temps pareil, dans des lieux auffi déferts, n'étoit point, il faut l'avouer, une chofe amufante. Enfin, après avoir fait mille détours, paffé & repaffé peut-être fouvent fur le même endroit, nous crûmes reconnoître au tact des efpeces de murs qui annonçoient des habitations, nous nous trouvâmes bientôt dans un hameau ; mais comme il étoit fort tard, chacun étoit couché ; nous appellâmes du monde, & on nous apprit que ce hameau fe nommoit Meiferac ; on nous dit pour nous confoler que c'étoit la route oppofée à Pradelles : mon avis fut de paffer le refte de la nuit ici, mais mon compagnon de voyage,

M. l'Abbé *Blagere* qui nous avoit si mal guidé, dit qu'en prenant des paysans du lieu, nous pourrions encore nous rendre à *Pradelles* : la nuit étoit si noire, le brouillard si épais, qu'il n'y eut qu'un seul habitant qui eut le courage de nous accompagner, d'après les promesses que je lui fis de le payer généreusement. Nous marchâmes assez sûrement avec cet homme dans une espece de chemin tracé dans des prairies marécageuses, où nos chevaux s'enfonçoient jusqu'à mi-jambe, mais le malheureux eut bientôt perdu la voie, & nous fûmes plus égarés que jamais. Après avoir tenu un petit conseil, & nous être reproché cent fois de n'avoir pas resté à *Meiserac*, il fut délibéré de s'arrêter là où nous nous trouvions, & d'envoyer le guide à la découverte. Cet homme qui étoit courageux & ne craignoit pas la peine, partit comme un éclair, en nous recommandant de crier de temps en temps en signe de ralliement, & il se mit en quête ; pour nous, tristes & dolens, les pieds dans la boue, percés par le brouillard jusqu'à la peau, grelottant de froid, les coudes appuyés sur la selle de nos chevaux, nous attendions des nouvelles de notre messager, nous l'appellions de temps en temps & il nous répondoit, mais bientôt sa voix se fit à peine entendre dans le lointain, & quelque temps après il ne fut plus question de lui, & il ne répondit plus à nos cris ; je craignis qu'il ne se fût cassé le col contre quelque pierre, ou qu'il ne se fût précipité dans un ravin. Nous restâmes dans cette incertitude plus de demi-heure, lorsqu'enfin nous entendîmes la voix du malheureux qui nous avoit perdu pour s'être trop éloigné ; nous repondîmes à son signal, & quelque temps après il vint nous joindre ; il nous fit part du trajet qu'il avoit fait, de ses chûtes, de ses inquiétudes lorsqu'il n'entendoit plus nos voix ; mais enfin il nous assûra qu'il s'étoit remis sur la voie, & qu'il avoit reconnu une espece de chemin que nous pourrions joindre dans un quart d'heure ; je lui demandai de quelle maniere il s'y prendroit pour le retrouver, & il me repondit très-bien qu'il s'étoit orienté à l'aide d'un léger souffle de vent qui s'étoit élevé ; en effet ce fut là sa boussole pour nous conduire, & il nous remit dans moins de quinze minutes dans un chemin qui nous mena en droiture à *Pradelles*, où nous arrivâmes fatigués à en être malade, mouillés jusqu'aux os & transis de froid, bien résolus de ne plus nous exposer à une pareille aventure. Je rapporte ici cette anecdote pour qu'elle puisse servir d'exemple aux observateurs qui seroient dans le cas de faire cette traversée.

ROUTE

ROUTE

De PRADELLES au PUY.

Lorsqu'on part de *Pradelles* pour se rendre au *Puy*, on entre dans un chemin rempli de laves basaltiques; mais on trouve bientôt des granits un peu micacés, mêlés de grosses veines d'un feld-spath brillant: cette zone graniteuse ne se prolonge qu'à un demi-quart de lieue, & on retrouve les basaltes dispersés dans tous les champs, à la maniere de ceux de *Peyre-Baille*, c'est-à-dire, que toute la campagne est couverte au loin de masses de basalte plus ou moins grosses, qui paroissent avoir été maniées par les eaux: on traverse une plaine en montagne qui dure plusieurs lieues, où tout est ainsi jonché de matieres volcaniques, sans apparence de *cratere* éminent, on remarque seulement quelques buttes un peu arrondies, mais peu élevées, où les laves sont poreuses & ont subi l'action vive du feu.

On trouve à deux lieues de *Pradelles* le hameau de *Costeros*, dont les maisons sont entiérement construites en basalte & bâties à pierre seche; on a été obligé, pour donner de la solidité à ces bâtimens, de faire des murs d'une épaisseur extraordinaire, mais j'ai trouvé qu'ils étoient arrangés avec beaucoup d'art, ce qui prouve qu'avec de l'industrie on peut faire des logemens très-habitables dans tous les pays du monde, même avec une pierre aussi intraitable que le basalte.

C'est ici où j'ai commencé à m'appercevoir que le basalte de ce canton, quoique très-dur & sonore, avoit néanmoins de grosses bulles qui le rendoient poreux sans changer sa qualité de lave basaltique, je veux dire que le grain, la couleur & la dureté de cette substance étoit absolument la même que celle du basalte, ce qui ne s'observe pas en général dans les laves véritablement poreuses, où la couleur est pour l'ordinaire altérée, & où le grain est beaucoup plus tendre que celui du basalte.

Toute la campagne est entiérement couverte de droit & de gauche de laves de cette espece; mais dans les approches du *Puy*, c'est-à-dire à environ une lieue de cette derniere ville, on s'apperçoit d'un changement notable dans la configuration & dans la disposition du sol; en effet, quoiqu'on soit ici sur une aire fort élevée, on découvre de toutes parts une multitude de grands pics volcaniques très-rapprochés les uns des autres, & presque tous de forme conique ; rien ne ressemble autant à une mer hérissée de vagues que l'aspect de toutes ces montagnes; les premieres qu'on rencontre sont très-rapprochées du chemin; il en est une nommée *Peyrou*, qui n'est qu'à trois cents pas de la route, qu'on peut visiter sans beaucoup se détourner, elle est assez élevée & couverte de laves poreuses très-calcinées, de pouzzolane, de scorie, & d'autres déjections volcaniques qui ont éprouvé un feu violent.

Arrivé à demi-lieue du *Puy*, vers une ferme nommée la *Chaponade*, sur le bord du chemin, il faut s'y arrêter pour examiner un objet bien digne d'attention; en effet, non loin de cette maison est une butte ou éminence d'environ 50 pas de longueur sur 50 pieds d'élévation. Tout eft abfolument volcanifé dans le pays, ainfi que je l'ai déjà dit, & l'on fe trouve fur une plaine en montagne qui doit avoir au moins fept cents toifes d'élévation fur le niveau du *Rhône*; malgré cela cette butte en queftion eft formée par des couches diftinctes, parfaitement caractérifées, d'un fable gris-noir, mêlé d'une multitude de grains de lave poreufe, ces couches font horizontales, ce fable vers le haut de la butte eft argilleux, ce que j'attribue à la décompofition d'une partie des matieres volcanifées; on y trouve de gros fragmens de bafalte qui n'ont point été altérés, il paroît donc hors de doute que ce dépôt horizontal d'un fable quartzeux, mêlé de matiere volcanique, eft l'ouvrage d'une révolution diluvienne.

On ne feroit pas fondé à m'objecter ici que ces fédimens ont été en-traînés du fein des volcans fous forme de courans boueux, car premié-rement il n'y a point de *cratere* à portée de ce monticule; fecondement y en eût-il un, auroit-il jamais pu former une butte pareille, & établir des couches avec cette régularité ?

Les approches du *Puy* font très-pittorefques, il faut defcendre une montagne fort élevée pour parvenir dans le vallon agréable où fe trouve placée la ville.

LETTRE

A M. LE COMTE DE BUFFON.

Sur des courans de laves qu'on trouve dans l'intérieur des rochers calcaires de VILLENEUVE-DE-BERG, dans le bas Vivarais.

IL y a déjà quelque temps, MONSIEUR, que j'ai envoyé à M. le comte de la Billardrie d'Angiviller, infpecteur & ordonnateur général des bâtimens du Roi, une belle collection des matieres volcanifées du Vivarais & du Velay ; j'avois eu l'honneur de le prier de vous la communiquer, parce qu'elle renfermoit divers objets propres à vous intéreffer, & plus curieux encore que ceux que j'adreffai au cabinet du roi, il y a deux ans.

Je n'eus pas le temps, en faifant l'envoi de M. le comte d'Angiviller & en lui écrivant, d'entrer dans les détails qu'exigeoient quelques rares échantillons volcanifés que je venois de découvrir nouvellement , & qui tenoient à des circonftances locales, faites véritablement pour intéreffer les favans qui étudient les grandes parties de l'hiftoire naturelle, celles qui tiennent à l'organifation de la terre.

Je me fuis procuré, depuis ce temps-là, un beau morceau dans le même genre, digne de vous être offert, c'eft une maffe de pierre calcaire contenant différentes petites couches de laves qui ont pénétré dans l'intérieur même de la pierre : vous recevrez cet échantillon avec la lettre que j'ai l'honneur de vous écrire ; j'y joins les obfervations fuivantes qui peuvent repandre quelque jour fur le pouvoir & les effets des courans de laves.

J'ai expofé dans mes *vues générales fur le Vivarais*, que la partie méridionale des volcans de cette province, eft bornée par des rochers calcaires qui m'ont fourni des obfervations curieufes ; mais rien de tout ce que j'ai vu n'approche de ce que m'ont procuré les environs de *Villeneuve-de-Berg*.

Villeneuve-de-Berg eft une petite ville éloignée de quatre lieues de *Montelimar*, & fituée fur une éminence calcaire : elle eft entourée de tous côtés par des montagnes à bancs calcaires, d'une affez grande élévation, qui communiquent d'une part avec la chaîne qui fe prolonge fur la côte du Rhône, & de l'autre avec les grands rochers calcaires de l'*Echelette* & d'*Aubenas*.

Les montagnes à couches horizontales calcaires, qui entourent *Villeneuve-de-Berg*, du côté du midi, limitent le diftrict du Vivarais nommé le *Coueirou*, où tout a été fans réferve dévafté par d'antiques volcans, & où l'on voit une multitude de grands pics couronnés par des chauffées de bafalte en prifmes ; mais ces énormes maffes de laves font éloignées de plus d'une lieue de *Villeneuve-de-Berg*, & en font féparées par des côteaux calcaires, qui font autant de boulevards, de murs de circonvallation, qui barroient le paſſage des laves, & garantiſſoient le ſol ſur lequel a été bâtie cette ville.

Comme il eſt important de bien connoître cette topographie, & que ce que je viens de dire ne ſuffit pas, j'accompagne ma lettre d'un petit plan figuratif qui aidera à me faire entendre. *Voyez planche* XIV.

Le numéro 1 repréſente la petite ville de *Villeneuve-de-Berg*.

Les numéros 2 indiquent les côteaux calcaires qui environnent le ter‐ritoire, & ſemblent lui ſervir de rempart contre les volcans du *Coueirou*, qu'on apperçoit dans le ſite le plus éloigné.

Le numéro 3 eſt placé ſur un grand pic volcaniſé, nommé *Montredon*, qui domine ſur les montagnes calcaires qui entourent le baſſin de *Ville‐neuve*; cet immenſe rocher baſaltique, voiſin du *cratere de Montbrul*, eſt éloigné d'une lieue & demie de *Villeneuve*.

Le numéro 4 eſt une grande montagne calcaire à bancs horizontaux, nommée la montagne de *la Chamarelle*, diſtante d'environ un demi-quart de lieue de *Villeneuve-de-Berg*.

Portez à préſent vos regards ſur les numéros 5 & figurez-vous que c'eſt un courant de lave, de la nature du baſalte noir, dur & compacte, qui a percé à travers les maſſes calcaires, & s'eſt fait jour dans les parties que je déſigne, paroiſſant & diſparoiſſant alternativement : cette coulée de matiere volcanique s'enfonce ſous une partie de la ville bâtie ſur le rocher; elle reparoît dans la cave d'un maréchal, ſe cache & ſe montre encore de temps en temps en deſcendant dans le vallon, paſſe ſur le lit de la petite riviere d'*Ibie*, ſe plonge dans la baſe de la montagne de la *Chamarelle*, & reparoît dans la partie de cette montagne notée A; on en voit une couche de pluſieurs pieds de diametre, traverſer le grand chemin qui eſt ſur le rocher nud; on ne la quitte plus dès-lors, & on l'apperçoit avec ſurpriſe s'élever ſur le plus haut de la montagne, en cou‐pant les bancs & en les traverſant dans pluſieurs ſens.

Ce qu'il y a d'admirable, c'eſt que la lave forme dans la partie mar‐quée B, deux branches bien extraordinaires, dont l'une s'éleve, ainſi que je l'ai dit, ſur la crête du rocher, tandis que l'autre coupe horizontale‐ment de grands bancs calcaires eſcarpés, qui ſont à découvert & bordent le chemin : voyez les lettres C.

Il eſt donc évident & hors de doute, d'après ce tableau ſur la fidélité du quel on peut compter,

1°. Que ce courant de lave n'a pu venir que des montagnes volcani‐ſées du *Coueirou*.

2°. Il paroît naturel de croire que la coulée eſt partie de la montagne volcanique de *Montredon*, ou des autres pavés en baſalte qui ſont ſur la même ligne, dont le plus proche après *Montredon*, eſt la montagne de *Maillas*, voiſine du *cratere de Montbrul*; mais toutes ces grandes maſſes volcaniſées ſont au moins à une lieue & demie de *Villeneuve-de-Berg*.

3°. Quels efforts n'a-t-il pas fallu pour forcer cette lave à prendre une telle direction, & à percer cette ſuite de rochers calcaires? com‐ment a-t-elle pu ſoulever les bancs, les déplacer, s'enterrer à de grandes profondeurs, paroître & diſparoître alternativement, & ſemblable au fluide aqueux que nous empriſonnons dans des tuyaux de métal, ſuivre

les

Pl. XIV.

PLAN FIGURATIF
DES ENVIRONS DE VILLENEUVE
DE BERG,

*Où l'on voit les traces d'un Courant de Lave
qui a circulé à travers des Montagnes calcaires,
avec le développement et la disposition des cou:
ches basaltiques, entrelacées parmi les Lits ?
calcaires, dans une des coupes de la Montagne,
de la Chamarelle ?*

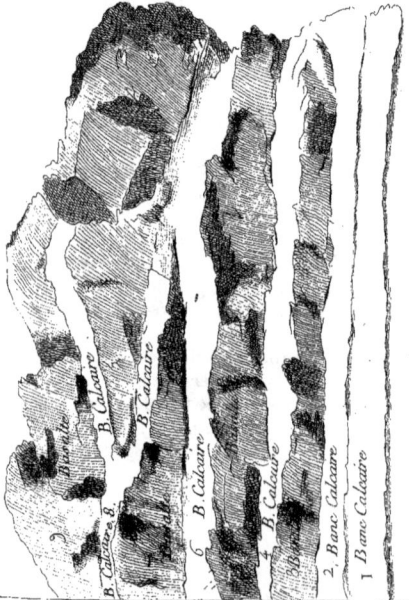

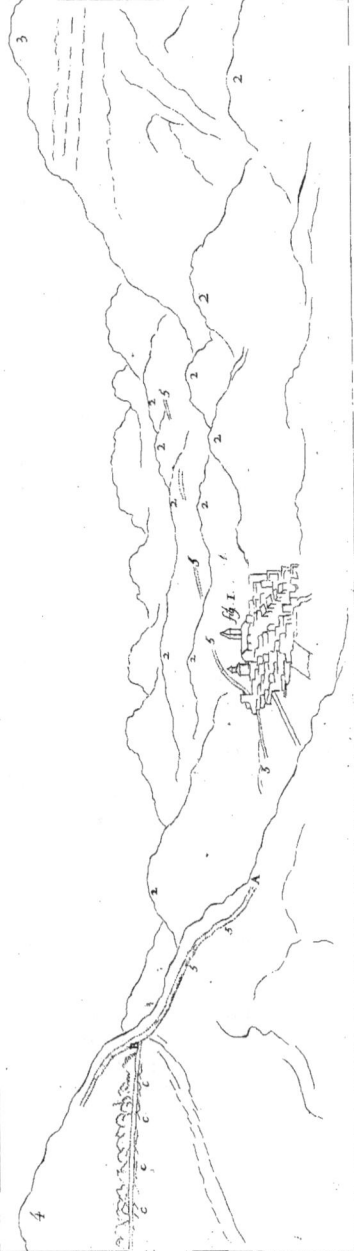

Diorite

B. Calcaire

B. Calcaire

B. Calcaire B.

B. Calcaire

B. Calcaire

B. Calcaire

4. B. Calcaire

2. Banc Calcaire

1 Banc Calcaire

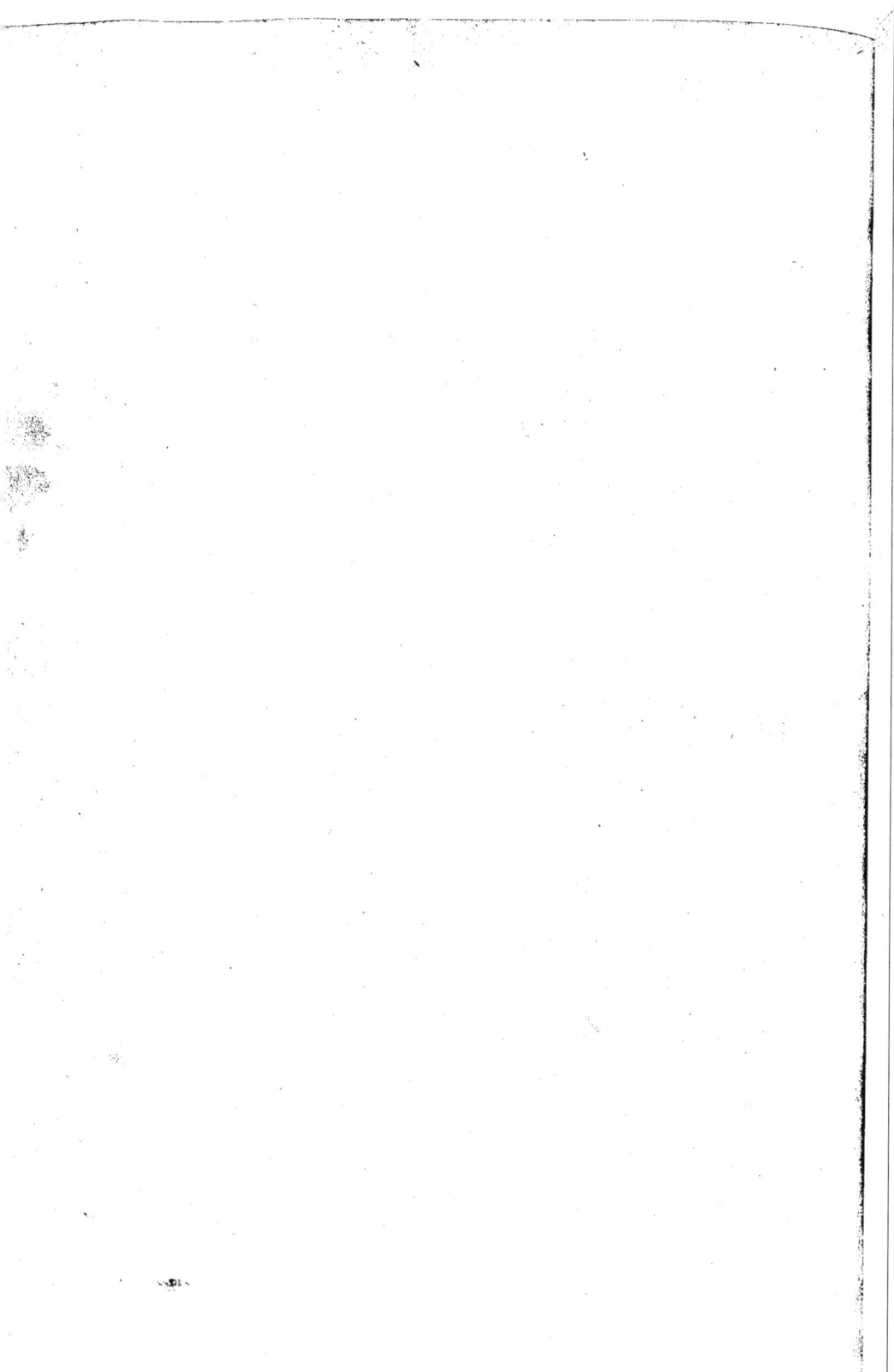

les loix de l'hydroſtatique, & s'élever à la même hauteur d'où elle étoit partie ?

J'avoue, Monſieur, qu'en admirant cette eſpece de prodige, j'en étois tellement étonne, que je me refuſois preſque au témoignage, de mes propres ſens, & ſi je n'étois pas revenu avec pluſieurs mulets chargés de cette lave adhérente de part & d'autre à la pierre calcaire, j'aurois pu croire d'avoir fait un beau rêve en hiſtoire naturelle.

Si cette longue coulée de lave avoit eu 200 ou 300 toiſes de largeur, je ne ſerois pas ſurpris qu'un torrent de matiere en fuſion de ce volume, eût pu produire des effets extraordinaires & violens; mais figurez-vous, Monſieur, que dans les endroits les plus larges, elle n'a tout au plus qu'environ 12 ou 15 pieds, elle n'en a même guere que 3 ou 4 dans certaines parties.

Ce mince ruiſſeau de matiere volcanique, qui a eu le pouvoir, en ſe conformant à la diſpoſition du local, de ſe prolonger à plus d'une lieue & demie, & celui de s'élever ſur une haute montagne, ſe montre ſous pluſieurs aſpects : tantôt on le voit en maniere de banc, ſe diviſer en pluſieurs couches, tantôt ſe réunir pour ne compoſer qu'une ſeule maſſe, & d'autres fois paroître en maniere de crête, & former une ſaillie tranchante & raboteuſe ; c'eſt de cette derniere maniere que cette lave ſe préſente lorſqu'elle monte ſur le rocher de la Chamarelle.

Il eſt un endroit de la montagne où il ſemble que cet étrange courant ſoit venu ſe placer pour le charme & pour le déſeſpoir des naturaliſtes qui iront l'obſerver ; c'eſt dans la partie que j'ai déſignée par la lett. B. Ici la lave ſe diviſe en deux branches ; l'une eſcalade la montagne, tandis que l'autre la coupe horizontalement, pour former une multitude de rameaux qui ont circulé entre les différentes couches calcaires du rocher. C'eſt ce morceau qui mérite ſans doute la principale attention de l'obſervateur ; je me ſuis attaché à en donner le tableau figuré, en obſervant l'ordre, la diſpoſition & la grandeur des couches : il m'a paru plus utile d'en donner le développement ſous la forme d'une eſpece de plan géométrique, que de le repréſenter avec des ombres & tous les acceſſoires d'un beau deſſein qui auroit eu plus d'agrément pour le coup d'œil, mais qui n'auroit jamais rendu les objets d'une maniere auſſi préciſe. Jetez à préſent un coup d'œil ſur ce profil ou cette coupe que j'ai fait placer dans le même encadrement du deſſein que j'ai l'honneur de vous envoyer ; vous y verrez neuf couches diſtinctes, dont la totalité forme une élévation d'environ 17 pieds.

Les deux premieres, indiquées par les nos. 1 & 2, ſont deux couches calcaires bien caractériſées & placées horizontalement.

Nº. 3. eſt une coulée de lave, qui repoſant ſur les bancs calcaires, s'eſt moulée ſur eux, & a adopté la forme horizontale.

Nº. 4 déſigne une petite couche de pierres calcaires, dans laquelle j'ai trouvé deux belemnites, avec une coquille bivalve de la famille des cames, bien conſervées.

Nº. 5. eſt une aſſiſe épaiſſe de baſalte, qui offre pluſieurs irrégularités extérieures, occaſionnées par des ruptures & des disjonctions.

Nº. 6. Lit calcaire.

Nº. 7. Couche de baſalte.

N°. 8. nouvelle couche calcaire d'une mince épaisseur, se divisant cependant en deux branches qui saisissent la partie anguleuse d'une couche de basalte.

N°. 9. offre la derniere & la plus confidérable coulée de basalte, formant une saillie raboteuse & irréguliere.

Voilà le type exaêt de cette étonnante coupe.

On pourroit en voyant ce morceau isolé, en tirer de nombreuses conjeêtures, mais l'inspeêtion attentive des lieux ne m'a permis d'envisager ce grand objet que sous deux points de vue différens, sur lesquels j'aurai l'honneur de vous entretenir dans peu, mais je dois auparavant vous dire un mot de l'état de cette lave, & des effets qu'elle a produite sur la matiere calcaire.

En général cette lave dure est de la nature du basalte noir le plus foncé; elle est compaête, serrée, & je n'ai trouvé qu'un seul endroit d'environ 12 ou 15 toises de longueur, où elle a un peu bouillonné sur la superficie qui offre des pores & des bulles bien sensibles; mais j'observe que cet accident ne se remarque que sur la croupe de la montagne, là où la matiere en fusion a commencé à s'élever, & non dans les coulées horizontales qu'on apperçoit entre des bancs calcaires.

On trouve quelquefois dans cette lave de petits éclats de schorl noir; mais en général cette substance n'y est pas commune.

La lave, quoique adhérente à la pierre calcaire, peut s'en détacher dans certaines circonstances, lorsqu'on la frappe à coup de marteau, mais pour l'ordinaire elle est tellement liée & comme amalgamée avec la matiere calcaire, que l'adhésion & la foudure est parfaite. J'ai des morceaux de cette espece, sciés & polis, d'une grande beauté; le basalte d'une couleur noire & tranchante a pris le lustre le plus éclatant, & la pierre calcaire qui lui sert de matrice, étant de la nature d'un marbre gris cendré, & ayant acquis elle-même un bel éclat, produit un effet admirable. C'est dans de pareils morceaux où l'on peut observer les plus légers accidens que le poliment a développés & mis à découvert.

Comme ce n'est que par des observations détaillées, suivies & comparées qu'on peut, en marchant de faits en faits, suivre ici la nature pour tâcher s'il est possible d'entrevoir sa marche, je suis forcé de devenir minutieux, & de m'appésantir sur plusieurs petits accidens que j'ai remarqués dans le courant de lave qui fait l'objet de cette lettre.

Le morceau que j'ai l'honneur de vous envoyer vient ici fort à propos à mon aide, & servira à me faire mieux entendre, puisqu'il renferme en petit la plupart des variétés qu'on remarque dans les grands blocs du rocher de la *Chamarelle*.

Cet échantillon a 5 pouces de longueur, 3 pouces d'épaisseur & 4 pouces 2 lignes de largeur: la base principale est une pierre calcaire compaête, dure, d'un gris cendré, un peu jaunâtre dans certaines parties, en général fort pesante à cause du basalte qui s'y trouve inclus.

J'ai indiqué par des numéro les parties de ces morceaux qui méritent le plus d'être étudiées.

Une des principales faces marquée n°. 1, offre un parement sur lequel on voit trois petites couches de basalte, dont une a 9 lignes d'épaisseur dans son plus grand diametre; elles font irréguliérement déssinées &

abſolument adhérentes à la pierre; ce qu'il y a même de ſingulier & de bien étonnant, c'eſt qu'on voit de très-petits linéamens capillaires de baſalte ſe détacher des couches, & ſe prolonger dans la pierre calcaire avec laquelle ils ont une adhéſion intime : comment la lave a-t-elle pu ſe diviſer en filets ſi minces, & pénétrer ainſi à travers un corps ſi dur?

Nº. 2 qui eſt la partie oppoſée à celle-ci, a des caraĉteres bien remarquables; au lieu de trois couches on n'y en obſerve que deux, dont la principale occupe toute la longueur du morceau, & a un pouce de diametre dans ſa plus grande largeur. J'entrevois ici un accident ſingulier & bien extraordinaire dans la petite couche ſur laquelle je vous prie de vouloir porter toute votre attention; j'y vois la lave par petits fragmens détachés & irréguliers; je crois moins reconnoître ici une véritable couche de lave, que des éclats & des lambeaux de baſalte que la matiere calcaire boueuſe & liquide a entraînés & dépoſés en forme de couches. Je crains, Monſieur, de m'expliquer mal, parce qu'un tel morceau eſt plus aiſé à voir qu'à décrire, mais comme vous le recevrez avec ma lettre, vous ſerez mille fois mieux en état de le juger & de l'apprécier que moi; ſi je prends même ici la liberté de vous parler un peu trop au long de cet échantillon, c'eſt moins pour vouloir vous en donner tous les détails, que pour vous indiquer les parties qui méritent le plus d'être obſervées, afin que vous les trouviez tout de ſuite.

Nº. 3 eſt placé à côté d'un petit éclat de ſchorl noir vitreux, matiere qui accompagne preſque toujours les laves.

Nº. 4 eſt un accident intéreſſant; c'eſt une cryſtalliſation ſpatique calcaire de 2 pouces de longueur ſur 4 lignes de largeur, à demi-tranſparente & dans une cavité du baſalte : ce ſpath a-t-il été pris & engagé ainſi tout formé dans la lave? s'eſt-il au contraire cryſtalliſé après coup, à l'aide d'un liquide, & ce liquide ne ſuppoſeroit-il pas le ſéjour lent & conſtant des eaux de la mer dans cette partie après la formation de la lave? ou cette cryſtalliſation n'eſt-elle qu'accidentelle & locale, & due au ſuintement des eaux de pluie qui ont tranſporté des molécules ſpathiques dans cette cavité, ou qui ont régénéré en ſpath le noyaux calcaire qui ſe trouvoit inclus dans la lave? Ces trois queſtions pourroient faire ſeules le ſujet d'un livre.

Nº. 5 déſigne un accident curieux; c'eſt un fragment irrégulier, un petit noyau de pierre calcaire dans l'intérieur même de la lave; on en voit encore un ſecond non loin de celui-ci. Cette couche baſaltique forme un contraſte avec la zone ſupérieure, où l'on voit la lave iacluſe en noyaux détachés dans une eſpece de petite couche calcaire, tandis qu'ici c'eſt la matiere calcaire elle-même qui ſe trouve inférée dans le baſalte. Je poſſede dans mon cabinet des morceaux dans ce genre, d'un très-gros volume, où l'on voit des nœuds conſidérables de pierre calcaire, inférés dans la ſubſtance volcaniſée.

Il ſe préſente naturellement à ce ſujet deux grandes queſtions: la lave a-t-elle percé les rochers calcaires, & en a-t-elle ſoulevé les bancs poſtérieurement à la formation de ces mêmes montagnes calcaires, ou cette opération s'eſt-elle faite ſous les eaux de la mer, dans le temps où les *détritus* des teſtacées étoient dans un état de vaſe boueuſe?

Les ſegmens de pierres qu'on trouve dans cette lave, ſembleroient

annoncer que lorfque la matiere en fufion foulevoit les bancs, brifoit
la pierre, elle enveloppoit les éclats qu'elle s'approprioit, & les entraînoit avec elle; d'autre part comme la lave étoit dans un état de fluidité parfaite, on pourroit dire qu'elle unifloit & foudoit, fi je puis m'exprimer ainfi, les couches qu'elle avoit rompues, avec lefquelles elle fembloit ne faire enfuite qu'un même corps : quant à l'intromiffion de cette
lave, & à fa circulation dans les rochers, il eft à préfumer qu'elle étoit
favorifée par les fecouffes violentes des tremblemens de terre qui accompagnoient néceffairement les éruptions, par la forte incandefcence
de la lave, qui dilatant prodigieufement l'air, faifoit à peu-près l'effet
d'une mine dans les rochers, & par d'autres moyens qui nous font inconnus : voilà, fans que je prétende vouloir rien expliquer, fous quel
premier point de vue la chofe pourroit être examinée.

D'autre part on trouve la lave dure, le vrai bafalte en grumeaux féparés, noyé dans la pâte calcaire; j'apperçois encore des filets, des
linéamens capillaires de bafalte, qui traverfent la pierre à chaux & y
circulent; j'y vois, à l'aide d'une loupe, des grains pulvérulens de bafalte,
amalgamés dans quelques parties avec les élémens calcaires. Ces dernieres obfervations feroient propres alors à faire conjeéturer que les
fédimens calcaires étoient peut-être dans un état boueux lorfque la
lave les pénétroit, ce qui lui donnoit la facilité de s'y frayer une route,
& de s'y divifer en plufieurs rameaux; ces montagnes de vafe s'étant
enfuite defféchées, elles ont adopté la forme ftable qui les caraétérife.

Voilà fans doute deux hypothefes fujettes l'une & l'autre à des difficultés peut-être infurmontables, mais le fait n'en exifte pas moins; heureufement que la nature ne s'eft pas toujours enveloppée d'un voile auffi
obfcur & auffi impénétrable, dans les produétions volcaniques des provinces qui ont fait l'objet de mes recherches, & qu'il en eft quelques-
unes qui portent des caraéteres démonftratifs d'une antiquité dont les
bornes étonnamment reculées, femblent difparoître à mefure qu'on
cherche à les découvrir.

Je n'ai pu, Monfieur, vous donner ici qu'une ébauche, que des traits
imparfaits du phénomene volcanique qui fait le fujet de cette lettre :
je fens combien il eft important, dans des objets de cette nature, de voir,
d'obferver, d'étudier le local; j'oferois d'après cela vous inviter à faire
ce beau voyage qui n'eft ni long ni fatiguant : en partant de votre terre
de Montbar, vous êtes le feptieme jour fur les lieux; la route eft belle,
on y vient facilement en caroffe : *Villeneuve-de-Berg* n'eft qu'à 4 lieues
de *Montelimar*, vous vous repoferez chez moi tout le temps qu'il vous
plaira; vous y verrez la colleétion choifie & nombreufe des produétions
volcanifées du Vivarais, du Velay, de l'Auvergne, du bas Languedoc,
de la Provence, de l'Archipel, & toutes les différentes laves du Véfuve, de l'Etna, de l'Hecla, &c. le tout rapproché fous un même point
de vue. Je m'offre avec bien du plaifir d'avoir l'honneur de vous accompagner, & de vous prendre dans votre terre à mon retour de Paris,
vers le cemmencement du mois de novembre prochain. Je puis vous
affurer, Monfieur, qu'on entreprend des voyages de long cours dans
des régions éloignées, pour voir des objets en hiftoire naturelle, beaucoup moins intéreffans que ceux-ci. Il eft encore d'autres phénomenes
dans

dans cette route que vous pourrez confidérer en même temps, & qui font d'autant plus dignes de votre attention, qu'ils font véritablement nouveaux, démonftratifs, & je puis dire mathématiques pour votre grande & fublime théorie.

Il me refte encore à vous faire part de deux découvertes analogues à celle que j'ai faite; la premiere m'avoit été apprife verbalement par le favant M. de Sauffure qui me dit chez moi, après fon retour d'Italie, qu'il avoit vu des laves dans les rochers calcaires de la vallée de *Valdagno* dans l'état de Venife: je lui demandai quelques temps après des détails à ce fujet, & voici ce qu'il me marque dans fa lettre datée de Geneve du 28 avril 1778.

» Je vous rends mille graces, Monfieur, de la bonté avec laquelle
» vous me communiquez les découvertes intéreflantes que vous avez
» faites dans votre dernier voyage; elles m'ont enchanté; j'apprends
» auffi avec fatisfaction que la caiffe que je vous ai envoyée, vous a fait
» quelque plaifir. Je viens de recevoir celle que vous avez eu la complai-
» fance de m'adreffer; tous les morceaux qu'elle renfermoit font précieux
» & de la plus grande inftruction; les deux colonnes bafaltiques avec
» des noyaux de granit, font infiniment intéreffantes, & me font un
» extrême plaifir; agréez-en, Monfieur, mes vifs & finceres remer-
» ciemens.

» Il eft vrai que j'ai vu dans l'état de Venife, à fix lieues au nord
» de *Vicence*, dans une vallée qui porte le nom de *Valdagno*, des
» laves qui fe font fait jour à travers fles couches de pierres calcaires;
» on doit la découverte de ces laves à un jeune médecin de ce pays-là,
» M. *Girolamo Feftari*, très-habile & très-zélé naturalifte; il eut la
» complaifance de me conduire fur une des montagnes où il a obfervé
» ce phénomene. Je vis fur cette montagne, en cinq ou fix endroits
» fitués les uns au-deffus des autres, la lave noire fortant d'entre les
» couches calcaires; dans quelques places la lave fembloit avoir fuinté
» entre les couches fans les déranger; dans d'autres elle s'étoit frayé
» un paffage en déplaçant & en foulevant les couches. Ces laves for-
» moient des faillies plus ou moins avancées & plus ou moins épaiffes,
» fuivant le plus ou le moins de facilité qu'elles avoient eu à fortir.
» J'examinai la pierre calcaire dans fes points de contact avec la lave,
» & je trouvai que dans quelques endroits cette pierre avoit un peu
» fouffert, & paroiffoit un peu calcinée; tandis qu'ailleurs elle n'étoit
» point altérée. Je vis dans cette même vallée divers autres phéno-
» menes volcaniques, des brèches compofées de fragmens de marbre
» aglutinés par des laves qui les avoient enveloppés, des bafaltes, des
» tuffa, &c. Voilà je crois, Monfieur, tout ce que vous me demandiez
» par votre derniere lettre; il ne me refte qu'à me recommander à votre
» amitié, en vous affurant de la mienne. DE SAUSSURE.

M. le chevalier de Dolomieu, naturalifte des plus inftruits, qui vient de faire un voyage en Portugal, a reconnu des laves & des bafaltes dans les environs de Lisbonne; la plupart de ces matieres volcanifées font adhérentes à des rochers calcaires; cet obfervateur éclairé m'a fait l'honneur de m'écrire de Lisbonne plufieurs lettres du plus grand intérêt, elles fe trouveront inférées à la fin de mon ouvrage.

Je dois, avant de finir, vous dire un mot de l'effet qu'a occasionné la lave en fusion sur la pierre calcaire. Pour être à portée d'en bien juger, j'ai fait scier & polir avec beaucoup de soin, plusieurs de ces morceaux, rien n'est aussi propre que le poliment pour développer & offrir à la vue les moindres accidens d'une pierre. Je fais usage de cette méthode, non-seulement pour la plupart des pierres de mon cabinet, qui font sciées & polies d'un côté, mais pour le plus grand nombre de mes mines ; cette pratique est moins de luxe que d'utilité.

Mes pierres calcaires avec basalte, ont acquis un beau poli. La lave a pris le lustre de la plus belle agate, & le fond de la pierre calcaire est devenu brillant, les points de contact & de jonction font d'une adhésion parfaite. Je n'ai rien vu, lorsque ces pierres offrent des surfaces polies, qui pût annoncer l'effet de la calcination & de la converfion en chaux, j'ai trouvé au contraire de petites zones calcaires très-faines & très-vives entre deux coulées de basalte ; mais voici ce qui m'a paru digne d'attention :

1°. C'est que le basalte voisin de la pierre calcaire, quoiqu'à plusieurs pouces de diftance, & quoique très-dur & très-noir, fait néanmoins effervescence pendant quelque temps dans l'acide nitreux ; cette ébullition, cette action de l'acide ne vient point des parties extérieures qui peuvent avoir enlevé avec elles quelques molécules calcaires. J'ai rompu avec la plus grande attention des morceaux de ce basalte dans des veines éloignées du point de contact avec la pierre calcaire ; j'ai eu foin de prendre, dans les fragmens de basalte que je mettois en épreuve, les parties intérieures de la couche ; malgré cela, j'ai toujours obfervé que cette lave bouillonnoit très-vivement & pendant plusieurs minutes dans l'eau forte, en un mot, jufqu'à ce que les molécules calcaires fuffent entiérement combinées avec l'acide. Si j'examinois, après que l'ébullition étoit abattue, ces morceaux de lave avec une forte loupe, je diftinguois les vuides qu'avoient laiffés les points calcaires détruits.

2°. Lorfque je mettois également en expérience des fragmens de cette pierre calcaire, vive & faine, & que je la prenois dans des parties éloignées de plusieurs pouces des couches de basalte, j'appercevois à la vérité une ébullition forte & foutenue, mais moins vive, moins pétulente que fi c'eût été avec de la pierre calcaire ordinaire ; lorfque les fragmens étoient entiérement diffous, je trouvois au fond du verre un petit précipité noir occafionné par des molécules de basalte, difféminées dans la fubftance calcaire, fur lefquelles l'acide n'avoit eu aucune action.

3°. J'ai foumis à l'acide nitreux divers morceaux que je détachois dans les points de contact, & où le basalte étoit fouvent adhérent à la pierre calcaire, dans le fragment même qui fervoit à mes épreuves ; je voyois pour l'ordinaire la matiere calcaire entrer en effervescence & fe diffoudre entiérement, à l'exception des petits points de lave qui fe précipitoient ; le basalte adhérent faifoit auffi effervescence pendant plusieurs minutes, mais reftoit fain & intact après cela. Dans d'autres occafions la matiere calcaire, adhérente au basalte, ne faifoit qu'une effervescence momentanée, & réfiftoit abfolument à l'acide le plus concentré. Il me paroît qu'on pourroit foupçonner la raifon de cette différence accidentelle, en difant que le gas acide fulphureux qui s'éleve des laves pendant leur fufion, frappant plus directement en raifon de quelques circonftances locales, fur les parties que l'acide nitreux ne peut pas attaquer, elles ont été faturées de ce gas fulphureux qui les a fait paffer à l'état de félénite.

Voilà à peu-près le réfultat des obfervations que j'ai faites fur ces pierres; il eft important de les faire fcier & polir pour en voir les grains. S'il eft difficile de comprendre comment la matiere calcaire a pu fe mêlanger ainfi avec la lave, & s'introduire dans la contexture même du bafalte, il l'eft bien plus encore d'imaginer comment des atomes de lave ont pu être difféminés dans la pâte même de la fubftance calcaire. Il arrive quelquefois, dans les parties expofées aux intempéries de l'air, que la matiere ferrugineufe de la lave, étant décompofée & entraînée par l'eau, donne une couleur jaunâtre à la pierre calcaire qui eft ici naturellement d'un gris cendré, mais cette couleur jaunâtre n'eft abfolument qu'accidentelle.

J'ai l'honneur d'être avec les fentimens les plus refpectueux,

MONSIEUR,

Votre très-humble & très-
obéiffant ferviteur,
FAUJAS DE SAINT-FOND.

P. S. *J'ai joint à mon petit envoi un fecond échantillon remarquable par une belle couche de lave entre la pierre calcaire; on y diftingue un gros noyau de la même pierre, inféré dans le bafalte.*

Je dois dire ici que M. de la Boiffiere, habitant à *Villeneuve-de-Berg*, qui aime & cultive les lettres, m'a mis fur la voie de reconnoître & de fuivre le beau courant de bafalte, fur lequel je viens de donner des détails; ce fut lui qui m'envoya, dans le temps, un échantillon de cette lave attachée à la pierre calcaire.

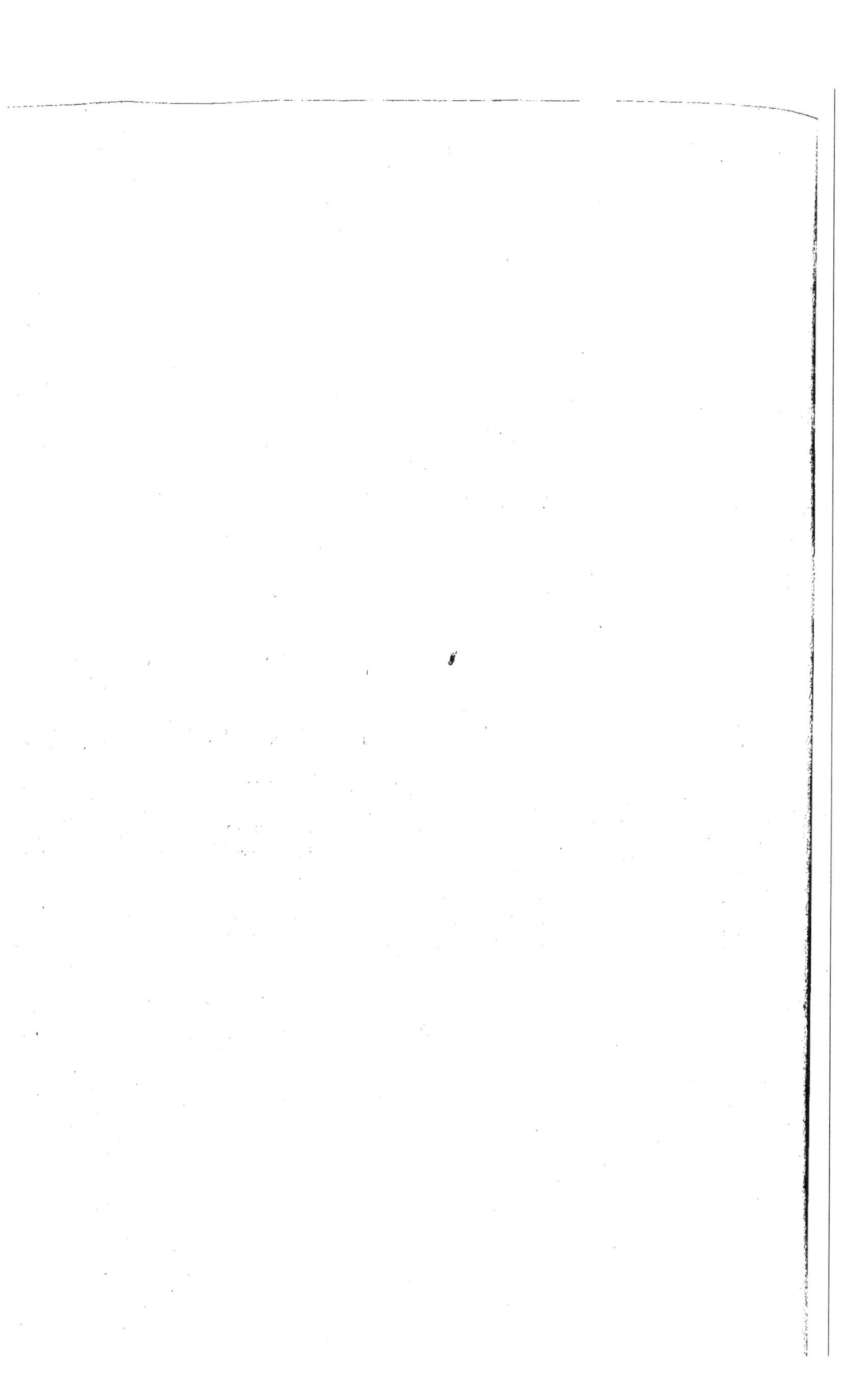

VOLCANS DU VELAY.

VUES GÉNÉRALES.

LE Velay est un pays de France, du département de Languedoc, borné au nord par le *Forez*, au couchant par la haute *Auvergne*, au midi par le *Gévaudan*, & au levant par le *Vivarais* : ce petit district a pour capitale le *Puy*, ville assez considérable : ses pricipaux bourgs ou villages sont *Issingeaux, Monistrol, Saint-Paulien, Polignac, Expailly, le Monestier*, &c.

La *Loire* & l'*Allier* traversent une partie du Velay : on y voit aussi plusieurs petites rivieres produites par la disposition du pays qui est presque tout en montagnes.

Si j'ai dit, dans mes *vues générales sur le Vivarais*, que les volcans de la partie méridionale de cette province, avoient un caractere de conservation que n'ont pas ceux du haut Vivarais, qui ont un air beaucoup plus antique, & paroissent avoir subi de grandes révolutions, je suis embarrassé pour m'exprimer sur ceux du Velay : ce pays presqu'entiérement volcanisé, offre les singularités les plus piquantes; il paroît avoir souffert de bien étranges bouleversemens.

La couverture extérieure de tout le Velay, à l'exception d'un ou de deux endroits où l'on voit des granits, est entiérement volcanisée : la pierre calcaire n'est à découvert nulle part; elle existe, elle est connue cependant, dans un seul endroit à la vérité, sous un des côteaux du bassin du *Puy*, mais elle est récouverte par des masses énormes de laves basaltiques qui la dérobent à la vue, & il a fallu creuser de grandes galleries pour aller la découvrir dans l'intérieur d'une montagne dont toute la superficie est volcanisée. En face de cette derniere montagne est le *rocher Corneille*, formé par une breche volcanique, sur la croupe duquel est bâtie en emphythéatre la ville du *Puy* : au pied de ce rocher, & sous les laves, est une carriere de gypse séléniteux strié, crystallin; c'est le seul endroit de tout le *Velay* où la matiere calcaire & gypseuse soit connue : j'en parlerai plus au long à l'article qui concerne la ville du *Puy*.

Dans le *Velay* le basalte se trouve plus communément en grandes masses ou en tables, qu'en prismes; les chaussées en colonnes n'y sont pas à beaucoup près aussi communes que dans le Vivarais; je n'en ai reconnu en tout que cinq ou six; il est vrai que parmi celles-ci on en distingue une admirable pour l'élévation des prismes, c'est celle d'*Expailly*. En allant à la chartreuse de *Bonnefoi*, par le *Monestier*, la campagne, dans les approches de ce bourg, est jonchée de toutes parts & au loin, d'énormes prismes de basaltes roulés, qui n'ont pu être ainsi dispersés que par une révolution diluvienne, & par de formidables courans.

Lorsqu'on arrive de *Pradelles* au *Puy* par *Costeros*, on traverse un plateau fort élevé, qui dure cinq lieues; cette espece de plaine en montagne est couverte de laves basaltiques en masses irrégulieres ou en

Qqqq

tables : on voit inconteftablement ici que les volcans ont travaillé dans le grand, mais que la mer en même temps a remanié la plupart de ces matieres, les a déplacées en partie, & a produit des changemens dans certaines difpofitions locales où l'on ne peut méconnoître l'ouvrage de l'eau.

Nul pays volcanifé n'offre fans doute une auffi belle fuite de grandes montagnes de laves, différemment altérées; on peut fuivre & étudier facilement ici toutes les nuances, toutes les gradations de la décompo-fition des matieres volcaniques, altération opérée par les fumées acides fulphureufes, ou par des *gas* méphytiques, ou par des eaux faturées de divers principes qui ont eu le pouvoir de dénaturer les laves. Les mon-tagnes des environs de *Polignac*, celles de *Brives*, du *Mezinc*, renfer-ment dans ce genre des objets du plus grand intérêt.

Quant à la hauteur des pics & des montagnes, les maffes y font volu-mineufes & fort exhauffées; le *Mezinc*, volcanique depuis fa bafe juf-qu'à fa fommité, a pour le moins 900 toifes d'élévation; il eft environ-né de plus de vingt-cinq grandes buttes bafaltiques qui font de fa dé-pendance; la montagne de *Danis* près du *Puy*, celle de la *croix de la Paille*, & les rochers de bafalte qui dominent fur Brives, font de ma-jeftueux boulevards élevés par l'action des feux fouterreins.

Rien n'eft autant fait peut-être pour furprendre & étonner le natu-ralifte, que ce qui s'obferve au bas du *Mezinc*, du côté d'une maifon nommée l'*Aubepin*, appartenante à M. de *Chambeillard*; c'eft environ à cinq cents pas de ce lieu, fur le bord d'un ruiffeau, qu'on trouve plu-fieurs pavés des géans; on en voit un entr'autres fur la gauche du che-min, qui repofe & porte à nud fur une mine de charbon foffile; comme la mine a été ouverte fous les prifmes mêmes, on eft à portée d'obferver fort à l'aife ce grand & magnifique accident, le feul peut-être qui exifte en ce genre : on voit d'abord, d'une maniere très-diftincte, que le bafalte n'a point percé à travers la mine de charbon, mais qu'il eft venu par coulée s'établir fur ce foffile bitumineux, où il a affecté la forme prif-matique.

La coulée inférieure de lave, où plutôt la bafe des prifmes repofe fur une couche mince, d'une fubftance argilleufe d'un gris foncé, dif-pofée horizontalement : à cette couche en fuccede une également hori-zontale, de 3 pouces d'épaiffeur, d'un charbon de terre noir, groffier & de mauvaife qualité, vient enfuite un lit d'argille grife, après cela un banc plus épais de charbon d'une meilleure qualité, puis de l'argille, & encore après du charbon. Voilà tout ce que j'ai pu obferver dans cette gallerie qui a été on ne peut pas plus mal dirigée, car au lieu d'ouvrir la mine en puits, on a fait une galerie horizontale, qui n'a guere plus de 90 ou 100 pieds de longueur, fur une dixaine de pieds de hauteur : l'eau a gagné l'ouvrage, & il eft impoffible de voir en cet état les bancs du deffous. Il exiftoit en face de cette mauvaife galerie, dans la partie oppofée, & au delà de la riviere, une autre tranchée beaucoup plus profonde, d'où l'on tiroit de l'excellent charbon; mais comme les galeries étoient mal foutenues, il s'y forma des éboulemens confidérables, & on voit les ruines d'un beau pavé qui ferment l'entrée de cette mine. Le propriétaire qui n'a pas voulu peut-être faire des avances confidérables, a abandonné cette bonne mine, pour fe retourner du côté de celle dont j'ai d'abord parlé, où la tranchée eft bien peu avancée, mais elle l'eft affez pour les naturaliftes.

Lorfqu'on ne craint pas de fe mettre dans l'eau pour obferver avec attention les différentes couches d'argilles & de charbons qui fuccédent au bafalte, on voit que les premiers lits de charbons reffemblent, par leur pofition & par la maniere dont ils font difpofés, à une fubftance argilleufe, qui auroit été fortement imprégnée par un fuc bitumineux; l'arrangement des couches qui fe prolongent fort avant dans la montagne & fous le bafalte, annonce que cette mine eft due à un dépôt formé par les eaux; mais voici ce qu'il y a d'étrange, de bien fingulier & bien digne de l'attention des naturaliftes.

Qu'on examine avec attention les premiers lits charbonneux fur place & dans la mine, on les verra former une couche mince, qui fe prolonge d'une maniere égale & horizontale, ne reffemblant abfolument qu'à un lit d'argille imprégnée d'une fubftance bitumineufe; je m'obftinai à le confidérer plufieurs fois, je me mis tout exprès dans l'eau pour le contempler à mon aife, même avec une loupe, & je ne vis ou ne crûs voir qu'une fubftance noire bitumineufe, difpofée à la maniere des argilles. Si on prend enfuite des lames d'un ou de deux pouces d'épaiffeur de ce premier charbon, qu'on les expofe à l'air, qu'on leur laiffe perdre leur humidité, on les verra devenir légeres, poreufes, & reffembler en tout à du bois foffile changé en charbon. Je m'appefantis à deffein fur ces objets de détails, parce que la chofe eft faite en elle-même pour intéreffer les naturaliftes, dont plufieurs regardent fans exclufion tous les charbons foffiles comme ayant appartenus primordialement au regne végétal, tandis que d'autres prétendent au contraire qu'ils ne doivent leur exiftence qu'à une matiere bitumineufe foffile, unie à une certaine quantité de fubftance terreufe de nature vitrifiable; il feroit difficile de concevoir ici comment la partie ligneufe des arbres auroit pu former une couche auffi égale, auffi homogene, & imitant à un tel point un dépôt argilleux, tout comme il eft plus difficile encore de comprendre pourquoi cette matiere charbonneufe qui reffemble fi fort à une argille lorfqu'elle eft fur place dans la mine, prend au grand air & en fe deffléchant, les caracteres les plus remarquables & les plus frappans du bois; voilà où la nature femble fe jouer de nos foibles fpéculations. Ce font ici des obfervations de faits que j'ai crû devoir ne pas laiffer échapper, fur l'exactitude defquelles on peut compter; mais paffons à d'autres détails, & voyons fi le bafalte en fufion a occafionné des changemens & quelque altération au charbon fur lequel il repofe.

J'ai cherché avec beaucoup de foin à reconnoître fi la maffe bafaltique qui porte fur le banc de matiere bitumineufe, y a occafionné quelque atteinte; il eft inconteftable qu'une coulée de lave de plus de 35 pieds d'épaiffeur, fe trouvant dans un état de fufion parfaite, devoit avoir un puiffant degré d'incandefcence, d'autant plus durable & plus foutenu que la maffe étoit plus volumineufe: cependant je n'ai pas reconnu que le feu ait produit le moindre effet fur les bancs de charbons; on pourroit reponde à cela que la premiere couche argilleufe dont j'ai parlé, a garanti la partie bitumineufe inflammable; mais j'obferve que ce dépôt argilleux eft fi mince qu'il n'auroit pu faire qu'un obftacle momentané,

& qu'il n'auroit jamais empêché que la chaleur se concentrant fortement dans les assises de charbons, ne les enflammât, ou du moins n'y
produisît des altérations & des changemens; cependant non seulement
ce charbon est sain & dans son état primitif, mais l'argille elle-même
n'a point souffert & se trouve intacte & de la plus belle conservation.
Ne pourroit-on pas conjecturer à ce sujet que cette grande coulée de
basalte est le produit d'un volcan qui existoit anciennement sous la mer,
& que la lave s'est établie sur des sédimens argilleux, imprégnés de bitume, se trouvant peut-être alors dans un état boueux, qui les mettoit
à l'abri des atteintes du feu. Ce sentiment que je hasarde en passant &
sans prétention, me paroît le plus plausible & le plus propre à concilier
des faits aussi extraordinaires.

Voilà incontestablement un grand objet d'histoire naturelle que présente le Velay; ceci, joint aux autres phénomenes volcaniques qu'offre ce
pays, le rend un des plus précieux pour l'histoire naturelle.

On trouve dans le Velay, sur une des croupes du *Mezinc*, des eaux minérales semblables à celles de *Vals*. On voit dans le torrent d'*Expailly*
des grenats & des saphirs, mêlés avec des cristaux isolés de mine de
fer octaedre, attirables à l'aimant, de la nature de ceux qu'on trouve en
Corse dans une gangue tulqueuse. On a pu voir les détails que j'ai donnés
à ce sujet dans mon mémoire sur le basalte, pag. 184 & suiv.

J'ai déjà dit que les pavés en colonnes ne sont pas aussi communs dans
le Velay que dans le Vivarais; les prismes qui n'y sont qu'à cinq, à six &
rarement à sept pans, ne s'y trouvent ni aussi nets, ni d'un aussi joli calibre
que dans le bas Vivarais, ils contiennent rarement des corps étrangers; on
y voit aussi du basalte en tables, & ce dernier est commun & très-remarquable sur le *Mezinc*; mais en général la lave compacte, en masse irréguliere, est la plus abondante, les laves poreuses y forment des entassemens
considérables en beaucoup d'endroits. Tel est à peu près l'état actuel du
Velay.

LE PUY.

EN arrivant au *Puy*, par la croix de *Saint-Benoît*, on eſt véritablement étonné de la richeſſe & de la beauté du tableau qui s'offre ſubitement à la vue. Qu'on ſe repréſente un vaſte baſſin bien cultivé, entouré de hautes montagnes volcaniques, dont le bas fond eſt décoré
par pluſieurs pics eſcarpés & iſolés, qui paroiſſent être ſubitement
ſortis de la terre, & dont pluſieurs en effet ont été élevés par l'effort
des exploſions volcaniques.

Qu'on s'imagine que la principale de ces buttes eſt couverte par une
multitude de maiſons en emphythéatre, qui forment une ville d'environ
vingt mille habitans ; que la cathédrale, très-vaſte & très-majeſtueuſe
eſt placée dans une des parties les plus élevées du tableau ; que des
fauxbourgs conſidérables entourent le pic ſur lequel la ville eſt bâtie ; que
d'un de ces fauxbourgs s'éleve une maſſe iſolée & conique de 200 pieds
de hauteur, ſur la pointe de laquelle exiſte une chapelle ſurmontée d'un
clocher gothique, pittoreſque ; qu'*Expailly*, *Polignac* ſont autant de
buttes volcaniſées ſur leſquelles ſont des reſtes antiques de tours &
de châteaux ruinés ; que la loire coule non loin delà au pied d'une belle
chartreuſe ; on pourra ſe former une premiere idée de ce qu'on appelle le baſſin ou le *creux du Puy*.

Le rocher iſolé de toutes parts, ſur lequel la ville eſt bâtie, ſe nomme
le *rocher Corneille* ; il a environ 500 pieds de hauteur perpendiculaire :
il eſt entiérement formé par des matieres volcaniſées, & d'autant plus
curieux, que c'eſt une véritable breche volcanique, compoſée de laves
poreuſes, de fragmens de baſalte , de gros noyaux de quartz, de granit,
de nœud de pierre calcaire ordinairement altérée, avec quelques portions de ſpath calcaire, ſain & intact ; le tout eſt fortement aglutiné
par une eſpece de ſable volcaniſé, mêlé de quelques élémens de matiere calcaire, ainſi qu'il eſt facile d'en juger à l'aide de l'acide nitreux
qui occaſionne un peu d'efferveſcence dans certaines parties de cette
breche, imitant un peu le *poudingue* par les matieres roulées & arrondies
qu'on y apperçoit dans quelques endroits. Ce rocher qui eſt compacte,
paroît n'avoir fait qu'une ſeule & même maſſe ; mais il s'y eſt formé
accidentellement quelques grandes fiſſures ; il s'en eſt même détaché
de gros blocs qui pourroient quelque jour être funeſtes à la ville du
Puy, parce qu'ils ne ſont pas aſſis à beaucoup près d'une maniere ſolide.

Mais comment une maſſe telle que le *rocher Corneille* a-t-elle pu ſe
trouver ainſi iſolée dans un bas fond ? la choſe n'eſt certainement pas
facile à expliquer. Si le rocher étoit de baſalte pur & homogene, je ſerois peut-être en état de donner des conjectures plauſibles à ce ſujet ;
mais il eſt compoſé de différentes ſubſtances, & la choſe eſt très-em-
barraſſante : je ne ſerois cependant pas éloigné de penſer que cette
grande butte eſt le produit d'une éruption volcanique, qui a eu lieu ſous
les eaux de la mer ; les feux ſouterreins auront travaillé ici d'une maniere différente qu'en plein air ; les laves calcinées, les fragmens de
baſalte, & toutes les déjections qu'aura vomile volcan, ſe ſeront jointes,

liées & aglutinées à l'aide des eaux faturées de quelque *gas* méphytique, & cette multitude de pics qu'on voit dans le baffin du *Puy*, ou dans fes environs, ayant occafionné des tourbillons & des contre-courans, l'effort & le balancement des eaux peuvent avoir contribué à la forme de plufieurs de ces buttes. Ce qui me fait infifter ainfi fur ce fujet, c'eft que le baffin du *Puy* porte des caractères inconteftables du féjour des eaux de la mer ; plus on l'examine, plus on le confidere dans les détails & dans l'enfemble, plus on eft perfuadé que cet emplacement étoit le fond d'un grand abyme marin : fi on trouvoit cette explication trop fyftématique, & qu'on voulût regarder ce rocher comme ayant été élevé fubitement par l'effort des feux fouterreins, on tomberoit dans un plus grand embarras, car il faut bien faire attention que cette maffe n'eft pas homogene, & qu'elle eft compofée de différentes fubftances ; qu'on y trouve des laves poreufes, des fragmens de bafalte, des quartz, des granits, des détrimens de pierre calcaire, & jufqu'à des cryftallifations de fpath : or, que de difficultés à lever pour concevoir que cette aggrégation, que cette efpece de *poudingue* de différentes matieres, ait pu fe former ainfi à de très-grandes profondeurs dans des cavités, qu'il ait eu le temps de fe durcir, de prendre affez de confiftance pour être élevé fubitement par la force de quelque explofion, & percer des couches fort épaiffes d'autres matieres, pour pouvoir enfin parvenir à la hauteur où il eft. Ma premiere explication, fans fatisfaire peut-être abfolument fur tous les points, paroît beaucoup plus naturelle; mais on ne doit, ce me femble, raifonner fur cet objet que d'après l'infpection des lieux, & la nature fous les yeux; on eft mieux à portée par là de parler en connoiffance de caufe, & de tirer des inductions qui tiennent à des circonftances locales qu'on ne peut jamais bien faire connoître dans le difcours.

Le rocher de *Saint-Michel*, qui n'eft qu'à quatre cents pas de celui de *Corneille*, fans être auffi confidérable & auffi élevé, n'en eft pas moins curieux; plufieurs perfonnes pourront peut-être même le regarder comme l'étant davantage; il eft abfolument compofé des mêmes matieres que celui fur lequel eft bâtie la ville du *Puy*, mais il eft d'une forme parfaitement conique, ifolé dans tous les fens, bien defliné, d'un bel à-plomb & des plus pittorefques ; on le voit dans la *Planche* XV : il a environ 170 pieds de diametre dans fa plus grande bafe, fur deux cents pieds d'élévation : on y voit une très-jolie églife gothique, fort ancienne, perchée fur la plus haute fommité. Ce petit temple, dédié à S. Michel, a donné probablement fon nom à cette butte ifolée qui paroît avoir pouffé comme un champignon, dans un des fauxbourgs nommé *la ville d'Aiguille* : cette efpece de grand obélifque, façonné des mains de la nature, feroit abfolument inacceffible, fi l'on n'avoit eu foin d'y tailler des efcaliers compofés de plus de deux cent cinquante marches, pris dans le rocher même. On aborde cet efcalier par une efpece de portique folidement conftruit, qui fans être antique, ne laiffe pas que d'être très-ancien. A côté & hors de l'enceinte eft un petit bâtiment en rotonde, d'une belle confervation, qu'on nomme le *temple de Diane*; mais à part fa forme qui eft bonne, les pilaftres intérieurs font fi maigres, que fi ce petit monument eft antique, ce que je ne croirois pas, il eft

Pl. XV.   Pag. 342.

Veyrenc del.   C. Floxard Sculp.

ROCHER VOLCANIQUE DE SAINT-MICHEL.

Au Puy en Velay.

certainement d'un mauvais temps ; il sert de grenier à foin dans ce moment; pour moi je penserois plutôt que c'est une chapelle fort ancienne,
bâtie peut-être sur les ruines d'un temple dédié à Diane ; c'est ainsi
que le christianisme s'honoroit de planter la foi sur les débris du paga-
nisme.

On monte à l'église de Saint-Michel par un escalier fait en rampe,
dont on voit les murs de soutien exactement rendus dans la gravure ; on
trouve sur les plates formes qui servent de tournant, de petits oratoires
pour les ames pieuses qui vont honorer l'Archange Michel : cette église
m'a paru très-ancienne ; la façade en est supportée par de petites colonnes effilées, courtes & sans proportion ; mais j'ai remarqué au dessus
de la porte d'entrée une espece de mosaïque assez singuliere, formée par
des losanges de lave très-noire, proprement & réguliérement taillés,
mêlangés d'autres losanges d'une pierre blanche très-éclatante ; ces pla-
cages en pierre sont encore coupés par des listes de marbre & de porphyre rouge : une telle mosaïque annonce l'ancienneté du lieu. Comme
on a été forcé de se conformer à la tournure du plateau supérieur du
rocher, pour y construire cette église, on la trouvera bâtie en équerre
avec des retours ; cette forme, quoique singuliere, ne déplaît pas autant
qu'on le croiroit, du moins sur le local ; les voutes basses dans certains
endroits, plus élevées dans d'autres, sont supportées par de courtes
colonnes d'un mauvais genre, dont quelques-unes sont en granit ; malgré cela cet édifice perché sur un pic aussi isolé, sa tournure bizarre, la
forme gothique de son clocher, ces restes de colonnes en granit, ces débris de mosaïque, où l'on distingue encore quelques plaques de marbre
& de porphyre, ces détails & cet ensemble intéressent & plaisent, on
ne sait trop pourquoi ; mais le rocher lui-même est bien fait à son tour
pour faire l'admiration des naturalistes par sa forme & par les matieres
qui le composent.

Il est, ainsi que je l'ai déjà dit, le produit d'un mêlange de fragmens
de laves poreuses, noires & grises, & de gros morceaux de basalte d'un
noir grisâtre un peu altéré dans certains endroits, tandis qu'il est très-
sain dans d'autres ; on y trouve des noyaux de granit, de quartz, de
pierre calcaire altérée, & de spath attaquable par les acides, disséminé
çà & là dans certaines parties. Quoique le *rocher de Saint-Michel* soit
en général d'une nature à peu près semblable à celle du *rocher Corneille*,
je trouve le premier un peu plus homogene ; les fragmens de basalte pur
y sont plus abondans, & la lave décomposée y domine moins : on ne
peut cependant lui attribuer que la même origine, c'est-à-dire, qu'ils ont
été l'un & l'autre formés sous les eaux par un volcan formidable ; il sont
peut-être le produit de plusieurs éruptions qui ont ainsi pétri, manié,
remanié, amalgamé ces différentes matieres ; il est possible qu'ils ayent
été ainsi moulés dans des amas de vases & de substances boueuses que
les eaux en se retirant auront ensuite entraînées, & que le laps de temps
& les pluies auront balayées. On trouve dans ces mêmes rochers quelques masses de matieres volcaniques plus anciennes encore, ce sont des
especes de breches, formées par le feu sans le concours de l'eau dans la
profondeur des abymes souterreins ; ces dernieres doivent leur origine
à des laves recalcinées jusqu'à la vitrification, reprises ensuite par de

nouvelles laves moins vitreufes qui fe les font appropriées. On trouve des compofés femblables dans le *rocher de Saint-Michel*, qui s'y font aglutinés dans l'éruption boueufe.

Je trouvai fur ce dernier pic, contre un des paremens les plus élevés, vers la chapelle, une portion d'une lave noirâtre, fortement calcinée, recuite, femi-poreufe, mais très-adhérente & très-ténace; cette efpece de boule de lave étoit encaftrée dans le rocher, & noyée dans des laves moins dures; j'y remarquai de belles cryftallifations d'une matiere brillante, argentine & foyeufe, difpofée en rayons divergens, je crus y reconnoître des paquets de la plus belle zéolite rien ne reffembloit autant à cette fubftance par la forme & par la couleur; la lave en étoit entiérement pénétrée dans cette partie, j'en détachai fur le champ, à l'aide d'un cizeau & d'un marteau, un bel échantillon, & je laiffai le refte pour les obfervateurs qui viendroient après moi. S'il eft un morceau trompeur c'eft celui-ci; les naturaliftes les plus éclairés qui l'ont vu & admiré dans mon cabinet, l'ont tous pris pour la plus belle zéolite, & cependant ce n'eft abfolument qu'un fpath calcaire en tout femblable à la zéolite par fa forme, fa contexture & fa couleur laiteufe argentine. J'avoue que je fus finguliérement attrappé, lorfqu'ayant forti mon flacon d'acide nitreux, j'en touchai ma prétendue zéolite, qui fe changea en fpath calcaire; mais je me confolai par la beaute & la fingularité du morceau, qui n'en eft pas moins curieux, fe trouvant dans le centre de la lave. Je ne tardai pas à en rencontrer d'autres de la même efpece, c'eft-à-dire d'affez gros morceaux dans des laves moins dures; j'en ai fait mention dans mon mémoire fur le bafalte, page 174 & fuiv; on y verra ce que je dis de ce fpath zéolitiforme qu'on y trouve quelquefois par fragmens, & en fection *cunéiforme*, engagés dans les laves poreufes.

Mais revenons au pied du *rocher Corneille* pour y obferver un phénomene d'un autre genre. J'ai dit que la ville du *Puy* étoit affife fur la croupe de cette butte volcanique, qui fe dégage & s'éleve à nud d'une bafe dont la fuperficie eft terreufe, parce que l'art eft venu à bout de la défricher, pour y former de petits jardins en terraffe. C'eft dans une partie affez élevée où eft la maifon des freres de la doctrine chrétienne, qu'il faut fe rendre pour y obferver une carriere fouterreine de gypfe, furmontée par les grandes maffes volcaniques du *rocher Corneille*. Comme le local très-circonfcrit, où l'on tire cette pierre à plâtre, fe trouve fous un fol cultivé, formé par les détrimens de laves terreufes, & par une fubftance argileufe, il eft impoffible de diftinguer les points de contact des matieres volcanifées avec la carriere de gypfe, formée par couches horifontales, interrompues par des lits alternatifs d'une argile grifâtre.

Ce plâtre donne beaucoup de peine à préparer, par les triages qu'il faut faire pour en féparer les différentes qualités; il y en a de gris qui eft toujours un peu argilleux, & ne devient jamais blanc; la qualité fuperfine eft très-blanche; celle-ci eft préparée avec une félénite gypfeufe ftriée, blanche, à demi-tranfparente; mais ces lits féléniteux fe trouvent conftamment interrompus par des couches d'argille fort adhérentes au gypfe; les ouvriers font donc obligés, quand le plâtre eft cuit, de le choifir morceau par morceau, & de le ratiffer deffus & deffous avec un couteau pour en enlever les portions argilleufes qui en affoibliffant fa qualité, altéreroient fa couleur. II

Il y a eu anciennement d'autres carrieres à plâtre ouvertes, qui se prolongeoient fort avant sous la ville; j'aurois été fort curieux de les visiter, mais on m'assura qu'elles étoient impraticables.

Les carrieres dont je viens de faire mention existoient-elles avant que les volcans eussent ravagé le bassin du *Puy*? en ce cas comment une substance si tendre, si facile à être attaquée par le feu, a-t-elle pu résister à l'action des laves qui la couvrent & l'environnent de toutes parts? ces mines de gypse se feroient-elles au contraire établies ici après l'incendie par un dépôt diluvien? mais se trouveroient-elles alors sous les masses volcaniques? ou enfin ces masses séléniteuses se feroient-elles formées dans le même temps que ces volcans bruloient sous les eaux de la mer? voilà autant de belles questions qui mériteroient l'examen le plus réfléchi, & que je me garderai bien de tenter de vouloir résoudre. Mais si la matiere calcaire, combinée avec l'acide vitriolique, se trouve vers la base du *rocher Corneille*, la pierre calcaire pure se rencontre dans un côteau qui fait face à celui-ci, & en est peu éloigné, dans le même bassin & non loin de la petite riviere de *Borne*.

Cette pierre calcaire est placée à mi-côte d'une petite montagne très-voisine de la ville, & presqu'attenante à un de ses fauxbourgs; la pente en est assez douce, entiérement cultivée, & couverte vers sa sommité par des amas de basalte & de déjections volcanisées; la partie mise en culture est composée d'une terre fertile, grasse, argilleuse, mêlée de beaucoup d'éclats de basalte; c'est sur la croupe de la montagne, dans la partie qui fait face à la ville, que sont situées les carrieres dont on retire la pierre à chaux; il ne faut pas croire qu'on voye ici des vestiges extérieurs de pierre calcaire, ni qu'on sache sur quoi cette substance repose; les défrichemens & la terre végétale ont jeté un voile qui couvre la contexture de cette intéressante élévation.

C'est par de petites galeries horizontales, peu élevées, mais fort profondes, qu'on a été obligé d'aller à la recherche de la matiere calcaire; je suis entré dans plusieurs de ces mines, que j'étois très-avide de visiter, je les ai examinées & suivies avec beaucoup d'attention; il faut y pénétrer avec des lampes: voici le résultat de mes petites observations.

1°. On marche une cinquantaine de pas dans une matiere argilleuse grisâtre, qui contient quelques élémens calcaires, cette argile est plutôt en masse qu'en banc; on s'apperçoit ensuite en avançant, que l'argile prend de la consistance, & se rapproche plus de l'état de pierre; les molécules calcaires qui s'y trouvent disséminées, sont plus abondantes, l'acide nitreux attaque un peu plus vivement la matiere, & à mesure qu'on s'enfonce, les nuances calcaires se fortifient, l'argile s'éclipse insensiblement, & on parvient sous de grandes voûtes où la pierre à chaux se développe & se trouve à découvert.

2°. Lorsqu'on examine la disposition de la roche, on est fort surpris de ne point y trouver de bancs ni de couches, on ne voit qu'un filon homogene de plusieurs pieds d'épaisseur, qui regne depuis le plancher jusqu'à la naissance de la voûte; il est vrai que les chambres où l'on tire la pierre ne sont pas des plus élevées, & qu'il seroit possible que les bancs d'une très-grande épaisseur s'enfonçassent dans la profondeur de la terre; il est une chose cependant qui tendroit à détruire cette conjecture, c'est que la pierre calcaire pure eft en filon dans l'argille même où elle fe trouve noyée & où l'on ne peut même la diftinguer que parce que fa couleur eft un peu plus blanche ; on n'obferve, on ne reconnoît aucun point de jonction, que par la nuance de la couleur, encore s'y trompe-t-on quelquefois, car dans les approches de la pierre pure, la matiere argilleufe eft fortement imprégnée de molécules calcaires, & il n'exifte dans toutes ces mines que quelques filons où la pierre à chaux foit bonne ; mais faut-il encore avoir grand foin de la féparer de la pierre argilleufe ; on eft obligé, dans les carrieres à plâtre, fituées au pied du *rocher Corneille*, de détacher l'argille de la matiere gypfeufe, on eft forcé de faire la même opération ici fur la pierre calcaire.

3°. Les carrieres du *Puy*, non feulement ne marchent que par filon, mais la pierre y eft extrêmement tendre, on peut la couper avec un couteau, & elle donne peu de peine à détacher, mais auffi-tôt qu'elle a pris le grand air, & perdu fon *eau de carriere*, elle devient dure & même fonore ; celle qui contient beaucoup de parties argilleufes en fait autant.

4°. J'ai parcouru avec une attention extrême plufieurs de ces galleries, je n'ai jamais pu y diftinguer les moindres matieres volcanifées, ni voir la jonction des laves fupérieures, parce que les excavations quoique profondes, ne font pas affez élevées ; je n'ai rencontré que des filons calcaires entre des maffes d'une pierre argilleufe qui fait en partie effervefcence avec les acides.

5°. Après m'être donné les plus grandes peines pour voir fi je ne découvrirois aucun corps étranger dans cette pierre, je vins enfin à bout, après en avoir vifité des tas immenfes, d'y diftinguer quelques corps marins : j'ai dans mon cabinet trois empreintes de petits buccins, bien caractérifés dans cette pierre, il eft vrai que la coquille a été entiérement diffoute & décompofée, & qu'il n'en refte que les empreintes, mais enfin il eft démontré par-là qu'il y a eu des corps marins dans cette pierre.

6°. Ce dépôt intérieur de matiere calcaire, faifant pendant avec la carriere à plâtre voifine, peut fournir des inductions fur la formation de cette derniere, ou plutôt fur la converfion de la fubftance calcaire en molécules gypfeufes, & les volcans font ici d'un grand fecours pour cette théorie ; en effet, ne pourroit-on pas croire qu'à l'époque où les eaux de la mer féjournoient dans le baffin du *Puy*, & où les volcans y brûloient en même-temps, des eaux plus fortement imprégnées d'acide fulphureux dans certaines parties que dans d'autres, auront dénaturé la matiere calcaire & l'auront convertie en félénite gypfeufe, au pied du *rocher Corneille*, tandis que vis-à-vis elle aura été épargnée, ou plutôt qu'elle n'aura été attaquée que jufqu'à un certain point, & que la partie des pierres de cette carriere qui ne fait qu'une foible effervefcence avec les acides, & produit une mauvaife qualité de chaux, au lieu d'être une argille véritable, n'eft qu'une combinaifon particuliere de la terre calcaire avec certaines émanations plus ou moins acides des feux fouterreins qui faifoient alors leur explofion fous les eaux. Je comprends que tout ceci exigeroit une longue fuite d'expériences & de recherches pour pouvoir établir quelque chofe de plus pofitif à ce fujet, auffi ne fais-je ici qu'ouvrir une idée qui pourra mettre d'autres naturaliftes fur la voie de creufer plus avant cette belle queftion.

MONTAGNE DE BRIVES.

ENVIRONS DE LA CHARTREUSE.

ON peut fe rendre du *Puy* à *Brives* dans demi-heure, par un beau che-min. *Brives* eft un petit bourg fitué fur le bord de la *Loire* ; non loin de là & dans la plaine eft une grande & belle chartreufe, bâtie à neuf : on traverfe la *Loire* à *Brives* fur un pont nouvellement conftruit ; c'eft im-médiatement après le pont que fe préfentent fubitement des montagnes volcaniques fort élevées & très-curieufes : c'eft ici l'objet d'un beau cours d'hiftoire naturelle, mais il faut féjourner au moins douze jours au *Puy*, parce qu'autant les recherches font intéreffantes dans cette partie, autant elles font délicates & difficiles à faifir. Il faut abfolument fe préparer à ce travail par un examen, une analyfe & une étude fuivie des différentes altérations & décompofitions des laves ; il faut être abfo-lument au fait d'en faifir toutes les nuances, & jufqu'aux moindres gra-dations ; on peut alors entrer dans cette belle & curieufe carriere.

En y portant des yeux exercés, on peut fe dire : ces montagnes qui ne préfentent que des maffes arides de pierre ou de terre de diffé-rentes couleurs, ces rocs efcarpés qui glacent de trifteffe & d'effroi le voyageur, & lui font détourner la vue, font des monumens antiques & myftérieux où le naturalifte a le droit de lire, en récompenfe de fes travaux : il y voit une fuite de caractères hiéroglyphiques qu'il a feul l'art de débrouiller & de connoître ; il y apprend qu'ici des torrens de matiere en fufion, perçant avec effort les entrailles de la terre, l'ont ébranlée jufques dans fes fondemens ; que des montagnes formidables ont été fubitement renverfées, détruites, réduites en poudre, tandis que de nouvelles, non moins confidérables, fe font élevées fubitement fur les ruines des premieres ; que là des gouffres ardens ont élancé avec fracas dans les airs, des nuages de pierres, de cendre, de fcories ; que l'atmofphere en feu, développant tous les accidens & tous les phéno-menes de la foudre, la nature a paru toucher à fon anéantiffement ; que dans ce même-temps tous ces terreins incendiés fe trouvoient re-couverts par de vaftes abymes d'eau, qui loin de calmer, d'affoupir, d'é-teindre les fureurs du feu, ne faifoient que l'irriter d'avantage ; que ces mêmes eaux tourmentées, foulevées par les explofions & les ébranle-mens fouterreins, & par les vents de l'atmofphere, & ceux qui fortoient des gouffres intérieurs, luttant fans ceffe contre elles-mêmes, excitoient les plus furieufes tempêtes ; qu'alors des courans obfcurs & fœtides d'une fumée peftilentielle, circulant dans les vagues orageufes de cette mer, la rendoient livide & nébuleufe : voilà le premier tableau que le naturalifte attentif apperçoit dans la contemplation de ces objets volcaniques.

Mais tout fe calme, les feux s'appaifent, l'incendie fe concentre, la mer reprend fa tranquillité ; de fimples vapeurs plus ou moins acides, plus ou moins chargées de divers principes actifs, s'élevant du fond des eaux qu'elles font bouillonner fans effort, ne font plus que les reftes fu-

mans d'un grand incendie qui vient de finir; mais la nature toujours ac-
tive, aimant fans cefle à fe reproduire, va bientôt opérer de nouveaux
miracles.

En effet, la bafe de ces grandes excroiflances volcaniques qui s'élevent en pic, quoique formée par les laves les plus dures & les plus
compactes, va bientôt éprouver de nouvelles altérations. Ici l'acide
qui nage dans les eaux de la mer, avide de s'unir au fer, de fe l'approprier, enleve celui du bafalte, & les eaux maniant les élémens ferrugineux, les dépofent tantôt en forme de fédiment, tantôt les façonnent
en maniere de boules que les naturalistes ont appellées *géodes* : la lave
alors dépouillée de fon fer, devient tendre, perd fa couleur, & n'eft
bientôt plus qu'une terre blanche friable; mais une nouvelle eau imprégnée, faturée par les vapeurs que les feux concentrés rejettent, s'unit,
fe combine avec la fubftance terreufe des laves, & la modele tantôt en
forme de cryftaux lamelleux, de la nature du feld-fpath, tantôt lui donne
fimplement de l'adhéfion, de la confiftance & de la dureté, & lui communique le gluten & la ténacité des argilles.

D'autres fois l'acide qui tenoit le fer en diffolution, neutralifé par
des alkalis, laiflant échapper les principes ferrugineux, ceux-ci adoptent
les couleurs les plus variées, en raifon des principes que les alkalis contiennent, ou que les eaux acidules leur communiquent. Le naturalifte,
en un mot, peut voir ici non feulement une férie des révolutions qui fe
font fuccédées les unes aux autres à des époques & dans des temps
très-reculés, mais il peut fuivre jufqu'à un certain point, à l'aide de la
comparaifon & de l'analyfe, plufieurs des procédés que la nature a mis
en œuvre dans fes laboratoires, pour détruire, recompofer & reproduire les mêmes fubftances, ou les préfenter fous les formes les plus
variées.

DÉTAILS fur les Montagnes de BRIVES.

VOICI quelques obfervations que l'examen attentif des lieux m'a mis
dans le cas de faire.

1°. Toutes les hautes montagnes volcaniques qui fe préfentent en
face du pont *de Brives*, font compofées dans leur fommité, de laves bafaltiques dures & compactes; au-deffous font des laves poreufes, enfuite
des breches formées de différens fragmens de matieres volcanifées.

2°. C'eft après les déjections dont je viens de parler, qui occuppent
une élévation affez confidérable, que paroiffent de grandes couches de
bafalte, qui s'altérent & entrent en décompofition ; cette lave s'al-
tére de plus en plus à mefure qu'elle s'abaifle, & devient totalement
terreufe, quoiqu'elle conferve néanmoins toutes les apparences bafaltiques ; on en voit cependant quelques gros blocs moins altérés, mais
en général la totalité des matieres a perdu fon gluten & fa confiftance:
on en trouve des morceaux du plus beau caractere, où l'on voit encore
le paffage du bafalte le plus dur & le plus noir, à l'état de matieres terreufes tendres, de la nature de l'argille: le fer qui s'eft féparé en partie
des laves, forme dans la contexture de la montagne, de belles zones
martiales plus ou moins épaiffes, il y eft très-abondant, & fous la
forme la mieux caractérifée.

3°.

3°. Au-deſſous de ces maſſes de baſalte détruit, on diſtingue de nouveaux bancs de laves compactes, beaucoup plus décompoſées encore; le
baſalte eſt ici dans un état abſolument terreux, d'un gris blanchâtre,
quelquefois un peu jaunâtre, il eſt pénétré par de gros noyaux ferrugineux, d'un jaune ochreux, ronds & ovales, ce ſont de véritables
géodes formées par le fer des laves; on y trouve auſſi des ſilex compactes en apparence, mais tendres & friables, parce qu'ils ont eu le même
ſort du baſalte, c'eſt-à-dire qu'un acide quelconque les a attendris &
dénaturés; mais par une bizarrerie étonnante de la nature, pluſieurs noyaux de granit, inſérés dans les matieres, n'ont ſouffert aucune altération.

4°. C'eſt au-deſſous de toutes les déjections volcaniques dont je viens
de parler, qu'on trouve des maſſes immenſes d'une ſubſtance argilleuſe,
d'un gris verdâtre, qui forment de véritables montagnes qui paroiſſent
de loin d'un verd tendre agréable; on ne peut regarder ces grands
amas argilleux, que comme de véritables laves puiſſamment altérées;
les vapeurs acides ſulphureuſes s'élevant de bas en haut, devoient frapper plus fortement les parties les plus voiſines des bouches à feu, & les
convertir à la longue en argille, ainſi que la choſe s'obſerve encore à la
Solfatare, auſſi les montagnes des environs de *Brives* ſont-elles plus
vivement dénaturées par la baſe, & la décompoſition diminue par gradation dans les parties plus élevées.

Mais une choſe plus étonnante encore, & qu'on pourra peut-être regarder comme un paradoxe, du moins juſqu'à ce que pluſieurs naturaliſtes aient confirmé mon obſervation, c'eſt que dans la partie des montagnes de *Brives*, qui eſt entre le pont jeté ſur la *Loire*, & la maiſon des
chartreux, on trouve une belle carriere d'une pierre très-dure, appellée
ſur les lieux *grès*, dont le pont eſt bâti, & avec laquelle on fait de bonnes
meules de moulin; cette pierre de couleur blanche, & d'une grande
dureté, eſt compoſée de gros fragmens d'un feld - ſpath très-compacte
& très-dur, qui ſe rapproche du quartz, pluſieurs de ces fragmens ſont
formés en rhombes & en parallélipipede; cette pierre eſt diſpoſée par
grands bancs d'une différente épaiſſeur.

Il eſt certain qu'en rencontrant cette pierre dans des montagnes graniteuſes, telles que certaines parties des Alpes, elle ſeroit peu faite pour
fixer l'attention des naturaliſtes, du moins d'une maniere bien particuliere; mais la trouver ſous des maſſes immenſes de matieres volcaniſées
qui entrent en décompoſition, dans un pays où des volcans formidables
paroiſſent avoir exercé leur fureur ſous les eaux & dans un fond de mer,
ceci méritoit d'être ſcrupuleuſement examiné.

Ce fut dans cette intention que je m'attachai à parcourir toutes les
coupes de cette carriere, à étudier la contexture des pierres, pour voir
ſi je n'y découvrirois aucun corps étranger, & j'eus dans moins d'une
heure la ſatisfaction d'y trouver quatre noyaux de baſalte noir, dur, ſain,
encaſtrés dans le centre de la pierre, & tellement joints & adhérens avec
le feld-ſpath, qu'il ſeroit impoſſible de l'en ſéparer ſans rompre l'un &
l'autre; de là nul doute que les bancs de cette carriere n'euſſent été formés poſtérieurement aux volcans, puiſqu'on y trouve des fragmens de
baſalte, ou que la ſubſtance même de la pierre de ce rocher, ne doive

Tttt

fon origine à des matieres volcaniques décompofées, car on a pu voir dans mon mémoire fur le bafalte, & dans ma lettre à M. le chevalier Hamilton, que la lave la plus dure paffe, dans certaines circonftances, à l'état d'argille friable, dans d'autres fe change en argille douce & favonneufe, & qu'elle peut même, par l'intermede des eaux faturées de divers principes, fe métamorphofer en véritable feld-fpath, paffage qui n'eft point appuyé fur des idées fyftématiques hafardées, mais fur des faits, fur des objets que j'indique, que je poffede dans ma collection, & qu'il eft libre à chacun de voir & d'examiner, que je rappelle encore dans la defcription de la montagne du *Mézinc*, & dans celle des environs de *Polignac*.

C'eft d'après cela que je regardai les grands bancs de la carriere de *Brives*, furmontés par des montagnes de laves altérées, comme le produit de ces mêmes laves décompofées, attaquées par les fumées, maniées, remaniées par des eaux plus ou moins faturées par le principe igné, par le gas méphytique, ou fi l'on aime mieux par l'air fixe. Mais pourquoi, pourra-t-on me dire, les bancs de la carriere de *Brives* ayant été formés par des laves décompofées, y trouve-t-on encore quelques noyaux de bafalte intaét? je repondrai qu'il feroit auffi difficile d'en rendre raifon, que d'expliquer pourquoi parmi les maffes fupérieures de laves entiérement décompofées & réduites en terre, on y trouve des nœuds de bafalte & de granit d'une belle confervation.

Comme ces fragmens de bafalte trouvés dans le centre de la carriere de *Brives*, & dans des bancs fort épais d'une pierre très-dure, de la nature d'un feld-fpath quartzeux, ne font pas communs, j'ai ramaffé tout ceux que j'ai pu trouver, pour les dépofer dans mon cabinet, où les naturaliftes qui feront curieux de les voir, pourront les examiner dans leur matrice primitive : il eft poffible que comme on exploite journellement cette carriere, il s'en découvre de temps en temps quelques autres ; fi cependant on n'en trouvoit point fur place, je préviens qu'on en pourra voir un morceau très-remarquable vers la partie gauche, après la feconde culée du pont de *Brives*, du côté de la route de Lyon, à la feptieme ou à la huitieme borne qui borde le chemin : ce morceau où le noir du bafalte tranche fur un fond blanc, eft facile à reconnoître. Il ne faut pas quitter les rochers de *Brives*, fans venir les reconnoître encore de l'autre côté de la riviere, dans un grand enclos qui eft derriere la chartreufe, & d'où toutes les pierres qui ont fervi à conftruire les bâtimens immenfes de cette vafte maifon, ont été tirées : cette carriere s'enfonce fous la Loire, rentre dans les terres, & vient reparoître derriere la chartreufe ; c'eft là où il ne faut pas oublier de fe rendre.

Comme cette carriere a été ouverte avec foin, & que l'exploitation en a été bien dirigée, & en plein air, on peut voir fort à l'aife la difpofition & la contexture de ces grandes maffes de feld-fpath. Le prieur de cette chartreufe qui a fait tirer des blocs énormes de cette pierre, pour des digues contre la Loire, me dit que quoique cette carriere foit jointe, bien ferrée, & que la ligne de féparation des bancs foit prefque imperceptible, néanmoins il avoit obfervé une zone d'une matiere différente, qui coupoit verticalement la carriere par le milieu, & que cette tranchée offroit une certaine régularité d'autant plus furprenante, que la matiere en étoit finguliere, & qu'elle lui étoit inconnue. J'examinai cette coupure fort attentivement, & je vis qu'elle avoit 2 pieds ½ de largeur, qu'elle traverfoit verticalement toute la carriere, & fe prolongeoit enfuite horizontalement dans l'intérieur des bancs les plus éloignés. Cette grande orniere ne me paroiffoit point s'être formée accidentellement par la rupture de la montagne, ou par la retraite de la matiere lorfqu'elle étoit dans un état boueux, & qu'elle paffoit à un état de deffication, mais bien parce que cet amas immenfe de matiere de feld-fpath étant fous les eaux & dans un état de molleffe, avoit été interrompu par une couche de matiere hétérogene, & que le feld-fpath avoit acquis la plus grande dureté, tandis que cette zone avoit réfifté à l'action du fuc lapidifique; mais je fus finguliéremement furpris lorfque voulant examiner la matiere de cette bande, je reconnus que ce n'étoit qu'un affemblage de laves poreufes jaunâtres, qui commençoient à fe décompofer, mêlées parmi d'autres plus fortement altérées & de couleur blanche, le tout joint & confondu avec des fragmens de bafalte. Voilà fans contredit un beau fujet de méditation pour un naturalifte.

EXPAILLY.

JL ne faut pas manquer, étant au *Puy*, d'aller à *Expailly*, village
fitué à un quart de lieue de cette ville; trois objets principaux doivent
y fixer l'attention des naturaliftes; le premier eft un beau rocher volcanique, au pied duquel eft le village.

Le fecond, le ruiffeau du *Rioupezzouliou*.

Le troifieme connu fous le nom des *orgues* d'*Expailly*, eft le plus
beau pavé bafaltique de tout le *Velay*.

Je ne parlerai point ici des grenats & des faphirs qu'on trouve dans
le ruiffeau que je viens de nommer; je fuis entré dans des détails circonftanciés fur la pofition de ces cryftaux gemmes, & fur la maniere
dont on les recueille, à la page 184 de mon mémoire fur le bafalte,
qu'on peut confulter.

Je citerai feulement à ce fujet le paffage d'un auteur ancien du Velay,
nommé *Jean Barbier* : voici ce qu'il dit dans fon livre intitulé, *utriufque
juris viatorium. prim. part. rubr. 1.*

J'emprunte la traduction naïve du jefuite *Odo de Giffey.* » Il fe
» trouve dans le Velay des minéraux, de forte que plufieurs font foi
» que la terre qu'on tire des minieres, étant bien lavée, eft une vraie
» mine d'or; il s'y engendre des pierres précieufes, & de telle excel-
» lence, qu'elles combattent en prix avec celles que les lapidaires nous
» apportent du levant. »

On lit fur une vieille infcription de la cathédrale du *Puy*, le quatrain
fuivant fur les grenats d'*Expailly*.

> *Lapides ut in India*
> *Pretiofi in vallavia,*
> *Fluunt in abundantia*
> *Virtus quorum probata*

Quant au pavé en bafalte prifmatique, je dirai que c'eft ici un affemblage de hautes & magnifiques colonnes d'un beau diametre, dreffées verticalement & faifant un effet d'autant plus admirable, que ce grand pavé
a plus de 30 toifes de hauteur, & fe trouve adoffé contre un rocher de
lave trois fois plus élevé : le bafalte eft compacte, dur, fonore, d'un noir
un peu grifâtre, & les prifmes non articulés & d'un feul jet, font les
plus grands que je connoiffe; ce pavé majeftueux placé au bord de la riviere qui va paffer au *Puy*, fe trouve dans un fite très-agréable; on
voit non loin de là des *poudingues* volcaniques très-intéreffans en ce
qu'on y trouve des maffes confidérables de pierres calcaires qui ont été
un peu altérées par le feu, & des laves plus ou moins décompofées; on
voit encore dans les environs du pavé d'*Expailly*, des monticules volcaniques où le bafalte eft formé en table.

Je n'ai point fait graver la chauffée ou *les orgues* d'*Expailly*, parce
qu'ayant déjà donné plufieurs objets dans ce genre, j'ai craint de tomber dans des répétitions.

J'ai préféré de faire deffiner le village & le rocher d'*Expailly*, dans
la partie qui fait face à la ville du *Puy. Voyez la Planche XVI.* Ce

rocher

Pl. XVI.

ROCHER VOLCANIQUE D'EXPAILLY.

De Veyrenc del.

Ch. Emonin Sculp.

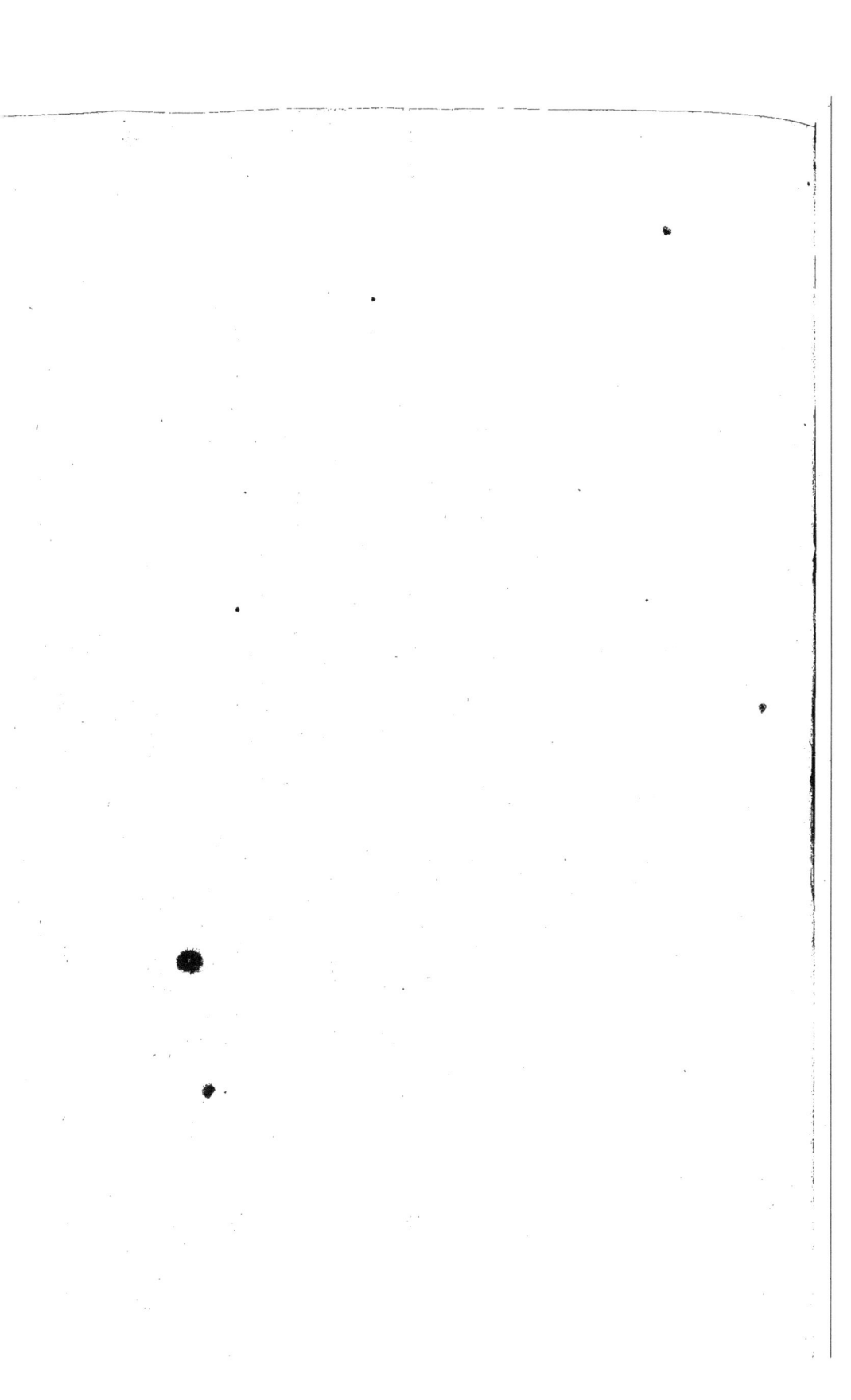

rocher eft de la même nature abfolument que celui de *Saint-Michel*,
c'eft-à-dire, formé par une breche volcanique ; il eft d'une tournure finguliere, & exaĉtement tel qu'on le voit dans la gravure ; le village eft au
pied, & on trouve encore fur le haut les ruines de l'ancien château où
Charle VII avoit logé quelques temps. Mais écoutons encore une fois
le *pere Odo de Giffey*, nous raconter une anecdote finguliere au fujet de ce bon roi, qui n'étant que dauphin, & ayant appris au *Puy* la
mort de fon pere, fut proclamé roi dans la chapelle du château d'*Expailly*, le mois d'oĉtobre 1422.

» Enuiron l'an 1421, le Traiĉté de paix entre le Dauphin de France,
& le Duc de Bourgongne, eftant arrefté, la Reyne de Sicile, Mere de
Madame la Dauphine, vint au Puy en deuotion, comme aufſi le Duc
d'Anjou ; où ils receurent nouuelle des Traiĉtez de Paix, auec leur
grand'ioye particuliere, & de toute la ville. En fuitte de cecy, Monfieur le Dauphin cuidant, que les chofes fuflent plus calmes, qu'elles
n'eftoient pas, le Mardy 14 de May, l'an 1422, fit fon entree au Puy,
où il venoit en pelerinage, fe recommander à la benoifte Vierge, lequel y fut receu, tant des Citadins, que des Seigneurs, & Nobleffe du
païs, avec allégreffe extraordinaire. Il tefmoigna en ce voyage extraor-
dinairement de fa déuotion, en tant qu'il entra en l'Eglife de noftre
Dame auec l'habit de Chanoine, & y fut receu Chanoine par le Sieur de
Chalancon, pour lors Euefque, & par le Chapitre. Ce fut lors, ou du
moins vn peu auparauant, qu'il fit Cheualier le Comte de Pardiac, les
Barons d'Apchier, de Chalancon, de Roche, de la Tour-Maubourg, les
Sieurs de Vergezac, & de Rouflel, à raifon de ce qu'ils auoient gardé
& deffendu la ville du Puy contre le duc de Bourgongne. Il fejourna
iufques au Vendredy fuiuant, le lendemain de l'Afcenfion, d'où
fortant il alla coucher à Loudes, pour fe rendre à Clermont, & y af-
fembler fon Confeil ; d'où retournant au Puy, enuiron le mois d'Oĉtobre, & y eftant encore le 21 de ce mois de la mefme année 1422, fon
Pere Charles VI. venant à deceder, il y fut proclamé Roi de France,
âgé de 21 an, & appellé Charles VII. Du Tillet, au recueil des Traiĉtez
d'entre les Roys de France & d'Angleterre, en celuy d'entre Charles VII.
& les Anglois, dit, que ce Roi fut en fort petite compaignie de fes
Officiers, dans le Chafteau du Chafteau d'Hifpali, proche du Puy, proclamé Roy de France : Monftrelet declare la chofe plus au long en ces
termes : *Charles, Dauphin de France, fut aduerti de la mort du Roy
Charles fon Pere, eftant au Chafteau d'Hifpali, pres du Puy en Au-
uergne, dit Anicium, appartenant à l'Euefque de ladiĉte ville, au mois
d'Oĉtobre 1422.* Aufſi toft fut-il veftu de dueil pour la premiere iour-
née, & le lendemain à la Meffe d'vne longue robe d'efcarlatte, ainfi que
les Confeillers de la Cour, entouré de fes Officiers, & Herauts d'armes,
veftus de leurs Blafons, & en la Chapelle mefme fut leuée la Banniere
de France, & crié à haute voix par plufieurs fois : *Viue le très-Noble
Roy de France Charles VII.* Après ce cry, fut faiĉt le feruice de l'E-
glife pour l'Ame du Roy deffunĉt. De là s'acheminant à Poiĉtiers, il
fut couronné. Les annales de France recitent qu'il ne peut eftre facré
Roy iufques à fept ans ou enuiron, après le trefpas de fon pere. Or

comme ceux du Puy l'auoient tous les premiers falué Roy, & qu'il fe fentoit obligé à Noftre Dame; pour la troifiefme fois, au plus chaud de fes guerres, l'an 1424, le 14 Decembre il vint rendre fes vœux, avec la Reyne fa femme au Puy, où il fut acceuilly, & receu par Guillaume de Chalancon, lors Euefque, & par les Confuls, qui eftant allez au devant de luy, iufques à l'Oratoire du Colet, à vn quart ou demie lieuë du Puy, luy offrirent les clefs de la ville : le Roy les receuant, & les rendant fur le champ, leur dit, *Gardez les vous mefmes pour moy.* De là ils le fuiuirent iufques à Hifpaly, où leurs Majeftez fe logerent pour ce foir là, y fejournans ou bien au Puy, depuis le 14 Decembre, iufques au 30 Ianvier. Pendant ces iours, les plus afpres de tout l'Hyuer, leurs Majeftez ne laiffoient de vifiter fouuent noftre Dame, pour contenter leur deuotion. En fin le Roy & la Reyne prenans congé d'elle, s'en allerent coucher à Alaigre, à quatre lieuë du Puy. I'obmettrois de dire, comme 5 iours apres la paix concluë entre Meffeigneurs les Dauphin, & le Duc de Bourgongne, ils vindrent enfemble au Puy pour en remercier noftre Dame. »

MONTAGNE DE DANIS.

ROCHER de POLIGNAC.

LA montagne de *Danis*, ſituée dans le baſſin du *Puy*, eſt peu éloignée de cette derniere ville ; elle eſt fort élevée & de forme conique ; ſa couverte extérieure, entiérement compoſée de laves poreuſes rouges, annonce que le feu étoit ici dans toute ſon activité, & que ce grand pic étoit une des principales bouches à feu du voiſinage, mais qu'elle avoit eu le ſort de beaucoup d'autres, c'eſt-à-dire, qu'elle avoit été comblée par les matieres mêmes qui en étoient ſorties.

La partie du midi de cette montagne, du côté du chemin de *Polignac*, eſt bordée par de très-grands rochers eſcarpés, formés par des fragmens de lave ſémi-poreuſe noire, recuite & vitrifiée, tantôt aglutinés par un ſable jaunâtre ou rougeâtre, qui a acquis une conſiſtance ſolide, & tantôt par une lave terreuſe qui a lié cette eſpece de breche : ces grands eſcarpemens volcaniques, où l'on tire de la pierre pour bâtir, ſe prolongent fort loin.

Le rocher de *Polignac*, éloigné d'une petite lieue du *Puy*, mérite d'être viſité, tant parce qu'il eſt entiérement volcanique, que parce qu'on y trouve quelques reſtes curieux d'antiquité.

Ce rocher entiérement iſolé dans un petit vallon, n'eſt acceſſible que par un ſeul endroit où l'on a pratiqué un chemin rapide qui conduit du village, bâti ſur la croupe de la butte, au château conſtruit ſur une aſſez grande plate-forme qui couronne le rocher.

Vu de deux cents pas de diſtance, on croiroit que le maſſif élevé de *Polignac*, eſt tout en baſalte pur, mais en s'en approchant de très-près, on voit avec autant de ſurpriſe que de plaiſir qu'il eſt formé par une breche volcanique, mêlée de fragmens de lave noire poreuſe, très-dure, luiſante & à demi-vitrifiée, liés & aglutinés par une lave moins calcinée. J'ai parlé de cette breche dans mon mémoire ſur le baſalte, pages 173 & 174; quoiqu'aſſez dure, on vient à bout de la tailler, & on en fait une excellente pierre à bâtir ; on en trouve cependant quelques blocs preſqu'auſſi intraitables que le baſalte, où l'on voit divers corps étrangers, tels que des noyaux de granit, de quartz & quelquefois de ſchorl.

On remarque non loin du pied de ce rocher, une multitude de laves poreuſes, légeres & très-calcinées.

C'eſt ſur ce vaſte plateau qui couronne le rocher de *Polignac*, qu'étoit ſitué un château fort ancien, dont on voit encore de grandes & belles ruines.

On fait voir aux étrangers un vieux bâtiment qu'on nomme le *temple d'Apollon*, c'eſt une eſpece de chapelle abandonnée, voûtée aſſez ſolidement en pierre de taille, mais qui n'a aucun caractere d'antiquité ; les fenêtres en ſont gothiques & d'un mauvais goût; on a fait de cette chapelle une eſpece de hangar où l'on tient des inſtrumens d'agriculture; mais une choſe aſſez ſinguliere, c'eſt qu'on voit dans cette ancienne chapelle une eſpece de puits aſſez vaſte, avec un parapet & un appui en granit aſſez ſolidement fait : je deſcendis dans cette ouverture, qui n'a que 7 pieds de profondeur ; je ne conçois pas quel pouvoit. en être l'uſage, attendu qu'il eſt peu profond, qu'il porte à nud ſur le rocher de lave, & qu'il paroît n'avoir jamais contenu une goutte d'eau; mais ſi ce monument ne paroît pas antique, il eſt inconteſtable que ceux dont je vais parler le ſont véritablement. On voit contre l'angle d'une ſeconde chapelle chrétienne, voiſine de celle qu'on nomme le temple d'Apollon, mais qui eſt totalement abandonnée, l'inſcription antique ſuivante, d'un beau ſtyle.

TI. CLAUDIVS CAESAR AVGV.
GERMANICVS. PONT. MAX. TRI.
POTEST. V. IMP. XI. PP. COS. IIII.

Non loin de là & ſur une eſpece de plate-forme qui eſt entre pluſieurs bâtimens, eſt une grande ouverture circulaire, pratiquée dans le rocher de lave, avec beaucoup de ſoin. Cette cavité qu'on nomme ſur les lieux le *précipice*, a 42 pieds de circonférence, & eſt garnie d'une eſpece de parapet de 3 pieds d'élévation en pierre de taille, qui me paroît d'un travail plus moderne que l'excavation même; la profondeur de ce trou, a plus de 80 pieds en l'état, malgré la quantité de pierres qu'on y a jetées; il a été ouvert à grands frais, & taillé avec juſteſſe & proportion, dans une forme qui imite un cône renverſé parfait. Il eſt probable que cette eſpece d'abyme ſervoit aux fourberies des prêtres d'Apollon qui rendoit des oracles à *Polignac*, ainſi que pluſieurs auteurs anciens, tels que Si- doine Appollinaire & autres en font mention; d'ailleurs, il y exiſte des preuves de cette aſſertion, puiſqu'on voit encore dans une eſpece de cour du château, une tête coloſſale en granit, repréſentant un Apollon avec une bouche béante, telle que doit être celle d'une divinité qui rend des oracles. Gabriel *Simeoni*, qui avoit voyagé en Velay & en Au- vergne, & qui avoit viſité le château de Polignac, fait mention de ce monument dans un ouvrage italien, traduit en françois ſous le titre ſui- vant : *deſcription de la Limagne d'Auvergne, en forme de dialogue, avec pluſieurs médailles, ſtatues, oracles, épitaphes, ſentences & autres choſes mémorables, & non moins plaiſantes que profitables aux amateurs de l'antiquité, traduit du livre italien de Gabriel Symeon, en langue fran- çoiſe, par Antoine Chappuys du Dauphiné. A Lyon par Guillaume Ro- ville 1561.* Cet auteur parlant de cette tête coloſſale, dit, *qu'une cer- taine bonne femme des dames du château la fit tirer dehors, & mettre à la place, voyant qu'encore quelques gens ſimples y avoient telle quelle dévo- tion, tellement que j'eu peinne à la faire découvrir étant toute enſevelie en la nege; elle a 4 à 5 pieds de hauteur, d'une pierre blanche toute ronde, aſſez goffement faite, qui déclare encore mieux ſa grande antiquité, en- vironnée des rais (rayons) leſquels frappés du ſoleil; le châtelain me dit qu'ils montroient d'avoir été autrefois dorés.* Scipioni a donné la gravure de cette tête, mais elle eſt mal rendue & point exacte; elle pa- roît de la plus haute antiquité; on y voit des parties très-largement deſſinées, telles que la barbe, la chevelure & les yeux; comme elle eſt d'un granit très-dur, elle a réſiſté aux injures de l'air où elle ſe trouve
expoſée

Pl. XVII.   *Pag.* 357.

ESPECE DE MASQUE COLOSSAL, EN GRANIT GRIS BLANC,

Qui passe pour être la tête de l'Appollon qui rendoit des Oracles sur le Rocher volcanique de Polignac, non loin de la Ville du Puy.

Hauteur 3 Pieds 4 Pouces, largeur 3 Pieds 9 Pouces.

exposée depuis plusieurs siecles; le nez a été endommagé par des gens qui se sont amusés à le dégrader en partie. J'ai cru qu'on verroit ici avec plaisir cette tête, que j'ai fait dessiner avec la plus grande exactitude. *Voyez Planche XVII.*

Quelques auteurs ont prétendu trouver dans le mot de *Polignac*, des rapports avec le temple du dieu qui y rendoit des oracles, & ont regardé ce nom comme dérivé du composé *Appollinis sacrum*; mais cette étymologie me paroît forcée & mauvaise; la lecture de Sidoine Apollinaire, où j'ai trouvé le véritable nom ancien de *Polignac*, m'a suggéré à ce sujet une idée qui paroîtra peut-être moins hasardée. J'ai lu en effet à la page 43 de l'édition ancienne *in-4°*, des œuvres de cet ancien évêque de Clermont, la note suivante au sujet du château-fort de *Polignac* qui y est nommé *Podomniacus*: *nam vetus nomen arcis Podomniacus, quod passim legere est tum in aliis antiquis monumentis, tum in litteris Urbani V. papæ ad Carolum regem pro Armando vice comite, loci domino.* On voit donc par ce passage que le véritable nom ancien de *Polignac* étoit celui de *Podomniacus*, or, j'ai pensé que cette dénomination pourroit très-bien se décomposer de la maniere suivante, *Pod-Omniacus*; il ne seroit point hors de vraisemblance alors de trouver dans *Pod*, le mot *Podium*, *Puits*, & dans *Omniacus*, la racine sincopée d'*Ominiacus*, d'augure, de *présage*, d'oracle; on trouveroit donc dans la version de ce mot celui de *Puits de présage* ou *Puits d'oracle*, ce qui s'accorderoit très-bien avec la tête colossale à bouche béante, & au puits profond qu'on voit encore à *Polignac*, dont les prêtres faisoient usage pour tromper la crédulité des peuples; la forme exactement conique de ce grand puits, paroît même avoir été faite à dessein & ménagée avec art, pour envoyer de très-loin la reponse, & faire parler le dieu avec un organe terrible, à l'aide de cette espece de porte-voix formidable.

ROCHER DE BASALTE

Des environs de POLIGNAC, où les laves entrent en décomposition.

JE ne trouve aucun rocher de bafalte, propre à inftruire fur la décompofition des laves, comme celui qui fait face au château de *Polignac*, à une lieue du *Puy*, je l'ai fait graver dans la planche *XVIII*, non pour repréfenter un morceau pittorefque & faillant, mais pour offrir à la vue des lecteurs ftudieux, la forme & l'organifation de cette montagne remarquable. Voici l'ordre & la qualité des matieres, en partant de la fommité pour defcendre jufqu'à la racine, ce qui embraffe dans cette partie une élévation d'environ 400 pieds.

N°. 1. Offre une épaiffeur confidérable de bafalte configuré en efpece de grand banc irrégulier; ce bafalte fe rompant en éclats inégaux & raboteux, eft un peu rouillé & paroît avoir fubi un commencement léger d'altération.

N°. 2. Préfente des maffes d'une épaiffeur confidérable en laves poreufes torfes, confondues & placées fans ordre, formant néanmoins une efpece de grand banc qui regne tout le long de la coupe de la montagne, & fur lequel repofe le bafalte; ces laves poreufes ont effuyé de grands degrés d'altérations, particuliérement dans certaines parties; on en voit d'un jaune pâle, d'un gris tendre, & d'autres enfin totalement décolorées; elles ont été très-attendries par l'action de l'acide qui les a ainfi dénaturées: celles qui font blanches commencent à paffer à l'état argilleux.

Comme rien ne s'anéantit dans la nature, & que les objets paffent fimplement d'une combinaifon à une autre, les molécules ferrugineufes qui coloroient ces laves, en fe détachant & nageant dans quelques fluides, fe font dépofées par intervalles dans les vuides, dans les cavités qu'elles ont rencontrées, & y ont formé tantôt de belles *hématites* mamelonées, tantôt de petites couches irrégulieres d'une efpece de fer limoneux, qui affecte fur fa fuperficie une ébauche de cryftallifation, ou plutôt des cavités affez irrégulieres, qui imitent les cellules d'une ruche à miel, tantôt enfin des efpeces de *géodes* ou *ætites*, quelquefois vuides, mais le plus fouvent remplies d'une ochre jaunâtre ferrugineufe.

N°. 3. Indique un fecond amas de laves poreufes légeres, beaucoup plus décolorées, dont la plus grande partie eft d'un blanc de lait; elles confervent abfolument toute la forme extérieure des laves poreufes.

N°. 4. Eft placé fur des maffes confidérables de matieres argilleufes d'un gris verdâtre, peu liantes, happant néanmoins fortement la langue; ces amas de fubftance terreufe, ne font également que le produit de la décompofition des matieres volcanifées. Rien n'eft auffi intéreffant à voir & à étudier que ce magnifique morceau; voyez les détails plus particuliers dans lefquels je fuis entré à ce fujet, dans les pages 198, 199 & 200 de ma lettre à Milord Hamilton; c'eft pour ne pas me répéter que je renvoie à cette lettre.

Pl. XVIII.

Le Veyrac. Del.

G. Bernard. Sculp.

ROCHER VOLCANIQUE DES ENVIRONS DE POLIGNAC,
Où les Laves entrent en décomposition.

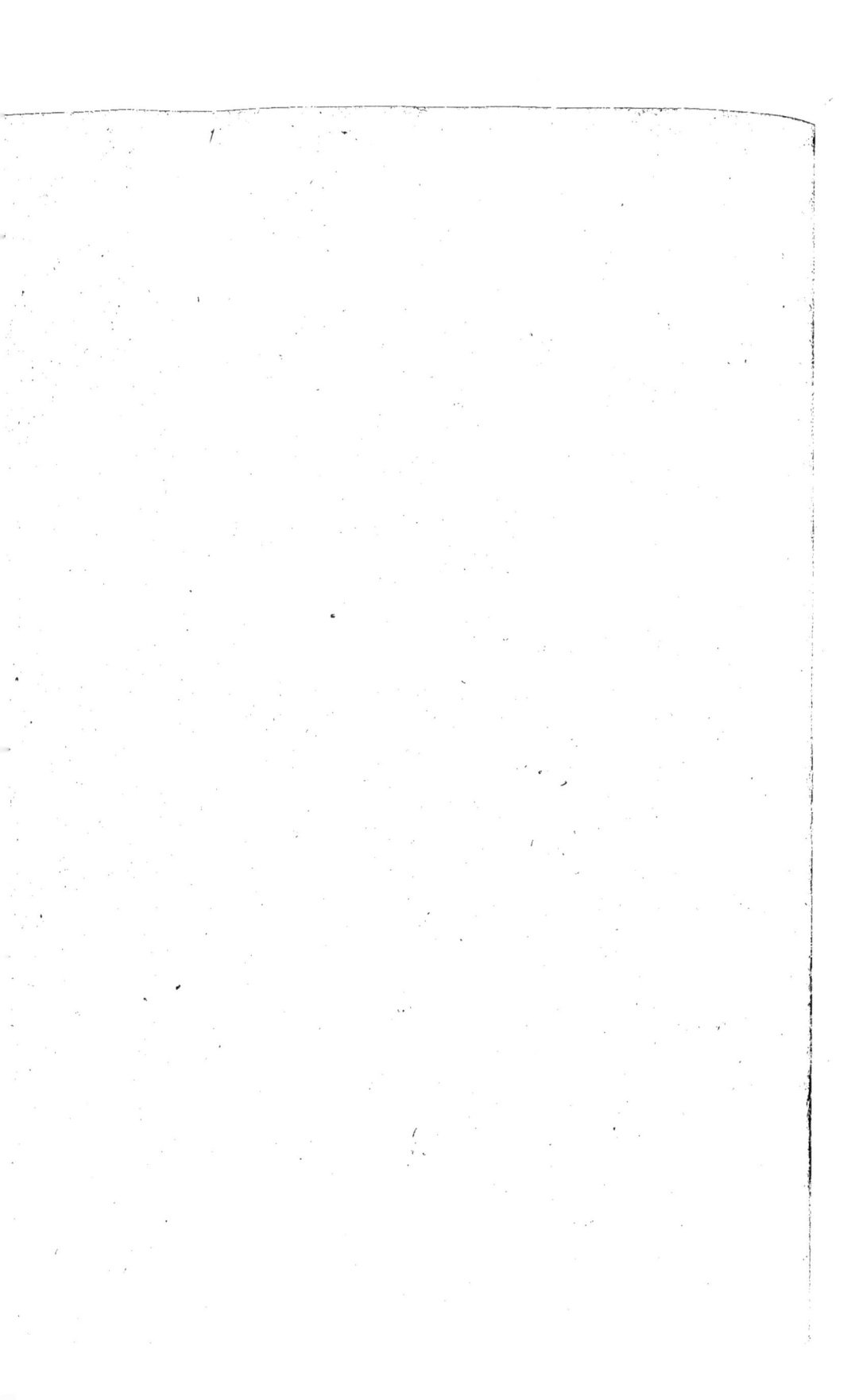

CHARTREUSE DE BONNEFOI.

Montagne du MEZINC.

ON compte de la ville du Puy à la chartreuse de Bonnefoi cinq lieues, mais il faut au moins huit heures pour les faire : on traverse la Loire sur le pont de Brives, pour prendre ensuite la route du hameau de la Terrasse; après avoir quitté le pont de Brives, on laisse les matieres volcaniques, & l'on trouve quelques petits rochers de granit, & des monticules d'argille d'un gris verdâtre.

C'est après la Terrasse qu'on rencontre le hameau d'Arsac, où l'on voit des basaltes & quelques laves poreuses; on se rend de là au bourg du Monastier, lieu assez peuplé : c'est avant que d'y arriver qu'on trouve une multitude de très-gros prismes de basalte, disperfés de toutes parts dans les champs; on ne peut douter que ce ne soit une grande révolution qui ait ainsi transporté cette multitude de colonnes dont la campagne est couverte au loin, & qui ont été tellement déplacées, qu'on ne voit aucune trace des chaussées dont elles dépendoient primitivement : on apperçoit cependant assez loin de là, & après le Monastier, fur la gauche du chemin, un pavé des géans confidérable, mais celui-ci n'a point souffert de déplacement ; les granits succedent à ce pavé, & on ne trouve plus de matieres volcaniques jusques aux approches de la chartreuse de Bonnefoi , qui est située fur la croupe de la montagne du Mezinc, la plus haute & fans contredit la plus curieuse de tout le Velay, entiérement volcanique depuis fa base jusques à fa plus haute fommité.

La chartreuse de Bonnefoi, quoique bâtie fur une montagne , est placée dans un lieu froid, humide, & qui m'a paru peu fain; les bâtimens y font confidérables, & on y a fait des travaux immenses pour la garantir de l'humidité occafionnée par les eaux pendantes de ce revers de la montagne, qui paroiffent être dirigées contre la maison conftruite dans un très-mauvais emplacement : on a trouvé des reffources abondantes dans les matieres volcanifées, pour former cet édifice qui fut fondé en 1179 par Guillaume Jordain, & ratifié par dame Philippe, comtesse de Valentinois , fa fille, en 1249.

Les combles de la maison font couverts avec des basaltes en table; c'est la feule matiere qui puisse réfifter à l'action des froids terribles qu'on éprouve dans ce climat : les murs font bâtis également de basalte en table , & l'encadrement des portes & des fenêtres est fait avec une lave grifâtre, qui fe laisse tailler, & qui est même fusceptible d'un certain poli. On trouve dans cette maison des hôtes honnêtes & pleins de candeur, qui reçoivent les étrangers avec distinction ; le prieur & le procureur qui étoient à la tête de cette chartreuse lorsque je la vifitai, étoient des hommes véritablement inftruits.

On voit auprès de la chartreuse une très - belle carriere de basalte en table , fort-intéreffante par la maniere dont elle est difpofée; non loin de là est une autre carriere de lave dure, décolorée, & d'un gris presque blanc : cette lave en perdant fa couleur a confervé néanmoins une partie

de fa dureté ; j'en ai parlé dans mon mémoire fur les bafaltes , auffi bien
que des autres productions volcaniques de cette belle montagne. On
trouve à dix pas de la chartreufe, vers l'avenue plantée en allée , qui
conduit fur la montagne, une pouzzolane rouge argilleufe, dans laquelle
on diftingue du véritable bafalte décompofé , réduit en fubftance argilleufe grife , happant la langue , fe laiffant couper avec le couteau,
& confervant néanmoins toutes les apparences extérieures du bafalte.

Lorfqu'on fe fera repofé quelques jours à la chartreufe pour en étudier les environs , il faudra fe mettre en route pour gravir fur la fommité de la montagne, & il eft important de choifir un jour où le temps
foit calme & fans nuage , ce qui n'eft pas aifé dans un pays auffi âpre,
& fur un lieu auffi élevé.

Lorfque je montois fur le *Me_inc* , dom coadjuteur eut la complaifance de m'y accompagner jufques vers une efpece de bergerie fort
élevée , où nous devions dîner; il me donna de là un guide pour me conduire fur la haute fommité ; on pourroit, fi l'on vouloit , faire abfolument tout le chemin à cheval : je fus pris en y montant par un brouillard affreux qui nous ôtoit la vue, il étoit d'un froid à glacer, mais heureufement il ne dura qu'environ deux heures , & fut remplacé par un
temps ferein qui découvrit un bel horifon.

On marche prefque fans ceffe fur une riche peloufe dont le pâturage
précieux fait la richeffe du pays; on ne trouve ni arbre ni arbufte;
on jugeroit difficilement de la nature du terrein, fi on ne rencontroit
pas de temps en temps des ravins & de grandes déchirures qui mettent à
découvert la contexture intérieure de la montagne : on reconnoît qu'elle
eft formée par des entaffemens immenfes de laves poreufes de toute efpece & de différentes couleurs : on voit fortir quelques fois de l'intérieur de ces fcories, des courans de laves bafaltiques qui ont circulé
dans l'intérieur de la montagne ; d'autres fois la lave compacte s'eft précipitée par cafcade dans la profondeur des vallons ; rien n'eft auffi curieux que cette fuite d'accidens. Comme je fus bien aife de parcourir la
montagne en plufieurs fens , je paffai d'abord par le chemin, ou plutôt
par le fentier de la *Clede*.

On eft déjà fort élevé lorfqu'on rencontre une croix nommée *la croix
des Boutieres* ; on voit ici fur la gauche du chemin, des amas confidérables
de laves rouges & noires, très-poreufes, enfin toutes les déjections volcaniques qui fe rencontrent dans les parties les plus voifines des bouches
à feu; les explofions violentes ont élevé ici plufieurs grands rochers
bafaltiques, qui placés au bord de plufieurs précipices, donnent à ce
lieu un afpect effrayant.

C'eft de cette élévation qu'on découvre les montagnes des *Boutieres*,
des *Cevenes* & de l'Auvergne; on laiffe fur la gauche le hameau des
Eftables qui eft très-élevé, & on gagne une ferme, ou plutôt une bergerie d'été, nommée la ferme du *Me_inc*, appartenante aux révérends
peres chartreux.

De cette ferme à la fommité, la diftance eft encore confidérable, &
il faut marcher environ trois quarts d'heure fur une peloufe rapide,
qui mene jufqu'à l'extrémité de la montagne qui fe termine en pic
très-pointu. Les pluies ayant entraîné la peloufe, on ne trouve plus
ici

ici que quelques rejetons de *l'uva urci* qui a cru parmi les débris des laves : on voit alors de droit & de gauche des bafaltes en table, durs & fonores, mais dont plufieurs font tellement altérés, qu'ils reffemblent plutôt à des fchiftes qu'à des bafaltes ; il eft hors de doute cependant que ce font de véritables laves bafaltiques, dont plufieurs ont fouffert des altérations fingulieres, qui leur ont enlevé une partie de leur fer. Il s'eft opéré ici diverfes combinaifons, foit par les fumées acides fulphureu-fes, foit par le féjour des eaux de la mer, qui ont tranfmué une partie du bafalte en lame de feld-fpath ; on trouve des morceaux où cette efpece de métamorphofe a été pouffée fi loin, que plufieurs de ces laves où le fchorl étoit abondant, ont paffé à l'état de *feld-fpath granitoïde*, qui imite un granit parfait, obfervation qui paroîtra d'abord bien extraor-dinaire, mais que l'examen attentif des matieres m'a forcé d'admettre ; on voit toutes les nuances, toutes les gradations de ce paffage, en étudiant & en comparant ces laves dont plufieurs font encore à l'état de bafalte parfait, tandis que leur croûte fuperficielle eft dénaturée & convertie en feld-fpath blanc ou rougeâtre. On trouvera des détails plus étendus fur ces bafaltes altérés aux pages 192, 193 & fuivantes de ma lettre adreffée à Milord Hamilton.

J'avois grande envie de déterminer exactement l'élévation de la mon-tagne du *Mezinc* par le moyen du barometre, mais celui que je portois dans mes voyages s'étant malheureufement rompu au *Puy*, je ne pro-cédai à cette mefure qu'avec des inftrumens peu fûrs que je trouvai à la chartreufe de *Bonnefoi*, mais de deux barometres, les feuls de la maifon, que ces religieux eurent la bonté de me prêter, l'un étoit fait depuis plus de 40 ans, l'autre mieux conftruit n'étoit point gradué ; je laiffai le premier en ftation à la chartreufe, en priant dom procureur de le re-garder de temps en temps, pendant que je monterois, pour voir fi quel-que variation de l'atmofphere ne le mettoit pas en mouvement, tan-dis que je portai l'autre avec moi fur la montagne, l'ayant ajufté fur une échelle que je fus obligé de faire moi-même. Ce barometre d'un affez bon calibre, defcendit de 14 lignes ½ depuis la chartreufe juf-qu'à la fommité de la montagne, je m'apperçus de la même gradation en defcendant, & le barometre que j'avois en ftation, n'ayant point varié, on peut compter fur 14 degrés ½ de la chartreufe au fommet du *Mezinc* ; il me manquoit la hauteur du *Puy* à la chartreufe, ainfi je ne puis rien donner de pofitif au fujet de l'élévation de cette montagne fur le niveau de la mer, je préfume cependant qu'elle n'a guere plus de 900 toifes de hauteur perpendiculaire.

Quoique cette montagne ne foit pas auffi élevée que la plupart de celles des Alpes, elle n'en eft pas moins froide, & comme elle n'eft dominée par rien, elle eft perpétuellement battue par les orages & les frimats.

Elle eft ordinairement couverte de neige environ fept ou huit mois de l'année ; le climat eft ici plus rude encore qu'à *Pradelles* : voici une note que me communiqua dom procureur fur la température du lieu.

» Lorfque le temps eft bien calme dans l'hiver & que l'air n'eft pas » troq froid, la neige tombe fur le *Mezinc*, & dans les environs par » petits flocons, mais il eft rare ici que le temps ne foit pas horrible-» ment froid & l'air violemment agité ; la neige tombe alors fous forme

Yyyy

» d'une poussiere extrêmement fine, friable & tellement divisée, qu'elle
» s'insinue dans les endroits les mieux fermés, attirée par le moindre
» courant d'air : si les jointures des plombs des vitrages ne sont pas bien
» fermés, elle pénétre dans les appartemens malgré les doubles chassis,
» c'est ce qu'on appelle *cirer*, dans nos montagnes, lorsque la neige
» tombe ainsi.

» La neige la plus dangereuse, est celle qui tombe lorsque le vent
» est impétueux, & qu'il regne une espece de brouillard, pour lors
» toutes les parties aqueuses qui sont dans l'air, se condensent & se
» brisent entr'elles par les tourbillons de vent ; malheur alors à qui-
» conque est pris en route par un tel temps : cette neige fine & en gla-
» çons ôte la vue & gêne prodigieusement la respiration ; il est rare que
» les personnes saisies par une telle tempête, puissent se tirer d'affaire
» & il n'est pas d'années qu'il ne périsse quelqu'un.

» Le temps le plus froid de l'année à la chartreuse de *Bonnefoi*, est
» depuis le mois de novembre jusques en mai, il est rare que dans cet
» intervalle, il ne gêle toutes les nuits & que le thermometre de Réaumur
» ne descende de 5 ou 6 degrés au-dessous de la congellation dans les
» mois de décembre, janvier & février, & de deux ou trois dans les
» autres ; en un mot le climat est si rude que les nuits en général, même
» celles d'été, sont toujours fraîches & souvent froides.

Parvenu sur la sommité du *Mezinc*, si l'on veut tourner cette montagne dont la base a au moins quatre lieues & demi de circonférence,
on voit qu'elle est flanquée de plusieurs monticules qui paroissent être
& qui sont en effet le produit de différentes éruptions ; elles ont été
comme poussées hors de la montagne mere. La plus élevée de ces différentes buttes, celle qui est placée sur la sommité du *Mezinc*, se nomme *Pied-
viel* ; on en voit une autre à son couchant, nommée l'*Ambre*, presqu'aussi
élevée que la premiere, appellée *Roche-Grue* : *Roche-Guorce*, *Roche-
Chabriere*, le *Villard*, l'*Achamp*, *Chaulet*, *Sarvat*, le *Gerbier des joncs*
qui donne naissance à la *Loire*, le *Grefier*, *Tupernhac*, *Montfoïl*, *Sepoux*,
Roche-Auffayre, *Tourte* & *Montchiroux*, sont autant de monticules ou
de montagnes volcaniques produites par le volcan du *Mezinc*. On voit
au pied de cette montagne des eaux minérales, nommées les eaux de
Chaniac, qui sont d'une qualité semblable à celles de *Vals*. On trouve
plusieurs villages & des maisons isolées, bâties sur le *Mezinc* ; le hameau
ou plutôt le village des *Eftables*, est celui qui est le plus élevé ; on peut
se rendre d'ici sur la plus haute sommité du *Mezinc* dans une heure.
On trouve encore sur cette montagne le hameau des *Effrents*, le village
de *Deuxvabbes*, celui du petit *Freycinet*, & du côté du nord, *Chauderole*, *Saint-Front* où est un assez beau lac, *Saint-Clément*, *Borrée*, le
Beage, *Sainte-Eulalie*.

On ne voit point sur le *Mezinc* de cratere caractérisé comme celui de
la *Coupe du Colet d'Aifa* ; mais on y trouve plusieurs parties de la montagne, où les feux souterreins ont converti les laves en scorie & en
pouzzolane.

Je n'ai point vu non plus sur cette montagne des basaltes prismatiques ;
voici la note de ce qu'on y trouve de plus intéressant.

1°. Sur la plus haute élévation, de la lave basaltique en table, d'un gris corné, quelquefois paroiſſant un peu micacé, ce qui n'eſt occaſionné que par des lames de feld - ſpath; d'autres fois partie baſalte, & en partie *feld-ſpath granitoïde*.

2°. De la même qualité de lave, ſe délitant par feuillets comme l'ardoiſe.

3°. Baſalte en table, noir, dur & ſonore.

4°. Lave poreuſe légere, rouge ; on en trouve auſſi de la noire.

5°. Lave poreuſe qui s'altere & paſſe à l'état terreux, de couleur griſe.

6°. Belle lave griſe ſolide, s'élevant par grands bancs, & propre à être taillée ; c'eſt un baſalte qui paſſe à l'état de *feld-ſpath* ; on s'en ſert pour des fenêtres & des cheminées, & on le tire du quartier de la *Chauderole*.

7°. Lave rouge & noire très-légere, du côté de la croix des *Boutieres*.

8°. Lave noire en ſcorie, incruſtée dans une lave rougeâtre terreuſe & en décompoſition.

9°. Vers les approches de la chartreuſe de *Bonnefoi*, une belle carriere de baſalte noir en table & en couche horizontale ; c'eſt de cette magnifique carriere qu'on a tiré toutes les pierres qui ont ſervi à la conſtruction des nouveaux bâtimens de la chartreuſe de *Bonnefoi*; ce baſalte eſt des plus pur, il eſt ſonore & ne contient aucun corps étranger, les couches ſont d'un ſi beau paralléliſme, qu'on voit ici le même arrangement que dans les bancs calcaires.

10°. Belle lave compacte, d'un gris blanchâtre, ſemblable à peu près à celle de la *Chauderole*, mais plus tendre & ayant moins de conſiſtance.

11°. Pouzzolane rouge argilleuſe.

12°. Baſalte converti en ſubſtance argilleuſe, conſervant néanmoins toutes les apparences extérieures baſaltiques, ſe trouve dans une pouzzolane argilleuſe,tout au près de la maiſon des chartreux. On a eu trouvé, ſelon le rapport de dom procureur, dans cette même eſpece de pouzzolane, & un peu plus près de la maiſon, dans une excavation qu'on fit, du véritable bois changé en charbon foſſile bitumineux.

13°. Diverſes matieres volcaniques converties en ſubſtance argilleuſe de différentes couleurs, & entr'autres en une belle argille blanche de la nature du kaolin.

ROCHE ROUGE.

Voici le morceau le moins agréable à voir fur la gravure, mais celui qui eft inconteftablement le plus curieux & le plus inftructif de tout mon ouvrage. Ce fingulier rocher, quoique très-noir, fe nomme, je ne fais pourquoi, *Roche-Rouge*. Ce fut à mon retour de la chartreufe de *Bonnefoi*, par la route de l'*Aubepin*, que je fis cette découverte. Je remarquai fur la droite du chemin, à environ une lieue & demie de *Brives*, un rocher bafaltique entiérement ifolé, qui paroiffoit fortir d'un plateau de granit fur lequel il repofoit : la nuit approchoit lorfque je paffai prefqu'au pied de ce rocher ; mais étant avec le prieur & le procureur de la chartreufe de *Bonnefoi*, je ne voulus pas les quitter pour aller obferver mon beau rocher, mais fi ce fut à mon grand regret que je paffai outre, je réfolus d'y revenir le lendemain pour le contempler à mon aife.

J'avouerai même que cet étrange rocher qui m'avoit finguliérement frappé par fa pofition, m'occuppa une partie de la nuit, & que je defirois ardemment l'approche du jour pour y retourner fans perdre temps. Comme chemin faifant je communiquois mes idées à ce fujet à dom d'Acher, procureur de la chartreufe de *Bonnefoi*, homme très-inftruit, il voulut m'y accompagner le lendemain matin, & nous nous y rendîmes de la chartreufe de *Brives* avec mon deffinateur.

Nous prîmes le chemin qui conduit à *Landriat*. Les matieres volcaniques fur lefquelles on fe trouve en partant de *Brives*, commencent à difparoître vers les environs d'un pont qui fert pour la route du *Monaftier* : on entre alors dans des granits à grands bancs irréguliers, de couleur rougeâtre fur la fuperficie, ce qui probablement a fait appeller ce quartier *Roche-Rouge*, nom qui fe rapporte plutôt à ces rochers de granit, qu'à notre butte bafaltique.

On ne tarde pas à appercevoir & à reconnoître de loin le rocher pyramidal dont il eft queftion ; il n'eft abfolument environné de toutes parts que de granit; nulle coulée de lave, nul *cratere*, nul volcan apparent dans le voifinage, qui ait pu le produire; tout eft abfolument granit à plus d'un quart de lieue, & même demi-lieue à la ronde.

Plus on s'approche de cette curieufe butte, plus l'on eft dans la perfuafion qu'elle n'a pu fe trouver là qu'en perçant les bancs de granit, & en s'élevant fubitement en maniere de jet de lave. Comme ce petit roc n'eft pas à 100 pas du chemin où il faut laiffer les chevaux, on a bientôt gagné fon pied, mais comme cette partie qui fait face au chemin eft un peu encombrée par une mauvaife terre végétale, produite par le granit décompofé, il eft difficile de diftinguer les points de contact, & l'on ne peut fe former aucune idée pofitive encore de la maniere dont cette maffe s'eft établie.

Mais quelle fut ma furprife & mon étonnement, lorfqu'en faifant le tour du rocher, je reconnus, dans la partie oppofée à célle qui fait face au chemin, que la nature avoit ici levé un coin de fon voile, fi je puis m'exprimer ainfi; en effet on reconnoît d'une maniere claire, pofitive

&

Pl. XIX.

De Veyrens Del.

C. Fessard Sc.

ROCHER BASALTIQUE DE ROCHE ROUGE,
Qui s'est fait jour à travers le Granit, et en a soulevé les masses.

& indubitable, que ce rocher de bafalte eft forti par l'effort d'une explofion volcanique, de l'intérieur de la terre, s'eft fait jour à travers l'é-
paiffeur des granits, & s'eft foutenu fur lui-même, en s'élevant majeftueufement hors de terre jufqu'à la hauteur de plus de 100 pieds fur un
diametre d'environ 60.

La Planche XIX repréfente la figure exaête de ce rocher , tel
qu'on le voit dans la partie oppofée au grand chemin, avec tous les accidens de fa contexture extérieure. On voit par fa configuration, que la
matiere chaude & bouillante, mais folide jufqu'à un certain point, lorfqu'elle fortoit avec effort du fein de la terre, fe déformoit dans plufieurs
parties , ce qui a rendu fa fuperficie inégale & raboteufe. Le bafalte de
cette maffe eft noir, dur & homogene, on y voit cependant des portions
où la lave plutôt d'un gris foncé que noire, s'eft un peu attendri; dans
d'autres , elle a formé quelques grandes crevaffes occafionnées par les
foufflures.

On voit de la maniere la plus évidente, que les bancs de granit étant
foulevés par l'effort de la lave, fe font dreffés fur eux-mêmes, & fe
font enfuite appliqués contre le bafalte bouillant, auquel ils fe font
adaptés & comme foudés; rien n'eft auffi curieux ni auffi extraordinaire
que de voir cette ceinture de granit qui entoure, à une hauteur de plus
de 7 pieds, la bafe de la butte bafaltique : il ne faut pas croire que le
granit foit venu s'établir ici après coup, on voit les marques les plus
évidentes du contraire; à fix pas du rocher le granit eft affis prefque horizontalement, mais à fon pied les bancs fe font disjoints, foulevés avec
effort , & ont formé un talus rapide qui fe trouve exaêtement plaqué
contre le bafalte, auquel le granit eft très-adhérent.

Mais rien n'eft auffi curieux, auffi agréable & auffi démonftratif que
de voir de droit & de gauche, depuis le haut jufqu'en bas, pendre des
lambaux de granit, que l'effort de la lave a enlevés & s'eft appropriés;
on les voit collés & accrochés dans des pofitions fingulieres, c'eft ce
que j'ai tâché de faire rendre dans la gravure, & ce qu'on diftinguera
facilement fans que je l'indique par des lettres. J'ai été obligé pour faire
fentir la zone de granit qui enveloppe le pied du rocher, de m'écarter
d'une des principales regles du deffein, j'aurois dû faire plus charger
d'ombre les maffes rapprochées; mais s'il eft un cas où la regle ait dû s'en-
freindre, c'eft certainement celui-ci, il m'importoit trop de faire fentir
& connoître le granit, qui eft indiqué par des hachures différentes, &
beaucoup plus éclairées. J'ai eu une attention extrême de faire deffiner
exaêtement les déchirures & les contours du granit, dans les points
de contaêt avec le bafalte.

Voilà fans contredit le plus beau morceau volcanique qui puiffe
exifter, il doit être regardé dans la fuite comme la bouffole qui doit diriger l'obfervateur dans la théorie de la formation de ces étonnantes
buttes qui faifoient le défefpoir des naturaliftes, par les difficultés qu'il
y avoit à concevoir comment elles avoient pu arriver dans les lieux où
on les trouve, ne voyant pour l'ordinaire aucune communication de ces
pics ifolés, avec les foyers des volcans voifins. C'eft ainfi qu'en confidérant les grandes buttes de *Rochemaure*, on étoit finguliérement étonné
de rencontrer des maffes de ce volume & de cette élévation fur des

Z z z z

matieres calcaires, où elles paroiſſoient comme implantées, n'ayant aucune attenance avec les courans de laves des environs.

On n'ignoroit pas, je le ſais, que le *Véſuve* & *l'Etna* produiſoient dans certaines éruptions, des monticules qui ſe formoient aſſez ſubitement; mais ces éminences , dont pluſieurs même ſont fort élevées, doivent leur origine à des entaſſemens de matieres, élancées le plus ſouvent par diverſes bouches à feu, qui s'ouvrent ſur le flanc du volcan principal, au lieu que le petit pic de *Roche-Rouge*, compoſé d'une lave pure & homogene, de la nature du baſalte , a percé les bancs de granit par le ſeul effort de la lave, ſans être précédé & ſuivi d'aucun autre phénomene volcanique, puiſqu'on ne trouve ici ni ſcories ni laves poreuſes ni abſolument aucune autre déjeƈtion qui puiſſe annoncer une bouche ou un ſoupirail dans cette partie; on voit ſimplement une maſſe de baſalte exhauſſée, nue & iſolée , qui s'eſt fait jour à travers les bancs formidables de granit , qui ſe dreſſant ſur eux-mêmes par l'effort de la matiere en fuſion, ſe ſont adaptés , & comme ſoudés contre la baſe de ce curieux rocher baſaltique , le plus admirable & le plus intéreſſant qui puiſſe ſans contredit exiſter au loin.

LETTRES

SUR LES VOLCANS

DU HAUT VIVARAIS.

AVERTISSEMENT.

Je joins ici, avec autant de plaifir que de reconnoiffance, fix lettres in-
téreffantes, que m'a fait l'honneur de m'adreffer M. l'abbé de Mortefagne,
natif de Pradelles *dans le haut* Vivarais, *qui a fixé depuis plufieurs*
années fa réfidence à Montelimar.

Il nous apprend lui-même dans la premiere de fes lettres, que le goût
de la lithologie eft venu le faifir fur le déclin de l'âge ; mais cet eccléfiaf-
tique favant prouve par fes écrits que les glaces de l'âge n'ont pas à
beaucoup près refroidi la chaleur de fon génie. On trouvera dans ces
lettres de grands & magnifiques tableaux fiérement deffinés. Je comprends
d'avance que quelques naturaliftes féveres auroient defiré peut-être moins
de poéfie & d'enthoufiafme, & plus de méthode dans les defcriptions, plus
de fuite & d'inftruction dans le détail technique ; mais je répondrai à cela
que M. l'abbé de Mortefagne a l'attention de prévenir qu'il ne promet pas
d'être toujours fcrupuleufement méthodique, & je dirai fur-tout qu'on
doit lui favoir un gré infini de fon ʒele & de fon amour pour la fcience ;
la maniere forte & vigoureufe avec laquelle il fronde l'ignorance & la fotte
vanité des détracteurs de l'hiftoire naturelle, ne peut que lui attirer l'eftime
& la reconnoiffance des favans.

On doit dire encore qu'il eft étonnant que M. l'Abbé de Morte-
fagne ait pu faire en fi peu de temps, & dans un âge où les goûts font
peu vifs, autant de progrès en hiftoire naturelle : enfin, je me fais un
honneur & un devoir, en rendant hommage aux talens de ce favant, de
dire qu'il eft le premier qui ait reconnu les volcans des environs de Pradelles, *& ceux de plufieurs parties du* Velay ; *que c'eft d'après fes indi-*
cations que j'ai vu & étudié ce pays curieux. Si nos defcriptions différent,
c'eft que j'ai vifité plufieurs montagnes élevées, telles que le Mezinc, &c.
que M. l'abbé de Mortefagne n'avoit pas été à portée de parcourir ; j'ai dû
d'ailleurs entrer dans des détails que de plus longs féjours & des études pré-
liminaires m'avoient mis dans le cas de fuivre & de faire connoître plus
particuliérement.

J'ai pris la liberté de faire quelques notes au bas de ces lettres, lorf-
que la néceffité m'y a forcé : le goût dominant de M. l'Abbé de Morte-
fagne me paroiffoit être la partie fyftématique, je me fuis abftenu rigou-
reufement d'en traiter moi-même, parce qu'il faut commencer avant tout
par recueillir beaucoup de faits, les fuivre, les étudier, les bien connoître ;
qu'en un mot je fentois combien cet objet étoit hors de mes forces & de ma
portée.

LETTRES

De M. *l'Abbé* DE MORTESAGNE, *à* M. FAUJAS DE SAINT - FOND.

PREMIERE LETTRE.

De Pradelles, le 1er juillet 1776.

MONSIEUR,

JE vous tiens parole, & fans autre prétention que de vous faire part de mes découvertes, pour vous engager à venir les voir & les perfectionner vous-même, & les rendre enfuite publiques, je vais vous tracer ce que j'obferve journellement fur les volcans éteints du plus haut Vivarais & d'une partie du Velay ; je les parcours depuis quatre mois avec une affiduité infatigable, & je puis vous affurer que fi le goût de la *lythologie* que vous avez fu m'infpirer, eft venu me faifir, je ne fais comment, fur le déclin de l'âge, j'en fais certainement un rude apprentiffage. Il n'y a pas feulement du défagrément à errer parmi les rochers, & fur-tout au milieu de ceux qui font l'objet de mes recherches, à defcendre dans des vallées profondes par des penchans très-rapides, à s'élever prefqu'en ligne perpendiculaire fur des hauteurs à perte de vue ; le danger, vous le favez affez vous-même, s'y rencontre fréquemment, mais vous avez éprouvé auffi que par-tout où l'attrait domine, la peine eft comptée pour rien, qu'on ne s'en apperçoit même pas, & que l'envie de voir des chofes nouvelles & fingulieres dans le genre aimé, fait fouvent braver le rifque manifefte de s'expofer à de grands dangers de s'eftropier, de fe tuer même. Graces à Dieu j'en fuis quitte pour quelques contufions, & à ce prix je goûte la fatisfaction d'avoir été le premier (du moins je le penfe ainfi) à découvrir que le pays de *Pradelles* & fes environs fe trouvent criblés de crateres de volcans anciens, & qu'on y voit de toute part des productions de ces bouches infernales. Tout ce pays, en y comprenant le Velay & une partie de l'Auvergne, forme un diftrict de près de 100 lieues quarrées, hériffées de coteaux, de collines, de monticules, de montagnes même qui giffoient autrefois très-profondément dans les entrailles de la terre, & qui portent aujourd'hui leurs arides fommets dans les airs. La plûpart de ces rochers ont coulé ardens du fein de la terre, ainfi que le métal fort en fufion des fourneaux des fonderies, pour venir fe placer dans le lieu qu'ils occupent préfentement. D'immenfes colonnades d'une pierre prefqu'auffi dure & auffi péfante que le fer, & qui font l'étonnement de tous ceux qui les voyent, ont eu la même origine ; enfin deux lacs vaftes & profonds, dont un fournit abondamment d'excellens poiffons, ont vomi jadis des torrens de matieres liquéfiées.

Voilà ce qu'on ignoroit profondément dans le pays, ce que je n'ai ofé articuler qu'avec précaution à un petit nombre de gens raifonnables, de peur d'être en butte à mille plaifanteries.

Mais avant d'entrer dans les détails que vous m'avez demandés fur tous ces objets, & que je m'empreflerai de vous faire parvenir dans le cours de plufieurs lettres que j'aurai l'honneur de vous écrire, il faut que je vous donne une idée générale du haut Vivarais. La partie baffe de cette province vous eft familiere, vous la connoifjez mieux que moi, ainfi je n'en parlerai pas. Je vous rendrai compte enfuite de mes petites découvertes, en évitant, il eft vrai, la confufion autant qu'il me fera poffible; mais ne vous promettant pas non plus d'être toujours fcrupuleufement méthodique. Je vous préviens du refte que quand je détermine des élévations, des profondeurs, des diftances, je ne prétends pas vous donner des mefures dans toute la précifion mathématique : mon coup d'œil, un cordeau affez long, divifé d'efpaces en efpaces par des nœuds que j'y ai faits, ma canne à laquelle j'ai écroué une regle mobile qui faifant équerre à mon gré, me fert au befoin à prendre un angle ou à diriger mon œil vers le point de correfpondance d'une hauteur inacceffible; le nombre de mes pas dont j'ai fixé la longueur à deux pieds cinq pouces en plaine, & à un tiers de moins dans les montées rapides, voilà mon alidade, mon graphometre, &c. Avec de pareils inftrumens on ne fauroit rien donner de bien exaĉt ; mais qu'importe après tout que j'attribue à un rocher, à une colline, à une riviére, à un lac quelques toifes de hauteur, de circuit, de diametre, de largeur de plus ou de moins qu'ils n'en ont effeĉtivement : mon erreur, je penfe, ne fauroit préjudicier ni au bien public, ni à l'intérêt particulier. J'ai à vous dire encore que je n'apporte pas dans mes fpéculations des yeux de linx, tels que les vôtres qui vont faifir à 20 pas de diftance des objets dont la petiteffe échapperoit à des obfervateurs très-clair-voyans qui les auroient à leurs pieds, ni cette fineffe de difcernement & de taĉt qui vous fait appercevoir dans bien des produĉtions de la nature, des propriétés, des fingularités, des accidens qu'on n'y connoiffoit pas avant vous; découvertes dues à vous feul, qui renverfant les opinions les plus généralement reçues fur la nature de ces mêmes objets, forcerez ceux qui vous ont précédé dans la carriere volcanique, à adopter les idées plus juftes que vous fûtes vous en faire.

Enfin vous reviendrez vous-même bientôt fur tout ceci, accompagné de géometres & de deffinateurs. Vous fuivrez en détail & à loifir, ce que je ne vois gueres qu'en gros & en courant, & la defcription que vous en donnerez aura ce ton d'exaĉtitude fcrupuleufe qui caraĉtérife tout ce qui part de votre plume.

Le pays où je fuis venu découvrir des volcans éteints, eft fitué entre le Forez au nord, l'Auvergne à l'oueft, le Gévaudan au fud, & le bas Vivarais à l'eft. Il forme ce qu'on appelle une plaine en montagnes de 500 toifes d'élévation perpendiculaire fur le niveau du Rhône à Viviers, & la courte chaîne de montagnes dont il eft bordé au nord-eft, en a environ 712.

Pour déterminer cette élévation, j'ai employé la méthode de M. Duluc.

On arrive dans cette région aérienne par le nord, l'oueft & le midi,

fans monter fenfiblement ; mais on ne peut y parvenir du Languedoc
& du Dauphiné que par les côtes de *Montpezat*, de *Maires*, de la
Souche, ou de *Bayard*, & ce n'eft pas une petite affaire que de les
franchir, elles ont chacune au moins 200 toifes d'élévation perpendiculaire. Il eft vrai qu'à force de multiplier les tournans, on a extrêmement adouci la pente de quelques-unes, celle de *Maires* en particulier
préfente un ouvrage en ce genre, tel qu'il n'en exifte pas de femblable
dans le royaume, ni même à ce que je crois autre part.

Les états de Languedoc ayant ordonné une route depuis *Montpellier*
jufqu'au *Puy*, qui pût être pratiquée par toutes fortes de voitures, on
tâtonna long-temps avant de décider par quelles des quatre côtes que
j'ai nommées, on la feroit paffer ; celle de *Maires* eut enfin la préférence, & on n'eft pas à s'en repentir. Deux, trois, quatre & jufqu'à
cinq cents ouvriers y travaillent durant la belle faifon depuis quatre ans,
& elle n'eft pas à beaucoup près achevée.

Il faut s'être porté fur les lieux pour concevoir les dépenfes énormes
qu'a exigé l'exécution d'une pareille entreprife.

Il s'agiffoit de conduire les chaifes de poftes & les voitures les plus
lourdes par une montée aifée, depuis le village de *Maires*, qui eft immédiatement au pied de la montagne, jufques à la *Chavade* qui termine
fon fommet.

Or, pour y parvenir il a fallu d'abord tailler dans le roc vif de granit
micacé, d'une dureté furprenante, un chemin de 6100 toifes de long
fur 5 de large, & de 206 toifes d'élévation perpendiculaire.

Le conduire dans toute fa longueur fur le flanc de la montagne, &
l'affeoir folidement fur d'affreux précipices, au bord defquels il regne
prefque d'un bout à l'autre.

Le foutenir en plufieurs endroits par d'épais remparts, dont les fondemens & les appuis defcendent à découvert quelquefois jufqu'à 20
toifes de profondeur.

Efcarper, brifer fur place, faire rouler dans les précipices une infinité de roches ou pendantes ou détachées, qui portant à faux fur des
terres, des fables, de la pierraille mobile, & dominant çà & là prefque
perpendiculairement fur la tête des paffans, pouvoient au premier dégel
ou dans des temps de groffe pluye, les écrafer à chaque pas.

Enfin, jeter fur les ravins très-profonds qui coupent fréquemment
la route, vingt-deux ponts à double & à triple rang d'arcades pofées les
unes fur les autres.

Il femble que le pont du *Gard* a fervi de modele à ceux-ci qui peuvent, ce me femble, par l'élégance, la folidité, la hardieffe de leur
ftructure, figurer à côté de ce que les Romains ont exécuté de plus beau
en ce genre.

Vous noterez en paffant que les produits des volcans jouent ici leur
rôle, & ne concourent pas peu à la beauté de ces édifices. Le volcan
de *Banne*, qui fe trouve au haut de la côte, dans la plaine à main
droite, a fourni des laves rougeâtres très-folides, & néanmoins aifées
à façonner, qu'on a entremêlées avec beaucoup d'art & de goût avec la
pierre de taille qui a fervi à la conftruction des culées & des ceintres de
ces ponts, ce qui fait à la vue un effet charmant.

On voit beaucoup de ces bigarrures dans les panneaux des grandes fenêtres de l'églife de Notre-Dame du Puy, ainfi que dans ceux des églifes de *Goudet*, de *Landos*, de *Saint-Paulien*, &c.

Cette magnifique route vous conduit pompeufement au plus déteftable pays que je connoiffe en France, & c'eft hélas le mien. A peine eft-on parvenu au milieu de la côte, qu'on commence à s'appercevoir d'un changement total de climat, & l'étonnement redouble lorfqu'on fe trouve guindé à la *Chavade*.

Nouveau ciel, nouvelles terres; on croît être arrivé en Norvege ou en Laponie. On avoit voyagé depuis *Aubenas* jufques à *Maires*, dans des gorges étroites à la vérité & fort profondes, mais outre que les montagnes qui les bordent font prefque dans toute la longueur de leur pente rapide, couvertes de vignobles, de châtaigners, de mûriers, les prairies qui regnent le long de l'eau ont une verdure fi éclatante que l'œil ne peut fe raffafier de les contempler. Ce fpectacle eft agréablement diverfifié par une infinité de petites terraffes, difpofées en amphitéâtre les unes fur les autres, où l'activité induftrieufe des habitans a fu conduire avec tant d'art les eaux qui fe précipitent des hauteurs, que la végétation y eft admirable en plufieurs fortes de grains & de légumes : le climat eft d'une température délicieufe, & il eft aifé de juger à la fraîcheur des vifages que l'on rencontre fur fes pas, que la multitude des arbres dont ces gorges fauvages font couvertes, y donne à l'air une falubrité qu'on ne trouveroit peut-être pas dans les plus riantes plaines de France.

Tout ceci a abfolument difparu au pied de la côte de *Maires*, & le beau chemin qu'on y a fait, n'empêche pas qu'elle ne foit la trifte avenue d'un pays encore plus trifte.

A peine y a-t-on mis le pied, que la vue commence à s'égarer au loin dans des régions toutes couvertes de neige, & l'on eft accueilli d'un vent glacial qui vous replonge dans les rigueurs de l'hyver à la fuite du printemps dont on venoit de goûter les douceurs dans le bas Vivarais.

Si l'arrivée de l'été a fait difparoître les neiges, l'œil n'eft guere plus refait dans une étendue de plufieurs lieues; vous marchez les heures entieres fur la pelouze ou fur le roc recouvert d'un peu de terre mêlée de gravier, fans voir un arbre ni un feul buiffon, quelques forêts de pins y préfentent feulement de loin en loin leur morne verdure; il eft même des arrondiffemens de 2 ou 3 lieues où il eft impoffible de reconnoître le moindre veftige ni d'arbres ni d'arbuftes.

En général tous les enclos des champs & des prairies y font formés de petits murs à pierre feche, ou de fapins hériffés de branches coupées à un pied du corps de l'arbre, & pofées par leur travers fur des fourches de bois. De fi chétives paliffades n'annoncent pas de belles fermes ou de riches hameaux. Prefque tous les villages n'ont guere que vingt ou trente chaumieres difperfées çà & là, & la plûpart couvertes de paille; l'on ne fauroit y pénétrer qu'en entrant dans la boue jufqu'à mi-jambes, mais le payfan hauffé fur des fabots de demi-pied de haut qu'il porte toute l'année, ne s'en met guere en peine. Ni planchers, ni pavés, ni étages dans ces miférables cabanes; les hommes & les beftiaux y vivent fous le même toît en plate terre, & ne font féparés que par une cloifon de planche. Il ne faut pas s'imaginer que quand la nuit eft arrivée on

ait

ait là des chandelles ou de l'huile pour s'éclairer. Quelques morceaux de cœur de pins ou d'autres bois réfineux qu'ils allument dans une pierre creufe, voilà leurs bougies. Pour du vin, il n'en eft pas queftion : on en trouve à la vérité quelque peu chez les plus aifés, & cela pour des befoins preffans; mais conftamment le laboureur avec toute fa fuite n'a là que de l'eau claire à boire. Leur nourriture ordinaire c'eft du pain de feigle ou d'orge groffiérement paffé, des navets, des pommes de terre, rarement du fromage ou du lard. Ici comme ailleurs, le plus rance eft le plus favoureux à leur goût. La nature leur indiqueroit-elle par là que c'eft en même-temps le plus fain, ainfi que vous l'avez obfervé dans une des notes de l'édition que vous avez donnée de Bernard Paliffy. Ces chaumieres, telles que je viens de vous les peindre, font dans la plus exacte vérité la demeure des trois quarts des habitans des campagnes du haut Vivarais, du Gevaudan & du Velay. Toutes pauvres qu'elles font, elles deviennent des afyles délicieux pour les voyageurs qui font affez heureux que de les rencontrer, lorfqu'ils ont été furpris par les tourbillons de neige que le vent excite fréquemment dans ces contrées. Il eft des régions en Europe & dans l'Amérique feptentrionale où le froid eft peut-être plus vif & plus long qu'ici, & où il tombe une plus grande abondance de neige, mais dès que la terre en eft une fois couverte à une certaine hauteur, le calme y regne affez conftamment dans les airs, & l'on peut fans rien rifquer, au moins du côté des vents, y entreprendre de longs voyages fur des traineaux ; mais ici ce qu'on appelle, *la bife*, *la traverfe*, *le marin*, fe déchaînant prefque fans interruption, tranfportent les neiges qu'ils divifent comme de la cendre, tantôt d'un côté & tantôt de l'autre, en forment des amoncelemens qui reffemblent à des dunes, & il arrive quelquefois que des maifons de 12 ou 15 pieds de haut fe trouvent enfevelies fous ces amas de neige qu'on appelle ici des *congeres*.

Les voyageurs les plus accoutumés à rouler dans le pays, lorfqu'ils font accueillis de cette tempête, perdent bien vîte la trace des chemins; ils errent à l'aventure fans favoir s'ils avancent ou s'ils reculent. La neige qui les aveugle, jointe au mugiffement des vents & à un brouillard épais qui fe répand dans l'athmofphere, les empêche de diftinguer les fignaux auxquels ils pourroient fe reconnoître; ils ne peuvent pas même voir, & encore moins entendre leurs compagnons de voyage à trois pas de diftance, & c'eft ainfi qu'ils fe trouvent en un danger éminent de périr.

Pour veiller à leur confervation autant qu'il eft poffible, on a bordé tous les grands chemins, dans les endroits les plus périlleux, de piles de maçonnerie de 10 à 12 pieds de haut, à peu de diftance les unes des autres, & on ne manque pas, par-tout où il y a des cloches, de les mettre en branle, & de fonner très-long-temps, fur-tout à l'entrée de la nuit. On fauve ainfi la vie à bien du monde; le voyageur égaré reprend courage à ce fignal favorable, & fait ce qu'il peut pour gagner l'afyle que le bruit des cloches lui indique. Mais tous ces fecours dictés par l'humanité font bien fouvent infuffifans, & il ne fe paffe guere d'année qu'on ne trouve au dégel les cadavres de gens qui n'ont pas eu affez de vigueur pour fe dégager des neiges dans lefquelles ils s'étoient enfevelis. On

Bbbbb

a remarqué que depuis l'année 1755, époque si fatale à *Lisbonne*, ces tourbillons sont ici moins fréquens & les hyvers moins longs & moins rigoureux. Cependant au mois de février dernier, des mendians rassemblés de divers endroits, étant venus recevoir à *Saint-Paul-de-Tartas* une aumône qui devoit s'y faire, on laissa languir ces malheureux sans feu & sans alimens dans une grange, jusques vers les quatre heures du soir. La distribution faite ils se retiroient chez eux à travers les neiges; le temps étoit calme; mais à peine furent-ils à 500 pas du village, qu'un vent marin furieux venant à souffler, ils se virent investis de poussiere de neige. Les plus robustes échapperent, mais huit d'entr'eux périrent misérablement.

Le bruit de ce triste événement s'étant répandu quelques heures après dans *Pradelles*, qui n'est qu'à demi-lieue de l'endroit où il venoit de se passer, un pauvre habitant de la ville craignit pour son fils âgé seulement de douze ans, qu'il savoit être allé participer à la distribution. Le temps étoit horrible, mais cela n'empêcha pas qu'il n'alla seul sur le minuit, un brandon de paille à la main, le chercher dans les neiges. Il l'y trouva étendu mort & gelé, peu s'en fallut qu'il n'y restât lui-même, mais enfin il eut assez de force pour charger ce cadavre sur ses épaules & venir le jeter brusquement aux pieds de sa femme en lui disant, *Voilà ton fils.*

Définissez comme il vous plaira ce trait de barbare tendresse, je doute que parmi les sauvages du Canada il s'en voie de pareils.

Un fait d'une espece approchante, & de la vérité duquel je puis vous donner tous mes concitoyens pour garans, s'étoit passé à peu près au même endroit cinq ans auparavant. Un chauderonnier de *Pradelles* étoit allez tenir un enfant en baptême à *Saint-Arcons*; grande fête à la fin de la cérémonie, le vin sur-tout ne fut pas épargné, le parrain en but trop, & se fiant sur la bonté de son cheval, il s'obstina, quelques remontrances qu'on pût lui faire, à se mettre en chemin à l'entrée de la nuit pour revenir chez lui; tout étoit couvert de neige; il faisoit un froid excessif; pour comble d'infortune le vent s'éleva & notre homme périt. Deux jours après des gens qui le cherchoient apperçurent de loin un cheval immobile sur une éminence, ils accourent & le voient retenu par la bride passée à deux tours dans le bras d'un cadavre enfoncé dans la neige; ils veulent s'en saisir, le cheval s'effarouche, rompt sa bride & fuit au galop à travers champs; on s'éloigne à dessein, la pauvre bête ne tarde pas à revenir à son premier poste où elle se laisse prendre sans résistance. On admira encore moins l'exemple d'attachement & de fidélité qu'elle donnoit à son maître, qu'on ne fut surpris qu'elle eût pu subsister deux fois vingt quatre heures sans boire ni manger en plein air au milieu des vents, des neiges & des glaces d'un pays aussi froid que le Canada.

On n'auroit garde de se mettre en route, si l'on pouvoit prévoir ces terribles ouragans, mais les plus habiles y sont souvent trompés. On part par un tems calme, rien ne présage la tempête, elle arrive subitement, & dure quelquefois les quinze jours & les mois entiers. Le pays est alors ordinairement fermé. Toute communication d'un lieu à un autre est interrompue. Si l'on est en voyage, il faut s'arrêter par force dans ces misérables taudis où l'on a été assez heureux que de pouvoir se retirer, & l'on a tout le loisir de s'y consumer d'ennui, de froid, & même de faim. Les muletiers sont ceux qui se trouvent le plus exposés à ces sortes d'accidens. Les voitures étant inconnues dans ce pays, tout le transport des denrées s'y fait à dos de mulets.

Ceux qui les menent ne trouvant pas leur compte à ces longs & dispendieux séjours, affrontent le mauvais temps sous la conduite même de leurs mulets, & ils n'ont pas toujours lieu de s'en repentir. Il est constant que ces animaux ont un instinct merveilleux pour ne pas s'écarter de la route, quoique la neige la couvre à un ou deux pieds d'épaisseur, ou pour la rattraper lorsque le tourbillon les a dévoyés.

Pour mettre à profit leur sagacité, le muletier a soin de faire marcher à la tête de toutes ses bêtes de charge un mulet expérimenté qui ait passé & repassé fréquemment sur ces montagnes. L'animal conducteur, amplement garni de sonnettes, entre fiérement dans les neiges, y fait la première trace, porte constamment la tête au vent, à moins qu'il ne la baisse pour flairer les endroits dangereux, s'arrête, se détourne, revient sur ses pas selon le besoin. Tout suit avec docilité & l'on parvient au gîte.

Cependant il arrive quelquefois que ces tourbillons de neige venant à s'épaissir par la violence des vents qui se choquent, hommes & bêtes tout reste par chemin[a].

Inutilement chercheroit-on quelque espece de fruit dans ces climats sauvages, toutes les productions de la terre s'y réduisent à du seigle, de l'avoine, de l'orge, des poids, des pommes de terre & des raves. Tous ces grains & légumes sont excellens & meilleurs que ceux de pareille espece qui viennent dans les climats chauds. Les paturages forment la principale richesse du pays; l'herbe y croit avec une rapidité singuliere. Pour peu que la chaleur se fasse sentir, la terre qui ne présentoit qu'une surface aride & de couleur de rouille, se pare presque subitement de verdure. Les sels que les longs séjours des neiges y avoient déposés, ne contribuent pas peu à la célérité de cette végétation. Dans trois mois tout naît, se développe, mûrit, & il n'y a pas de temps à perdre pour couper les moissons & les mettre à l'abri, on est souvent même obligé de les enlever de dessus les champs avant qu'elles soient parvenues à une parfaite maturité; il faut pour ainsi dire y dérober les récoltes aux frimats qui ne manquent guere de reparoître au mois de septembre.

Ce qui met le comble à la misere du pays, c'est que le bois de chauffage commence à y manquer presque absolument. Les forêts de hêtre qui couvroient autrefois la terre, ont disparu en grande partie. Le pin & le sapin, très-mauvais bois à brûler, sont aujourd'hui presque la seule ressource du pays; elle sera même bientôt épuisée. Les cheminées & les poëles se sont multipliés à mesure qu'on a eu moins de quoi les entretenir. On coupe, on détruit tout ce qui se présente sous la main sans se mettre en peine de planter un seul arbre. D'autre part il n'existe ici aucune trace de charbons fossiles, ni de quoi que ce soit qui puisse remplacer le bois. Déjà dans quelques endroits, comme à *Landos*, au

---

[a] Je fus pris moi-même dans cette région froide & déserte, par un brouillard qui nous fit perdre le chemin : je restai égaré une partie de la nuit, quoique accompagné d'un ecclésiastique du lieu & d'un guide que nous prîmes sur la route. Si le brouillard eût été accompagné de neige, nous périssions certainement.

Boufchet Saint-Nicolas, à *Caires*, &c. on eft obligé de chauffer le four avec de la paille & de la boufe de vache, tandis qu'on ne fe réchauffe foi-même que dans les étables à l'aide de la chaleur très-peu falutaire que les beftiaux y entretiennent. Il eft aifé de prévoir que, à moins qu'on ne fe hâte de faire des plantations, & qu'on n'apporte tout le foin poffible à les conferver, le pays fera dans moins de vingt ans infailliblement déferté. Quelques particuliers y perdront, mais en général l'humanité ne pourra que gagner beaucoup à n'être plus condamnée à vivre fous un ciel auffi rigoureux. Si cela arrive on pourra dire qu'au commencement des fiecles, *les feux*, & quelques milliers d'années après, *les glaces*, ont rendu ce pays inhabitable & inhabité.

J'ai encore quelques obfervations à vous communiquer, mais pour ne pas perdre trop long-temps de vue l'objet principal de mes lettres, je ne le ferai qu'après avoir entamé la matiere de nos volcans.

SECONDE LETTRE.

De Pradelles, le 15 juillet 1776.

Vous favez mieux que moi, Monfieur, qu'en mettant le pied en deçà du Rhône, on entre dans les volcans du bas Vivarais, & qu'à quelques intervalles près où les terres & les rochers calcaires paroiffent, tout eft couvert des productions du feu depuis le *Theil* jufqu'à *Theuyts*. Ici la fureur infernale qui a bouleverfé les gorges de *Mélas*, la plaine d'*Aps* & de la *Villedieu*, les hauteurs d'*Albignac*, de *Saint-Jean-le-Noir*, de *Mirabel*, & fur-tout le vafte & profond ravin du *pont de la Beaume*, femble s'être un peu ralentie. On diroit que la caufe productrice des volcans s'eft épuifée à pouffer hors du cratere de *Combe-Chaude*, au nord de *Theuyts*, plus de 300000 toifes cubiques de laves, de pouzzolanes, de cendres, de fcories ou de bafaltes.

Delà effectivement jufqu'à une lieue en deçà de la *Chavade*, dans le haut Vivarais, nul veftige de volcans, à l'exception de celui de *Bane*; mais fans m'arrêter à droite ni à gauche fur 3 lieues de chemin, je vais droit à *Tartas*.

Tartas eft un pic ifolé & entiérement formé de laves; fon fommet qui eft tout ce qu'il y a de plus élevé dans le centre du haut Vivarais, eft prefque toujours couvert de brouillards ou de neiges. C'eft fur cet obfervatoire que je me fuis guindé avec M. de Genffane, au mois d'août dernier. Croyez, Monfieur, que les ardeurs de la canicule qui vous brûloient à *Montelimar*, ne nous incommodoient guere ici. Je puis vous affurer au contraire qu'un vent du nord très-froid, qui s'y faifoit fentir, nous permit à peine d'y refter une heure entiere.

Ce court efpace de temps fut employé à parcourir les régions adjacentes. Tout élevés que nous étions, notre vue étoit bornée par des montagnes encore plus élevées, mais leur croupe allongée formoit une enceinte fi vafte, qu'en quatre quarts de converfion notre œil avoit parcouru un horizon de 60 lieues de tour. C'eft ainfi du moins que nous le déterminâmes; & fi jamais vous venez ici, comme je l'efpere, il faudra bien que vous conveniez qu'il n'y a pas lieu d'en rabattre. Tournez à
l'orient,

l'orient, fix montagnes qui courent de l'eft au nord, fe préfentent à la vue, elles ont chacune leur nom particulier, favoir, le *Suc-de-Bozon*, *Tourtes*, le *Gerbier-des-Joncs*, *Cubeftoirades*, *Cherche-Mus*, & *Mezenc*. J'ai dit plus haut que cette derniere a plus de 700 toifes d'élévation fur le niveau du Rhône, autant que je le préfume, car mes occupations ne m'ont pas permis d'aller la vifiter; j'ajoute qu'on m'a affuré qu'elle eft couverte de laves; le *Gerbier-des-Joncs*, le *Suc-de-Bozon* & *Cherche-Mus*, ont été formés en tout ou en grande partie par les volcans.

Après le *Mezenc*, qui eft la derniere & la plus haute montagne en tirant au nord-eft, l'horizon s'ouvre confidérablement, & la vue va fe perdre fous le ciel du Viennois; elle rencontre au nord les montagnes du Forez, qui guere moins élevées & plus diftantes que le *Mezenc*, forment à ce qu'il paroît une chaîne droite, uniforme & non interrompue.

La baffe Auvergne fe préfente à l'oueft; on y diftingue derriere, des montagnes qui bordent le Velay & dont j'ignore le nom, le *Pui-de-Dôme* qui porte fa tête brûlée dans les nues.

Le *Cantal*, la *Margeride* qui appartiennent à la haute Auvergne, & *Aubrac* qui eft du Rouergue, terminent l'horizon au fud-oueft, & ce qu'on appelle le *Palais-du-Roi* fait la même fonction au midi.

Ce prétendu palais qui n'eft, je vous affure, rien moins qu'une habitation propre à fixer le féjour des fouverains, eft un haut & vafte défert du Gévaudan, couvert de neige les trois quarts de l'année, & prefque battu en tout temps des froids aquilons; fon aride peloufe eft parfemée en divers endroits de gros quartiers de roc primitif, qui fe trouvent là je ne fais trop comment, à moins que les volcans voifins ne les y aient porté de volée, & je comprends encore moins comment on a pu fe déterminer à bâtir, dans un lieu fi froid & fi ftérile, la petite place de *Châteauneuf-de-Rendant*. C'eft cette miférable bicoque que l'illuftre Dugueſclin vint affiéger en 1445, & devant laquelle il mourut.

La *Lauzere*, montagne très-haute, de 7 lieues de longueur, & qui fuit dans le Languedoc, borne la vue au fud-eft. Enfin, à l'aide des hauteurs de *Saint-Etienne-de-Ladares* les plus rapprochées de toutes, je viens rejoindre à l'orient le *Suc-de-Bozon* d'où j'étois parti.

Toute l'aire du cercle que je viens de décrire, n'a pas été volcanifée; il ne faut en prendre qu'une zone de 12 lieues de longueur fur 8 ou 10 de large, c'eft-à-dire, depuis le *Mezenc* jufqu'à 2 lieues au delà d'*Allegre*, en tirant de l'eft à l'oueft, & depuis *Langogne* jufqu'à *Crapone* en fuivant la ligne du midi au nord.

Cet efpace borné d'un côté par le Gévaudan, & de l'autre par le Forez, donne environ 100 lieues quarrées ou même davantage. De ces 100 lieues il y en a peut-être 15 qui ont été épargnées; tout le refte a été mis en combuftion, ou pour parler plus jufte, a été recouvert du produit du feu des volcans.

Ce n'eft pas ici le lieu de vous entretenir au long de leur quantité, de leur variété, de leur forme, je le ferai ailleurs; je me borne maintenant à vous faire une énumération fuccinte de ceux que je découvre, avec quelque détail fur la pofition & les fingularités de quelques-uns d'entr'eux.

Pour procéder avec ordre, je les divife en cinq lignes qui tirent toutes du levant au couchant. Le premier que l'on rencontre après avoir franchi la côte de *Maïres*, eft à une lieue en deçà de *la Chavade*, tout auprès de la *Narfe* ; on apperçoit fur le grand chemin des articulations de prifmes de bafalte très-bien formés , & en jetant les yeux fur une petite élévation qui eft fur la droite au nord, on voit que c'eft delà qu'elles font parties.

Ici on longe un ruiffeau, qui après avoir couru quelque temps de l'eft à l'oueft, tourne tout-à-coup au midi , & fe précipite dans le vafte & profond ravin de la *Villate*. A la tête de ce ravin eft une maifon feule ou plutôt un taudis qui, tout miférable qu'il eft, ne laiffe pas que d'être remarquable par deux endroits ; car premiérement c'eft le feul afyle , dans un arrondiffement de près de 2 lieues de diametre , où l'on puiffe fe réfugier lorfqu'on eft furpris par l'ouragant des neiges, plus fréquent en ce lieu fauvage qu'en aucun autre endroit de nos montagnes ; & il n'eft point d'années que quelques voyageurs égarés ne doivent leur falut à cet abri, lorfqu'ils font affez heureux que de le rencontrer. 2°. Ce lieu s'appelle *Peyre-Baille*, ou pierre bouillie.

Je n'euffe pas dans cent ans deviné l'étymologie de ce nom , ni à dire vrai je ne m'en ferois guere mis en peine, fi ayant voulu reconnoître de près le formidable volcan qui fe trouve ici , je n'avois rencontré prefque fur le bord de fon *cratere*, l'habitation dont il s'agit. Le torrent de lave qui a pris ici naiffance, a fuivi, ainfi que le ruiffeau, la pente de la montagne, s'eft prolongé prefque toujours en defcendant jufqu'au deffous du village de l'*Efperon*, a couvert toutes les hauteurs avec les revers qui fe trouvent fur la rive droite du ruiffeau ; il a en même-temps formé trois chauffées.

La premiere eft à l'extrêmité d'un terrein coupé à angle aigu par la jonction de deux ruiffeaux. C'eft un grouppe de groffes colonnes de bafalte, qui s'éleve en forme de tour ronde à une hauteur confidérable. Le maffif qui la recouvre eft triangulaire, fort épais & parfaitement ifolé de toutes parcs. Cet objet vu d'un peu loin fait un effet très-fingulier, & à tout hafard je l'appelle *le chapeau du géant.*

La feconde qui eft à une portée de fufil au-deffous, eft dans un goût tout différent ; c'eft un rideau affez vafte de prifmes de bafalte dreffés verticalement à plufieurs étages, les uns fur les autres ; non-feulement les diverfes affifes font féparées par une lame de terre de l'épaiffeur d'environ 6 pouces, mais chaque prifme en particulier a encore une pareille enveloppe d'une matiere terreufe. Ce font ici les plus gros prifmes non articulés que j'aie vu, & il y en a un grand nombre de quarrés, ce qui eft très-rare.

La troifieme chauffée n'a rien qui mérite attention.

Arrivé à l'extrêmité de ce courant, je reprends ma route de l'orient à l'occident à peu près fur la ligne qui fépare le Gévaudan du Vivarais, & qui eft en même-temps le bord de la zone brûlée dont j'ai parlé, & j'y trouve *Saint-Jean-de-l'Achamp*, *Chenelletes*, *Pradelles*, *Langogne*, *Bonjour*, *Saint-Etienne*, *Joncheres*, & *Rauret*. Parmi ces fept volcans, cinq n'ont guere rien de remarquable que le peu d'efpace qu'ils occupent, mais ce qui femble d'abord devoir les faire dédaigner, eft précifément ce qui fixe mon attention fur eux ; & ils me donnent lieu d'obferver que les feux fouterreins qui bouleverferent ces contrées à mefure qu'ils approchoient du terme au delà duquel ils ne devoient plus s'étendre, fe faifoient jour par des iſſues plus étroites, & devenoient moins féconds en produits.

Après tout il n'y eut ici de véritable volcan que celui de *Pradelles*, & les fix autres peuvent, à mon avis, n'être regardés que comme les branches de quelque grand foyer établi près ou loin de l'endroit où ils ont crevé.

Ce volcan de *Pradelles* eſt à mon gré, finon le plus grand, du moins le mieux caractérifé, le plus curieux & le plus inſtructif de tous ceux de ces montagnes. Non feulement il réunit lui feul en petit toutes les beautés, toutes les fingularités éparfes çà & là dans différens autres, mais il en a de propres, & que inutilement on chercheroit ailleurs.

D'abord ce qu'on appelle *Ardenne*, eſt une terraſſe qui termine la ville au midi ; d'ici la vue s'égare au loin dans les cantons qui étoient il y a quelques années le théatre des exploits de la fameufe bête du *Gévaudan*; fon plan eſt recouvert prefque par-tout d'un aride & mince gazon ; fa folidité eſt toute volcanique , & elle domine d'environ 300 pieds fur la petite plaine fubjacente qu'on appelle les *Fangeres*

Ce fut là le cratere du volcan, aujourd'hui ce n'eſt qu'un amas de boues, traverſées de petites fources d'une eau ferrugineufe, & recouvertes de joncs & d'autres plantes aquatiques. Les beſtiaux qui vont y paître, s'y enfoncent quelquefois à ne pouvoir plus être dégagés.

Il paroît que de ce gouffre fortirent trois jets de lave ; le premier fut dirigé au nord, le fecond au fud-eſt, le troifieme vers le couchant d'hiver; il ne paroît pas qu'il ait fait la moindre éruption au nord-oueſt. Son enfemble n'a pas une lieue de tour. Les trois produits dont je parle ont chacun leur nom particulier , favoir, *Ardenne*, *Rafchambon* & *Saint-Clément*; ils font tout-à-fait féparés les uns des autres, & le volcan lui-même en total eſt parfaitement ifolé. *Ardenne* eſt une grande terraſſe à deux étages, qui domine prefque perpendiculairement d'environ 40 toifes fur les *Fangeres*; fon plan eſt par-tout couvert d'une pelouſe aride, mais fon revêtement extérieur étale au fud & à l'oueſt, non feulement toutes les efpeces de bafaltes que j'ai rencontrées jufqu'ici, mais encore toutes les formes de cryſtallifation de cette matiere qui fe trouvent ailleurs, fans en compter quelques-unes qu'on chercheroit inutilement autre part qu'ici. On y voit donc le bafalte fin & très-dur, de couleur azurée & mêlé d'une infinité de paillettes brillantes, qui ne font vraifemblablement que de la pouſſiere de fchorl.

Le bafalte groſſier, terreux, graveleux, eſt très-friable ; il y eſt en tables d'une grandeur énorme & aſſez exactement équarries, & en grands feuillets d'un ou de 2 pouces feulement d'épaiſſeur ; en boules très-folides & aſſez rondes , & en petites grenailles , en blocs informes , & en prifmes régulièrement taillés à plufieurs faces inégales. On y remarque encore des calottes qui fe font détachées des boules dont elles couvroient la furface; il y en a de bafalte fin & de bafalte graveleux. Les premieres font très-folides & fi fonores qu'au befoin elles pourroient fervir de timbre d'horloge.

J'ai mis à part un morceau de cette efpece avec une articulation de prifme, femblable à celles de la chauſſée d'*Antrim*; je veux dire que l'un de fes plans a été formé par une calotte faillante, environnée d'une marge plate.

Mais ce qu'il y a ici de plus digne de remarque, ce font les ovales feuilletés; il y en a de toutes les grandeurs, depuis 10 pouces jufques à 10 pieds de diametre. Les uns font noyés dans les laves, & les autres entiérement dégagés. Ceux-ci font à plufieurs couches très-preffées, ceux-là n'ont que quelques rangs circulaires, mais leurs feuilles découpées en fer de hâche, deviennent non feulement plus larges & plus épaiffes à mefure qu'elles s'éloignent du centre, mais elles s'écartent encore très-fenfiblement les unes des autres. Si jamais vous venez ici, vous verrez une monftruofité de cette derniere efpece, que vous jugerez fans doute digne du burin. Figurez-vous une maniere d'artichaux d'un volume immenfe, coupé tranfverfalement, & dont la moitié reftante feroit enfoncée en terre par la queue. Tel eft le morceau dont je parle; il eft à fix rangs de feuillets, & a environ 30 pieds de circonférence. Vous le trouverez fur la coupe perpendiculaire de la terraffe qui domine fur les *Fangeres* [a].

La feconde ligne que je viens reprendre à *Beauregard*, en m'élevant de 120 toifes des bords de l'*Allier*, où eft *Joncheres*, jufqu'au niveau de *Peyre-Baille*, renferme les volcans fuivans; *Beauregard*, *Montlor*, le calvaire du *Coucourou, la Fayette, Saint-Paul de Tartas*, la *Violette*, *Montchault*, le rocher de *l'Hermitage de Pradelle*, la *Fagette*, *les Infernets*, la *Mouteyre*, *Ribens*, *Landos*. Je reviendrai fur quelques-uns de ceux-ci & des fuivans dans mes obfervations générales fur nos volcans.

La troifieme comprend la *Rouffille* fous *Saint-Paul-de-Tartas*, *Pigeres* le long du ruiffeau de la *Méjane*, *Mont-Bel*, *Mortefagnes*, le *Monteil*, *Saint-Arcons*, *Barges*, le *Vilar*, *Coulons*.

Me voici à ma 4e. ligne; les objets volcaniques y deviennent infiniment intéreffians, & après ceux qu'étale le creux du *Puy*, il n'en eft pas dans ce pays qui me paroiffent plus dignes d'attention que ceux qu'elle renferme; la plupart fe trouvent dans le lit même de la loire, & ce ne fera pas, je penfe, fortir de mon fujet que de vous faire une courte defcription de l'état de ce fleuve fur nos montagnes. Il prend fa fource au *Gerbierdes-Joncs*; c'eft un pic ifolé, peu diftant du *Mezenc* qu'il égale prefque en hauteur & qui eft tout formé de laves & de rochers calcinés. Dégagé de deffous ces maffes brûlées & un peu en deçà du *Rioutor*, le voilà enfeveli dans une profonde tranchée qu'il s'eft pratiquée lui-même à travers le rocher le plus dur, & dont il ne fort plus dans un cours de 10 ou 12 lieues.

Tantôt guindé fur les hauteurs, tantôt rampant le long des revers, quelquefois marchant au bord de l'eau, je ne pouvois me laffer de contempler la profondeur étonnante du lit de cette riviere. Elle eft bordée des deux côtés de montagnes de granit de 120, de 130 & 140 toifes de haut; ces montagnes commencent à s'écarter vers le milieu ou les deux tiers de leur hauteur, mais delà en enbas elles étalent un parement de roc uni, contigu, & qui femble avoir été taillé à pic. Il faut obferver que ce n'eft pas la *Loire* feule qui marche ici dans un encaiffement de ce goût, l'*Allier* en fait autant de fon côté; ce qu'il y a de plus incompréhenfible, c'eft que de miférables ruiffeaux tels que la *Méjane*, *Langognole*,

---

[a] J'ai parlé de cet étrange morceau dans mon mémoire fur le bafalte, page 155. Je l'avois fait deffiner avec foin, dans l'intention de le faire graver, mais il prit fantaifie à M. Dagoty de difparoître avec mon deffein; je n'ai plus vu ni l'un ni l'autre, & les neiges m'ont empêché de retourner fur les lieux.

Langognole, qui n'ont pas conftamment plus de 2 pieds cubes, & qui depuis leur fource jufqu'à leur embouchûre, ne courent au plus que deux lieues de pays, n'ont pas laiffé que de s'ouvrir dans le roc vif des paffages prefqu'auffi larges & auffi profonds que la *Loire*, qui les reçoit dans fon fein, a pu le faire elle-même.

Je n'étois pas moins frappé d'autre part de l'horreur profonde & de l'éternel filence qui regne tout le long de ces gorges affreufes. Ces bords fi rians & fi fréquentés de la Loire dans la Bretagne, ne font dans tout le haut Vivarais que d'effrayantes folitudes où l'on peut paffer plufieurs heures de fuite fans voir un être vivant, de quelque efpece qu'il foit, fans entendre d'autres ramages que le croaffement des corneilles ou les cris perçans des oifeaux de proye, d'autre bruit que celui des eaux qui fe brifent avec violence contre les maffes de rochers qui y font tombées, & qui vous avertiffent à chaque pas du danger qui vous menace. C'eft beaucoup fi après avoir parcouru ces triftes rivages pendant une ou deux heures de chemin, vous pouvez enfin mettre le pied fur une greve qui ne foit pas hériffée de rochers, ou repofer à l'ombre de quelque fapin, fur un très-petit plateau de verdure. Du refte nulle iffue pour échapper de ces lieux fauvages en cas de fâcheufes rencontres. Flanqués des deux côtés d'un mur de roc d'une hauteur à perte de vue & d'une longueur qui ne finit plus, il faut d'ordinaire marcher long-temps en avançant ou en rétrogradant, pour pouvoir fe dégager. L'embarras augmente lorfque les eaux ayant groffi, on parvient à des endroits où il n'y a plus de paffage entr'elles & le rocher. On peut recourir, il eft vrai, en ce cas, à des nacelles qui fe trouvent de loin en loin au bord du fleuve, mais c'eft un grand hafard fi après avoir fait retentir de vos clameurs réitérées tous les échos renfermés dans ces vaftes finuofités, vous voyez enfin fortir de quelque antre voifin un homme armé d'une longue perche ferrée, & dont l'afpect hideux vous fait craindre de n'avoir plutôt appellé un affaffin pour vous tuer, qu'un pilote pour vous conduire fur l'autre bord de l'eau. On la paffe fur un bateau qui, chargé de cinq perfonnes, en auroit une de trop; ce font là les plus grands bâtimens qui puiffent flotter ici fur le même fleuve qui à Nantes reçoit dans fon fein les vaiffeaux chargés des richeffes de l'un & l'autre hémifphere : ce qu'il fait de mieux dans ces cantons, c'eft de nourrir dans fes eaux limpides au fuprême degré, beaucoup de *truites*, *d'ombres-chevalier*, & de *tacons* ; ce font tous d'excellens poiffons, mais le *tacon* eft le meilleur ; je doute qu'il fe trouve en France ailleurs qu'ici. L'océan nous envoyoit, il n'y a que peu d'années, par le moyen de la Loire & de l'Allier qui communiquent enfemble, des faumons en quantité ; ces poiffons venoient dans la faifon du fond des mers fe faire prendre jufques dans les canaux d'arrofage des prairies de nos montagnes ; aujourd'hui tout accès dans nos contrées leur eft fermé, des digues d'une conftruction nouvelle, & infurmontables à leur agilité, les arrêtent au pont du *Château* en Auvergne, & à *Serverettes* dans le Velay, & c'eft fort inutilement qu'on gémit ici de fe voir privé par arrêt, d'un avantage dont on avoit joui dans tous les temps, qu'on tenoit des mains feules de la nature, & dont la confervation fembloit tenir effentiellement au maintien du droit public.

Voici maintenant la fuite des volcans qui fe trouvent dans cette qua-trieme ligne.

A la tête eft le *Gerbier-des-Joncs* dont j'ai parlé ; viennent après en defcendant, *Cherche-Mus*, le lac d'*Iffarles*, le *Suc-de-Bo3on*, & *Saint-Cirgues*. On trouve enfuite *Ceiffon* ; il confifte en un immenfe jet de laves qui eft venu fondre dans la Loire. D'ici jufques bien au-deffous de *Goudet*, on ne voit fur le penchant de l'une & de l'autre rive du fleuve que de femblables coulées, dont quelques-unes defcendent jufqu'au niveau de l'eau, & les autres ont refté en chemin ; je prouverai bien-tôt que celle d'*Arlande* barra non feulement le cours du fleuve, mais qu'elle combla le vallon jufqu'à la hauteur de 75 toifes.

Cet objet-ci avec la chauffée de la *Fare* & celle de *Goudet*, méritent d'être traité en particulier & je ne tarderai pas à le faire.

On apperçoit du fond du lit de la Loire, fur la crête de fa rive orien-tale, un monceau volcanique qui de ce point de vue fait l'effet le plus bizarre & le plus fingulier qu'on puiffe imaginer.

Sur un alignement d'environ 40 toifes paroît d'abord une maniere de tour ronde, furmontée d'un cône pointu, qui femble en être le toît : vien-nent enfuite fans interruption fur 3 lignes, trois grands pans de muraille différemment terminés par le haut, le dernier touche immédiatement un grand avant-corps de bâtiment qui repréfente au mieux la façade d'un temple de ftructure que j'appelle à tout hafard égyptienne. C'eft d'abord un périftile dont les colonnes, de hauteur à peu près égales, fe rappro-chent fenfiblement à mefure qu'elles fuient dans l'intérieur de la maffe ; à l'extrémité de la colonnade eft une grande ouverture qui conduit dans un antre fort obfcur ; fur le devant du périftile s'éleve en forme d'ar-chitrave un maffif horizontalement ftrié dans toute fa furface, & ter-miné en arc de cercle, fa hauteur eft au moins double de celle des co-lonnes, & le tout peut bien avoir de 170 à 180 pieds d'élévation fur 30 de large. A la fuite de ce fingulier frontifpice eft un nouveau pan de muraille qui femble faire l'autre moitié du mur de face du temple, & enfin toute cette perfpective eft terminée par une efpece de bateau d'une gran-deur démefurée & prefque verticalement dreffé fur l'une de fes pointes ; les proportions de fon creux paroiffent fi juftes, qu'on diroit que les hom-mes y ont travaillé. Tout ceci n'eft pourtant que l'ouvrage de la nature. Un large & épais courant de bafalte, forti du *cratere* de *Mafclaux*, qui eft à quelques portées de fufil de là, vint fe précipiter dans la Loire, ce qui en refta fur les bords de la rive taillée à pic, prit la forme vraiment curieufe que je viens de décrire ; ce morceau-ci s'appelle le *rocher du midi*.

Si de *Mafclaux* on continue à tirer en ligne droite vers l'oueft, on rencontre la *Sauvetat*, *Fourmagnes*, *Charbonnier*, le *Bouchet-Saint-Nicolas*. Ici eft un lac qui eft le *cratere* le mieux caractérifé de toutes ces montagnes, & je vous en parlerai dans la fuite affez au long.

Ma derniere ligne volcanique eft la plus étendue en tout fens, & elle renferme les objets les plus dignes d'attention ; elle part du *Me3inc*, mon-tagne prefqu'entiérement couverte de laves, & environnée de bouches à feu, dont trois auprès de *Bonnefoi* rentrent les unes dans les autres ; elle defcend au *Monaftier*, au *Brignon*, à *Solignac*, à *Coftaros*, à *Tarreires*, à *Brives*, au *Puy*, à *Expailly*, à *Polignac*, à *Seneuges*, à *Saint-Chriſtophe*, à *Saint-Vidal*, à *Saint-Paulien*, à *la Roche-Lambert*, & enfin à *Alégre*, qui a été le terme de mes courſes de ce côté-ci.

Je n'ai pas été ſur tous les lieux volcaniſés qui ſe trouvent entre les deux extrêmités de cette derniere ligne, je ne les ai ſuivis que de l'œil, & même il y en a que je n'ai vu ni de près ni de loin ; tout ce que je puis vous articuler pour le préſent, c'eſt 1°. que les terres primitives qui ſont en deçà de la Loire, en tirant vers l'Auvergne, ont entiérement diſparu ſous les laves ; que par conſéquent il n'y a dans tout ce trajet aucun lieu dénominé dont je ne puiſſe groſſir ma liſte volcanique. 2°. Que les volcans ſemblent s'être ici ſurpaſſés eux-mêmes non ſeulement en ce qui concerne leurs crateres, dont deux, ſavoir celui du *Puy* & de *Saint-Vidal*, ſont immenſes, mais encore par la quantité des laves qu'ils ont vomies, quantité qui a été telle qu'il en réſulta non pas ſimplement des côteaux & des collines, mais des montagnes même, ainſi que *Brunelet*, *Sainte-Anne*, *Cheyras*, *Danis*, *Billac* & *Seneuges* le prouvent. La forme ſinguliere qu'ils ont donnée à quelques-uns de leur produit n'eſt pas moins étonnante, puiſque malgré les détrimens qu'ils ont ſoufferts, ils ne laiſſent pas que de montrer encore aujourd'hui des maſſes de rocher très-ſolides, d'une étendue & d'une élévation qu'on a peine à concevoir.

3°. Que quoique les objets dont je viens de faire mention, jouent ici le rôle le plus diſtingué, cependant il en eſt d'autres qui méritent d'être vus & ſuivis avec beaucoup d'attention, tels ſont en particulier le beau pavé des géans d'*Expailly*, le cône iſolé de la *Croix-de-la-Paille*, le château de la *Roche-Lambert* bâti ſur un rocher volcanique, dont l'eſcarpement étale preſque toutes les différentes cryſtalliſations du baſalte, & au milieu duquel eſt une aſſiſe de cailloux roulés, noyés dans la lave ; les crateres de *Nolhac* & de *Saint-Paulien*, auxquels ils eſt impoſſible de ſe méprendre, enfin tout le cours du ruiſſeau de *Maſa-gneres*, qui coulant dans des ravins très-profonds, laiſſe voir de part & d'autre des tas immenſes de matieres calcaires de différentes couleurs, mêlées avec des blocs de baſalte.

Avant de finir cette lettre, je vous obſerverai que je n'ai pas compris dans ma nomenclature les volcans qui ſont à l'eſt du *Meʒenc*, de *Bonnefoi*, du *Gerbier-des-Joncs* & du *Suc-de-Boʒon*. Il en eſt de ce côté-ci qui ne ſont inférieurs en rien à ceux dont j'ai parlé, & vous trouverez ſans doute une ample matiere de deſcription dans ceux du *Pal*, de *Nontpeʒat*, du *Souilhat*, de la *Gravene*, du *Colombier*, du *Coueirou*, &c. que vous avez déjà viſités pluſieurs fois.

C'eſt de ces hauteurs que ſont deſcendus dans les gorges du bas Vivarais, je ne dirai pas ces courans, mais ces fleuves de baſalte qui dans un eſpace de près de 8000 toiſes de longueur, & en ſe diviſant en deux ou trois branches, ont comblé des abîmes, rétreci des vallons, formé de vaſtes plaines, & élevé ces chauſſées formidables appellées pavé des géans, qui font l'étonnement de tous ceux qui les voient, & dont les reſtes ſans ceſſe morcellés par les eaux courantes depuis des temps très-reculés, ne laiſſent pas que d'éclipſer tout ce qu'on a découvert juſqu'ici de plus frappant en ce genre dans les diverſes contrées de l'Europe.

C'eft même à ces objets-ci que je m'attacherai dans ma premiere lettre ; l'ordre que je m'étois propofé de donner à mes defcriptions en fouffrira un peu , mais j'ai des raifons particulieres de ne pas différer davantage à vous parler de nos rochers volcaniques , parce que c'eft à eux que je dois les premieres idées qui me font venues de l'exiftence des volcans dans nos contrées.

TROISIEME LETTRE.

A Pradelles , le 28 feptembre 1776.

AVANT d'entreprendre la defcription de quelques-uns des pavés des géans que l'on voit ici en grand nombre , permettez-moi , M. de faire une courte digreffion fur l'origine de ces productions vraiment fingulieres du regne minéral. J'appelle avec le dictionnaire de l'Encyclopédie pavé ou chauffée des géans, de hauts & vaftes rochers de bafalte pur ou mêlé , communément divifé en prifmes de quatre , cinq, fix & fept faces , verticalement dreffés les uns à côté des autres fur plufieurs lignes , & tellement rapprochés que bien fouvent on a de la peine à difcerner la ligne qui les fépare dans leur fût , ou qui les coupe par leur travers. Le pavé de ce goût fingulier qui exifte au bord de la mer , dans la comté d'*Antrim* en Irlande , paffoit , il y a quelques années, pour un morceau unique en ce genre. Aujourd'hui rien de plus commun que ces fortes de rideaux de prifmes, on en trouve en Italie, en Allemagne, en un mot prefque par-tout où il y a des volcans éteints. Or , ceux-ci font très-communs , il s'en trouve de tous côtés dans des endroits où l'on ignoroit profondément qu'ils exiftaffent , & fans aller plus loin on a découvert que quatre ou cinq grandes provinces , telles que le Languedoc, la Provence, l'Auvergne , le Limoufin & même le Forez, font inondés de laves. Parmi les produits de ces incendies effroyables qui ont dévafté une grande partie du globe terreftre , on trouve conftamment , au moins ici , les chauffées en queftion ; c'eft déjà un grand préjugé qu'elles ont fubi le même fort que les matieres qui les environnent , je veux dire la liquéfaction , mais les découvertes que j'ai faites jufqu'ici à cet égard , & que je continue à faire chaque jour, levent non feulement tous mes fcrupules là-deffus , mais portent la chofe jufqu'au plus haut degré d'évidence. Vous êtes vous-même, Monfieur, dans cette conviction , il y a déjà long-temps , & vous n'y mettez aucun doute.

Avant de partir du Dauphiné pour me rendre ici , nous avons eu de fréquentes converfations à ce fujet. Chaque fois que nous faifions des promenades volcaniques , nous ne manquions pas de confidérer attentivement les bafaltes qui fe rencontroient fur nos pas , & nous y découvrions tantôt des granits, des quartz & d'autres fragmens de diverfes pierres , prefque toujours des cryftaux d'une fubftance vitreufe que vous m'avez appris être du fchorl.

Tout cela , felon vous , prouvoit invinciblement la fufion du bafalte qui en coulant avoit enveloppé , fans fe les affimiler , ces corps hétérogenes ; je trouvois fans doute vos raifons bonnes , mais celles de M. Guettard me paroiffoient encore meilleures. Je venois de lire avec
attention

attention le mémoire que ce naturaliste a donné fur l'objet dont il s'a-
git, que vous aviez eu la bonté de me prêter; j'étois fur-tout frappé de
ce qu'il dit de la formation des cryftallifations. Elles ne fe font, dit-il,
que dans des fluides tranquilles, & pour peu que ceux-ci foient agités,
l'opération eft manquée; comment donc celle des bafaltes à colonnes au-
roit-elle pu réuffir dans le fracas horrible des éruptions volcaniques?
Ce qu'il ajoute de la quantité énorme des matieres propres à la cryftallifation que ces volcans euffent dû vomir en un feul jet, pour qu'il en
réfultât d'immenfes colonnades, très-réguliérement formées, telles qu'on
les voit encore, ne faifoit pas moins d'impreffion fur moi. Enfin, les volcans éteints étoient fans doute du même ordre que ceux qui coulent aujourd'hui; or, il eft certain qu'on ne trouve rien de femblable dans les
laves de l'*Etna*, du *Véfuve* & de l'*Hécla* [a].

Incertain de ce que je devois croire là deffus, je fuis parti dans la
ferme réfolution de ne rien omettre pour parvenir, s'il étoit poffible, à
l'éclairciffement d'un point qui me tenoit, je l'avoue, extrêmement à cœur.
Je n'allois chercher le bafalte ni en Mifnie, ni en Irlande, ni en Egypte;
j'étois affuré de le trouver en Vivarais fous toutes les formes & de
toutes les efpeces, & effectivement une journée de marche me mit au
pied de la chauffée du pont de la *Beaume*, appellée dans le pays le rocher
de *Portaloup*.

Je l'avois vue vingt fois, ou pour parler plus jufte, je l'avois feulement regardée, car je mets une grande différence entre voir & regarder; la multitude regarde, les feuls connoiffeurs voyent, & parmi ceux-
ci combien peu qui fachent bien voir. Je la vis donc alors pour la premiere fois, & je vous avoue que ce fut pour moi un fpectacle des plus
raviffans; fa configuration finguliere, fa vafte étendue, fa large épaiffeur, la variété, l'alignement, l'à plomb, la hauteur de fes maffes,
tout cela repaiffoit agréablement mes yeux, & me faifoit un plaifir
extrême. Pour furcroît de fatisfaction j'avois avec moi un habile ingénieur des ponts & chauffées, M. Giroust, que fon emploi attachoit
alors autour de ce fuperbe monument des antiques volcans; il me pro-
mit de m'en envoyer fous peu de jours un deffein très-ample & très-
détaillé.

Comptant fermement fur fa parole, j'attendois avec impatience
ce beau deffein. J'avois vu depuis peu dans un journal anglois, que
M. Jhon Strange venoit de faire une femblable découverte auprès de
Padoue; la chauffée de *Portaloup*, difois-je en moi-même, ne peut
manquer de figurer à côté de celle-ci; à tout le moins en fera-t-elle
le pendant, ainfi que de celle d'Antrim, & peut-être les éclipfera-t-
elle toutes les deux? Plein de ces idées, je me mis à étudier, la
plume en main, cette prodigieufe maffe de bafalte, avec toute l'attention dont j'étois capable; j'obfervai avec furprife que je l'avois longée dans
une efpace de plus de 2000 toifes, en tirant du nord au fud, fans pouvoir
encore en déterminer ni la fin ni le commencement; je penfois, che-

[a] M. L'abbé de Mortefagne n'avoit pas vu alors le
bel ouvrage de M. le chevalier Hamilton. Ce favant
a fait graver à la tête du volume de difcours,
l'ifle de *Caftel-à-mare*, formée par une lave bafaltique, configurée en prifmes : cette grande chauffée faifoit partie d'un courant qui coula de l'Etna dans la
mer. On peut confulter à ce fujet la lettre de M. Hamilton au chevalier Pringle.

min faisant que si elle avoit été coulée, c'étoit certainement le plus beau jet de fonte qui fût forti des fourneaux de la nature. Arrivé dans ma patrie, je n'ai eu rien de plus preffé que de rédiger mes obfervations ; mais hélas le deffein tant promis n'arrive pas, & depuis trois mois je le demande en vain ; mais je viens d'apprendre que vous l'avez fait deffiner vous-même, & je fuis fatisfait.

Quant au vafte enfoncement dans lequel eft fitué la capitale du Velay, & qu'on appelle dans ce pays le *creux du Puy*, je le regarde comme le produit d'une ou de plufieurs bouches de volcans autrefois ouvertes à des profondeurs effroyables, aujourd'hui comblées de terre d'une fertilité admirable ; je penfe que de tous les côteaux qui compofent le pavillon de ce vafte entonnoir, les uns font entiérement formés, les autres feulement recouverts de croûtes très-épaiffes de laves, mais fur-tout que les quatre magnifiques rochers, favoir, celui de *Polignac*, d'*Expailly*, de *Saint-Michel* & de *Corneille*, qui du centre ou des bords des *crateres*, s'élevent à des hauteurs plus ou moins grandes, mais toutes très-confidérables, que ces rochers, dis-je, font certainement les produits volcaniques les plus fuperbes & les mieux caractérifés.

Voilà, Monfieur, ce que j'ai reconnu d'une maniere à n'avoir plus abfolument aucun doute, & ce que j'ai ofé articuler non pas indifféremment à tout le monde, mais à quelques gens d'efprit de mes amis, qui après s'être divertis de cet étrange paradoxe, ne pouvoient revenir de leur étonnement, quand montés fur les rochers même, ils fe font vus forcés de céder à l'évidence.

Le premier afpect de la chauffée du *pont de la Beaume* ne fut pas favorable à votre opinion fur la fufion des bafaltes. En voyant cette longue file de colonnes recouvertes d'un énorme maffif de la même matiere, & le tout furchargé de terres plantées d'arbres & couvertes de moiffons, je jugai d'abord qu'il étoit impoffible qu'elle eût eu rien à démêler avec les volcans ; ce qui me confirmoit dans mon idée, c'eft qu'en regardant attentivement de tous côtés autour d'elle, je ne découvrois rien qui eût trait aux argilles cuites, aux cendres pétrifiées, aux pouzzolanes & à toutes ces matieres qu'on remarque conftamment autour des *crateres* des volcans.

Je découvrois feulement dans la riviere qui coule au pied, des ponces noires, mais je les prenois pour du tuf, & je ne favois pas (ce que j'ai découvert depuis) qu'elles ne font que l'écume du bafalte bouillant ; cependant à force d'obferver, d'examiner, & fur-tout de fouhaiter que vous euffiez raifon, je fis coup fur coup quelques réflexions qui me conduifirent à la conviction complete de la fufion de cette formidable maffe que j'avois devant les yeux.

La premiere me vint du gifement même de la chauffée, elle fe trouve dans un vallon étroit & profond, bordé de montagnes de grès ou de granit, je ne me rappelle pas exactement lequel des deux, mais cela importe peu à l'objet préfent ; elles fe confrontent de fi près en quelques endroits, & leur couche refpective ont une fi exacte correfpondance entr'elles, qu'il eft évident qu'elles ne faifoient autrefois qu'un même corps de montagne qui a été profondément fillonné par les eaux qui coulent au travers. Au fond de l'intervalle qui les fépare exiftent des maffes énormes de rocher, d'une efpece, d'une couleur, d'une configuration tout-à-fait différente; un amoncelement prodigieux de pierres qui femblent n'en faire qu'une feule & qui font réellement toutes divifées; pierres du refte qui ne font pas entaffées fans ordre, mais qu'on diroit que des géans fe font occupés pendant des fiecles entiers à tailler, à polir, à arranger avec art & fymétrie.

Comment fe perfuader qu'elles ont été toujours là, & que les eaux qui ont formé ce vallon, les ont feulement découvertes? Il eft bien plus naturel de conclure que c'eft un accident furvenu au vallon lui-même & un bel accident je vous affure, car je crois qu'il a plus de 100000 toifes cubes de maffe. La breche que les eaux ont faites à la chauffée, me fournit la feconde preuve de fon arrivée en cet endroit. Pour bien faifir mon idée, il faut fe figurer qu'elle regne dans un vallon étroit ainfi que j'ai dit, à la longueur de plus de 2000 toifes, & qu'elle eft baignée au pied par deux grands ruiffeaux qui ont leur direction oppofée; l'un vient du nord, & l'autre du fud, Ils fe rencontrent au pont de *la Beaume*, & forment par leur réunion la riviere d'*Ardeche* qui fuit à l'orient. Ici, c'eft-à-dire au point de réunion de ces eaux, le vallon s'élargit & forme un terre - plein affez vafte & de figure irréguliere. Ceci pofé, quiconque s'appliquera tant foit peu à réfléchir, verra évidemment, même fans être fur les lieux, 1°. que les eaux arrivées du nord & du fud, au terme que je viens de défigner, s'y feroient néceffairement arrêtées & accumulées, fi elles n'euffent pu déboucher ni à l'eft ni à l'oueft.

2°. Que fuivant leur pente naturelle elles ont dû gagner l'orient où le terrein s'abaiffe fenfiblement, & c'eft de ce côté là effectivement qu'elles fe font ouvertes un lit très-profond dans le roc primitif.

3°. Et c'eft ici la plus importante remarque; la chauffée qui en partant du fud s'étoit prolongée fans aucune interruption fur le côté oriental du vallon, en fouffre une très-confidérable dans toute fa largeur précifément au pont de *la Beaume*, fous lequel les deux ruiffeaux commencent à prendre leur cours vers l'orient.

De toutes ces obfervations il réfulte démonftrativement que la chauffée n'a pas toujours été là, mais qu'elle vint s'y placer comme une efpece de digue qui intercepta totalement le cours des eaux à l'eft, que celles - ci retenues de toutes parts, s'enflerent jufques à la hauteur de la chauffée qui eft ici de près de 80 pieds, & que de là elles commencerent à fe précipiter en cafcade dans leur ancien lit. Il eft vifible encore qu'avant de parvenir à une élévation auffi confidérable, elles durent refluer bien avant vers leurs fources oppofées qui ont chacune plus de 200 toifes d'élévation fur cet endroit-ci, qu'elles y féjournerent très-long-temps avant d'avoir pu renverfer la digue qui s'oppofoit à leur cours vers l'eft, qu'elles formerent même alors le baffin qui eft en avant du pont; ce qui arrivera néceffairement toutes les fois que deux courans oppofés venant à fe rencontrer, n'auront aucune iffue pour échapper. De toutes ces obfervations je conclus à la fufion du bafalte; je vis clairement que cette longue maffe n'étoit autre chofe qu'un torrent de laves qui étoit parti des gorges du nord : dans l'efpoir d'en trouver le *cratere*, je me mis à la fuivre en remontant de ce côté là par un chemin difficile & périlleux; à mesure que j'avançois, elle s'amincissoit confidérablement, je n'en trouvois même plus que des portions disperfées fur les deux rives du ruisseau, lorsque inopinément je rencontrai un grand banc de basalte qui étoit incrusté dans le roc primitif, fur lequel il reposoit par l'une de ses extrêmités; de dessous ce banc naît une source d'eau fortement imprégnée d'ochre rouge, & le ruisseau, quand il est enflé, passe par dessus; on voit du reste à ne pas s'y méprendre que la matiere dont il s'agit est venue se poser là, non pas solide, mais liquéfiée, puisqu'elle a saisi tous les contours du roc, & en a rempli toutes les cavités avec la derniere précision.

Infiniment satisfait de ma découverte, je ne poussai pas plus loin mes recherches, & je me remis en route brûlant du desir de vous faire part de leur résultat. Que j'étois bon de m'être épuisé en raisonnemens, & extrêmement fatigué autour du rocher de *Portaloup* pour me convaincre de la liquéfaction du basalte; je n'eus pas avancé à un quart de lieue dans le chemin du *pont de la Beaume à Theuyts*, que j'en trouvois le long du chemin même des courans entiers collés fur le grès, & je ne vois autre chose ici depuis quatre mois que je roule fur les produits des volcans.

Cette importante question une fois décidée, voici maintenant des détails fur ce qui concerne quelques chauffées du haut Vivarais & du Velay. Elles y font en grand nombre, mais elles ne font pas toutes à beaucoup près ni de la même masse, ni de la même figure, car elles varient en quelques endroits, & nommément à *Saint-Paulien* où font les plus grosses que j'aie vues. J'en ai mesuré qui ont 10 pieds de circonférence, leurs articulations font de gros plateaux eptagônes, qui ainsi que les pierres de taille d'un bâtiment, reposent les uns fur les autres par des surfaces planes. Il me paroît assez difficile d'expliquer pourquoi les masses de basalte graveleux ne prennent jamais cette configuration, tandis que celles-ci imitent assez réguliérement le basalte pur dans sa cryftallisation. Ces chauffées gisent indifféremment ou dans des bas fonds ou fur des plaines, ou fur le revers des colines, ou même fur leur croupe; quelquefois ce n'est qu'un immense plateau de basalte de plusieurs toises d'épaisseur & qui couronne le sommet d'une montagne de granit que j'appellerois volontiers roc primitif. On en voit de cette espece à *Antonne* fur la rive droite de la *Loire*, & ce n'est manifestement que le reste d'un effroyable courant qui vient se précipiter dans le fleuve.

A *Maïres* ce font de larges zones qui entourent les monticules aux $\frac{2}{7}$ ou aux $\frac{1}{4}$ de leur élévation. Celle de *Danis* près du *Puy*, & de *Cherche-Mus* au dessus du lac d'*Essarles* en offrent de semblables. Je remarque pourtant que les chauffées se trouvent plus fréquemment au bord des eaux courantes qu'autre part; celles de *Portaloup*, de *Theuyts*, du *Colombier* dans le bas Vivarais, de *Mauras*, de la *Villatte*, de *Joncheres* en montagne, de *Ceisson*, d'*Arlempde*, de *Goudet*, de *Saint-Quentin*, d'*Expailly*, de la *Roche-Lambert*, de *Ceissaguet* dans le Velay, font toutes au bord des ruisseaux ou des rivieres, & cela doit être ainsi; une matiere liquéfiée, presque aussi pesante que le métal fondu, doit nécessairement descendre autant qu'elle peut le faire. Ici comme ailleurs le terrein s'abaisse à mesure qu'il se prolonge vers le lit des rivieres; les

courans

courans de laves, lancés du fond des *crateres* qui étoient fur les hauteurs, ont fuivi cette pente, & font venus, en fe précipitant dans les eaux, en barrer quelquefois le cours ; d'autrefois auffi les matieres volcaniques en fufion, ont eu le loifir de fe durcir avant de parvenir jufqu'au fond des vallons.

On voit le long du ruiffeau de *Langognole* dont je vous parlerai ci-après, un courant de bafalte qui eft venu de je ne fais où, fe coler pref- qu'en ligne perpendiculaire fur l'une de fes rives taillées, & demeure comme fufpendu à 15 toifes de diftance du niveau de l'eau ; ce n'eft pas la feule fingularité que cet endroit-ci étale, le bafalte s'y eft formé en prifmes, je dirois volontiers triangulaires, d'une groffeur & d'une hau- teur fort confidérable, & en les regardant de demi-profil, ce que je ne pouvois guere faire autrement, il me fembloit voir un rideau d'an- gles faillans de baftion. J'appelle ceci la chauffée de la *Toulle*, parce qu'elle eft en face du hameau de ce nom, qui eft de l'autre côté du ruif- feau.

Si les courans en fe précipitant dans les rivieres, en ont quelquefois interrompu le cours, celles-ci de leur côté ont agi fi puiffamment contre ces nouvelles digues qui leur étoient oppofées, qu'elles les ont ou ab- folument détruites, ou n'en ont laiffé fubfifter fur les rivages que quel- ques lambeaux épars, ou fe font ouvert un paffage tout au travers en les perçant à des profondeurs étonnantes. On ne fauroit croire quelle action ont les eaux fur le bafalte, cette matiere fi dure & fi intraitable, elles le rongent, l'atténuent, le divifent, fur-tout lorfqu'il eft graveleux, avec une célérité que j'aurois peine à croire moi-même, fi je n'en avois des exemples que je vous citerai peut-être ailleurs & qui vous éton- neront.

Tous les produits des volcans qui fubfiftent en maffes découvertes, (car il y en a beaucoup d'enfevelis) foit que ce foit des chauffées ou des rochers, ont au pied des abatis immenfes des mêmes matieres dont ils font formés ; ce font des quartiers de roche, des prifmes entiers, des articulations féparées qui defcendent en talus très-rapides à de grandes diftances du corps de la colonnade. Toutes ces maffes qui ne préfentent que des furfaces anguleufes, & laiffent de grands interftices entr'elles, rendent l'abord de la chauffée extrêmement difficile & périlleux, & c'eft ce qui a fait que je n'ai pu en confidérer quelque-unes que d'affez loin, malgré le defir que j'avois de reconnoître de près leurs articulations, leurs accidens, &c. Celles qui font le long des rivieres ont leur bafe plus dégagée, parce que les grandes inondations viennent de temps en temps, non feulement balayer tous ces débris, mais encore en faire de nouveau. Des files entieres de colonnes font emportées à deux, à trois, jufqu'à quatre rangs de profondeur, & le parement de la chauffée ne croule pas toujours à mefure que les prifmes inférieurs qui le foutien- nent, commencent à manquer : on en voit dans quelques endroits des maffes effroyables en l'air qui femblent ne tenir à rien, & qui furplom- blent de 8 à 10 pieds en deçà de l'alignement des fondemens ; il eft très- dangereux en tout temps de fe tenir fous ces efpeces de forjets, mais principalement lorfqu'il a plu, qu'il dégele, ou qu'il gele même ; il s'en détache alors des blocs confidérables, ainfi que l'annoncent les éboule-

LETTRES.

mens frais qu'on a à fes pieds ; & quelques voituriers ont été écrafés tout récemment près de *Joyeufe* dans le bas Vivarais , en cherchant à s'y mettre à couvert de la pluie.

Par-tout où les eaux ont enlevé les débris dont je parle , elles ont laiffé a découvert la pointe des colonnes qui fervoient de fondement aux maffes qui ont difparu , & la furface de tous ces polygones coupés net à fleur de terre & très-rapprochés les uns des autres , forme à l'œil une maniere de pavé en mofaïque qu'on jureroit avoir été fait par d'habiles ouvriers. Le volcan de *Pradelles* préfente deux morceaux très-curieux de cette efpece , l'un à *Ardenne* & l'autre à *Saint-Clément*.

Quoique toutes ces colonnades foient foncierement de la même matiere, il y a néanmoins de grandes variétés entr'elles , non - feulement pour ce qui regarde les dimenfions de leur enfemble , mais encore en ce qui concerne les détails , l'affemblage , la configuration des diverfes parties dont elles réfultent. Vous en jugerez par la defcription de deux ou trois en particulier , que je me propofe de vous donner dans la fuite. Les unes font en rideaux de prifmes , & c'eft le plus grand nombre , les autres n'ont dans toute leur étendue qu'une furface plane & unie. Ici toutes les colonnes filent en ligne perpendiculaire avec tant de régularité , qu'il femble qu'on s'eft fervi de l'à plomb pour les dreffer. Là elles déclinent très-fenfiblement à droite ou à gauche, & quelquefois elles fe tordent , fe replient , fe recoudent de différentes manieres. Chez un très-petit nombre, les prifmes font d'un feul jet de 10, de 20 , de 30 & même de 40 pieds de haut ; prefque toujours ils font articulés , & ces articulations ont à leur tour leur variété & leur bizarrerie.

C'eft un Protée que le bafalte , il change fi fréquemment de figure , qu'on peut compter un grand nombre de formes dans fes cryftallifations.

Si vous exceptez le pavé des géans d'*Expailly* en Velay, dont les prifmes fans chapiteau fe terminent à crud , ainfi qu'il le font à *Antrim* en Irlande , jufqu'ici je n'ai vu aucune colonnade qui ne foit furchargée dans toute fa longueur d'un vafte entablement [a]. La hauteur de cette efpece de comble eft ordinairement le tiers de celle des prifmes , rarement elle eft moindre , mais quelquefois auffi elle furpaffe & même de beaucoup celle des colonnes : cette derniere fingularité fe remarque fur une des faces de la chauffée de *Portaloup*.

Cette maniere d'architrave qui les couronne , ne contribue pas peu à relever la beauté de leur enfemble ; elle leur imprime même, lorfqu'elles font hautes & longues , je ne fais quoi de fier & de majeftueux.

Du refte le bafalte affecte, ce femble, de fe furpaffer ici lui-même en formes bizarres & finguliéres ; tantôt ce font des rudimens de prifmes qui fortant en demi-relief les uns de derriere les autres à la hauteur d'un ou de deux pieds , imitent divers ornemens d'architeĉture gothique.

Tantôt ils forment des faifceaux de rayons qui partant d'un même point de réunion, s'élevent ou fe prolongent perpendiculairement vers la terre en divergeant fenfiblement dans l'une & dans l'autre de ces deux directions,on les prendroit pour de grand battans de coquillages ftriés.

Quelquefois la matiere femble s'être roulée fur elle-même & pré-

[a] Cela eft vrai en général pour le haut Vivarais & le Velay ; mais on trouve à *Vals* & tout le long de la riviere du *Volant* plufieurs pavés dont la fommité des prifmes eft à découvert.

fente des volutes, des cycloïdes d'un fini & d'une précifion qui étonne; le plus fouvent toute la furface de ces entablemens eft graduée, de maniere pourtant que les bifeaux ne gardent pas conftamment le parallélifme entr'eux, mais tendent à fe réunir à un centre commun. Pour me faire mieux comprendre, fuppofez un très-long éventail, plus qu'à demi déployé & couché fur le côté dans toute l'étendue du comble de la chauffée, & vous aurez une idée affez jufte de ce que je veux exprimer.

J'ai d'abord penfé que ces variétés provenoient de couches de laves arrivées fur les colonnades, quelque temps après la formation de celles-ci, mais j'ai eu lieu de me convaincre du contraire en plus d'un endroit, & nommément à *Goudet*.

Quiconque a des yeux peut remarquer que les énormes maffes qui couvrent les colonnes, n'en font qu'une prolongation, fans veftige d'aucune ligne de féparation.

J'avoue que ceci me paroît d'une fingularité inexplicable, & de plus habiles que moi feront, je gage, long-temps à deviner comment ces maffes viennent toujours & à point nommé fervir d'architrave à toutes ces colonnades. S'il ne s'agiffoit que de plaifanter, on pourroit dire que la nature a voulu imiter en ceci les architeétes qui ne dreffent jamais des files de colonnes que pour leur faire fupporter quelque chofe.

Pour finir tout ce qui concerne les variétés de ces combles, il en eft qui ne confiftent qu'en de gros quartiers de roche informe, épars çà & là fur la crête des colonnades, ou en des piles de plateaux ronds qui figurent de diftance en diftance, comme des meules de moulin dont les angles feroient enlevés, & qu'on auroit pofées de champ les unes fur les autres.

La derniere, & peut-être la plus curieufe de ces formes, c'eft celle de la chauffée de *Saint-Clément*, fous *Pradelles*. Repréfentez-vous un haut & vafte mur tout bâti fans chaux ni ciment, de petites pierres taillées à peu près en pointes de diamant; plufieurs perfonnes les trouvent formées en têtes de chien, & tellement alignées que l'une ne dépaffe pas l'autre.

Lorfqu'on faifit quelqu'une de ces pierres, on croit pouvoir l'enlever facilement, car au premier effort de la main, elles font ébranlées; mais on fe trompe, on peut bien les faire vaciller tant qu'on veut, mais non pas les arracher, parce qu'intérieurement elles fe trouvent gênées en queue d'hirondelle, ou tellement affemblées, qu'on ne peut en faire venir une à foi, qu'une infinité d'autres ne fuive, ce qu'il eft très-dangereux de tenter.

Enfin, par-tout où fe trouvent ces fortes de paremens à facettes, ils defcendent prefque jufqu'au bas de la chauffée, & permettent à peine aux prifmes de fe montrer à 2 ou 3 pieds de hauteur.

A force d'avoir rencontré dans mes courfes les objets dont je viens de vous entretenir, ils n'ont plus rien aujourd'hui qui faffe impreffion en moi; c'eft autre chofe quand on les voit pour la premiere fois, & fur-tout les chauffées de *Portaloup*, d'*Expailly*, de la *Fare*, de *Ceiffon*, d'*Arlempde*, de *Goudet*; leur premier afpeét en impofe fortement; la hauteur, l'à plomb, l'alignement, l'étendue de leurs maffes, la fingularité de leur configuration, tout cela leur donne un air de bâtiment prodigieux, fait de main d'homme, qui frappe, étonne ceux qui n'ont jamais rien vu de femblable , les fixe en contemplation pendant des temps confiderables, & les renvoie fouvent avec le chagrin de n'avoir fu trop comprendre fi c'eft l'ouvrage des hommes, ou celui de la nature.

On les étonneroit bien davantage , fi l'on s'avifoit de leur raconter tout ce qui en eft de l'origine primitive de ces objets qui caufent leur furprife, c'eft alors que non feulement vous n'en feriez pas cru, mais vous vous verriez en butte à leur moquerie, à leur indignation même. J'ai fubi ce fort en quelques endroits, & nommément au *Puy* : j'étois allé rendre au rocher de *Corneille* des hommages exactement femblables à ceux des paffans dont je viens de vous parler ; j'avois choifi pour le lieu de mes obfervations , la magnifique terraffe du féminaire, qui tracée en équerre fur le flanc oriental de ce rocher applani, embraffe environ la cinquieme partie de fon circuit ; de l'angle de l'équerre part un fentier qui vous conduit en ferpentant à travers un bofquet délicieux de charmille, entremêlé de pins jufques au nud du rocher: là, cette fuperbe maffe fe dégageant tout-à-coup de fes propres débris, & ne préfentant qu'une furface unie & perpendiculaire dans une élévation très-confidérable , montre à découvert tous les caracteres de la véritable fufion.

Defcendu dans l'allée, j'y rencontrai quelques eccléfiaftiques qui jouoient à la boule ; je leur dis , fans trop m'arrêter, & pour caufe, que le rocher fur lequel ils marchoient, étoit forti en fufion de deffous terre ; à cette étrange nouvelle on commença par fe regarder en filence les uns les autres, puis on partit, comme de concert, d'un éclat de rire auquel je n'eus garde de ripofter que par une prompte fuite.

Vous noterez en paffant qu'un de la troupe venoit d'affigner pompeufement à fes écoliers , dans la chaire de phyfique , l'effence certaine de la lumiere , & la caufe indubitable du flux de la mer, ainfi que celle de la chûte & de l'attraction des corps , &c. Avoient - ils tort ? non fans doute ; je n'euffe pas cru moi-même , il y a quelque mois , ce qu'ils regarderent apparemment & avec raifon même comme une extravagance & une abfurdité ; je les excufe donc fans peine eux & d'autres, de ne pas adhérer tout de fuite à une affertion auffi finguliere que celle-ci.

C'eft précifément parce qu'on a lu , qu'on a étudié , qu'on eft inftruit, qu'on n'eft pas tenu de croire fur fa parole un homme qui de but en blanc vient vous dire que tous les rochers, toutes les pierres d'un pays n'ont été anciennement que des pâtes molles & ardentes ; que tous ces prifmes polygones dont on a bordé les parapets des ponts, pour les garantir du choc des voitures, ne font que des aiguilles d'une efpece de cryftal , d'abord liquéfiées par le feu , & qui enfuite en fe figeant ont fuivi la marche invariable de la nature dans cette forte d'opération.

Tout ceci & une infinité d'autres chofes femblables , relatives aux volcans & à leurs produits, demandent, avant de paffer pour conftant, d'avoir été approfondi dans de longs & férieux examens.

Mais ce qui me révolte , & ce que je ne puis digérer , c'eft que des gens qui n'ont pas la plus légere teinture d'hiftoire naturelle, qui en ignorent les termes auffi profondément que ceux de la marine ou des

arts

arts & métiers; qui ne favent pas même ce que c'eft qu'un volcan éteint ou brûlant, fe préfentent fiérement pour entrer en lice avec vous, difputent, criaillent jufqu'à extinction de voix, & d'un air fottement capable, impugnent à tort & à travers, je ne dis pas les preuves, mais toutes les démonftrations que vous pouvez leur donner à ce fujet.

On les honore fans doute intérieurement de tout le mépris que mérite l'orgueil enté fur l'ignorance, mais il faut à bon compte effuyer leurs mauvais raifonnemens, leurs plaifanteries, leurs injures même.

Ce qu'il y a en ceci de rifible, c'eft que tel de ces doctes perfonnages qui s'obftinent à ne vouloir pas croire qu'un morceau de lave qu'on lui préfente ait pu être liquéfié, eft le même qui vous articulera favamment que les énormes pierres de taille que les Romains ont employées à la conftruction du pont du *Gard*, ou des arenes de Nifmes, ont été fondues; & fi vous leur demandez de quelle matiere étoit le moule ou le fourneau dont on fe fervit, ou bien où l'on put trouver affez de bois pour une pareille opération, comptez qu'il ne fera pas plus embarraffé de vous répondre, qu'il l'eft de réfoudre les argumens invincibles par lefquels vous lui prouvez la fufion du bafalte.

Les moins déraifonnables d'entr'eux voyant clairement la vérité & ne voulant pas s'y rendre par cette mauvaife honte qu'on a d'apprendre quoique ce foit de quelqu'un dont on eftime moins les lumieres que les fiennes propres, vous attaquent diverfement; l'un vous dit, aucun auteur n'a parlé de cela, & il eft bien furprenant qu'une pareille découverte ait été réfervée à vous feul; & moi je lui demande à mon tour fort modeftement, s'il a fouillé dans les bibliotheques, & s'il a lu tous les auteurs; puis j'ajoute que très-probablement ni les écrivains ni peutêtre l'art d'écrire n'exiftoient pas quand les volcans ont innondé de laves non feulement le Vivarais & le Velay, mais encore une grande partie du globe terreftre.

Un fecond qui a pouffé toutes fes études jufques en humanité inclufivement, fe leve & dit, mais du ton le plus impofant: Céfar a paffé dans ce pays-ci, nous en avons la preuve, j'ai lu fes commentaires & il ne dit pas le mot de tous ces volcans; je lui réponds que Céfar & fon armée en traverfant le Velay, avoient bien autre chofe à faire que d'en examiner les pierres, & s'il me pouffe je lui foutiens hardiment que quand Céfar paffa, ce pays étoit couvert de neige.

Un troifieme qui a écouté tout ceci en filence, entrant brufquement fur les rangs: je vous tiens, dit-il, s'il y avoit eu dans ce pays-ci des volcans, la tradition s'en feroit confervée, & les habitans qui auroient été témoins de ces terribles incendies, n'auroient pas manqué d'en tranfmettre la mémoire à leurs defcendans.

Je réponds à celui-ci qu'il eft faux qu'il n'exifte aucune tradition làdeffus, qu'il y en a une d'autant moins équivoque, qu'elle eft fondée fur les noms des lieux & des chofes; noms qui à parler en général font très-anciens, & expriment fort fouvent la qualité, la pofition, les propriétés du terroir de ces lieux ou des accidens qui leur font furvenus, & fur cela je lui fais paffer en revue *Ardenne, Tartas*, les *Infernets, Fourmagne, Peyre-Baille, Montchaud, Combe-chaude, Ufclade, Mont-Ufclat*, la *Rouffille, Gueule d'enfer*, &c.

G g g g g

Cette nomenclature l'étonne, & elle est réellement frappante, puisqu'elle désigne par des noms analogues au feu, des lieux qui ont été
tous incendiés. Les hommes effrayés des feux que ces volcans vo-
missoient, avoient fort bien pu se persuader que c'étoient autant de
soupiraux d'enfer, ainsi que les Irlandois croyent que l'*Hécla* en est un,
& conséquemment ils les avoient appellés *Tartas*, les *Infernets*, *Gueule
d'enfer*, &c.

Ceux qui cherchent véritablement à s'instruire, & c'est le plus petit
nombre, demandent comment des laves ont pu se former en rochers isolés, aussi hauts & aussi vastes que le sont ceux de *Saint Michel*, de *Corneille*, & de *Polignac*; je leur reponds que le *Vésuve*, l'*Hécla* forment
quelquefois de pareilles buttes au centre même de leur *cratere*, mais que
tout cela demande de plus amples études des opérations des volcans,
& qu'un jour il leur sera donné là dessus toute la satisfaction qu'ils
peuvent souhaiter; qu'en attendant ils peuvent tenir pour certain que ces
masses qui sont véritablement prodigieuses en elles-mêmes, ne sont pourtant que des quilles, si je puis m'exprimer ainsi, eu égard à la quantité
immense de laves que l'*Etna* a vomi dans une seule éruption; car il
est constant qu'en 1669, il lança du fond de son *cratere* un torrent de
matieres liquéfiées qui avoit six milles de largeur, quatorze milles de longueur & 6 toises d'épaisseur; or, je laisse à calculer à ceux d'entr'eux
qui savent le faire, combien de milliers de fois leurs rochers se trouve-
roient compris dans une si épouvantable masse.

Savez-vous, Monsieur, comment je tranche avec ceux qui ne veulent pas tomber d'accord, quoiqu'on puisse leur dire de la fusion de ces
rochers? j'en prends au hasard une portion, & je les conduis avec moi
dans la premiere forge que je rencontre; je fais allumer un feu fort vif
sur mon basalte; au bout d'une demi-heure je dis au forgeron de mettre
la matiere rougie sur son enclume, celui-ci est fort étonné de ne pouvoir
presque la saisir, la pince s'y enfonce dedans, enfin ce qu'il peut en
amener en deçà, file en cordelettes longues & brillantes; mes incrédules
ouvrent de grands yeux, se retirent avec un pied de nez, & moi je m'en
vas en riant sous cape [a].

Je ne fais du reste que rarement ces sortes d'expériences, outre que
je n'en ai pas toujours la commodité, je trouve mieux mon compte à
proposer là dessus un pari à la décision de l'académie, c'est l'expédient
le plus sur dont je me sois avisé pour couper court à toutes les disputes,
& je vous conseille d'en faire usage au besoin; au seul mot de gageure,
vous verrez ces forts discoureurs changer bien vîte de these, & aimer
beaucoup mieux laisser les volcans en possession de leur existence, que
de hasarder un denier pour la leur disputer.

[a] J'aurois à mon tour, de bien longues lamentations
à faire, si je voulois rappeller ici les critiques absur-
des & ridicules que j'entendois faire à mes oreilles
dans la ville de ma résidence, sur les volcans qui faisoient l'objet de mes recherches; mais il n'étoit pas
étonnant qu'on fût dans la plus profonde ignorance
sur l'existence des volcans éteints, puisqu'on n'y avoit
peut-être pas même l'idée d'un volcan brûlant. Il étoit
plus facile aux citoyens de Montelimar de se persuader, & même de se convaincre qu'un enfant nommé
Parangue, voyoit l'eau à 2 ou 300 toises sous terre-

QUATRIEME LETTRE.

De Pradelles, le 1er novembre 1776.

JE ne fuis pas furpris, Monfieur, que quand l'*Etna* ou le *Véfuve*, après avoir été dans l'inaction pendant longues années, fe rallument de nouveau, & donnent quelques-uns de ces fpectacles fameux qui ont tant de fois fait trembler les peuples, nous ayons auffi-tôt de brillantes narrations de ces formidables incendies. Il n'eft rien, à mon avis, de plus pittorefque dans la nature qu'un volcan brûlant. Ici les quatre élémens déchaînés les uns contre les autres, femblent confpirer de concert à donner aux hommes le fpectacle le plus terrible tout enfemble & le plus magnifique qu'on puiffe imaginer, ainfi jamais plus beau champ ouvert à la verve des poëtes, ou à l'éloquence des orateurs.

On peut ce me femble dire avec une facilité égale en profe ou en vers, qu'avant qu'un volcan monte au dernier période de fes fureurs, un murmure fourd & confus, femblable à celui d'une mer agitée, fe fait entendre de loin autour de fon cratere; ce bruit eft entremêlé par intervalle d'éclats de tonnerres fouterreins & de fortes explofions; chaque jour les fumées devenues plus longues, plus noires, plus épaiffes, annoncent une fermentation extraordinaire dans fon foyer; l'orage croît, s'enfle, fe développe à chaque inftant; la terreur commence à fe répandre, bientôt elle eft générale. Ce qui aggrave la confternation publique, ce font des pluies de cendres qui tombent fans relâche nuit & jour, les campagnes en font couvertes au loin, l'efpérance des laboureurs eft ruinée, les habitans même des villes tremblent d'être enfevelis eux & leurs maifons fous ce nouveau déluge.

Tout ceci n'eft que le prélude de la fcene d'horreur qui va fe paffer. Le moment de l'éruption arrive, & voilà d'abord le ciel, la terre & la mer qui paroiffent en feu; un fracas horrible, accompagné de vives fecouffes, de tremblemens de terre, fait croire à chaque inftant que la montagne incendiée va crouler dans fes propres abymes; autour d'elle tout brille de la plus éclatante lumiere, mais au loin l'air eft obfcurci, quelquefois même la nuit eft fi profonde, que les rayons du foleil dans fon midi ne peuvent la diffiper; cependant une haute & vafte colonne de feu domine perpendiculairement fur l'orifice de la fournaife embrâfée; fixe & immobile en apparence au dedans, tout y eft dans la plus vive agitation & dans le plus rapide mouvement.

Si fon extrêmité fupérieure finit en pointe d'arbre touffu, malheur aux régions fubjacentes, point de défaftre fi cruel que leurs infortunés habitans n'aient à redouter; enveloppés d'épaiffes ténebres pendant les deux, les trois jours de fuite, ils ne fauront ni où fuir, ni où s'arrêter pour échapper à la mort; réfugiés chez eux, ils courront rifque d'être écrafés fous leur propre toît; errans dans les campagnes, ils auront à craindre ou de tomber fuffoqués par des vapeurs mortelles, ou d'être engloutis tout vivans dans la terre qui s'entr'ouvre à chaque pas, ou d'être affommés par les pierres qui pleuvent de tous côtés. Ceci n'eft rien encore: de puiffantes villes difparoîtront fans retour avec vingt ou trente mille de leurs citoyens dans des fleuves de matieres ardentes; & si dans la suite des siecles la curiosité des hommes parvient à pénétrer dans leur ténébreux emplacement, les chef-d'œuvres de l'antiquité, les bronzes & les marbres sculptés, seront trouvés servans d'accident à des blocs de laves, tout ainsi que les villes elles-mêmes seront en quelque sorte les noyaux des montagnes qui les couvrent.

Du centre de cette effroyable gerbe de feu, partent de temps à autre, tantôt des fusées volantes, qui semblables à des poutres enflammées, montent avec de longs sifflemens dans les airs, & vont se perdre au dessus du séjour des nuages; tantôt des tourbillons épais de fumée, de cendres & de sables, quelquefois des grêles de pierre de tout calibre, lancées avec une vigueur supérieure à celle de nos bombes, vont à 1, à 2 milles delà, écraser des spectateurs, qui placés dans l'éloignement, croyoient pouvoir jouir de toute la beauté, ou de toute l'horreur de ce spectacle, sans craindre les atteintes du volcan irrité.

La foudre de son côté se met de la partie; on la voit serpenter au milieu des flammes, & si le bruit qui la suit constamment, se perd dans le tumulte affreux qui regne autour de la bouche infernale, on distingue sans peine au vif éclat dont elle brille, les longs sillons qu'elle trace sur la colonne de feu.

Mais voici de larges torrens d'un feu liquide qui commence à descendre du sommet de la montagne, ou des crevasses qu'ils ont faites sur ses flancs; à mesure qu'ils se précipitent à gros bouillons le long de sa croupe, ils forment des nappes, des cascades, des coulées suivies, ou des courans entrecoupés; par tout une fumée épaisse s'exhale de leur surface; descendus dans la plaine, l'activité de leur marche se ralentit sensiblement, ils n'avancent qu'avec une pompeuse lenteur, mais rien ne leur résiste; terres, rochers, forêts, bâtimens, tout ce qui se trouve sur leur chemin est souvent renversé; les montagnes elles-mêmes ne leur opposent pas toujours des résistances invincibles: arrivent-ils dans la mer, ses rivages sont aussi-tôt à sec, & pendant qu'elle se replie sur elle-même avec des mugissemens dont le bruit de mille tonnerres n'approche pas, d'immenses jetées naissent presque en un clin d'œil du sein de son gouffre, dépassent son niveau, s'élevent à des hauteurs surprenantes, & ce sont là d'immenses boulevards qui pendant les siecles à venir, braveront la fureur de ses flots.

Encore une fois ces objets réunis ou divisés sont d'eux-mêmes si grands, si nobles, si frappans, que sans exceller dans l'art de peindre, on peut en tracer, sinon des tableaux achevés, au moins des esquisses supportables.

Mais c'est un axiome vérifié par une expérience constante, que rien de violent ne peut durer long-temps, & que plus une tempête a été furieuse, plus le calme qui la suit, est profond. L'éruption du volcan finie, tout est rentré dans l'ordre, le bruit a cessé, l'air a repris sa sérénité, la terre s'est raffermie, les flammes ont disparu, & alors, par une suite nécessaire, ce volcan hier si fécond en prodiges de toute espece, n'est aujourd'hui dans ses parties & dans son tout, qu'un être informe, de l'aspect le plus triste & le plus sauvage qu'on puisse concevoir.

Vous

Vous me paſſerez cette comparaiſon : je trouve entre un volcan bru-
lant & un volcan éteint, la même différence qu'il y a d'un champ de
bataille au jour où deux puiſſantes armées ſe livrent les plus formidables aſſauts, avec ce même champ bientôt après la défaite de l'un
des deux partis ennemis. Pendant que l'action duroit tout le pays re-
tentiſſoit du fracas horrible de l'artillerie, mêlé au feu roulant de la
mouſqueterie : le bruit de mille tambours, joint au cliquetis des armes,
au henniſſement des chevaux, aux cris des combattans, achevoit le tumulte. Des tourbillons épais de flamme, de fumée & de pouſſiere
obſcurciſſoient l'air pendant que des ruiſſeaux de ſang couloient de
toutes parts, & que la terre diſparoiſſoit ſous des monceaux de cadavres, & ſe couvroit de vaſtes débris d'armes & de bagages.

Revenez quelques jours après ſur cet affreux théatre de tumulte
& de confuſion, la face des choſes y eſt abſolument changée, le bruit
a ceſſé, le ſilence & la ſolitude y regnent, tous les objets d'horreur
qu'il étaloit, ont diſparu ; à peine reconnoit-on au bouleverſement du
ſol & aux teintes de ſang qu'il a reçues, à des cadavres qui n'ont pas été
inhumés, que quarante ou cinquante mille hommes y ont été maſſacrés.

Voilà ſous quel rapport j'enviſage deux volcans dont l'un eſt dans toutes ſes fureurs, & l'autre les a épuiſées : là il n'y a rien qui ne frappe,
qui ne ſaiſiſſe, qui ne porte dans l'ame les plus vives impreſſions de
terreur & d'effroi : ici tout eſt muet, triſte & languiſſant, & tout par
là même ſe refuſe à la deſcription

Qu'offre en effet aux yeux une éruption déjà faite ? des ſables brûlés,
des terres cuites, des boues à demi-deſſéchées, des couches longues &
épaiſſes de laves, de ſcories de mâche-fer, ſemblables à celles qui coulent
des forges de nos maréchaux.

Ajoutez ſi vous voulez à cela des campagnes dévaſtées, des terres
recouvertes de cendres, ou des tas de pierres-ponces, quelques édifices
à demi-enſevelis dans les laves, un reſte de fumée qui s'exhale encore
de la bouche du volcan, & vous aurez fait l'entier rapport de tout ce
qui en reſte. Or, ſi celui-ci fournit ſi peu à la deſcription, combien
moins encore y a-t-il à dire de ceux éteints depuis une nombreuſe ſuite
de ſiecles; il eſt vrai ſans doute que quand ils bruloient, ils produiſoient
le même mugiſſement dans les airs, la même obſcurité dans l'athmoſphere,
les mêmes commotions dans les entrailles de la terre que le fait encore
l'*Etna*, lorſque ſortant tout-à-coup de ſon inaction, il porte l'effroi
dans toute la Sicile. Des maſſes telles que le *Puy de Dôme*, le *Gerbier
des joncs* n'ont pû ſe déplacer ſans tumulte, ni venir à petit bruit s'é-
tablir du ſein de la terre dans la région des nuages. Les volcans, à quelque
époque qu'ils aient exiſté, ont été toujours au rang des plus prodigieux
effets de la nature ; or, quoique celle-ci ait ſes caprices dans la production de certains petits objets, elle ne varie jamais dans ſes grandes
opérations ; anciens ou modernes ils ſont donc tous calqués ſur le même
modele, mais ce que les nôtres furent jadis n'en fournit pas plus de couleur pour faire de ce qu'ils ſont actuellement des tableaux intéreſſans;
la plupart des monumens qu'ils ont laiſſés après eux ont été tellement
défigurés par la longueur des temps, qu'il faut preſque deviner qu'ils
aient jamais exiſté. Delà il ſuit encore que quelqu'un qui entreprend

de les faire connoître, n'a pas même l'avantage de celui qui voudroit
décrire, par exemple, l'état actuel de l'*Hécla*. Ce volcan, comme chacun
fait, ne fait plus d'éruption depuis plusieurs années ; peut-être n'est-il
qu'assoupi ainsi que le *Véfuve* l'a été pendant les 500 ans de suite, après
quoi il se reveilla avec des fureurs nouvelles ; peut-être aussi qu'il est
absolument éteint de même que ceux du Vivarais ; quoi qu'il en soit, un
observateur moderne qui après l'avoir suivi & étudié attentivement, voudroit donner des détails sur ce qui le concerne, pourroit d'abord établir,
sans crainte d'être contredit, qu'une montagne en Islande, appellée l'*Hécla*,
a été un volcan, au lieu que si je veux articuler la même chose de la *Gravenne*, du *Pal*, du *Suc-de-Bozon*, pour peu de gens raisonnables qui ac-
quiesçant à la vérité, me savent quelque gré de mes découvertes, une nuée
de frondeurs s'éleve contre moi & me traite de visionnaire. En parcourant auprès & au loin les environs de la montagne, il seroit aisé à cet
observateur de déterminer la route qu'ont pris certaines laves, d'en suivre
le cours, d'en noter la maniere & les formes, d'en assigner les différences,
& les identités ; mais ici la plupart des produits volcaniques sont tellement confondus les uns avec les autres, & cela sans aucune apparence
de *cratere* aux environs, qu'on est souvent embarrassé de décider à quel
volcan ils appartiennent, si c'est du nord ou du midi qu'ils sont venus sur
la place qu'ils occupent, s'ils sont le résultat d'une ou de plusieurs éruptions ; on est même quelquefois réduit à présumer que telle roche, telle
monticule, telle colline ont été à la fois & le volcan & son produit.

Enfin cet observateur sans pouvoir peut-être déterminer bien positi-
vement la premiere éruption de l'*Hécla*, trouveroit au moins dans la
tradition du pays des lumieres assez sûres pour établir comme autant de
faits incontestables, qu'il a duré pendant tant d'années ou même de siecles,
qu'à telle époque il cessa de brûler, qu'à telle autre il se ralluma &
vomit des fleuves d'eau bouillante qui inonderent les campagnes & laisserent après eux de larges & profonds ravins qui subsistent encore : que
fais-je, il auroit le moyen d'embellir son récit d'une infinité de faits,
de circonstances, d'incidens de toute espece d'autant plus intéressans qu'il
ne hasaderoit rien, & que tout porteroit l'empreinte du vrai. Il n'en est
pas de même de nos volcans, tout ce qui a trait à leur histoire est enveloppé d'un voile impénétrable & va se perdre dans la nuit des temps.
on ne fait ni dans quel temps ils ont éclaté, ni quelle a été la durée de
leur inflammation, ni depuis combien de siecles ils sont éteints. On ignore
s'ils prirent feu à la fois ou successivement, s'ils s'éteignirent tous ensemble, ou les uns après les autres, & en ce cas quel intervalle ils mirent
entre leurs extinctions respectives. Sur tout ceci & sur bien d'autres questions qu'on pourroit former sur la matiere présente, il ne nous reste que
la ressource des conjectures ; il me paroît pourtant qu'il ne seroit point
impossible de démontrer que nos premiers aïeux en ont conservé quelque
tradition.

Tous ces nuages d'obscurité répandus sur nos volcans du haut Vivarais, joints à une mince couche de terre végétale qui les couvre presque
par-tout, ou enfin le peu de connoissance qu'on avoit des matieres volcanisées, les avoient si bien cachés jusqu'ici à tous les naturels du pays,

que moi qui vous les annonce, je n'en avois pas, il y a deux ans , la plus
légere connoiſſance. Je marchois depuis long-temps ſur le baſalte, j'é-
tois entouré de ſes maſſes, j'en admirois la biſarre configuration , mais
je ne ſavois ſeulement pas comment on le nommoit en françois, il ne
m'étoit connu que ſous le nom de *Peyre-Farrau* [a], que le vulgaire lui
donne dans ces cantons.

La découverte de l'origine véritable de cette eſpece ſinguliere de
pierre, a été la premiere & l'unique clef qui m'a ouvert le tréſor caché
de nos volcans ; c'eſt à vous , Monſieur, à qui j'en ai l'obligation ; mais
pourquoi ne m'en ſuis-je pas tenu là, ſans me mêler de vouloir vous en
donner des détails ? je n'aurois pas le double déſagrément de ne rouler
preſque jamais dans mes promenades que ſur de la pierraille aiguë &
tranchante, & de n'avoir à exercer ma plume que ſur des matieres auſſi
brutes & auſſi dégoûtantes que le ſont celles-ci. C'eſt ce qu'on peut
appeller véritablement des ſujets de nature morte ; tout y eſt morne
& languiſſant, & ſi la Fontaine a dit que les jardins parlent peu , ſi ce
n'eſt dans ſon livre, je puis vous certifier que des pelouſes arides qui
couvrent des ponces, des ſcories, des laves de pluſieurs eſpeces , diſent
infiniment moins.

Cependant il faut être de bonne foi ; ces objets ſi ſecs & ſi ſtériles
en eux-mêmes ceſſent de l'être, conſidérés ſous de certains rapports. Ils
deviennent même très-féconds lorſqu'on en abandonne l'analyſe & le
détail, pour ne s'attacher qu'à leur enſemble. Delà vient que quand je
me trouve à ſec parmi les cendres arides & les rochers calcinés, je n'ai,
pour réchauffer mon imagination, qu'à les conſidérer en gros de deſſus
quelque hauteur ; à peine ai-je commencé à parcourir des yeux la grandeur,
la multiplicité, la variété des maſſes brûlées dont ce pays eſt parſemé, que je
tombe dans un embarras contraire à celui dont je me plaignois, je veux
dire , que loin de manquer de matiere, j'en ai trop , & que je ne ſais par
où débuter. Tantôt je voudrois commencer par vous donner une idée
de nos rochers volcaniques , anticiper l'agréable ſurpriſe où vous jettera
immanquablement le premier aſpect de ceux de la *Fare*, d'*Arlempde* , de
Goudet , de *Corneille* , de *Saint-Michel* , d'*Expailly* & de *Polignac* ;
vous décrire en abrégé leur poſition, leur configuration, leur volume ,
l'habillement que le temps leur a donné, les excavations que les hommes
y ont faites , les vaſtes édifices qui furent conſtruits ſur leur ſommet, &
dont les débris annoncent plus de huit ou dix ſiecles d'antiquité. Tantôt
je me ſens fortement attiré par le deſir de vous faire l'énumération de
ces épouvantables amas de laves de toute eſpece, d'où ſont réſultées les
collines de *Coucourou*, de *Deniſe* , de *Cheyras* , les pics de *Tartas* , de
Fourmagne , de *Brunellet* , de *la Croix de la Paille* , tous objets volcaniques dans toute leur ſolidité , & auprès deſquels nos plus monſtrueuſes
roches , nos plus vaſtes colonnades ne ſont , ſi j'oſe m'exprimer ainſi,
que des produits avortons. D'autre part , ces gueules effroyables qui
ont vomi les uns & les autres , ſemblent exiger la préférence , & il m'eſt
difficile, je l'avoue, de ne pas m'attacher d'entrée de jeu à peindre d'immenſes abîmes, tels que le creux du *Puy*, d'où partoient anciennement
les matieres ardentes, les pierres fondues, les ſoufres & les bitumes

---

[a] Ce mot vulgaire équivaut à celui de pierre ferrée ou pierre de fer.

enflammés, & qui font aujourd'hui métamorphofés en un charmant féjour où vingt mille ouvriers travaillent paifiblement fur la même fournaife dans laquelle, parmi les bouillonnemens & les écumes d'un lac
de feu, furent d'abord fabriquées les roches de *Corneille* & de *Saint-Michel*, & lancées delà fur la place où on les voit préfentement. Pour couper court à toutes ces indéterminations, je ne traiterai maintenant aucun de ces articles en particulier; mais voici des obfervations qui les
concernent tous en général.

Je remarque donc, 1°. que nos volcans fe firent jour indifféremment
fur les montagnes, dans les plaines & au fond des vallons : ceux des
hauteurs me paroiffent avoir été en même-temps les plus violens. Si
du fond de la Loire où eft la chauffée de *Ceyffon*, vous remontez à
l'endroit d'où elle eft partie, vous arrivez par une montée très-rapide
à la demi-hauteur du *Suc*; là, fur le revers du roc, eft une concavité
en forme de coquille, de 50 toifes au moins de diametre en tout fens :
ce fut la moitié de la coupe d'un volcan qui ne s'ouvrit jamais d'iffue
par le haut de la montagne, mais qui, en faifant fon explofion à l'oueft,
fit fauter toute la partie du rocher qui avoit le même confront, & laiffa
à découvert tout le profil de l'épouvantable fournaife où les bafaltes de
la haute & vafte colonnade de *Ceyffon*, avec le courant qui y conduit,
avoient été mis en fufion.

Pour établir quelques probabilités fur la pofition de nos volcans
éteints, il faut que je dife d'abord un mot de la maniere dont je me per-
fuade que les volcans ont toujours fait leurs éruptions. Sans autre lumiere à cet égard que la certitude où je fuis que des montagnes &
des ifles chaffées par des feux fouterreins, ont paru prefque fubitement
fur la furface de la terre & de la mer où elles fubfiftent encore, je dis
que les volcans pouffent les matieres en dehors par *coulées*, par *jets* &
par *fufées* : fi les termes vous paroiffent nouveaux & finguliers, je
ferai en forte qu'ils ne foient pas au moins obfcurs.

J'appelle éruption par coulée, celle où les laves en fufion montent du foyer d'un volcan, jufques au bord de fon cratere, & delà
fe répandent par ruiffeaux de côté & d'autre : c'eft du lait qui mis
dans un vafe affez profond, & pouffé par un feu fort vif, monte d'a-
bord jufques à l'orifice du pot, & verfe enfuite à grands flots de toutes
parts.

Celles par jets fe font lorfque les matieres, foit folides, foit liquéfiées, font portées de volée, comme des bombes ou boulets, à une certaine diftance de la bouche du volcan; ces jets, du refte, ne peuvent
guere avoir lieu qu'autant que l'ouverture du cratere eft un peu inclinée, ou que le cratere lui-même eft vafte & peu profond.

Enfin, j'entends par les éruptions en fufées, dont je vous dois la premiere idée & la démonftration, celles où les matieres fortent tout-à-
coup & pour la premiere fois du fein de la terre ou des eaux, montent en ligne perpendiculaire à des hauteurs confidérables, & demeurent
fur place. Les morceaux de terre que les Taupes élevent fur leur tête
lorfqu'elles bouttent, peuvent donner une idée affez jufte de ceci. Ce
furprenant jeu de la nature une fois conftaté par la création du *Monte
Nuovo*, dans le royaume de Naples l'an 1538, me donne de grandes lumieres
                                                                    pour

pour expliquer la formation de tous nos monticules de laves isolés; *Tartas,
Fourmagne*, *Brunellet*, *Billac*, &c. paroissent avoir été élevés de cette
maniere, il reste à examiner s'ils ont été formés par fusées : plusieurs
circonstances le prouvent ; ils dominent tout, & ne sont dominés par
aucune hauteur immédiatement placée aux environs ; nul vestige de cratere , ni auprès , ni au loin de la plupart ; quelques-uns sont tellement
écartés de tout ce qui peut appartenir aux volcans , qu'à moins qu'ils
ne soient tombés du ciel , ils sont évidemment nés sur place comme des
champignons : entre vingt exemples que je pourrois citer de ceci, je m'attache à la chaussée de la Fare ; c'est peut-être le morceau volcanique
le plus curieux par sa position qui soit sur la terre.

Pour en avoir une juste idée , il faut d'abord se figurer une langue
de terre qui sépare la *Loire* d'avec *Langognolle*, & qui se prolonge en
triangle aigu, jusques au point de réunion de ces deux rivieres. Le plan
de cette presqu'isle s'éleve sensiblement depuis sa pointe jusques au hameau de la Fare où il commence à se rabaisser & à s'élargir , & il
va enfin se terminer à une vaste mais peu profonde coupure, au delà
de laquelle est une montagne : je fixe la base de mon triangle à cette
coupure que j'appellerai un ravin.

Une magnifique colonnade de basalte de plus de 200 pieds de haut,
se trouve placée entre la pointe & la base de ce triangle; d'où est-elle
venue ? ce n'est certainement pas ni d'au delà de la Loire , ni d'en deçà
de *Langognolle* ; les montagnes qui bordent ces deux rivieres, ne présentent ni bouche à feu ni reste de coulant de laves ; celle qui domine sur le ravin, n'a pas pu non plus lui donner son existence ; les matieres en fusion descendues dans cet enfoncement, en auroient gagné
les exrêmités qui sont en pente, & se seroient précipitées mille fois ou
dans la *Loire* ou dans *Langognolle*, avant d'atteindre à la hauteur de
l'église de la *Fare* qui est à la tête de la chaussée : reste donc qu'elle
est née sur place, & c'est le jugement que j'en ai porté après m'être épuisé
en raisonnemens, & en avoir fait plusieurs jours de suite l'objet de mes
spéculations.

Cet objet-ci du reste n'est pas seulement unique par sa position, il l'est
encore par sa configuration ; ce n'est en quelque sorte qu'une longue
muraille tantôt plus tantôt moins épaisse qui occupe environ un tiers de
la longueur du triangle, on peut la tourner des deux côtés dont l'un
domine sur la Loire & l'autre sur *Langognolle*, mais en la longeant de
part & d'autre il faut être extrêmement sur ses gardes faute de quoi
l'on rouleroit bien vîte dans des profondeurs de plus de 200 pieds.
Toute la masse est volcanique depuis le niveau de l'eau jusques à son
extrêmité supérieure , mais les colonnes ne commencent à se montrer
qu'aux trois quarts de sa hauteur ; leur ensemble a beaucoup plus d'é-
paisseur à la pointe que vers la base du triangle; ici même, c'est-à-dire
au point où la chaussée commence à se former, elle n'a guere que 3 pieds
de large & 7 à 8 de hauteur ; ce sont cinq ou six gros prismes dressés
verticalement à la file les uns des autres, & qui supportent une maniere
de gros tonneau dont l'un des fonds est strié en cercles presque concentriques; il y a même une grande ouverture à jour sous cette masse, ce
qui donne au tout un air fort plaisant aux yeux des amateurs.

Dans ce moment je me tranſportai en eſprit dans le creux du *Puy*, & après avoir réfléchi ſur la poſition tout-à-fait iſolée des deux ſuperbes maſſes de *Polignac* & de *Saint-Michel*, j'oſai croire qu'elles n'avoient pas eu une origine différente de celle de la chauſſée de *la Fare*, je veux dire que les unes & les autres étoient nées ſur place comme des champignons. Je l'avoue, il m'en coûta d'abord de me familiariſer avec cette idée, je me vis réduit même à la cacher ſoigneuſement de peur d'être cruellement perſiflé ſi j'en laiſſois tranſpirer la moindre choſe; mais enfin depuis que revenu ſur les lieux, j'ai erré cent & cent fois autour de ces maſſes ſans appercevoir de fil, je veux dire de courant de laves qui me conduiſît à la ſource d'où elles auroient pu partir, je me ſuis tellement affermi dans cette opinion, depuis ſur-tout que j'ai vu les découvertes & les obſervations nouvelles & démonſtratives que vous avez faites vous-même à ce ſujet, que non ſeulement je n'héſite plus à la produire, mais je me déclare prêt à entrer en lice avec quiconque ſe préſenteroit pour la combattre.

Il y a eu encore ici des volcans à coulée, & c'eſt à ceux de cette eſpece que ſont dus quelques-uns de nos rochers de baſalte, ainſi que la plupart des rideaux de priſmes & des courans de laves qui ſe trouvent le long des deſcentes : ſont-ils le réſultat d'une ſeule coulée ? ou n'ont-ils acquis la hauteur & l'étendue qu'ils ont que par l'arrivée de divers ruiſſeaux de matieres qui ſont venus par intervalle s'accumuler les uns ſur les autres ? c'eſt ce qui n'eſt pas aiſé à décider ; je puis dire que c'eſt ici l'une des ſpéculations auxquelles je me ſuis le plus aſſidument attaché ; j'ai eu fréquemment devant les yeux les objets en ce genre les plus propres à me donner des notions aſſez claires à ce ſujet, & plus je les ai étudiés, moins je me ſens en état de vous donner là-deſſus autre choſe que des conjectures.

Suivez dans tout ſon contour le profil du grand banc de laves, au deſſous de *Theuyts*, qui regne le long de *l'Ardeche*, ſa hauteur uniforme, dans l'eſpace d'un gros quart de lieue, eſt de plus de 100 pieds; vous aurez beau regarder d'auſſi près qu'il vous ſera poſſible, loin de diſtinguer la moindre variété de couches, vous n'appercevrez dans une étendue immenſe qu'un tout dont les parties ſont ſi bien liées, & tellement aſſimilées les unes aux autres, qu'il ſemble que c'eſt une maſſe uniforme qu'on a ſciée dans toute ſa hauteur. Le rocher du *Duc*, dans le lit de la *Loire*, en face de celui d'*Arlempde*, étale quelque choſe de plus frappant encore dans ce genre ; cette magnifique nappe de baſalte a été manifeſtement coulée, ainſi que je le ferai voir dans la deſcription du rocher d'*Arlempde* ; elle eſt très-élevée, & un coup d'œil jeté ſur toutes les figures biſarres dont ſa ſurface eſt parſemée, décide que différens ruiſſeaux de matiere n'ont pu concourir à les former.

Ceci ſe voit encore dans la plupart de nos pavés des géans : des rangs de colonnes bien diſtinctes les unes des autres, filent ou en ligne droite ou par ondulations dans toute la hauteur de la maſſe qui eſt quelquefois de plus de 100 pieds ; ſi elle réſulte de diverſes aſſiſes de matieres arrivées ſur place à des époques éloignées les unes des autres, comment peut-il ſe faire que les dernieres venues aient ſuivi avec autant de préciſion, en ſe cryſtalliſant à leur tour, l'ordre, la direction, le contour des anciennes figures ? n'eſt-il pas évident au contraire que la maſſe exiſtoit en entier lorſque toutes ces diviſions s'y formerent d'elles-mêmes ?

S'il étoit auſſi-bien prouvé que la cryſtalliſation de ces maſſes s'eſt faite ſous fort peu de temps, je n'héſiterois pas à prononcer que nos plus grands monceaux de baſalte en maſſe ont été formés d'une ſeule coulée ; mais j'ai des raiſons très-fortes de croire que les ſéparations perpendiculaires ou tranſverſales des priſmes de nos colonnades, n'ont pas été faites tout d'un coup, mais qu'elles ſe ſont prolongées, même élargies par ſucceſſion de temps. Quoiqu'il en ſoit, par-tout où je vois de grands bancs où l'identité des matieres ſe montre à découvert d'un bout à l'autre, je ſuis ſuffiſamment fondé à les regarder comme l'ou-vrage d'un ſeul & même courant.

Quelques-uns de nos volcans ont fait leur éruption principalement par jets, tels ſont ceux d'*Ardenne*, des *Infernets*, du *Bouchet*, du *Breuil* & de *Nolhac* ; ce qui le prouve, ce ſont les tas immenſes de matieres cuites de toute eſpece, accumulées ſans ordre autour de leurs *crateres*. Il eſt hors de doute qu'il n'y ait eu ici pluſieurs émiſſions de laves, ſoit par jets, ſoit par coulées, & même de ces deux manieres enſemble ; delà j'augure que ceux-ci ont été les plus durables. J'ai remarqué en pluſieurs endroits que la principale direction de ces volcans à jets, étoit du midi au nord ; & c'eſt en ſuivant cette ligne que le rocher *Corneille* a vrai-ſemblablement été formé ; voici comment je conçois la choſe.

Avant que les volcans crevaſſent dans le creux du *Puy*, il eſt pro-bable que toute la plaine qui regne depuis *Vals* juſques à la ville, étoit de niveau avec les côteaux oppoſés de *Ronſon* & de *Rocharnaud*. Le ruiſſeau de *Dolaiſon* qui ſort de l'angle que forme la jonction du cô-teau de *Vals* avec la montagne de *Saint-Benoît*, traverſoit cette plaine. Une formidable bouche à feu s'étant ouverte, la même où eſt aujour-d'hui le *Breuil*, commença à lancer en avant les laves qui ſervent de baſe immédiate au rocher ; je dis immédiate, car le tout repoſe ſur une carriere de plâtre ; les éruptions continuerent, & le rocher en reçut de nouveaux accroiſſemens : le *cratere* s'étant aggrandi bien vîte, les terres environnantes s'y précipiterent, & elles occaſionnerent par leur chûte l'abaiſſement de tout ce terrein ; cependant le volcan ne fut éteint ni par l'arrivée des matieres qui s'y accumuloient, ni par le ruiſſeau qui vraiſemblablement ne tarda pas à y entrer ; il continua à faire des jets, mais il ne ſortit plus déſormais de ſon foyer que des boues mal cuites, mêlées d'une infinité de fragmens de baſalte, & voilà de quoi eſt com-poſée en grande partie toute la moitié ſupérieure du rocher en queſ-tion [a].

5°. Ceci me conduit à obſerver qu'on ne trouve des laves boueuſes, de l'eſpece de celles dont toute la ville du *Puy* eſt bâtie, que dans les endroits où des rivieres ont pu pénétrer dans les *crateres* des volcans [b]. C'eſt ainſi qu'elles abondent non ſeulement dans le creux du *Puy*, mais

[a] Qu'eſt-ce qu'un chétif ruiſſeau à côté d'un vol-can ? comment pourroit-il s'introduire dans un cra-tere qui eſt ordinairement élevé ? d'ailleurs, le rocher du *Puy* n'eſt pas de ceux qu'on peut exactement appeller formé par une éruption boueuſe.

[b] C'eſt dans le bas Vivarais où l'on trouve les érup-tions boueuſes les mieux caractériſées.

encore à *Saint-Paulien* & aux environs; on n'en voit pas de veftiges dans tout le haut Vivarais ni même dans le bas, parce que de tous les *crateres* que j'ai pu fignaler ici ou là, il n'y en a aucun que j'aie eu lieu de préfumer avoir reçu d'autres eaux que celles des fources [a].

6°. Les déjections des volcans ont été ici, comme elles le font partout ailleurs, de diverfes matieres, mais en général le bafalte y domine; il paroît même que cette efpece de lave a été l'unique produit du grand nombre de nos bouches à feu.

Je trouve ceci d'autant plus digne d'attention que les principales productions des volcans modernes font d'une toute autre efpece. Cette diverfité de matiere eft fans doute due à la différence des fols fur lefquels les feux fouterreins fe mettoient en action; refte à favoir fi pour faire du bafalte il n'eft pas befoin qu'ils travaillent fur le granit; & même fi quelques-uns des principes conftitutifs de l'un n'entrent pas effentiellement dans la compofition de l'autre; plufieurs raifons me portent à le croire.

La principale c'eft que d'une part le bafalte n'eft pas fimplement une terre recuite, un fable vitrifié, une argille dénaturée par le feu, mais une pierre véritablement factice, qui réfulte de la combinaifon d'un certain nombre de parties aqueufes, terreufes, fulphureufes, métalliques, & que de l'autre, celui dont tout ce pays-ci eft couvert, n'a pu avoir pour bafe, ou du moins pour matrice, que le granit qui eft ici l'unique roc primitif [b].

Après le bafalte nos matieres calcinées les plus communes font les argilles, il paroît que de celles-ci les unes ont été véritablement fondues, ce qui fe connoît à la forme radiée de leur furface, ou aux bouillons dont elle eft furfemée : les autres ont été fimplement cuites comme de la brique. J'ai trouvé quelquefois des blocs confidérables de cette efpece, mais je n'ai point vu de courant lié & fuivi ni des unes ni des autres.

Je n'ai garde d'entrer ici dans le détail de quantité d'autres matieres molles ou dures, friables ou non, & de couleur différente, qui font partie des laves de nos volcans; ce font pour la plupart des argilles décompofées, des mêlanges de terre de diverfes fortes plus ou moins élaborées au feu, des concrétions & des amalgames de différentes pierres avec des terres primitives, mêlangés avec des fragmens de bafalte.

Ces variétés du refte font beaucoup plus communes dans le creux du *Puy* & aux environs que par-tout ailleurs; l'enfemble des volcans y eft beaucoup plus frappant, non feulement parce que les plus belles maffes de rocher qu'ils aient enfantées dans ces cantons, s'y trouvent réunies fous un feul point de vue ; mais encore parce que les diverfes teintes que les matieres calcaires ont reçues du feu, & qui s'étalent fur le revers des côtaux, font un effet furprenant.

Les

---

[a] Tout ceci, n'en déplaife à M. l'abbé de Mortefagne, dont je refpecte les connoiffances, eft un peu trop fyftématique; s'il eût été témoin de l'antique révolution dont il donne ici le détail, il n'eût peut-être pas parlé auffi affirmativement. Les naturaliftes exercés fur ces matieres, qui vifiteront le magnifique baffin du *Puy*, en prendront, j'ofe l'affurer, une idée un peu différente : les volcans y ont opéré dans le grand, & les eaux de la mer y ont occafionné des changemens dont on ne peut méconnoitre les traces.

[b] Il s'en faut beaucoup qu'on ait des preuves que le bafalte & les laves doivent leur origine au granit : tout cela n'eft pas plus démontré qu'il l'eft que

le granit eft la pierre primitive. M. de Mortefagne avance mal-à-propos que les productions des volcans modernes *font d'une toute autre efpece*, que celle des volcans éteints; il auroit pu s'édifier du contraire, en voyant dans mon cabinet, qui lui eft familier, les fuites nombreufes des productions des volcans brûlans ; elles font abfolument les mêmes. Il n'eft qu'une feule & même matiere volcanique, la lave dure ou le bafalte : toutes les autres, quoique variées par les formes, par la couleur, par la dureté, &c. ne font que des modifications ou des altérations de la premiere efpece.

Les fables ont fait auffi une partie confidérable des déjections des volcans du Velay, mais on ne les trouve pas fi fréquemment dans le haut ni même le bas Vivarais ᵃ, c'eft peut-être parce qu'il y a eu ici moins de crateres fujets à l'irruption des eaux : quoique ces fables n'aient pas à beaucoup près la confiftance des laves boueufes, ils n'ont pas laiffé que d'être faifis par le fuc lapidifique, au point de pouvoir fervir de bafe à de grands édifices : une chofe bien digne de remarque, c'eft qu'ils ne font jamais entremêlés de débris de bafalte, on y voit en revanche des couches très-minces d'une matiere friable dont la couleur tranche fortement en ligne horizontale fur celle de la maffe entiere.

De plus certaines zones de la largeur d'un pouce & teintes en biftre, fe déploient à grandes ondes, ainfi que des rubans fur la furface de ces monceaux; quelques-unes fe rejoignent après avoir décrit des contours plus ou moins grands, & celles-ci font autant de rudimens de géodes ; pour s'en convaincre il ne faut que fe tranfporter fur la hauteur du chemin qui conduit du *Puy* à *Brives* ; là eft une croix en face de laquelle s'éleve un terrein compacte dont la coupe eft toute parfemée de ces concrétions, & à moins que quelque éboulement n'ait détruit ce morceau curieux, on y verra l'ébauche à demi-cernée d'une en particulier, laquelle conduite à fa perfection, auroit au moins 15 pouces de diametre ᵇ.

J'ai cherché fort attentivement des laves fondues en place, mais foit que je n'aie pas eu d'affez bons yeux, ou qu'il n'en n'exifte pas ici, je n'en ai pas trouvé; je crois fans peine que quand les coulées de bafalte bouillant s'entafloient fur d'autres parfaitement durcies, les nouvelles venues remettoient en fufion à quelque profondeur la furface des anciennes; je crois même, nonobftant ce que je puis en avoir dit ailleurs, que c'eft ici la feule maniere d'expliquer la formation du couronnement de la plupart de nos pavés des géans; mais à cela près je n'ai rien apperçu dans le Vivarais qui annonce des fontes de matieres terreufes faites autre part que dans le fourneau des volcans.

Une fingularité de leurs produits que je ne dois pas oublier, c'eft que nos grandes maffes de laves, foit qu'elles foient formées en pics ou en collines, ont conftamment fur leur crête des amas ifolés de bafalte qui femblent y avoir été mis exprès pour marquer leurs extrêmités oppofées. Lorfque j'ai été un peu fait à l'air & à la maniere de nos volcans, & que je me fuis tranfporté d'un endroit à l'autre pour en reconnoître de nouveaux, mon premier foin a toujours été de monter fur quelque éminence pour confidérer delà toutes les élévations; par-tout où j'ai vu deux têtes fur quelque fommet, j'ai conclu qu'il étoit volcanique, & je ne me fuis jamais trompé. Ces intumefcences fe voyent fouvent fur les moindres grouppes de laves comme fur les plus grands amoncelemens, & à *Ardenne* il en exifte un petit courant, qui dans une longueur d'environ 100 pieds, a bondi jufques à quatre fois. Il eft vrai qu'ici tout eft lié; mais ce qu'il y a de plus incompréhenfible, c'eft que les traînées de blocs de bafalte parfaitement nus & décharnés vont auffi par ondées, ou fi

a Les grandes couches fablonneufes fur lefquelles repofent la plupart des chauffées de bafalte, font encore plus communes dans le bas Vivarais, particu- | liérement du côté de *Vals*, que dans le Velay.
b Ce font les fédimens des dépôts ferrugineux.

Kkkkk

je puis m'exprimer ainſi, par ſoubreſauts ; on en voit des exemples frappans au bord de la plupart de nos *crateres*, mais principalement ſur le
rocher de l'*hermitage de Pradelles* : ici encore j'ai eu lieu de me convaincre que le baſalte dur eſt très-geliſſe, car il en exiſte une groſſe
maſſe couchée par terre, qui a été évidemment partagée en deux moitiés
égales par l'action de la gelée.

Des matieres hétérogenes ſe mêlent avec les laves proprement dites,
ou pendant que celles-ci ſont élaborées dans les *crateres*, ou après qu'elles
en ont été chaſſées : dans le premier cas, ces corps étrangers s'uniſſent
intimément avec elles, ils s'y noyent même, & ce ſont alors des accidens,
des noyaux : dans le ſecond, ils ne ſont ſimplement que s'y agglutiner,
& il en réſulte ce que vous appellez des *poudingues.* Les uns & les autres
ſont ſans doute communs ici, mais n'attendez de moi aucun détail à cet
égard ; outre que je n'ai guere de temps à donner à une ſpéculation ſuivie
de ces objets, ils n'entrent pour rien dans le plan des deſcriptions générales que je me ſuis propoſé de vous donner de nos volcans.

A vous eſt réſervé, Monſieur, le ſoin de faire connoître au public ces
ſchorls noirs en grains, en paillettes, dont le baſalte fourmille ; ces zéolites dont la premiere découverte vous eſt due dans le baſalte du Vivarais.

Je ne dois pas finir cet article ſans vous obſerver que le baſalte ſi bien
garni d'accidens de toute eſpece, eſt lui-même le noyau de nos monticules volcaniques ; les pluies & les vents ayant eu beaucoup d'action
ſur eux, parce qu'ils ne ſont formés que de terres mouvantes, mêlées de
quantité de débris de matieres recuites & calcinées, on voit le long de
leur déclivité, & principalement dans l'intérieur des ravins, de grandes
zones de baſalte décharné, qui courent en divers ſens, & ſemblent être
la charpente de toutes ces immenſes conſtructions.

Il eſt aſſez ordinaire de trouver ici des grottes ou de grandes excavations, mais toutes peu profondes ; les unes ont été faites par les hommes, & les autres ſont du moins en partie l'ouvrage de la nature. On
voit ſous le hameau de *Pigeres*, en deſcendant vers la *Mejane*, une
grande coulée de baſalte qui tapiſſe une vaſte portion du revers de la
montagne ; au centre paroît une ouverture quarrée de 10 pieds de haut
ſur autant de large ; elle eſt flanquée des deux côtés de colonnes verticales aſſez réguliérement eſpacées, qui repoſent ſur un petit terre-plein
avançant un peu en deçà de l'ouverture : tout ceci eſt fort eſcarpé, &
j'eus du regret de ne pouvoir y pénétrer.

La plus curieuſe de celles où je ſuis entré, eſt ſur la crête de la rive
gauche de la *Loire*, en deſcendant de *Goudet* au *Brignon* ; je m'y ſuis
guindé en me traînant quelquefois ſur le ventre, de peur de rouler dans
la riviere.

Tout le fond de la grotte me parut en y entrant revêtu d'une verdure
ſi vive & ſi éclatante, que je courus y porter la main ; je comptois ſaiſir
une poignée d'herbe, & ma ſurpriſe fut grande de ne toucher qu'une
ſurface de pierre très-raboteuſe. L'effet ſi agréable à l'œil que j'éprou-
vois, provenoit d'une mouſſe extrêmement raſe, dont tout ce fond
étoit enduit ; j'en enlevai des morceaux, qui portés au grand air,
eurent dans quelques heures perdu preſque tout leur éclat, & cela
vint ſans doute de ce que l'humidité imperceptible qui entretenoit ſur

place la vivacité de leur coloris, fut bientôt diffipée. Cette caverne a deux ou trois chambres, & les habitans d'un hameau voifin y ont conf- truit des fours pour cuire leur pain ; on a pu la creufer & l'agrandir autant qu'on a voulu, parce qu'elle eft toute dans les terres cuites qui cédent facilement au marteau : du refte d'énormes blocs de bafalte à angles arrondis, fe trouvent lardés aux voûtes & aux murs de cette ca- verne, comme ils le font par-tout ailleurs où j'ai vu de grands profils de laves terreufes. Lorfqu'on a entrepris de faire de grandes conftructions fur nos rochers volcaniques, il a fallu non feulement les écrêter, mais encore les attaquer en dehors & en dedans, ici pour avoir des caves, des prifons, des cîternes, là pour faire des efcarpemens qui donnaffent à la maffe entiere un air affez régulier, mais principalement pour pratiquer des rampes tournantes qui conduififfent à leur fommet. Ces ouvrages ont dû être plus ou moins longs & pénibles, fuivant que dans une feule & même maffe on a eu à tailler fur le bafalte dur & cryftallifé, ou fur celui graveleux & en écume ; l'un fe perfore aifément avec l'acier, mais l'autre lui réfifte, & lorfque dans une excavation on en rencontre de gros quartiers non articulés, il faut abandonner l'ouvrage. Voici comme on s'y prend à *Arlempde* pour ces fortes d'opérations : on commence par chauffer vivement la portion du roc qu'on veut enlever; on y répand enfuite de l'eau deffus, dans l'inftant la maffe pétille à grand bruit, & fe gerfe à divers fens, il ne faut guere alors que la main pour achever de féparer les éclats : on réitere l'application du feu & de l'eau, à mefure qu'on veut caver plus avant. Il paroît qu'à *Polignac* on n'employa que le marteau & le cifeau pour creufer ce qu'on y appelle le *précipice* ; c'eft un puits fort vafte, dont l'ouverture a environ 14 pieds de dia- metre ; on y touche fond aujourd'hui à 100 pieds de l'orifice, mais il eft conftant qu'il avoit autrefois le double & le triple en profondeur. Tout le pourtour intérieur de cette prodigieufe excavation eft très-uni d'un bout à l'autre, ce qui dénote qu'en la faifant on n'a guere rencon- tré que de la lave graveleufe affez tendre. A côté ce puits on voit par terre un bloc de granit fur lequel on a fculpté groffiérement une grande face à barbe longue, & dont la bouche fait un hiatus effroyable ; fi c'eft un Apollon, comme on l'affure, ce n'eft certainement pas celui qui pré- fidoit aux chemins, car Horace l'appelle *levis agnieu*, ce qui fignifie *im- berbis viarum præfes.*

De quelque efpece que foient les laves, & comme qu'elles ayent été chaffées hors du foyer des volcans, ou par coulées ou par jets ou par fufées, il a dû en réfulter des courans, mais l'étendue, l'épaiffeur & la longueur de ceux-ci ont dépendu, je ne dis pas feulement de la quantité des matieres qui fe font répandues fur la furface des terres, mais de la maniere dont les éruptions ont été faites; celles par exemple par *fufées* ont plus travaillé en l'air, que celles fur la plate-terre, & elles n'ont guere pu fournir qu'aux amas qui regnent tout autour de leur bafe, & qui s'étendent plus ou moins loin, fuivant les divers degrés de liquidité qu'elles avoient. Les volcans à *jets* n'ont guere formé non plus que des monceaux, parce que communément ils ne lançoient que des maffes de bafalte en pâte, enveloppées de cendres, de fables, d'argilles &c. Quand toutes ces matieres avoient un certain degré de liquéfaction, elles for-

moient fans doute des ruiffeaux qui couroient à une certaine diftance
du principal amoncelement; mais tout ceci ne pouvoit aller fort loin,
foit parce que les noyaux de bafalte avoient trop de confiftance, foit à
caufe que les cendres & les terres dans lefquelles ils étoient perdus, n'a-
voient été ni pu être mifes en fufion : le gros de ces jets refta donc en
place; ce qui le prouve évidemment, ce font les quantités prodigieufes
de ces blocs de toutes formes & de toutes grandeurs, depuis 6 pouces
jufques à 6 pieds cubes, qu'on voit ici de toutes parts, & s'ils font ordinairement nus, même ceux entaffés, c'eft que les vents & les pluies
ont par fucceffion de temps emporté les matieres qui les avoient accompagnées dans leur fortie hors des *crateres*. Nos courans proprement dits ne
font donc dû qu'à des ébullitions de laves bien fondues & lancées de deffus
quelque hauteur; j'en ai vu de mêlées de quantité de ponces, mais elles
n'avoient pas beaucoup de fuite, ce n'étoit que des traînées; les plus
longues & les plus belles coulées font toutes ici de bafalte, & on peut
en fuivre quelques-unes jufques à une lieue de leur fource; elles fe feroient même prolongées plus loin fi elles n'euffent rencontré en leur
chemin des bas fonds où elles fe font accumulées. Je n'ai pu remarquer
dans ces courans des épaiffeurs foutenues de plus de huit pieds; pour
leur largeur elle a dû néceffairement varier beaucoup, foit par la difpofition du terrein, foit à caufe que le bafalte coulant eft très-expenfible,
je lui foupçonne même, lorfqu'il eft fans mêlange, une fluidité fupérieure à celle du métal fondu.

Si les amoncelemens de cette finguliere & vraiment étonnante production du feu, ont pris en fe refroidiffant diverfes formes de cryftallifation, fes ruiffeaux ont eu auffi leurs variétés accidentelles : on n'y voit,
il eft vrai, ni prifmes, ni tronçons de colonnes, mais les boules feuilletées s'y trouvent communément; il y a des courans dont la furface, après
avoir été affez conftamment liée, fe divife tout-à-coup en une infinité de
morceaux qui ne fentent en rien la caffure, mais qui prouvent par l'i-
dentité & la bizarrerie de leur forme, que la cryftallifation s'en eft mêlée.
Le profil entier d'un ruiffeau de ce goût fubfifte au deffous du château
de *Joncheres*, fur la crête de la rive droite de l'*Allier*.

Du refte, j'ai trouvé au bord de la même riviere, vis-à-vis *Langogne*,
une efpece de phénomene volcanique, qui prouve que les laves fondues
ne fortoient pas toutes par l'orifice des crateres, mais qu'il s'en formoit
quelquefois des courans fouterreins; c'eft l'extrêmité d'un gros filon de
bafalte qui naît d'une ouverture faite au milieu d'un grand banc de
granit : un homme d'efprit a cru m'embarraffer beaucoup en me citant
ce morceau-ci, pour preuve que le bafalte n'appartient en rien aux volcans, mais il s'eft rangé à mon fentiment lorfque je lui ai fait remarquer :

1°. Que le rocher qui borde toute cette plage-ci, eft extrêmement
caverneux; en fecond lieu, qu'il eft dominé par le cratere du volcan
d'*Ardenne*, qui eft à demi-lieue au deffus, en remontant vers *Pradelles*:
qu'eft-il donc arrivé? pendant que les volcans étoient en action, les
matieres fondues ont rencontré quelque ouverture fous l'aire de leur
foyer, qui fe prolongeoit jufqu'ici, & c'eft par là qu'elles fe font écou-
lées; fi d'ailleurs le courant ne s'avance pas en deçà du rocher, on
doit

doit l'attribuer à la riviere, qui dans de fortes inondations, l'a coupé net, & en a emporté les débris.

Il eft indubitable que par-tout où il y a eu des matieres volcaniques en fufion, il ne s'en foit échappé quelques petits ruiffeaux dans l'intérieur des terres; les tremblemens que celles-ci éprouvoient fréquemment, n'ont pu occafionner que bien des fentes dans les rochers où les laves ardentes pénétroient d'abord; fi chemin faifant, elles trouvoient quelque canal tout formé, elles en fuivoient la pente; il eft probable que pour l'ordinaire elles ont demeuré enfevelies fous terre, mais quelquefois auffi elles ont eu le moyen de jaillir en plein air, alors fuivant les loix de l'hydroftatique, le jet a dû monter d'autant plus haut, que la fource étoit plus élevée; c'eft peut-être ici la véritable théorie de la formation des rochers de *Saint-Michel*, de *Polignac* dans le creux du *Puy*, de *Goudet* de la *Fare* le long de la Loire.

CINQUIEME LETTRE.

De Pradelles, le 20 novembre 1776.

L'OBJET volcanique de nos montagnes, le plus digne à mon gré & de l'attention des phyficiens, & de la curiofité des amateurs du fpeéta-cle de la nature, eft le rocher d'*Arlempde*; j'ai déjà obfervé dans la defcription de l'état de la Loire dans nos cantons, que cette riviere y a fon cours dans le roc vif taillé à pic à une grande hauteur, & que les verfans de la profonde vallée que le fleuve traverfe, ont ordinairement de part & d'autre 120, 130 toifes d'élévation.

C'eft du côté méridional de cette vallée, qu'un effroyable déluge de bafalte en fufion vint autrefois fe précipiter dans ce vafte gouffre; l'inondation fut telle qu'il en réfulta une maffe de pierre que j'eftime, d'après le calcul le plus exaét qu'il ma été poffible de faire, avoir eu au moins 300000 toifes cubes de folidité; vous en jugerez par ce que je vais dire: le vallon fut comblé à la hauteur de 65 toifes dans une longueur de près de 200 pieds, & non feulement fes rives font affez écartées, mais celle au midi d'où les laves arrivent, fe renverfe fenfiblement & forme un plan incliné d'une demi-lieue de long; il faut néceffairement paffer fur ce courant, & pour vous donner une idée des commodités & des agrémens que vous offrira cette promenade, fi jamais vous la faites, je vous préviens que dans le pays on l'appelle la defcente de *Déferre Diable*; le vallon ne fut pas feulement comblé, il fut encore hermétiquement bouché, fi je puis m'exprimer ainfi; la lave s'unit fi intimément à la partie du roc oppofée à celui du côté duquel elle étoit venue, qu'on l'y voit encore collée, comme un tableau fur une muraille, fans que l'infiltration des eaux pluviales, ni les affauts perpétuels que lui livre le fleuve qui coule au pied, ayent pu encore en détacher, à ce qu'il paroît, la moindre partie; cet objet-ci s'appelle le *rocher du Duc*. La riviere fut donc totalement interceptée, & je ne fais trop en vérité comment celle-ci s'y eft prife depuis, pour renverfer la partie de cet épouvantable môle, qui l'empêchoit de paffer outre; les eaux s'accumulerent-elles en avant de cette nouvelle digue, au point de furpaffer enfin la hauteur? & l'auroient-elles ensuite détruite jusqu'à n'en laisser subsister aucun vestige dans l'espace où elles coulent? ou bien les laves ardentes en tombant dans l'eau froide, se seroient-elles gercées, comme fait le verre fondu en pareil cas, de sorte que la riviere qui battoit contre, pût à la longue pousser en avant ces morceaux désunis, & s'ouvrir un pont sous le corps de la masse entiere? ou enfin, la partie de cette masse, qui dominoit précisément sur les eaux, n'étoit-elle composée que de matieres tendres, mêlées de quantité de blocs séparés de basalte? c'est ce que je ne décide pas; je tiens néanmoins pour cette derniere explication, parce que d'une part elle est fondée sur la certitude que nos volcans, dans une seule coulée, ont quelquefois envoyé des pouzzolanes & d'autres matieres terreuses, immédiatement à la suite des laves pures, & que de l'autre elle tranche bien des difficultés qu'opposent aux deux premiers systêmes, la position & la forme du *rocher du Duc* : quoiqu'il en soit, la Loire coule aujourd'hui dans cet endroit entre deux masses de laves qu'elle n'a jamais pu tourner ni d'un côté ni d'autre.

J'ai essayé de découvrir l'œil de la source d'où partit cette immense quantité de laves qui est ici; mais je n'ai apperçu qu'un grand & profond ravin sous le château du *Villard*, d'où l'on puisse présumer qu'elles sont venues; ce qu'il y a de vrai c'est qu'ici, je veux dire entre le *Villard* & le hameau de *Coulons*, commence à naître de dessous terre le courant qui se prolonge par le chemin de *Déferre Diable*, jusques dans la Loire; pour atteindre jusqu'à la surface des eaux, il eut à descendre assez rapidement d'une hauteur de près de 200 toises, il forma par conséquent des cascades, il y en a cinq ou six qui font l'effet le plus surprenant quand on les considere de dessus les hauteurs qui forment la rive de la Loire du côté opposé à celle-ci; on voit que les sauts de lave bouillante devenoient plus considérables à mesure qu'elle approchoit du terme de sa course; le rocher *du Duc*, qui est en face de l'autre côté de la Loire, prouve que la derniere chûte fut de près de 400 pieds en ligne perpendiculaire. Le gros des matieres qui subsistent aujourd'hui dans le vallon, se trouve de ce côté-ci, & il y a eu assez d'espace pour bâtir sur ce singulier fondement, la vaste forteresse d'*Arlempde*, laquelle, outre le château, renferme dans son enceinte l'église paroissiale, le presbytere & neuf ou dix maisons de particuliers. Je crus, la premiere fois que j'arrivai à *Arlempde* par la descente dont j'ai parlé, qu'à mesure que j'y mettrois le pied je pourrois plonger la main dans la Loire, il fallut bien changer d'idée lorsque avançant la tête au delà du parapet qui borde l'aire du château, je me vis suspendu sur un horrible précipice, au bas duquel la Loire roule ses eaux avec un murmure sourd que j'entendois à peine.

Si je fus saisi à cet aspect imprévu, ma surprise redoubla lorsque levant les yeux & regardant à ma gauche, j'apperçus le rocher *du Duc* dont j'ignorois profondément l'existence; je demeurai, je l'avoue, muet d'étonnement en voyant devant moi, de l'autre côté de la riviere, un immense rideau de laves de plus de deux mille toises quarrées de surface, sur environ six pieds d'épaisseur, uniforme dans toute son étendue; j'avois peine à en croire à mes yeux, & plus je le considérois, moins je pouvois comprendre comment il se trouvoit là ; je crus au premier coup d'œil que ce n'étoient que des suintemens d'une eau ferrugineuse, qui avoient teint cette partie du roc, mais je ne tardai pas à distinguer, dans presque tout le champ de cette masse, des prismes variés & d'une assez belle configuration ; elle a environ soixante & quinze toises de haut sur trente-cinq de large, & elle descend perpendiculairement dans la riviere où elle se prolonge dans une profondeur que je ne connois pas. Quoiqu'elle n'ait, comme je viens de dire, que six pieds d'épaisseur, on n'a pas laissé que d'y pratiquer un petit sentier de six ou sept pouces seulement de large, à deux pieds au dessus du niveau de l'eau; ceux que la nécessité réduit à franchir ce périlleux passage, ne sauroient avancer, à ce qu'il m'a paru, qu'en marchant de côté, le dos tourné à la riviere, & les mains accrochées par-tout où elles peuvent trouver prise.

L'ensemble de ce singulier morceau imite assez une grande piece de tapisserie qu'on auroit découpée par le haut à trois pans arrondis, celui du milieu plus grand & plus élevé que les deux à côté.

A 15 ou 20 toises au dessous de cet objet, on cesse d'appercevoir le granit, & les terres végétales commencent à se montrer ; ici est une métairie appellée *Lespinasse*, on y cultive des terres situées sur des penchans très-rapides, & si de cet endroit on fait rouler des pierres dans la riviere, elles n'y parviennent que par une ligne qui traverse dans toute sa hauteur le rocher *du Duc*, pour revenir à celui *d'Arlempde*. Mesuré au cordeau il n'a que 300 pieds d'élévation sur la Loire, & la raison pour laquelle il en a 90 de moins que celui *du Duc*, se présente facilement ; on n'a pas été chercher ailleurs que sur ce rocher la quantité immense de matériaux qu'il a fallu pour la construction des édifices dont il est chargé ; l'enceinte du château seul est très-considérable, puisqu'on y voit au milieu, ainsi qu'à *Polignac*, des terres ensemencées, & le rocher est bordé dans son pourtour très-irrégulier, ou de grands corps de logis, ou d'un mur qui est flanqué d'espace en espace de tours assez élevées : il ne subsiste aujourd'hui des anciens bâtimens qu'un reste de murailles qui croulent de toutes parts ; le rocher lui-même tombe visiblement en ruine, il s'y est fait assez récemment une fente qui pénétre fort avant & dans sa hauteur & dans son épaisseur, de sorte qu'il est à craindre qu'un côté entier de cette lourde masse ne s'abîme tôt ou tard dans le précipice ; lorsqu'elle le fera, la chapelle du château & deux tours iront de compagnie avec elle dans la Loire.

Au reste, la base de cette partie même du rocher présente un accident singulier ; la lave ardente s'attache si bien à un banc de granit qui est au bord du fleuve, qu'elle l'a séparé, en se refroidissant, du rocher dormant avec lequel il ne faisoit qu'un tout. J'ai examiné ceci avec beaucoup de soin, & ce n'est qu'après la plus scrupuleuse vérification du fait que je vous l'annonce ; qui voudra s'en éclaircir par lui-même, n'aura qu'à descendre au pied du rocher qui est à l'est du cours de la Loire, là au premier endroit où les laves commencent à reposer à découvert sur le roc primitif, il verra l'objet dont il s'agit, & à la simple inspection il décidera, je m'assure, que ce banc n'a été détaché & enlevé perpendiculairement de dessus la place que par extraction ; mais comment donc peut-il se faire qu'une masse de 300 pieds de haut, arri-

vant fur un corps folide & lui demeurant inhérente , au lieu d'en rapprocher les parties, fuivant la direction de la gravité, les fépare au contraire, & les éloigne dans le fens oppofé? c'eft à caufe que toutes les
matieres foumifes à l'action du feu, qui ne font pas détruites, font plus
ou moins raréfiées fuivant le degré d'expanfibilité qu'elles ont, & la con-
denfation opérée par le refroidiffement de ces mêmes matieres , eft
d'ordinaire proportionée à la dilatation qu'elles avoient acquifes par la
chaleur.

Or , il eft conftant d'une part que le bafalte en fufion fe raréfie
beaucoup, & de l'autre dans cet état de fufion il s'aglutine aux corps
durs qu'il rencontre, avec un degré de force qui équivaut à la foudure.

Il a donc attiré à foi le banc dont il s'agit, par la même raifon & de
la même maniere qu'une barre de fer allongée par la chaleur, enleve,
à mefure qu'elle fe raccourcit en fe refroidiffant, un poids confidérable
qui étoit accroché à l'une de fes extrêmités.

S I X I E M E　L E T T R E.

De Pradelles , le 1er décembre 1776.

LE creux du *Puy* dans lequel je comprends le vallon de *Polignac* eft ,
Monfieur, un vafte entonnoir de figure irréguliere, dont on ne peut appercevoir toutes les finuofités que du haut du rocher *Corneille* , qui eft
à peu près au centre ; ce creux qui a bien 3 lieues de circonférence, à
le fuivre dans tous fes recoins, réunit lui feul autant & plus de grands
objets volcaniques, qu'on en trouve de difperfés dans tout le Vivarais
& le Velay ; je doute même que dans l'univers entier il exifte un efpace
auffi borné que celui-ci, & où la nature ait donné à fes productions en
ce genre de volcans, plus de grandeur, plus de beauté, plus de variété ;
on diroit même qu'elle les a ramaffés ici tout exprès pour la commodité
des obfervateurs qui y viendroient un jour contempler & étudier fes
merveilles.

En effet , on voit ici toutes les manieres dont les volcans ont fait
leurs éruptions, par coulées, par fufées, par jets, & même par bouta-
des, ce qui revient au même que ces fufées imparfaites dont j'ai parlé
ailleurs fous le nom de *volcans avortés* : on y apperçoit toutes les grandes formes que les laves prennent fur la furface de la terre, à mefure
qu'elles fortent de fon fein ; des monticules, des pics, des collines, des
rochers ifolés, des rideaux de prifmes, des monceaux de blocs féparés , &c.

Toutes les qualités des matieres qui font communément élaborées
au feu des volcans, les rochers primitifs, les terres & les argilles, les
fables, les métaux, d'où ont réfulté les bafaltes, les ponces, les tufs,
les pouzzolanes, les laves boueufes, &c.; enfin tous les corps hétérogenes , jufqu'aux grenats qui fe trouvent mêlés dans les laves ; les
diverfes fortes de cryftallifations qu'elles prennent en fe réfroidiflant, les
altérations, les décompofitions, les tranfmutations qu'elles fubiffent à la
longue, de quelque maniere que cela leur arrive. De tout ce qui appartient aux volcans, il ne manque donc ici qu'un cratere, mais dès qu'on
fait

fait attention que quelques-unes des belles maffes ifolées qui font dans ce creux, font manifeftement nées fur place, que toutes les hauteurs qui l'environnent font tapiffées de laves, que peut-on dire autre chofe fi ce n'eft que le fol fur lequel repofent aujourd'hui ces maffes, n'eft pas bien élevé au deffus de l'aire de la fournaife où elle furent mifes jadis en fufion.

Quoiqu'il en foit, rien de plus frappant que l'afpeét de ce creux, la premiere fois qu'on eft à portée d'en faifir l'enfemble d'un coup d'œil : tout y paroît fi nouveau, fi extraordinaire, & en même-temps fi agréable & fi diverfifié, que malgré foi on s'arrête pour donner quelques momens à la furprife & à l'admiration ; c'eft ce qui arrive fur-tout à ceux qui viennent au *Puy* du côté du midi : on a fait route jufque-là fur un terrein affez uni, il eft vrai ; mais dans une traverfée de plus de fept grandes lieues, on n'a vu de toutes parts qu'une région aride, fauvage, exceffivement froide, & l'on a marché les deux heures de fuite fans rencontrer un arbre ni même un buiffon ; ici la fcene change en un moment, & c'eft avec la plus agréable furprife qu'on trouve fubitement l'afpeét des plus riantes campagnes du Languedoc ; l'œil s'y arrête d'autant plus volontiers, qu'il n'erroit depuis long-temps que fur des neiges d'où fortoient çà & là quelques miférables cabanes couvertes de chaume ; d'ici, c'eft-à-dire de la crête de la montagne où eft la croix de *Saint-Benoît*, qui domine le vallon de plus de 150 toifes, on le voit fe prolonger quarrément jufqu'à la ville qui eft à peu près au centre ; mais à ce point il s'ouvre & s'élargit confidérablement, & s'il n'étoit coupé par le côteau de *Chaud-Son*, par un côteau peu élevé, qui le traverfe ici dans toute fa largeur, il s'avançeroit au nord bien au deffus de *Polignac*, abftraétion faite du terrein qu'on appelle la colline de *Chaud-Son*. Le baffin du *Puy* forme une croix affez réguliere, dont les quatre extrêmités font terminées par autant de lieux habités, qui ont chacun quelque chofe de remarquable ; *Vals*, au fud, a un beau monaftere d'Urfulines ; & *Brives*, à l'eft, une chartreufe ; *Polignac*, au nord, & *Expailly*, à l'oueft, font connus, même dans l'hiftoire, par leurs antiques châteaux ; ce dernier eft entiérement démoli, mais *Polignac* s'annonce encore au loin par les débris qui fubfiftent de fon ancienne magnificence.

L'enceinte du pavillon de ce vafte entonnoir n'eft pas par-tout de hauteur égale, mais il eft alternativement bordé de côteaux & de collines fort élevées ; celles-ci font *Denife*, *Cheyras*, *Doüie*, *Sainte-Luce*, *Brunellet*, *Sainte-Anne*, *Saint-Benoît*, &c. & elles font difperfées en oppofition les unes avec les autres, aux quatres extrêmités de la croix ; les côteaux de *Vals*, de *Ronfon*, de *Chaud-Son*, de *Rocharnaud* font dans l'entre-deux ; ils fe rapprochent fenfiblement du centre du baffin, & à proprement parler ils en forment tout le contour. Toutes ces collines, les plus baffes comme les plus élevées, font généralement ou volcaniques dans leur folidité, ou recouvertes de laves ; il femble que par là même elles ne devroient offrir à l'œil rien que de trifte & de défagréable ; c'eft tout le contraire, la plupart des matieres volcaniques étant d'elles-mêmes très-propres à la végétation, fans le favoir les habitans de la capitale du Velay en ont tiré parti pour un infinité d'objets d'utilité & d'agrément. A l'exception du fommet de *Denife*, il n'eft pref-

M m m m m

que pas un pouce de terre dans toute l'aire & le contour du creux du *Puy*, qu'on ne cultive avec un foin extrême, & qui ne foit d'un très-grand rapport en bled, en légumes, en fruits ; fi on excepte le vin qui n'eft pas des meilleurs, tout le refte a un degré de bonté égal à ce qui fe recueille de mieux en ce genre dans le bas Languedoc.

Je n'entre dans ces détails que pour vous mettre à portée de juger de l'effet que doivent faire du haut de la montagne de *Saint-Benoît*, tous ces rideaux revêtus de pampres ou couverts de moiffon ; ce fpectacle eft d'autant plus agréable, que non feulement chaque vigne a ici fa guin-guette enduite d'un crépi d'une blancheur éblouiffante, mais que les terres elles-mêmes préfentent une variété de couleurs tout-à-fait furpre-nante, on diroit qu'on les a teintes en rouge obfcur, en noir d'ébene, ailleurs en blanc fale, ou en bleu célefte ; ce font les pouzzolanes, les laves décompofées, les terres cuites mêlées d'engrais & de détrimens de végétaux, les matieres calcaires, fur-tout celles qui ont reçu des coups de feu, qui opérent toutes ces bigarrures.

Tout ceci néanmoins ne frappe que médiocrement, eu égard à l'im-preffion qui réfulte des objets qu'étale le plan de ce vafte entonnoir ; on croit être fubitement tranfporté en Égypte, en voyant trois maffes de rocher ifolé, qui, nées du centre des deux plaines verdoyantes, s'élevent majeftueufement dans les airs à 2, à 4 & jufqu'à 500 pieds de hauteur perpendiculaire : l'étonnement redouble à mefure que l'on apperçoit une grande ville qui s'éleve par gradation autour de la plus haute de ces maffes, dont elle n'atteint cependant pas le fommet : une feconde, à côté de celle-ci, qui a un œil jaune d'un bout à l'autre, & qui joue d'autant plus parfaitement l'obélifque, que le clocher d'une jolie chapelle qu'on a bâtie deffus, la termine en pointe aiguë, fur une bafe de plus de 60 toifes de circonférence : une troifieme, beaucoup plus vafte, qui de fon faîte entouré de murailles, darde dans les airs une grande tour quarrée qui pourroit au befoin fervir de phare à une partie du Forez, de l'Auvergne, du Vivarais & du Velay : que fi à l'effet de ces pyramides, on ajoute celui d'une plaine en jardins, en vergers, en prairies, en fuperbes enclos, arrofée d'une riviere & d'un grand ruiffeau qui en font une prefqu'île, traverfée par des canaux bordés de faules & de peupliers, embelli enfin de tout ce que l'art a pu ajouter à la nature, on conviendra néceffairement que rien ne manque ici de ce qui peut concourir à former la plus riante perfpective, je doute même que l'on puiffe trouver en France ni ailleurs un enfemble plus fingulier, plus bifarre, plus varié, & par là même plus pittorefque que celui-ci.

La ville du *Puy*, toute grande qu'elle eft, eft entiérement bâtie de laves ; c'eft ce que les habitans ont ignoré jufqu'ici ; combien même feront-ils révoltés d'apprendre qu'ils doivent aux volcans, non feulement la fertilité de leur terroir, mais encore les matériaux dont font conf-truites leurs maifons ! Il y a de belles rues, de beaux quartiers ; mais vue de près elle ne tient pas tout ce qu'elle promettoit de loin, cela doit naturellement ainfi ; toute ville difpofée en emphythéatre, a d'ordinaire plus d'apparence que de réalité ; à mefure que les édifices fe dégagent les uns de derriere les autres, ils donnent, il eft vrai, au tout, un air plus impofant, mais ils n'en font que d'un plus difficile abord. Au *Puy* il faut se mettre hors d'haleine pour parvenir du bas de la ville à la hauteur du plan de l'église cathédrale ; mais ceci n'est compté pour rien par une infinité de peuples qui vont journellement y rendre leurs hommages à la Vierge. La principale avenue de ce singulier édifice est des plus remarquables : c'est d'abord une suite de plans inclinés, qui se haussent les uns sur les autres, & qu'il faut franchir pour parvenir au frontispice méridional de l'église ; ici s'ouvre une haute & large voûte, sous laquelle on continue à monter, & ce n'est que par une rampe de 118 degrés, qui regne sous cette même voûte, qu'on s'éleve jusqu'au portail de l'église ; ce que celui-ci a de plus rare, ce n'est pas précisément d'être à deux battans de bronze ciselés, ornés de colonnes & de pilastres de porphyre, mais d'exister au centre de l'intérieur de l'édifice, ensorte que ceux qui entrent par cette porte, surgissent en quelque maniere de dessous terre, & se trouvent justement au milieu de l'église à mesure qu'ils mettent le pied dedans ; ceci se comprendra aisément, si l'on fait attention qu'une grande moitié de l'église de Notre-Dame du *Puy*, est jetée en avant d'une descente fort rapide ; il a donc fallu soutenir en l'air toute la partie de cet édifice qui domine sur cette descente, & c'est la fonction que fait la voûte dont j'ai parlé ; elle est soutenue & terminée elle-même de ce côté-ci par une magnifique aronde de 50 ou 60 pied de haut sous clef, & d'environ 25 d'ouverture. Tout ce qui est bâti sur cet arc consiste en une maniere de fronton dont le tympan est percé de grands vitraux cintrés au tiers-point ; les trumeaux qui les séparent sont échiquetés à grands carraux de diverses couleurs, & ornés de petites colonnes jumelles, posées deux à deux sur un seul socle, & sous une même architrave. L'ensemble de cette façade résulte donc des deux grands pilastres qui supportent l'arcade de la magnifique rampe qui suit dans l'intérieur de la voûte, & du massif qui couronne le tout. Cet ouvrage, d'un goût d'architecture gothique, peu recherché, ne laisse pas que de frapper par sa singularité, & quand on le voit pour la premiere fois du bas de la rue des Sables, on le contemple avec admiration. L'église est à trois nefs, celle du milieu partagée en deux chœurs, l'un en avant de la porte d'entrée, au fond duquel est la sainte chapelle, l'autre à l'opposite, sur la voûte même qui couvre le grand escalier ; ceux que la curiosité attire ici, trouvent abondamment de quoi la satisfaire, soit par la beauté & l'élégance de la situation intérieure de l'édifice, soit par la multiplicité des peintures, des sculptures, des teillages en fer qu'on y voit de toutes parts ; on est pénétré d'une religieuse frayeur sous ces voûtes sacrées, où la Vierge est honorée dès les premiers temps du christianisme, & ce n'est qu'après avoir donné un libre cours aux sentimens de dévotion qu'on éprouve dans ce saint lieu, qu'on se permet d'en considérer les beautés, alors même les regards tombent de préférence sur les monumens de toute espece que les souverains pontifes, les rois & les peuples y ont laissés de leur piété & de leur reconnoissance envers la mere de Dieu ; un des plus touchans, c'est une quantité considérable de chaînes, de menottes & sur-tout d'un poids énorme qui pendent d'une poutre qui est au dessus de l'entrée du grand escalier qui conduit dans l'intérieur de cet auguste sanctuaire ; ces tristes objets prouvent, que ce n'est pas en vain que d'infortunés captifs ont réclamé, du fond des cachots, l'affiftance de la fainte Vierge.

Le clocher de l'églife n'eft pas le morceau le moins curieux de tout cet édifice ; il eft ifolé, quarré & d'un fombre noir jufqu'aux deux tiers de fa hauteur ; de ce point il s'éleve & finit en forme de pyramide terminée par un coq de bronze doré, d'une grande beauté ; j'eftime qu'il n'a pas moins de 200 pieds d'élévation ; fa fonnerie, compofée d'une douzaine de cloches de toutes groffeurs, fait d'un peu loin le plus charmant effet, & jufqu'ici je n'ai rien entendu en ce genre qui puiffe lui être comparé a. Les volcans ont fourni tous les matériaux de la conftruction de cette tour, ainfi que ceux de l'églife entiere ; mais on n'a guere pu y employer que des laves poreufes ou graveleufes, le bafalte étant trop rebelle au cifeau ; les ponces y dominent fur-tout ; outre qu'elles font légeres & en même temps folides, elles foutiennent à merveille toutes les feuillures & moulures qu'on veut y faire ; on en a tiré un parti admirable pour l'ornement du veftibule de la porte orientale de l'églife. La voûte d'entrée eft foutenue par deux cintres placés l'un fous l'autre, vuidés à jour, & qui tiennent enfemble des chevrons fleuronnés, d'un travail fort délicat. Les laves graveleufes s'équarriffent auffi affez aifément ; mais les angles des maffes taillées qu'on a mifes en œuvre, ne réfiftent pas long-temps à l'effort des pluies & des gelées, dès qu'ils fe trouvent dégarnis du mortier qui les lioit enfemble ; à la longue, il réfulteroit de ces échancrures de grands dommages pour le corps entier des bâtimens, fi l'on n'avoit foin d'en crépir les furfaces expofées au grand air ; c'eft à quoi l'on n'a pas manqué. A l'égard du clocher de Notre-Dame, toute la moitié fupérieure eft enduite d'un ciment rouge, qui le fait diftinguer de fort loin, & je n'ai nul doute qu'on y ait employé des pouzzolanes.

Cette magnifique aiguille de 200 pieds de haut, comme j'ai dit, eft encore plus élevée par fa pofition fur un monticule, & cependant elle eft fort inférieure au rocher *Corneille*, des débris duquel elle a été bâtie : celui-ci fe hauffe majeftueufement derriere elle de 20 toifes au moins, & lui fert en quelque maniere de cimier.

J'entrerois volontiers dans de plus grands détails fur ce qui concerne cette belle maffe, ainfi que les autres en pics, en rochers & en colonnades qui figurent ici avec elle ; mais outre que je craindrois de me répéter, je penfe que c'eft à l'auteur feul de la defcription des volcans éteints du Velay, à faire connoître au public les monumens prodigieux de leur force qui y exiftent encore.

J'ai l'honneur d'être,

MONSIEUR,

Votre très-humble & très-
obéiffant ferviteur,
l'Abbé de MORTESAGNE.

---

a Je fais mon compliment à M. l'abbé de Morte-fagne de trouver la mufique de douze cloches agréable ; je ne fais fi c'eft un défaut de mes oreilles trop fenfibles, mais ces mêmes cloches ont fait mon défefpoir & mon tourment pendant dix jours que j'ai demeuré au *Puy*.

MÉMOIRE

SUR un monument très-ancien de l'église cathédrale du P U Y.

AYANT profité, pendant mon séjour dans la ville du *Puy*, de mes momens de loisir pour visiter ce qu'il y avoit de curieux, je reconnus plusieurs monumens qui annoncent son ancienneté; je vis contre une des faces latérales de la cathédrale, quelques fragmens d'inscriptions antiques d'un beau style, qui avoient été employés parmi les pierres communes dont on avoit construit les murs; j'observai encore à l'entrée d'un cimetiere, des restes de trophées militaires, sculptés en granit, qui paroissoient avoir appartenus à un monument antique considérable. La cathédrale, décrite dans la derniere lettre de M. l'abbé de Mortesagne, a sa principale entrée très-majestueuse & d'un goût meilleur que les ouvrages ordinaires de ce temps, où l'architecture avoit dégénéré; la porte à deux battans en bronze, grossierement ciselés, est ornée de deux jolies colonnes de porphyre rouge oriental, qui ont été probablement tirées de quelques monumens antiques, & adaptées ensuite à l'entrée de cette porte, où elles sont perdues dans un mauvais ordre d'architecture. Lorsqu'on examine attention cette entrée, & le vaste & majestueux portique qui lui sert d'avant corps, on est forcé de convenir que cette espece de porche qu'on va joindre par une montée de cent dix-huit marches, est d'un travail beaucoup plus ancien que celui de l'église & de son entrée; je serois assez porté à le regarder comme fait dans un assez bon temps.

On voit à la porte du palais de l'évêque, attenant à l'église, une espece de petit péristile en colonnes cannelées, d'un granit fort dur, mais non oriental; elles ne sont pas à la vérité d'un gros calibre, mais on peut les regarder comme antiques. On me montra dans l'église une urne antique en albâtre gypseux, très-grande & d'une assez bonne forme, elle est inscrite dans la liste nombreuse des reliques de cette église sous l'étiquette suivante, *hydrie ou cruche des noces de Cana en Galilée, où l'eau fut changée en vin.* C'est simplement une urne funéraire avec son couvercle qui est endommagé.

J'avois entendu dire à quelques savans, que la statue de la vierge qui est en grande vénération dans cette église, étoit en basalte; ce fait m'intéressoit par ce motif, & j'étois très-curieux de savoir si on avoit connu en France la maniere de travailler cette pierre dure, ce fut dans cette seule intention que je fis ce que je pus pour voir de près cette statue, placée sous une espece de baldaquin en maniere de niche, fort exhaussé, & dans un lieu mal éclairé, où le jour vient à contre-sens.

Je la vis de très-près, & je reconnus qu'au lieu d'être en basalte elle étoit en bois de cedre, & qu'elle portoit des caracteres d'ancienneté qui méritoient d'être connus; c'est incontestablement la statue la plus ancienne de la vierge que nous ayons dans nos églises de France, elle me parut si digne d'attention, que je la considérai avec le plus grand soin,

Nnnn

pendant quatre féances confécutives; je la fis deffiner avec la plus fcrupuleufe exactitude, on en trouvera la gravure ici, avec les détails
néceffaires qu'elle comportoit. Je n'ai eu d'autre intention, je le répéte,
que de faire connoître un monument très-refpectable & très-ancien de
la piété des habitans du Velay pour la vierge. Je fais précéder ma
defcription de quelques notices préliminaires auffi curieufes qu'intéreffantes.

L'origine & l'ancienneté de cette ftatue avoient fixé depuis long-temps
l'attention de plufieurs favans : voici la lifte des ouvrages qu'elle a
occafionnés.

*Hiftoria dédicationis ecclefiæ Podii Aniciencis in Vellavia facræque
Mariæ Virginis, ibi per longa temporum curricula veneratæ conftruc-
tionis & tranflationis. Auctore Jacobo DAVID, juris utriufque doctore ave-
nione de Efam,* 1516. *in*-4°.

Hiftoire manufcrite de Notre-Dame du Puy *en Auvergne ou en Velay,*
à *la bibliotheque du roi*, n°. 1340.

Difcours de la dévotion de Notre-Dame du Puy en Velay, par ODO
DE GISSEY, *jéfuite.* Lyon, Muguet, 1620. *in*-12. *Au* Puy, Varole, 1644.
in-8°.

La Velleiade ou délicieufe merveille de l'image de Notre-Dame du
Puy *en Velay, décrite en vers par* HUGUES *d'Avignon, avocat en la fénéchauffée du* Puy. Lyon, Muguet, 1630. *in*-8°.

Hiftoire de l'églife angélique de Notre-Dame du Puy, *par François-
Théodore* BOCHARD, *de Sarron de Champigni, Hermite au* Puy,
1693. *in*-8°.

*S'enfuit la fondation de la fainte églife & fingulier oratoire de
Notre-Dame du* Puy, *tranflaté de latin en françois, & comment la
dévote image fut trouvée par Jérémie le prophéte.* Paris, *in-16 gothique.*

De tous ces différens auteurs, celui qui m'a paru avoir fait le plus de
recherches, eft le pere ODO DE GISSEY, jéfuite; j'ai tiré les anecdotes
fuivantes de fon livre. Cet hiftorien, en parlant des divers perfonnages
qui font venus en pélérinage à l'églife du *Puy*, s'exprime ainfi dans fon
ftyle gothique.

*Plufieurs de nos Roys & Empereurs y font venus rendre leurs vœux.
Charlemaigne tout le premier, Louys le Debonnaire, fon fils, Charles le
Chauue, fils de Louys, tous trois Roys de France & Empereurs, fainct
Louys à fon voyage, & retour de la terre fainate, Louys le Ieune ou
le Piteux fon bifayeul, Philippe Augufte, ou, Dieu donné, fon fils :
Philippe le Hardy fucceffeur, & fils de S. Louys : Philippe le Bel,
Charle VI. Charle VII. Charle VIII. Louys XI. & François I. L'on
y a veu des Roys d'Aragon, de ceux de Sicile, des Dauphins de France,
d'autres Princes du fang, des Ducs de Bourgongne, de Bourbon, de
Berry, d'Aquitaine, des Comtes de Tolofe, & d'autres Potentats de la
Creftienté. Nos Roynes ont en ce faict imité leurs maris, comme Char-
lotte de Sauoye, Efpoufe de Louys XI. D'autres Dames illuftres y ont
aufsi voyagé. Beaucoup de perfonnages de fainate vie y font venus. Sainat
Robert, premier Abbé & fondateur de la Chaze-Dieu, Sainat Adelelme,
fon Difciple, & Abbé au mefme lieu. S. Maiol, S. Odilo, tous deux
Abbés, de Cluny, S. Dominique, Pere de l'Ordre des freres Prefcheurs,*

S. Vincent Ferrier de mesme profession , S. Antoine de Padoüe de la reigle de S. François, S. Hugues Euesque de Grenoble, saincte Colette, reformatrice de l'Ordre de saincte Clere. I'y pourrois adiouster S. Eudo ou Odo, Abbé du Monastier, & sainct Chaffre son neueu, Martyr & Abbé du mesme Monastere, où ils ont vsé la meilleure partie de leurs iours sainctement. Ie deuois mettre deuant tous ces braues Pelerins trois grands Papes, Urbain II. Innocent II. Alexandre III. qui ont faict le voyage du Puy en deuotion , comme ie diray cy-après.

Les pélerins de Notre-Dame du *Puy* avoient de grands privileges, Nicolas Boyer dans son livre de droit, intitulé *D. N. Bœrii decisiones Burdegalenses* , in-fol 1614 , rapporte dans sa décision 228, n°. 7 , que les pélerins de l'église du *Puy* avoient anciennement le privilege de faire leurs dispositions testamentaires , assistés seulement de deux témoins : il cite une foule d'autorité qui confirmoient ce droit.

Charles VII ne se contenta pas d'aller en pélerinage à l'église du *Puy*, mais il s'y fit recevoir chanoine , le 14 mai 1422 ; on peut consulter l'extrait curieux que j'ai donné à ce sujet, tiré du pere Odo de Gissey, à l'article de la description d'*Expailly*.

Si on veut savoir ce qui avoit pu donner autant de célébrité à la statue de Notre-Dame du *Puy*, il est à présumer qu'il faut l'attribuer à sa très-grande ancienneté ; l'auteur curieux que j'ai déjà cité, entre dans de longues discussions sur son antiquité, & son arrivée dans la capitale du Velay ; est-ce Clovis, est-ce Charlemagne, Philippe-auguste, Louis-le-jeune, ou Saint-Louis qui l'ont apportée ? Le pere Odo de Gissey se décide en faveur de Saint-Louis, mais d'où vient-elle, voici ce que ce jésuite nous apprend à ce sujet. *Ie coucherai icy en François ce que i'en ay trouué en Latin en quelques anciens Memoires ... L'Illustre maison de France ayant aussi esté illuminée du flambeau de la Foy, vn peu de temps apres le bastiment de ladite Eglise, comme il se lit aux Chroniques de France, & apres Clouis premier Roy Chrestien, vn ie ne sçay quel sien successeur à la Corone, meu de deuotion, entreprint le voyage des lieux Saincts outre Mer. Et deuant qu'entreprendre ceste Peregrination, il s'en alla droict iusques au Puy visiter l'Eglise de la bienheureuse Mere de Dieu , la fondation de laquelle a esté Royale. Ce souverain anonyme prit ensuite la route de Jérusalem , y séjourna trois ans & demi, se fit ami du grand Soldan, & voulant revenir en France il rendit grace au Soldan des politesses qu'il en avoit reçues ; celui-ci dit : Ie veux aussi de mon costé correspondre à vos courtoisies Françoises , & vous monstrer tous mes thresors , & ce qui est de plus exquis & precieux en mes cabinets : que si quelque chose vous y agrée, dés maintenant ie la vous presente. A cet offre liberale, le Roy pense à ce qu'il demanderoit ; pource il s'informe secretement d'vne Dame des plus fauorisees en la Cour, qui estoit la piece au thresor du Soldan, dont il faisoit plus de conte. C'est respond elle , l'Image de la Mere de Dieu , iadis façonnée par Ieremie le Prophete , laquelle il cherit & reuere tant, que s'il ne la voit une fois le iour, il n'est pas à son aise. Cependant l'on entre dans le thresor, où se presentent , & descouurent mille raretez. Mais le Roy ayant donné vn œillade sur la sacrée Image de nostre Dame , il luy dit : Puis que c'est de vostre plaisir, O grand Seigneur de Babilone, que la monstre de tant de singularitez me soit faicte, appuyé sur vostre belle offre : Ie vous demande l'Image faicte en bosse de la Vierge Marie, en reuenche ie vous donne parole de Roy, qu'elle sera placée en vn lieu, où perpetuellement on la reuerera. Le Soldan fut marry de telle requeste, mais il n'osa esconduire le Roy, auquel l'Image fut deliurée. Si qu'enrichi de ce Ioyau l'vn des plus precieux de la terre, mit la voile au vent, & s'en vint heureusement aborder en son Royaume. Et vne des premieres villes, où il entra, fut celle du Puy, en laquelle auec Hymnes & Cantiques il posa la deuote Image de la Mere de Dieu.*

Le pere Odo de Gissey ajoute un petit correctif à cette histoire, en s'exprimant ainsi : *Ce Narré est pris des Memoires du Puy, où parmy la verité quelques fables se sont glissees, & pour commencer par la fin, ie dis que ces Chroniques alleguees sont fabuleuses, aussi bien que celles de France, qui courent sans Autheur, tirees de la Martiniene, farcie de bourdes, selon qu'a remarqué en son Histoire de Nauarre, André Fauin.*

Enfin, l'historien de Notre-Dame du *Puy* croyant cependant que la statue vient d'Egypte, la fait apporter de ce pays par Saint-Louis, & penche à croire en effet que c'est le prophête Jérémie qui l'a façonnée de sa main, il agite cette question fort au long dans le chapitre VIII du livre II, pag. 220, & établit plusieurs *convenances*, pour prouver qu'elle vient d'Egypte. Dans l'une il s'attache à la qualité du bois de la statue, & dit qu'elle est de bois de *Setin, des plus legers, des plus nets, & des plus beaux qui se couppent, sans que pour cela il se gaste, ou soit sujet à pourriture. Tous les aix & tablatures de l'Arche & du Temple de Dieu en estoient ; d'où ie conclus, qu'il n'y a point d'absurdité de dire que cette Image est de Setin, car selon sa grandeur & grosseur, elle n'est pas pesante, ioint que la couleur du bois dont elle est composée, approche fort de la couleur de l'Aubespin, & du Cedre. Outre que l'on tient que Iemerie fit faire cette Image en la place de l'Arche qu'il auoit cachée. De plus cela est conforme à la façon & coustume des anciens, qui tailloient & releuoient leurs Images en bosse de Cedre, ou semblable bois incorruptible contre le temps qui corrompt tout. Sainct Isidore l. 17, chap. 7. escrit que les Payens pratiquoient cela, comme on void en Virgile au 7. de son Æneide.*

> Quæis etiam veterum effigies ex ordine avorum ,
> Antiqua ex cedro italusque , paterque sabinus.

Le pere Odo de Gissey termine enfin ce chapitre par sa *troisieme, quatrieme & cinquieme convenance. La troisiesme conuenance est que les couleurs de cest Image, & leurs figures ressentent les façons du Levant, comme l'œil en peut asseurer ceux qui s'y cognoissent. La quatriesme est, que la robe de la Mere, & de son Enfant, est toute bordée de franges à la mode Iudaïque. La cinquiesme, que les faces sont noires, teint merueilleusement agreable aux Egyptiens & Saraxins, où elle a esté peinte : & d'où elle a esté apportée, comme nous auons dict.*

Le sentiment général de tous les auteurs qui ont écrit sur la statue de Notre-Dame du *Puy*, l'opinion commune de tout le pays, est qu'elle vient d'Egypte ; on verra dans peu qu'elle porte en effet un caractere frappant, qui la rapproche beaucoup de certaines figures Egyptiennes ;

mais

mais il faut auparavant faire connoître son portrait, d'après la description qu'en donne l'histoirien qui nous sert de guide, j'y joindrai celle du
pere *Théodore*, religieux hermite de saint Jean-Baptiste, & je terminerai ce mémoire, en donnant les détails circonstanciés de ce que j'ai
observé moi-même à ce sujet, en voyant de très-près & à différentes
fois cette curieuse statue que j'ai fait dessiner avec une exactitude
scrupuleuse.

PORTRAIT de la Statue d'après le pere Odo de Gissey.

» J'ay discouru de la matiere de l'Image de nostre Dame : sa forme
» & figure sera pour cettui-cy, laquelle ie descriray tant plus par le menu,
» que plus particulierement ie l'ay contemplée deux & trois fois, lors-
« qu'on luy leue les riches manteaux & attours, dont elle est magnifique-
» ment ornée, & ce, la femaine saincte, en laquelle ordinairement on
» la laue auec un esponge baignée dans le vin ; iaçoit que l'année pre-
» sente 1610. l'on ne l'ait descouuerte ny lauée, qu'enuiron la sainct
» Iean Baptiste. Or elle a de longueur & hauteur enuiron vne coudée
» & demie des plus petites ; ou de deux bons pieds : son chef est de
» mediocre grosseur, plein de maiesté & de modestie ; la face longuette,
» & le nez à proportion, lequel tient vu peu de l'aquilin ; la bouche
» bien seante, & d'vne belle façon ; le menton vn peu court, mais de
» bonne grace ; les yeux sont aucunement eminents & d'estoffe diuerse
» du reste de l'Image ; car quelques vns tiennent que ce sont pierres
» d'Agathe façonnées en prunelles d'œil : d'autres iugent que ce sont
» deux perles d'excellente grandeur, peintes & agencées de telle sorte,
» qu'elles paroissent à guise de deux beaux yeux auec viuacité, que
» vous diriez qu'elle regarde ses Spectateurs, grauement toutes fois.
» Tout le teint du visage de la Mere & de l'Enfant, tire sur l'Ethio-
» pien & More : la teste de la Mere est rehaussée d'vne Coronne à l'an-
» tique & à l'Impériale, de l'espesseur d'vn petit doigt, & estoffée de
» perles sur des quarrez, & en sa façon approchant quelque peu de
» la forme de Fleurs de Lys sur le milieu du front, & entre les deux
» oreilles, lesquelles sont couuertes d'oreillettes emperlées & recamées
» de diuerses orfeureries. Au sommet de la Coronne & du thiare,
» il y a une Colombe iuchée. Voila le crayon du chef, & coiffure d'i-
» celle. Quant au reste & posture de son corps, elle est assise sur vn
» siege non de beaucoup dissemblable à vn tabouret, tenant son petit Fils
» en son giron, & sur ses genoüils ; non tout de bout, ains comme s'il
» se vouloit assoir, l'vne des mains pendante, l'autre vn peu esleuée
» par dessus celle de sa Mere : il est reuestu d'vne tunique ou robbe
» rouge, mais plus brune que la couleur de celle de sa Mere, laquelle
» est esmaillée de menus cercles blancs, ancernans certaines croisettes
» blanches, telles que sont celles qu'en termes d'Armoiries on appelle
» Croix croisées : sa ceinture est large, de couleur iaune, vn long
» bout d'icelle pendant sur le deuant en forme d'vn passement ; la cotte
» de la Mere est bien de mesme couleur rouge, mais plus claire &
» incarnardine, les manches sont larges & pendantes à rebras, toutes
» fois retroussées iusques aux coudes : la robe ou le corset qui paroist

» comme fortant de deſſous ceſte cotte & manches, autour du col &
» à l'ouuerture du fein, ſe monſtre d'vn verd clair, & comme paſſe-
» menté ſur les eſpaules, au gorgerin, & aux extremitez des manches,
» & du rond de la robe, laquelle eſt bordée d'vne double frange, naiſ-
» ſante des deux cottés, dont ſemble eſtre veſtuë ceſte Image, & deſ-
» quelles celle de deſſus, & qui deſcend moins, eſt de pourpre : celle
» de deſſous, & qui s'aualle plus bas ; eſt verte : le reſte de la robe,
» particulierement depuis le demy ceinturon en bas, paroiſt comme brodé
» de fleuretes blanches à fonds rouge, meslangées de menuës loſanges
» releuées ſur meſme fonds, hormis que pardeuant s'eſtend du haut en bas
» vne bande large & iaunaſtre, qui la partage en deux ; le corps, & ce qui
» enferre la poiꝰtrine & les cottes, eſt tout marqueté de fleurons &
» roſettes, entaſſées dans des petits ronds à la façon d'Orient, & ſelon
» qu'on void auiourd'huy maintes eſtoffes qui nous ſont apportées de
» là. Les pieds ſe iettent dehors depuis les cheuilles chauſſez de noir,
» & bien proportionnez au reſte de l'Image, toutes-fois pluſtoſt pe-
» tits que trop grands, qui eſt la beauté des pieds, en l'vn & en l'autre
» ſexe. Les couleurs ſont ſi viues apres tant de ſiecles, que l'on iuge-
» roit qu'elles y ſont couchées depuis peu d'années en ça fort artificie-
» ment par la main d'vn grand Maiſtre ».

PORTRAIT de la ſtatue, *d'après le Pere* THÉODORE, *Religieux*
Hermite de Saint-Jean-Baptiſte.

» J'ai dit en décrivant l'autel, qu'il eſt enrichi au côté de l'évangile,
» d'une ſtatue miraculeuſe de la vierge, & comme cette ſainte image
» (c'eſt ainſi qu'on a pris la coutume de la nommer) eſt dans une
» vénération extraordinaire, je ne veux pas manquer d'en peindre la
» véritable forme, que les ornemens dont on la revêt, empêchent ab-
» ſolument de reconnoître. La figure ſacrée qui eſt d'un bois incorrup-
» tible, repréſente tout le corps en ronde boſſe, & aſſiſe qu'elle eſt
» ſur une eſpece de tabouret, excede un peu la hauteur de deux pieds ;
» elle tient le petit Jeſus ſur les genoux, qui témoigne en ſe pliant
» qu'il veut s'aſſeoir à ſon imitation, & le viſage des deux eſt noirci,
» ſoit que les Egyptiens, quand ils les ont eu, leur aient donné cette
» ſorte de tein qui leur plait, ou ſoit que le prophete Jeremie (qu'on
» en croit l'ouvrier) l'ait fait lui-même dans la penſée que le temps
» altéreroit trop une carnation naturelle. Sous l'habit pareil à celui de
» Notre-Dame de Lorette qu'on a la pratique de leur mettre, ils ſont
» drappés & mis en couleur d'une maniere agréable & curieuſe, (& ſi
» ce n'eſt qu'il ne faut pas blamer ce que la dévotion a ſans doute ſug-
» géré) je regretterois qu'on les couvre ſi fort, qu'on en ſauroit voir
» que les têtes. Le divin enfant qui a les proportions de l'âge qu'on
» commence à marcher, eſt habillé d'une robe cramoiſie, ſemée de
» petits ornemens d'argent, & ceinte d'un tiſſu d'or dont les deux bouts,
» tombant ſur le milieu, ſont quaſi le même effet d'une dentelle. La
» mere très-pure porte deſſous une tunique de verd-clair, & par deſſus
» un corps brodé à l'Arabeſque, avec des manches incarnates qui, lar-
» ges & retrouſſées vers le coude, ſont place à l'étroite longueur des

» veftes. La jupe eft de pourpre tyrienne , diverfifiée de lofanges rou-
» ges à fleurs blanches , & une bande de citron figuré la partage par-
» devant , & tourne encore au bas, qu'une frange termine à la mode
» Hebraïque : la tunique qui defcend beaucoup plus, & qui ne laiffe pa-
» roître qu'à peine les pieds chauffés de noir, a femblablement une
» frange , & comme elle déborde auffi vers le col, l'extrémité s'en mon-
» tre travaillée à l'éguille. Une forte de guimpe ou voile fermé , s'éleve
» delà fur la gorge ; & montant aux cheveux, les va refferrer fous une
» couronne de petites perles qui, n'étant pas eftimées affez riches, fe
» cache fous d'autres diamans. Les yeux, pour être plus vifs, font de
» deux agates enchaffées ; le nez, la bouche & le refte des traits font
» bien pris, & le cifeau animant en quelque forte l'infenfible matiere, y
» a fu exprimer un air de fainteté & de pudeur, & une majefté douce
» & grave.

DESCRIPTION de la ftatue de Notre-Dame du Puy , telle que je l'ai vue dans plufieurs examens que j'en ai faits le 25, le 30 octobre , & le 3 novembre 1777.

On a vu que le pere *Odo de Giffey* & fon copifte le pere *Theodore,* ont décrit *la fainte image* d'une maniere auffi confufe qu'obfcure ; voulant mettre un peu plus d'ordre & de méthode dans ma defcription, je la diviferai en plufieurs feções.

§. I. *Defcription de la ftatue telle qu'on la voit au deffus de l'autel, dans la niche où elle eft placée.*

LORSQU'ON eft entré dans le cœur de l'églife cathédrale du Puy, féparé de la nef à la maniere de plufieurs anciennes églifes, on voit un autel affez moderne, à la romaine , fait en marbre de différentes cou-leurs, furmonté par une efpece de petit baldaquin, fous lequel eft placée la ftatue établie fur un piedeftal en marbre affez élevé : comme le jour qui l'éclaire vient dans un fens contraire , on ne la voit pas d'une ma-niere bien diftincte , il faut donc monter fur l'autel, lorfqu'on veut la contempler de près.

Elle eft couverte d'un grand manteau d'étoffe d'or qui l'enveloppe depuis le col jufqu'aux pieds, & qui fe trouvant fort refferré par le haut, & d'une vafte capacité par le bas , donne à la vierge une forme conique qui manifefte le goût le plus barbare : l'enfant Jefus qui paroît de loin collé fur l'eftomac de fa mere , montre fa petite tête noire par une ou-verture faite au manteau : des fouliers d'étoffe d'or fe voyent aux pieds de la ftatue, dont la tête eft ornée d'une couronne en maniere de cafque d'une forme finguliere, dont je parlerai bientôt : une feconde couronne d'un ftile un peu plus moderne , eft fufpendue fur la premiere : divers rangs de très-petites perles pendant derriere la tête en guife de cheveux.

Le manteau dont j'ai déjà parlé, eft furchargé d'une multitude de différens reliquaires qui y font attachés, parmi lefquels on en voit quel-ques-uns enrichis de diamans, d'autres font encore émaillés de diverfes couleurs, plufieurs font en cryftal de roche ou en pierre fauffe ; on y

MEMOIRE

remarque encore divers bijoux, tels que des bagues, des cœurs d'or &
d'argent; mais j'eus le plaisir sur-tout d'y découvrir une cornaline orientale antique, fort belle ; cette pierre gravée en creux, représente un
Apollon nud, d'une très-bonne proportion, tenant une branche de lau-
rier dans sa main droite, tandis que l'autre est appuyée contre un fût
de colonne, sur lequel repose une lire ; cette piece garnie d'un entourage
d'or émaillé, est montée en forme de médaille, quelque ame pieuse
l'avoit peut-être anciennement portée suspendue à son chapellet ou à
son col.

§. II. Description de la statue, telle quelle est sous le manteau qui la couvre.

Je vais lever ce voile, ou plutôt ce manteau moderne, & nous allons
voir une statue bien différente de celle que je viens de décrire : comme
je l'avois fait tirer de sa niche, pour la placer dans un endroit fort
éclairé où je l'avois sous la main, & que j'ai eu la constance de l'examiner soigneusement pendant quatre séances différentes, je ne dirai
rien que je n'aie vu de mes propres yeux.

1°. La statue a deux pieds trois pouces de hauteur, elle est dessinée
d'une maniere dure & roide, son attitude est celle d'une personne assise
sur un siege, à la maniere de certaines divinités Egyptiennes ; elle tient
sur son giron [a] un enfant dont la tête vient correspondre à l'estomac de
la statue qui est en bois, paroissant être d'une seule piece, & pesant environ vingt-cinq livres ; le fauteuil sur lequel elle repose est détaché, je
le crois d'un travail moderne.

2°. Je dois dire, avant de passer à d'autres détails, que la statue est de
cedre, on y distingue la couleur & toutes les qualités de ce bois, j'a-
joute qu'elle paroît être très-ancienne ; mais voici ce qu'il y a de remarquable & de bien digne d'attention : toute la statue est entiérement
enveloppée depuis la tête jusqu'aux pieds, de plusieurs bandes d'une
toile assez fine, très-soigneusement & très-solidement collée sur le bois
à la maniere des momies Egyptiennes. Ces toiles sont appliquées sur le
visage de la mere & de l'enfant, les pieds en sont également entourés;
ce qui est cause qu'on ne peut distinguer aucun vestige de doigts ; de
pareilles bandelettes recouvrent aussi la main, mais les doigts sont caractérisés, ils sont d'une roideur extrême & du plus mauvais dessein.

3°. C'est sur ces toiles fortement collées sur toute l'étendue du bois,
ainsi que je l'ai déjà dit, qu'on a d'abord jeté une couche de blanc à
gouache, sur laquelle on a peint à la détrempe les draperies accompagnées d'ornemens de différentes couleurs.

La face de la mere & celle du petit jesus sont d'un noir foncé qui
imite le poli de l'ébene ; en examinant de très-près leur visage *tirant
sur l'éthiopien & le more*, pour me servir des expressions du pere de
Giffey, j'y remarqai quelques especes d'égratignure où la couleur n'a
ni le même ton, ni la même solidité que les autres parties qui sont

[a] Giron est un mot consacré pour désigner l'espace qui est depuis la ceinture jusqu'aux genoux, dans une personne assise ; ce terme n'est point suranné sur-tout lorsqu'il s'agit de description.

conservées,

confervées, ce qui me fit préfumer que c'étoient des dégradations réparées après coup. La toile fe montroit fenfiblement fous les petites
défectuofités mal réparées, particuliérement fur le vifage de l'enfant
qui avoit été plus endommagé. Je faifois part de mon obfervation au
deffinateur & à deux eccléfiaftiques qui étoient avec moi, lorfqu'un
des portiers à qui la garde de l'églife eft confiée, homme affez intelligent dans fon efpece, & fort complaifant, m'affura qu'à force de faire
toucher des chapelets & des reliquaires à la ftatue, on avoit altéré à
la longue, par le frottement, quelques parties du vifage de la mere &
de l'enfant, mais qu'on avoit chargé un peintre qu'il me nomma, de
remettre du noir là où il en manquoit; cet éclairciffement me fatisfit.

Si l'on veut favoir à préfent ce qui peut m'autorifer à prononcer d'une
maniere fi pofitive fur la qualité du bois de la ftatue, & fur les toiles
qui y font adaptées, je dirai que ne voulant point porter de jugement
précipité & fans connoiffance de caufe, fur un objet qui peut intéreffer
les amateurs de l'antiquité, je coupai très-proprement avec la pointe
d'un canif, dans un endroit qui ne pouvoit point nuire à la ftatue, un
morceau du bois dont elle eft faite; ce qui non feulement me fit connoître que c'étoit du cedre, mais me fit appercevoir encore que la toile
collée formoit une double enveloppe.

Tête de la Statue.

5°. La forme du vifage préfente un ovale exrêmement allongé, &
contre toutes les regles du deffein. Le pere de Giffey fe contente de dire
que la face eft longuette; il auroit mieux fait de dire qu'elle eft *lon-
giffime* : le nez eft également d'une groffeur & d'une longueur démefurée, & d'une tournure choquante. La bouche eft petite, le menton
raccourci & rond, la partie offeufe fupérieure de l'œil fort faillante, &
l'œil malgré cela très-petit. Le pere Odo de Giffey nous apprend que
les yeux font d'étoffe diverfe du refte de l'image, *que quelques-uns
tiennent que ce font pierres d'agate façonnées en prunelles d'œil, d'autres
iugent que ce font deux perles d'excellente grandeur, peintes & agencées
de telle forte, qu'elles paroiffent à guife de deux beaux yeux avec viuacité, que vous diriez qu'elle regarde les fpectateurs grauement toutes-fois.*
On ne fe douteroit pas, d'après une telle defcription, que *ces deux beaux
yeux*, que *ces deux perles* ne font que deux portions demi-fphériques,
d'un verre très-commun; ces deux portions de verre font concaves d'un
côté, & convexes de l'autre : la face convexe fe préfente extérieurement, & imite le globe de l'œil, tandis que la partie concave étant
appliquée fur un plan intérieur, peint avec les couleurs de l'œil, en
imite l'iris. Cette efpece d'œil artificiel, fait dans un temps où l'on ignoroit la maniere de façonner des yeux d'émail, fe trouve affez ingénieu-
fement exécutée; mais comme ceux-ci ont été mal affortis à la grandeur
du vifage, & qu'ils font fort tranchans malgré leur petiteffe, fur une
face noire, on ne peut diffimuler que cette figure n'ait un air hagard,
& en même temps étonné, qui infpire de la furprife, & même de
l'effroi.

Ce feroit ici le moment de parler des oreilles & de la chevelure, mais j'avoue, quelqu'envie que j'aie eu de les examiner, qu'il ne m'a pas été possible d'avoir cette satisfaction: en voici la cause. J'ai annoncé que la tête étoit couverte d'une couronne faite en forme de casque; on croiroit naturellement trouver sous cette couronne une chevelure ou quelqu'autre chose qui dût y ressembler, mais point du tout; le premier objet qu'on apperçoit, est une espece de tissu noir assez commun, qui couvre totalement le dessus & le derriere de la tête, & cache entierement les oreilles. Sous cette premiere enveloppe on en remarque une seconde formée par des lisieres de soie noire, & enfin une troisieme en toile de fil; le tout est très-étroitement lié, & fortement resserré contre la tête. J'eusse passionnément desiré de voir ce qu'il y avoit sous cette triple enveloppe, mais on croyoit ne m'avoir déjà que trop accordé, en me permettant de tirer la statue de sa niche, il n'auroit fallu rien moins que des ordres supérieurs pour pouvoir la dépouiller de toutes ses coëffures, & voir la tête dans son état naturel.

Je confesse cependant que je ne pus m'empêcher de passer tout doucement mes doigts sous cette suite de bandeaux, pour tâcher de découvrir les oreilles; mais hélas! à mesure que j'avançois, j'entendois le déchirement des bandelettes desséchées, & comme cuites par la vétusté; c'étoit autant de déchirures que je craignois de faire à l'ame des honnêtes ecclésiastiques qui avoient bien voulu seconder ma curiosité. La tête me parut absolument lisse & sans chevelure; je ne puis qu'exhorter messieurs les chanoines, si jamais on est dans le cas de refaire de nouvelles coëffes à la statue qui en a grand besoin, d'examiner soigneusement cette tête, & de la faire dessiner. Je n'oublierai pas de dire qu'en passant mes doigts sous les enveloppes dont j'ai parlé, je sentis dans la région du col, une espece de relief à demi-cylindrique, à peu près de la grosseur du petit doigt, qui se prolongeoit depuis la naissance du col, jusqu'à la nuque où elle alloit se perdre; cette singularité, vue à découvert & bien étudiée, pourroit donner des lumieres sur la qualité essentielle de cette figure, qui pourroit bien n'avoir pas toujours été une image destinée à représenter la mere de Dieu.

Il faut s'arrêter ici & dire un mot de la couronne qui n'est point d'un métal précieux, elle est en cuivre doré, ayant la forme d'un casque travaillé à jour dans certaines parties, deux portions mobiles de ce casque se prolongent jusqu'au dessous des oreilles; les especes d'oreillettes, quoique mobiles, sont attachées à la couronne. La gravure exacte que j'en ai fait faire me dispense d'autres détails sur sa forme. Je remarquai avec plaisir qu'elle est ornée de plusieurs camées antiques, parmi lesquels on voit deux belles têtes en relief, dont une de femme qui me parut être une Julie, & une d'homme que je n'ai pas eu le temps d'étudier: on y en voit une troisieme qui est environ de la grandeur d'un écu de trois livres, qui représente la tête & la partie du devant d'un très-beau cheval; on voit à côté de ce courrier un homme dont la tête est couverte d'un bonnet fait à la maniere des Partes, avec un très-petit manteau légérement jeté sur ses épaules nues, ainsi que le reste du corps. Ce personnage présente à un autre homme, habillé dans le même costume, un très-jeune enfant nud; cet homme assis sur une espece de chaise antique, au pied de laquelle est un sanglier, paroît recevoir

cet enfant avec empreſſement ; ce ſujet relatif peut-être à la naiſſance
d'Adonis, mérite une étude particuliere ; ſi j'euſſe eu le temps de le faire
deſſiner, je n'aurois pas manqué de le faire graver. La pierre eſt une
agate onix, les figures ſont d'un très-beau relief & d'un aſſez bon travail. L'artiſte a profité adroitement des couleurs de la pierre qui ſont
vives, pour en rehauſſer les draperies. Le derriere de la couronne eſt
encore orné d'une pierre antique, preſqu'auſſi grande que la précédente,
qui repréſente une lionne en relief. On voit encore ſur cette couronne
quelques pierres fauſſes, imitant des émeraudes, des rubis, &c. Je ne
parlerai pas de la ſeconde couronne qui eſt ſur celle-ci, parce qu'elle
n'en vaut pas la peine.

De la Draperie & des autres ornemens de la Statue.

LA draperie eſt groſſiérement ſculptée en bois, il n'y eſt pas queſtion
de plis. Les toiles qui y ſont collées, ainſi que je l'ai déjà dit, ſont peintes à la détrempe, non à la maniere de nos indiennes, mais avec des
couleurs épaiſſes & ſolides qui imitent celles des momies Egyptiennes.
L'habillement eſt une eſpece de tunique qui eſt cenſée ſe fermer pardevant, & qui prend depuis le col juſqu'aux pieds ; elle eſt fort étroite
& fort reſſerrée dans la partie qui forme la taille, tandis qu'en deſcendant elle s'élargit en maniere de jupe, mais toujours ſans plis : les manches n'excedent pas le coude où elles ſe terminent en manchettes
évaſées ; de ſecondes manches qui enveloppent étroitement le bras, ſe
prolongent juſqu'aux poignets.
La partie de la robe depuis le col juſqu'à la ceinture, eſt à fond verd,
mais d'un verd faux qui tire ſur le bleu ; les ornemens qu'on y diſtingue
& dont j'ai fait deſſiner exactement les contours, ſont d'un blanc jaunâtre. La jupe eſt peinte en rouge ochreux, les lozanges & les autres
ornemens dont on l'a décorée, ſont d'un blanc terne ; ceux qu'on a voulu
figurer pour imiter les agrémens & la garniture de la robe qui ſe ferme
pardevant, ſont de couleur jaune ; le bas de la jupe où l'on a voulu repréſenter des eſpeces de franges, ſont de la même couleur. On voit ſur
la bordure des manchettes gauches de la robe, des caracteres que j'ai
fait deſſiner avec une exactitude ſur laquelle on peut compter. *Voyez*
la planche qui eſt à la fin de ce mémoire.
Quoique les pieds de la ſtatue paroiſſent attenans à la jupe, ils en ſont
détachés, & les jambes ſe prolongent même intérieurement d'environ
trois pouces & demi ſous le vuide qui forme la jupe ; elles ſont entourées
de pluſieurs bandelettes peintes en noir ; on voit encore une ouverture
d'environ trois pouces de longueur ſur un pouce de largeur, pratiquée
dans le bois non loin de la naiſſance des jambes ; cette ouverture qui
forme un rectangle, a cinq pouces de profondeur, il me paroît qu'elle
a pu ſervir à fixer la ſtatue, ou ſur un piedeſtal, ou ſur une chaiſe qui
ne devoit pas être celle ſur laquelle on la voit à préſent.
La face de la ſtatue & ſes pieds, ainſi que je l'ai déjà dit, ſont noirs,
mais les mains ſont peintes en blanc.
On ne découvre abſolument aucune élévation, aucun relief ſur la
partie où devroit être placé le ſein ; il n'exiſte aucun veſtige de gorge.

La robe de l'enfant, faite en tunique & attachée par une ceinture, est d'une couleur rouge très - foncée ; on y voit pour ornemens un grand nombre de petites croix grecques.

Voilà la description fidele de la statue actuelle de Notre-Dame du Puy : on a vu 1°. que la croyance générale est qu'elle vient d'Egypte , & que la chronique & les auteurs font d'accord fur ce point : 2°. les différentes enveloppes de toiles, fortement adaptées fur le bois , & fur lefquelles on a appliqué des couleurs épaiffes, annoncent un procédé , une maniere ufitée chez les Egytiens : 3°. les petites croix grecques qu'on voit fur la tunique de l'enfant, pourroient en rigueur n'être pas envifagées comme un figne chrétien , car la table *ifiaque* , l'obélifque hiéroglyphique de Rome , ont des efpeces de petites croix à peu près femblables ; ces fignes étoient relatifs aux mefures du Nil. 4°. Le temple de *Diane* qu'on fait voir au pied du rocher *S. Michel* du *Puy* , pourroit faire croire encore que la *bonne déeffe* , qu'*Ifis* a été en vénération au Puy , dans le temps des Romains , & en conféquence les amateurs de la haute antiquité fe croiroient fondés à tirer des inductions profanes fur ce monument , & voudroient le regarder peut-être comme une ftatue d'*Ifis* & d'*Ofiris* , qu'on auroit métaphorphofée en vierge, ce qui au refte ne pourroit abfolument faire aucun tort à la religion, parce que la bonne intention fait tout.

J'avouerai que j'ofe penfer différemment , & que je me décide fur ce que la tête, qui est maigre, effilée , & a un nez prodigieufement long, n'a pas les caractere de figures égyptiennes qui font larges & épatées, ce qui s'obferve conftamment dans les ftatues en bafalte , ou dans les boëtes de momies. Le bois de cedre , à la vérité, dont la ftatue du *Puy* eft faite , & fur-tout les toiles dont elle eft recouverte , m'embarraffent un peu ; mais ne pourroit-on pas répondre qu'en effet celle-ci vient du levant, & que les premiers chrétiens du mont Liban l'ont façonnée fur le modele des ftatues égyptiennes qu'ils avoient fans ceffe fous les yeux , & qu'elle a pu être apportée par *Aimar de Monteil* , évêque du Puy , un des plus célebres croifés , & légat du pape Urbain II, à la terre fainte. Cette conjecture, dont aucun auteur n'a parlé, paroît d'autant plus vrai-femblable que ce fut à peu près à cette époque que la premiere ftatue qu'on honoroit au Puy , & dont on voit l'effigie fur la médaille gothique d'argent que j'ai fait graver, fut remplacée par celle qu'on y voit à pré-fent. Au refte fi cette derniere idée ne fatisfait pas , rien n'empêche qu'on ne recoure à la premiere.

AVERTISSEMENT.

URBS · ARVERNA
medaille d'argent
trouvée fur le rocher
St michel au Puy.
SCA · MARIA

notre dame du Puy
d'après la gravure
de Mgr Th Rousselet
faite sur un dessin
inexact

Payrme, del.   *Magne Sculp.*

NOTRE DAME DU PUY

deſſinée d'après nature, telle qu'elle eſt ſons le manteau qui la couvre.

LETTRES

AVERTISSEMENT.

Je joints ici plusieurs lettres, non-seulement relatives aux volcans sur lesquels j'ai fait quelques recherches, mais à d'autres volcans de la France, & même de certaines parties de l'Europe.

La premiere est une réponse de M. le comte de Buffon à la lettre que j'ai eu l'honneur de lui adresser sur le beau & singulier courant de lave des environs de Ville-Neuve de Berg, qui a circulé à travers plusieurs bancs calcaires. J'aurois dû peut-être me faire une délicatesse d'imprimer cette réponse, à cause des choses trop flateuses & trop pleines de bonté que ce célebre naturaliste a bien voulu m'y dire, & que je ne dois regarder que comme une marque d'encouragement, faite pour redoubler mon application, afin de mériter un suffrage aussi honorable : mais, outre qu'on doit recueillir soigneusement tout ce qui part de la plume de ce savant illustre, c'est que cette lettre tenoit encore de trop près à un point important d'histoire naturelle, pour que j'eusse pu me permettre d'y faire le moindre changement.

La seconde est une demande que les circonstances m'ont forcé de faire à M. Pasumot, ingénieur-géographe, de l'académie de Dijon, très-habile naturaliste, au sujet de son mémoire sur la zéolite. Sa réponse est intéressante, j'ai dû l'imprimer, parce que l'auteur l'a exigé, & qu'elle contient en outre des éclaircissemens utiles sur un point de fait qui paroissoit contradictoire.

C'est après cette lettre que j'ai placé celle de M. Ozy, chimiste de Clermont. Elle renferme quelques remarques chronologiques sur les premieres découvertes des volcans éteints d'Auvergne.

La quatrieme m'a été adressée par M. Bernard, adjoint à l'observatoire royal de marine à Marseille, il y est fait mention de quelques volcans de la Provence.

La cinquieme est relative à des volcans du Forez ; M. de la Moignon de Malesherbe eut la bonté de me l'envoyer dans le temps, avec la note suivante en titre : lettre que m'a communiquée M. le docteur Ponchon de Roane pour la faire passer à M. Faujas. Comme cette lettre écrite en forme de mémoire, n'est pas signée, j'ignore si elle est de M. le docteur Ponchon, ou de M. Passinge, très-bon naturaliste de Roane. Mais comme elle contient des détails instructifs, j'ai l'honneur de prier celui de ces savans qui en est l'auteur, d'en recevoir ici mes remerciemens. Je n'avois pu jusqu'alors en témoigner ma reconnoissance qu'au savant & respectable ancien ministre, qui avoit bien voulu avoir la complaisance de me l'envoyer.

Enfin les dernieres lettres qui terminent ce recueil, sont de M. le chevalier Déodat de Dolomieu, naturaliste, doué des plus grandes connoissances en chymie & en minéralogie. Ces lettres sont d'autant plus faites pour intéresser, qu'elles contiennent de belles & curieuses observations sur les environs de Lisbonne. M. le chevalier de Dolomieu, entiérement livré à la chymie & à la partie des mines, n'avoit pas encore eu le temps de faire une étude particuliere & suivie des différentes matieres volcaniques, lorsqu'il arriva en Portugal : sa modestie l'empêchoit de prononcer d'une maniere affirmative, sur les pierres basaltiques du pays qu'il visitoit ; mais l'exactitude de ses descriptions, la finesse de ses observations ne pouvoient laisser aucun doute aux naturalistes qui suivent la partie des volcans. M. le chevalier de Dolomieu reconnoît lui-même dans ses dernieres lettres, que les pierres des environs de Lisbonne font volcanisées ; mais ce combat entre la modestie & l'instruction, intéresse infiniment.

LETTRE de M. le Comte DE BUFFON à M. FAUJAS DE S. FOND.

Montbard, ce 25 août 1778.

Je viens, Monsieur, de recevoir aujourd'hui 25, la lettre que vous m'avez fait l'honneur de m'écrire, & comme je m'empresse de vous répondre, je n'ai eu que le temps de parcourir les feuilles & les planches de votre grand ouvrage sur les

volcans, qui ne peut que vous faire un honneur infini, tant par la netteté du ftile,
que par la précifion de l'exécution des planches. Vos obfervations fur le courant
des laves de Ville-Neuve-de-Berg, offrent un beau problême aux naturaliftes ; mais
j'ai vu avec plaifir que vous touchez au but pour l'explication des phénomenes.
La matiere calcaire étoit en effet dans un état de moleffe, lorfque la lave s'y eft
introduite, & l'on doit regarder ce volcan de Ville-Neuve, comme un volcan *fous-
marin*, qui a agi dès le temps que les bancs calcaires fe font formés; & à l'égard des
morceaux calcaires qui fe trouvent dans la lave, on peut croire qu'ils y ont été
dépofés par l'infiltration de l'eau dans les cavités & bourfoufflures de l'intérieur de
ces laves : tout cela s'accorde avec la bonne théorie, & vous êtes, Monfieur, plus
en état que perfonne, de faifir tous les rapports particuliers qui confirment les
rapports généraux de cette théorie. J'ai l'honneur de vous envoyer les feuilles
imprimées de ce que j'ai écrit fur les volcans, à la fuite d'un traité qui a pour
titre, *des Epoques de la Nature* : ce volume qui fera le cinquieme de mes fupplé-
mens à l'hiftoire naturelle, auroit paru depuis plus de fix mois, fi la gravure d'une
carte géographique très-importante, n'eût pas retardé la publication qui ne fera que
pour le mois de novembre. Je refte à Montbard jufqu'à la Touffaint, & vous me ferez
honneur & un véritable plaifir fi vous voulez bien vous y arrêter à votre retour
de Paris : je ferai enchanté de vous renouveller les fentimens de la véritable eftime
& du refpectueux attachement avec lequel j'ai l'honneur d'être, Monfieur, votre
très-humble & très-obéiffant ferviteur. Le COMTE DE BUFFON.

*LETTRE de M. FAUJAS DE SAINT-FOND à M. PASUMOT,
de l'Académie de Dijon.*

Grenoble, ce 5 août 1778.

M. DE ROMÉ DELISLE, Monfieur, vient de me faire des complimens de votre
part, dans la derniere lettre qu'il m'a fait l'honneur de m'écrire, je fuis très-fenfible
aux marques de votre fouvenir, & j'apprends avec plaifir que vous êtes à Paris ;
je m'en étois plufieurs fois informé, étant dans l'intention, depuis long-temps, de
vous écrire au fujet de votre differtation fur la *zéolite* que j'ai fait inférer avec votre
agrément, dans mon ouvrage fur les volcans.

J'ai fait imprimer mes recherches fur le même objet, à côté de votre favant mémoire, & j'ai eu attention de faire mettre au bas de ce dernier, qu'ayant été lu à
l'académie des fciences, MM. d'Aubenton & Sage qui en avoient été les commiffaires, avoient regardé vos obfervations comme neuves, dans leur rapport du 31
juillet 1776 ; c'eft dans le manufcrit que vous aviez eu la bonté de me confier, que
j'avois lu ces derniers détails ; cependant, Monfieur, je ne fus pas peu furpris, en
recevant de Paris les derniers volumes des mémoires de l'académie des fciences,
d'y trouver un mémoire de M. Defmareft, qui a pour titre : *Mémoire fur les bafaltes,
troifieme partie où l'on traite du bafalte des anciens, &c.* Je vis, en examinant cette differtation lue à l'académie par M. Defmareft, le 11 mai 1771, qu'il y eft fouvent fait
mention de la *zéolite* que non-feulement cet académicien dit avoir reconnue & trouvée
en Auvergne, mais même en Italie. Or, votre mémoire étant poftérieur de plus de
quatre ans à celui de M. Defmareft, je ne puis abfolument pas concevoir comment
MM. les commiffaires de l'académie ont pu regarder vos obfervations comme neuves.

Je vous demande bien des pardons de ma franchife, mais me faifant un devoir de
rendre juftice à qui elle eft due, & ayant avancé moi-même d'après vous, que MM.
d'Aubenton & Sage reconnoiffoient votre découverte comme nouvelle, je fuis finguliérement embarraffé, trouvant un titre refpectable & authentique, antérieur de
beaucoup au vôtre.

D'un autre côté il me fut écrit de Paris, dans le temps où mon mémoire fur la
zéolite fut lu à l'académie des fciences, c'eft-à-dire, quelque temps après le vôtre,
que M. Defmareft, & même M. Guettard nioient l'exiftence de la *zéolite* dans le
bafalte du Vivarais, & qu'il fallut les en convaincre en foumettant cette *zéolite* à
l'action de l'acide nitreux ; mais comme j'ai pu avoir été mal informé, je ne dois me

permettre aucune réflexion à ce fujet; vous feul, Monfieur, qui êtes fur les lieux, pouvez mieux qu'un autre me donner des détails circonftanciés au fujet des véritables époques & des dates de votre mémoire, & m'apprendre en même-temps d'où peut naître cette étonnante contradiction; car enfin je vois d'une maniere claire & diftincte dans le fecond volume de l'académie des fciences pour l'année 1773, le mémoire de M. Defmareft fur le bafalte, où il fait fouvent mention de la zéolite, & je trouve en marge de la premiere page de ce mémoire, qu'il fût lu *le 11 mai 1771.* Il eft vrai que ce dernier volume de mémoire de l'académie *pour* 1773, n'a été imprimé que vers *la fin de* 1777; l'époque de la lecture de la differtation de M. Defmareft eft donc, je le répete, antérieure fuivant ce compte, de plufieurs années à la vôtre.

Il eft vrai que je trouve un titre qui militeroit fortement en votre faveur, fi les dates y étoient annoncées; c'eft dans le journal de M. l'abbé Rozier, du mois de janvier dernier (1778) où je trouve une piece intitulée : *Rapport fait à l'académie royale des fciences , par MM. d'Aubenton & Sage , nommés commiffaires pour examiner un mémoire de M. Pafumot fur la zéolite;* mais cette piece fe trouve, je ne fais pourquoi, fans date.

Enfin, Monfieur, ne voulant faire que ce qui pourra vous être agréable, auffi bien qu'à M. Defmareft dont j'honore & dont je refpecte les connoiffances , je vous prie de vouloir me répondre fur tous ces objets, & me permettre de faire ufage de votre lettre; je me ferois fait un devoir & un plaifir de m'adreffer en même-temps à M. Defmareft, fi je n'avois pas en mon pouvoir le dernier volume de l'académie des fciences, qui parle en fa faveur.

Comme l'impreffion de mon ouvrage eft fur fa fin, & que je ne la terminerai pas fans avoir reçu votre lettre, vous m'obligerez de me faire l'honneur de me répondre, dès que vos premiers momens vous le permettront. J'ai l'honneur d'être, &c.

RÉPONSE de M. PASUMOT à M. FAUJAS DE SAINT-FOND.

Paris, 14 août 1778.

JE vous remercie, Monfieur, de m'avoir donné de vos nouvelles, & de tout tout ce que vous avez bien voulu me mander.

Afin de pouvoir diffiper vos incertitudes au fujet de ma découverte fur l'exiftence de la zéolite parmi les matieres volcanifées, j'ai lu dans le volume des mémoires de l'académie royale des fciences de 1773, le mémoire de M. Defmareft, qui a pour titre, *Mémoire fur le Bafalte, troifieme Partie* &c. J'ai vu que l'auteur y fait beaucoup mention de la zéolite; qu'il dit l'avoir reconnue brute dans les fchorls en grandes maffes du bas Limoufin; qu'il l'a retrouvée en Auvergne & en Italie parmi les matériaux volcanifés ; & enfin, que ce mémoire porte à la marge de la premiere page, qu'il a été lu le 11 mai 1771.

Il eft aifé de voir que tout ce que ce mémoire contient de relatif à la zéolite, n'y a été inféré qu'après coup en 1777, lors de l'impreffion. Je fuis perfuadé que le terme *zéolite* n'étoit pas feulement une fois dans le mémoire original, tel qu'il a été lu en 1771 : toute ame honnête dira qu'il convenoit que l'auteur averti de fes additions , & qu'il imitât le bel exemple de M. Leroy, dans la note à la fin de fon mémoire, même volume , page 686 ; mais ne pas avertir, c'eft être le geai de la fable, en voulant fe parer d'une découverte qui appartient à un autre.

Il eft de fait que l'académie royale des fciences, lorfque je lus mon mémoire fur la zéolite, le famedi 15 juin 1776, n'avoit aucune connoiffance pofitive que la zéolite exiftât parmi les productions des volcans. Si M. Defmareft en eût parlé en 1771, on n'auroit pas manqué de me dire que je ne difois rien de neuf; mais non feulement perfonne ne m'a fait cette objection, mais au contraire l'académie a jugé avec MM. d'Aubenton & Sage, par leur rapport en date du 31 juillet même année, que mes obfervations étoient *neuves & intéreffantes, & que mon mémoire avoit paru propre à être imprimé parmi ceux des favans étrangers.*

Voilà déjà une preuve formelle que ce que M. Defmareft a dit de la zéolite dans fon mémoire, n'avoit point été dit en 1771 : voici quelques détails.

Je faifois fort peu myftere de mes obfervations fur la zéolite. Avant d'en faire part à l'académie, je les avois communiquées à MM. d'Aubenton & Sage. Le premier m'engagea à lire mon mémoire à l'académie plutôt que plus tard, en me difant

qu'il pourroit venir quelqu'un qui en ne parlant que d'après moi, prétendroit m'avoir devancé.
Tous deux trouverent, comme ils l'ont dit dans leur rapport, que mes obfervations étoient *neuves*; & comme l'un & l'autre avoient eu la bonté de me communiquer des morceaux de zéolite qui m'ont fervi de preuve, ils auroient jugé tout autrement de mes obfervations, fi M. Defmareft eût fait part à l'académie en 1771, de ce qui a été inféré dans fon mémoire en 1777.

Mais voici, Monfieur, quelque chofe de plus fort, c'eft que M. Defmareft n'a connu que par moi que la zéolite fe trouve parmi les matieres volcaniques. Je fis cette découverte en 1775. La précieufe collection de M. le préfident Ogier étoit alors en ma difpofition. Je communiquai mes idées à M. Defmareft, ainfi que je l'ai dit dans mon mémoire, en lui faifant comparer les gangues des zéolites de Fœroë & d'Iflande, avec les terres volcanifées que nous venions d'obferver tout récemment en Auvergne. Nous avions fait enfemble un dernier voyage dans cette province en 1773, & M. Defmareft ignoroit fi bien ce que je lui communiquai en en 1775, que dans ce dernier voyage, dont l'objet étoit de reconnoître d'une façon plus précife, plufieurs objets volcanifés, nous ne fîmes ni l'un ni l'autre aucune recherche quelconque, relative à la zéolite, quoique j'euffe montré à M. Defmareft une matiere zéolitefe que ni lui ni moi ne connoiffions alors.

M. Defmareft, flatté de ma découverte en 1775, me recommanda de ne rien dire, à caufe d'un rapport qu'il devoit faire du mémoire de M. le baron de Dietricht fur les matériaux volcanifés des bords du Rhin en Souabe.

Je gardai le fecret, parce que je voulois avoir des expériences qui miffent la chofe tout fon jour, de maniere à ne pouvoir effuyer aucune contradiction. Les expériences ayant été faites & ayant acquis les preuves complettes, toujours en 1775, je rédigeai mes obfervations. Je voulus les communiquer à M. Defmareft; il y avoit alors chez lui deux témoins, l'un eft M. Dufourny de Villiers, de la fociété libre d'émulation, l'autre eft M. Barbolain qui étudioit la chymie & l'hiftoire naturelle. A peine eus-je lu le quart de ce que j'avois écrit que M. Defmareft s'éleva en ne voulant pas accorder qu'une lave de Fœroë que je lui montrois, contînt la zéolite : . . . . . & je ceffai ma lecture.

D'après ces faits, M. Defmareft n'avoit donc pas encore reconnu en 1775, la zéolite, ni en Italie, ni en Auvergne, puifqu'il me difputa l'exiftence de la zéolite dans ma lave de Fœroë.

Après avoir lu mes obfervations à l'académie, & après le rapport de MM. d'Aubenton & Sage, je communiquai à plufieurs favans diftingués, mon mémoire avec la collection des minéraux qui fervent de preuves. M. le duc de la Rochefoucauld trouva que l'objet étoit neuf & prouvé. MM. d'Arcet & Rouelle en penferent de même. M. d'Arcet ne tarda pas à me citer, dans fon cours de chymie au college royal, comme auteur de la découverte; quelques-uns de fes auditeurs vinrent voir mes minéraux; & enfin M. d'Aubenton ajouta à l'étiquette d'une lave du cabinet du jardin du roi, venue de l'ifle Bourbon, dans la collection de M. Commerfon, qu'elle contient de la zéolite.

Toutes les perfonnes que je viens de citer connoiffent toutes M. Defmareft, la plupart ont même avec lui des liaifons particulieres. Comment feroit-il arrivé que tous, d'accord avec l'académie, euffent regardé mes obfervations comme neuves en 1776, fi M. Defmareft eût communiqué à l'académie en 1771, quelque obfervation fur la zéolite, telle que celle qu'on lit dans fon mémoire imprimé en 1777? Cette queftion n'eft pas difficile à réfoudre.

Mais voici encore un autre fait qui vous eft relatif : peu après que j'eus lu mon mémoire à l'académie, lorfque votre collection volcanifée du Vivarais lui fût préfentée, M. Defmareft, ainfi que M. Guettard, difputerent l'exiftence de la zéolite dans vos bafaltes. Ce fait eft connu; il fallut l'expérience pour convaincre ces deux académiciens. Sur l'affertion univerfelle que je vous avois précédé dans cette découverte, vous avez été convaincu, relativement à moi; mais perfonne à ce que je penfe, ne s'eft avifé de vous dire que M. Defmareft fût le premier auteur des obfervations.

Il eft aifé de conclure de cette reunion de faits que M. Defmareft n'avoit rien dit de la zéolite dans fon mémoire en 1771, mais indépendamment des faits acceffoires, l'académie a jugé en 1776, par le rapport de fes commiffaires, que mes
obfervations

observations étoient *neuves*. Ce jugement académique me donne donc antériorité de date & de découverte sur M. Desmarest. Pourroit-il dire qu'il n'en avoit pas connoissance ? il est vrai qu'il n'étoit pas à la séance académique, lorsque j'y fis lecture de mes observations ; mais il est vrai aussi que M. d'Aubenton différa de signer le rapport, jusqu'à ce qu'il eût communiqué mon mémoire à M. Desmarest.

C'est donc à tort & avec connoissance de cause, que M. Desmarest a inféré en 1777, ses assertions sur la zéolite, sans avertir que c'étoit une addition faite à ce qu'il avoit lu à l'académie en 1771. Cette addition n'a pu être faite du consentement de l'académie ; elle se seroit compromise elle-même ; mais l'auteur n'a pas pensé qu'il la compromettoit en la mettant en contradiction avec elle - même. Cette savante compagnie sera sans doute étonnée de cette hardiesse téméraire.

De plus encore , le rapport de MM. d'Aubenton & Sage ayant été imprimé dans le journal de physique du mois de janvier de cette année, si M. Desmarest eût eu l'antériorité, il auroit dû s'inscrire contre ce rapport, & son silence est une preuve formelle contre lui.

Il est vrai que M. Desmarest, après avoir mis pour la première fois le mot *zéolite*, page 609, a ajouté au bas de la page la note suivante : » j'ai mis en digestion avec » l'acide nitreux la substance blanchâtre qui sert de base au basalte noir, & elle » m'a donné une gelée ; il ne s'en est dissous que les parties d'un blanc terne, sem- » blable à la base du lapis. J'ai déjà rappellé cette expérience dans la seconde » partie de ce mémoire ».

Cette note est sûrement fort adroite, elle induit à penser que M. Desmarest a connu l'existence de la zéolite dans les schorls, lors de l'impression de la seconde partie du mémoire en 1774 ; mais en y recourant on trouve en note, page 764, que M. Desmarest dit » qu'il a soumis les schorls & les gabbros aux épreuves (de l'eau forte » & de l'alkli fixe) que M. Wallerius indique .... qu'il connoît la partie soluble... » qu'elle ressemble, traitée seule, à la base du lapis & même à celle de l'alun ». Or, en 1774, M. Desmarest étoit sûrement fort éloigné de penser que la base du lapis eût quelque identité avec la zéolite ; il n'auroit pas manqué d'en avertir ; mais je laisse à faire des réflexions sur l'accord ou non accord de ces deux notes, relativement à la zéolite comme zéolite, & non pas comme ressemblant à quelqu'autre substance.

Il ne me reste plus, Monsieur, qu'à ajouter une observation pour terminer cette lettre.

Quoiqu'il paroisse d'abord que M. Desmarest ait voulu dire de la zéolite toute autre chose que ce que j'en ai dit dans mon mémoire, cependant il n'a réellement dit que ce que j'ai avancé avant lui.

J'ai dit que *je ne pensois pas que l'on dût ranger la zéolite parmi les productions des volcans*, & que je la regardois *comme une réproduction de la décomposition d'une terre volcanisée* ; c'est précisément ce qu'a dit M. Desmarest. Que l'on analyse scrupuleusement son mémoire , après avoir vu qu'ayant dit, page 639, que » les substances » calcaires & les zéolites dans les laves ou terres cuites, doivent leur origine aux » matieres premieres des laves altérées le moins qu'il est possible » ; on conclura comme lui, page 670, » que le feu ayant divisé & dispersé les principes de la zéolite » au milieu des laves, ils ont été ou enveloppés par ces laves , ou déposés à l'aide » du véhicule de l'eau, dans les fentes des laves , & infiltrés jusqu'à l'état calcé- » donieux.

Il est clair que les assertions de M. Desmarest ne font que redire ce que j'ai dit avant lui ; il est vrai que je n'ai pas parlé *d'infiltration jusqu'à l'état calcédonieux* ; mais j'ai fait mention d'un jaspe rouge qui a enveloppé la zéolite infiltrée par la dissolution martiale qui a coloré le jaspe.

Comme je ne crains point d'être démenti dans tout ce que j'ai avancé dans cette lettre, vous pouvez, Monsieur, en faire tel usage qu'il vous plaira.

Je vous prie d'être persuadé de tous les sentimens avec lesquels j'ai l'honneur d'être, Monsieur, votre très - humble & très - obéissant serviteur. PASUMOT , *ingénieur-géographe du roi , &c.*

LETTRE de M. OZY, chymifte de Clermont-Ferrand, à M. FAUJAS DE SAINT-FOND.

Clermont-Ferrand , ce 1ᵉʳ. novembre 1777.

M. vous me demandez une notice des auteurs qui ont vifité les premiers les volcans d'Auvergne, tout autre que moi ne fauroit mieux vous inftruire fur cet objet. Je fuis furpris que M. de Caffiny & M. le Monnier, qui en 1739 ou 1740, voyageant dans cette province, en filant la Méridienne depuis *Dunkerque* jufqu'à *Perpignan*, ne fe foient pas apperçus de ces anciens fourneaux ; je les accompagnai dans le temps au *Puy de Dome* & aux monts d'Or ; & fur cette route d'environ 8 lieues, on ne marche que fur les laves, les pouzzolanes, les rapilli, &c. On y rencontre un nombre confidérable de *crateres*, tellement qu'en 1751, étant avec M. de Malesherbes & M. Guettard fur les hauteurs de ces montagnes, nous comptâmes fur la même ligne 17 à 18 *crateres*. L'année avant, il me fut adreffé M. *Olzendorff*, anglais, & M. *Bowls*, irlandois, ces Meffieurs furent envoyés dans cette province pour examiner quelques mines de plomb. Nous montâmes enfemble au *Puy de Dome*, & ce fut là que j'appris pour la premiere fois à connoître les *crateres*, les laves, &c. car auparavant je n'étois pas plus inftruit fur cet objet que les autres habitans de cette province. Ce n'eft pas feulement dans les environs du *Puy de Dome* & des monts d'Or, qu'on trouve des volcans éteints ; les montagnes du *Cantal*, du côté de *Saint-Flour*, *Aurillac*, *Mauriac*, *Solers*, &c. quantité de montagnes ont brûlé. La *Faincafe*, carriere de Volvic à 3 lieues de *Clermont*, n'eft qu'une maffe de lave ; c'eft de ces carrieres d'où prefque toute la baffe Auvergne, & une bonne partie des habitans des montagnes des environs de *Clermont*, tirent la pierre de taille pour la conftruction des bâtimens. Dans la plaine aux environs de *Clermont*, depuis demi-lieue jufqu'à 3 & 4 lieues, on trouve des fources d'où découle, avec une eau falée, un bitume ou pifafphalte en quantité. Voilà, Monfieur, en abrégé tout ce que je puis vous dire fur les anciens volcans d'Auvergne. Je defire ardemment que ma narration vous foit de quelque utilité. Si vous defirez avoir quelqu'autre éclairciffement, faites-moi l'honneur de m'en inftruire, je ferai mon poffible pour vous fatisfaire, étant avec refpect, Monfieur, votre très-humble & obéiffant ferviteur, OZY, *penfionnaire du roi*.

LETTRE communiquée à M. DE LAMOIGNON DE MALESHERBES, par M. le docteur Ponchon de Roanne, pour la faire paffer à M. Faujas de Saint-Fond.

M. J'ai ramaffé il eft vrai quelques obfervations dans mes petits voyages de *Montbrifon*, *du Velay*, *de Pilat*, de la montagne de *Pierre-fur-Haute*, mais je ne les crois pas affez intéreffantes ni affez bien faites pour être communiquées ; ce font des chofes qu'il faut examiner plufieurs fois & fous différens points de vue, & malheureufement mes occupations ne m'ont pas encore permis de m'y livrer autant que je l'aurois defiré. Je vous tranfcrirai cependant quelques fragmens de mes mémoires, tels qu'ils font fans ordre ni netteté.

Je n'ai pas encore examiné les montagnes des environs de *Roanne*, je crois cependant que l'on découvriroit quelques traces de volcans éteints dans celles de la *Magdelaine*, qui font au couchant & à trois lieues de cette petite ville. Ces élévations qui font fuite à celles de *Pierre-fur-Haute*, font une ramification de la chaîne des *Cevenes* & du *Velay*, & courent en *Bourbonnois* où elles s'abaiffent & fe perdent. La riviere de *Renaifon* qui y prend fa fource, roule des granits, des porphires, des quartz, de la ferpentine & des poudingues qui font compofés de petits jafpes noirs, liés par un ciment ferrugineux que l'on prendroit pour une lave poudingue, telle qu'on en trouve dans le diocefe de *Béziers* en Languedoc, où il y a des traces de volcans inconteftables.

J'ai encore trouvé dans cette riviere, au deffus du pont des Planches dont vous connoiſſez la diſtance juſqu'à la Loire, des laves, mais je ne ſais encore ſi elles ont été dépoſées par ce fleuve, ou entraînées par le torrent. On peut préſumer que le lit de la Loire a éprouvé des changemens dans notre plaine, elle aura par conſé-quent laiſſé en différens endroits, des dépôts ſemblables à ceux qu'on trouve à préſent ſur ſes bords. Des obſervations faites en remontant la riviere de *Renaiſon*, donneront des éclairciſſemens ſur cet objet.

Je regarde cependant comme un indice de volcans, du ſable de fer natif que j'ai vu ſur ſes bords, rangé par ondulations, & que j'ai ramaſſé avec un aimant artificiel. Ce même ſable ſe trouve ordinairement près de Naples, en Sicile, dans l'iſle d'*Elbe*, dans l'iſle de *Fer* & dans le voiſinage des volcans. Il a beaucoup d'analogie avec une mine de fer cryſtaliſée que l'on trouve dans des fiſſures de la lave de Volvic en Auvergne, & dont je poſſede un échantillon qui m'a été envoyé de *Clermont* par M. de Sauſſure de Geneve.

Je pourrois encore ajouter en faveur de mon ſentiment, que les eaux chaudes de *Vichi* qui ſont au couchant & à trois lieues de ces montagnes, tirent peut-être leur origine de ce côté; c'eſt en quelque façon le ſeul qui domine ces fontaines.

Les volcans éteints bien caractériſés, dont je peux parler avec quelques certitu-des, ſont à ſept à huit lieues de *Roanne*, & environnent la ville de *Montbriſon*; ce ne ſont que de petits monticules diſperſés dans la plaine du Forez & dans les montagnes à l'oueſt de cette même plaine. Ceux de la montagne ont été percés & accumulés à travers des maſſes de granit & de rocher qui les environnent de toutes parts. On peut les regarder comme des ſoupiraux placés à l'extrêmité d'un foyer immenſe qui a embraſé quatre-vingt-dix lieues de pays, tant en *Auvergne* qu'en *Velay* & en *Vivarais*.

Le grand foyer commence à cinq lieues en deçà du *Puy*, & dans un grand eſpace de pays toute la ſurface de la terre a été calcinée ou vitrifiée; pluſieurs monta-gnes paroiſſent avoir été renverſées par des tremblemens de terre; on trouve à peine le granit & la roche qui forment la charpente de toutes les montagnes pri-mitives. On peut mettre dans cette claſſe toutes celles où le barometre ſe tient ordinairement à vingt-quatre pouces environ, telle que le *Méʒinc* ou *Méſenc*, la plus haute montagne du *Velay*, & dont la ſource de la Loire n'eſt éloignée que d'une lieue.

Les monticules du Forez ont cela de ſingulier, qu'ils ne montrent leurs laves que depuis leur ſommet juſqu'à leur baſe; au delà l'on n'en trouve preſque point. Ces ſubſtances ſont brunes & noirâtres & à peine poreuſes, d'autres laiſſent voir à découvert une maſſe adhérente de la même couleur & les mêmes acci-dens. On peut préſumer que ces petits volcans n'ont pas eu une grande activité ni aſſez de force pour lancer au loin leurs produits.

En parcourant ces bouches iſolées, on parvient à celle qui domine le village de *Sauvin*, où l'on voit les mêmes phénomenes, c'eſt la plus élevée de toutes. On apperçoit à demi-lieue de là le cru de *Pierre-ſur-Haute* bien plus élevé encore, & la plus haute montagne de notre province; on peut eſtimer ſon élévation à près de huit cents toiſes au deſſus du niveau de la mer. Sa cime eſt compoſée de pierres dé-tachées, de la nature du granit, que l'on prendroit au premier coup d'œil pour des ruines de quelque ancien édifice. Les pluies & les vents impétueux qui s'y font reſſentir n'ont pu être des agens aſſez forts pour dépouiller ainſi ces maſſes. On peut préſumer que les flots de la mer, dont on trouve encore par-tout des veſtiges, y ont encore plus concouru.

On y trouve des plantes alpines, telles que le *trifolium alpinum*, le *cacalia ſarra-cenica*, le *roſa alpina*, *ſtellaria nemorum*, *ſonchus alpinus*, *arnica montana*, *ophris nidus avis*, *ſatirium albidum*, *gentiana lutea*, &c. Je cite quelques plantes du chevalier Linné, ſeulement pour donner une idée de ſa hauteur.

La vue immenſe dont on jouit ſur cette montagne, embraſſe des objets aſſez va-riés, & le ſoleil levant embellit ce tableau; la ſurface d'une étendue de pays aſſez conſidérable, ſemble ſe réunir en un ſeul point; les ſens & l'imagination ſe repoſent agréablement ſur le *Puy de Dome*, le *mont d'Or* & le *Plomb de Cantal* qui ſont au cou-chant. Ces montagnes qui ne compoſoient qu'un groupe confus un inſtant aupara-vant, ſe détachent inſenſiblement à meſure que le ſoleil paroît ſur l'horiſon. En portant ſes regards au midi, on voit opérer les mêmes effets ſur les élévations qui couronnent en divers fens le *Velay* & le *Vivarais*. L'horizon fe prolonge au levant & l'enchantement augmente, quand le grand-jour développe les montagnes des *Alpes*, dont les cimes, toujours couvertes de neige, fe perdent dans la majefté de la nature. Au nord, la vue s'abaiffe & s'anéantit dans cette vafte plaine qui commence à peu de diftance & aboutit à l'océan. Il faut que le vent foit au midi pour jouir de ce beau fpectacle.

Le *mont d'Afore* & *mont Verdun* qui font dans le pays d'*Aftrée*, doivent leur exiftence à ces feux fouterreins. On ne fait dans quel temps les bergers du *Lignon* ont dû quitter fes bords avec effroi, aucune tradition ne parle de ces révolutions dans ce pays. Si l'on regarde la proximité de la mer comme une chofe néceffaire au feu des volcans, il eft à préfumer que les nôtres font éteints depuis bien long-temps. On connoît encore ceux de *Marcilli*, du *mont Supt*, de *Saint-Romain le Puy*, du mont *Simioure*, de *Sauvin*, dont on a déjà parlé, &c.

Le *Lignon*, la riviere de *Montbrifon*, de *Moings*, & d'autres petits torrens qui defcendent de la montagne, roulent des laves, mais elles font prefque toutes uniformes; l'on ne voit pas cette variété que l'on trouve dans le lit de la *Loire*. On ramaffe fur fes bords des ponces qui furnagent, des laves compactes, des laves avec des aiguilles de fchirl, avec de la fauffe cryfolite; d'autres ont des tâches blanches parfaitement rondes & de différentes grandeurs, &c. Toutes ces productions viennent du *Velay*.

On peut cependant regarder l'enfemble des petits volcans du *Forez* comme ifolé en apparence, ils ne communiquent pas à la furface de la terre par une traînée de matieres calcinées & vitrifiées, avec ceux du *Velay*, du *Vivarais* & de l'*Auvergne;* il y a des intervalles de plufieurs lieues qui les féparent, on peut croire cependant que leurs éruptions partoient toutes du même foyer. On a obfervé que, lors du tremblement de terre qui renverfa Lisbonne il y a plufieurs années, les eaux de *Bourbon*, l'*Archambaut* furent entiérement troublées. Une correfpondance auffi éloignée fait conjecturer que les foyers qui occafionnent ces différentes convulfions, font extrémement profonds, ainfi il ne doit pas paroître étonnant que l'on en fuppofe un feul pour ceux du *Forez*, de l'*Auvergne*, du *Velay* & du *Vivarais*, &c.

LETTRE de M. BERNARD, Adjoint à l'obfervatoire royal de la Marine à Marfeille, adreffée à M. FAUJAS DE SAINT-FOND.

Marfeille, 6 janvier 1778.

M. Comme on ne fait en Provence aucun ufage des granits que le regne minéral peut fournir, j'entrepris en 1775 de déterminer les différentes efpeces de terres de cette province, dans la vue de connoître principalement les avantages qui pourroient en réfulter pour l'agriculture. J'eus occafion, en faifant ces recherches, de découvrir parmi un affez grand nombre d'objets curieux & intéreffans pour les naturaliftes, des veftiges d'anciens volcans.

Ne vous attendez pas, Monfieur, à trouver dans mes defcriptions, rien de comparable aux cryftallifations merveilleufes que vous avez obfervées. Je n'ai point vu fur les flancs d'aucune de nos montagnes volcanifées, des torrens de lave; je n'y ai pas trouvé des pierres ponces, des bafaltes; mais quoiqu'elles ne réuniffent pas ces diverfes productions volcaniques, elles ne laiffent pas de préfenter quelques variétés intéreffantes.

VOLCAN D'OLLIOULES.

La montagne volcanifée qni eft voifine d'Ollioules, eft efcarpée du côté de l'oueft & du nord; mais de quelque côté qu'on y monte, ce n'eft que lorfqu'on eft parvenu jufqu'au fommet qu'on ceffe de voir des rochers & des terres calcaires. On trouve au haut de la montagne une plaine qui a un quart de lieue de longueur fur une largeur affez confidérable. Dans toute cette étendue on trouve les traces du plus actif de tous les élémens. Le fol eft uniquement formé des laves noires & compactes, quoique pleines de foufflures.

En vifitant cette montagne avec attention, on obferve que les bancs les plus élevés

élevés qui font face à l'oueft & au fud-oueft, font ceux fur lefquels l'action du feu a été vifiblement moins vive. Les foufflures y font peu fenfibles, la couleur n'en eft pas noire mais rougeâtre, & on y voit d'ailleurs un grand nombre de grains de quartz bien confervés.

On trouve vers le milieu des amas confidérables de fragmens plus ou moins gros de lave. On fe tromperoit fi on croyoit qu'ils ont été ainfi entaffés & difperfés par les agens de la nature. Ils ont été formés en travaillant des pierres meulieres qu'on a tiré de cette montagne, & dont on fait ufage dans un grand nombre de moulins à huile.

Les laves fur le refte de la montagne, ne préfentent pas beaucoup de variétés; elles font feulement plus ou moins noires, plus ou moins pleines de foufflures. On remarque dans quelques-unes des points luifans, qui ne font autre chofe qu'un verre noir [a]. Ce font les feules qui donnent des étincelles, & il faut encore, pour que cet effet ait lieu, que l'acier rencontre ces matieres vitrifiées. On obferve auffi fur un grand nombre de fragmens de lave, des morceaux de quartz bien confervés; il m'a paru conftamment qu'ils étoient moins altérés à proportion de leur groffeur. Les plus petits étoient friables, & tous n'avoient qu'une foible adhérence avec la lave.

La terre qu'on trouve fur la montagne a par-tout peu de profondeur; elle eft noire, légere & entiérement formée de détrimens de rochers volcanifés fur lefquels elle eft appuyée. On y voit des chênes, des pins, des ciftes, &c. & on y a même re-cueilli, il y a quelques années, de bonnes récoltes de froment.

On voit du côté du couchant, à trois ou quatre toifes feulement du fommet de la même montagne, l'ouverture d'une grotte très-profonde (car j'entendois pendant long-temps le bruit que produifoient des groffes pierres que j'y jetois); il me parut qu'elle avoit fa direction vers le centre de la montagne brûlée; mais malgré ces ap-parences, je n'oferois affurer que cette caverne foit une production du volcan, parce que les rochers qui en environnent l'ouverture font calcaires, & je n'ai pu déter-miner la nature de ceux qui font au deffous.

On obferve au pied de la montagne volcanifée d'*Ollioules*, une fource qui ne tarit jamais, & qui fournit, immédiatement après des pluies confidérables, une quantité d'eau prodigieufe. Comme les rochers qui forment la partie fupérieure de la mon-tagne, font féparés par des fentes extrêmement multipliées, il y a apparence que les eaux pluviales fe filtrent à travers ces fentes avec la plus grande facilité, & que c'eft de leur réunion que le torrent fe forme.

Le fommet de la montagne peut avoir une centaine de toifes d'élévation au deffus de l'endroit par lequel les eaux s'échappent, cela indique bien fenfiblement que l'épaiffeur des laves defcend jufqu'à cette profondeur, car fi les eaux pluviales trouvoient plutôt des bancs d'argilles ou de terre calcaire, elles paroîtroient fur une partie plus élevée de la montagne. Lorfque j'eus découvert ce volcan, je crus qu'on y trouveroit vraifemblablement des terres qu'on pourroit fubftituer aux pouzzola-nes qu'on apporte de l'Italie. Comme cette montagne n'eft éloignée de Toulon que d'une petite lieue, les voitures pourroient y faire aifément quatre voyages tous les jours. Si on y trouvoit de la pouzzolane, cette matiere coûteroit fort peu au roi & aux particuliers qui feroient dans le cas d'en faire ufage; mais les recherches & les épreuves fuffifantes ne fe feront jamais, à moins que le roi n'en faffe les frais.

VOLCANS D'EVENOS ET DE BROUSSAN.

L'orfqu'on eft entiérement forti des *Vaulx d'Ollioules* [b], & qu'on fe trouve vis-à-vis d'*Evenos*, on obferve des rochers d'un poudingue blanchâtre, principalement formés de grains de quartz fort petits. Ces bancs ne font point divifés par lits, ils font placés dans une direction parallele à des montagnes calcaires qui en font voifines; on remarque fur tous ces bancs à différentes hauteurs, des efpeces de niches qu'on croiroit avoir été faites par la main des hommes; il y en a même quelques-uns qui font percés à jour. Toutes ces apparences ne furprennent point, lorfqu'on

---

[a] C'eft le fchorl noir que M. Bernard a voulu dé-figner par là.

[b] Les vaulx d'Ollioules font une efpece de détroit fort refferré, qui conduit d'Ollioules à Toulon, par-mi des rochers calcaires, taillés à pics, fort élevés, qui font un effet très-pittorefque.

fait que ce poudingue eft fort tendre. Le gluten qui en lie les parties eft craieux, & l'humidité de l'air l'altere & le décompofe.

J'ai obfervé, quoique rarement, des bancs de poudingue dont les élémens étoient fortement liés les uns aux autres, & fur lefquels les acides n'avoient aucune action.

On peut divifer en trois bandes les montagnes d'*Evenos*; le poudingue quartzeux forme la plus baffe, & on ne l'obferve dans une étendue confidérable que du côté du nord. La divifion moyenne eft couverte de rochers & de pierres calcaires; on voit feulement vers l'oueft quelques bancs d'une pierre marneufe qui fufe à l'air, des rochers de grès avec des veines de filex. La partie la plus élevée ne préfente enfin que des rochers brûlés.

Lorfque j'eus trouvé dans la vallée des bancs de pierre vitrifiable, je n'eus aucun doute fur l'origine des pierres volcanifées. Je me hâtai d'aller obferver le haut de la montagne; j'efpérois que les blocs les plus gros feroient moins altérés, & que la pierre primitive pourroit s'y reconnoître encore; mes conjectures devinrent bientôt des démonftrations. Je remarquai fur un grand nombre de blocs, & principalement fur les rochers fur lefquels le village eft bâti, des morceaux de quartz plus ou moins alterés, mais toujours reconnoiffables; je fuis perfuadé que j'en aurois trouvé plus fouvent, fi le poudingue dont j'ai déjà parlé, & qui eft vifiblement la pierre primitive, n'eût pas été principalement formé de petits grains quartzeux. Je penfe encore que la craie qui les environnoit leur a fervi de fondant a.

Le village d'*Evenos* eft entiérement bâti fur des rochers volcanifés. La partie la plus élevée de la montagne, du côté du nord, ne préfente que des pierres de même nature dans une étendue de plus d'une demi-lieue de longueur fur une largeur affez confidérable.

J'ai obfervé à *Evenos* des morceaux de verre noir affez gros dans plufieurs blocs de lave; j'ai vu auffi du fpath qui y étoit adhérent; mais c'étoit fur des pierres qui fervoient au bas de la montagne à foutenir des terres calcaires.

On voit fur les flancs de la montagne d'*Evenos*, du côté de l'oueft & de l'eft, plufieurs fontaines qui ne tariffent jamais, du moins je les ai vues couler au temps des plus grandes chaleurs; elles ont leur iffue fur des rochers calcaires ou fur des rochers de grès qui n'ont point été altérés par le feu. Comme ces fources font fituées à une partie affez élevée de la montagne, elles font propres à indiquer la plus grande profondeur où l'on trouveroit des laves. Ces eaux font excellentes, & elles ne font chargées, ni de parties fulphureufes, ni de parties bitumineufes.

Les terres qui fervent à la végétation & qui font appuyées fur des rochers volcanifés, n'étant point dominées par les montagnes calcaires voifines, ne peuvent être que des détrimens plus ou moins atténués des laves; les oliviers & la vigne y réuffiffent pourtant auffi bien que dans d'autres terreins plus compactes. Je pris au hafard une certaine quantité de cette terre noire, dans un champ où on avoit femé avec fuccès du froment, elle ne fit point d'effervefcence avec l'eau forte; je détrempai auffi de cette terre noire dans de l'eau, & j'effayai de la pétrir pour en féparer les parties les plus fines & en connoître la nature; l'eau occafionna une adhérence affez foible qui fut détruite lorfque cette terre fut féchée de nouveau au foleil; j'en mis une petite pincée fur le porte-objet du microfcope, mais je ne remarquai point de différence entre les molécules les plus fines de cette terre, & la pouffiere qu'on forme en pulvérifant des pierres brûlées.

Lorfqu'on defcend de la montagne d'*Evenos* pour aller à *Brouffan*, on rencontre bientôt des roches & des terres calcaires; mais la montagne qui eft vis-à-vis de ce village du côté de l'eft, eft encore couronnée de rochers volcanifés dans une étendue de plus de demi-lieue. Ce qui eft fort curieux, c'eft que ces laves tiennent à un banc fort étendu de la même efpece de poudingue dont j'ai déjà parlé. On peut y remarquer les différens degrés de l'action du feu.

On trouve au voifinage des rochers de ce genre qui ont été refpectés par les feux fouterreins, des maffes confidérables de matieres métalliques fondues qui comprennent quelquefois des morceaux de quartz; le fer eft le métal qui paroît

---

b M. Bernard a été trompé ici par les apparences; les laves d'*Evenos* que j'ai examinées moi-même fur les lieux, contiennent à la vérité des quartz & même des nœuds de fpath calcaire, mais cela ne prouve rien fur leur origine primitive; tout ce qu'on en peut conclure, c'eft que ce font des laves qui ont faifi des corps étrangers.

s'y trouvér en plus grande quantité ; mais l'intérieur des foufflures de ces laves eft coloré très-fouvent de verd-de-gris a , ce qui annonce la préfence du cuivre que l'acide a développé poftérieurement.

L'infpection des lieux ne permet gueres de croire que les rochers volcanifés d'*Evenos*, &c. aient jamais fubi, à la partie fupérieure de ces montagnes, une fufion fuffifante pour couler. Leur élévation au deffus du terrein, la forme qu'ils ont, & la conformité qui fe trouve entre ceux qui ont été plus expofés à l'action du feu, & ceux qui n'ont fubi que des altérations affez foibles, ne peuvent laiffer aucun doute là-deffus. Il paroît que les feux fouterreins ont agi prefque par-tout avec une force égale à la partie fupérieure de ces montagnes; leur action a été feulement plus foible vers les bords, ce qui eft fort aifé à concevoir b.

Il paroît certain encore que ces volcans n'exiftoient pas avant le temps où la mer a couvert & formé les montagnes voifines. Comme elles font calcaires & plus élevées, il auroit été impoffible dans ce cas, que les laves fuffent reftées pures, & qu'on n'y pût pas reconnoître aucun mélange de matieres crétacées.

Il eft vraifemblable que c'eft uniquement à des pyrites enflamés que ces différens volcans ont dû leur origine. On en trouve abondamment à *Ollioules*, qui tiennent du cuivre & du fer, & autant que j'ai pu juger, les laves métalliques de *Brouffan* étoient primitivement de même nature ; les pyrites font encore très-communs au voifinage des bancs de poudingue qui s'étendent du côté du *Bauffet*.

Les Bancs de poudingue qu'on voit à *Brouffan*, continuent de paroître fur les flancs des montagnes calcaires qui s'étendent vers l'eft, & ils ne fe terminent qu'au village de *Turris*; mais dans cet efpace on trouve encore une montagne brûlée, où l'on peut faire les mêmes obfervations qu'à *Evenos*, &c. Un chartreux me dit qu'on y avoit pris des laves pour revêtir l'intérieur du four de *Montrieu*.

VOLCANS DE LAVERNE ET DE COGOLIN.

J'ai auffi trouvé dans les Maures c près de *Cogolin*, quatre montagnes volcanifées. La plus élevée eft celle de la *Magdelaine* ; on y trouve des laves fort poreufes; mais il eft très-rare qu'on y trouve des points vitrifiés comme à *Evenos*. Auffi tente-t-on inutilement d'en tirer des étincelles avec l'acier. Le rocher qui eft le plus élevé, conferve encore fa premiere fituation ; il a été beaucoup moins altéré par le feu que ceux qui l'environnent du côté de l'eft. La pierre primitive n'y eft pas pourtant reconnoiffable ; fa couleur eft grifâtre; les foufflures qu'on y voit font petites & peu multipliées; on y remarque encore des petites lames brillantes qui ne font autre chofe que du talc. Les rochers voifins qui n'ont pas été attaqués par le feu, font formés d'un fchifte talqueux, avec des veines très-multipliées de quartz.

Les trois autres montagnes volcanifées font plus près de *Cogolin*, & elles ne font pas beaucoup éloignées l'une de l'autre; on y trouve auffi des laves fort poreufes, & dans quelques-unes on obferve des morceaux de quartz bien confervés. On trouve près des laves, des fchiftes talqueux, des granits groffiers & du grès rougeâtre.

J'ai trouvé à *Frejus* des pierres volcanifées, employées dans les anciens édifices que les Romains y avoient conftruits. Je fuis très-porté à croire qu'il exifte quelque volcan au nord de cette ville; mes occupations ne m'ont pas permis encore d'en faire la recherche : j'ai reçu des pierres volcanifées qu'on me difoit avoir été prifes au deffus de *Colmars* dans la haute Provence, mais je n'ai pu encore vérifier moi-même l'exiftence du volcan qui doit s'y trouver. Une perfonne inftruite dans la minéralogie, a dit au pere Papon qu'il exiftoit un volcan éteint au voifinage d'*Eguieres*.

Vous trouverez dans le journal de phyfique la defcription du volcan de *Beaulieu*, découvert par M. Groffon de l'académie de Marfeille. Voilà, Monfieur, la notice

---

a Comme je n'ai point vu ces laves avec une rouille verte cuivreufe , je ne puis rien dire à ce fujet , la chofe me paroît même fort extraordinaire ; j'ai prié M. Bernard de m'en envoyer quelques échantillons.

b Les laves d'*Evenos* n'ont point été fondues en place, & ont coulé comme toutes les autres laves ;

les anciens volcans ont fubi des révolutions qui nous empêchent de reconnoître les traces des courans.

c On a donné ce nom à une chaine confidérable de montagnes fchifteufes , qui occupent la partie orientale de la Provence, & que les Maures habitoient autrefois.

de toutes les montagnes volcanifées qui foient peut-être en Provence; vous en ferez l'ufage que voudrez; il eût été avantageux que vous les euffiez parcourues vous-même. La multitude d'objets pareils que vous avez vus, auroient infailliblement donné lieu à des obfervations qui ont dû néceffairement échapper à un fimple amateur. J'ai l'honneur d'être, Monfieur, votre très-humble & très-obéiffant ferviteur. BERNARD, *adjoint à l'obfervatoire royal de la marine.*

LETTRES de M. le Chevalier DEODAT DE DOLOMIEU, à M. FAUJAS DE SAINT-FOND.

Lisbonne, ce 24 mars 1778.

Quoique je fois en Portugal depuis près de deux mois, Monfieur, je n'ai point pu vous écrire plutôt; j'ai voulu étudier Lisbonne & fes environs, pour vous donner des détails qui puffent vous intéreffer; j'ai cherché à raffembler quelques faits nouveaux qui vous fuffent utiles, & à les conftater par des obfervations fuivies: mais quelques foins que je me fois donnés, je n'ai encore que des apperçus, & je n'ai rien trouvé qui par fon évidence, puiffe frapper un public non prévenu: cependant, pour ne pas me priver plus long-temps du plaifir de m'entretenir avec vous, je vais vous faire part de ce que j'ai obfervé *tel quel.*

Si la préfence du bafalte ou *lapis corneus* de Vallerius, fuffifoit feule pour conftater la préfence d'un ancien volcan, je n'héfiterois pas à dire que tous les environs de Lisbonne ont été bouleverfés par des feux fouterrains; que des volcans ont brûlé pendant une longue fuite de fiecle, dans l'endroit même où la ville de Lisbonne eft bâtie; & alors je pourrois aifément faire un fyftême, trouver les caufes des tremblemens de terre qui ont renverfé la ville à différentes époques, &c. mais je ne fais pas fi une opinion qui a pour moi un degré de certitude fuffifant, pourroit fatisfaire le public à qui je ne crois pas pouvoir préfenter des preuves fuffifantes pour entraîner fon fuffrage. Vous, Monfieur, qui depuis long-temps, & avec de meilleurs yeux que moi, étudiez la nature, & qui êtes fur-tout accoutumé à l'obferver dans les phénomenes volcaniques; vous pourrez affirmer ou détruire ce que j'ai cru entrevoir, & je me foumets entièrement à votre décifion.

Mon premier foin, en arrivant à Lisbonne, a été d'examiner la nature des pierres dont la ville eft bâtie & pavée, & j'ai été frappé de la quantité immenfe de pierres noires, très-dures, renfermant des parties brillantes & vitreufes, que je rencontrois dans tous les pavés & dans les murs. Je crus & reconnoître le bafalte que je regardois, d'après ce que vous m'aviez dit, comme un produit certain du feu; & je me flattois déjà de trouver dans les environs de Lisbonne, des volcans bien caractérifés qui pourroient augmenter le nombre de ceux que vous avez auffi bien décrits qu'obfervés. Je m'imaginois trouver des montagnes ifolées & coniques, qui à leur fommet auroient un cratere, & à leur bafe des colonnes prifmatiques de bafalte; en un mot je croyois déjà que le Portugal me fourniroit des faits auffi intéreffans que ceux dont vous avez enrichi l'hiftoire naturelle: au lieu de cela, Monfieur, quand j'ai été rechercher les carrieres d'où l'on tiroit cette pierre bafaltique qui m'avoit donné ces grandes efpérances, je n'ai rien trouvé que d'équivoque.

La ville de Lisbonne eft bâtie fur différentes collines peu élevées, dont les unes font de pierres calcaires, & les autres de pierres noires vitrifiables. Ces collines qui n'ont point de forme déterminée, & qui peuvent avoir perdu ce qui devoit les caractérifer, par les différentes révolutions qu'a effuyé la ville, ne me fourniffant pas un point fixe d'obfervation, j'ai cherché dans les environs des montagnes de même nature, & qui euffent confervé leur caractere primitif: entre plufieurs autres, je vais vous décrire celle qui eft la plus frappante; elle eft à une demi-lieue à l'oueft de Lisbonne, au delà de la petite riviere d'*Alcantara*; & elle fait partie de la montagne de la *Juda*, fur laquelle eft fitué le palais de *Belem*. Sa bafe qui eft baignée par la riviere d'*Alcantara*, eft de pierres calcaires à couches horizontales. Lorfqu'on s'éleve un peu fur fa croupe, on voit que le terrein change de nature, au lieu d'une terre maigre & blanchâtre, on trouve une argille rouge très-tenace. On voit à la furface une grande quantité de pierres noires en maffes plus ou moins groffes, jetées fans aucun ordre. En montant, la pente devient plus roide, la quantité

tité des pierres noires augmenta, mais celles-ci font plus petites, poreufes à leur furface , quoique dans l'intérieur elles foient abfolument compactes. En approchant des différens fommets de la montagne, on voit la furface entiérement couverte de ces pierres. Cette montagne qui eft la plus haute de toute cette partie, eft terminée par plufieurs pointes qui font à différente hauteur, & au milieu defquelles il y a une efpece de petite plaine ; ces fommets font ériffés de maffes confidérables de pierres noires, très-compactes, qui fans avoir de forme déterminée, femblent cependant tenir à un gros maffif de rocher folide qui doit former le noyaux de la montagne.

Cette montagne eft grouppée avec plufieurs autres un peu moins élevées qu'elle, & de différente nature; celle du nord n'en eft féparée que par un petit ravin qui, fillonnant feulement fur leur croupe, fait le point exact de démarcation. Cette feconde montagne, qui eft unie exactement à la premiere, & qui femble faire par fa bafe un même maffif, eft entiérement formée de pierres calcaires à couches horizontales & paralleles, de façon qu'en defcendant le ravin on voit à gauche une pierre blanche calcaire, d'un arrangement fymmétrique, & à droite une pierre noire vitrifiable en groffes maffes informes. Une autre fingularité remarquable, eft que la montagne calcaire n'eft point cultivée, qu'elle eft prefque entiérement ftérile, & n'eft recouverte que d'une petite quantité de terre maigre, nullement propre à la végétation, au lieu que la montagne bafaltique eft très-fertile, cultivée jufqu'à fon fommet, & que du milieu des pierres noires qui la couvrent, on voit fortir du froment qui a la plus grande force végétative. Le fol de celle-ci eft une argile rouge ferrugineufe, formée par la décompofition du rocher.

Au fud-oueft de la montagne bafaltique font plufieurs autres de même nature qu'elle, & qui forment une fuite de coteaux qui accompagnent la rive droite du Tage jufqu'à la mer.

Cette même pierre fe trouve dans d'autres collines au nord-oueft de Lisbonne, & la terre qui la recouvre eft toujours d'une grande fertilité ; mais au nord & nord-eft de la ville, jufqu'à la riviere de Sacaven, on ne voit plus que des pierres calcaires, mêlées de corps & coquillages marins pétrifiés. Il femble donc que cette pierre bafaltique eft cantonnée entre la pointe du fort Saint-Julien, & la ville de Lisbonne qui eft à quatre lieues au deffous, & qu'elle fe trouve dans des collines particulieres qui font mêlées avec d'autres collines calcaires ; elle touche quelquefois à la pierre calcaire, mais fans jamais y être mêlée, & fi on en trouve quelques morceaux confondus enfemble, ils ont été apportés par les hommes ou entraînés par les eaux. J'ai l'honneur d'être, &c.

SECONDE LETTRE.

Lisbonne, 6 janvier 1778.

JE m'apperçois, Monfieur, que je vous ai beaucoup parlé de cette pierre bafaltique, fans vous l'avoir encore décrite exactement. Elle eft de couleur brune noirâtre, plus ou moins foncée, pefante, très-dure & compacte, faifant un peu de feu avec le briquet, fufceptible de poli; elle fe rompt ou par éclats comme le filex, ou en morceaux indéterminés; quelquefois elle eft un peu luifante dans fa fracture, comme fi elle étoit formée de petites écailles, & alors elle eft parfaitement compacte & homogene; dans d'autres morceaux, elle a le grain plus fin, & contient une grande quantité de parties vitreufes demi-tranfparantes, femblables à des grenats & à ces cryftaux que contiennent les laves du Véfuve. Cette pierre fe décompofe à l'air & forme une argile rouge ferrugineufe, qui comme nous l'avons dit ci-deffus eft très-propre à la végétation. Il faut fûrement une longue fuite de fiecles pour opérer cette transformation, puifque les pierres employées dans les pavés & dans les murs y réfiftent pendant un temps immenfe; mais ce qui la rend frappante, font les différens degrés de décompofition que l'on voit à la furface des côteaux où l'on peut fuivre l'altération qu'éprouve infenfiblement le rocher pour paffer de l'état de folidité où il eft naturellement, à la ductilité & à la molleffe de l'argile. Les pierres ifolées fe couvrent elles-mêmes à la longue d'une efpece d'écorce qui eft tendre & qui paroît de nature différente.

Il eft quelques endroits où j'ai cru reconnoître dans ce bafalte une efpece de cryf-

Ttttt

tallifation en colonnes verticales; & dans beaucoup de murs j'ai vu de ces pierres qui femblent avoir une forme prifmatique quadrangulaire qui leur eft propre ; mais juf-qu'à ce que de nouveaux faits fe préfentent à moi, je ne crois pas pouvoir affirmer que cette forme, dans laquelle j'ai cru reconnoître une cryftallifation, ne foit pas acci-dentelle.

Comme je n'ai ici aucune facilité pour effayer cette pierre par le feu, & que je ne peux faire aucune expérience pyrotechnique, j'ai fait des recherches dans les anciennes ruines de la ville où je favois que lors du tremblement de terre de 1755, il y avoit eu incendie, & où le feu, par fa maffe & par fon activité, devoit avoir produit un effet très-marqué fur les pierres foumifes à fon action; j'ai trouvé que notre pierre bafal-tique y avoit fouffert une demi-vitrification, que la furface étoit couverte d'une ef-pece de vernis vitreux comme la couverte de la porcelaine, & que dans l'intérieur le grain étoit plus fec & caffant, & faifoit plus de feu avec le briquet.

J'ai découvert auffi quelques autres pierres qui ont leur caractere diftinctif, & que je regarde cependant comme une variété de celle-ci ; favoir : une pierre grife friable, ne faifant aucune effervefcence avec les acides, ni feu avec le briquet, formée de petits grains vitreux de différentes couleurs, foiblement aglutinés enfemble, & mê-lés d'une efpece de pierre noire verdâtre, en tache ronde, fe coupant comme le favon & ayant un coup d'œil gras. Cette pierre mélangée à qui je ne fais point donner de nom, & qui fe détruit facilement, forme un petit maffif fur la croupe d'un côteau à la bafe duquel on voit la pierre calcaire, & à la cime la pierre bafaltique.

Une autre pierre rougeâtre ou noirâtre, également friable, poreufe, dont le grain eft vitreux, & qui contient dans fes trous une efpece de terre ochracée

D'après les détails dans lefquels je viens d'entrer, j'ai beaucoup de doutes à vous propofer & de queftions à vous faire : d'abord eft-il bien reconnu que toutes pierres bafaltiques foient le produit du feu? ne fe pourroit-il pas que la nature, par la voie humide, donnât un femblable produit? Une pierre noire telle que celle que j'ai décrite ci-deffus peut-elle être regardée comme de même nature que les bafaltes cryftallifés en prifmes? ou la cryftallifation eft-elle un caractere diftinctif & néceffaire du ba-falte? Peut-on dire qu'une telle montagne foit volcanique, quand fa forme n'eft point conique, qu'elle eft grouppée avec plufieurs autres de nature différente, & femble faire maffe commune, & qu'on ne lui voit point de cratere? Peut-on affurer qu'un volcan a brulé dans un lieu où on ne trouve ni fcories ni pierres ponces ni courans de laves ni pouzzolanes? D'un autre côté, qui autre que le feu pourroit avoir produit, dans un pays dont le fol peut-être regardé comme calcaire, des pierres vitrifiables dans lefquelles on ne voit point d'arrangemens fymmétriques, & qui n'ont point les *ftrata* qui caractérifent les produits & les dépôts des eaux? Qui autre qu'un volcan auroit pu donner des pierres vitrifiables qui portent par leurs parties vitreufes & leurs efpeces de grenats, les caracteres de certaines laves? Peut-on regarder autrement que comme fecondaire la formation d'une montagne dont la bafe eft appuyée fur une pierre calcaire pleine de teftacées? d'ailleurs la propriété qu'a notre pierre bafaltique de fe vitrifier fans addition & de fe décompofer à l'air pour former une argille ferrugineufe, ne lui eft-elle pas commune avec toutes les laves compactes? & n'eft-elle pas un carac-tere diftinctif & indubitable des productions volcaniques?

C'eft à vous, Monfieur, à fixer invariablement mon opinion fur tous ces objets & à décider fi ce que je crois être une production du feu, n'eft point le réfultat d'une autre opération de la nature. Si vous vous déterminez, d'après les détails que je viens de vous donner, à penfer qu'il y a eu des volcans dans les environs de Lisbonne, il faudra fuppofer qu'ils font éteints depuis une longue fuite de fiecles, & que c'eft le laps de temps qui a fait difparoître les caracteres qui diftinguent les volcans plus modernes.

Je vous porterai, Monfieur, des échantillons des pierres dont je viens de vous parler, & je raffemblerai les morceaux les plus propres à vous en donner une idée exacte.

Je crois encore, d'après quelques faits que j'ai raffemblés, pouvoir vous affurer qu'il y a dans d'autres parties du Portugal des montagnes réellement volcaniques; une dans la province de *Beira* en conferve les caracteres les plus frappans. Cette montagne fur laquelle les Portuguais débitent beaucoup de merveilles, & qu'ils con-noiffent à peine, eft le *mons Herminius* des Romains, & on la nomme en Portuguais

Siera de *l'Eftrella* : elle eft extrêmement élevée, de forme conique ; on entend en la montant un bruit fouterrein qui fait croire que la montagne eft vuide dans fon centre ; on y trouve quelques cavités, & on voit au milieu de fon fommet une grande excavation dont le fond eft un lac entouré de rochers efcarpés ; l'eau de ce lac a un mouvement d'ébullition, & un endroit par où elle s'engouffre & s'écoule. A la bafe de cette montagne on voit des colonnes de bafalte, prifmatiques & articulées ; on conferve une de ces colonnes à l'univerfité de Coïmbre ; elle eft cryftallifée très-réguliérement. Il me femble, Monfieur, qu'à tous ces fignes, il n'eft pas poffible de méconnoître un volcan éteint, & peut-être le naturalifte en trouveroit-il d'autres auffi bien caractérifés dans les montagnes qui féparent le Portugal de l'Efpagne. Il eft fâcheux que le grand éloignement & la difficulté de voyager en Portugal, m'ait empêché d'aller moi-même à la montagne de *l'Eftrella* pour l'étudier & la faire deffiner.

Vous me pardonnerez, Monfieur, mes longs raifonnemens, mais la nature des faits demandoit tous ces détails. Vous voudrez bien me répondre à Marfeille fous l'enveloppe de M. *Ricard, agent de l'ordre de Malthe.* Je vous écrirai avant mon départ de Lisbonne, où je ferai jufqu'à la fin d'avril. Je finis fans complimens, en vous affurant de l'attachement le plus fincere, &c.

TROISIEME LETTRE.

Lisbonne, ce 21 avril 1778.

LA nature de la pierre dont je vous ai parlé dans ma derniere lettre, Monfieur, me paroît tous les jours plus problématique, les fignes ou les caracteres extérieurs qui la font regarder comme un produit du feu, fe multiplient en même temps que les circonftances où on la trouve, donnent de nouvelles raifons pour foutenir le contraire. Ce n'eft plus feulement dans des côteaux particuliers qu'elle fe rencontre, mais encore elle forme le fol d'une plaine un peu inégale, qui a plus de trois lieues d'étendue. Ce n'eft plus en maffes irrégulieres, fans aucun ordre apparent, qu'elle fe préfente, mais en couches verticales & diftinctes ; ce n'eft plus, faifant bande à part, qu'elle fe trouve, mais auffi mêlée avec des pierres de nature différente. Enfin, Monfieur, ou il faut fuppofer que notre globe a fouffert un grand nombre de révolutions fucceffives qui ont mêlé & confondu les produits de différente nature, ou il faut attendre, pour déterminer la nature de la pierre bafaltique de Lisbonne, que de nouveaux faits fe préfentent & nous fourniffent des lumieres.

J'ai parcouru dans différens fens une plaine ondoyée, fituée au nord de Lisbonne, & dans le centre de laquelle eft bâti le palais de *Quelus* ; j'ai trouvé prefque par-tout la pierre bafaltique ; elle forme le fol d'une étendue prefque planimetre, de plus de trois lieues de diametre : on la voit immédiatement au deffous de la terre végétale, dans différens états de décompofition, mais à quelques pieds au deffous de la furface, elle a tous les caracteres que j'ai décrits, & elle eft en couches verticales de différentes épaiffeurs : des fentes dans le fens contraire à la direction principale des couches, en rendent quelques morceaux de forme prifmatique quadrangulaire, affez exacte, mais rien ne peut faire croire que ce foit plutôt l'effet d'une cryftallifation que du fimple hafard qui peut avoir déterminé la direction des fentes.

J'ai vifité une nouvelle carriere d'où l'on tire des pierres pour les pavés, & elle m'a préfenté des faits également contradictoires : elle eft ouverte fur la croupe d'un côteau, & elle pénetre d'une vingtaine de toifes dans fon intérieur ; elle préfente par conféquent une coupe affez confidérable du centre du côteau, pour qu'on puiffe obferver. On y voit la pierre difpofée en couches de différentes épaiffeurs & dans différentes directions ; les plus extérieures fuivent la direction de la pente du côteau, & celles de l'intérieur deviennent d'autant plus verticales, qu'elles approchent plus du centre de la montagne, de façon que ces couches forment un angle du point d'où elles partent, & s'élargiffent en s'étendant, comme certaines ftries qui partent d'un centre commun, & qui forment des rayons divergens. Entre chaque couche de la pierre bafaltique, on trouve une concrétion blanche, efpece de liege foffille qui remplit les fiffures à la maniere des fpaths dans les pierres calcaires. Les pierres de cette carriere font très-dures, d'un grain ferré, ce qui les rend très-propres aux ufages auxquels on les fait fervir ; elle fe décompofe à fa furface & fe convertit infenfiblement en argille. Le côteau où cette carriere eft ouverte, eft furmonté de plufieurs bancs de pierres calcaires, à couches horizontales, qui forment fa fommité, & eft enveloppé de pierres calcaires, également *ftratum fuper ftratum*. On voit donc bien clairement ici que poftérieurement à la formation de la pierre bafaltique, il y a eu des dépôts des eaux, caractérifés par les *ftrata* de la pierre calcaire, & par les fragmens de coquillages que l'on y trouve, & que par conféquent ladite pierre bafaltique eft antérieure au dernier deffechement de cette partie du globe.

Enfin fur le chemin de *Cintra* à *Maffra* à quatre & cinq lieues nord-oueft de Lisbonne, j'ai trouvé une immenfe quantité de cette pierre bafaltique, confondue avec la pierre calcaire. Dans l'emplacement même où eft bâti le palais de *Maffra*, on voit des bancs de marbre, au deffous defquels fe trouve immédiatement la pierre bafaltique. Mais l'endroit de tous le plus fait pour confondre le naturalifte, eft une montagne à une lieue de *Maffra* fur la croupe, & au pied de laquelle paffe le grand chemin de Lisbonne; elle a fon fommet de forme conique, & elle tient par fa bafe à plufieurs autres montagnes ; elle eft formée de pierres bafaltiques qui ont plus qu'aucune autre les caracteres du feu, & de pierres calcaires à couches paralleles, & un peu inclinées felon la pente de la montagne. La pierre bafaltique en morceaux de différente groffeur & dimenfion, en fait tout le fommet, & la pierre calcaire la bafe, pendant qu'un peu plus loin, dans une autre montagne, la pierre calcaire eft deffus & couvre immédiatement la pierre bafaltique.

La pierre bafaltique de cette partie du Portugal, contient de plus que les autres une très-grande quantité de cryftaux de fchorl noir, longs de deux ou trois pouces, & de forme prifmatique quadrangulaire. Ces cryftaux font très-réguliers, opaques & luifans dans leur fracture ; ils tiennent fi fortement à la pierre qui leur fert de matrice, qu'ils font corps avec elle, & ne peuvent être enlevés feuls & ifolés; ils font mélés de grenats tranfparans & rougeâtres, qui n'ont point de forme réguliere, mais qui ont tous les caracteres vitrefcens. C'eft ainfi, Monfieur, que dans le même lieu, on trouve des faits qui paroiffent contradictoires, & c'eft ici où il faudroit votre fagacité pour deviner la nature à travers le voile dont elle femble s'envelopper.

Je dois vous faire remarquer que c'eft toujours entre Lisbonne & la mer que j'ai trouvé la pierre bafaltique, c'eft-à-dire dans une efpece de prefqu'île formée par un golphe au delà du cap *Ta Rocha*, & par le *Tage*, prefqu'île au centre & à l'extrémité de laquelle on voit de très-hautes montagnes de granit (qui font les montagnes de *Cintra*). Je dois auffi vous dire que dans plufieurs endroits la couche bafaltique n'a que quelques pieds de profondeur, & qu'au deffous on trouve un fable rouge ferrugineux; malgré ce peu d'épaiffeur, les fentes qui la divifent font verticales, ce qui la feroit reffembler à certains courans de laves.

Je vous le repete, Monfieur, le *détritus* de la pierre bafaltique du Portugal, forme les meilleures terres pour la culture; & l'on juge fort aifément de la nature de la pierre qui forme le fol ou le noyaux de la montagne fur laquelle on eft, par la fertilité de la terre végétale.

Malgré toutes les contradictions apparentes que préfente la pierre bafaltique de Lisbonne, il feroit peut-être un moyen de concilier tous ces faits. Si par des expériences pyrotechniques, il étoit réellement prouvé que cette pierre fût, ou reffemblât parfaitement à un produit du feu, on pourroit faire accorder ce fait avec toutes les circonftances où l'on trouve la pierre bafaltique; on pourroit dire que les volcans qui l'ont formée, étoient antérieurs à la derniere alluvion de cette partie du globe, que l'agitation des flots aura détruit toutes les pierres de moindre confiftance, comme laves de plufieurs efpeces, pierres ponces, pouzzolanes, &c. que la pierre bafaltique, formée par une lave qui a plus d'identité & de liaifon dans fes parties, aura feule réfifté; que les dépôts fucceffifs des eaux, qui font ordinairement calcaires, auront recouvert quelques parties de ces laves, & laiffé quelques autres à découvert; qu'il fe fera formé des coteaux calcaires à côté & à l'entour des montagnes volcaniques, qui auront fervi de point d'appui; que tous les crateres fe font émouffés; que l'acide marin aura lui-même contribué à la décompofition lente de la furface des bafaltes, & à la formation de l'argille, &c. &c. &c. Voilà, Monfieur, un fyftême de plus, mais auquel je ne donne pas plus d'importance qu'il n'en mérite, c'eft-à-dire, auquel je laiffe faire la fortune qu'il

pourr

pourra. Je me contente d'examiner les faits, laiffant aux autres le foin d'en tirer des inductions & d'en former une chaîne.

Ce que je viens de vous dire ci-deffus, vous annonce quelques nouveaux échantillons de pierres. Je viens d'en faire une caiffe que je remettrai à Marfeille à la perfonne que vous m'indiquerez.

Nous avons pris hier notre audience de congé, & nous comptons partir dans dix jours. Si notre voyage eft heureux je pourrois vous voir à mon paffage à Montelimar au commencement de juin, & alors nous difcuterons fort au long fur la matiere de nos bafaltes. Vous ne devez pas douter de l'empreffement que j'aurois à vous renouveller de vive voix les affurances d'amitié & d'attachement avec lefquels j'ai l'honneur d'être, Monfieur, &c.

QUATRIEME LETTRE.

De Berne en Suiffe, ce 5 août 1778.

MES dernieres obfervations en Portugal où j'ai prolongé mon féjour jufqu'à la fin de mai, m'ont de plus en plus perfuadé que toutes les pierres bafaltiques que je rencontrois à chaque pas, font réellement un produit du feu, elles en ont tous les caracteres, & il feroit difficile d'en méconnoître l'origine; mais, Monfieur, j'étois étonné des circonftances où elles fe trouvoient, de leur mélange avec les pierres calcaires, & de la forme de leurs montagnes qui n'ont aucune apparence volcanique. Les obfervations de ceux qui avant moi étoient venus à Lisbonne, & qui n'avoient aucun rapport avec les miennes; l'opinion contraire de plufieurs perfonnes habitant le Portugal, & dans les lumieres defquelles j'avois confiance, m'empêcherent de donner un ton plus affirmatif à mon fentiment. J'avois peur d'effrayer en préfentant des faits qui fuppofent au moins quatre révolutions fucceffives dans cette partie de notre globe.

J'ai voulu, avant de rendre publique mon obfervation, vous confulter, avoir l'avis de MM. Adanfon & Defmareft, leur propofer les objections qu'on pourroit me faire, leur montrer des doutes, pour que vous me fourniffiez de nouvelles armes, que vous éclairciffiez ce que je n'avois fait qu'entrevoir, & afin que vos fuffrages donnaffent quelque poids à mon opinion. M. Adanfon m'a écrit une lettre très-flateufe, M. le duc de la Rochefoucauld a bien voulu fe charger de me tranfmettre la reponfe de M. Defmareft, & votre lettre eft venue encore me fortifier.

Je pourrois donc dire avec plus de confiance, que les volcans qui ont produit les pierres bafaltiques de Lisbonne, font antérieurs à la derniere alluvion de cette partie du globe, fait prouvé par les pierres calcaires qui les recouvrent, & qu'ils font poftérieurs à un autre féjour de la mer qui a dû dépofer les bancs de pierres calcaires fur lefquels portent quelques couches de ces pierres volcaniques.

Ce fait ne fera peut-être pas le feul de ce genre; j'en ai apperçu d'autres qui quoique de nature un peu différente, pourroient concourir à la même preuve; mais comme en hiftoire naturelle & en phyfique il eft plus prudent de fufpendre fon jugement que de le précipiter, attendons un plus grand concours de faits pour hafarder une opinion qui pourroit paroître finguliere.

Je fuis fâché, Monfieur, que vous vouliez faire imprimer les lettres que j'ai eu l'honneur de vous écrire de Lisbonne; ne les croyant point deftinées à voir le grand jour, & comptant fur votre indulgence, il doit s'y rencontrer des fautes de diction qui m'auroient fait defirer qu'elles ne fuffent pas rendues publiques; mais au cas que celle-ci vous arrive trop tard pour en empêcher l'impreffion, je crois au moins néceffaire que vous y faffiez mettre par fupplément un extrait du catalogue raifonné des objets d'hiftoire naturelle que je vous ai deftinés, & que je joins ici. Les articles correfpondans aux n°s. 1, 2, 3, 4, 5, 6 & 7, pourroient faire connoître davantage les productions bafaltiques dont je vous ai parlé dans mes lettres de Lisbonne, &c.

N°. 1. Pierre noire bafaltique, écailleufe dans fon intérieur, très-dure; elle fe trouve dans plufieurs carrieres des environs de Lisbonne, & dans la ville même; elle fert à paver les rues.

N°. 2. Pierre noire bafaltique très-dure, d'un grain fin & ferré, contenant quelques

Vvvvv

parties vitreufes, femblables à de petits grenats : variété de la précédente : elle fe trouve dans les environs de Lisbonne, & eft employée dans les murs de clôture & des maifons : on ne s'en fert prefque point dans les pavés, parce que les carrieres font un peu plus éloignées de la ville que les précédentes.

N°. 3. Pierre bafaltique contenant une grande quantité de cryftaux prifmatiques quadrangulaires rhomboïdaux, de fchorl noir & de grenats tranfparents, cryftallifés irréguliérement. Cette pierre fe trouve en grande quantité fur le chemin de Cintra à *Maffra* : plufieurs montagnes en font formées.

N°. 4. Pierre bafaltique, remplie d'une grande quantité de petits grenats & chryfolites, & de quelques fragmens irréguliers de cryftaux de fchorl : fe trouve dans les mêmes lieux.

N°. 5. Efpece de cuir ou liege foffile, qui fe trouve entre les bancs de la pierre bafaltique des N°. 1 & 2.

N°. 6. Pierre bafaltique qui tombe en décompofition, & dont le *detritus* forme une terre végétale argilleufe très-bonne. La pierre des N°s. 1 & 2 eft prefque par-tout recouverte de plufieurs pieds de ce bafalte qui a perdu la liaifon de fes parties.

N°. 7. Pierre friable qui recouvre en quelques endroits la pierre bafaltique, & qui femble encore en être une décompofition ; elle contient une très-grande quantité de taches vertes, qui font une efpece de pierre ollaire, favonneufe au toucher ; plufieurs morceaux tiennent auffi des globules blancs cryftallins fpathiques.

⁓✾⁓ ⁓✾⁓

ON finiffoit d'imprimer les lettres de M. le chevalier de Dolomieu, lorfque la caiffe qu'il avoit eu la complaifance de m'apporter de Lisbonne, m'a été rendue à Grenoble, d'où j'avois écrit qu'on me l'envoya en toute diligence de Marfeille où elle étoit en dépôt. Je n'ai rien eu de fi preffé que d'examiner ce bel envoi qui ne pouvoit pas arriver plus à propos. J'y ai vu, avec un plaifir extrême, la fuite auffi intéreffante que bien choifie des produits volcaniques des environs de Lisbonne : nul doute que le fol fur lequel repofe cette ville, n'ait été, depuis des temps très-reculés, en proie à des feux fouterreins. Non feulement les pierres qu'a eu la bonté de m'envoyer M. le chevalier de Dolomieu, font de véritables laves, des bafaltes volcaniques les moins équivoques & les mieux caractérifés ; mais ils font parfaitement analogues à la plupart des laves du Vivarais & du Velay. Je vais en donner ici la notice, d'après l'examen que j'en ai fait ; je ne differe de celle qu'à donné M. le Chevalier de Dolomieu, que parce que j'ai été à portée de faire diverfes épreuves qu'il ne lui étoit pas poffible d'exécuter dans fon voyage, & parce que j'avois dans mes collections de laves, des objets de comparaifon qui manquoient à cet habile naturalifte : j'ai donné auffi un peu plus d'extenfion aux divifions, pour ne confondre aucune variété.

Notice des matieres volcanifées envoyéesde Portugal par M. le chevalier DEODAT DE DOLOMIEU, à M. FAUJAS DE SAINT-FOND.

N°. 1. *Premiere variété*. Bafalte noir, dur & compacte, en tout femblable au bafalte pur du Vivarais : j'ai trouvé dans celui-ci des grains de chryfolite jaunâtre, très-vitreufe, bien confervée : *des environs de Lisbonne. Les rues de la ville en font pavées.*

Seconde variété. Dur & compacte, mais plein de petits points ferrugineux. On reconnoit avec la loupe que ce bafalte commence à fe dénaturer : on y découvre une multitude de petites lames de feld-fpath blanc, quelques élémens de chryfolite ; les points rougeâtres, couleur de rouille de fer, examinés avec une forte lentille, offrent des lames de feld-fpath, chargées d'une efpece de rouille martiale, produite peutêtre par la décompofition du fer ; quelquefois ces petites lames colorées font brillantes & chatoyantes, d'autres fois elles reffemblent à un mica d'un brun rougeâtre.

Troifieme variété. Dur & compacte, d'un gris obfcur un peu rougeâtre, plein de fragmens de fchorl noir vitreux ; échantillon très-remarquable en ce qu'il eft coupé par une ligne mince très-blanche, qui le traverfe d'outre en outre : rien ne reffemble autant à certains marbres noirs ainfi coupés par des lignes de fpath calcaire blanc ; mais ici cette petite zone eft un véritable feld-fpath d'un blanc laiteux ; il faut donc fuppofer que ce morceau avoit été anciennement caffé, & qu'il a été rejoint & foudé par l'infiltration & le fuintement d'une matiere de feld-fpath : on voit la preuve de ce que j'avance, d'une maniere évidente, fur le même échantillon où l'on trouve encore une espece de couche extérieure de feld-spath blanc, déposé en maniere de stalagmite.

N°. 2. Basalte dur, noir & très - compacte, contenant quelques petits globules ronds de schorl noir & de chrysolite pure, d'un jaune verdâtre : des environs de Lisbonne, d'une carriere éloignée de la ville.

Idem. Avec quelques points de couleur de rouille de fer, qu'on pourroit regarder peut-être comme des grenats altérés, mais que je ne considere que comme un feld-spath coloré par la décomposition du fer du basalte.

Idem. Avec un globule de chrysolite vitreuse, aussi jaune & aussi pure qu'une *topase.*

N°. 3. Basalte noir très-dur & très-pesant, donnant des éteincelles lorsqu'on le frappe avec l'acier, remarquable par une multitude de gros crystaux de schorl noir vitreux, disposés en général en rhombes : j'en ai reconnu quelques-uns cryftallisés en prismes à cinq pans, sans pyramide ; d'autres hexagones, mais dont la pyramide étoit trop dégradée pour pouvoir être déterminée ; & enfin, j'ai observé un crystal bien caractérisé, formé par un prisme court hexaedre, terminé par deux pyramides triedres, obtuses, dont les plans sont en rhombes, de même que ceux des prismes. Cette derniere espece a la cryftallisation du grenat : j'en ai parlé à la page 89 de mon mémoire sur les schorls : se trouve sur le chemin de *Cintra* à *Maffra.*

Idem. Avec des aiguilles prismatiques quadrangulaires de schorl noir vitreux, à pans rhomboïdaux, sans pyramide, mais dont les extrêmités forment un rhombe. Voyez cette variété, pag. 87, de mon mémoire sur les schorls.

Idem. Avec un beau crystal à sept pans bien caractérisés, mais dont la pyramide est rompue.

Idem. Avec beaucoup de schorl noir & des points de chrysolite jaune : du même lieu.

N°. 4. Espece de liege, de cuir ou de chair fossile. Cette matiere qui se trouve entre des couches de basalte, est bien étonnante ; elle est blanche, quelquefois nuancée de jaunâtre, & même d'un peu de rose ; elle se leve en feuillets minces, flexibles, qu'on peut couper avec des cizeaux comme une espece de carton ; les lames qu'on en détache surnagent sur l'eau, s'en imbibent, deviennent demi-transparente, & ressemblent alors à un cuir ou à de la peau : cette substance qui mérite d'être bien étudiée & bien analysée, rougit au feu sans se calciner, ne fait aucune effervescence avec les acides en général ; on trouve seulement entre les feuillets quelques portions que l'acide attaque : on y voit même quelques petites cryftallisations spathiques calcaires : est-ce ici une espece d'amiante en feuillets ? est-ce une combinaison particuliere d'un dépôt calcaire avec l'acide des laves ? c'est ce que je ne suis pas en état de prononcer.

N°. 5. Basalte graveleux altéré & se décomposant : la matiere ferrugineuse attaquée par quelque acide, a passé à l'état d'une substance ochreuse, tantôt d'un brun rougeâtre, tantôt d'un rouge assez vif. Ce basalte est très-rapproché de l'état argilleux ; il est friable & terreux, & se réduit facilement en fragmens graveleux sous les doigts : il contient une substance gélatineuse blanche, légérement verdâtre, qui se laisse facilement couper : cette matiere qui est de couleur de cire, & qui en a la demi-transparence, est très-embarrassante & très-difficile à déterminer.

N°. 6. Belle lave basaltique décomposée, passant à l'état d'argile ; on y voit des points rouges, occasionnés par l'altération du fer ; mais ce qu'il y a de très-curieux dans cete lave, c'est une multitude de globules d'un beau spath calcaire blanc, demi-transparent ; plusieurs de ces petits nœuds sont de la grosseur d'un pois ; on trouve des échantillons de ce basalte, plus durs & moins décomposés, mais il y en a qui est entierement terreux & se réduit en poussiere sous les doigts : des environs de Lisbonne. Cette lave décomposée couvre les masses de basalte dur.

N°. 7. Autre lave basaltique, d'un brun rougeâtre, convertie en substance terreuse, pleine d'une multitude de filets, de linéamens, de petites lames blanches calcaires : on y voit aussi quelques grains d'une matiere à demi-transparente, d'un verd jaunâtre qui ressemble à de la chrysolite, mais lorsqu'on veut la toucher avec la pointe d'un instrument tranchant, on s'apperçoit qu'elle est tendre & plus molle que la pierre ollaire. Seroit-ce une chrysolite décomposée ? je ne puis rien assurer à ce sujet.

N°. 8. Lave terreuse d'un brun rougeâtre, pleine de nœuds, de la même matiere dont en l'article ci-dessus, d'un verd jaunâtre à demi-transparent, ressemblante à de la cire verdâtre, au point que l'œil y est trompé : je ne suis point en état de prononcer sur la qualité de cette substance que je n'avois jamais vu qu'ici : c'est peut-être une modification de la matiere argilleuse.

Nº. 9. Lave bafaltique grife, d'une très-grande dureté, faifant feu avec le briquet, contenant une multitude de lames de mica noir très-brillant, quelques points de matieres calcaires, difpercés çà & là, mais en petite quantité, des lames de feld-fpath brillant, dont plufieurs font difpofées en rhombes, avec une multitude de grains d'une véritable chryfolite d'un jaune verdâtre, altérée; c'eft ici une belle efpece de lave où la matiere bafaltique eft prefqu'entiérement convertie en feld-fpath. On trouve une lave à peu près femblable non loin du *Puy*, & fur le *Meʒinc*, dans le quartier de la *Chauderole*. M. le chevalier de Dolomieu m'a adreffé cette lave curieufe fous le nº. 10 de fon envoi, & a ajouté à fa note que *cette pierre fe trouve en grande quantité auprès de Carthagene, mêlée avec des pierres calcaires, & dans un lieu où les circonftances ne permettent pas de foupçonner d'anciens volcans*. Il feroit à defirer de connoître l'emplacement & la pofition de cette matiere, car c'eft un produit volcanique très-curieux.

Nº. 10. Je ne crains point de ranger parmi les matieres volcaniques, une autre pierre des plus remarquables, que M. le chevalier de Dolomieu m'a adreffée fous le nº. 11 de fon envoi, avec l'étiquette fuivante : *pierre blanche peu dure, traverfée par plufieurs veines bleues parfaitement femblables à la galène, mais qui ne font qu'une efpece particuliere de mica; fe trouve dans le même endroit & doit avoir la même origine que le nº. 10.* Or, le nº. 10 dont j'ai parlé à l'article ci-deffus eft inconteftablement volcanifé : l'échantillon dont il eft queftion à préfent eft fans contredit très-curieux, il faut avoir fait une étude particuliere des matieres volcanifées, & avoir un grand nombre d'objets de comparaifon fous les yeux, pour bien le déterminer, parce que c'eft une lave bafaltique qui a fouffert un puiffant degré d'altération. La pierre eft de couleur blanche un peu bleuâtre, prefqu'auffi pefante que le bafalte, d'un tiffu & d'un grain femblable à celui de cette derniere fubftance, âpre & rude au toucher, ne faifant aucune efferveſcence avec les acides, pénétrée par une multitude de lames très-brillantes d'un mica luifant, couleur d'une belle galène, imitant peut-être encore mieux le fer micacé. On voit dans la maffe de cette matiere quelques portions moins blanches, & chargées d'une couleur grife affez femblable à celle de l'échantillon du nº. précédent; fi on voyoit ici quelques paillettes de fchorl noir, ainfi qu'on en rencontre dans une lave altérée de la montagne du *Meʒinc* en Vivarais, ce feroit un point de ralliement très - propres à diriger l'obfervateur; mais cette derniere lave des environs de Carthagene ne préfente d'autres corps étrangers que cette belle efpece de mica, plutôt faite pour induire en erreur que pour donner des éclairciffemens; mais fi on examine avec attention la pâte de cette pierre, & qu'on la fuive dans tous fes points avec une bonne loupe, on reconnoîtra le bafalte altéré ayant paffé à l'état de feld-fpath, à l'aide des fumées ou d'une eau fortement imprégnée de quelque émanation gafeufes, & comme l'opération paroît s'être faite d'une maniere rapide, la cryftallifation eft confufe, & la matiere n'a pas acquis la dureté que lui auroit procuré une cryftallifation plus lente & plus graduelle; on voit cependant encore dans la contexture de cette lave blanche, quelques portions moins altérées, plus foncées en couleur, où l'on peut diftinguer plus facilement les élémens bafaltiques. Je traite cet article un peu au long, parce que cette matiere volcanique intéreffante, nous apprend que les environs de Carthagene ont été le théâtre des feux fouterreins, & que la plupart des volcans de ce pays ont produit des embrafemens *fous marins*.

TABLE ALPHABÉTIQUE

DES MATIERES

Contenues dans cet Ouvrage.

A

B

a

D

N

O

P

c

S

Fin de la Table des Matieres.

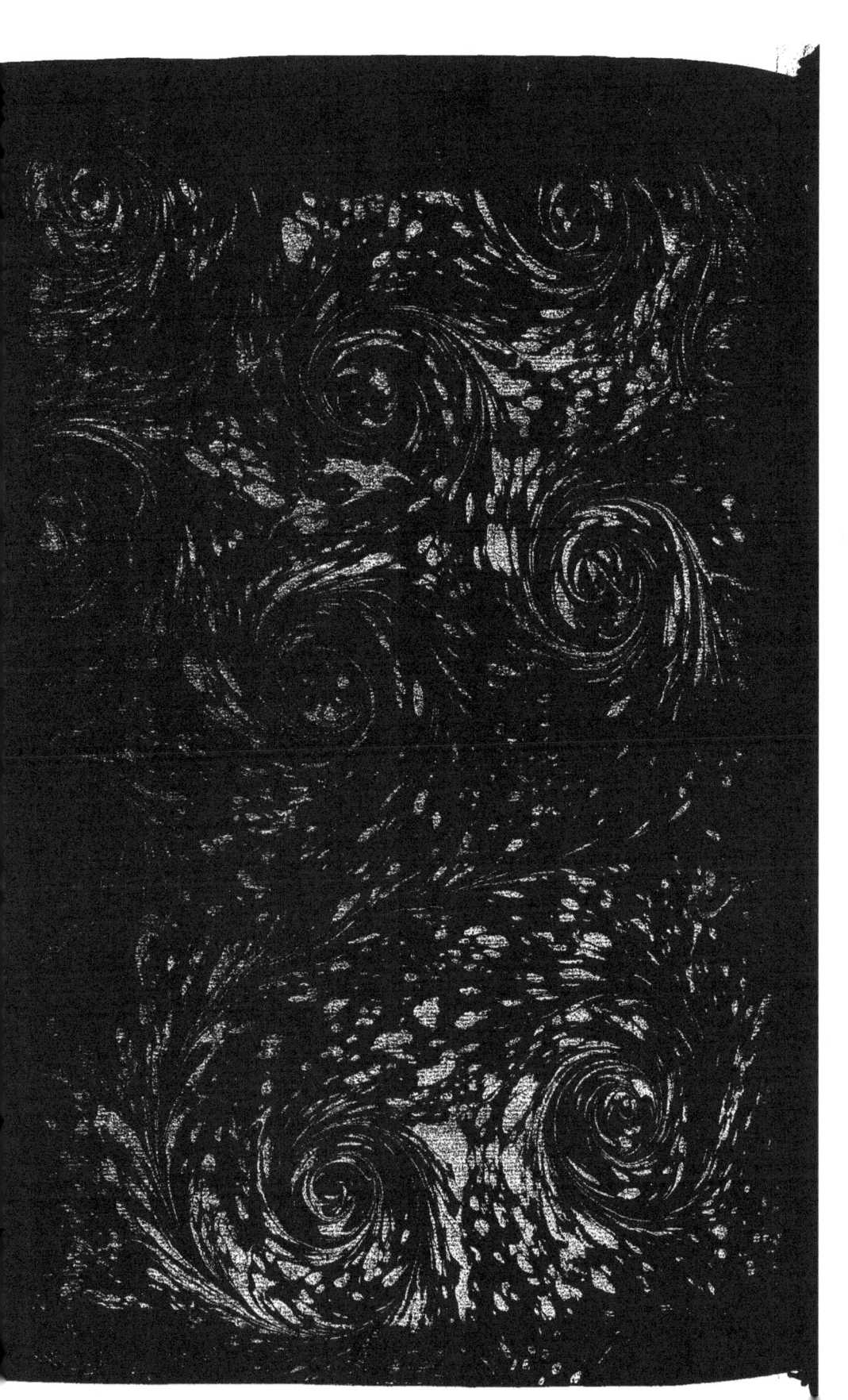